U0162608

5G 时代的卫星通信

Satellite Communication in the 5G Era

【英】什里·克里希纳·夏尔马（Shree Krishna Shar ma）
【英】西蒙·查兹诺塔斯（Symeon Chatzinotas） 编
【希腊】潘泰利斯-丹尼尔·拉帕格洛（Pantelis-Daniel Arapoglou）
张晓燕 李明明 刘 燕 张 磊 刘珊杉 严 康 译
潘 冀 审校

国防工业出版社
·北京·

著作权合同登记 图字：军-2021-022 号

图书在版编目（CIP）数据

5G 时代的卫星通信 /（英）什里·克里希纳·夏尔马，（英）西蒙·查兹诺塔斯，（希）潘泰利斯–丹尼尔·拉帕格洛编；张晓燕等译. --北京：国防工业出版社，2022.8

书名原文：Satellite Communication in the 5G Era

ISBN 978-7-118-12546-7

Ⅰ. ①5… Ⅱ. ①什… ②西… ③潘… ④张… Ⅲ. ①第五代移动通信系统－应用－卫星通信系统－研究 Ⅳ. ①TN929.53②V474.2

中国版本图书馆 CIP 数据核字（2022）第 123152 号

Satellite Communication in the 5G Era by Shree Krishna Sharma, Symeon Chatzinotas, Pantelis-Daniel Arapoglou

ISBN 978-1-78561-427-9

※

国防工业出版社出版发行

（北京市海淀区紫竹院南路 23 号 邮政编码 100048）

三河市腾飞印务有限公司印刷

新华书店经售

*

开本 710×1000 1/16 **印张** 32¾ **字数** 573 千字

2022 年 8 月第 1 版第 1 次印刷 **印数** 1—1500 册 **定价** 198.00 元

（本书如有印装错误，我社负责调换）

国防书店：(010) 88540777　　书店传真：(010) 88540776

发行业务：(010) 88540717　　发行传真：(010) 88540762

译者序

本书主要介绍了无线电通信研究的一个非常重要和新兴的领域——卫星通信与地面5G的融合。

本书通过讨论卫星通信在5G系统中的作用、面临的挑战和前景，阐述卫星通信可以作为地面通信的补充，为地面通信无法访问或基础设施投入不足的地区提供桥接服务，是解决难以部署有线的电信回传服务的理想方案，是为物联网提供服务的最佳方式。卫星是5G及其无线架构的重要组成部分，本书给出了卫星通信与地面5G融合系统的全面描述，内容包含融合用例和应用场景，星地融合和集成的新颖范例，星地融合涉及的关键新技术——软件自定义网络、网络功能虚拟化、星上处理、NGSO卫星星座通信系统、卫星联合分集和切换技术、多载波卫星非线性对策、跳频卫星通信、卫星光学开关键控数据链路、超高速数据中继系统、星上干扰探测和定位、卫星通信系统高级随机访问方案、干扰规避、缓解和动态频谱共用，以及双向卫星中继等。尤其是软件定义网络和网络功能虚拟化的出现使得星地无缝融合成为发展趋势，以满足终端用户多样化的服务质量要求。

本书涵盖的主题以逻辑方式呈现，包括5G卫星通信场景、服务和网络（第1章~第4章），频段和传播方面（第5章和第6章），物理和系统级技术（第7章~第10章），基于光学技术的卫星系统（第11章和第12章），星上处理系统和技术（第13章和第14章），先进的冲突和干扰规避、减缓、频谱共享和低延迟技术（第15章~第18章）。

本书是一部优秀的教科书和专业参考书。可作为从事无线电通信、卫星通信和无线电管理的技术人员、研究人员和其他专业人员，特别是研究新一代地面5G和卫星通信融合应用的科研人员、管理人员，以及从事相关课题研究的高校教师和学生等的教材和参考书。

本书共分18章及两个附录，其中第1章和第2章由李明明翻译，第3章、第16章、第18章及两个附录由张晓燕翻译，第4、5章由李明明和刘燕共同翻译，第6章和第17章由张晓燕和刘燕共同翻译，第7章~第9章由严康翻译，第10章~第12章由张磊翻译，第13章~第15章由刘珊杉翻译。全书译文由张晓燕统稿，由潘冀审校。

在本书翻译过程中，王贺、韩锐、李伟等同志对本书的翻译提供了支持和协助，在此表示衷心的感谢。张更新教授、朱云怡教授和李广侠教授对本书的翻译给予了关心和支持，在此一并表示感谢。

译者本着忠实于原文、按照中文习惯组织文字、尽量意译的原则翻译了本书，虽力求能完整、准确地把原文翻译出来，但由于水平有限，书中缺点和疏漏在所难免，敬请读者批评指正。

译者

2022 年 3 月

前　言

卫星通信（SatCom）因其能够向更广泛的地理区域提供广播电信服务和向人口稀少的偏远地区提供宽带连接而在无线领域发挥着至关重要的作用，而这些地区通常是地面通信基础设施无法接入或服务不足的地区。卫星通信技术通过促进农村社区和发展中国家的经济和社会发展，在弥合当今信息时代的数字鸿沟方面发挥了重要作用。尽管地面无线通信在容量和覆盖范围增强方面取得了一些进展，但卫星通信是在航空、海事、军事、救援和救灾等领域提供电信服务的唯一可行选择。此外，对高清电视、交互式多媒体服务和宽带互联网接入等新兴应用的需求正在迅速增加，也致使对卫星通信系统的需求不断增长。更重要的是，为了满足消费者对随时随地无缝访问电信服务的期望，包括在邮轮、飞机和高速列车上旅行等场景，卫星应成为即将到来的第五代通信系统（5G）及以上无线架构的重要组成部分。

即将到来的5G及以上无线通信预计将支持大量具有不同服务质量（QoS）要求的智能设备、连接传感器和大规模机器类型通信（MTC）设备。在这方面，与当前的4G系统相比，5G无线系统预计可使通信容量增加1000倍，终端用户数据速率提高10~100倍，延迟降低至1/5，低功耗设备能效提高10倍并支持连接10~100倍数量的设备。此外，预计各种新兴无线系统，如宽带系统、物联网（IoT）和MTC系统将与传统网络集成，以利用已部署的技术，如2G、3G、长期演进（LTE）、LTE-advanced、WiFi和卫星。但是，在实现覆盖范围、数据速率、延迟、可靠性和能耗，以及向终端用户提供融合的无线解决方案等满足异构服务要求方面存在一些挑战。主要是因为，未来的无线网络需为各种新兴应用场景，包括工业自动化、互联网汽车、电子医疗、智能城市、智能家居、智能电网、移动和高速平台（如火车、飞机和无人机（UAV）通信），提供随时随地和任何设备连接的服务。

在5G时代，卫星通信解决方案可以补充地面电信解决方案的不足，为所有地理区域，包括农村等交通不便的地方，以及城市和郊区的终端用户提供电信服务。卫星回传是为具有挑战性地理区域提供电信服务的理想解决方案，由于成本和实施问题，这些区域很难部署有线回传解决方案，如铜缆和光纤。与地面回传相比，卫星回传不仅可以降低基础设施成本，而且可以作为地面回传链路的备用解决方案，以防出现故障或在具有高流量需求的地方、事件中实现负载平衡。此外，针对5G及以上系统的许多应用中，如分布式IoT、MTC网络、内容传送网络（CDN）和高度分布式的中小型网络，卫星网络都比仅采用地面解决方案更适合。因此，卫星通信系统被视为支持5G生态系统向高度可靠和安全的全球网络扩展的重要手段。

Ku频段、Ka频段、超高频（EHF）频段和自由空间光学技术的新进展推动了高通量卫星（HTS）系统进入新时代。预计这些高通量卫星将显著降低下一代卫星系统和星地融合系统的通信成本。可是，新兴的高通量卫星系统和非对地静止（NGSO）卫星星座的主要挑战是从架构角度整合卫星和地面系统，以便卫星通信系统成为接入网的活跃部分而不是5G及以上系统的另一个透明回传媒介。在这方面，采用软件定义网络（SDN）和网络功能虚拟化（NFV）概念的星地无缝融合系统已经出现。设想这些基于SDN和NFV的解决方案将现有的基于硬件的系统设计和实现彻底转向软件化，从而实现5G生态系统的灵活和自适应性，以满足终端用户多样化的QoS要求。

卫星系统在满足某些应用时会面临挑战，如触觉互联网的延迟要求，以及提高密集区域的可靠性、效率、覆盖和降低成本等。对于对地静止（GSO）卫星尤其如此，而NGSO卫星星座的延迟性能则要好很多。另一方面，地面无线可以为室内和地面移动用户提供低延迟的连接，但对于稀疏或间歇性区域采用地面无线连接会面临巨大的经济挑战。在此方面，移动、固定和广播系统的融合，以及卫星网络与地面系统的共存融合是未来充满希望的发展方向之一。为了实现这种融合，卫星通信可通过卫星地面混合和集成范例，在建立异构架构方面发挥关键作用。再则，卫星的参与使得在广泛区域内部署涉及传感器和M2M连接的物联网成为可能。此外，为了实现万物互联，提供精确定位和关联能力是一个关键方面，且可以通过卫星和蜂窝定位系统的协同来实现。尤其是，集成卫星通信与蜂窝网络可为紧急和灾难应用提供更好的实用性。例如，可以考虑在UAV监视应用中使用卫星传送实时高清视频。另外，用卫星传送信息越来越引起运输部门安全服务和车辆到车辆应用的兴趣。

从上述方面可以明确地看到，5G及以上的无线架构中需要集成卫星通信，以实现5G生态融合系统。在5G生态系统中，一种有希望的方法是利用卫星和地面技术的互利，将它们以混合或集成网络的形式合并在同一个平台上。然而，除了S频段外，卫星系统主要以覆盖方式而不是集成形式使用。同样，由于广播、多媒体和交互式服务的需求不断增加且缺乏可用的卫星频谱，导致未来卫星通信系统面临的重要问题为如何提高频谱效率和总系统吞吐量。虽然卫星通信系统已从传统的单波束卫星转到多波束平台上，并且与传统的四色复用相比，新兴的全频率复用概念可提供显著的容量增益，但还需要借助先进的预编码和多用户检测方案来解决同信道干扰问题。随着同信道卫星（GSO 和 NGSO）和其他同信道地面系统数量的增加，处理系统间的干扰也变成了一个问题。为此对频谱共享、资源分配和干扰避免以及缓解技术的研究已成为实现下一代太比特卫星通信系统的关键。

受上述众多好处和卫星通信在 5G 中的作用与相关挑战的启发，一些学术机构、监管机构和行业正在大力研究新型星地集成解决方案及下一代卫星通信的技术和架构。主要是几种使能技术和架构正在相关研究机构进行研究，例如，通过星地混合回传的流量分流、通过卫星辅助 CDN 网络的高分辨率内容传输、先进的卫星星座组网（如低轨（LEO）巨型星座、中轨（MEO）卫星星座和多层 LEO 和 MEO 卫星网络）、太比特类极高通量卫星系统、跳波束卫星系统、星上信号处理、卫星物联网、软件定义有效载荷、基于 SDN 和 NFV 的星地综合网。另外，在动态频谱共享、感知和协作卫星通信、资源分配、高级干扰减缓技术、多波束联合处理、多用户检测、高级预编码技术、智能天线设计、光学星间和空地链路，以及开发高频带（Q、V、W、光学）网关连接等领域的研究也正在开展。

尽管最近在有一些书籍文献中讨论了 5G 蜂窝通信的各个方面，但忽略了卫星通信在 5G 及以上无线系统中的重要性。本书重点介绍了在此方向上最近正在开展的研究工作：卫星通信如何与即将推出的 5G 及以上系统进行集成和研究能够用于下一代太比特卫星通信中的各种新颖技术。本书旨在为学术界、研究人员、电信工程师、行业参与者和政策制定者提供重要的参考材料，以激发 5G 利益相关方、监管机构和研究机构未来加强卫星通信在 5G 及以上无线系统中的作用。

在上述背景下，本书讨论了下一代卫星通信和星地融合系统领域中的各种新兴概念、技术和架构等。本书中包含的章节以逻辑顺序呈现，即 5G 卫星通信（SatCom）场景和服务以及网络（第 1 章～第 4 章）、信道和传播方面（第 5 章和第 6 章）、物理和系统级技术（第 7 章～第 10 章）、基于光学技术的卫星系统（第 11 章和第 12 章）、星上处理（OBP）系统和技术（第 13 章和第 14 章）、高级冲突和干扰减缓、频谱共享和延时减少技术（第 15 章～第 18 章）。

本书首先概述了卫星通信（SatCom）在 5G 时代的作用和相关用例（第 1 章和第 2 章）；然后介绍了与 SDN（第 3 章）和 NFV（第 4 章）相关的新兴概念及其达到星地网络无缝集成的应用；其次，分析了将 EHF 频段卫星系统用于航空宽带的可行性，以及航空到卫星信道的特性（第 5 章）；再次介绍了

NGSO 卫星系统的主要传播特性，以及一些有前途的容量增强技术（第 6 章）；最后，讨论了 MEO 卫星的各方面，如分集合并和切换技术，并提出了划算的基于 SDN 的切换架构及一些基于原型的测试结果（第 7 章）。第 8 章介绍了几种可减缓新兴多载波卫星系统中非线性失真影响的先进补偿技术。第 9 章，借助实验室的验证结果，分析了基于软件无线电（SDR）的宽带多波束卫星系统预编码器的可行性。

本书第 10 章介绍了用于下一代卫星系统，尤其是未来的欧洲电信卫星公司（Eutelsat）量子级卫星的跳波束技术。在新兴光学技术背景下，本书讨论了用于新兴 LEO 下行链路的光学开关键控（OOK）数据链路技术的几个方面，并详细分析了激光通信信道（第 11 章）。在第 12 章中还讨论了设计基于光学技术的超高速中继系统考虑的主要因素和各种相关链路的链路预算计算。本书包括了两章与下一代卫星系统相关的 OBP 范例：第 13 章主要提出了实现星地融合与 OBP 设计相关的各方面内容，以及 LEO 卫星 OBP 示例；第 14 章中介绍了一些前景好的星上干扰检测和定位技术，以及通过数值结果评估出的性能。第 15 章讨论了各种传统和高级的随机访问（RA）方案，并分析了它们在各种系统约束条件下的性能。在混合星地移动回传（MBH）系统的背景下，讨论了各种干扰规避和减缓技术及其性能分析，包括用户级线性预编码方案和符号级预编码（SLP）方案（第 16 章）。为了实现卫星和地面系统间无线电频谱的动态共享，讨论了各种频谱共享技术，并给出了一个卫星固定业务（FSS）系统和地面固定业务（FS）系统实际共存的示例（第 17 章）。最后，本书讨论了双向卫星中继（TWSR）的各方面内容，包括 TWSR 通信系统中波束赋形和合并技术的详细数学分析（第 18 章）。下面对每章节的主要内容进行概述。

第 1 章 O. 奥尼雷蒂和 M. A. 伊姆兰从 5G 视角突出讨论了卫星可在 5G 系统中发挥重要作用的几个关键领域。这些关键领域包括为无法覆盖的地方，如偏远地区、交通工具（飞机、火车、船只）中的乘客、紧急和关键场景、大规模 MTC、弹性服务供应、内容缓存和多播、星地融合网络（集群和前向馈线、回传和移动中通信）和超可靠通信提供无所不在的连接。接着，作者强调并讨论了 5G SatCom 系统的最新进展，包括一些正在进行的星地融合项目（5G 星地网络（SAT5G）、SANSA 和 VITAL）、星地系统间的频谱共用、低轨巨型星座、OBP、氮化镓技术、SDN、多播和集成信令。最后，给出了一些与星地架构集成、信令集成和 OBP 相关的研究挑战和建议。

第 2 章 K. 利奥利斯等人讨论了在欧盟委员会 H2020 5G PPP 第 2 阶段项目 SaT5G 中定义的 5G 增强型移动宽带（eMBB）的各种有前景的用例和场景。

本章从简要讨论卫星在5G生态系统和SaT5G项目中的作用开始，介绍了eMBB的四种不同用例，并提供了与关键研究支持，主要是5G PPP关键性能指标、3GPP SA1 SMARTER用例系列和5G垂直市场的相关性。本章主要用例包括向网络边缘传送和分流多媒体内容、为地面通信无法访问的地点提供宽带连接的5G固定回传、地面网络服务不足区域的补充连接，以及移动平台的宽带连接。再则，本章基于卫星运营商的观点和最近的工业发展，对选定的eMBB卫星用例的市场规模进行了定性评估。本章还对每个选定用例的一组场景进行了定性的高级描述。本章最后突出了所介绍的用例和场景的关键方面。

第3章F. 门多萨等人讨论了SDN技术在促进星地融合网络无缝整合和运营方面的作用。特别是，讨论了通过在星地融合网络中使用SDN技术实现MBH网络场景下端到端（E2E）流量工程（TE）的方法。提出了一种支持SDN的地面段系统架构，并讨论了几种候选的SDN数据模型和接口。通过将卫星组件抽象为开放式流量交换机，提出了一种在星地回传网络中用于实现E2E基于SDN的TE的集成方法，并对两个主要TE工作流程（一个用于计算最佳路径；另一个用于克服拥塞和故障）进行了说明，以验证所提出的集成方法。此外，通过对仅靠卫星进行回传的各种场景（包括同类和异类载荷、地面链路无效和存在便携式基站等情况）进行了数值仿真，分析了基于SDN的TE应用的性能。最后，本章给出了一些结论和未来的工作建议。

第4章H. 库马拉斯等人首先简要介绍了云计算，并讨论了NFV的功能。随后介绍了将云网络技术集成到卫星网络中有希望的用例场景。这些场景源自地面NFV用例，且适用于卫星通信环境。讨论的场景包括虚拟CDN服务、卫星虚拟网络运营商场景、具有边缘处理（服务场景）的动态回传以及客户功能虚拟化场景。讨论了上述每一场景相关的优势和实施挑战。最后提出了一些有关在卫星通信系统中有效实施NFV技术的建议。

第5章N. 詹宁等人讨论了用EHF卫星系统提供航空宽带通信的可能性。首先从概述专用于宽带通信的现有或规划系统开始，通过考虑当前的商业航空流量和预测数据使用情况，来分析未来商业航空产生的流量需求；然后提出了EHF频段航空到卫星信道的特性，尤其关注高度对对流层损耗的影响。另外，还介绍了最新的ITU-R标准，该标准评估了对流层对航空器-空间链路的影响，并对相关的传播特性进行了讨论。此外，将当前的航空终端和卫星特性外推到EHF范围，用于证明EHF频段的性能得到了改善。通过使用共形天线可提高系统的供给容量，可供给比Ka频段系统大约4~10倍的容量。最后，本章得出EHF卫星系统可以满足未来航空乘客需求的结论。

第6章C. 库罗乔加斯等人介绍下一代NGSO SatCom系统的各种链路特性

和系统远景。本章首先讨论了地面站和NGSO卫星间链路的主要传播特性，包括本地环境和大气传播特性的影响。在较低频段（L波段和S波段）运行的NGSO系统主要受本地环境的影响，而在高RF频段和光学范围内，大气影响成为主导，在系统设计时必须考虑这些方面的影响。关于大气传播特征，提供了关于Ka频段RF系统传播特性的详细讨论，以及用于计算总大气衰减和雨衰的不同现有模型。然后通过强调云和湍流的影响，来讨论光学NGSO系统的传播特性。此外，本章介绍了一些有前途的技术，以增强NGSO系统的容量，包括可变和自适应编码和调制，以及空间分集和多天线技术。最后，本章简要讨论了干扰问题和NGSO-GSO合作的前景。

第7章以MEO卫星在5G系统中所扮演的角色开篇，尼克洛·马扎里等首先讨论了MEO卫星的系统架构、业务、应用和挑战，特别是O3b卫星网络；然后描述了MEO卫星E2E信道的关键要素，包括上下行链路的无线电传播、有效载荷和用户终端。此外，提供了用于MEO应用的现有切换技术概述和无缝切换概念的细节。为了克服现有切换解决方案在实现最佳性能和零丢包方面的缺点，本章提出了一种基于SDN的经济高效的切换架构，它结合了“先接后断”和“单向切换”的概念。另外，本章还描述了一个用于演示所提解决方案切换性能及一些测试结果的原型。本章还详细介绍了MEO卫星的分集合并技术及其优点、缺点和折中，并通过考虑实际信号和信道模型，给出了MEO应用中三种经典合并算法的性能。最后，本章总结了关于MEO卫星的主要见解和未来发展路线图。

第8章B. F. 毕达斯首先提出了基于沃尔泰拉（Volterra）级数表示的分析框架，该框架表征了适用于多载波卫星应用的载波间失真；然后为了有效地减小卫星通信系统中的线性和非线性失真，提出了几种用于收发信机的先进补偿技术。作为接收机上有前途的方案之一，描述了Turbo伏特拉均衡法，该方法可在均衡器和前向纠错（FEC）解码器间迭代地交换软信息。针对发射机侧，讨论了三种不同类型的预失真方案，即基于伏特拉的数据预失真、基于伏特拉的连续信号预失真和连续数据预失真。此外，还讨论了正交频分复用（OFDM）信令在前向（从关口站到终端）宽带卫星传输中的应用，以及用于减缓基于OFDM卫星系统中非线性失真影响的适当补偿策略。最后，本章总结了在基于预编码卫星系统和感知卫星系统中使用所提非线性失真对策的建议。

第9章史蒂芬诺等人展示了基于SDR的预编码器的能力，即在出现实际损害时，能使集总频率复用模式宽带多波束卫星系统正常运行，从最近关于预编码项目的讨论开始，简要回顾了卫星通信预编码的相关工作；然后给出了如用于预编码的瞬时差分相位失真、定时未对准和信道状态信息（CSI）估计误差等实际约束的详细分析，并讨论了可能的解决方案。此外，描述了预编码技术的实际实现，特别是SLP，还介绍了预编码技术的试验室验证，包括2×2多输入多输出（MIMO）系统中预编码传输的实验验证、符号级优化预编码的评估和非负最小二乘法（NNLS）-SLP的未编码误码率（BER）性能分析。接着提供了NNLS-SLP的BER性能和迫零预编码的实验结果，并与采用分频方案的标准非编码系统的试验结果进行了比较。最后，本章总结了未来可能的实验室内验证场景的列表。

第10章C. 罗德等人讨论了前景良好地用于下一代卫星通信系统的跳波束技术，尤其是即将推出地设计了跳波束操作的Eutelsat量子卫星。从跳波束技术的基本概念和优点入手，本章考虑到传统的DVB-S2X的成帧和超帧，描述了跳波束中的DVB-S2X波形。结论是超帧对波束赋形系统的实际可行性具有比传统框架更高的相关性。基于确定的跳波束波形关键要求，对已经发布的DVB-S2X标准的超帧规范进行了评估，发现格式2、3和4正好可用于配置跳波束。接着展示了即将推出的，采用了跳波束的Eutelsat量子卫星的技术细节和实施情况，以及可重构波束赋形和潜在应用的集锦等。讨论了采用宽带处理优势的相应地面设备。此外，通过DVB-S2X超帧格式4的检测性能，展示了实施跳波束系统的可行性。最后，本章通过对跳波束总体概述和一些重要优点的总结，用以阐述跳波束系统可以实现可变的流量需求和增强的可用吞吐量。

第11章德克・根根巴赫等人首先介绍了用于新兴LEO下行链路应用的光学数据链路的各个方面。从先前关于光学LEO下行链路（OLEODL）的实验项目的概述开始，讨论了OLEODL的性能和几何限制，以及对OLEODL系统中不同数据速率模式的一些见解；然后提供了激光通信信道的详细分析，包括传播影响、传输方程、链路预算计算，以及指向、采集和跟踪过程，此外讨论了基于激光信号的OOK的调制格式和使用不同OOK调制方案的数据速率变化的有效性，并且给出了不同接收器实现的性能范围，以及比特编码和更高层编码和协议的影响。同时，描述了用于OLEODL链路的空间硬件系统和组件，以及单基站和双基站系统设计的优缺点比较。另外，本章还讨论了地面硬件的细节和DLR光学地面站的基本框图。最后，本章提出了光学LEO下行链路的未来发展展望。

第12章R. 巴瑞尔斯等首先定义和分析了基于光学技术的未来超高速中继系统设计中涉及的关键要素，从概述与空间光通信相关的任务和演示开始，描述了基于GSO中继系统的系统架构及若干物理层前向纠错（FEC）编码的候选选项；然后详细描述了包括大气影响、指向误差和微振动，以及光耦合效率的光学通道模型的各个方面。此外，还介绍了相关的噪声模型和各种链路预算的计算，包括 LEO 到小型和大型平台的中继、无人机中继和中继到地面，以对发展未来超高速数据中继系统提供可能的见解。同时，还提供了空间数据系统协商委员会框架中，为近地和深空通信确定的不同 FEC 编码的概述。另外，还提供了基于先前报道的实验外推接收机灵敏度的分析，并比较了分层编码和卫星星上解码的性能。最后，本章提供了有关代码设计复杂性约束的主要见解和相关讨论。

第 13 章 R. 翁施等人讨论了 OBP 的几个方面，为便于在即将到来的 5G 生态系统中集成到卫星地面系统中。从星上处理器（OBP）的简史开始，提供了 OBP 的详细分类和应用。本章首先介绍三种不同类型的卫星有效载荷架构，即弯管、数字透明和再生，并描述了它们的组成和优点；然后通过将电路技术映射到信号架构、重构分级、对可能的 FPGA 解决方案和可重置 OBP 的优势进行了比较，并介绍数字有效载荷技术矩阵的使用。此外，本章还讨论了费劳恩霍夫（Fraunhofer）关于 OBP 的各种设计，包括有效载荷架构、主要构建模块、数字信号处理模块和虚拟遥测与遥控系统。最后，本章介绍了使用 LEO 卫星的 OBP 示例性 5G 使用案例，并确定了在 5G 系统中的未来应用场景。

第 14 章 C. 波利蒂斯等人提出了应用于数字透明处理的卫星或部分再生卫星的干扰检测和定位技术。从最近的星上数字化趋势开始，本章首先讨论了卫星系统内部和外部干扰的主要来源，并描述了干扰检测技术，特别关注了能量检测方法，主要是通过考虑相移键控调制信号，在导频和数据域中利用不完全信号的消除，来分析能量检测器的性能；然后提供了当前定位技术的概述，并描述了一种干扰定位方法，该方法使用到达频率来定位未知的干扰源，同时又仅依赖受影响的卫星或专用于干扰定位的卫星。此外，本章介绍了一种定位算法，用于关口站处的频率估计和频率校准，以计算干扰源的位置。最后，本章还通过数值结果，分析了所提出的干扰检测和定位技术的性能。

第 15 章 K. 齐达内等人讨论卫星通信系统的各种现有和先进的 RAA 构架。首先从回传链路上用于增强 RA 性能的主要动机开始，本章描述了广泛使用的传统 RA 协议，如 ALOHA、时隙 ALOHA 和分集时隙 ALOHA，以及它们的 MAC 层解析吞吐量性能的比较；然后通过强调对高级 RA 技术的急切需求，介绍了几种先进的 RA 方案，将它们分为两大类，即同步 RA 和异步 RA。在卫星通信回传链路中，分析了下列各种先进同步 RA 技术的性能，例如，争用解决分集时隙 ALOHA、不规则重复时隙 ALOHA、编码时隙 ALOHA、多时隙编码 ALOHA、使用基于相关性定位的多重解码和多频率争用解决分集时隙ALOHA。类似地，在高级异步RA技术中，讨论了下列各种方法，如增强的扩频ALOHA、增强的争用解决ALOHA和异步争用解决分集ALOHA。此外，本章提供了不同高级RA技术的通用性能比较，并讨论了每个方案在系统受约束方面的具体应用，如在功率受限、较低数据速率和信令开销减少时的性能。最后，本章提出了5G卫星通信系统中先进RA方案面临的一些开放式研究挑战。

第16章K. 恩图吉亚斯等人描述了混合卫星地面MBH系统的各种干扰规避和缓解技术。首先简要讨论了5G无线接入技术和多输入多输出（MIMO）通信技术，以及混合卫星地面MBH系统的高度概述；然后，结合负载控制寄生天线阵列（LC-PAA）技术的优势，本章通过考虑LC-PAA技术在单小区和多小区MU-MIMO设置中的应用，提出了信道相关预编码和低复杂度通信协议。此外，本章介绍了单用户MIMO和单小区MU-MIMO设置的数学表述和干扰模型，分析了用户级线性预编码方案和扩展的SLP。同时，本章还描述了一种最优传输技术，用于在接收机受干扰的约束下，最大化所需链路的容量，并提出了用于有效功率分配的干扰受限的注水算法。另外，本章还提出了用于混合星地MBH网络的一种工作在19.25GHz基于领结贴片天线的负载控制多有源多无源的设计方案。最后，本章通过数值结果，分析了所提出的干扰场景和技术性能，并证明了所采用的预编码方法和通信协议是可行的。

第17章M. 霍伊蒂亚和S. 布马尔介绍了混合星地系统中的动态频谱共享技术，首先从频谱共享角度出发介绍了混合星地系统的分类，描述了在混合星地系统中，实现频谱共用的各种技术及其在不同情况下的适用性，讨论的主要动态共享技术包括频谱感知、数据库、波束赋形，以及自适应的频率和功率分配；然后，介绍了在Ka频段共存的卫星固定业务（FSS）系统和地面固定业务（FS）系统场景之间的干扰建模和分析，以及一些示例的结果。此外，作者描述了两种混合星地系统有希望的应用场景，即自主船舶系统和公民宽带无线电服务（CBRS）系统。在第一个应用场景下，描述了用于一个自主和远程控制船舶，包含了卫星和地面部件的高级通信架构，并确定了一些相关问题。同时，在CBRS场景下，本章介绍了在芬兰实施的CBRS系统架构和对试验环境的简要讨论。最后，本章提供了用于混合星地系统的不同动态频谱共享技术和所面临的实施挑战及其相关建议。

第18章M. K. 阿尔蒂介绍了双向卫星中继系统（TWSR）的各个方面，包括与信道估计、差分调制以及波束赋形和合并方案相关的挑战。首先简要讨论了双向中继的优点及其对卫星通信系统的重要性，以及通过一颗卫星为两个地球站（ES）之间提供用于TWSR的通用信号模型；然后给出了基于训练的

TWSR系统的详细理论分析，推导了平均误码率（BER）和遍历容量的表达式。通过仿真结果，在不同的衰落情景下验证了所提出的理论。此外，本章还详细分析了基于差分调制的TWSR，它不需要信道状态信息（CSI），以及星座旋转角度计算的细节。同时，通过将用于TWSR通信系统的配备了多天线的地球站的波束赋形和合并技术，分为两类来讨论：基于本地信道信息的波束赋形和合并技术，以及最佳波束赋形和合并技术。对于这两个类别，理论性能分析以平均符号错误率和分集阶次表示，并且通过数值结果验证分析。

目　录

第 1 章
卫星通信在 5G 生态系统中的作用：前景和挑战

奥卢瓦卡约德·奥尼雷蒂，穆罕默德·阿里·伊姆兰
英国格拉斯哥大学工程学院

第五代移动通信系统(5G)将为我们带来翻天覆地的变化。在减少延迟、提高用户体验质量和大幅减少能耗的同时，应对数据流量大幅增长是一大挑战。未来系统需要支持数十亿计的对象连接，即所谓的物联网（Internet of Things，IoT)，是又一项新的挑战。5G 愿景已在世界各地提出，目前正在研究新的技术标准。已达成的共识是未来 5G 网络有以下特点：（1）更加扁平的网络架构；（2）由工作在毫米波段的密集小小区组成；（3）具有自适应性和软件可控能力。在 5G 愿景中，卫星发挥了什么作用呢？本章探讨了卫星在 5G 网络中的几个潜在作用，包括增强覆盖范围、物联网、可靠连接、内容缓存和组播，以及集成架构等方面。此外，还讨论了卫星通信的最新进展和卫星在星地一体化体系结构中应用所面临的挑战。

1.1 简介

移动蜂窝通信系统经历了一系列被称之为“代”的标准，从模拟（1G）到全球移动通信系统（2G），到国际移动通信系统（IMT）2000（3G），再到今天的 LTE（4G）系统。卫星移动系统是独立于地面通信系统发展起来的，在很大程度上是专有的，如国际海事卫星组织（INMARSAT）系统。卫星移动系统和地面通信系统之间的关联关系较为松散，如地面通信系统通常使用的是 GSM 网络模式，而最近也出现了适用于卫星的 GSM/GPRS 及 3G 版本的标准，

如ETSI GMR系列标准。两种系统各自发展、长期分离，造成的后果是两种网络难以实现融合提供无缝连接服务。最近我们意识到了这个问题，并且正在努力使卫星和移动通信系统在4G标准时有所融合。下一代蜂窝网络5G系统，在2020年左右投入运营。可以看出，卫星将是以与其他网络融合的形式，而不是作为一个独立的网络来提供5G服务的。卫星系统是在世界范围内以可承受成本提供可靠5G服务的基础设施。由于其固有特性，卫星系统将有助于增强5G网络的服务能力，可以应对与支持多媒体流量增长、无处不在的覆盖、机器到机器（M2M）通信和关键通信任务等相关的一些主要挑战，同时节约用户成本。

本章首先讨论了5G愿景；然后对卫星移动系统（MSS）进行回顾，阐述了各代卫星移动系统的关键技术标准及主要的在运营或规划系统；最后讨论了卫星可在5G系统中发挥重要作用的几个关键领域，同时说明了卫星所提供的服务是如何对5G的关键性能指标（KPI）做出贡献的。具体而言，讨论的关键领域包括覆盖范围、大规模机器通信、应急通信、内容缓存和组播、星地融合网络（中继和端到端正向传输、回传及移动中通信），以及超可靠连接服务。还重点介绍和讨论了5G卫星通信的最新进展，包括5G网络中地面和卫星使用的频率、低轨巨型星座、星上处理技术、氮化镓（GaN）技术、软件自定义网络（SDN）及综合信令技术等。

1.2 5G愿景

全球一致认为，5G不再是某种新无线接入技术（RAT）的开发和部署，而是多种使用场景、技术和使用环境的融合。5G旨在提供无处不在的高速数据服务和应用程序访问。5G将以用户体验和服务质量（QoS）为基础，旨在给用户留下无限容量体验的印象。为了达到这样的效果，需要将各种服务中出现的服务应用程序进行集成，并通过混合访问不同的无线和固定网络进行访问。5G愿景[1-3]的驱动因素之一是预计2020年的数据流量将增长1000倍①，其中2/3是嵌入式视频流量。5G愿景的另一个驱动因素是物联网的出现，以及数十亿计的对象连接到互联网的设想。这是“智能城市”和其他类似“智能”环境以及所谓的“大数据应用”的融合，在这些应用中，可以处理大量数据，以满足大量新应用的需求。对于5G来说，这意味着能够有效地处理大量低速率数据通信，包括广域传感器网络和M2M通信。

5G愿景的驱动力还有两个关键因素：一是确保网络可用性、可靠性和健壮性；另一个是减少能耗。能耗目标是到 2020 年①，在不降低性能或不增加成本的情况下，将目前的能耗减少 90%。因此，5G 网络设计因需要同时考虑链路、区域谱效率和能耗效率而变得极为复杂[4]。5G 基础设施公私合作（5G PPP）强调的 5G 网络总体技术要求有以下几点[5-6]。

（1）单位面积移动数据量增加 1000 倍；

（2）连接设备数量增加 10~100 倍；

（3）典型用户数据速率增加 10~100 倍；

（4）端到端延迟减少至 1/5 倍；

（5）低功耗设备的电池寿命延长 10 倍；

（6）无处不在的 5G 随机接入（包括低密度区域）。

5G 的系统需求如图 1.1 所示。在 5G 所有的关键技术指标中，更高的数据传输速率需求是最受关注的，在地面系统中将通过三项关键技术实现[7]。

（1）通过先进的多输入多输出（MIMO）技术，提高频谱效率，以支持每个节点更高的频谱效率（bit/s/Hz）；

（2）超密集组网和负载均衡，以提高单位面积的频谱效率，如提升单位面积和带宽内活动节点的数量；

（3）增加带宽，充分利用毫米波及 5GHz 频段非授权频段。

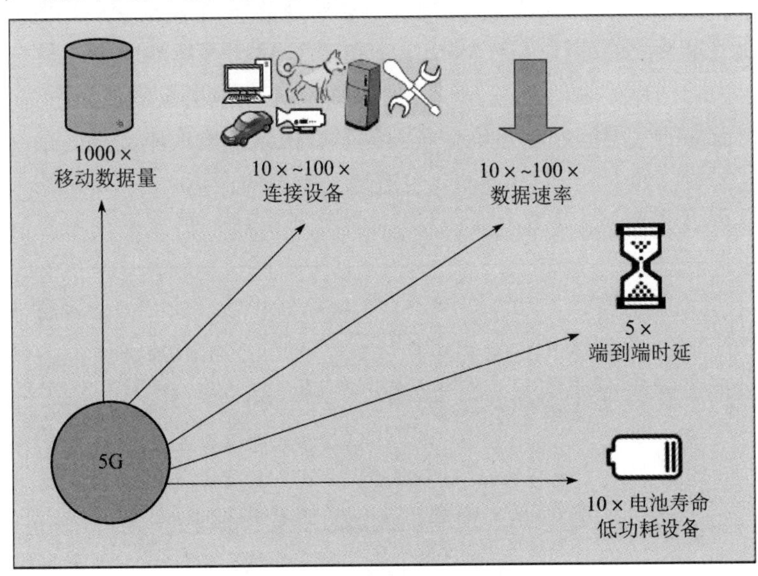

图 1.1　5G 的系统需求

① 原著出版时间为 2018 年，遵照原书，此处保留。——译者注

更大带宽（Hz）、单位面积和频段（Hz）内更多的节点与更高的频谱效率的组合会导致单位面积内更大数据传输速率增加。总体而言，5G 研究组的主旨任务在于研究关键技术，以满足 5G PPP 中强调的 5G 愿景中关键绩效指标。同时，5G 研究组的活动主要由地面运营商推动，他们并没有充分考虑和评估卫星运营商的特定应用场景需求。

1.3 卫星和前几代蜂窝通信技术

MSS 的演进及其背后的关键技术（见表 1.1），第一个主要的卫星运营商国际海事卫星公司（Inmarsat）与第一个提供 1G 模拟服务的蜂窝运营商大约同时成立。在此期间，国际海事卫星公司利用 L 波段和全球波束覆盖卫星，向船舶海运市场提供低速率数据服务和语音服务。20 世纪 90 年代初，国际海事卫星向点波束高功率卫星发展，为客机增加航空服务。1997 年晚些时候，MSS 业务的主要应用包括全球范围的点波束操作、寻呼、导航和连接到桌面终端的高速率数字通信。20 世纪 90 年代中期，出现了一些区域性对地静止轨道（GEO）卫星系统，如 OPTUS、AMSC、EUTELTRACS 和 OMNITRACS 等，它们同时使用 Ku 频段和 L 波段主要为地面车辆提供服务。20 世纪 80 年代末和 20 世纪 90 年代初卫星的研究方向侧重于非对地静止轨道星座，并提出了中轨道和低轨卫星系统的建议。像 Globalstar 和铱星 MSS 这样的典型系统已经投入使用，但为时已晚，因地面 GSM 系统的快速普及，卫星系统已无法与之竞争。两家公司面临的主要问题都是商业模式问题，因星座的成本太高，最终导致破产。其他公司，如 ICO 和 Orbcomm 也遭遇了类似的命运。

表 1.1　5G 卫星移动业务和系统演进

蜂窝移动通信		研究思路	运行/建议的系统
1G	20 世纪 70 年代 20 世纪 80 年代	卫星移动 ATS-6 提出了 Non-GEO 移动蜂窝架构	Inmarsat 成型 Inmarsat 运营——水上
2G GSM	20 世纪 90 年代	摩托罗拉公司宣布推出铱星系统 提出 LEO Orbcomm 系统 Teledesic 宣布推出 Non-GEO 固定系统 环球星/ICO 系统提出 宣布超星（Super GEO）计划 Agrani/Apmt/Aces/Thuraya 星计划	Inmarsat 运营——陆地/航空 区域：Omnitracs Euteltracs、Amsc、Optus Inmarsat Sats-spots 铱星业务 Orbcomm 业务 全球星业务 世界空间电台

续表

蜂窝 移动通信		研究思路	运行/建议的系统
3G IMT-2000	21 世纪 00 年代	内容集成 S/T/UMTS 网络概念提出 Satin EU 项目 DVB-S2 标准	铱星/全球星/Orbcomm 卫星 Thuraya 业务 Inmarsat 四代星——100 点波束和 DSP 处理器 Xm、SIRUS、DARS MBSAT
4G	21 世纪 10 年代	高通量卫星	Inmarsat 全球速通星座——100 个固定点波束及额外的可调点波束 铱星-NEXT 业务-特色数据传输服务
5G	21 世纪 20 年代	高通量卫星 百量级点波束 高频段通信——Q/V/W 光纤用于网关连接 在 L/S 波段高达 30m 的可展开天线 自适应波束跳变和赋形 移动性管理融合渐进俯仰技术 (Progressive pitch technology)	OneWeb 卫星星座 SpaceX 卫星星座 Samsung 卫星星座 LeoSat 卫星星座

在 20 世纪 90 年代中期，超地球同步轨道（Super-GEO）卫星概念被提出，这种卫星不再是早期的 5~10 个点波束而大约有 100~200 个点波束。在所建议的系统中，Thuraya[8] 系统是 21 世纪初进入市场的，它向亚洲和欧洲大部分地区提供 GPRS 和类似 GSM 服务。Super-GEO 系统将商机瞄准旅行者、卡车和地面移动设备过于昂贵而无法部署的地区。第四代国际海事卫星作为一个 Super-GEO 系统将数字服务速率从 64kb/s 提高到 432kb/s，从而将全球区域网络（GAN）提升到了全球区域宽带网络（BGAN）范畴[9]。尽管地面运营商在 2004—2005 年转向码分多址，国际海事卫星公司还是开发了专有的时分多址系统，以提供与 3G 相当的分组服务。自 2013 年起，高数据速率（HDR）BGAN（数据速率超过 700kb/s）开始可用，HDR 还支持总带宽超过 1Mb/s 的连接。对于 M2M 通信来说，Orbcomm 使用 VHF 频段 LEO 星座系统提供仅支持数据通信的 M2M 服务，并与 Inmarsat 合作，在 L 频段提供 M2M 服务。Inmarsat 也提供宽带形式的 M2M 服务，称为全球区域宽带物联网（BGAN M2M）。此外，铱星系统的窄带模式也常用于 M2M。

在 2020—2025 年期间，预计将出现更强大的地球同步卫星，这种卫星的容量将从 100Gb/s 提升到超出 1Tb/s。尽管频谱有限，但仍可以通过数百个点波束和高阶频率复用来实现扩容。此外，如Q、V和W之类的高频带将与光技术一起用于网关连接。优化设计和采用新材料促使卫星有效载荷技术进步，将使有效载荷功率从20kW提高到30kW，并能使卫星配置高达30m的可展开天线。各种新技术，如自适应波束跳变技术、波束赋形技术，以及干扰管理等，将用于改善网络的连通性和灵活性，以适应不同的业务和模式需求。此外，随着O3b采用不同轨道的创新，可能出现新的非对地静止（Non-GEO）卫星系统，利用全光技术实现星间或卫地通信。

1.4 卫星在5G中发挥作用的领域

卫星通信作为地面无线通信和固定通信的补充，正式成为5G系统中的一个重要组成部分。由此，第三代合作伙伴计划（Third Generation Partnership，3GPP）定义的5G使用场景中，非地面网络尤其是卫星系统发挥了作用。3GPP认为5G中卫星有以下三个主要作用[10-12]。

（1）促进5G服务在地面5G网络无法覆盖的非服务区（如隔离/偏远地区、飞机或船只）和服务不足地区（如郊区/农村地区）推广。此外，以经济有效的方式提升受限地面网络的性能。

（2）通过为M2M/IoT设备或移动平台上的乘客提供连续性服务，加强5G服务可靠性。同时，确保任何地方的服务可用性，尤其是关键通信服务。

（3）通过向5G网络覆盖边缘区域提供高效的组播/广播资源，实现5G网络可扩展性。

在本节中，我们将进一步阐述卫星通信在5G系统中发挥作用的关键领域。讨论的范畴包括覆盖范围、大规模机器通信、应急通信、内容缓存和组播、星地融合网络（中继和端到端正向传输、回传及移动中通信），以及超可靠连接服务等。

1.4.1 覆盖范围

5G的总体目标是为任何类型的设备和应用提供无处不在的连接服务，这仅能通过卫星与5G网络融合来实现。与地面蜂窝运营商相比，卫星通信运营商可以提供单一的全球网络，同时降低运营和业务维护成本，这使得只有通过卫星技术提供全球服务和数据服务才能有效节约成本并提高效益。因此，对于卫星网络运营商（SNO）来说，向偏远地区、飞机乘客、火车和船只提供数据和服务，为难以到达的地区（紧急情况和危急情况）及边境地区提供必要服务是主要商机。此外，鉴于以下情况，卫星在覆盖方面的优势将进一步增加。

（1）由低轨卫星组成的巨型星座，可以提供有效全球传输和细颗粒度地理位置上无处不在的访问等服务；

（2）未来云计算资源的空间部署；

（3）由频率的空间复用或通过新的调制编码技术以提高频谱效率等，实现 5G 系统容量增加；

（4）利用卫星的预测位置和地面设备的地理位置的技术进步，设计出自适应性更强和更有效的方案。

1.4.2　大规模机器类通信

大规模机器类通信要求能够支持大量低成本的物联网设备（连接），这些设备通常具有很长的电池寿命，覆盖范围广泛（包含室内环境）。连接设备呈指数级增长，需要考虑采用超越地面无线通信系统的大规模数据聚合和数据广播新技术。卫星具有的广播能力使其能够在消耗有限资源的情况下与更多的设备建立通信连接，这使它们非常适合于分散部署的 M2M 网络。卫星网络提供通过全球观察环境（GEO-Observation Environment）进行海量数据聚合的手段，也提供从大规模网络区域以有效方式共享上行链路连接的手段。此外，卫星已经支持资产跟踪应用（Asset Tracking Application），这些应用可以扩展应用到未来的 M2M/IoT 通信。

另外，大量物联网设备的部署带来了显著的管理困难，必须对设备进行维护（安全补丁等），并不时进行配置和升级。卫星可通过以下方式支持/克服设备大规模部署带来的挑战。

（1）大规模、全球范围的高效数据分发，补充地面网络部署。

（2）提供按需反馈数据能力，而不需要部署额外的地面基础设施。随需应变的本质是由于大多数 M2M 服务需要间歇性的回传链路通信。

（3）为 M2M 通信卫星提供一种非常有效的连接替代方案，也可以为偏远和孤立地区，以及数据包必须通过多个自主系统才能到达目的地的密集区域间网络，提供一种替代方案。这代表了卫星网络的当前市场，M2M 正成为重要的连接业务之一。

（4）使用单个卫星运营商漫游。卫星网络可以覆盖广阔区域，跨越任何类型的边界，可以确保仅通过单一运营商保障所有连接。

（5）通过卫星激活和配置设备以使用本地网络基础设施。

（6）当地面网络不可用时，作为备份网络以保障通信连接持续可用。

1.4.3 弹性资源配置

卫星（空间）通信服务的优点是使用较少的地面设施，便可以保障全球覆盖率和可靠性通信。由此卫星网络目前多被用于高可靠通信和安全因素至关重要的网络，如海事领域的导航信息等。作为其他通信网基础设施的补充，卫星可以在支持网络整体恢复能力方面发挥重要作用。卫星可以保障5G网络的可靠性，以缓解过载/拥塞问题，满足5G关键绩效指标“确保每个人和任何地方都能以较低成本获取更广泛的服务和应用”。为了实现这一目标，可以通过在无线接入网（RAN）上部署智能路由器功能（IRF）来对业务路由进行智能决策。IRF专门根据应用程序的需求对异构链路上的业务路由进行决策。例如，在正常的地面链路发生拥塞时，IRF会确保在地面链路恢复之前，业务以无缝方式使用卫星链路通信。因此，从最终用户的角度来看，卫星可以提供高可靠性通信，并通过在大量站点上共享卫星容量，减少成本。

1.4.4 内容缓存和组播

在地面网络中，已经证明缓存技术是有效提高网络时延和吞吐量等网络性能的方法。地面网络存储容量的局限性及地面网络存储不可用的发展趋势，对一些特殊场景，如水上通信，卫星通信便变得非常重要。此外，更大的存储容量和先进的船载数据处理技术的引入使卫星变得更受欢迎[13]。卫星在内容缓存的临界边缘发挥着重要作用，如让内容更贴近用户，以实现5G关键绩效指标——零感知延迟和1000倍无线容量。使用卫星提供内容缓存和组播的好处包括：①卫星系统是广泛覆盖和仅有少量中间节点的自主网络；②卫星系统具有超低的内容访问延迟；③分摊地面网络的内容缓存压力。

使用组播技术将接近临界容限的缓存内容传输给用户有利于提高最终用户的体验质量（QoE），并减少回传流量负载。这种形式的内容交付可以类似于信息中心网络或其他演变系统进行管理，其中包括SDN/NFV和集中控制器功能，在用户需要提供即时和按需内容访问时，该功能可以优化卫星链路的传输。

1.4.5 5G星地融合

卫星通信与地面移动通信系统的融合一直很困难，因为每个部门都采用竖烟囱式的管理方法[4]，网络融合通常需要大规模的重建且成本很高。例如，在较少连接点和紧急情况下，目前卫星网络主要支持固定站点的2G网络回传连接，而需要改进3G和LTE网络，以适应卫星的标准。同时，5G系统与卫星的融合提供了一个难得的机会，可以从开发初期便在同一个环境下开发设计，克服与前几代地面网络融合的障碍。此外，卫星和移动通信行业可以共同定义和设计一个完整的 5G 系统，以确保卫星通信能够满足与支持 5G 网络设想的需求。

卫星和地面网络在接入网及核心网融合的网络架构模式，如图 1.2 所示。网络模型假设卫星网络结构由卫星通过非对称链路与信关站、终端连接组成。地面 RAT 包括新的 5G 无线网络、WiFi 和 LTE，以及为船到船、端到端通信开发的无线电技术。星地网络融合架构需要在各种场景概念上进行全面评估。评估的关键要素包括将卫星参数添加到 5G 要求中、新的基于卫星的业务及多模终端。融合架构的社会效益、经济效益和商业模式的验证也非常重要。

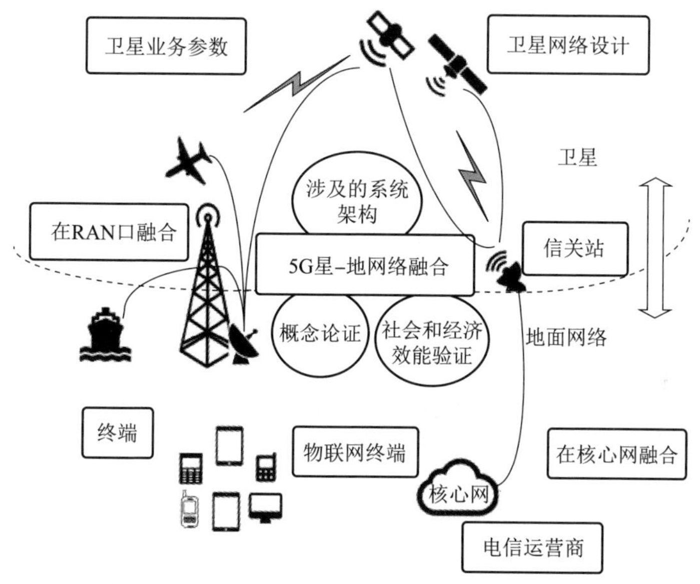

图 1.2　星地融合网络架构

。

将卫星与地面系统融合会有许多优点，其中之一是通过收发系统间智能路由和缓存用于地面传输的高容量视频可以提高用户的 QoE。这点可以通过卫星系统原有的组播/广播功能来实现，由于智能缓存技术，传播时延不再构成问题。卫星分摊地面系统的流量压力以节省宝贵的地面频谱，有利于提高网络的可靠性和安全性能。5G 星基融合网络解决方案主要用于三种场景，即中继和端到端正向传输、回传和塔馈，以及移动中通信。

1.4.5.1　中继和端到端正向传输

卫星可以为偏远/难以到达的地区提供高速直连方案。地球同步轨道和/或非地球同步轨道卫星的超高速卫星链路，连接速率可达 1Gbps 或以上，可以补充现有的地面连接，以实现：

(1) 将视频、物联网和其他数据高速中继到一个中心节点，并在地面进一步分发到本地蜂窝网络站点（3G/4G/5G 蜂窝网络），如邻近的村庄；

(2) 用于远程集群的集群间卫星链路；

(3) 用于边缘社区的集群间卫星链路；

(4) 用于流量超限社区的集群间卫星链路；

(5) 卫星融合远程物联网系统；

(6) LEO 卫星提供低延迟控制平面分流。

1.4.5.2 回传和塔馈

5G 中网络的主要问题是大量小小区数据回传的需求增加。因此，卫星通信在 5G 架构中的一个显著应用是在网络的回传部分。高通量卫星（HTS）系统可用于补充地面设施，在地面难以提供回传的地区提供回传链路。如图 1.3 所示，HTS 可以为无线塔、接入点和云端补充高速连接链路（包括组播内容）。一般来说，GEO 或非对地静止（NGSO）卫星系统提供高速的卫星链路（高达 1Gb/s 或更高）直接连接到基站，可以补充现有的地面连接，以实现：

(1) 通过广泛覆盖，回传连接可以将相同内容（如视频、高清/超高清电视，以及非视频数据）以组播方式传递单个单元；

(2) 有效地将聚合的物联网数据回传到多个站点。

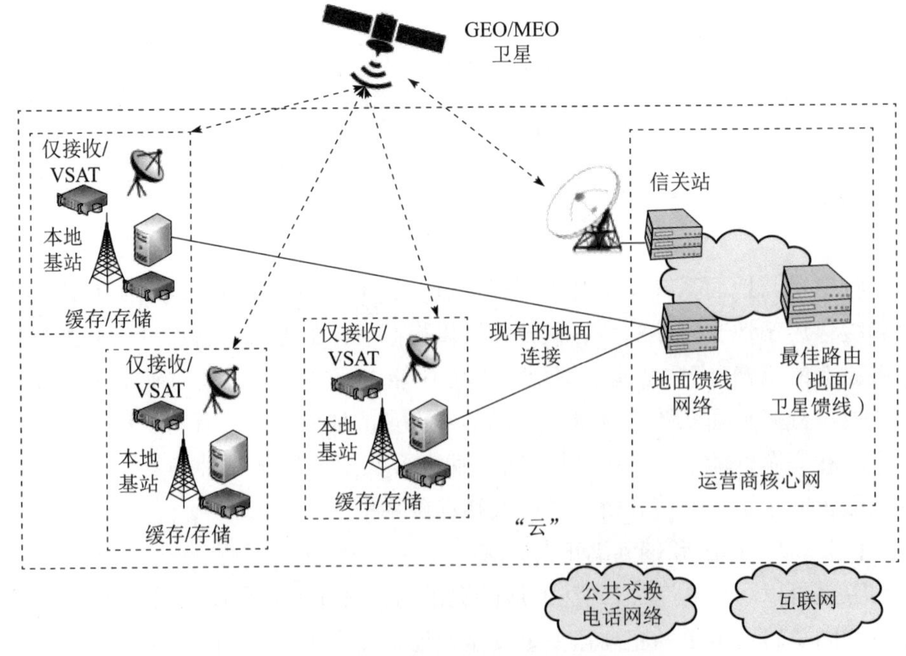

图 1.3　卫星用于回传和塔馈

在虚拟化和软件自定义网络中，可以将一些网络节点功能设计在卫星上，从而节省地面的物理站点。此外，卫星在回传中可以协助分发接近边缘的内容缓存，为 M2M 解决方案提供无线配置更新和软件补丁，并通过广播播发的虚拟机副本，支持移动边缘计算解决方案中网络功能的实例化。

1.4.5.3　移动中通信

5G 的目标之一是支持现有技术无法覆盖的移动中通信场景。这需要通过横跨不同国家的全球网络和飞机、火车、汽车等高速平台提供支持。在这种情况下，卫星网络已经证明是一种可行的选择。卫星与地面融合解决方案分别通过地面网络和卫星通信为相对低速移动场景和高速移动设备提供了高效解决方案，同时提供了平稳切换和无缝连接的用户体验[14]。卫星为移动中的用户提供直接和/或补充连接（如飞机、火车、汽车或轮船），如图 1.4 所示，高速组播卫星链路（高达 1Gb/s 或更多）直接连接到飞机、火车、汽车或船舶上。GEO 或 NGSO 卫星系统可以提供：

（1）在其他方式无法提供服务的区域，使用回传链路和组播（如视频、高清/超高清电视，以及非视频数据）；

（2）直连和/或有效回传汇聚的 IoT 数据；

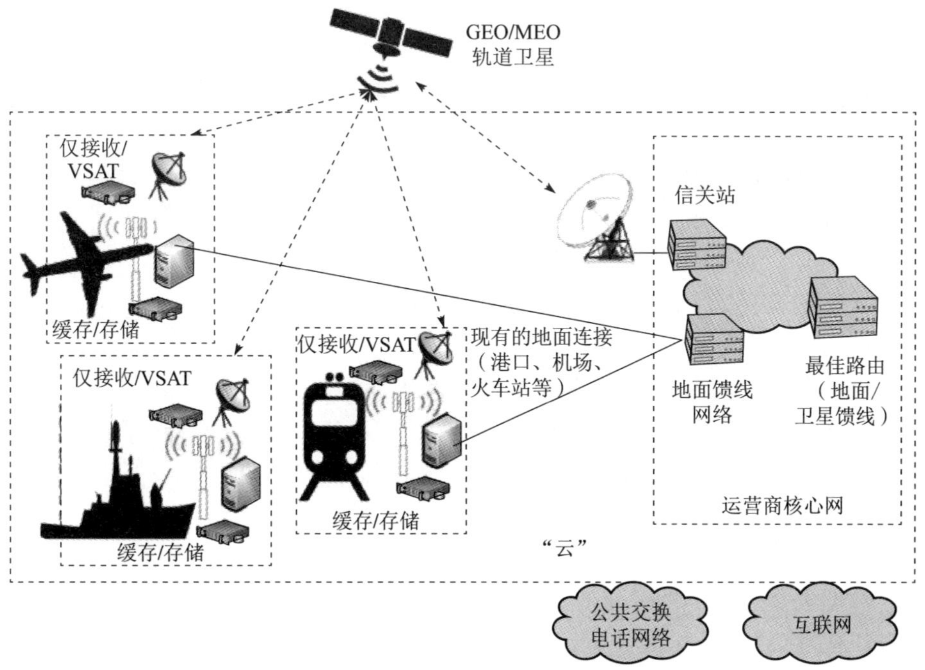

图 1.4　卫星用于移动中通信

（3）通过卫星连接到空中（连接到飞机）和海上（连接到船舶）实现娱乐信息更新；

（4）货运和物流；

（5）星地双模解决方案中的货运卡车的监控和通信。

1.4.6 超可靠通信

5G中的许多新应用，如移动医疗和自动驾驶，均需要低延迟（通常小于1ms）、高可用性、高安全性和高可靠性通信。因此，通过无线网络实现低延迟通信是5G的目标之一。在端到端服务级别实现低延迟通信受到物理条件的限制，如果不将计算功能移动到网络边缘——5G无线网络中某个低延迟终端附近位置——是不可能的。因此，为了满足低时延要求，唯一节约成本的方案是在网络边缘提供可用的计算空间，使端到端网络链路缩短以满足低时延服务要求[14]。要求延迟时间小于1ms的服务必须从非常靠近用户设备的位置提供其所有内容。可能在每个小区的底部，包含许多小小区，这些小小区有望满足超密集部署要求[15]。为了实现业务传输路径的缩短，服务交付的所有必需功能都应在边缘提供，从而使边缘节点以外的回传容量和延迟与实际服务的延迟无关。

GEO卫星的传播时延约为270ms（往返540ms），在一些5G场景中是可以接受的。MEO和LEO卫星网络能够支持延迟敏感性更强的应用。连接服务的传播时延由星座大小和拓扑结构、客户端波束的动态配置，以及延迟容忍网络来管理。同时，处理时延可以通过空间和地面数据中心分配充分的虚拟处理功能来管理。

1.5 5G卫星通信的最新进展

在本节，我们介绍5G卫星通信的最新进展，包括正在进行的星地融合工程、5G中地面和卫星使用的频率、低轨巨型星座、星上处理技术、氮化镓（GaN）技术、软件自定义网络（SDN）、组播和综合信令技术。

1.5.1 现有星地融合项目

欧盟委员会资助的“地平线2020（H2020）”框架下的星地融合项目包括如下内容。

1.5.1.1 5G星地网络

5G星地网络（SAT5G）通过定义基于卫星的最佳回传和分流解决方案，

将卫星通信引入 5G。SAT5G 将研究、开发和验证 5G 关键技术，以便最大限度地发挥卫星通信的效能，减轻其原有的局限性，如延迟。同时将确定新的商业模式和经济上可行的业务合作模式，实现卫星和地面相关利益者的双赢[16]。

1.5.1.2　通过智能天线（SANSA）实现共享访问星地回传网络

SANSA 的工程目标是在保证频谱有效利用的同时，提高移动无线回传网络的容量和可靠性。SANSA 工程提出了一种基于三个关键原则的频谱高效自组织混合星地回传网络。

（1）卫星段与地面回传网络的无缝集成；

（2）能够根据业务需求重新配置拓扑结构的地面无线网络；

（3）卫星段和地面部分间的频谱共享。

预计这些原则组合起来将产生一种灵活的解决方案，能够实现根据容量和能源效率有效地选择路由，同时提供链路故障或拥塞的恢复能力，并易于在农村地区部署[17]。

1.5.1.3　虚拟化混合星地系统用于灵活和有适应能力的未来网络（VITAL）

VITAL 项目通过两个关键领域的创新，将 NFV 引入卫星领域和启用基于 SDN 的功能，并在混合星地网络中实现联合资源管理策略，解决了地面网络和卫星网络的融合问题。启用基于 SDN 的功能，联合资源管理策略为统一控制平面铺平了道路，使运营商能够有效地管理和优化混合星地网络的运行[18]。

1.5.2　5G 星地用频

使用更大带宽的毫米波频段是满足 5G 地面网络频谱需求的基础。由于部分毫米波频段以主要划分形式同时分配给许多其他业务，如卫星固定业务（FSS），联邦通信委员会（FCC）希望使用更灵活的架构来实现 24GHz 以上的频谱共用，最近正通过实测数据来评估 5G 和 FSS 系统之间的潜在干扰[19]。参考文献［19］的主要工作是在 28GHz（27.5~28.35GHz）、37GHz（37~38.6GHz）和 39GHz（38.6~40GHz）频段，以及 64~71GHz 非授权频段寻找实现地面和卫星系统频谱共用的方法。这四个毫米波频段多用于卫星或固定微波链路系统。实测数据表明，在地面以上 10m 处将卫星地球站的功率通量密度限制在-77.6（$dBm/m^2/MHz$），可以避免现有 FSS 地球站对 5G 网络的干扰。

在参考文献［20］中，还通过评估 FSS 地球站处的干噪比和不同的地面基站部署与配置，研究了 FSS 与毫米波地面网络共存的可行性，所考虑的配置包括基站的多层分布、发射机 RF 波束赋形等。研究结果表明，利用毫米波场景的特点，如大天线阵列和较高路径损耗，可以使毫米波地面基站和 FSS 在同一个区域中共存。此外，为了确保 FSS 功能，还确立了一些重要参数，如 FSS 仰角、基站密度和保护距离等。这些参数对于网络部署至关重要。

1.5.3 低轨巨型星座

高通量卫星（HTS）系统通过多点波束技术和频率复用技术以较低的成本提供大容量连接。GEO-HTS 与地面系统融合虽然可以实现大容量全球覆盖，但同时会伴随增大传播时延的挑战。因低轨巨型星座通常包含数百颗卫星，可以规避传播时延问题，最近受到了较多关注。低轨巨型星座可向未部署地面基础设施的区域提供 LTE 宽带服务[21-22]。在参考文献［21］中，作者分析了 LEO 系统中传播时延和多普勒频移对 LTE-PHY 和 MAC 层的影响。参考文献［23］进一步分析了波形设计、随机接入和混合自动重复请求过程等。LEO 系统的多普勒频移对波形的影响可以通过精确位置估计来补偿，并且通过增加随机接入响应定时器来限制传播延迟对随机接入的影响。表 1.2 列出了规划中的低轨巨型星座及其规范。

表 1.2 规划中的高通量低轨巨型星座系统

星座	LeoSat	SpaceX	OneWeb
卫星数量	78~108	4000	640+
海拔/km	1400	1100	1200
延迟/ms	50	20~30	20~30
用户速度	1.6Gb/s	1Gb/s	50Mb/s
费用/亿美元	35	10	2.3
主要市场	公司 移动场景 回传	宽带业务 回传	宽带业务 移动场景

1.5.4 星上处理技术

星上数字处理系统中，接收到的波形被解调、解码到数字包或比特级。在信号和信息路由、网络连接和资源管理方面增加了系统的灵活性。由于预失真和干扰减少、新的波形和全双工技术的应用，使更高的用户和系统吞吐量和更高的链路效率得以实现。因此，星载数字处理系统是卫星通信的未来，原因如下。

（1）卫星运行寿命的延长，在此期间，可能需要新的接入机制，或需要支持新的服务/用户连接拓扑；

（2）在带宽方面增加了有效载荷的灵活性，在有效载荷级别上增加了频率配置的灵活性；

（3）增加有效载荷的可配置性和可重构性，以支持较高的点波束覆盖范围内的跨波段转发器和/或波束间配置。

尽管如此，许多应用程序只需要传统的弯管技术①的传输带宽。因为它仍然是支持广播电视等服务的最有效方式。技术演进和服务供应商的发展趋势意味着个性化内容增加，以及以单播或组播方式而不是传统广播方式传送内容。因此，随着越来越多的服务和内容通过互联网协议连接提供，星载处理技术将在未来发挥突出的作用。同时，弯管技术和机载处理技术并存（如 Intelsat 14 有效载荷）的混合有效载荷是大多未来卫星的选择。这种混合部署预计将持续多年，直到空间路由器数量增加，技术成本降低。下一代星载处理系统的潜在解决方案应考虑以下几点。

（1）有效载荷下尺寸、质量和功率（SW&P）消耗的减少；

（2）组件集成规模的缩减；

（3）有效载荷可重构性和灵活性的改进；

（4）上行链路和下行链路性能的改善。

1.5.5　氮化镓（GaN）技术

GaN 技术是下一代卫星通信子系统的候选技术之一[24]。现有卫星的大部分射频前端硬件均依赖于砷化镓（GaAs）和行波管（TWT）技术。此外，GaN 技术的成熟和商业化应用促进了航天工业的显著进步。GaN 技术可以成为空间领域主要候选技术的原因在于其可靠性、抗辐射能力和可高温操作特性。此外，还有额外的高效率、高功率密度和可工作在高频频段[25-26]，这也提高了 RF 链的整体效率，使 GaN 技术非常适合于使用 MIMO 和毫米波技术的 5G 基站设计。

与行波管放大器（TWTA）和 GaAs 固态功率放大器（SSPA）相比，GaN 的成本优势是通过消除行波管的千瓦级电源和 GaAs SSPA 的冷却硬件实现的。这有利于体积和重量的减小，从而节省卫星的燃料和有效载荷面积。GaN 技术可实现硬件的轻量化和小型化，为实现物理尺寸、质量、功耗和成本均严重受

---

①　一般来说卫星是通过一种称为弯管（bent-pipe）的技术来发送和接收指令的：地球上的固定某点发送信号给卫星，卫星收到后放大，发送到预先指定的地球某点，这一切路由都是由地面决定。——译者注

限的小型纳米和微型卫星提供了可能，预计 GaN 技术的发展将继续受到高功率 RF 特性的影响[26]。利用 GaN 技术实现卫星整个接收前端将进一步带来成本降低、集成度更高的优势[24]。为了对 GaN 技术的可行性进行深入的测试和分析，以挖掘其潜力，已经启动的项目包括用于卫星的 GaN 供电 Ka 频段高效多波束收发器（GANSAT）、GaN 可靠性增强和技术转化计划（GREAT）、基于 AlGaN 和 InAlN 的微波器件（AL-IN-WON）。

1.5.6 软件自定义网络

SDN 和 NFV 技术可以使地面网络和卫星段更加灵活并提高网络的融合程度。SDN 包括网络设备控制平面和用户平面的分离，以及网络智能的逻辑集中，即控制平面[27-29]。用户平面，即底层网络基础设施，可被抽象为通过控制平面请求服务的外部应用程序。另一方面，NFV 可以实现网络功能与专用硬件的解耦，从而使在通用的商用服务器、交换机和存储单元上运行这些功能成为可能，而服务器、交换机和存储单元可以部署在网络数据中心。网络虚拟化允许在共享的网络基础设施上创建和共存多个独立的虚拟网络[27-30]。NFV 通过允许相同或不同的虚拟网络功能的多个实例在一个计算、网络和存储资源的公共池上共存，从而改进了物理资源的使用。因此，这些技术通过尖端的网络资源管理工具，为卫星网络提供了服务和业务灵活性方面的进一步创新。与 SDN 不同，NFV 不一定会在网络功能中引入任何架构更改。在卫星网络内引进 SDN/NFV 将有助于实现下列目标[29]。

（1）自动化定制随需应变网络，有效和最佳地共享卫星网络资源和基础设施；

（2）通过提供随需应变的 QoS 和带宽等广泛服务，提高了资源的利润和用户满意度；

（3）支持卫星作为一个多业务网络，每个业务需要一个特定的性能保证；

（4）许多 SNO 和其他参与者（如卫星虚拟网络运营商（SVNO）和服务提供商）高效、动态地共享卫星核心网络基础设施；

（5）简化网络服务管理，并通过资源配置和调用的配置接口进行集成；

（6）确定哪些功能可以基于云的环境中运行，在卫星系统的虚拟化和非虚拟化部分进行正确的功能划分。

卫星通信中 SDN/NFV 的一些场景包括：①通过 SDN 的按需卫星带宽；②SVNO；③卫星网络即服务（SatNaas）。其中，卫星中心功能实体作为软件工作负载在云基础设施上实现，使用基础设施即服务和平台即服务模式。

（1）远程终端和卫星网关支持不同场景的 SDN 和 NVF 技术；

（2）支持按需动态配置网络，并在提示时提供卫星网络资源；

（3）利用 SDN/NVF 技术增强多个 SVNO 之间卫星集线器组件的多租户性，这就要求通过卫星中心分配给每个 SVNO 资源的可编程性和灵活性，使每个 SVNO 都具有先进的控制能力。

1.5.7　组播

参考文献［31］中提及了 LTE 卫星网络中提供多媒体内容的无线资源管理（RRM）技术。RRM 按组执行，是由于卫星在每次传输中为一组用户提供服务。因此，选择调制编码方案必须考虑所有组播成员的信道特性。传统的方法，如机会主义和保守的组播方案，分别由于短期公平性不足和频谱效率差而导致效率低下[32]。分组方案是 5G 卫星组播技术中很有前景的 RRM 方法。通过基于经验信道质量将组分成不同的子组，在每个时隙中为所有组播终端提供服务。参考文献［31］表明，组播分组方案克服了传统技术的弱点，并允许在新兴卫星系统上高效传送多媒体内容。

1.5.8　综合信令技术

5G 网络是由向用户设备提供 HDR 通信服务的小小区超密集部署组成的。这种架构带来的挑战是信令容量的增加会导致用户数据可用容量的减少。此外，基站信令会消耗系统的总能量，从而阻碍能耗的降低。将控制平面（C）和数据平面（U）与 SDN 分离是实现 5G KPI 节能目标的有前景的技术之一，此技术提高了 5G 网络的可管理性和适应性。在分离式 C&U 平面架构中，基站使用地面链路（当存在时）在 U 平面上传送数据，在 C 平面上通过上层宏小区使用卫星链路回传数据实现路由[33]。分离式 C&U 平面架构给网络运营商带来了管理的灵活性，因为小小区/数据小区可以在必要的时间和地点按需激活。由于数据单元按需激活[34-36]，分离式架构会导致更长的数据单元休眠期，因此能量消耗可以得到改善。在农村地区，C 平面传输可在当地管理仅在需要时使用卫星链路。与传统 LTE 网络相比[37]，具有分离的 C&U 平面的混合系统可以实现稀疏和超密集网络的能效分别提高约 40%和 80%。

1.6　挑战和未来研究建议

在本节中，将讨论卫星通信的一些最新研究进展与所面临的挑战，并提出建议。

1.6.1 星地融合架构

为了满足未来用户在成本、性能、QoE 和 QoS 等方面的需求，以多媒体传输为重点，需要对集成架构进行研究和开发。所面临的困难包括用户对宽带和广播网络的并行和透明访问、宽带和广播资源的智能管理，以及用户内容的管理。此外，服务连续性是星地融合架构网络的重要特征，因为服务连续性可以保证向 5G 终端用户提供无缝服务，同时在地面网络和卫星回传小区之间漫游。相关技术难点包括：①垂直切换方面的无缝移动性支持；②能够针对不同延迟的网络协议设计；③支持星地双模操作的 5G 设备设计；④设计接入点的业务模式，解决卫星和地面服务供应商之间可能出现的服务水平协议问题。

对于星地融合架构网络的 M2M 应用，研究的难点是设计出适用于卫星的 M2M 协议。在电池供电的 M2M 系统、安全性和完整性、节能波形和硬件设计方面，地面物联网设计已经投入了大量的研究工作，在卫星地块设计方面也需要进行类似的工作。此外，涉及卫星的物联网场景还需要重新设计路由协议，因为延迟在这种部署中变得更加重要。此外，随着在 5G 中计划使用 10GHz 以上的频率进行地面部署，有必要研究星地融合架构下各场景中卫星和地面之间的资源分配（特别是载波、带宽和功率）。多天线卫星系统在覆盖范围和系统容量方面带来了显著成效，因此，其在星地融合网络中的性能是未来研究的热点。

1.6.2 卫星通信的综合信令技术

类似于地面网络 C/U 平面分离架构，卫星集成分离架构也必须满足 5G 工程要求。除此之外，在这种集成架构中，还必须满足超密集小区管理的需求，包括切换和移动性管理、回传管理和数据小区发现管理等。卫星传统的分离架构中，用户与数据单元的关联由具有控制平面功能的宏小区管理，而在集成分离架构中，卫星将管理控制信号处理及用户与数据单元的关联。传统分离架构卫星网络中，宏/控制小区为高移动性和低速率用户处理数据传输，以减少切换失败，而必须研究卫星为高移动性和低数据速率提供服务的可行性。

在传统分离架构和集成分离架构网络中，研究的难点均是确定每个平面的功能并定义其物理层帧的大小。由于某些用户行为（如切换）需要多个网络功能（如广播和同步功能），这多个网络功能均需要帧控制信号[34-36]。因此，必须正确配置与每个平面相关联的信令和功能。此外，卫星缓存用户信息的能力及其相关的延迟和信道条件等问题进一步增加了传统分离架构网络所面临的挑战。

1.6.3 星上处理技术

卫星的星上处理功能需要额外的硬件，可能导致转发器质量和功耗的增加，必须妥善管理处理器产生的额外热量。可靠性是星上处理技术的另一个关键技术挑战。当元器件发生故障时，所需的备用数字信号处理（DSP）会显著提高成本。其他难点还包括硬件链的可重新配置性和采样能力的限制。因此，低成本、可靠的处理技术是卫星星上处理的关键。

1.7 小结

本章介绍了卫星在 5G 网络中可以发挥作用的关键领域。研究的潜在领域包括覆盖范围、大规模机器类通信、弹性资源配置、内容缓存和组播、星地融合网络、超可靠通信和频谱使用。强调了与星地融合架构有关的最新进展和若干研究难点。要实现和拓展 5G 卫星的潜力，刺激投资，卫星产业需要地面的参与和密切合作，在 5G 活动中开展相关技术标准化、演示和监管问题。

参考文献

[1] Thompson J, Ge X, Wu HC, *et al.* 5G wireless communication systems: prospects and challenges. IEEE Communications Magazine. 2014 Feb; 52:62–64.

[2] Cardona N. (ed.). *Cost IC 1004 White Paper on Scientific Challenges towards 5G Mobile Communications* [online]. 2013. Available from: http://www.ic1004.org.

[3] Fallgren M., Timus B. (eds.). *Scenarios, Requirements and KPI's for 5G Mobile and Wireless Systems [ICT-317669-METIS/D1.1]* [online]. 2013. Available from: https://www.metis2020.com/wp-content/uploads/deliverables/METIS_D1.1_v1.pdf.

[4] Evans B, Onireti O, Spathopoulos T, *et al.* The role of satellites in 5G. In: 23rd European Signal Processing Conference (EUSIPCO); 2015. p. 2756–2760.

[5] *5G PPP: The 5G Infrastructure Public Private Partnership* [online]. Available from: https://5g-ppp.eu/kpis/.

[6] Popovski P, Braun V, Mayer HP, *et al.* ICT-317669-METIS/D1.1 Scenarios, Requirements and KPIs for 5G Mobile and Wireless System; 2013. Available from: https://www.metis2020.com/wp-content/uploads/deliverables/METIS_D1.1_v1.pdf.

[7] Andrews JG, Buzzi S, Choi W, *et al.* What will 5G be? IEEE Journal on Selected Areas in Communications. 2014 Jun;32(6): 1065–1082.

[8] Aston PS. Satellite telephony for field and mobile applications. In: IEEE Aerospace; 2000. p. 179–190.
[9] Franchi A, Howell A, Sengupta J. Broadband mobile via satellite: Inmarsat BGAN. In: IEE Seminar on Broadband Satellite: The Critical Success Factors – Technology, Services and Markets (Ref. No. 2000/067); 2000. p. 23/1–23/7.
[10] 3rd Generation Partnership Project (3GPP); Technical Specification Group Radio Access Network. Study on New Radio (NR) to Support Non Terrestrial Networks (Release 15). TR 38.811V0.1.0 (2017-06); 2017.
[11] 3rd Generation Partnership Project (3GPP); Technical Specification Group Radio Access Network. Propagation delay and Doppler in Non-Terrestrial Networks (Release 15). RP-171578 (2017-09).
[12] 3rd Generation Partnership Project (3GPP). 5G: Study on Scenarios and Requirements for Next Generation Access Technologies;. TR 38.913 V14.2.0; 2017.
[13] Wu H, Li J, Lu H, *et al.* A two-layer caching model for content delivery services in satellite-terrestrial networks. In: IEEE Global Communications Conference (GLOBECOM); 2016. p. 1–6.
[14] Corici M, Kapovits A, Covaci S, *et al.* Assessing Satellite-Terrestrial Integration Opportunities in the 5G Environment; 2016. Available from: https://artes.esa.int/sites/default/files/Whitepaper%20-%20Satellite_5G%20final.pdf.
[15] GSMA Intelligence. Understanding 5G: Perspectives on Future Technological Advancements in Mobile; 2014.
[16] Satellite and Terrestrial Network for 5G (SAT5G). Available from: http://sat5g-project.eu/.
[17] Shared Access Terrestrial-Satellite Backhaul Network Enabled by Smart Antennas (SANSA). Available from: http://sansa-h2020.eu/.
[18] H2020-ICT-2014-1 Project VITAL. Deliverable D2.3, System Architecture: Final Report; 2016. Available from: http://www.ict-vital.eu/.
[19] Majkowski WS. 5G US spectrum development, products and mmWave testing including measurements of fixed satellite service (FSS) earth station spillover emissions. In: IEEE International Symposium on Electromagnetic Compatibility Signal/Power Integrity (EMCSI); 2017.
[20] Guidolin F, Nekovee M, Badia L, *et al.* A study on the coexistence of fixed satellite service and cellular networks in a mmWave scenario. In: IEEE International Conference on Communications (ICC); 2015. p. 2444–2449.
[21] Guidotti A, Vanelli-Coralli A, Caus M, *et al.* Satellite-enabled LTE systems in LEO constellations. In: 2017 IEEE International Conference on Communications Workshops (ICC Workshops); 2017. p. 876–881.
[22] Guidotti A, Vanelli-Coralli A, Kodheli O, *et al.* Integration of 5G Technologies in LEO Mega-Constellations; 2017. Available from: https://arxiv.org/abs/1709.05807.
[23] Kodheli O, Guidotti A, Vanelli-Coralli A. Integration of satellites in 5G through LEO constellations. In: IEEE Global Communications Conference (GLOBECOM); 2017.
[24] Muraro JL, Nicolas G, Nhut DM, *et al.* GaN for space application: almost ready for flight. International Journal of Microwave and Wireless Technologies. 2010; Apr;2:121–133.

[25] Noh Y, Choi YH, Yom I. Ka-band GaN power amplifier MMIC chipset for satellite and 5G cellular communications. In: IEEE 4th Asia-Pacific Conference on Antennas and Propagation (APCAP); 2015. p. 453–456.

[26] Yuk K, Branner GR, Cui C. Future directions for GaN in 5G and satellite communications. In: IEEE 60th International Midwest Symposium on Circuits and Systems (MWSCAS); 2017. p. 803–806.

[27] Bertaux L, Medjiah S, Berthou P, *et al.* Software defined networking and virtualization for broadband satellite networks. IEEE Communications Magazine. 2015 Mar;53(3):54–60.

[28] Li T, Zhou H, Luo H, *et al.* Using SDN and NFV to implement satellite communication networks. In: 2016 International Conference on Networking and Network Applications (NaNA); 2016. p. 131–134.

[29] Ferrús R, Koumaras H, Sallent O, *et al.* SDN/NFV-enabled satellite communications networks: opportunities, scenarios and challenges. Physical Communication. 2016;18(Part 2):95–112. Special Issue on Radio Access Network Architectures and Resource Management for 5G. Available from: http://www.sciencedirect.com/science/article/pii/S1874490715000543.

[30] Chowdhury NMMK, Boutaba R. Network virtualization: state of the art and research challenges. IEEE Communications Magazine. 2009 Jul;47(7):20–26.

[31] Araniti G, Bisio I, Sanctis MD, *et al.* Multimedia content delivery for emerging 5G-satellite networks. IEEE Transactions on Broadcasting. 2016;62(1):10–23.

[32] Sali A, Karim HA, Acar G, *et al.* Multicast link adaptation in reliable transmission over geostationary satellite networks. Wireless Personal Communications. 2012;62(4):759–782.

[33] Spathopoulos T, Onireti O, Khan AH, *et al.* Hybrid cognitive satellite terrestrial coverage: a case study for 5G deployment strategies. In: 10th International Conference on Cognitive Radio Oriented Wireless Networks (CROWNCOM 2015); 2015.

[34] Mohamed A, Onireti O, Qi Y, *et al.* Physical layer frame in signalling-data separation architecture: overhead and performance evaluation. In: Proc. European Wireless Conference; 2014.

[35] Mohamed A, Onireti O, Imran MA, *et al.* Correlation-based adaptive pilot pattern in control/data separation architecture. In: Proc. IEEE International Conference on Communications (ICC); 2015.

[36] Mohamed A, Onireti O, Imran MA, *et al.* Control-data separation architecture for cellular radio access networks: a survey and outlook. IEEE Communications Surveys Tutorials. 2015 Firstquarter;18(1):446–465.

[37] Zhang J, Zhang X, Imran MA, *et al.* Energy efficient hybrid satellite terrestrial 5G networks with software defined features. Journal of Communications and Networks. 2017 Apr;18(2):147–161.

第2章 5G 增强型移动宽带（eMBB）卫星应用案例和场景

康斯坦蒂诺斯·利奥利斯[1]，亚历山大·格尔茨[1]，雷·斯珀伯[1]，
德特勒夫·舒尔茨[1]，西蒙·沃特斯[2]，乔治亚州波齐奥普洛[2]，
巴里·埃文斯[3]，宁·旺[3]，奥里奥尔·维达尔[4]，鲍里斯·蒂奥梅拉·朱[4]，
迈克尔·菲奇[5]，萨尔瓦·森德拉·迪亚兹[5]，
波里亚·萨耶德·霍达森纳[6]，尼古拉斯·丘伯雷[7]
1. SES S. A，卢森堡；2. 英国通信阿文蒂有限公司；
3. 英国萨里大学通信系统学院（TCS）；
4. 法国空中客车防御与空间 SAS；5. 英国电信有限公司；
6. 西班牙 i2CAT 基金会；7. 法国泰雷兹阿莱尼亚太空公司

本章介绍了欧盟委员会 H2020 5G PPP 第 2 阶段项目 SaT5G（5G 卫星和地面网络）的初步结果[1]。具体阐述了 5G eMBB（增强型移动宽带）场景中卫星通信（SatCom）的案例和场景，eMBB 是 5G 中对 SatCom 最具商业吸引力的场景。在简要介绍了卫星在 5G 生态系统和 SaT5G 项目中的作用后，本章阐述了选定的 eMBB 卫星案例与关键研究支柱（RP）的相关性，与关键的 5G PPP 关键性能指标（KPI）的相关性，与第三代合作伙伴计划（3GPP）SA1 新服务和市场技术推进（SMARTER）系列案例项目的相关性，与 5G 主要垂直市场领域的相关性，以及卫星的市场规模评估。本章接着对与 eMBB 的四个选定卫星应用案例相关的多个方案进行定性描述并得出了有用的结论。

2.1　简介

许多国家在向下一代通信技术 5G 迈进。通过无所不在的连接[2]，5G 有望支持各个领域的新应用，包括娱乐和多媒体、医疗健康、汽车行业、交通和工业等。国际电信联盟-无线电通信部门（ITU-R）定义了 5G 无线通信技术（IMT-2020 或其演进技术）的三大应用场景：eMBB（增强型移动宽带）、uRLLC（超可靠低时延通信）和 mMTC（海量机器类通信）[3]。实际的 5G 网络部署是逐步推进的，而不是完全推翻原有的 4G 网络重新建设 5G，因为 4G 网络的性能也在提升，而且并非所有的应用都需要 5G 功能[4-5]。

下一代 5G 网络的容量和用户数据速率大大超过了现有网络，以满足不断增长的用户需求。此外，5G 的重要目标是确保网络健壮性、连续性和更高的资源效率（包括显著降低能耗）。5G 网络需要保证安全性和隐私性，以保护用户和通过网络传输的重要数据。5G 的关键绩效指标总结见文献［6,7］。5G 的关键绩效指标不可能同时满足，无任何单一的技术能够满足所有这些要求，也不是每一个 5G 应用都需要满足所有这些特性。相反，正如欧盟委员会[8]和世界各国达成的共识，为了取得成功并满足用户需求，5G 基础设施建设将是一个网络化网络生态系统，利用多种不同和互补的技术。正是这些不同需求的复杂性为卫星支持 5G 的推进和成功提供了机会。

为此，包括欧盟委员会在内的许多组织都认为，卫星网络将是 5G 基础设施的一部分。其中，欧洲技术平台 NetWorld2020[9] 的 SatCom 工作组及相关研发项目（如 SPECSI[10]、MENDHOSA[11]、INSTINCT[12-13]、CloudSat[14]、SANSA[15]、VITAL[16]、RIFE[17]、SCORSESE[18] 及高通量数字广播卫星系统（HTS-DBS）[19]）研究了卫星通信在 5G 中的作用。此外，EMEA（欧洲、中东和非洲）卫星运营商协会（ESOA）发布了一份关于 SatCom 业务作为 5G 生态系统组成部分的作用的 5G 白皮书[20]。关于卫星为实现 5G KPI 所达成共识和更广泛的认知如下。

（1）普遍性：卫星利用以下促成因素在全球范围内提供高速容量——填补地理空白内的容量、当地面链路超负荷时向卫星溢出、全球范围的普遍覆盖、网络回退的备份/恢复能力，尤其是紧急情况下的沟通。

（2）移动性：卫星是唯一能够在地面、海上或空中为移动平台（如飞机、船舶和火车）提供连接的唯一可用技术。

（3）广播（同步）：卫星可以利用广播和组播流（以信息为中心联网和供本地传输的内容缓存），在多个站点同时高效地传送丰富的多媒体和其他内容。

（4）安全性：卫星网络可以为在具有挑战性的通信场景中涉及的安全因素、高可靠性、快速、可迅速恢复部署提供有效的解决方案，如应急响应和公共安全通信。

在此背景下，SaT 5G[1] 项目是欧洲委员会 H2020 5G PPP 第二阶段项目，于 2017 年 6 月启动。愿景是为 5G 开发经济高效的即插即用 SatCom 解决方案，以使电信运营商和服务提供商能够加快 5G 在所有地区的部署，同时为 SatCom 行业利益相关者创造新的且不断增长的市场机会。SaT5G 项目的 6 个主要目标如下。

（1）利用正在进行的 5G 和卫星研究活动来评估和确定将卫星整合到 5G 网络架构中的解决方案；

（2）制定 5G 卫星网络解决方案的商业价值建议；

（3）为明确的研究难点定义和开发关键技术手段；

（4）在实验室测试环境中验证关键技术手段；

（5）通过在轨地球静止和非地球静止高通量卫星（HTS）系统演示选定的功能和应用案例；

（6）推进欧洲电信标准协会（ETSI）和 3GPP 标准化，使卫星通信解决方案能够集成到 5G 中去。

根据卫星的优势和预期的市场需求，SaT5G 专注于 5G 的 eMBB 场景。根据欧洲航天局资助的相关研发项目的分析结论，如 SPECSI[10] 和 MEND-HOSA[11]，宽带和广播业务将在 2025 年实现最高收入，从而形成主要的 SaT5G 目标市场。此外，从移动运营商支持将卫星纳入 5G 早期推进的观点来看，回传链路拥塞和卸载高带宽视频下载是主要驱动因素。这些运营商驱动程序也属于 eMBB 的 5G 使用场景。因此，SaT5G 专门针对 5G 的 eMBB 场景，提出了“无处不在的宽带接入”。这并不是说 SatCom 可能会不利于其他 5G 使用场景（如 mMTC），而是说 eMBB 场景看起来对卫星通信最具商业吸引力[10-11]。

本章其他部分的内容如下：2. 2 节阐述了 SaT5G 项目选定的 eMBB 卫星场景，2. 3 节介绍了为所选定的卫星案例定义的特定场景，2. 4 节为小结。

2. 2 选定的卫星应用案例

2. 2. 1 选择方法

根据定义，5G 应用案例是如何使用 5G 系统的特殊情况，而 5G 中的卫星应用案例是在 5G 生态系统中如何集成 SatCom 系统的特殊情况。本节详细阐述了 5G eMBB 场景的特定卫星应用案例，eMBB 是 SaT5G 项目中重点关注场景。本节阐述的 5G 的卫星应用案例与 eMBB 的特定卫星应用案例相对应，eMBB 的特定卫星应用案例已选定在 SaT5G 项目中进一步研究。

重点关注 5G 的 eMBB 场景并遵循如图 2.1 中所示的方法。SaT5G 为 eMBB 选择了四个需重点关注的卫星应用案例。

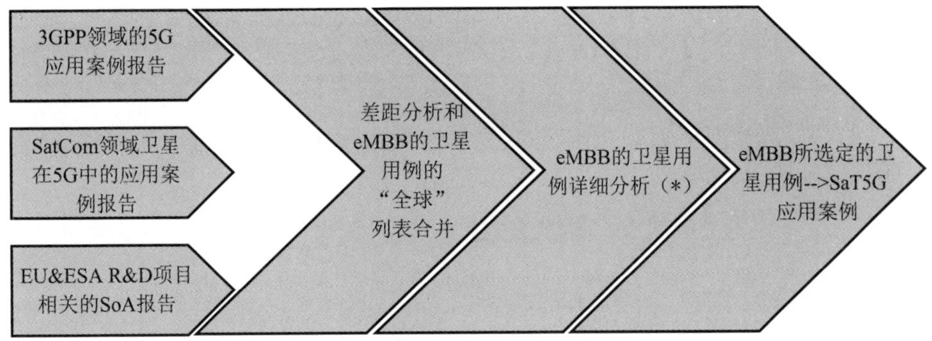

图 2.1　SaT5G 应用案例的选取原则

（＊）具体为：（1）5G PPP KPI；（2）3GPP SA1 SMARTER 应用案例系列；（3）5G 市场垂直细分；（4）市场规模评估

具体来说，通过分析各应用案例的差距，结合 3GPP 领域、卫星领域及其他相关研发项目已确定的 5G 卫星应用案例，整理了 5G 卫星应用案例的"全球"列表。例如，3GPP TR 22.891[21]、3GPP SA1 "SMARTER" 技术报告（TR）[22]、3GPP TR 22.863[23]、3GPPTR 22.864[24]、3GPP TR 38.811[25] 等；卫星通信领域的研究项目，如 ESOA 5G 白皮书[20]；以及其他相关研发项目，如 SPECSI[10]、MENDHOSA[11]、INSTINCT[12-13]、CloudSat[14]、SANSA[15]、VITAL[16]、RIFE[17]、SCORSESE[18] 和 HTS-DBS[19]。

此外，针对 5G 卫星应用案例的"全球"列表中 eMBB 场景进行分析，得出 eMBB 场景下卫星应用案例子列表，子列表中应用案例的选取依据是与核心 5G PPP KPI 的相关性、与 3GPP SA1 SMARTER 相关的案例系列、以及与 5G 垂直市场行业及其市场规模的相关性。基于此分析（在参考文献［26］中有详细报道），在 SaT 5G 项目中选取进一步调查的 eMBB 卫星应用案例与本部分介绍的 SaT 5G 应用案例相对应。

由于章节限制，以下各节仅介绍针对选定的 eMBB 卫星应用案例的相关分析结果。欲了解更多详情参考文献［26］。

2.2.2 选定的 eMBB 卫星应用示例

应用上述方法，SaT 5G 为 eMBB 选取了四个卫星应用示例，这些案例将在下面做进一步阐述，见表 2.1。

（1）边缘传输和多媒体内容卸载和多址边缘计算（MEC）虚拟网络功能（VNF）软件，通过组播和用于优化 5G 网络基础设施操作和规模的缓存方式；

（2）5G 固定回传，特别在难以或不可能部署地面通信设施的地区提供 5G 服务；

（3）5G 到楼宇，通过混合星地宽带连接向服务供应不足地区的家庭/办公楼宇提供 5G 服务；

（4）5G 移动平台回传，支持飞机、船舶、火车等移动平台上的 5G 服务。

表 2.1 SaT5G 示例：为 eMBB 场景选定的卫星应用示例

为 eMBB 场景选定的卫星应用示例	说明	相应的 5G 中卫星应用案例类别[20]
案例 1：边缘传输和多媒体内容分流和 MEC、VNF 软件	提供高效的组播/广播，向网络边缘发送直播、即时广播/组播流文件、分组通信、MEC VNF 更新发布等内容	回传和塔馈
案例 2：5G 固定回传	提供宽带连接特别在难以或不可能部署地面连接到塔台的地方，如湖泊、岛屿、山脉、乡村、孤立区域，或最好由卫星提供覆盖或只能用卫星提供覆盖的其他区域。跨越较广阔的地理范围	中继和端到端传输
案例 3：5G 到楼宇	提供地面网络连接的补充，如宽带连接到户/由地面有线或无线提供覆盖但服务不足的办公小小区	混合多路传输
案例 4：5G 移动平台回传	提供到移动平台的宽带连接，如飞机或船舶	移动中通信

eMBB 场景选定的卫星应用案例以及将其融合到 5G 网络中的方式，如图 2.2 所示。

2.2.3 与 5G 卫星最佳条件的相关性

如表 2.1 所列，每个 SaT5G 应用案例对应于 ESOA[20] 确定的 5G 中 4 个卫星应用案例类别之一，或在 5G 中称为卫星的“最佳条件”，如图 2.3 所示。5G 中每个卫星应用案例分类（SUCC）具有明显的连接性特征。

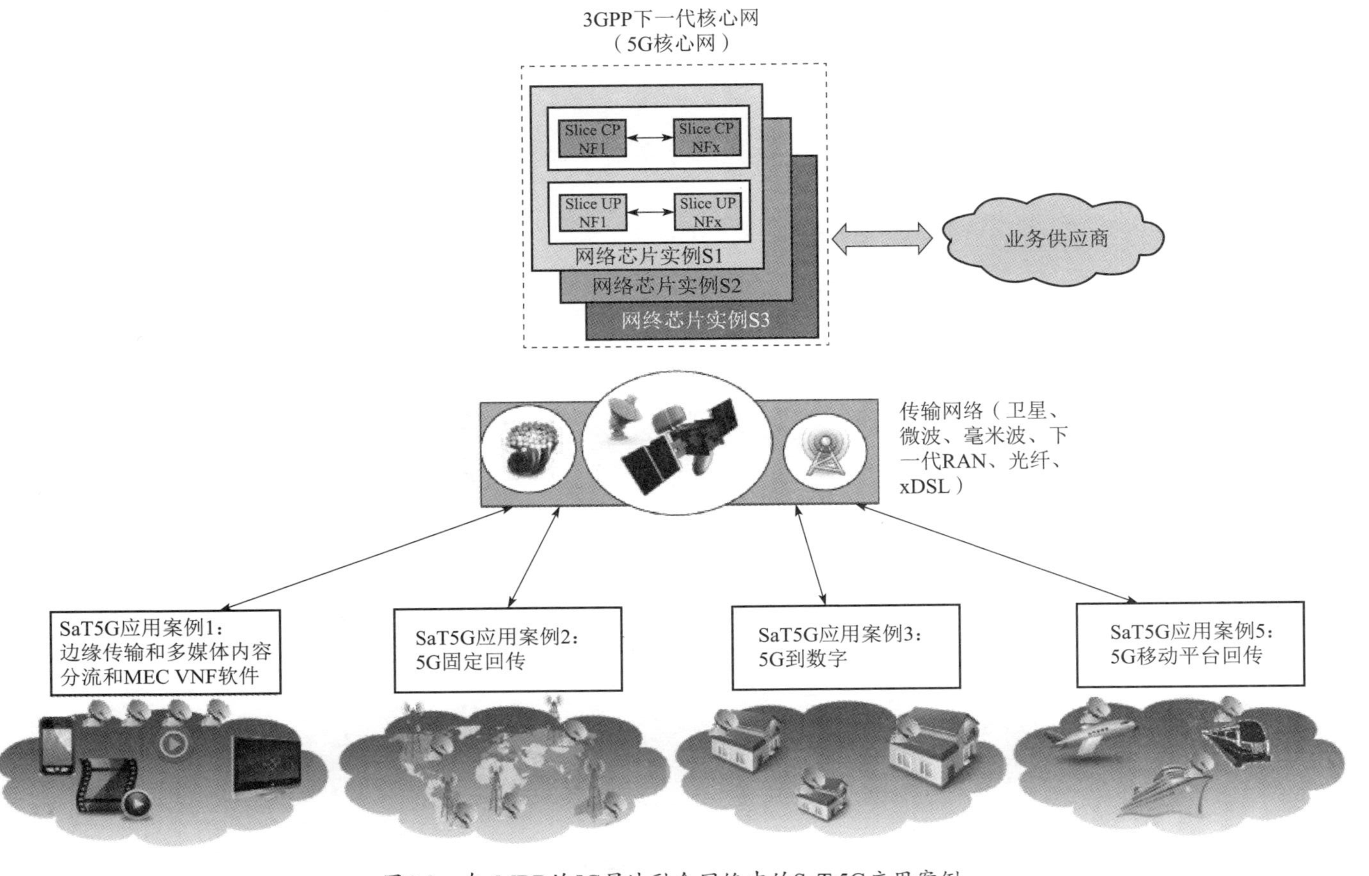

图 2.2　在eMBB的5G星地融合网络中的SaT 5G应用案例

中继和端到端传输
卫星提供极高速直连链路至远程/难以到达的位置

回传和塔馈
卫星提供极高速链路补充至无线基站、接入点和云端（组播内容）

移动中通信
卫星为移动中用户提供直连和/或补充链路（如飞机、火车、自动驾驶车辆及轮船）

混合多路传输
卫星传输内容补充地面宽带连接（包括某些情况下直接宽带连接）

图 2.3　5G 中卫星应用案例种类（或称为 5G 中卫星的“结合点”）

1. 回传和塔馈

5G 中的 SUCC 是到单个小区的高速回传连接，具有组播相同内容（如视频、高清/超高清电视以及其他非视频数据）的能力且覆盖范围广（如供本地储存及使用）。同理，组播也可以支持从多站点聚合物联网（IoT）数据流的有效回传。从对地静止卫星和/或非对地静止卫星直接到基站的高速组播卫星链路（速度最高可达吉字节每秒量级）可以补充现有的地面连接。这个 SUCC 假设卫星连接用于补充现有的地面连接。更重要的是，卫星用户链路是双向和/或单向的，根据具体情况，宽带（如单播、VSAT（甚小孔径终端）卫星终端）和/或广播/组播（仅接收卫星终端）通信受此类别支持。特别是，使用组播来补足边缘缓存是此 SUCC 与下一 SUCC 的主要区别。选定的卫星应用案例 1 在 5G 中对应这个 SUCC。

2. 中继和端到端传输

5G 中的这个 SUCC 是将视频、物联网和其他数据高速中继到某中心站点，并进一步向本地小区（如邻近村庄）进行地面分发。对地静止和/或非对地静止卫星提供的极高速卫星链路（速度最高可达吉字节每秒）将补充现有的地面连通性。这个 SUCC 的假设是仅有有限或无现有的地面连接可用。此外，卫星用户链路是双向的，因为只有宽带（如单播、VSAT 卫星终端）通信受这一类别的支持（如没有广播/组播）。特别是，在这个 SUCC 中没有使用组播来填充边缘缓存，这是与其他 SUCC 的一个主要区别。选定的卫星应用案例 2 在 5G 中对应这个 SUCC。

3. 混合多路传输

5G 中的 SUCC 在于高速连接，包括各个家庭和办公室（称为场所）的回传，能够在大覆盖区域（如供本地储存及使用）组播相同的内容（视频、高清/超高清电视以及其他非视频数据）。相同的功能还允许对汇聚的批量数据提供高效的宽带连接。通过 WiFi 或家庭/办公室小小区（(Femtocell）在家中分发。从对地静止卫星和/或非对地静止卫星直连到家庭或办公场所的高速组播卫星链路（速度最高可达吉字节每秒）将补充现有的地面连接。集成在家庭或办公室 IP 网络中的直连到家庭（DTH）的卫星电视，将进一步补充此案例。这一 SUCC 假设卫星连接将补充现有的地面连接。更重要的是，卫星用户链路是双向的和/或单向的，根据具体情况，宽带（如单播、VSAT 卫星终端）和/或广播/组播（仅接收卫星终端）通信受此 SUCC 的支持。此外，在 SUCC 中，本地基站对应于家庭/办公室小小区。选定的卫星应用案例 3 在 5G 中对应这个 SUCC。

4. 移动中通信

5G 中的 SUCC 在于为飞机、自动驾驶车辆、火车及轮船（包括邮轮和其他客轮）上的单个移动终端提供高速回传连，能够在大覆盖区域（如供本地储存及使用）组播相同的内容（如视频、高清/超高清电视、无线方式传送的固件和软件（FOTA/SOTA），以及其他非视频数据）。同样的功能还适用于从移动平台高效回传并汇聚的物联网数据流。从对地静止卫星和/或非对地静止卫星直接到飞机、车辆、火车或船只的高速组播卫星链路（速度最高可达吉字节每秒）将补充现有的地面连接（如在机场、港口、火车站和联网的汽车上）。此外，卫星用户链路是双向和/或单向的，根据具体情况，宽带（单播、VSAT 卫星终端）和/或广播/多播（仅接收卫星终端）通信受此 SUCC 的支持。选定的卫星应用案例 4 在 5G 中对应这个 SUCC。

2.2.4　与 SaT5G 联盟研究支柱的相关性

为高实现成本效益的 5G“即插即用”卫星通信解决方案，需要面临的技术挑战包括：

（1）虚拟化卫星通信网络功能，以确保与 5G 软件 SDN 和 NFV 架构的兼容性；

（2）开发集成 5G 卫星通信虚拟和物理资源配置和服务管理的应用程序；

（3）为小小区连接开发链路聚合方案，缓解卫星和蜂窝接入之间的 QoS 和延迟不平衡；

（4）在卫星通信中利用 5G 的特性/技术；

（5）优化/协调蜂窝和卫星接入技术之间的密钥管理和认证方法；

（6）为内容传输和 MEC NFV 分发发挥 5G 业务中组播的优势。

为了应对这些挑战，SaT5G 概念包括 6 大研究支柱和 3 个一般项目，如图 2.4 所示。

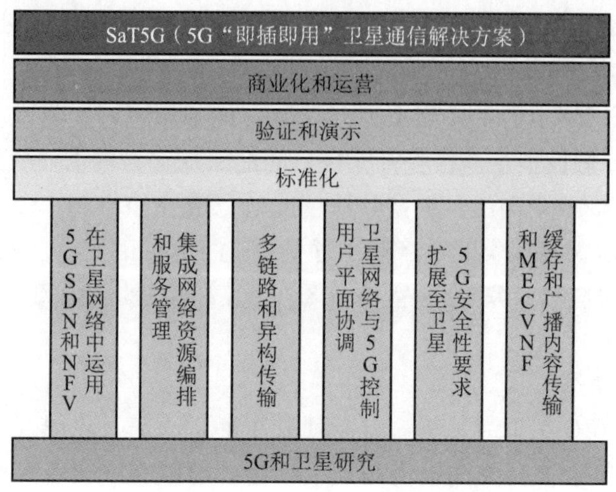

图 2.4　SaT5G 概念

平行线计划解决贯穿整个项目的全球性问题，研究支柱则通过解决已有挑战来进行深入研究，需要注入原型中用于验证和演示。

表 2.2 列出了所选的 6 个研究支柱及其范围和优势。

表 2.2　生态系统利益相关者关心的研究支柱的范围和利益点

研究支柱（RP）	范　围	利益点
RP Ⅰ：在卫星通信网络中运用 5G SDN 和 NFV	虚拟化卫星通信网络功能，与蜂窝网络功能一样共享相同的虚拟核心网以确保与 5G SDN 和 NFV 架构的兼容性，以及支持网络切片	资本支出减少和灵活的服务供应
RP Ⅱ：集成网络资源编排和服务管理	启用集成 5G 卫星通信虚拟、物理资源配置和服务管理功能	通过协调 5G 和卫星通信之间的网络管理降低运营成本
RP Ⅲ：多链路与异构传输	在回传网络上利用多链路和传输的异构链路，缓解卫星和蜂窝接入之间的服务质量和延迟不平衡	改进了有效吞吐率、QoE 和弹性
RP Ⅳ：卫星网络与 5G 控制和用户平面的协调	卫星无线接入网中利用 5G 功能并评估与其他网络集成的技术	资本支出和运营支出减少（在未来卫星通信方面开发/维护费用）
RP Ⅴ：5G 安全性要求扩展至卫星	提供有效的密钥管理和认证方法，在蜂窝和卫星接入技术之间协调认证和授权	在 E2E 5G 网络中（包含卫星元件）认证实施
RP Ⅵ：缓存和广播内容传输和 MEC VNF 分发	通过利用卫星通信已有的广播能力，给移动边缘计算/缓存实体提供高效的多媒体内容与 NFV 功能分发	通过带宽效率的改进降低运营成本

SaT5G 研究支柱以及为 eMBB 选定的卫星应用案例如图 2.5 所示。

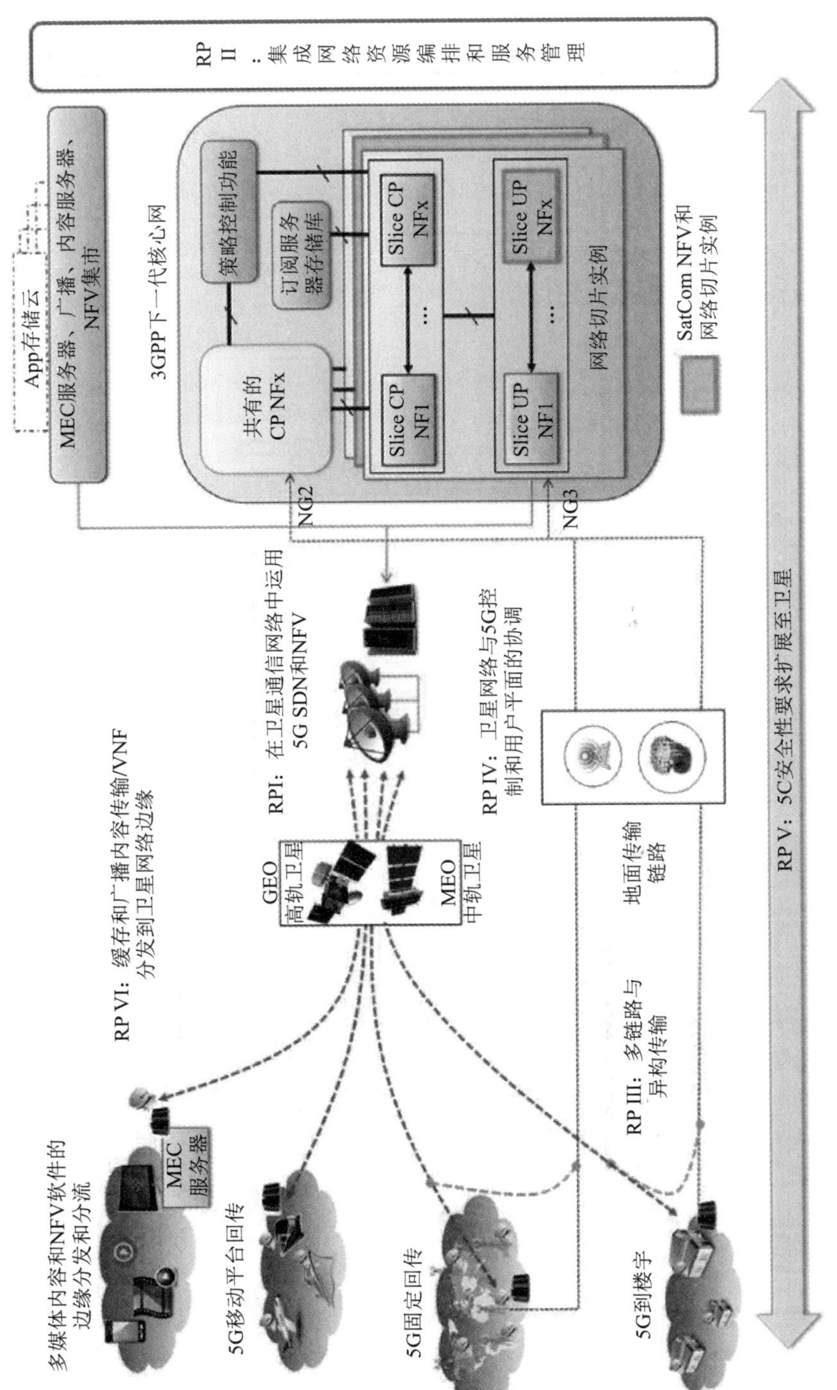

图 2.5　SaT5G应用案例和研究支柱

选定的 eMBB 卫星应用案例映射到 6 个风险项目，见表 2.3。

表 2.3 为 eMBB 所选的卫星应用案例与研究支柱之间的映射关系

研究支柱（RP）	选取的卫星应用案例 1	选取的卫星应用案例 2	选取的卫星应用案例 3	选取的卫星应用案例 4
RP I	卫星功能组件的虚拟化，SDN/NFV 架构中卫星传输链路的集成和网络切片特性支持			
RP II	端到端服务生命周期管理、虚拟于物理 IT 资源[1]及网络资源配置	5G-SatCom 虚拟与物理资源[1]整合与服务管理	灵活集成的 5G-SatCom 网络资源[1]配置和服务生命周期管理	支持移动性的端到端服务生命周期管理和资源[1]配置
RP III	组播和单播流之间的流量分割	NG2/NG3[2]协议性能增强以适应长延迟链路	链路聚合中不同特性网络链路间的流量分割	NG2/NG3[2]协议性能增强以适应长延迟链路
RP IV	组播传输支持	NG2/NG3[2]协议支持	支持流量分割/链路聚合解决方案	NG2/NG3[2]动态分配支持
RP V	安全架构对广播组件的扩展	固定卫星传输中的高效密钥管理与认证		移动卫星传输中的高效密钥管理与认证
RP VI	在专用卫星广播系统上提供高效的多媒体内容/MEC NFV 传输	基于宽带卫星传输链路提供组播资源的高效多媒体内容/MEC—NFV 传输		

1. 在支持 SDN/NFV 的 SaT5G 生态系统中，网络切片由多种资源组成，如 IT 资产和带宽。
2. NG2 对应于 5G 控制平面接口，而 NG3 对应于 5G 用户平面接口。

2.2.5 与 5G PPP KPI 的相关性

5G 关键绩效指标总结参考文献［6,7］。并非所有的 5G KPI 都会同时满足且并非所有这些 5G 关键绩效指标都与卫星通信有关。

表 2.4 列出了选定的 eMBB 卫星应用案例与核心 5G PPP KPI 之间的映射关系，这些关键绩效指标与 SaTCom 特别是 SaT5G 有关。

表 2.4 eMBB 选定卫星应用案例与相关 5G PPP KPI 间的对应关系

eMBB 选定卫星应用案例	1000X 容量	典型用户数据速率提高 10~100 倍	更好的/增加的/无处不在的覆盖范围	服务创建（min）	端到端延迟 <1ms
案例 1：边缘传输和多媒体内容分流以及 MEC（多址边缘计算）、VNF（虚拟网络功能）软件	√	√	√	√	√

续表

eMBB选定卫星应用案例	1000X容量	典型用户数据速率提高10~100倍	更好的/增加的/无处不在的覆盖范围	服务创建（min）	端到端延迟<1ms
案例2：5G固定回传	√	√	√	√	√
案例3：5G到楼宇	√	√	√	√	√
案例4：5G移动平台回传		√	√	√	√

作为一个例子，特别是关系到“端到端延迟<1ms”的5G PPP KPI，下面将阐述SatCom的预期影响。

即使对于5G移动网络，1ms以下的延迟也很难实现。根据GSMA情报[4]，“实现小于1ms的时延，就技术发展和基础设施投资而言，将很可能证明是一项重大难题”。要求延迟时间小于1ms的服务必须从非常靠近用户设备的物理位置提供所有内容。这可能基于每个小区，这些小区包含许多可以满足致密化要求的小小区。此外据NSR[27]说法，自相矛盾的是对卫星通信来说5G的低延迟需求是其在垂直方向一个重要保障，因为需要内容服务器提供许多新位置。在向5G过渡的过程中，需要将内容移动到边缘，并需要许多新的位置，从而使内容分发网络（CDN）更加密集。卫星组播是满足以上要求的一种可行的选择。虚拟现实、增强现实、触觉互联网或视频流等应用的出现和发展，只会不断加速这一需求，进一步将容量推向极限。

基于此，SatCom可以实现5G网络的低延迟，方法是将内容组播到位于单个小区的高速缓存中，甚至在没有光纤的地方。这正是卫星的“看家本领”之一。

2.2.6　与3GPP星地融合标准化SMARTER案例系列的相关性

根据3GPP TR 22.891[21]报告和其中总共定义的74个5G案例，3GPP SA1将这些5G案例分为四个不同的组：①大规模物联网（mIoT）；②应急通信；③eMBB；④网络运营（NEO）。

这是3GPP SA1内部工作的结果。据报道，研究汇总成了四个新的报告，概述了下一代移动通信的智能化[22]。以下每一份报告都以各自案例的标题命名。

（1）**3GPP TR 22.861：FS_SMARTER-mIoT**：mIoT案例的主要特性是支持大量设备（如传感器和可穿戴设备）的连接。本案例与新兴垂直服务关系密切，如智能家居和城市、智能公共事业、智慧医疗和智能可穿戴设备。

（2）**3GPPTR 22.862：FS_SMARTER-Critical communications**：关键通信需要改进的主要方面是延迟、可靠性和可用性，以实现工业控制应用和触觉互联网。这些需求可以通过改进无线电接口优化架构、专用核心和无线电资源来满足。

（3）**3GPP TR 22. 863：FS_SMARTER-eMBB：** eMBB包括许多不同的案例系列，涉及更高的数据速率、更高的密度、部署和覆盖范围、更高的用户移动性、具有高度可变用户数据速率的设备、固定移动融合，以及小小区部署。

（4）**3GPP TR 22. 864：FS_SMARTER-NEO：** NEO案例解决了功能性的系统需求，包括灵活可变的系统功能和容量、创造新价值、迁移和交互、优化和增强、安全等方面。

如上所述，SaT5G更强调5G的eMBB使用场景，因此eMBB智能应用案例与之有内在关联特性。从分类描述来看，NEO-SMARTER应用案例组也与之具有相关性，由于一些关键的相关网络机制，如网络切片、回传和内容分发。下面两小节详细介绍两个3G PPP-SAI智能应用案例系列，即eMBB和NEO。

2. 2. 6. 1　3GPP SA1 SMARTER eMBB应用案例系列

3GPP SA1 SMARTER研究的eMBB应用案例系列在3GPP TR 22. 863[23]中有详细定义，概述如下。

（1）**高数据速率（3GPP TR 22. 863[23]，5. 1节）：** 该应用案例系列着重于确定关键场景，从中可以得出eMBB主要数据速率对峰值、经验值、下行链路、上行链路等的要求。可以得出数据速率以及与时延有关的相关要求（适用于用户设备（UE））的相对地面速度最高为10km/h（行人）。

（2）**超密集连接（3GPP TR 22. 863[23]，5. 2节）：** 该应用案例系列涵盖了以下系统需求的场景：每单位面积传输大量数据流（流量密度）或具有大量连接的数据传输（设备密度或连接密度），UE相对地面的速度最高可达60km/h（行人或在车辆上行驶的用户）。

（3）**网络部署和覆盖范围（3GPP TR 22. 863[23]，5. 3节）：** 该应用案例系列涵盖了考虑部署和覆盖场景的系统需求场景，例如，室内/室外、局域网连接、广域连接，UE相对地面速度可达120km/h。

（4）**更高的用户移动性（3GPP TR 22. 863[23]，5. 4节）：** 该应用案例系列着重于确定可从其得出eMBB移动性要求的关键场景，UE的相对地面速度最高可达1000km/h。支持用于快速移动设备的eMBB，例如，向公路车辆、火车、飞机提供互联网，以及将其用于车载娱乐和信息娱乐。

（5）**高可变数据速率的设备（3GPP TR 22. 863[23]，5. 5节）：** 该应用案例系列着重于确定可得到eMBB需求的场景，因为UE有多个交换少量数据和大量数据的应用程序。

（6）**固定移动融合（3GPP TR 22. 863[23]，5. 6节）：** 本应用案例着重于

确定利用 TR22. 863 SMARTER eMBB（高数据速率）中定义的 5G 网络特性的关键场景（低延迟、高密度、广域覆盖和低移动性）和 TR22. 864 SMARTER NEO（网络切片、高效数据平面和内容交付、广播/组播、控制和计费策略、高可用性和安全性），使固定宽带（例如，光纤到 x/x 数字用户线（FTTx/xDSL））接入和下一代无线接入网（RAN）的融合用成为可能。

（7）**Femtocell 部署（3GPP TR 22. 863[23]，5. 7 节）**：该应用案例着重于确定利用 TR22. 863 SMARTER eMBB（高数据速率、低延迟、高密度、广域覆盖和低移动性）和 TR22. 864 SMARTER NEO（网络切片，高效的数据平面和内容交付、广播/组播、控制和计费策略、高可用性和安全性），以便能够使用固定宽带（如 FTTx/xDSL）接入和下一代 RAN 进行 Femtocell 部署。总体目标是为通过任何接入网络访问运营商服务的最终用户提供无缝的用户体验。包括宏蜂窝以及固定宽带网络上的 Femtocell 接入。

2. 2. 6. 2　3GPP SA1 智能网络运营（NEO）应用案例系列

3GPP SA1 SMARTER 研究确定的 NEO 应用案例系列在 3GPP TR 22. 864 V14. 1. 0（2016-09）[24] 中有详细定义，概述如下。

（1）**系统灵活性（3GPP TR 22. 864[24]，5. 1 节）**：该系列涵盖了根据不同的场景需求以灵活方式构建网络的应用案例，例如，将网络切成不同的细分市场和垂直市场分割网络。

（2）**可扩展性（3GPP TR 22. 864[24]，5. 2 节）**：该系列涵盖了使运营商能够支持弹性和可扩展性网络的应用案例。

（3）**移动性支持（3GPP TR 22. 864[24]，5. 3 节）**：该系列涵盖了在不同场景下优化移动性管理使用的案例。

（4）**高效内容交付（3GPP TR 22. 864[24]，5. 4 节）**：该系列涵盖支持高效内容交付的应用案例。

（5）**自回传（3GPP TR 22. 864[24]，5. 5 节）**：本系列涵盖无线自回传的应用案例。

（6）**接入（3GPP TR 22. 864[24]，5. 6 节）**：该系列涵盖与访问相关的应用案例，包括为用户流量选择最合适的访问。

（7）**迁移和交互（3GPP TR 22. 864[24]，5. 7 节）**：该系列涵盖了 FS SMARTER 系统与遗留系统的并存，以及早期服务的迁移。

（8）**安全性（3GPP TR 22. 864[24]，5. 8 节）**：该系列涵盖了所有构建模块和 NEO 特定的安全要求。表 2. 5 展现了所选 eMBB 卫星应用案例与相关 3GPP SAI SMARTER 应用案例系列（即 eMBB 和 NEO）之间的对应关系。特别是 eMBB 应用案例系列，表 2. 5 展现了相关的 5G 应用案例和传输场景。

表 2.5　eMBB 选定卫星应用案例与 3GPP SA1 SMARTER 应用案例的对应关系

eMBB 选定卫星应用案例	相关 eMBB 使用案例系列（包括 3GPP TR22.863 参考章节）	eMBB 应用案例系列的相关传输场景（包括 3GPP TR22.863 参考章节）	相关 eMBB 应用案例（包括 3GPPIR 22.891 参考章节）	相关 NEO 应用案例系列（包括 3GPPTR 22 864 参考部分）
选定的卫星应用案例 1	5.1 节：更高的数据速率 5.3 节：部署和覆盖	5.3.2.1 节：小面积连接 5.3.2.2 节：广域连接 5.3.2.4 节：低密度区域的极端覆盖	5.5 节：室内场景的移动宽带 5.6 节：热点场景的移动宽带 5.10 节：无缝广域覆盖的移动宽带服务 5.11 节：虚拟现实 5.56 节：广播支持 5.72 节：使用卫星的 5G 连接	5.1 节：系统灵活性 5.2 节：可扩展性 5.4 节：高效的内容交付 5.5 节：自回传 5.6 节：访问
选定的卫星应用案例 2	5.1 节：更高的数据速率 5.3 节：部署和覆盖	5.3.2.1 节：小面积连接 5.3.2.2 节：广域连接 5.3.2.4 节：低密度区域的极端覆盖	5.5 节：室内场景的移动宽带 5.6 节：热点场景的移动宽带 5.10 节：无缝广域覆盖的移动宽带服务 5.11 节：虚拟现实 5.56 节：广播支持 5.72 节：使用卫星的 5G 连接	5.1 节：系统灵活性 5.2 节：可扩展性 5.5 节：自回传 5.6 节：访问

续表

eMBB 选定卫星应用案例	相关 eMBB 使用案例系列（包括 3GPP TR22. 863 参考章节）	eMBB 应用案例系列的相关传输场景（包括 3GPP TR22. 863 参考章节）	相关 eMBB 应用案例（包括 3GPPIR 22. 891 参考章节）	相关 NEO 应用案例系列（包括 3GPPTR 22 864 参考部分）
选定的卫星应用案例 3	5. 1 节：更高的数据速率 5. 6 节：固定和移动融合 5. 7 节：Femtocell 部署	5. 6. 2 节：传输场景 1——同时使用下一代无线和固定宽带接入 5. 6. 2 节：传输场景 2——5G 接入作为带宽提升 5. 6. 2 节：传输场景 3——5G 接入作为故障转移 5. 6. 2 节：传输场景 4——5G 接入作为快速供给 5. 6. 2 节：传输场景 5——对称带宽 5. 7. 2 节：场景 1——统一身份集 5. 7. 2 节：场景 2——一致的策略集 5. 7. 2 节：场景 3——访问单个服务集 5. 7. 2 节：场景 4——接入局域网服务	5. 5 节：室内场景的移动宽带 5. 6 节：热点场景的移动宽带 5. 56 节：广播支持 5. 64 节：跨运营商的用户多种连接 5. 72 节：使用卫星的 5G 连接	5. 1 节：系统灵活性 5. 2 节：可扩展性 5. 4 节：高效的内容交付 5. 5 节：自回传 5. 6 节：访问
选定的卫星应用案例 4	5. 1 节：更高的数据速率 5. 3 节：部署和覆盖 5. 4 节：更高的用户移动性	5. 3. 2. 1 节：小面积连接 5. 3. 2. 2 节：广域连接 5. 3. 2. 4 节：低密度区域的极端覆盖 5. 4. 2. 3 节：快速飞行飞机上的增强连接服务	5. 5 节：室内场景的移动宽带 5. 6 节：热点场景的移动宽带 5. 10 节：无缝广域覆盖的移动宽带服务 5. 11 节：虚拟现实 5. 29 节：更高的用户移动性 5. 30 节：无处不在的连接 5. 56 节：广播支持 5. 72 节：使用卫星的 5G 连接	5. 1 节：系统灵活性 5. 2 节：可扩展性 5. 3 节：移动性支持 5. 4 节：高效的内容交付 5. 5 节：自回传 5. 6 节：访问

2.2.7 与5G垂直市场的相关性

为了抓住市场机遇，要解决的一个重要问题是将选定的eMBB卫星应用案例与5G垂直市场细分相结合[6]。SaT5G感兴趣的垂直领域如下。

（1）**媒体和娱乐**——通过卫星到室外和直接到室内环境中的网络边缘提供宽带广播/组播服务；

（2）**交通和物流，包括汽车**——卫星与飞机、船只、火车和公共汽车等移动平台的融合，以提供实时资产监控、丰富的多媒体和FOTA/SOTA服务等。对于其中大多数情况，卫星起到增强地面覆盖的作用；

（3）**制造业**——位于偏远地区的制造业，如采矿、石油和天然气、海上平台等；

（4）**医疗**——改善远程访问/监控，尤其是地处偏远的患者的就医；

（5）**公用事业（能源、水、废物）**——扩大关键基础设施监视，环境监视，紧急情况预测等的覆盖范围；

（6）**农业工业（农业、食品加工）**——作为未来粮食安全的一部分，绝大多数工业都位于城市地区以外。相关应用的示例包括宽带接入、智慧农业、远程监控和资产跟踪等；

（7）**公共安全**——用于公共安全通信、关键通信、紧急通信等的卫星连接。

eMBB到5G垂直市场领域的所选定卫星应用案例的映射关系，见表2.6。

表2.6　eMBB选定卫星应用案例与5G垂直市场细分的对应关系

eMBB选定卫星应用案例	媒体和娱乐	交通运输	制造业	公共医疗	公用事业	农业	公共安全
选定的卫星应用案例1	√	√					√
选定的卫星应用案例2	√	√	√	√	√	√	√
选定的卫星应用案例3	√						
选定的卫星应用案例4	√	√		√			√

2.2.8 市场规模预估

关于所选定的eMBB卫星应用案例的市场规模评估，SPECSI[10]和MENDHOSA[11]项目的结果不能像在SaT5G中那样直接应用，因为上述项目并不是一对一适用于所选定的eMBB卫星应用案例。为此，依据专家从卫星运营商的角度及行业发展情况进行的评估，为所选定的eMBB卫星应用案例提供了定性的市场规模评估，见表 2.7。

表 2.7　eMBB 选定卫星应用案例相关的市场规模

eMBB 选定卫星应用案例	2030 年全球卫星业务市场规模	定性市场规模评估
选定的卫星应用案例 1	>1B€	MEC 预计[28] 将使 CDN 的效率提高 40%，正如 Cisco VNI[29] 所预测的，到 2021 年，视频流量的份额将从 60%增加到 78%并且鉴于所有流量的 70%将会是加密的[30]，更分散的 CDN 系统是推进发展的关键因素
选定的卫星应用案例 2	>1B€	进行中的一项研究表明[31]：将 50 个（最终用户至少 50Mb/s）部署到英国的农村地区，将消耗总预算的 79%，并且需要一种不依赖于光纤的替代方法。回传的需求将成倍增长
选定的卫星应用案例 3	>1B€	大规模网络升级和 FTTH 部署，包括在人口密度较低区域，会导致成本高昂到难以承受，即使最先进的国家[32] 也无法实现光纤的普遍接入[33]
选定的卫星应用案例 4	>1B€	预计到 2025 年，宽带服务对移动领域的需求将达到 480Gb/s[34]，这将使其成为未来的一个关键垂直领域

建议采用的标准是“2030 年全球卫星服务市场规模”，采用的评分如下：

(1) €：1~10M€；

(2) €€：10~100M€；

(3) €€€：100~1000M€；

(4) €€€€：>1B€。

根据此标准，所有选定的 eMBB 卫星应用案例都对应于€€€€ 得分（>1B€），参考文献［26］。

注意，预测的假设时间为 2030 年，因为 5G 几乎不可能在 2025 年之前产生接近的数字。

2.3　选定的卫星应用示例场景

本节对与每个选定的 SaT5G 应用案例的相关场景进行了定性概述。根据定义，所选卫星应用案例的场景对应于 eMBB 为完成特定任务而选定卫星应用案例的实例。因此，针对 eMBB 的选定卫星应用案例的场景展开了融合网络拓扑和架构设计。表2.8总结了针对eMBB的选定卫星应用示例的场景。

表2.8 所选定卫星应用示例的场景

eMBB选定卫星应用示例	所选定卫星应用示例的场景
选定的卫星应用案例1	场景1a：在离线状态下通过卫星链路进行组播和缓存视频内容与VNF软件 场景1b：通过卫星链路在线预取视频片段
选定的卫星应用案例2	场景2a：到基站群的卫星回传方案 场景2b：到单个基站的卫星回传方案 场景2c：到单个小区的卫星回传方案
选定的卫星应用案例3	场景3a：服务不足地区的家庭/办公场所的混合多路传输（卫星/xDSL） 场景3b：服务不足地区的家庭/办公场所的混合多路传输（卫星/蜂窝）
选定的卫星应用案例4	场景4a：更新车载系统的内容和移动平台公司的多媒体分组请求 场景4b：为乘客和自媒体请求提供宽带接入 场景4c：移动平台公司的业务和技术数据传输

2.3.1 卫星应用示例1场景：边缘传输、多媒体内容分流和MEC VNF软件

eMBB所选卫星应用示例的场景与卫星广播/组播功能和缓存的应用相对应。可以通过单独的固定终端来实现，也可以通过传送到移动边缘缓存以便在5G移动网络运营商（MNO）网络中继续传送到UE。在这种情况下，我们专门考虑了以下两种场景。

（1）场景1a：在离线状态下通过卫星链路进行组播和缓存视频内容和VNF软件；

（2）场景1b：通过卫星链路在线预取视频片段。

举例来说，据思科[29]估计，到2021年，全球超过3/4（78%）的移动数据流量将是视频录制模式，其中移动视频将在2016年至2021年间增长9倍。例如，超过1/2的YouTube视图来自移动设备[35]。从思科可视化网络指数（VNI）全球移动数据流量预测[29]中可以观察到，在蜂窝网络宽带化后视频是增长最快的应用。预测的数据来源仅包括蜂窝网络流量，并不包括从双模设备转移到WiFi和小小区的流量。类似的增长出现在分流网络上（WiFi，小小区）。此外，根据Statista的《数字市场展望》的分析师透露，在过去的几年中，我们在智能手机上花费的时间大大增加了[36]。例如，据英国《金融时报》

（2017 年 5 月 30 日，第 1 页）调查，在英国，智能手机的用户平均每天在设备上花费 2h。许多移动数据流量产生在用户家中。在家中使用固定宽带和 WiFi 接入点的用户，或者由运营商部署的办公小小区和微微小区为用户服务的用户，移动和便携设备产生的流量中有相当一部分从移动网络转移到了固定网络上。据思科估计[29]，到 2021 年，每月将通过 WiFi 设备和办公小小区把来自移动连接设备的流量（近 84EB）的 63%分流到固定网络。在 2021 年所有 IP 流量（固定和移动）中，WiFi 将占 50%，有线将占 30%，移动将占 20%。当前有限的网络容量阻碍了人们对高清视频内容的需求。无限增加容量以满足需求增长的方法是增加接入点或增加个人容量。然而，这会进一步增加与回传相关的本已占比很重的成本。视频消费符合帕累托法则：在标准系统中，20%的内容带来 80%的观看次数。这些数字可能会因提供的视频服务和用户而异。但原则仍然是：并非所有内容都受观众相同程度的欢迎。从蜂窝网络到用户生成的内容，再到互联网协议电视（IPTV）和视频点播（VoD）等网络中，都具有这种趋势[37]。例如，对于 YouTube 和 Daum（韩国的服务）来说，这一比例为 10%最受欢迎的视频中，有近 80%的观看次数，而其余 90%的视频则占观看总数的 20%[38]。一个很好的结果是，文件的流行性倾向于遵循重尾分布。这意味着仅对一小部分内容发生大多数请求，这种特性在各种 CDN 的数据日志中已经有所注意了。这种趋势可以通过齐普夫定律轻松量化[37]。

通常，创建内容所付出的努力与预期的受众规模是相对应的。然而，也有例外，某些昂贵的内容可能会吸引少量观众，而廉价的内容会吸引大量观众。在任何情况下，向大量受众提供内容都是昂贵的，并且不可扩展。5G 网络节点将提供缓存和计算资源。因此，5G 网络可以在其部署边缘提供节点软件所需的资源，以促进向最终用户提供高质量的内容服务，并优化可用网络容量的使用。5G 网络还可以缓解低容量回传链路（例如，在人口密度低的区域），但在向网络中最远的缓存点传送数据时，仍然会存在一些局部拥塞。然而，这种方法无法确保以良好 QoS 在所有网络分支中以最佳带宽消耗来向大量受众（如新闻、体育赛事）提供实时内容。

在网络中添加广播/组播资源，以便能够向网络的边缘节点提供最受欢迎的点播和直播内容，从而能够分摊大部分流量和/或优化低密度居住区（每位用户的成本最高）的网络基础设施维度（尤其是回传链路）。

卫星非常适合在广域范围内提供此类广播/组播资源，以聚集尽可能多的受众，从而降低全球广播的传送成本。将卫星广播/组播资源与地面单播资源相结合是优化内容传输成本、提高可扩展性的有效途径。5G 网络基础设施根据所覆盖的受众选择最合适的资源。它可以传送“视频点播”服务（Pull 模式)、“电视频道”和“现场活动”（Push 模式），并以相同的方式优化成本。此外，由于电视频道的受众随时间变化，因此可以调整传送方法以优化网络带宽和成本。也可以提供 MEC VNF 软件更新，但需要比其他服务更可靠。

服务和网络提供商可以利用地域流行性提示来进一步优化缓存决策过程，并使用卫星广播直接到达流行节目区域的缓存节点。直接卫星传送同时也有利于流行的直播内容，因为可以避免在地面网络上建立组播树的耗时。经由（地面）单播和（卫星）广播/组播资源向 5G 边缘节点传递内容的这种混合解决方案需要对 eNB 和其他设备进行调整，其场景如下。

运营场景包括在固定终端直接缓存或在移动网络边缘缓存以便 MNO 传递给 UE（作为 5G 网络的组成部分）。在 MNO 拥有的网络基础设施中，位于网络边缘（如靠近 eNodeB）的一些 IT 资源（计算和存储）可以被 MNO 虚拟化并出租给第三方（如内容供应商）。内容提供商可以在移动边缘使用虚拟化的存储和计算资源来部署其内容和智能资源，例如，将内容本地缓存、广播或组播到选定的移动边缘，在该边缘上可能有大量的消费者。这种虚拟化的移动边缘被称为虚拟 CDN 节点。考虑以下两个互补的场景：①借助时空知识了解不同位置的内容流行度，可以通过卫星预先将选定的内容广播或组播到目标移动边缘 CDN 节点，以便在消费者提出请求时内容已经在本地缓存；②虚拟化 CDN 节点可以在视频会话期间（通过卫星链路）执行实时视频片段在线预取，以确保端到端增强的视频质量。此操作对于将内容分块为固定长度段，如 MPEG-DASH（一种基于 HTTP 的自适应码率的流媒体传输解决方案（超文本传输协议））的视频内容应用程序非常有用。在这种情况下，虚拟 CDN 节点不需要有关内容受欢迎程度的任何先验知识。

2.3.1.1 场景 1a：在离线状态下通过卫星链路进行组播和缓存视频内容和 VNF 软件

若为视频内容，每个虚拟 CDN 节点应能够监视和预测该内容在其本地区域中的受欢迎程度，并预先决定是否应在本地从远程缓存某些内容。如果虚拟 CDN 节点已经预测到某个特定内容将在其区域内流行，它甚至可以在本地消费者开始提出请求之前，就可以向原始源发出请求以在本地缓存内容。因此，卫星链路可以发挥作用，以分摊原始内容源和虚拟 CDN 节点之间的地面网络的内容流量。可以断定每个虚拟 CDN 节点都独立执行自己的内容受欢迎程度监视和预测。即使多个虚拟 CDN 节点预测同一内容将流行，其也可能发出内容请求以在不同时间进行缓存。为了使广播和组播的效益最大化，重要的是内容广播/组播调度要适当智能化，以便在大量本地用户开始发出请求之前，始终可以将（预期将流行的）内容对象及时传递到各个虚拟 CDN 节点进行缓存，以及通过卫星链接的内容传输不会由于来自单个移动 CDN 节点的临时内容请求（由本地内容流行性的预测结果引起）而导致任何潜在的拥塞。这一概念在参考文献［39］等中有论述。

另外，这种组播/广播和缓存技术也可用于支持在不同站点的 VNF 软件更新。与需要监视和预测流行程度的视频内容缓存相比，软件更新的分发任务更加简单，不需要复杂的智能。然而，考虑到卫星链路上的业务负载动态性，可以在内容通信量负载处于较低水平的非高峰时间（如午夜）调度延迟容忍程度高的 VNF 分发操作。

2.3.1.2　场景 1b：通过卫星链路在线预取视频片段

近年来，视频内容提供商（如 YouTube、Netflix 等）已经采用 MPEG-DASH 标准来提供流媒体服务[40]。这种情况下，视频内容被分为固定的片段，这些片段可允许独立请求并适应于多种分辨率。虽然 MPEG-DASH 具有许多优点，例如，通过实时质量自适应提供灵活性，并且相对于现有的 HTTP 基础设施易于实现，但实际上 DASH 使用传输控制协议（TCP）是一把双刃剑。一方面，意味着可靠的内容传输，可以避免由于 I 帧丢失等原因导致的视频质量下降；另一方面，当无线 UE 流式传输视频时，在端到端路径上有两个具有明显不同特性的网段，即（1）无线 RAN 和（2）移动核心网和通过有线或卫星链路实现的公共互联网。具体地讲，由于高容量链接并且由于跨全球 Internet 的数据传输距离较长，有线/卫星段具有高带宽延迟特性（BDP）。最坏的情况是，整个地面互联网的端到端延迟约为 300ms，如果卫星链路作为回传链路，这种延迟可以增加到 500ms。相比之下，由于空中接口上的无线电资源容量有限和相对较低的延迟，无线接入段的 BDP 要低得多。TCP 在由具有不同特性的两个网段组成的端到端路径上性能不佳[41,42]。即使没有 RAN 资源竞争，Internet 也无法在许多场景中支持无缝 4K 视频流。

基于此，我们提出了一种新的在线视频传输方案，该方案旨在向全球互联网的移动用户提供 OoE 保证的 4K VoD 流，即使是涉及卫星链路的情况。该方案在移动边缘虚拟 CDN 节点上实现了以下关键操作。首先，实现了网络和用户的上下文感知。对于网络上下文，它捕获 MNO 通过 ETSI-MEC 范式指定的无线网络信息服务传播的 RAN 条件。然后，它对每个会话的每个用户执行自适应预取，即它从视频源预下载视频片段，并在用户的实际请求进度之前保持进度差距。这种差距是自适应的，并基于其在网络和用户上下文中的实时知识实时优化。最后，根据用户端和网络端的上下文感知，在每个段的基础上执行基于 DASH 的视频质量自适应。例如，在意识到 UE 信号强度（通常受用户移动性影响）的情况下，它可以对可用吞吐量支持的当前最佳质量做出适当判决。类似地，根据动态 RAN 负载的知识，也可以相应地基于每个 UE 来确定恰当的视频质量。

2.3.2 卫星应用示例 2 场景：5G 固定回传

与此种选定的 eMBB 卫星应用案例相关联的场景对应于更广泛的场景应用案例。根据卫星回传的相关地理范围，考虑了以下三种情况。

（1）场景 2a：到基站群的卫星回传方案；

（2）场景 2b：到单个基站的卫星回传方案；

（3）场景 2c：到单个小区的卫星回传方案；

在所有情况下，用户和控制平面数据都通过卫星网关互连到核心网。

2.3.2.1 场景 2a：到基站群的卫星回传方案

此案例同样适用于没有实际地面回传解决方案的偏远小镇，或类似的偏远海洋岛屿①。每种情况下，单个卫星回传服务于多个小区——可能通过无线互连[15]。这种情况的一种变体是，只有一个地面连接，而卫星可以提供补充或备份容量。在某些地区，季节性需求是由旅游业推动的。这样的回传连接可以承载 eMBB 和 mMTC 传输，以及任何耐延迟的 URLLC 应用传输。

麻省理工学院研究了世界银行（World Bank）的数据[43]，得出结论，撒哈拉以南非洲人口在 20000~100000 人之间的城市数量将从 1990 年的 790 个急剧增加到约 2200 个。国际电联研究了信息和通信技术（ICT）在世界各地的发展[44]，很明显非洲的发展滞后于世界其他地区。

在这种情况下，定义了以下具有代表性的场景。

> **场景 2a**：卫星回传到中心节点，该中心节点与位于撒哈拉以南非洲一个拥有 30000 人的农村小镇中的五个蜂窝基站相连。
>
> 该镇不是游客经常光顾的地方，主要的外国游客是经过的救援人员。卫星服务由欧洲运营商提供，并通过当地关系向最终用户提供。小区的主要业务是 eMBB 但夹杂了由采石场产生的一些 mMTC 流量。

2.3.2.2 场景 2b：到单个基站的卫星回传方案

此应用案例是卫星回传到单个基站的覆盖区域，该区域内没有经济有效的基站自主回传模式。包括以下方面的卫星回传服务。

（1）发达国家的农村和偏远地区；

① 大型邮轮的通信状况也有点类似，尽管设备、mMTC 传输和价值链会有所不同。

（2）发展中国家城市地区以外的任何地方；

（3）岛屿、山区和其他偏远地区。

尽管在具体实施方面存在根本差异，但也有许多相似之处。发达国家和发展中国家之间的主要区别在于服务付费的能力，将对以下方面产生影响：①既定规模社区的设备数量；②eMBB 智能手机用户可以负担的数据量；③付款方式。

毋庸置疑，这样的蜂窝站点还可以支持物联网设备的 mMTC 通信，从而类似智慧城市的能力扩展到这些地区（如智慧村庄，尤其是智慧农业技术等[45]）

在这种情况下，定义了以下具有代表性场景。

> **场景 2b**：卫星回传到位于欧盟农村地区的单个基站，此基站覆盖两个相距约 5km 的村庄和一个农村主要道路。
>
> 这些村庄有 300 个家庭，在夏季，可能还会有 50 个家庭在度假住宿。这条路偶尔会有公共汽车，但通常都很安静。小区上的主要流量是 eMBB，但也有一些由农业科技生成的 mMTC 业务。

此场景的一种变化是考虑将这种系统用于短期应用，例如，在光纤连接可用之前提供新的基站。一旦地面连接被移除，基站可以移至其他地方。

2.3.2.3　场景 2c：到单个小区的卫星回传方案

小小区部署最常见的场景是在城市或其他交通繁忙的地区增加密度[46,47]。显然，这些站点极有可能获得良好的地面连接以进行回传。SaT5G 应用案例 3（见 2.3.3 节）考虑了小小区的实例化。

尽管小型蜂窝论坛在他们发布的 9 个网站中提供了有趣的素材[48]，但其他应用案例却很少被描述[48]。欧盟已经启动了“智慧村庄行动”[49]，该行动可能使农村小小区成为可能。与卫星相比，偏远村庄的小小区的优势之一对分散在广阔地理区域的小村庄进行成本效益高的覆盖，在这些区域大型基站通常过于昂贵。人们还可以设想在乡村旅游地点（教堂/寺庙，城堡，旅游酒店/旅馆等）中部署一个或多个小小区，这些地方要么没有信号，要么该地点的墙壁太厚，蜂窝无线电链路无法穿透。

另一种有趣的场景是在必要的时间和地点提供紧急服务，如利用 SatCom 的能力快速提供容量并将其从一个位置移动到另一个位置[50]。为了深入探讨利用 SatCom 的快速部署/重新部署功能提供服务的能力，定义了以下代表性场景。

> **场景2c**：卫星回传到多个站点（每个站点都有一个小小区），为其专用5G服务提供紧急服务。
>
> 部署后，将有一个控制室，有3人和另有22位响应者连接到该服务——该小区将仅承载其流量。整个地区或国家平均每20000人提供一个这样的小小区。进行分析时，应该考虑像比利时这样的发达国家。所有流量都是由紧急服务行为生成的类似于eMBB的流量。

注意到此案例大部分内容同样适用于其他相关类别。例如，特殊事件、人道主义援助、采矿等偏远行业，甚至是军事部署的某些方面（如部队的个人通信）。

2.3.3 卫星应用示例3场景：5G到户

与此选定的eMBB卫星应用案例相关的场景主要与位于发达国家服务不足地区的家庭和小型居家办公（SOHO）场所相关，这些区域由带宽性能较差的地面电信网络基础设施（xDSL或蜂窝接入）提供服务，例如，用户远离数字用户线路接入多路复用器（DSLAM）或距离4G基站较远。

在发达国家服务水平欠佳的地区，使用卫星来补充现有的地面宽带接入系统，会导致卫星/地面混合应用场景的出现，可以设想这种场景，以便受益于地面网络的低延迟和卫星网络的高带宽。特别是考虑通过具有组播和缓存功能的卫星宽带链路来补充现有的和性能受限的地面宽带链路（xDSL或蜂窝接入）。

这种情况下，特别考虑了以下两种场景。

（1）场景3a：服务不足地区的家庭/办公场所的混合多路传输（卫星/xDSL）；

（2）场景3b：服务不足地区的家庭/办公场所的混合多路传输（卫星/蜂窝）。

门多萨（MENDHOSA）[11] 和欧洲航天局（ESA）的其他研究[51,52] 考虑了类似的混合卫星/xDSL方案。如果卫星可以为高级客户端（通常是多屏和UHD）提供更多带宽，并且将Internet应用程序的用户体验提升到与地面网络类似的水平（延迟、大量客户端的高峰时段的吞吐量等），则这组场景尤其相关。为此，新一代HTS-DBS（或称为下一代宽带/广播混合卫星[19]）的使用对于维持卫星宽带机会，同时显著降低通信成本以及进一步提升直接广播卫星服务非常重要。

思科 Cisco VNI 对边缘交付和多媒体内容的分流（在 2.3.1 节中着重阐述过）的预测[29] 也与此相关。实际上，多数移动数据行为都发生在用户家中。对于在家中有固定宽带和 WiFi 接入点的用户，或由运营商提供办公小小区和微微小区服务的用户，移动设备和便携式设备产生的相当大一部分流量从移动网络转移到固定网络上。

在这种情况下，高速卫星链路具有组播和缓存功能，直接到户或到办公场所，提供广播内容并分摊现有的地面连接（此时，可以认为 DTH 更进一步）。这套方案的好处主要有两个方面。

（1）卫星覆盖允许在任何地方提供同类服务；

（2）组播和缓存可以节省带宽并改进 QoS/OoE。

2.3.3.1　场景 3a：服务不足地区的家庭/办公场所的混合多路传输（卫星/xDSL）

此方案对应于多链路网络配置，通过添加具有广播/组播和缓存功能的卫星宽带（双向）链路来增强 xDSL 地面链路。

该场景主要涉及发达国家但服务不足地区的家庭和 SOHO 场所，这些地区的 xDSL 链路带宽性能较差（如用户远离 DSLAM）。因此，xDSL 链路质量很差，无法承载任何组播视频。

在家庭/SOHO 场所中考虑了多种设备。用户设备的进步加上服务的创新，推动了用户的预期，特别是在选择、质量、可用性和可承受性方面。越来越多的设备可以接收多媒体服务，从固定电视机和家用收音机到个人电脑、平板电脑、智能手机、游戏机、机顶盒，甚至全墙超高清电视显示器。越来越多的智能手机和平板电脑显示器可提供高质量的视频，专家预测，此类设备上视频的使用将大大增加。因此，在这种情况下，将考虑在家庭/办公室 IP 网络中集成 DTH 卫星电视。此外，还考虑通过 WiFi 或家庭/办公室小小区进行家庭/办公室内数据分发。

这种多链路网络配置方案需要两种不同的功能，即专用硬件或软件设备：①位于家庭/办公场所的家庭/办公室网关；②位于核心网络中的互联网网关。此外，需要对主干网中的家庭/办公室网关和因特网网关进行调整，以便能够相应地拆分/合并现有地面接入链路和卫星链路的传输。

为此，在家庭/办公室网关中集成了在家庭/办公室级别聚合多个物理网络的智能用户网关。这方面的相关挑战对应于以下事实：这些网络主要由不同的商业实体所有，商业实体间经常彼此竞争，可能对合作和分担费用不感兴趣（如在公共家庭/办公室网关上）。

家庭/办公室网关包括缓存和存储功能。将缓存添加到每个家庭/办公室场所，以便在本地存储广播/组播内容。高效的缓存管理算法可在本地推送和存储最流行的内容，从而优化命中率、节省带宽。2.3.1 节提供了更多详细信息。

家庭/办公室网关还包括卫星接收硬件。该概念在商业上具有吸引力，因为它从机顶盒（STB）中删除了此功能，并使卫星传输更独立于室内的主要STB。卫星接收已成为家庭的基本功能，卫星提供的服务可以在任何设备上使用（而不仅仅像过去主要是电视屏幕STB）。

因此，有必要研究体系结构和协议，以便为每个家庭/办公室场所提供更具鲁棒性的卫星传输方案，并从实际的物理传输网络中分离出终端设备。

在这种情况下，新的协议栈（如本机IP/组播-辅助自适应速率）使得多设备场景比现在更具吸引力，需在后续工作中进一步研究。数字权限管理和底层协议（如DASH、HTTP实时流媒体（HLS）、HTTP平滑流媒体（HSS）等）也将对家庭/办公室网关设计产生影响，尤其是在多屏幕环境中。实现这个场景的其他关键要素是缓存、高效的缓存管理方案、分段视频可能的影响、服务的无缝融合、智能路由、网络技术融合以及降低实现某种技术方案（芯片组）的成本，因为其使用最大的技术通用性、标准终端设备功能来提供对所有内容的独立访问，而无须依赖于将其交付给该设备的方式。

2.3.3.2 场景3b：服务不足地区的家庭/办公场所的混合多路传输（卫星/蜂窝）

该场景与上述场景3a类似，主要区别在于地面xDSL被带宽性能差的4G/5G蜂窝接入链路所取代。因此，它对应于多链路网络配置，通过添加具有广播/组播和缓存功能的卫星宽带链路来增强4G/5G地面蜂窝链路。

该场景主要涉及发达国家但服务不足地区的家庭和SOHO场所，地面蜂窝接入的带宽性能较差（如用户距离4G/5G基站较远）。

2.3.4 卫星应用示例4场景：5G移动平台回传

与此种选定的eMBB卫星应用案例相关联的场景可以概括为向飞机、车辆、火车、船只（包括邮轮和其他客轮），甚至未来无人驾驶汽车上的单个移动终端提供高速回传连接，能够在较大的覆盖范围内（如用于本地存储和消费）组播相同的内容（如视频、高清/超高清电视、FOTA，以及其他非视频数据），并提供从/到这些移动平台的高效宽带接入连接。

需注意卫星独立回传和混合多路传输，即卫星链路都是现有地面基础设施的补充。可以根据场景和目标平台的类型进行设想。

基于此，我们特别考虑了以下三种情况。

（1）场景 4a：更新车载系统的内容和移动平台公司的多媒体分组请求；

（2）场景 4b：为乘客和自媒体请求提供宽带接入；

（3）场景 4c：移动平台公司的业务和技术数据传输。

2.3.4.1　场景 4a：更新车载系统的内容和移动平台公司的多媒体分组请求

此场景可以概述为移动平台公司对多媒体的分组请求。

该场景将是一种向乘客更新移动平台公司提供的内容及向直播电视更新订阅内容的方式。终端用户可以在自己的设备上使用独立的应用程序，也可以使用公司提供设备上的预装应用程序。

目录已更新了可预测的有价值内容和用户最需要的内容。可访问的媒体可能包括视频、音乐、游戏补丁和报纸。还可以提供直播电视来播放，如直播电视节目、电视新闻或像冠军联赛这样的直播体育节目。

此场景与缓存/组播边缘交付服务器密切相关，利用卫星网络固有的广播能力，增加移动平台的特殊性。对于移动平台公司而言，将其与潜在的全宽带接入结合起来具有较高的增值空间（如场景 4b 所述）。

可以设想对飞机和轮船（邮轮和其他客船）进行独立的卫星回传，并以混合模式进行，以补充火车和其他车辆（公共汽车、卡车或未来的无人驾驶汽车）中现有的地面连接。这样，诸如实时列车或公共汽车网络调度和在线地图更新之类的应用程序就是此场景的一部分。

特别是，在未来的无人驾驶汽车中，卫星角色将是通过安装在汽车屋顶上的相控阵天线为偏远地区的乘客提供直播和组播流。在那种情况下，由于用于 MEC、缓存等功能的计算和存储能力对于汽车来说更小或更昂贵，因此可以设想一个低容量的移动平台。

2.3.4.2　场景 4b：为乘客和自媒体请求提供宽带接入

该场景为每个乘客提供一个对移动平台透明的用于私人用途的双向宽带接入。因此，网络请求是独立的，适合于每个乘客。

与先前的场景（场景 4a）一样，设想在混合模式下为飞机和船只（邮轮和其他客轮），以及为火车和其他车辆（公共汽车、卡车或未来的无人驾驶汽车）提供独立的卫星回传服务，以补充现有的地面连接。

特别是，在未来无人驾驶汽车的情形中，如先前的场景（场景 4a）一样，也设想了一个低容量的移动平台。差异仅在于卫星此时的作用是为偏远道路上的乘客提供 5G 宽带接入服务。

乘客可以像在地面上一样使用自己的设备、安装整个应用程序。

2.3.4.3　场景 4c：移动平台公司的业务和技术数据传输

移动平台公司可以使用该连接来上传各种移动平台设备的日志状态，以减少在车站或码头上的地面时间。

该日志数据可以提供给公司数据挖掘和机器学习服务器，从而可以通过实时问题识别来增强预测性维护。

例如，移动平台当前正将该连接使用在航空公司枢纽[53]，也为车站内的火车/公共汽车或码头处的船舶提供的连接服务。使用卫星回传将允许安全地实时上传数据，并降低端口目的地不提供对公司业务服务器所需的连接访问的风险。

2.4 小结

本章介绍了SaT5G项目的初步结果[1-26]。通过详细介绍eMBB中为卫星作用定位所选定的应用案例和场景，特别说明了如何将卫星无缝集成到eMBB的5G应用场景中。根据文献［10-11］中的分析，就mMTC和URLLC而言，eMBB似乎是SatCom最具商业吸引力的5G使用场景。因此，本章仅关注与eMBB相关的应用案例和场景。

具体来说，本章介绍了所选定的eMBB卫星应用案例有以下几种。

（1）**应用示例1：边缘传输、多媒体内容分流和MEC VNF软件**。为直播、ad-hoc广播/组播流、组通信、MEC VNF更新分发之类的内容向网络边缘提供高效的组播/广播传输。

（2）**应用示例2：5G固定回传**。提供宽带连接特别在难以或不可能部署地面连接到塔台的地方，如湖泊、岛屿、山脉、乡村、孤立区域或最好由卫星提供覆盖或只能用卫星提供覆盖的其他区域。跨越较广阔的地理范围。

（3）**应用示例3：提供地面网络连接的补充**。例如，宽带连接到户/由地面有线或无线提供覆盖但服务不足的办公小小区。

（4）**应用示例4：5G移动平台回传**。提供到移动平台的宽带连接，如飞机或船舶。

针对eMBB的选定卫星应用示例的场景展开了融合网络拓扑和架构设计，具体而言，本章阐述的场景如下。

（1）**卫星应用示例1场景**：（1a）在离线状态下通过卫星链路进行组播和缓存视频内容和VNF软件；（1b）通过卫星链路在线预取视频片段。

（2）**卫星应用示例2场景**：（2a）到基站群的卫星回传方案；（2b）到单个基站的卫星回传方案；（2c）到单个小区的卫星回传方案。

（3）**卫星应用示例3场景**：（3a）服务不足地区的家庭/办公场所的混合多路传输（卫星/xDSL）；（3b）服务不足地区的家庭/办公场所的混合多路传

输（卫星/蜂窝）。

（4）**卫星应用示例 4 场景：**（4a）更新车载系统的内容和移动平台公司的多媒体分组请求；（4b）为乘客和自媒体请求提供宽带接入；（4c）移动平台公司的业务和技术数据传输。

有关需求定义、业务建模、系统架构定义、对原型机实施和验证以及对选定的 eMBB 卫星应用案例和场景的演示等对应于当前正在进行的 SaT5G 项目以及未来的工作，研究结论将在后续报告中刊出。

鸣谢

本章内容是 SaT5G（5G 卫星和地面网络）项目的一部分，该项目已获得欧盟 Horizon 2020 研究与创新计划的资助，资助号为 761413。作者在此感谢 SaT5G 联盟的合作伙伴。

参考文献

[1] SaT5G Project Consortium, "European Commission H2020 5G PPP Project 'SaT5G' (Satellite and Terrestrial Network for 5G)," 2017. [Online]. Available: http://sat5g-project.eu/.

[2] European Parliament, January 2016. [Online]. Available: http://www.europarl.europa.eu/RegData/etudes/BRIE/2016/573892/EPRS_BRI(2016)573892_EN.pdf.

[3] ITU-R, "IMT Vision – Framework and Overall Objectives of the Future Deployment of IMT for 2020 and Beyond" [Online]. Available: https://www.itu.int/dms_pubrec/itu-r/rec/m/R-REC-M.2083-0-201509-I!!PDF-E.pdf. [Accessed September 2015].

[4] GSMA Intelligence, "Understanding 5G," December 2014. [Online]. Available: https://www.gsmaintelligence.com/research/?file=141208-5g.pdf&download.

[5] ITU-T Y.3101, "Requirements of the IMT-2020 Network," January 2018.

[6] 5G PPP, [Online]. Available: https://5g-ppp.eu/. [Accessed July 2017].

[7] European Commission, "H2020 ICT-07-2017 Call," [Online]. Available: http://ec.europa.eu/research/participants/portal/desktop/en/opportunities/h2020/topics/ict-07-2017.html. [Accessed July 2017].

[8] European Commission, "5G for Europe: An Action Plan," European Commission, 14 September 2016. [Online]. Available: http://ec.europa.eu/newsroom/dae/document.cfm?doc_id=17131.

[9] NetWorld2020 SatCom WG, [Online]. Available: http://www.networld2020.eu/satcom-wg/. [Accessed October 2016].

[10] ESA, Avanti (Prime Contractor), "SPECSI (Strategic Positioning of the European and Canadian Satcom Industry)," [Online]. Available: https://artes.esa.int/projects/specsi. [Accessed July 2017].

[11] ESA, Thales Alenia Space France (Prime Contractor), "MENDHOSA (Media & ENtertainment Delivery over Hetnet with Optimized Satellite Architecture)," [Online]. Available: https://artes.esa.int/projects/mendhosa. [Accessed July 2017].

[12] ESA, Eurescom (Prime Contractor), "INSTINCT (Scenarios for Integration of Satellite Components in Future Networks)," [Online]. Available: https://artes.esa.int/projects/instinct. [Accessed July 2017].

[13] INSTINCT Whitepaper, September 2016. [Online]. Available: https://artes.esa.int/news/new-artes-funded-whitepaper-looks-role-satcoms-5g-context.

[14] ESA, Space Hellas (Prime Contractor), "CloudSat (Scenarios for Integration of Satellite Components in Future Networks)," [Online]. Available: https://artes.esa.int/projects/cloudsat. [Accessed July 2017].

[15] SANSA Consortium, "SANSA (Shared Access Terrestrial-Satellite Backhaul Network Enabled by Smart Antennas)," [Online]. Available: http://www.sansa-h2020.eu/. [Accessed July 2017].

[16] VITAL Consortium, "VITAL (VIrtualized hybrid satellite-TerrestriAl systems for resilient and fLexible future networks)," [Online]. Available: http://www.ict-vital.eu/. [Accessed July 2017].

[17] RIFE Consortium, "RIFE (Architecture for an Internet for Everybody)," [Online]. Available: https://rife-project.eu/. [Accessed July 2017].

[18] ESA, Nomor Research (Prime Contractor), "SCORSESE (The Role of Satellite in Collaborative Adaptive Bitrate Streaming Services)," [Online]. Available: https://artes.esa.int/projects/scorsese. [Accessed July 2017].

[19] ESA, SES (Prime Contractor), "HTS-DBS (High Throughput Digital Broadcasting Satellite Systems)," [Online]. Available: https://artes.esa.int/funding/high-throughput-digital-broadcasting-satellite-systems-artes-51-3a073-0. [Accessed July 2017].

[20] ESOA 5G White Paper, "Satellite Communications Services: An Integral part of the 5G Ecosystem," ESOA, 2017. [Online]. Available: https://www.esoa.net/cms-data/positions/ESOA%205G%20Ecosystem%20white%20paper.pdf.

[21] 3GPP SA1, "TR 22.891 V14.2.0 (2016-09), Feasibility Study on New Services and Markets Technology Enablers, Stage 1," 2016.

[22] 3GPP SA1, "SMARTER Technical Reports," 23 July 2016. [Online]. Available: http://www.3gpp.org/news-events/3gpp-news/1786-5g_reqs_sa1.

[23] 3GPP SA1, "TR 22.863 V14.1.0 (2016-09), Feasibility Study on New Services and Markets Technology Enablers – Enhanced Mobile Broadband; Stage 1," 2016.

[24] 3GPP SA1, "3GPP TR 22.864 V14.1.0 (2016-09), Feasibility Study on New Services and Markets Technology Enablers – Network Operation," 2016.

[25] 3GPP RAN1, "3GPP TR 38.811 V0.1.0 (2017-06), 'Study on New Radio (NR) to support Non Terrestrial Networks (Release 15)'," 2017.

[26] SaT5G Consortium, "Deliverable D2.1 'Satellite Reference Use Cases and Scenarios for eMBB'," August 2017.

[27] NSR, "Wireless Backhaul via Satellite, 11th Edition," March 2017. [Online]. Available: http://www.nsr.com/research-reports/satellite-communications-1/wireless-backhaul-via-satellite-11th-edition/.

[28] Research and Markets, "Wireless Network Optimization Research Report 2017: Mobile Edge Computing (MEC) and Content Delivery Network (CDN) Market Outlook, Forecasts, and the Path to 5G Enabled Apps and Services," July 2017. [Online]. Available: http://www.prnewswire.com/news-

releases/wireless-network-optimization-research-report-2017-mobile-edge-computing-mec-and-content-delivery-network-cdn-market-outlook-forecasts-and-the-path-to-5g-enabled-apps-and-services-300493587.html.

[29] Cisco, "Cisco Visual Networking Index: Global Mobile Data Traffic Forecast Update, 2016–2021," Cisco Visual Networking Index (VNI), February 2017.

[30] Sandvine, "Sandvine: 70% of Global Internet Traffic Will Be Encrypted In 2016," February 2016. [Online]. Available: https://www.sandvine.com/pr/2016/2/11/sandvine-70-of-global-internet-traffic-will-be-encrypted-in-2016.html.

[31] UK ITRC, "Exploring the Cost, Coverage and Rollout Implications of 5G in Britain," 2016. [Online]. Available: http://www.itrc.org.uk/wp-content/uploads/Exploring-costs-of-5G.pdf.

[32] OECD Directorate for Science, Technology and Industry, "Working Party on Communication Infrastructures and Services Policy – The Development of Fixed Broadband Networks," January 2015. [Online]. Available: https://www.oecd.org/officialdocuments/publicdisplaydocumentpdf/?cote=DSTI/ICCP/CISP(2013)8/FINAL&docLanguage=En.

[33] OECD, "OECD Broadband Statistics – Percentage of Fibre Connections in Total Broadband among Countries Reporting Fibre Subscribers," December 2016. [Online]. Available: https://www.oecd.org/sti/broadband/1.10-PctFibreToTotalBroadband-2016-12.xls.

[34] Euroconsult, "HTS Capacity Lease Revenues to Reach More Than $6 Billion by 2025," June 2017. [Online]. Available: http://www.euroconsult-ec.com/21_June_2017.

[35] YouTube, "YouTube Statistics," [Online]. 2017. Available: https://www.youtube.com/yt/press/statistics.html.

[36] Statista Digital Market Outlook, [Online]. 2017. Available: https://www.statista.com/chart/9539/smartphone-addiction-tightens-its-global-grip/.

[37] C. Brinton, E. Aryafar, S. Corda, S. Russo, R. Reinoso, and M. Chiang, "An Intelligent Satellite Multicast and Caching Overlay for CDNs to Improve Performance in Video Applications," in *AIAA ICSSC*, 2013, Paper No. AIAA 2013-5664.

[38] M. Cha, H. Kwak, P. Rodriguez, Y.-Y. Ahn, and S. Moon, "Analyzing the Video Popularity Characteristics of Large-Scale User Generated Content Systems," *IEEE/ACM Transactions on Networking*, vol. 17, no. 5, pp. 1357–1370, October 2009.

[39] A. Kalantari, M. Fittipaldi, S. Chatzinotas, T.X. Vu, and B. Ottersten, "Off-Line Cache-Assisted 5G Hybrid Satellite-Terrestrial Network," in *IEEE Global Communications Conference (GlobeCom 2017)*, Singapore, December 2017.

[40] ISO/IEC JTC 1/SC 29, "ISO/IEC 23009-1:2014, Information Technology – Dynamic Adaptive Streaming Over HTTP (DASH) – Part 1: Media Presentation Description and Segment Formats," May 2015. [Online]. Available: https://www.iso.org/standard/65274.html.

[41] F. Bronzino, D. Stojadinovic, C. Westphal, and D. Raychaudhuri, "Exploiting Network Awareness to Enhance DASH Over Wireless," in *13th IEEE Annu. Consumer Commun. Netw. Conf.*, pp. 1092–1100, January 2016.

[42] C. Ge, N. Wang, G. Foster and M. Wilson, "Towards QoE-assured 4K Video-on-demand Delivery through Mobile Edge Virtualization with Adaptive Prefetching," *IEEE Transactions on Multimedia*, vol. 19, no. 10, pp. 2222–2237, 2017.

[43] MIT, "Urbanisation in SSA," [Online]. 2001. Available: http://web.mit.edu/urbanupgrading/upgrading/case-examples/overview-africa/regional-overview.html. [Accessed 20 July 2017].

[44] ITU, "Measuring the Information Society Report 2016," [Online]. 2016. Available: https://www.itu.int/en/ITU-D/Statistics/Documents/publications/misr2016/MISR2016-w4.pdf.

[45] IoTONE, "IoTONE "Accelerating the Industrial Internet ofThings"," [Online]. 2016. Available: https://www.iotone.com/guide/internet-of-things-designing-smart-villages/g546. [Accessed 31 July 2017].

[46] Huawei, "Small Cell Network White Paper," [Online]. 2016. Available: http://www.huawei.com/minisite/hwmbbf16/insights/small_cell_solution.pdf. [Accessed 5 July 2017].

[47] 3GPP, "HetNet/Small Cells," [Online]. 2014. Available: http://www.3gpp.org/hetnet. [Accessed 5 July 2017].

[48] Small Cell Forum, "Small Cell Forum Release 9.0," [Online]. 2017. Available: http://scf.io/en/themes/Rural__Remote.php. [Accessed 31 July 2017].

[49] EU, "EU action for Smart Villages," [Online]. 2017. Available: https://enrd.ec.europa.eu/news-events/news/eu-action-smart-villages_en. [Accessed 18 July 2017].

[50] Telecoms, "EE Looks to Satellite Mobile Backhaul with $29 million Avanti Deal," [Online]. 2016. Available: http://telecoms.com/472384/ee-looks-to-satellite-mobile-backhaul-with-29-million-avanti-deal/. [Accessed 20 July 2017].

[51] ESA, Forsway (Prime Contractor), "Satellite Extension of xDSL Copper Wire Based Networks," [Online]. 2016. Available: https://artes.esa.int/projects/satellite-extension-xdsl-copper-wire-based-networks. [Accessed 31 July 2017].

[52] ESA, Intecs (Prime Contractor), "SAT4NET: Analysis of Satellite Downstream Boost for xDSL Networks," [Online]. 2016. Available: https://artes.esa.int/projects/sat4net. [Accessed 31 July 2017].

[53] Airbus, "Airbus Launches New Open Aviation Data Platform, Skywise," [Online]. 2017. Available: https://youtu.be/D2o–8XzxrI. [Accessed 31 July 2017].

第3章
用于星地融合的软件定义卫星通信网

费边·门多萨，雷蒙·费鲁斯，奥里奥尔·萨连特
西班牙加泰罗尼亚理工学院（UPC）信号理论和通信系

卫星通信的关键特性，如广覆盖、支持广播/多播和高可用性，以及大量即将投入使用的新卫星容量，都为卫星通信业务带来了新机遇——可使卫星通信成为5G系统不可或缺的一部分。本章将探讨在结合了SDN技术的星地融合网络中，实现端到端（E2E）流量工程（TE）的方案。重点放在了移动回传网络场景上，即用卫星作为地面基础设施的补充，集中计算星地链路间的E2E路径，并在链路拥塞和故障前以流级粒度动态地重置链路。本章描述了支持SDN的卫星地面段系统的体系结构，并介绍了TE的工作流程。此外，为了使提出的结构框架能继续深入发展，本章还开发了用于星地融合回传网络的基于SDN的TE应用，并评估了其在各种场景条件下的性能。

3.1 简介

我们正在重新审视卫星通信在即将到来的5G生态系统中扮演的角色[1-3]。卫星通信行业正在致力于推动将更好的星地融合协作变为2020移动网络的一部分[4-6]。值得注意的是，下一代3GPP系统规范性第1阶段要求中已包含了使用卫星接入提供服务的规定[7]，且一项有关在5G新无线电规范中支持使用非地面网络（即卫星接入和基于空中载体进行传输的其他接入网）的研究项目正在进行。该研究的目的是在更高层上实现星地集成工作，以及获得高度通用的无线电接口。实际上，通过以下方式[8]非地面接入网有望成为5G业务部署不可或缺的一部分。

(1) 通过将基于地面网络覆盖的5G扩展到地面网络5G无法最佳覆盖的区域，从而为终端提供无处不在的5G服务（尤其是IoT/机器类通信、公共安全/应急通信）。

(2) 由于减少了通信载体受物理攻击和自然灾害影响的概率，从而实现了更加可靠和灵活的5G服务。公共安全或铁路通信系统对此尤其感兴趣。

(3) 链接进5G无线电接入网（5G-RAN），可使5G随处可在。

(4) 可为空中的用户（如飞机上的乘客、无人机系统（UAS）/遥控飞机等）设备（UE）提供5G服务。

(5) 可为船上和火车上的动中通用户设备提供5G服务。

(6) 可进行高效的多播/广播传输服务，如A/V内容、群组通信、IoT广播服务、软件下载（如接入互联网的汽车）和传送紧急消息等。

(7) 使得地面和非地面网络间的5G服务TE具有灵活性。

除了实现高度通用的无线电接口和与5G地面接入网在更高层集成操作外，星地融合网络的部署和运营也有望借助在卫星系统中引入SDN和网络功能虚拟化等技术而受益[9-12]。实际上，在过去的10年中，网络社区已目睹了这种将通信网进行软件化转换的模式。将通信网软件化的模式可提高网络部署和运营的敏捷性和灵活性，并达到降低成本的目的。因此，卫星地面段系统（如卫星关口站和终端站）从目前相当封闭的解决方式向基于SDN和NFV技术的更加开放的架构去演进是必然的。这种演进不仅可以使卫星领域获得已在5G领域得到巩固的网络软件化技术进步带来的好处，而且可极大地促进星地融合网络的无缝集成和运营。尤其是，在卫星网络内引入5G中采用的主流SDN架构和技术兼容抽象模型、协议和应用编程接口（API）等，有望实现完整的E2E网络概念。在E2E网络概念中，整个星地网络特性可由一致且可互操作的方式进行编程实现。5G中采用的主流SDN架构和技术旨在追求与设备和供应商无关的SDN解决方案，从而实现真正的行业融合。

本章还检验了在采用SDN技术的星地融合网络中实现E2E TE的方法。首先，讨论了支持SDN卫星网络的基础，列出了主要的SDN参考架构，描绘了基于SDN的、适用于卫星地面段系统的架构。然后，提出了一种用于E2E TE的集成方法。重点放在了移动回传网络场景中，在此场景中卫星被用作地面基础设施的补充，方便集中计算星地链路间的E2E路径，并在链路拥塞和故障前以流级粒度动态地重置链路。给出了一个E2E TE的工作流程。在此基础上，本章以基于SDN TE的应用为例，说明了该应用可以将包括E2E路径计算、卫星容量资源预订、网络实用最大化准则，以及取决于流量性质、准入控制和速率控制特征的分配准则等控制特征和标准进行组合使用。最后，在仅靠卫星进行回传的各种场景下（包括同类和异类载荷、基站（BS）地面链路故障和有大量便携式基站部署等），评估分析了所提出的基于 SDN TE 应用的性能。

3.2　基于 SDN 的卫星网络功能架构

本节介绍了基于 SDN 的卫星宽带通信系统地面段的功能架构，描述了支持 SDN 概念和技术的不同卫星网络的内部和外部接口。为了奠定讨论的基础，首先简要概述了 SDN 架构和技术以及卫星宽带系统架构的关键基础。

3.2.1　SDN 架构的基础

开放网络基金会（ONF）和因特网工程任务组（IETF）分别在参考文献［13-14］中阐述了 SDN 的通用原理和参考架构。两种 SDN 架构模型，如图 3.1 所示。除了术语和方向上的某些差异外，这两种架构都反映出了 SDN 的关键原理：①将数据平面资源（如数据转发功能）与控制和管理功能分开；②集中管理控制功能；③通过与设备和供应商无关的抽象及其 API 来实现网络功能的可编程性。IETF 模型的描述更多地集中在网络设备和控制和管理抽象层上，ONF 模型则是围绕所谓的 SDN 控制器（SDN 控制器的核心功能实体）

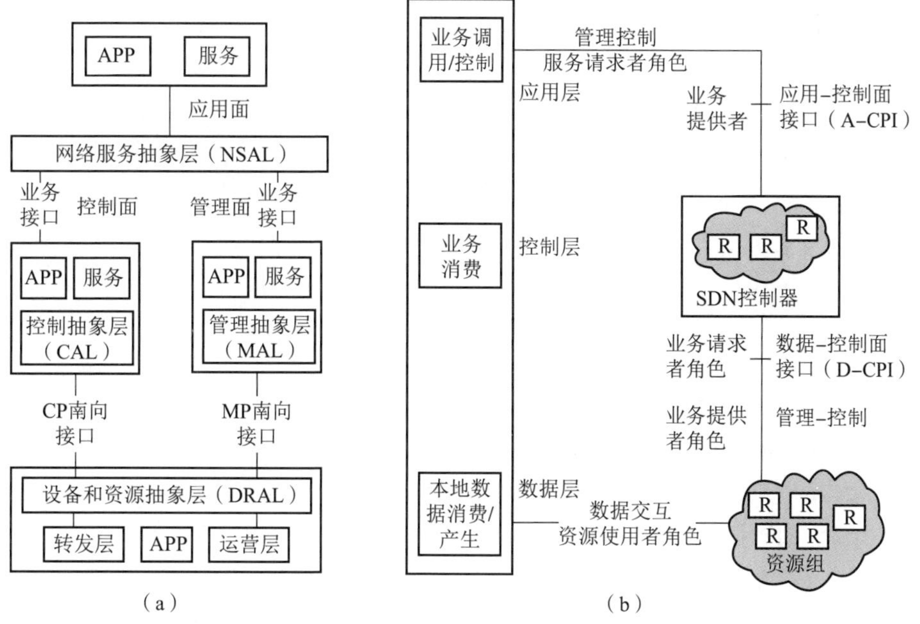

图 3.1　(a) IETF RFC 7426 和 (b) ONF SDN 架构模型

进行详细说明。SDN 控制器通过应用控制器平面接口（A-CPI）向客户端展示服务和资源，并通过数据控制器平面接口（D-CPI）消费底层的服务和资源。A-CPI 和 D-CPI 分别等效于 IETF 模型中的控制面/管理面南向接口（CP/MP SBI）和服务接口。服务接口通常也被称为北向接口（NBI）。

IETF 的流量工程（TE）架构和信令工作组正在开发一种针对传输网络的、更具特定目的的 SDN 架构。该工作组负责定义多协议标签交换（MPLS）和通用 MPLS（GMPLS）TE 的架构和协议。传输网络抽象和控制（ACTN）的 SDN 体系结构，描述了一种用于操作 TE 网络的控制框架（如 MPLS-TE 网络或层 1 传输网络）。开发这种框架的目的，是为 TE 网络客户提供连接和虚拟网络服务。可调整 ACTN 提供的服务，来满足客户托管应用所需的要求（如流量模式、质量和可靠性）。图 3.2 所示为 ACTN 架构说明图。即使将 ACTN 架构表示为三层参考模型，仍与之前介绍的 ONF 和 IETF SDN 的架构原则完全一致。重要的是，ACTN 架构不仅允许 SDN 控制器，而且还允许使用控制平面的传统受控域、使用层次和循环结构。

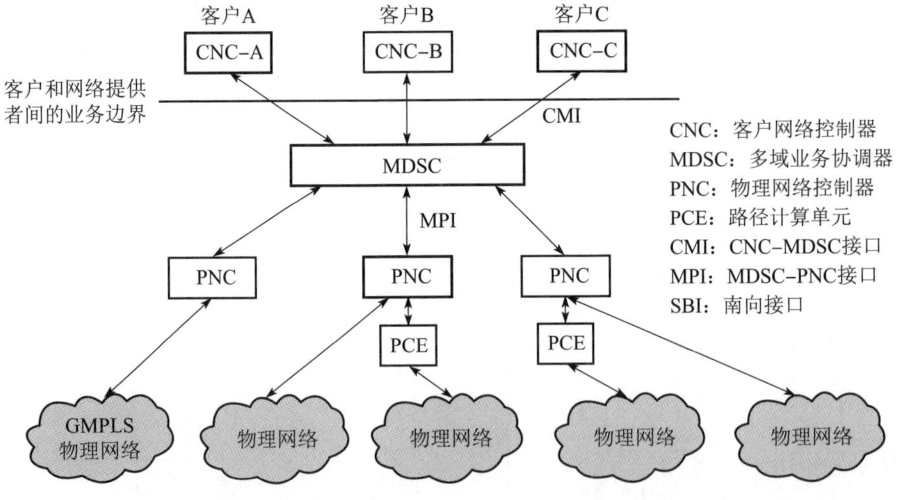

图 3.2　IETF 传输网络（ACTN）架构的抽象和控制

关于数据模型、协议和 API，被 ONF 标准化的开放流（OF）协议可能是 SDN 架构的南向接口（SBI）中使用最广泛的协议。目前，OF 规范[15] 定义了两个元素：①用于数据包处理的交换机数据路径的抽象模型（即，交换机的预期行为）；②用于编程交换机数据平面行为的交换机和 SDN 控制器间的通信协议。OF 当前的作用域基本上是流管理，而 ONF 正在寻求 OF 协议可用于扩展 SDN 的控制范围、用于支持广泛的数据路径硬件平台（包括完全可编程的分组交换机（不带内置协议行为的交换机）[16] 等）的未来发展方向。ONF 内的另一个重要创新是信息建模项目（ONF-IMP）。该项目旨在为 SDN API 的开发提供通用的术语定义和标准化基础，以促进基于模型接口定义的融合。

为此，ONF-IMP 建立了 ONF 公共信息模型（ONF-CIM）[17]，其中包括描述正在开发的应用域所需的所有特性（即对象、属性和关系）。ONF-CIM 包含了一个核心模型（ONF 核心信息模型[18]）。该模型从管理控制角度给出了网络转发资源与技术无关的表示，以及各种特定技术和分层附加物（如 OTN/OCH/ODU、ETH、MPLS-TP）。随着时间的推移，为了添加新的应用、功能或技术，或在获得新的见解后，为了对其进行完善，ONF-CIM 可能会不断地被扩展和完善。在 ONF-CIM 的基础上，ONF 内的开放传输项目致力于解决 SDN 和 OF 基于标准的控制能力，以支持不同类型的传输技术，包括光学和无线传输。这项工作包括识别和解决不同的用例、定义传输网络中的 SDN 架构和信息模型的应用，以及定义用于传输网络的标准 SDN 接口，包含 OF 协议扩展和传输控制器 API 等。开放传输项目中我们要讨论的三个相关输出是：ONF TR-522[19]（描述了通用 SDN 架构[13] 和传输网络中 ONF-CIM 的应用），ONF TR-527[20]（开发了用于定义传输 API（T-API）的功能要求），TR-532[21]（为在无线传输网络中使用 SDN 架构提供了 ONF 核心信息模型[18] 的特定技术扩展）。仍然是在 ONF 内，值得一提的还有 NBI 项目。该项目为 NBI 开发了具体的要求、架构和工作代码，以降低 SDN 应用开发的障碍。到目前为止，仅输出了说明基于意图的接口定义原理的 ONF TR-523[22] 文件。在 IETF 内，YANG[23] 正在成为首选的数据建模语言。YANG 可用于对配置和运行状态进行建模，它与供应商无关，并支持用于要素控制和管理的可扩展 API。实际上，YANG 数据模型[23] 加上适当的消息传递协议（如 NETCONF[24] 或 STCONF[25]）和编码机制已经被一些行业范围内的开放式管理和控制（M&C）计划（如 OpenConfig）采用和推广。YANG 数据模型也被认为可为 ACTN 框架提供解决方案[26]。若读者想得到有关 SDN 架构和技术，以及 ONF、IETF 和其他标准开发组织与工业论坛中的关键开发技术的更多信息，请参考文献［27，28］。

3.2.2　卫星网络架构

ETSI 已经为卫星宽带多媒体（BSM）通信系统建立起了与技术无关的参考架构[29]。BSM 系统架构被认为是一个总体架构，由交互式卫星通信网络中的常见组件：卫星用户终端（ST）、网关 ST、卫星有效载荷、网络管理中心（NMC）和网络控制中心（NCC）组成。重要的是，BSM 系统架构不限于任何特定的卫星空口（如 DVB-S2/RCS2），而是旨在支持多种空口协议。实际上，整个 ETSI BSM 系统架构适用于不同配置拓扑结构（星形、网状）和有效载荷技术（透明和再生）的卫星网络[30]。

图 3.3 从用户面（U 面）和控制/管理面（C 面和 M 面）的参考接口角度描述了 ETSI BSM 架构。参考接口可分为物理接口和逻辑接口，前者是指设备间的物理连接，而后者是指对等协议实体间的逻辑关联。如图 3.3 所示，BSM 系统架构的一个主要原理是将卫星独立（SI）层（例如，以太网/IP 层，以及与外部网络互连所需的互通和适配功能）与卫星依赖（SD）层（通过 SI 服务接入点（SI-SAP）接口的定义进行交互实施[31]）进行逻辑隔离。对于 U 面（又称数据面），在互联点上标识出了四个物理接口，分别是所处网络与用户 ST（T 接口）、用户 ST 和卫星有效载荷（U_{ST}/U 接口）、卫星有效载荷和网关 ST（U/U_{GW} 接口），以及网关 ST 和外部网络（G 接口）。无线电接口标记 U 表示用户 ST 和网关 ST 具有相同的无线电接口，这样做的目的是用户 ST 和网关 ST 间可通过卫星有效载荷进行通信。U_{ST} 和 U_{GW} 是指两侧具有不同无线电接口的情况。此外，为 U 平面定义了三个逻辑接口，分别对应于无线接口协议不同层的对等交互。其中的一个逻辑接口包含了 SI 协议层两侧间的交互，即互通和适配功能；其他两个逻辑接口适用于较低的 SD 层，分别用于与卫星有效载荷与对等 ST 间的连接。这两个逻辑接口间的边界依赖于所支持卫星有效载荷的性能。C 平面和 M 平面对应于逻辑接口 N 和逻辑接口 M。尤其是接口 N 是用户/网关 ST 与 NCC 间的控制接口，而 NCC 是提供 BSM 网络实时控制（如会话/连接控制、路由、终端对卫星资源的接入控制等）的功能实体。

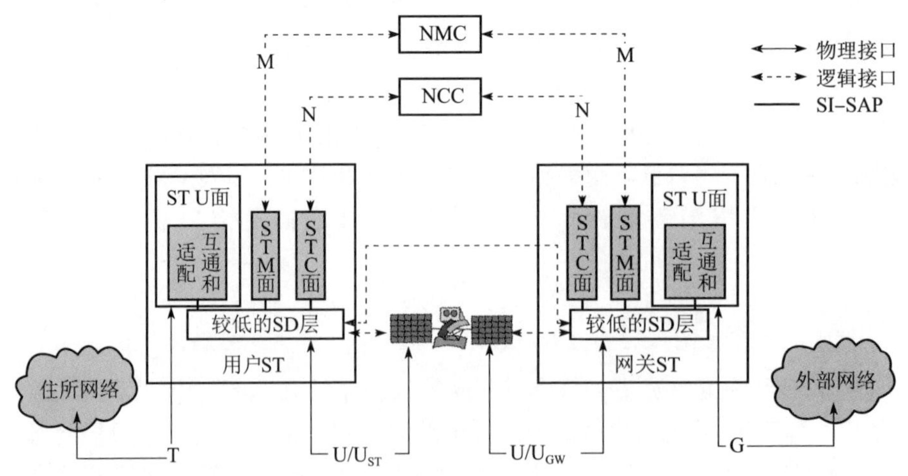

图 3.3 ETSI BSM 系统架构：U/C/M 面的参考接口

接口 M 是 ST 和 NMC 间的管理接口，而 NMC 是负责管理 BSM 网络中所有系统网元（如故障、配置、性能、计费和安全性管理）的功能实体。值得注意的是，当前 N 和 M 接口都被视为 BSM 系统的内部接口，不受供应商间标准化或协调的约束。我们将在 BSM 参考模型中建立的这种功能分离设计，作为在 BSM 系统中引入 SDN 概念和技术的基础，本章后续部分会对此进行详细介绍。

BSM 系统架构通过定义 BSM 承载服务来支撑卫星链路的 BSM 服务能力和 QoS。BSM 承载服务能提供所有支持用户/网关 ST 间的 U 平面数据传输服务，包括 QoS 特性和其他性能，如无连接或面向连接、单向或双向、对称或非对称，以及承载服务的点对点/多播/广播等性能。BSM 承载服务在 SI-SAP 接口级定义，并使用由底层的本地承载服务提供服务。用来进行链路和媒体访问控制的 SD 下层的特定实现决定了底层的本地承载服务。同样地，更高层的服务（如卫星网络上的 IP 连接）建立在 BSM 承载服务上，并可根据特定的更高层服务需求而映射到不同的 BSM 承载服务上。队列标识符（QID）标签可用于表示抽象的 SI-SAP 级上的可用 BSM 承载服务。与给定 QID 相关联的 QoS 属性，由 QoS 特定的参数定义，并且 QoS 可由被映射到相匹配低层传输功能上的 QID 实现。QID 在 SI-SAP 规范[31] 和 SI-SAP 指南[32] 中有更详细的定义。在参考文献［33，34］中分别介绍了为 BSM 系统建立的 QoS 模型和用于描述 QoS 性能管理、资源分配的流量类别。

3.2.3　支持 SDN 的卫星网络架构

基于前述的 BSM 系统架构的各方面（例如，功能组件、参考接口、承载服务/QID 和 QoS 模型等），图 3.4 说明了在卫星网络内采用 SDN 架构的解决方案。

该解决方案依赖于引入 SDN 控制器。SDN 控制器是卫星网络功能架构的一部分，用于管理 T 和 G 参考点间的连接服务。对于分组交换服务（如 IP 和以太网连接服务），用于 QoS 转发处理的最小颗粒度通常被称为流。经过 U 平面时，流的定义为源和旨在接收相同服务策略的目标间的一系列数据包。一组数据包过滤器（在图 3.4 中被称为流量模板）将用于识别属于特定应用的单个数据流（例如，用于 IP 流的数据包过滤器通常由具有 IP 五元组的源 IP 地址、目标 IP 地址、源端口、目标端口和协议类型组成）。如图 3.4 所示，SDN 控制器直接管理 SI 服务（如 IP/以太网层的 QoS），并通过 NCC/NMC 功能间接管理 SD 服务。相应地，还需要以下接口。

（1）SBI 用于网关 ST 和用户 ST 间互通和适配功能的管理和控制（M&C）。此接口不依赖于卫星，因此可采用网络领域中广泛使用的 SDN 模型和接口，如 OF 和 YANG 模型。

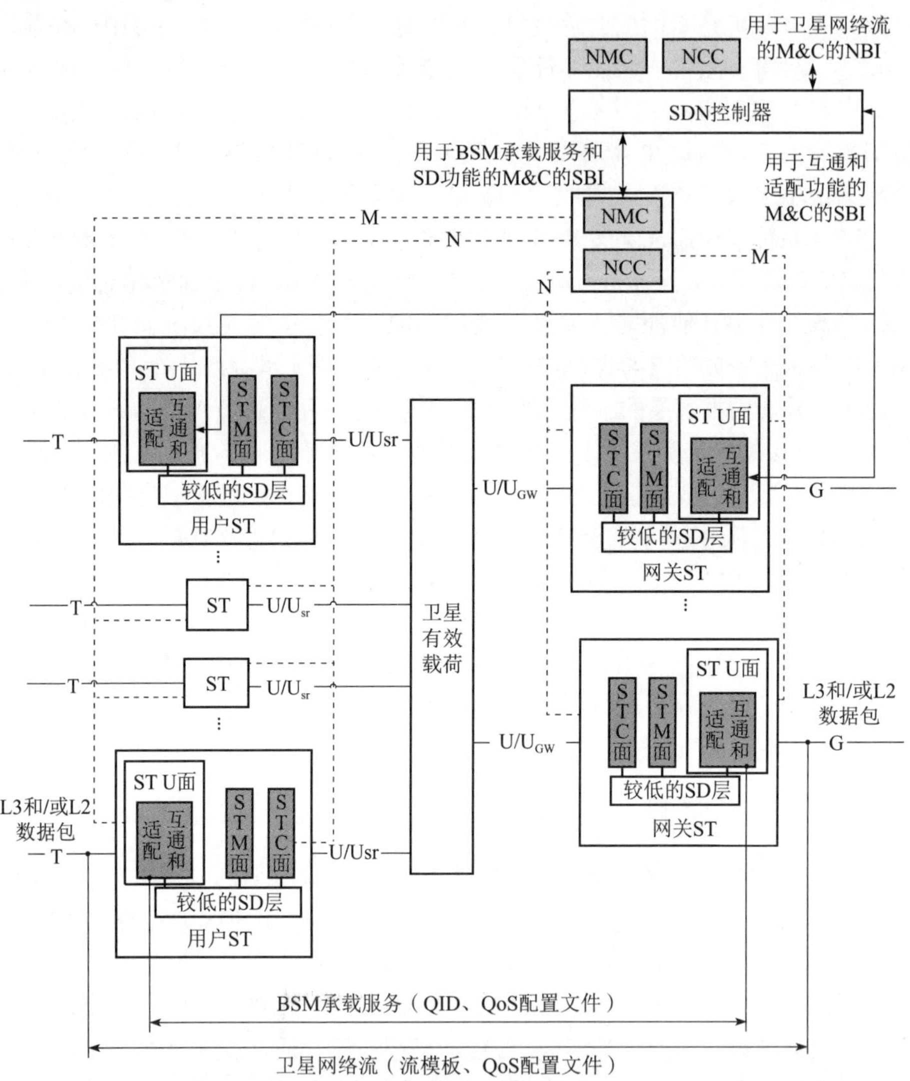

图 3.4　基于 SDN 的卫星网络架构

（2）用于 BSM 承载服务及 SD 下层中某些功能管理和控制的 SBI（如卫星的频率规划、调制和编码方案等卫星资源或其他的卫星特定属性）通过与已有卫星网络的 NCC/NMC 进行功能交互。此接口可能须考虑一些卫星特定的方面，因此有必要对现有的 SDN 模型和接口进行一些扩展和调整。该接口的潜在候选最低要求 SDN 数据模型和接口可用 OF 和微波信息模型[21] 实现。如果 NCC/NMC 功能最终可作为 SDN 控制器上的网络程序得以实施，则从 SDN 控制器的角度来看，该接口的另一种候选解决方案可以是基于 ETSI SI-SAP 接口的扩展，并可直接用于 SBI 的 N 和 M 接口。

（3）卫星网络管理和控制的 NBI 可在 SDN 控制器顶部运行的网络应用程序中，或从上层控制域的外部控制器中流动。根据已确定的 ACTN 架构，可知实现该接口的潜在候选 SDN 数据模型和接口分别为 OF、ONF 的传输 API[20] 和 YANG 模型。

3.2.4　候选 SDN 数据模型和接口

在以下各节中将讨论前面提到的基于 SDN 卫星网络架构的候选数据模型和接口的主要特性和优/缺点。

3.2.4.1　ETSI BSM SI-SAP

SI-SAP 接口提供了 SD 和 SI 层间的功能隔离。根据 ISO/OSI 协议栈模型，SD 和 SI 层间交换的原语已详细规定了当前的 SI-SAP 接口。现有规范[35] 定义了支持 U 平面和 C 平面功能的原语。更具体地说，由 SI-SAP 接口提供的 C 平面服务：①登录/注销服务；②SI 层配置服务（为 SI 层提供必要的配置信息，如寻址方案和更高协议层的数据头压缩等不同功能）；③地址解析服务（用于 SI 与 SD 层间的地址映射）；④资源预留服务（用于资源分配和整体 QoS 管理）；⑤多播组接收和发送服务（调用它们以建立多播组，并接收所需的多播数据流）。

如参考文献［35］所述，SI-SAP 可以部署为外部接口。在此方法下，SD 下层和控制实体可在不同的位置运行，并通过点对点协议技术（如以太网）互连。这样，SI-SAP 接口服务原语被定义为由点对点协议实现的技术传输的特定消息。在参考文献［35］中还讨论了消息格式和协议封装选项等内容。有关使用 SI-SAP 接口的更多信息，请参见参考文献［32］。

因此，BSM SI-SAP 是实施 SBI 的明确候选对象，SBI 是为了实现 BSM 承载服务 M&C 以及可能包含在 SD 下层的某些性能。为了达到此目的，应重新考虑和扩展当前的 BSM SI-SAP 接口规范。这是因为当前的 BSM SI-SAP 接口规范尚不具有管理卫星链路物理无线电方面（如选择调制和编码方案）的能力，且只具有有限的监测和管理平面的能力。

3.2.4.2　ONF OpenFlow

开放流（Open Flow，OF）从根本上提供了一种流管理方案。OF 可以在交换机/路由器节点的数据包级别上对转发行为进行精细控制。OF 规范[15] 当前定义了两个元素：①用于数据包处理的交换机数据路径的抽象模型（即交换机的预期行为）；②为了使控制器对交换机数据平面的行为进行编程的交换机与控制器间的通信协议。OF 规范支持从第 2 层到第 4 层的许多常用数据平面协议，其中使用无状态匹配表和包处理操作（称为动作或指令）执行数据包分类。这些操作包括包头修改、计量、QoS、包复制（如实现多播或链路聚合）和数据包封装/解封装。该规范还考虑增加了一些用于统计信息收集等的人为特性，这些收集到的信息可根据需要或通过通知进行检索。OF 协议的补充协议是 OF-CONFIG，同样出自 ONF。OF-CONFIG 为 OF 交换机添加了配置和管理支持内容。OF-CONFIG 提供了 OF 协议无法处理的其他各种交换机参数的配置。

然而，当前的 OF 规范对应付交换机端口物理层方面的支持非常有限。到目前为止，OF 规范仅引入了一组端口属性来增加对光学端口的支持。关于支持无线端口，唯一要考虑就是定义与接收端口相同的端口发送数据包的过程，但该行为在规范的早期版本中并未明确定义，且该行为常见于无线链路中。因此，在当前的 OF 规范中，实际并未支持配置和监测无线链路/端口。

于是在基于 SDN 的卫星网络中，OF 是内部用于控制网关和 ST 内交换功能的明确候选对象。值得注意的是，为了公开一些对卫星网络流管理的控制，OF 还可用做作外部接口，从而提供实现 E2E TE 所必需的控制功能（此方法将在 3.3 节中进一步阐述）。在虚拟网络运营商（VNO）场景下，参考文献［36］还提出了通过卫星网络对 OF 接口进行公开的方法。在此场景中，VNO 提供了一个接口来控制和管理从卫星网络运营商处租借的卫星段资源，就好像它正在对 OF 交换机进行编程一样。总而言之，OF 是一种可扩展的协议，为 SDN 程序员提供了定义其他协议元素（如新的匹配字段、操作、端口属性）的机制，用以解决新的网络技术和行为（该协议定义了交换机的预期行为，也定义了如何使用接口进行自定义的行为）。

3.2.4.3 ONF 微波信息模型

微波信息模型（IM）由 ONF 主导，旨在为支持 SDN 的无线传输环境定义常用和通用的信息模型标准，以简化微波/毫米波无线电链路的网元（NE）的操作和控制，并在通用和单一控制框架下促进独特多供应商解决方案的集成。ONF TR-532[21] 中描述了微波 IM 作为 TR-512 ONF CIM 技术特定的扩展内容。为了通过 NETCONF 协议实现 SDN 控制器对微波设备的控制和管理，TR-512 ONF CIM 可由 YANG 数据模型实现。微波 IM 可提供设备必要的属性，从而可告知 SDN 控制器此设备的能力、配置设备控制器及提供设备的状态、问题和性能信息等。例如，微波 IM 允许配置频率规划（信道排列）、信道频率和传输带宽、使用的调制方案等。

当前 ONF 微波信息模型仅限用于点对点无线电链路。然而，该模型可能是对卫星的物理层建立模型的有效起点，且可用作管理和控制 SD 下层的内部

SBI（卫星资源，如频率规划、调制和编码方案或卫星的其他特定属性）。

3.2.4.4　ONF 传输 API

ONF T-API 通过概括一组通用的控制面功能（例如，网络拓扑、连接请求和到服务接口的路径计算）来提供传输 SDN 控制器功能的可编程访问。T-API 适用于传输 SDN 控制器“黑匣子”与其客户端应用间的接口。通过此接口进行信息交换的参与者，包括作为生产者角色的传输网络供给域的控制器和消费者角色的传输网络应用系统。传输网络应用系统可以是业务客户端系统（其本身可能包括一些控制功能），也可以是网络运营商的上层控制、编排和/或操作系统。T-API 还可适用于具有递归层次结构的传输控制器间。T-API 预期可提供的服务如下。

（1）拓扑服务：用于检索网络拓扑、节点、链接和节点边缘处的 API；

（2）连接服务：用于请求创建、更新和删除连接的 API，包括点对点和点对多点间的连接；

（3）路径计算服务：用于请求和优化路径计算的 API；

（4）虚拟网络服务：用于创建、更新和删除虚拟网络拓扑的 API；

（5）通知服务：支持用于异步通知事件（如故障或降级）的发布/订阅模型的 API。

虽然 ONF T-API 还在不断开发中（到目前为止，ONF 文档 TR-527[20] 仅提供了 T-API 规范的功能要求），但它仍是实现管理和控制用卫星网络提供 E2E 流服务 NB 的一个明确候选项。

3.2.4.5　YANG 模型

为了对各种网络设备、协议实例和网络服务进行配置或建模，都需要生成 YANG 模型。参考文献［37，38］给出了 YANG 数据模型的分类，特别是参考文献［38］更侧重于服务模型的介绍，并且区分了四种类型的服务 YANG 模型。

（1）客户服务模型：客户服务模型用于将服务描述为报价或由网络运营商交付给客户的服务；

（2）服务交付模型：网络运营商使用服务交付模型来定义和配置网络如何提供服务；

（3）网络配置模型：网络协调器使用网络配置模型为控制器提供网络级别的配置模型；

（4）设备配置模型：控制器使用设备配置模型配置物理网元。

在之前的 3.2.1 节中已指出，YANG 模型与 REST-CONF/NETCONF 协议相结合可为 ACTN 框架提供解决方案。实际上，ACTN 框架寻求提供一种控制层次的结构和接口用以实现对多域传输 SDN 网络的调度。因此，根据参考文献［26］，客户服务模型适用于 ACTN CMI 接口，网络配置模型适用于 MPI，而设备配置模型适用于 SBI。在此情况下，ACTN 架构中提到的卫星网络 SDN 控制器的集成可考虑通过 MPI 接口来实现，表 3.1 总结了现有适用于 MPI 接口的非 OTN/WSON 技术专用 YANG 模型。请注意，各种 YANG 模型仍在不断开发中。此外，还有 IETF 互联网草案[39] 旨在描述用于分析 IETF 定义的现有模型对传输网络，尤其是是否适用于 MPI 接口的用例。

表 3.1　用于流量工程的 YANG 模型

功能	YANG 模型
配置调度	X. Liu 等，用于配置调度的 YANG 数据模型（A YANG Data Model for Configuration Scheduling，draft-liu-netmod-yang-schedule），未完成
路径计算	I. Busi，S. Belotti 等，路径计算 API（Path Computation API，draft-busibel-ccamp-path-computation-api-00. txt），未完成
路径供给	T. Saad（编辑），用于流量工程隧道和接口的 YANG 数据模型（A YANG Data Model for Traffic Engineering Tunnels and Interfaces，draft-ietf-teas-yangte），未完成
拓扑抽象	X. Liu 等，用于 TE 拓扑的 YANG 数据模型（YANG Data Model for TE Topologies，draft-ietf-teas-yang-te-topo），未完成
隧道 PM 遥测	Y. Lee、D. Dhody、S. K arunanithi、R. Vilalta、D. King 和 D. Ceccarelli，用于 ACTN TE 性能监控遥测和网络自治的 YANG 模型（YANG models for ACTN TE Performance Monitoring Telemetry and Network Autonomics，draft-lee-teas-actn-pm-telemetry-autonomics），未完成
业务供给	暂时无相关参考文献

3.3　星地回传网中用于 E2E 的基于 SDN TE 的集成方法

利用基于 SDN 卫星网络的移动回传的卫星容量不仅可以覆盖地面回传基础设施（如由光纤和无线电链路连接到 BS 站点）难以到达的区域，而且还可以更高效地将地面回传基础设施的流量传输到 RAN 节点，提高弹性并更好地支持需快速部署的临时小区和移动的小区。可见，通过基于 SDN 的接口对卫星连接服务的控制和管理，将使移动网络运营商（MNO）可以轻松地集成和操作回传基础设施中的卫星组件。该回传基础设施已日益增多地依赖 SDN 技术作为地面容量的补充。在集中一致的 SDN 框架下对地面容量和卫星容量进行管理，可以实现 E2E 基于 SDN 的 TE 调度。

TE 机制可通过动态分析、预测和调整网络间的流量来优化数据网络的性能[40]。星地融合回传网络中，在流量需求（例如，增加特殊事件的流量需求、随时间变化的空间需求）和网络状况（例如，地面链路故障时的回传备份、网络快速部署和快速响应的能力，以及用于应急/移动的小区）不断变化的情况下，TE 解决方案须能够以最佳地补充地面容量的方式来利用卫星容量。始终以一种方式来应对如此多种多样的情况，对于 TE 而言充满了挑战。与现有传输网络中使用的传统 MPLS/TE 机制相比，用于实现 TE 方案的集中式 SDN 框架的最大优势，在于集中式 SDN 框架具有整体网络观和可以从单个接触节点执行网络策略的机制[41]。

下面介绍用于在星地回传网络中实现 E2E 的基于 SDN TE 的网络体系架构，以及用于验证所提集成方法的几个 TE 工作流程示例。

3.3.1　网络体系框架

对于在移动网络架构中采用 SDN 概念的一些提案参见参考文献［42，43］。概括而言，图 3.5 描绘了一个基于 SDN 的移动网络示意图。该移动网络使用从 RAN 节点（如 BS）通过回传到达核心网的 SDN 进行传输。尽管此架构是针对 LTE 技术开发的，但据称该方案是通用的且不受 LTE 标准细节的限制。

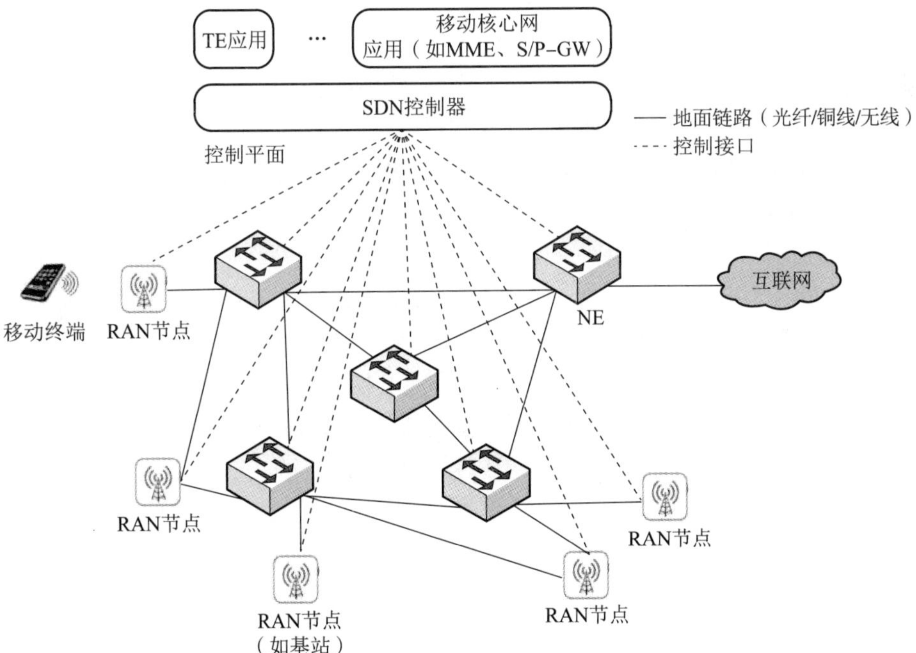

图 3.5　基于 SDN 移动网络的示意

如图3.5所示，移动核心网（MCN）控制功能（如LTE演进分组核心中的移动性管理实体（MME）和服务/分组数据网网关（S/P-GW）功能元）和用于传输网的特定TE功能，由SDN控制器（此处表示为单个功能实体，不过可能需要遵循控制器的层次结构）上的应用实现。此SDN控制器负责管理在传输网络内提供数据包交换和转发功能的网元（NE）。在这方面，底层的传输网络基础设施可能涉及许多不同的物理网络设备，或者如路由器、交换机和虚拟交换机之类的转发设备。

在上述基于SDN移动网络的图示和3.2.2节中讨论过的基于SDN的卫星网络架构的基础上，图3.6给出了所提集成方法的功能示意图。该方法基于两个主要概念。

（1）整个卫星网络抽象为支持SDN的“交换机”。特别是，从MNO SDN控制器实体来看，卫星网络的操作可通过OF交换机抽象模型[36] 进行建模。此部分内容也可查阅3.2.4节中讨论过的用于实现NBI接口的一种候选解决方案中NBI接口用以控制和管理卫星网络的连接性服务。

（2）使用基于SDN的TE应用。基于SDN的TE应用与中央路径计算引擎（PCE）一起使用。中央路径计算引擎支持对MCN应用进行操作，并用以在回传传输网络内进行流量管理。假定将整个传输网络作为一个逻辑转发域进行管理，并且在转发域内部，MNO的SDN控制器会做出是否转发的决策。如图3.6所示，所有支持SDN的L2/L3网元都可通过OF接口（包括“卫星网络交换机”）与MNO的SDN网络控制器连接。如此，基于SDN的TE机制可无缝跨越整个网络。对于地面连接，假设未采用任何特定的技术，而是考虑通过SDN功能来管理通信流。

考虑到不同的TE操作程序，图3.6所示的说明性网络拓扑考虑了具有LTE eNB功能的三个RAN节点。第一个节点仅通过地面装置（RAN节点#C）连接到传输网络；第二个节点仅通过卫星网络（RAN节点#A）连接到传输网络；第三个节点（RAN节点#B）通过支持SDN的小区交换路由器（CSR）连接到地面和卫星连接中。这里的第三种情况可用于说明如何实现多径优化的TE机制。

关于传输网络的地面部分，参考网络拓扑中包括了三个网元（NE），其中两个NE充当传输网络中的内部聚合/核心节点（NE#A和NE#B），第三个（NE#C）通过常规3GPP Gi接口提供与外部网络（如互联网）的互连。值得一提的是，除了用于控制传输网络转发功能的OF接口外，其他控制接口很可能会在整体配置中用于其他功能，如MCN应用和RAN节点内的eNB间的3GPP S1-MME接口用于管理eNB中在用移动终端的无线电接入承载（RAB）的激活或去激活。

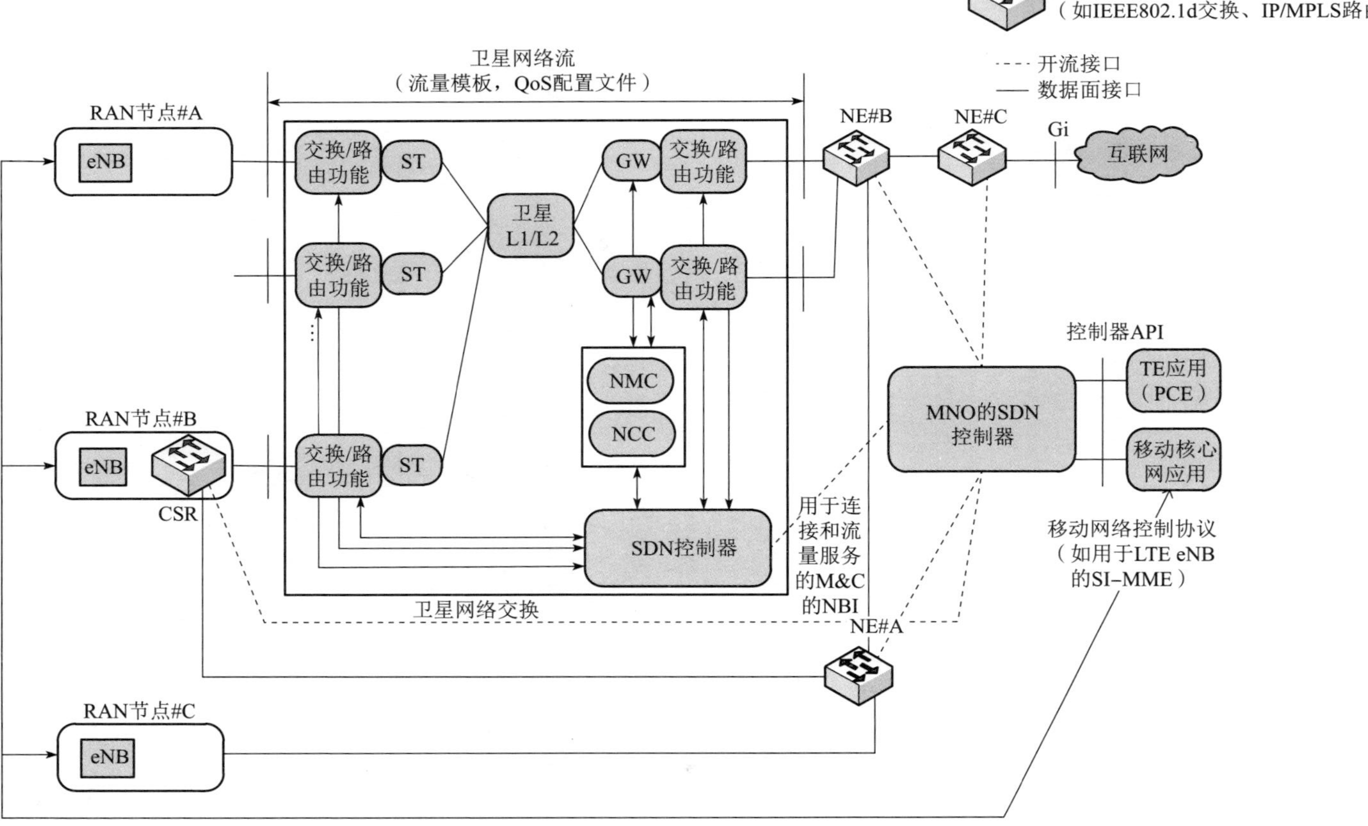

图3.6　用于TE工作流中的功能图和说明性网络拓扑

3.3.2 TE 工作流说明

本小节用两个说明性的工作流来验证所提的集成方法：第一个工作流说明了通过激活星地融合网的业务流量来增强受益于最佳路径计算的移动网络承载（如 LTE 中所谓的演进分组系统（EPS）承载）；第二个工作流说明了如何通过修改已建立的工作流处理传输网络中的链路拥塞/失败情况。

3.3.2.1 具有最佳路径计算的流激活

基于图 3.6 所示的网络拓扑，图 3.7 给出了一个用于操作多径星地业务量优化的最佳路径计算机制的消息图。尤其是，所提供的工作流包含了专用 EPS 承载的建立情况。考虑到 EPS 承载的特性和整个网络的负载情况，EPS 承载依靠 TE 路径计算机制来激活 RAN 节点和通过网元 NE#C 达到的外部网络间的业务路径。假定 SDN 控制器具有全局网络拓扑视图。全局视图包含了通过 OF 交换机间的所有链路。通过利用诸如 LLDP（802.1AB）之类的协议搜寻链路，这些协议主要用于向卫星网络设备通告其身份、功能和其相邻信息）的图形表示。下面给出了图 3.7 中不同步骤的详细信息。

步骤 1：在包括 CSR、“卫星网络交换机”和 NE 域内，监控 SDN 转发元素。如参考文献［44］中所描述的解决方案，允许 OF 控制器对每个流吞吐量、分组丢失和延迟进行精确监控以协助 TE。若此时流处于活动状态，则控制器和 SDN 转发元素可以交换有关流状态的消息。

步骤 2：MCN 通过建立新的专用 EPS 承载来支持激活连接在 RAN 节点#B 中的移动终端新服务（如高清视频流服务）。激活专用 EPS 承载需要在整个传输网络上激活具有 QoS 保证的流。EPS 承载的两个边缘节点是假定 UE 已连接到的 RAN 节点 B 和用作外部网络网关的网元 NE#C。

步骤 3：MCN 向 TE 应用请求计算 RAN 节点 B 和 NE#C 间的最佳路径，并展示 EPS 承载的 QoS 属性（如需确保的比特率）。

步骤 4：基于网络拓扑知识、网络监控信息和流的 QoS 属性，TE 应用可以计算出最佳路径。TE 应用可支持不同的算法，包括用于路径查找的图形搜索算法和用于路径选择的算法。采取那种算法由相应的 TE 策略或服务质量决定，比如，基于网络状态的一致性视图计算最短路径转发或拨备应用感知路由[45]。不管怎么样，进行该决策的目的是为此流选择一条通过卫星网络的路径。

步骤 5：为了通过选中的路径转发与 EPS 承载相关的流量，需要通过 MNO 的 SDN 控制器在 OF 交换机中装配流实体。

步骤 6：MCN 获取路径建立响应。

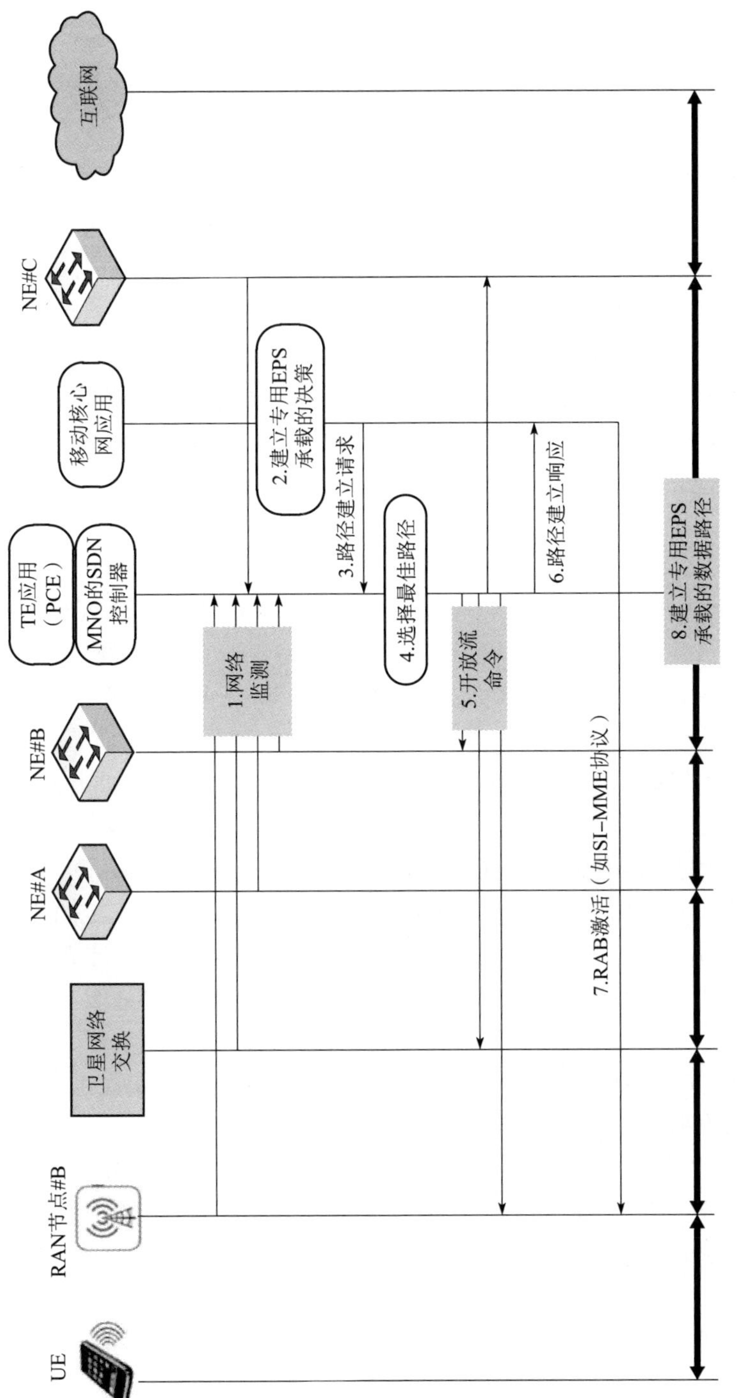

图 3.7　具有最佳路径计算的流激活

步骤 7：发生在无线电层的 EPS 承载激活（RAB 激活）涉及 MCN 功能与 RAN 节点#B 中 eNB 间的交互。

步骤 8：用于专用 EPS 承载数据平面的生效和通过卫星网络选定的路径传输流量。

假设上面的工作流已建立起用于支持单个 EPS 承载的路径，而且，在为具有通用 QoS 要求的业务聚合确定最佳路径时，也将使用相同的方法。在 OF 中只需建立相应的匹配条件即可很好地支撑上述方法（例如，用以识别单个流特定 IP 地址前面的业务聚合 IP 前缀）。

3.3.2.2 更新流用以解决路径拥塞/故障

图 3.8 显示了如何通过所提的集成方法来处理路径故障或单纯可能导致 QoS 下降的路径拥塞。特别是，为了克服路径拥塞/故障事件，图 3.8 描述的消息图是一种更新已建流的 TE 机制。下面给出图 3.8 中信息图不同步骤的详细信息：

步骤 1：从起点往返于 RAN 节点#B 和往返于 RAN 节点#C 的流量分别被称为流量 B 和流量 C。流量 B 和流量 C 都流经 NE#A、NE#B 和 NE#C。假定这是中等流量负载情况下的最佳流量路径。

步骤 2：如上一个工作流程所述（图 3.7），MNO 的 SDN 控制器可操控对 SDN 转发元素进行监测。

步骤 3：出现已建流的 QoS 下降无法保证质量的事件。例如，这可能是一天中的特定时间点，RAN 节点#C 中的流量大量增加，这会导致共享流量 B 和流量 C 的 NE#A 和 NE#B 间的链路处于超载状态。

步骤 4：TE 应用检测到拥塞情况。例如，TE 应用为共享链路上的流量负载设置了 60%的高利用率阈值和 20%的低利用率阈值。如果超过该高阈值，且观测到了高利用率，则流量 B 的一部分可切换至通过卫星网络进行传输。

步骤 5：MNO 的 SDN 控制器将流实体沿路径装配到 OF 交换机中，以便通过卫星链路为部分流量 B 重新选择路由。

步骤 6：在流量 C 的路径保持不变的同时，流量 B 的一部分现在通过卫星网络提供服务，从而减轻了 NE#A 和 NE#B 间的链路拥塞。

如果发生故障，也可以通过连接保护来驱动流进行更新。实际上，路径保护和从故障中恢复网络是 TE 具有的关键内容。虽然它们在传统 MPLS/IP 网络中已广为人知，但在 SDN 网络背景下，这些概念仍需要不断被完善[46]。

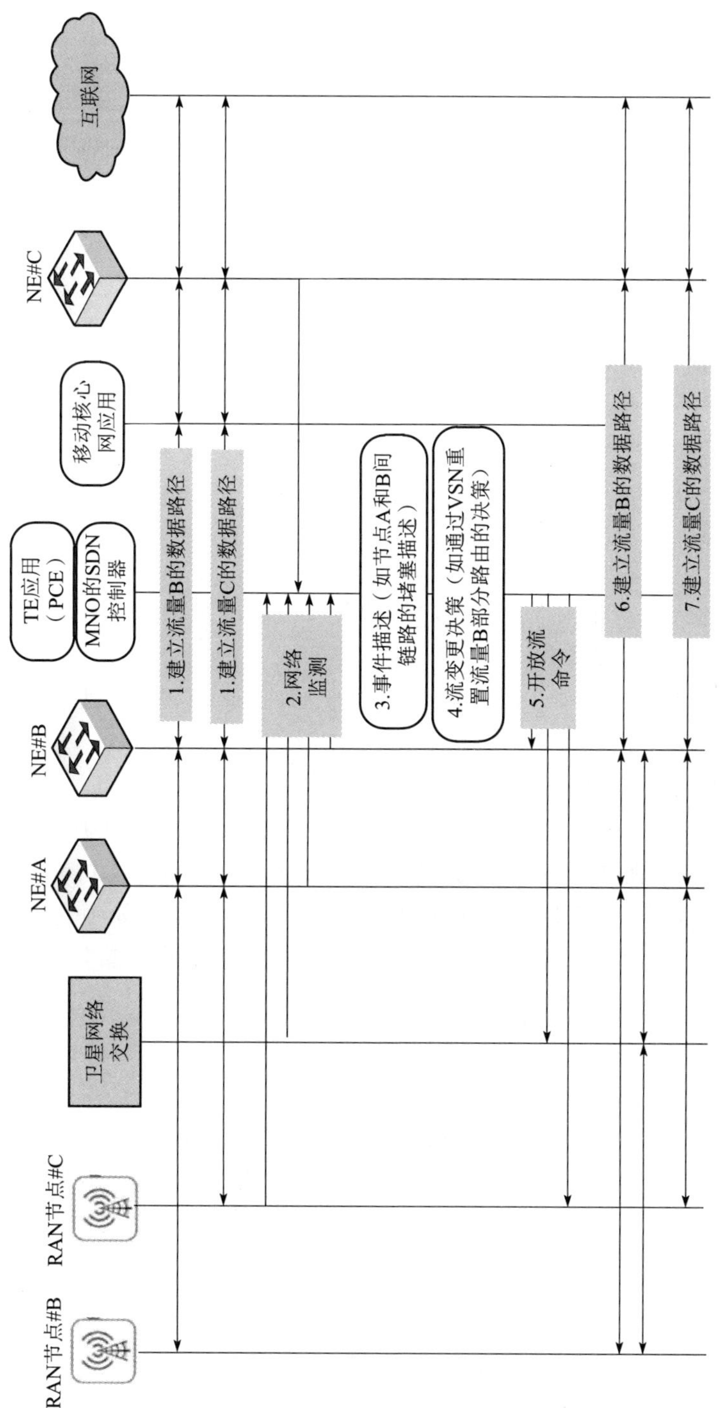

图 3.8　更新流克服路径拥塞/故障

3.4 基于 SDN 的 TE 应用

基于 SDN 的 TE 应用已经被提出，此应用主要用于数据中心或企业网络场景中（详细情况参考文献［47］，有关流管理、容错、拓扑更新和业务表征技术的讨论请参考文献［48］）。在移动回传场景下，提出的基于 SDN 星地融合网络的集成法可开发和利用 TE 应用的以下功能和准则。

（1）选择地面或卫星链路进行回传的 E2E 路径计算，应更全面地考虑多种的可选链路利用率和流特性。

（2）用于对没有或有限地面链路回传容量的 BS 应用/用户/位置等进行保护或给予其优先处理的资源预留机制。地面链路回传容量完全取决于所使用的共享卫星的容量池。

（3）取决于对不同业务性质的分配准则（如是否是确保的比特率、单播或多播）。

（4）用接入控制和速率控制来应对过载并保证满足每个流和流组的资源及最小（承诺）传输速率。

（5）可以考虑使用网络效用最大化准则处理地面或卫星组件上的特定流和分配数据速率。

（6）利用按需分配带宽（BoD）的特性[49]。

（7）控制网络功能的激活或去激活来进行流量优化（例如，为了达到压缩、TCP 优化等目的，在已启用 NFV 的卫星网络中触发部署虚拟网络功能[50]）。

在这种情况下，本节制定和评估的 TE 解决方案将以下控制功能：路径选择、准入控制、速率控制和预订管理，作为其决策逻辑的一部分，如图 3.9 所示。

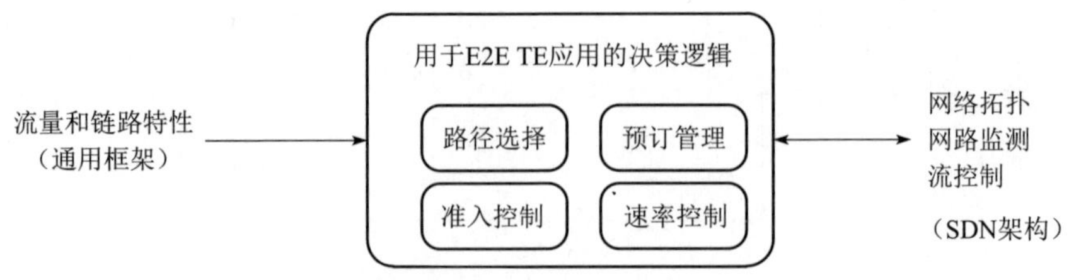

图 3.9　E2E 流量工程应用元素

接下来将详细介绍，为规范 TE 决策逻辑建立的特定流和链路表征方法、描述 TE 决策组件背后的最优化问题和算法，以及最后对所提 TE 应用进行的数值评估。

3.4.1 用于 TE 的流和链路特性

TE 逻辑概念首先要求建立特定流和相关链路对的特性[51]。这对于确定每种服务/用户的 QoS 要求（如最大可忍受的延迟和抖动、最小所需带宽等）是必要的，以便满足给定的 QoE/满意度水平。为此，我们希望使用效用函数来描述当特定的数据流通过混合星地回传进行传输时所达到的 QoE/满意度水平。示例中的效用函数主要考虑了两个方面的问题：①可在 E2E 路径上分配流的比特率；②E2E 路径是否通过了卫星链路（当使用卫星链路时会招致较高的延迟，从而会导致某种程度的服务质量下降，这主要反映在较低的实用性上）。

而且，效用函数还依赖于服务性质。在我们的分析中，我们考虑了流和适应性流量，以及单播和多播流的混合。一方面，无适应性/传输流量是由时效性应用生成的，如 IP 语音和视频点播（VSOD），并且通常具有严格的带宽和/或延迟要求；另一方面，适应性流量是由网页浏览和文件传输之类的应用生成的，其中传递的比特率和/或下载时间比数据包间或 E2E 的延迟更为重要。实际上，通过考虑在网络中实施下述两种类型的承载服务：确保比特率承载（GBR）和非 GBR 承载可满足不同的服务性质，这种流量分类可在 LTE 系统建立的 QoS 模型中获取。于是为通过 GBR 服务的单播业务流（以下称为 UG 流）提供了保证运行的最低确保比特率，否则，可能会严重影响服务质量。另外，通过非 GBR 服务的单播业务流（以下称为 UN 流）没有获得上述的最低确保比特率，因此到达的比特率变化很大，于是更容易造成与拥塞相关的数据包丢失和/或延迟变化（不一定会对 QoS 产生明显影响）。我们的业务流模型还包括多播 GBR 服务（以下称为 MG 服务）。分析中考虑到 MG 服务可使用我们能够利用的卫星组件的固有广播/多播来传输容量，并从 QoS 的角度评估其对网络的影响。与单播服务不同，同时转发到多个 BS 的多个 MG 流组成[52]了一个具体的 MG 会话。

基于以上的考虑，表 3.2 中给出了我们在分析 UG、MG 和 UN 服务特性时所用到的效用函数。所有效用函数都考虑了传输比特率 r 以及流是通过卫星（$x=0$）还是地面（$x=1$）回传等因素。特别地，用于 UG 流的两级阶跃函数[53] 描述了 UG 流可提供的两个比特率/质量级别（如标准和高清 VSOD）。UG 效用函数（表 3.2 中的式（3.1）~式（3.3）中定义）的两个参数分别是为标准/高质量产品定义的比特率 R_1^{UG} 和 R_2^{UG}；效用降低因子 p^{UG} 用于说明使用卫星链路代替地面链路时潜在质量/满意度的下降程度；效用降低因子 α^{UG} 用于说明在 R_1^{UG} 和 R_2^{UG} 间进行速率选择的影响。

表 3.2　效用函数

通用函数	公式编号	图示
UG 服务		
$U_0^{UG}(r,x)=U_0^{UG}(x)\cdot U_r^{UG}(r)$	(3.1)	$U^{UG}(r,x)$；$U_0^{UG}(x)$；$U_0^{UG}(x)\cdot\alpha^{UG}$；$R_1^{UG}$；$R_2^{UG}$；$r$
其中：		
$U_0^{UG}(x)=p^{UG}+x(1-p^{UG})$	(3.2)	
$U_r^{UG}(r)=\begin{cases}0, & 0<r<R_1^{UG}\\ \alpha^{UG}, & R_1^{UG}<r<R_2^{UG}\\ 1, & r\geqslant R_2^{UG}\end{cases}$	(3.3)	
MG 服务		
$U_0^{MG}(r,x)=U_0^{MG}(x)\cdot U_r^{MG}(r)$	(3.4)	$U^{MG}(r,x)$；$U_0^{MG}(x)$；R_1^{MG}；r
其中：		
$U_0^{MG}(x)=p^{MG}+x(1-p^{MG})$	(3.5)	
$U_r^{MG}(r)=\begin{cases}0, & 0<r<R_1^{MG}\\ 1, & r\geqslant R_1^{MG}\end{cases}$	(3.6)	
UN 服务		
$U_0^{UN}(r,x)=U_0^{UN}(x)\cdot U_r^{UN}(r)$	(3.7)	$U^{UN}(r,x)$；$U_0^{UN}(x)$；R_1^{UN}；r
其中：		
$U_0^{UN}(x)=p^{UN}+x(1-p^{UN})$	(3.8)	
$U_r^{UN}(r)=\begin{cases}\dfrac{\log(r+1)}{\log(R_1^{UN}+1)}, & 0<r\leqslant R_1^{UN}\\ 1, & r>R_1^{UN}\end{cases}$	(3.9)	

用单级效用函数（如表 3.2 中式（3.4）~式（3.6）中的定义）来表示 MG 服务流的特性。在这种情况下，R_1^{MG} 是高质量传送所需的最低比特率；参数 p^{MG} 是效用降低因子，用于说明使用卫星链路代替地面链路时潜在质量/满意度的下降程度。

UN 服务流的效用函数可以更加多样化[54]，具体取决于人们想强调哪些具体方面/服务的特性。在我们的案例中，我们采用了最常用的函数——对数效用函数[55]，来实现我们的需求。UN 服务流的归一化效用函数定义在表 3.2 中的式（3.7）~式（3.9）中，其中 R_1^{UN} 为用于建立已为该服务提供了高质量的比特率（因此无效用增益意味着可以用更高的比特率为 UN 业务流提供服务）和参数 p^{UN} 是 UN 服务流的效用降低因子。

3.4.2　TE 决策逻辑

TE 决策逻辑由流程组合而成，其中一些流程在有触发器（如新的流请求）时执行，而其他流程则周期性地（如性能指标计算和流量调整）执行。图 3.10 展示了处理 UG 流请求的 TE 决策逻辑。每当有新的 UG 流请求时，都要验证新的 UG 流是否必须通过具有可操作的地面和卫星链路 BS 或仅具有可用卫星容量（如地面故障、无地面回传的 TBS）的 BS 来服务。在前一种情况下，TE 算法通过检查所有路径中是否有足够的容量来服务新的业务流，但又不损害已建 GBR 流（UG 和 MG 活动流）服务质量的前提下继续进行。TE 算法通过设置一个 GBR 准入负载阈值，实现对允许使用的 GBR 流量链路的最大占用容量进行限制的目的。准入控制 1 和 2 的逻辑性可从 GBR 准入负载阈值获得，见表 3.3 中的详细信息。若卫星和地面链路都拥有足够的回传容量，通过不断计算两个候选路径可实现的全局网络效用（即已建流和新流的效用之和），并选取具有更高效用的路径进行操作。注意，当仅存在候选选项或当它们都不可用时，效用计算不再继续，因此会导致后一种情况中出现拒绝 UG 流请求的事件发生。对于准入的 UG 流请求，GBR 和最大比特率（MBR）都设置为使 UG 服务发挥最大效用时的比率。

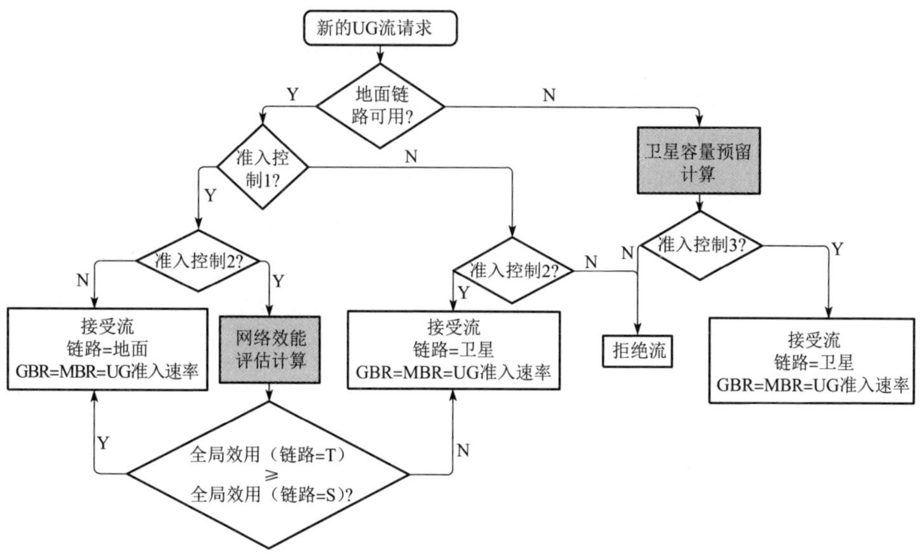

图 3.10　处理新 UG 流请求到达的 TE 决策逻辑

如前所述，图3.10中的流程图还捕获了在地面链路不可用的地方，通过BS来服务UG流的情况。在这方面，如图3.10右侧所示，决策过程中引入了资源预留管理机制。该机制优先处理那些使用了共享卫星容量且无地面链路的BS。因此，在新UG流请求到达时，TE逻辑首先通过准入控制3，见表3.3。该控制考虑了随时间变化而动态调整预留给在用BS的卫星容量。稍后本节将详细介绍管理此类卫星容量预留所需的计算。

表3.3 准入控制计算

准入控制	描 述
准入控制1	(BS的GBR地面负载+UG准入率)<(GBR准入负载阈值×BS的地面链路容量)
准入控制2	(BS的GBR卫星负载+UG准入率)<(GBR准入负载阈值×BS的卫星链路容量) 和 (全局GBR卫星负载+UG准入率)<GBR准入负载阈值×(卫星系统容量-卫星预留容量)
准入控制3	(BS的GBR卫星负载+UG准入率)<(GBR准入负载阈值×BS的卫星预留容量)

UG准入率：准入过程中考虑的速率。UG准入率是从表3.2效用函数定义中选出的指定比率。
卫星系统容量（C_s）：一组BS共享的卫星总容量。
卫星预留容量（C_r）：为优先使用的给定BS预留的卫星容量。
GBR准入负载阈值：可用于服务GBR流的可用（卫星、地面和预留）容量的最大百分比

与处理UG流类似，TE算法首先检查是通过星地链路，还是仅由可用卫星容量的BS为新UN流服务。在前一种情况下，接下来是计算通过地面或卫星链路传输流可达总体效用的增加量，并选择转到更高网络效用增加量的选项里。如图3.11右侧所示的后一种情况，始终通过卫星链路传输UN流，并相应地更新预留的容量。注意，与UG流处理不同，由于UN流具有弹性流量的属性（每个流的到达速率是可变的，并且取决于网络中同时服务的流的总数），因此不对UN流执行准入控制。所以也不对准入流建立GBR速率，而是将用于速率控制的MBR参数设置为实现UN服务最大效用的速率。

即使每个到达流都预寻求网络效用最大化，但由于流量的变化（如终止已建流）和容量条件的更改（如更改预留、地面链路故障）可能会出现无法达到最佳网络效用的情况。面对这种情况，我们考虑重新评估已建流的网络效用，并在必要时采取重新分配的机制，此过程如图3.12所示。从图中可以看出，网络效用的重新评估和重新分配是周期性触发的，并且是由于发生了特定事件，如由网络链路中容量的变化而触发。图3.12还显示了在执行网络效用重新评估和重新分配后，为了考虑对在用流进行更改，还应重新考虑预留的容量。

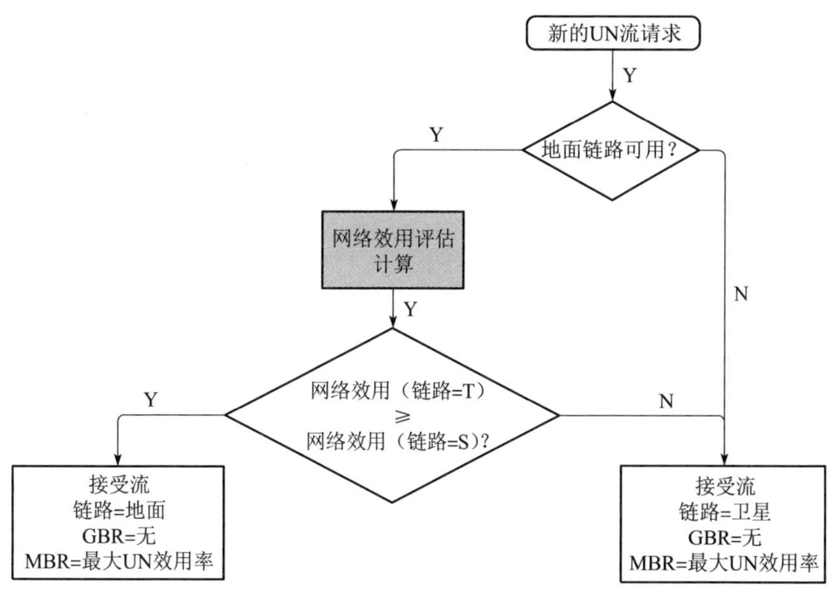

图 3.11　处理新 UN 流请求到达的 TE 决策逻辑

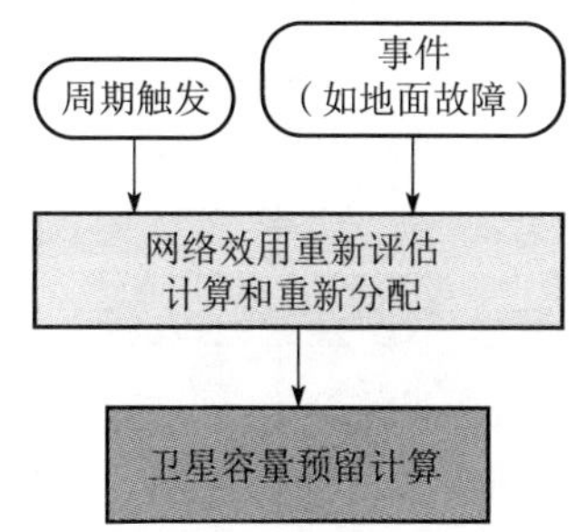

图 3.12　连续的网络效用重新评估、分配和预留更新逻辑

预留管理机制只可确保没使用地面容量的 BS 能获得一定数量的卫星容量。实际上，考虑到导致全局效用最大化条件之一是公平地给 UN 流分配速率，而这种预留机制有助于实现基站间整体容量分配的公平性（无地面容量的基站将得到更高份额的卫星容量）。为此，引入了参数：卫星预留容量 C_r。该参数用默认预留值进行初始化，并基于通过相应 BS 服务的业务负载的演变而随时间周期性地进行更新，见表 3.4。特别是，计算 C_r 时要考虑到 BS 支持的 UG 流量负载和 UN 流量的附加容量。UN 流量允许传输的平均比特率就是 UN 流在整个网络上可达到的平均比特率。C_r 受 BS 处地面链路容量、每个 BS 的最大容量预留，以及适用于总卫星预留容量的最大容量预留的约束。用于具有地

面容量 BS 后，剩余的卫星系统资源，被定义为卫星非保留容量（C_{nr}）。

表 3.4　卫星预留容量计算

预留参数控制	描述
BS_m 处的卫星预留容量 C_{rm}	C_{rm} = BS_m 处的 UG 卫星负载+BS_m 处的 UN 卫星流×UN 全局平均流率
卫星非预留容量 C_{nr}	C_{nr} = 卫星系统容量（C_s）$-\sum_{BS_m} C_{rm}$
约束条件： 总的卫星预留容量≤最大卫星预留容量； BS_m 处的卫星预留容量≤BS_m 处的最大卫星预留容量； BS_m 处的卫星预留容量≤BS_m 处的地面链路容量	

为了进行比较，3.4.3 节的评估还考虑了一种更为通用的溢出策略。该策略在每个 BS 本地执行，而且不存在集中控制。图 3.13 描绘了溢出策略的操作状态图。据知，具有地面和卫星容量的每个 BS 都可在两个操作溢出状态：OFF 和 ON 间切换。在 OFF 状态下，生成的所有回传流量都通过地面链路进行处理。否则，当 BS 处于 ON 状态时，生成的回传流量始终通过卫星链路传输。如图 3.13 所示，当地面容量不可用时，操作模式保持在 ON 溢出状态。

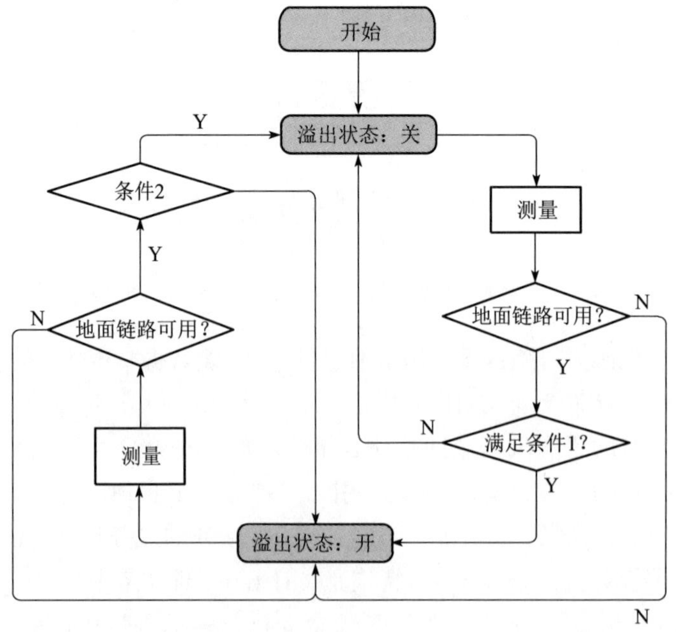

图 3.13　溢出策略状态图

OFF 和 ON 状态间的转换是基于双重条件（图 3.13 中的条件 1）建立的：GBR 负载量（UG 和 MG 流）已开始超出给定的阈值（GBR 负载激活阈值溢出量）或传至 UN 流的平均速率已降至给定阈值以下（UN 速率激活阈值溢出量）。如果此条件在溢出决策间隔（ΔT）内保持不变，则执行更改。类似地，从状态 ON 到 OFF 的转换（图 3.13 中的条件 2），由相应的双重条件决定：GBR 负载已降至给定阈值以下（GBR 负载停用阈值溢出量）且传输到 UN 流的平均速率高于给定阈值（UN 速率停用阈值溢出量）。表 3.5 中详细列出了这两种条件。

表 3.5　溢出状态的切换条件和参数

状态转换条件	计　算
从 OFF 到 ON 状态 （条件 1）	（GBR 负载电平）>（GBR 负载激活阈值溢出量） 或 （平均 UN 流速率）<（在 $[t,t-\Delta T]$ 内的 UN 速率激活阈值溢出量）
从 ON 到 OFF 状态 （条件 2）	（GBR 负载电平）<（GBR 负载停用阈值溢出量） 或 （平均 UN 流速率）>（在 $[t,t-\Delta T]$ 内的 UN 速率停用阈值溢出量）
参数： GBR 负载激活阈值溢出量； GBR 负载停用阈值溢出量； UN 速率激活阈值溢出量； UN 速率停用阈值溢出量； ΔT = 溢出决策间隔（s）	

图 3.14 描述了在溢出策略下处理 UG/MG 和 UN 流请求的流程图。在 GBR 流量中应用的准入控制遵循与基于 SDN TE 应用相同的原理。表 3.6 详细介绍了溢出策略的相应准入控制计算。

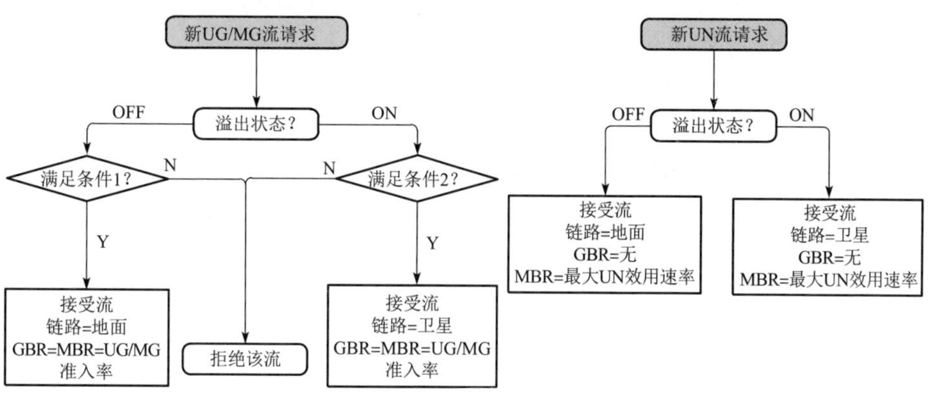

图 3.14　在溢出策略下处理流请求的逻辑

表 3.6 用于溢出策略的准入控制计算

准入控制	描 述
准入条件 1	(BS 处的 GBR 地面负载+UG 准入率)<(GBR 准入负载阈值×BS 处的地面链路容量)
准入条件 2	(BS 处的 GBR 卫星负载+UG 准入率)<(GBR 准入负载阈值×BS 处的卫星链路容量) 和 (全局 GBR 卫星负载+UG 准入率)<(GBR 准入负载阈值×卫星系统容量)
UG 准入率：准入过程中考虑的比率。UG 准入率是从表 3.2 中的效用函数定义指定的速率中选出； 卫星系统容量 C_s：一组 BS 共享的卫星容量的总和； 卫星预留容量 C_r：为优先使用给定 BS 预留的卫星容量； GBR 准入负载阈值：可用于服务 GBR 流量的可用（卫星、地面、保留）容量的最大百分比	

3.4.3 性能评估

本节将通过数值仿真各种场景，评估提出的基于 SDN 的 TE 应用的性能。这些场景包括同类和异类负载状况、某些 BS 的地面链路故障以及仅依赖于卫星容量回传而部署的大量 TBS。

该仿真方案考虑了一组具有地面和/或卫星回传容量的 BS。这些回传容量用于混合的 UG、MG 和 UN 流。如图 3.15 所示，有 M 个 BS 部署在星地回传链路中的固定位置，还有 N 个 BS（称为 TBS）是临时部署的或是仅依赖于卫星回传链路而开展的快速网络部署。表 3.7 提供了在数值评估中一般网络部署的仿真设置和溢出，以及基于 SDN 的 TE 应用所考虑的配置值的范围。为了不失一般性并保持一致性，在当前最先进的 4G 和卫星宽带技术中设置服务表征

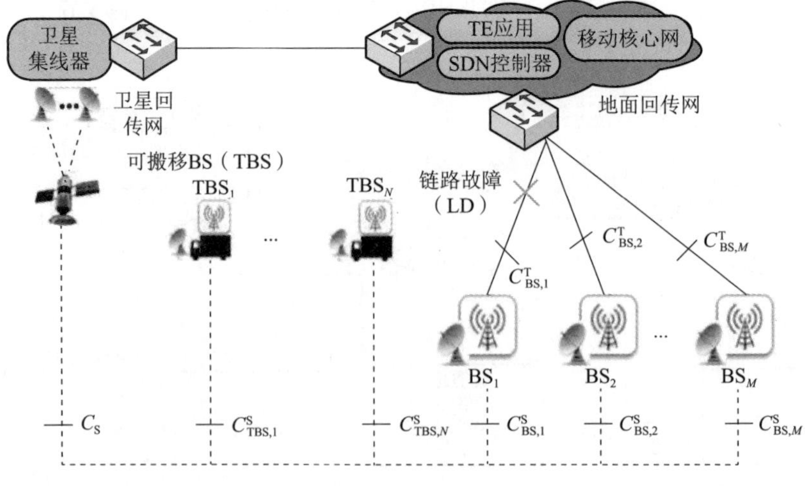

图 3.15 场景部署

和回传容量的值。具体来说，在首先考虑具有对数正态分布且平均负载为 100Mbps/BS 的实际流量模型时，地面链路容量的设置是基于参考文献［56］中提出的尺寸进行分析的，以应对 90%的流量需求；然后考虑用该值设置 C_s 值的范围。另一方面，与地面容量一致，且考虑到当今顶级的、基于 DVB-S2X 的卫星调制解调器所能承受的容量，每个 BS 的最大卫星链路容量应设置为 210Mbps。所有流量都用泊松到达时间分布和指数会话持续时间分布进行建模。通过运行 50 次事件驱动仿真得出了数值结果。每个仿真代表 1000s 的执行时间。除非另有说明，否则表 3.7 的值用作默认值。

表 3.7　仿真的设置

参数	值
共享卫星容量 $N+M$ 的 BS 数目	16
回传容量	
每个 BS_j 的地面链路容量 C_j^T)	131Mbps
每个 BS_j 的最大卫星容量 C_j^S	210Mbps
卫星系统容量 C_s（地面容量的百分比）	10%~20%（209.6~419.2Mb/s）
服务流特性	
标准质量 UG 比特率 R_1^{UG}	3Mbps[1]
高质量 UG 比特率 R_2^{UG}	6Mbps[1]
由速率选择导致的效用降低因子 α^{UG}	0.8
MG 比特率 R_1^{MG}	6Mbps[1]
用于最大效用的 UN 比特率 R_1^{UN}	13Mbps[2]
卫星效用较低因子 p^{UG}、p^{MG}、p^{UN}	1.0~0.6
UG 率选择	只用于高质量
溢出策略参数	
GBR 准入负载阈值	90%
溢出 GBR 负载激活阈值	80%
溢出 GBR 负载停用阈值	70%
溢出 UN 比率激活阈值	40%的 R_1^{UN}
溢出 UN 比率停用阈值	60%的 R_1^{UN}
溢出决策间隔 ΔT	5s
基于 SDN TE 应用的参数	
GBR 准入负载阈值	90%
每个 BS 的最大容量预留（占 C_j^T 的百分比）	100%
初始容量预留（占 C_s 的百分比）	20%
最大容量预留（占 C_s 的百分比）	95%
重新评估更新间隔	1s

1. 典型的视频分辨率和比特率[57]；
2. LTE 的全局平均下载速度（源自 *The State of LTE*，OpenSignal，February 2016）

3.4.3.1 同类空间流量分布

首次评估旨在给出在同类空间流量分布和认为所有 BS 都具有地面和卫星回传容量的情况下，基于 SDN 的 TE 应用的性能。UG 服务的流量负载设置为每个 BS 地面链路容量的 30%（低）、60%（中）和 90%（高）。考虑到 UG 流以高质量 UG 比特率为 R_2^{UG}、平均会话持续时间为 30s、低中高 UG 负载条件下的相应流到达率 λ_{UG} 分别为 0.2183 流/s、0.4366 流/s 和 0.655 流/s 的条件下提供服务。

关于 UN 流量负载，每个 BS 的 UN 服务流到达率 λ_{UN} 位于 0.25～1.0 之间。考虑到平均会话持续时间为 20s，这会导致每个 BS 激活的 UN 流平均数在 7.5～30 之间。注意，如果 UN 流可全部服务于 R_1^{UN}，这意味着每个 BS 的平均 UG 负载在 65～260Mb/s 之间。第一个结果中未考虑多播流量。

图 3.16 显示了在不同数量 C_s 的基于 SDN 策略和溢出策略条件下，当考虑了由 $p^{UG}=p^{UN}=1$ 得出的卫星效用降低因子时，UG 流量所经历的准入拒绝率。图中还说明了卫星容量如何极大地降低了 UG 流量的拒绝率，以及基于 SDN 的解决方案如何表现出明显优于溢出策略的性能。对于中等 UG 负载，基于 SDN 的 TE 应用仅在 $C_s=10\%$时，可将阻塞率保持在 0.5%以下，但溢出策略又无法将阻塞率降至 2.0%以下。

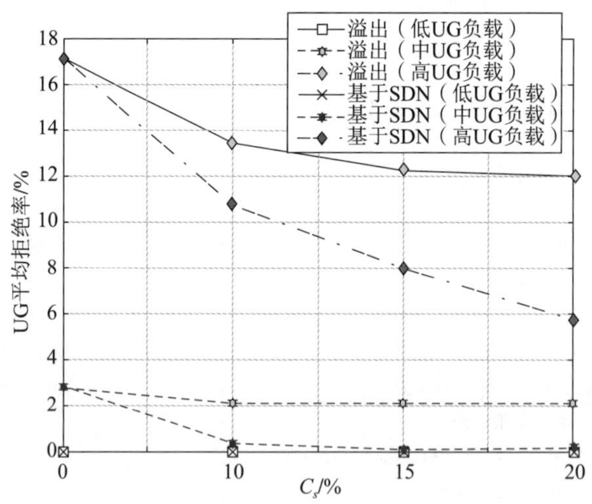

图 3.16 用于 UG 服务的准入拒绝率

现将重点放在 UN 服务性能指标上，图 3.17 显示了对于不同的 UN 负载，并考虑到 $C_s=10\%$和 $C_s=20\%$时，每个 UN 流传输数据速率的平均值和标准偏差。比较了 $p^{UG}=p^{UN}=1$ 和 $C_s=0$ 时，UG 中等流量负载下得出的结果。从图中可以看出，尽管基于 SDN 策略的方法在负载较小的情况下所获得的平均比特率明显改善了，但在比较基于 SDN 策略和溢出策略时，所获得的平均比特率变化并不明显。这个结果基于以下事实：在高流量负载下，由于 UN 流量最终会占用所有可用容量，因此几乎所有回传容量（卫星和地面）都会被使用，而且平均而言，每个流的容量份额实际上是相同的。然而，最显著的差别来自于观察的标准偏差值，基于 SDN 策略有显著减小的标准偏差值。这是因为该策略通过基于卫星和地面链路的全局占用来分配流量，从而在所有已建 UN 流间寻求公平，最终达到提高网络效用的目的。

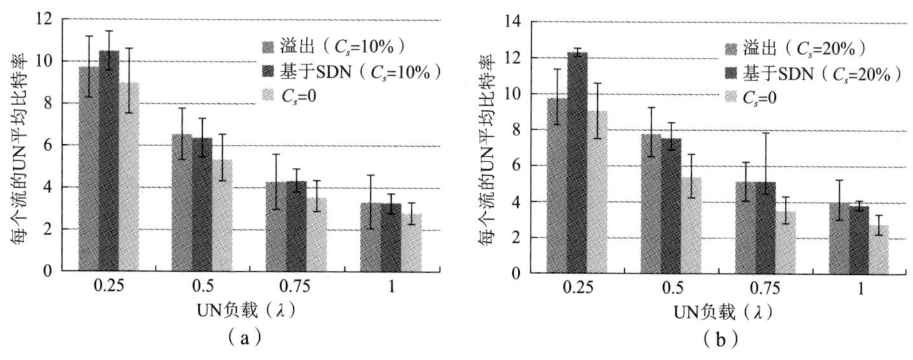

图 3.17　当 $C_s = 10\%$（a）和 $C_s = 20\%$（b）每个流的 UN 平均比特率

网络性能的网络效用如图 3.18 所示。左侧图是不同 C_s 值下的 SDN 和溢出策略中每个 BS 平均效用的绝对值。当 UG 为中等流量负载、$p^{UG} = p^{UN} = 1$ 和 $C_s = 0$ 时，获得的结果。可以看出，SDN 策略在所有情况下都可提供最高的效用。具体来说，效用增益显示在图的右侧，该增益是 SDN 和溢出策略相对于 $C_s = 0$ 情况下，计算出的全局效用的百分比增长。在这里，可以观察到，例如，

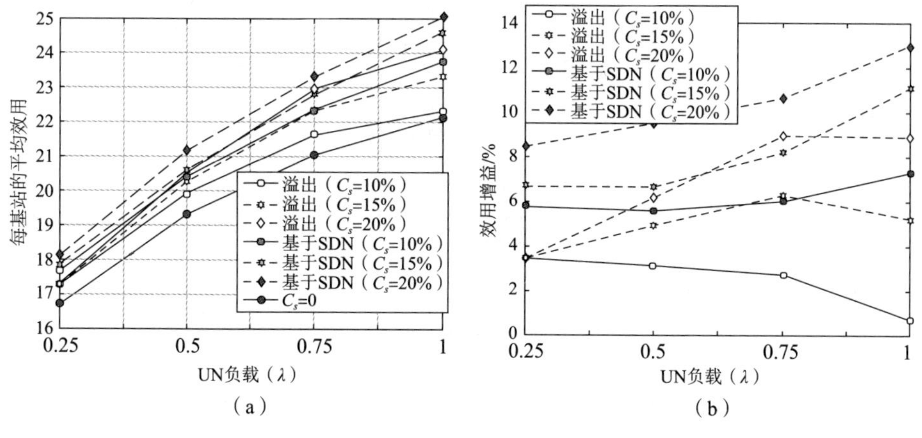

图 3.18　每基站的效用（a）和效用增益（b）

在 $C_s=10\%$（或 15%）下运行时，SDN 策略可以提供比 $C_s=15\%$（或 20%）时的溢出策略相同甚至更高的效用增益。图 3.18 中未显示的其他结果表明，当考虑的效用降低因子远低于 1.0 时（当 $p^{UG}=p^{UN}=0.6$ 时 $C_s=20\%$ 的效用增益为 4%），SDN 策略仍然能够带来一些效用增益。

之所以 SDN 策略能够实现更高的效用，是由于重新分配机制被视为 TE 应用的一部分（3.4.2 节）。据评估，在此方面平均而言，UN 流可经历的重新分配数量取决于 UG 和 UN 流量负载可否保持在 0.26～0.65 范围内，且随着 UN 流量的增加呈下降趋势。

最后考虑了多播流量，给出了其相关的性能结果。假设一个 MG 会话将平均转发给 6 个 BS。对于 UG 服务，单播流量负载设为中等负载（$\lambda_{UG}=0.43$），且以 $\lambda_{UN}=0.75$ 流/s 生成 UN 流。多播负载固定为 UG 负载的百分比。对于所有服务，将卫星效用降低因子设置为 $p^{UG}=p^{UN}=p^{MG}=0.8$，并且在基于 SDN 的 TE 应用中考虑了两种多播流量分配策略：一种策略是寻求获取最大化的 MG 效用，而另一种则意图寻求最小化的 MG 流资源消耗。图 3.19 显示了每个基站获得的平均效用（a）和传到 UN 流的平均数据速率（b）。从图中可以看出，在两个性能指标中，寻求最小化流量资源消耗的策略要好得多。原因是资源消耗最小化迫使大多数 MG 流量通过卫星进行传输，从而使更多资源可用于 UG 和 UN 服务，最终可获得更高的效用和比特率。虽然图中未体现，但对于资源消耗最小化策略而言，获得的 UG 平均拒绝率为 0.2%～0.5%，而对于使 MG 效用最大化的策略而言，获得的 UG 平均拒绝率为 0.4%～1.6%。

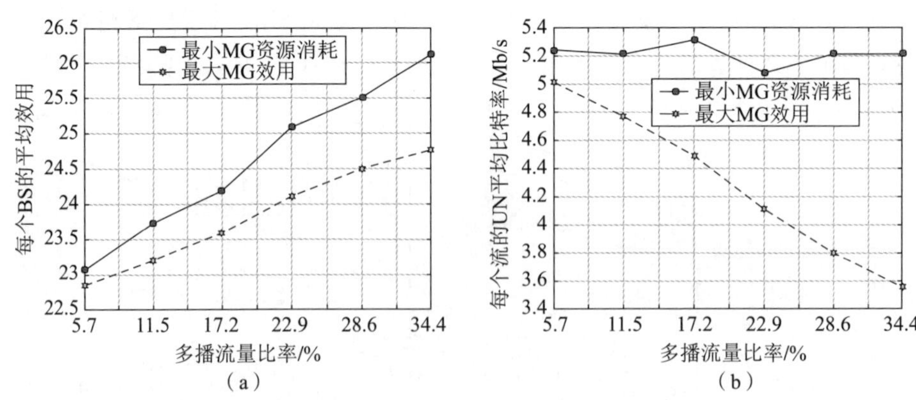

图 3.19　多播流量处理策略-网络效用（a）和 UN 平均比特率（b）

3.4.3.2　异类空间流量分布

现在让我们考虑业务在 BS 间不均匀分布的情况，如图 3.20 所示。特别是，我们假设 $\lambda_{UN}=(1/2)\cdot0.75$ 流/s 的 UN 负载用于一半的 BS（为第 1 组）；另一半 BS（为第 2 组）传输 $\lambda_{UN}=(3/2)\cdot0.75$ 流/s 的 UN 负载。另外，所有的 BS 都支持中等 UG 负载且 C_s 设置为 20%。在这种负载配置下，图 3.20 提供了每个 UN 流数据速率的平均值（a）和标准方差（b）。为了比较，下面分别给出了所有同类负载下，$\lambda_{UN}=0.75$ 流/s 时两组 BS 的结果。可以看出，在第 1 组中，溢出策略提供的平均比特率略高于由 SDN 策略获得的平均比特率。对于第 2 组中所有相同设置的 BS 的情况却正好相反。这主要反映了基于 SDN 的 TE 应用执行的卫星容量分配更加公平，从数据速率标准偏差值的比较中可更加明显地看出。

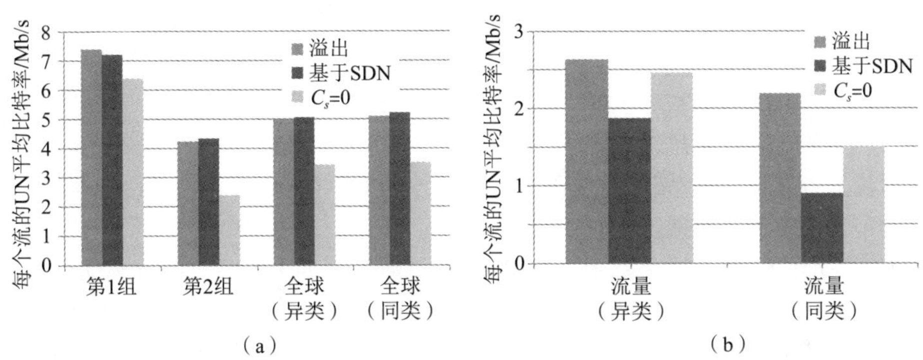

图 3.20　每 UN 流数据速率的平均值（a）和标准方差（b）

图 3.21 给出了不同分组 BS 的网络性能——每 BS 的网络效用。正如所观察到的，基于 SDN 的 TE 的应用可以在负载最大的 BS（第 2 组）中实现更高的效用，因此，在全局场景中可以实现更高的性能。

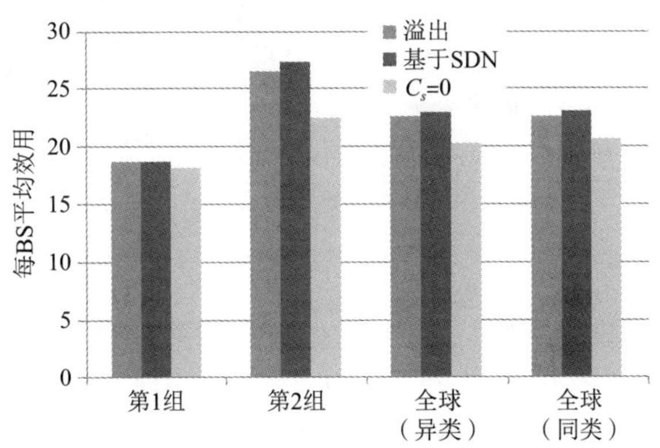

图 3.21　每 BS 的平均效用

3.4.3.3 用于地面链路故障和可移动基站的卫星备份

此评估显示了当没有一个地面链路 BS 可用时，在一组 $N+M=16$ 个共享同一卫星容量的 BS 中，基于 SDN 的 TE 应用的性能。这可能是由于 BS 暂时缺少可用的地面链路而将卫星容量用作备份的情况，或可能是只有依靠卫星容量进行回传的 TBS。仿真条件考虑了下述情况：中等 UG 负载和以 $\lambda_{UN}=1$ 流/s 为特征的 UN 负载。C_s 设置为 20%且所有服务的卫星效用降低因子设为 1.0。

图 3.22（a）给出了有关 UG 服务准入拒绝率的结果。分别给出了没有地面容量的 BS 和场景中包含了其余 BS 条件下各自的结果。此外，出于比较的目的，图 3.22（a）也说明了 $C_s=0$ 和所有地面链路均可用的情况。从图中可以看出，由于基于 SDN 的 TE 应用中嵌入了预留管理模式，可以在没有地面容量的情况下彻底缓解 BS 中的拒绝率，而在溢出策略下，相应的拒绝率仅略有下降。

图 3.22（b）给出了有关每个流的 UN 平均比特率结果。该图说明了通过没有地面容量的 BS、通过其他拥有地面容量的 BS 和在没有任何链路故障的情况下 UN 流的平均数据速率。如图 3.22（b）所示，基于 SDN 的 TE 应用获得的 UN 平均比特率，是受损 BS 中通过溢出策略获得的 UN 平均比特率的两倍。该改进归因于，在基于 SDN 的 TE 应用中采用了预留管理模式。该应用可保证不具有地面容量的 BS 获得足够的卫星容量，以传输与其余 BS 可相比的平均 UN 比特率。

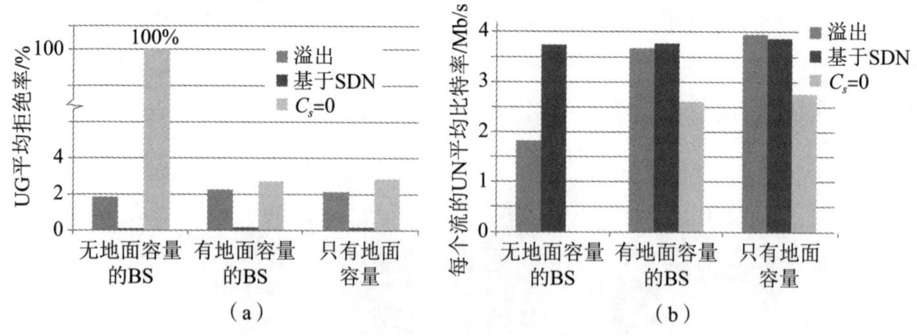

图 3.22 地面链路故障下，UG 服务的准入拒绝率（a）和每 UN 流的平均数据速率（b）

现在，将重点放在无地面容量 BS 的性能上，图 3.23 提供了不同的 UN 负载（λ_{UN} 分别为 0.25、0.5、0.75 和 1.0 流/s）和不同 C_s（10%、15%、20%）的进一步结果。对所有服务，UG 负载设置为中等负载，卫星效用降低因子设为 1.0。在这种条件下，图 3.23（a）给出了效用增益，表示基于 SDN 策略的全局效用比溢出策略获得的全局效用增长的百分比。注意，在高负载条件下可实现高达 40%的效用增益。当 UG 负载条件设置为高而不是中等时，甚至可以达到 85%的改善。同样，图 3.23（b）显示，随着 UN 负载的增加，基于 SDN 策略可得到比溢出策略更高的 UN 数据速率。

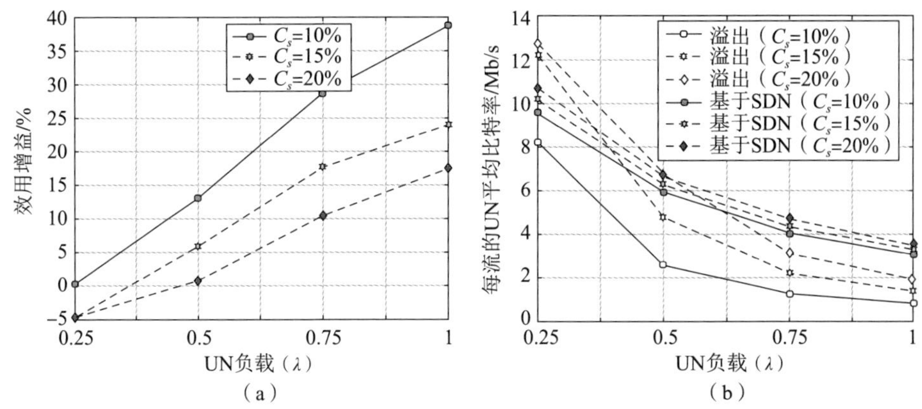

图 3.23　BS 无地面链路可用时基于 SDN 策略相对于溢出策略的效用增益（a）与 BS 无地面可用时每流 UN 平均比特率（b）

3.5　小结

卫星网络向基于 SDN 和 NFV 技术的开放式体系架构进行演进是必然的，不仅要将网络软化技术不断进步带来的好处整合到 5G 领域中，而且还要极大地促进无缝集成和星地融合网络的实现。本章详细介绍了在卫星网络中支持使用的 SDN 概念和技术，并针对基于 SDN 的 TE 解决方案用于管理集成下一代移动回传网络的卫星组件的适用性进行了案例研究。该研究包含了实现这类解决方案的体系架构的方方面面，以及基于 SDN 的 TE 应用的规范和性能评估的说明。

关于体系架构方面，在针对 BSM 系统的 ETSI 功能体系架构的基础上，提出了一种在卫星网络内采用 SDN 架构的方案。该解决方案依赖于引入一个 SDN 控制器。该 SDN 控制器管理基于 SDN 卫星网络间的连接服务，并利用了以下接口：①SBI，用于网关 ST 和潜在用户 ST；②SBI，用于 BSM 承载服务还可能包括 SD 下层内的某些功能（卫星资源，如频率规划、调制和编码方案或卫星的其他特定属性）的管理和控制；③NBI，用于管理和控制来自 SDN 控制器顶部运行的网络应用程序中的卫星网络流服务或来自外部控制器的卫星网络流服务。讨论了用于实现基于 SDN 卫星网络架构的候选 SDN 的数据模型和协议，即用于流量工程网络的ETSI BSM SI-SAP、ONF OF、ONF微波信息模型、ONF T-API和IETF YANG模型。在此基础上，提出了一种在星地回传网络中实现E2E基于SDN的TE的集成方法。此方法将卫星组件抽象为OF交换机。而且，已经开发了两个TE工作流程来验证所提出的集成方法。

接下来，阐述了一个基于SDN的TE应用。该应用基于星地混合网络资源的全局视图，使用了控制特性和准则的组合：①具有地面或卫星链路选择的E2E路径计算；②卫星容量资源预留用以处理具有无或有限地面链路回传容量的BS；③取决于业务属性（GBR和非GBR服务、单播/多播）的不同分配准则；④为应对过载、保证资源和每流/每流组的最小（承诺）传输速率而设置的准入和速率控制；⑤考虑了效用最大化准则，其中需要处理地面或卫星组件上特定流及分配数据速率。在多样化场景下，评估了所提的基于SDN的TE应用的详细性能，包括BS利用卫星和地面回传容量的均匀和非均匀负载情况、一些BS出现地面链路故障情况以及仅有卫星容量回传时部署大量移动TBS。为了进行比较，我们考虑了更传统的溢出策略。通过比较证明了所提出的基于SDN的TE的应用能够在大多数分析场景中提供更高的网络效用、大大幅改善的GBR服务的准入拒绝率、在非GBR流中获得更公平的传输数据速率。

总而言之，本章所提出的概念和结果明确倡导，为了实现完整的E2E网络概念，需要为下一代卫星网络配备一套与5G所采用的主流SDN架构和技术兼容的控制和管理功能及其接口（API和/或网络协议）。这样就可以灵活一致的方式部署和运行星地融合网络服务。这也为实现诸如提高资源效率、高效快速的保护和恢复、在涵盖地面和卫星资源的网络架构中自动地进行网络规划和运行元素的目标，而部署创新的SDN应用奠定了基础。此外，本章探讨的基于SDN的解决方案仅侧重于卫星通信系统的地面段，与卫星有效载荷进行灵活动态交互的方案还需探索和研究，以便在整个卫星通信链路中实现更有效的资源管理。

参考文献

[1] NetWorld2020 – SatCom Working Group, “The Role of Satellites in 5G”, Version 5, 31st July 2014. Available online at https://www.networld2020.eu/wp-content/uploads/2014/02/SatCom-in-5G_v5.pdf.

[2] B. Evans, O. Onireti, T. Spathopoulos and M. A. Imran, “The role of satellites in 5G”, 23rd European Signal Processing Conference (EUSIPCO), September 2015.

[3] C. Sacchi, K. Bhasin, N. Kadowaki and F. Vong, "Toward the 'space 2.0' Era [Guest Editorial]", IEEE Communications Magazine, vol. 53, no. 3, pp. 16–17, March 2015.

[4] M. Corici, A. Kapovits, S. Covaci, *et al.*, "Assessing Satellite-terrestrial Integration Opportunities in the 5G Environment", September 2016. Available online at https://artes.esa.int/sites/default/files/Whitepaper%20-%20Satellite_5G%20final.pdf.

[5] 5G-PPP, "5G Vision – The 5G Infrastructure Public Private Partnership: The Next Generation of Communication Networks and Services", February 2015. Available online at https://5g-ppp.eu/wp-content/uploads/2015/02/5G-Vision-Brochure-v1.pdf.

[6] EMEA Satellite Operators Association, "Satellite Communication Services: An Integral Part of the 5G Ecosystem", June 2017. Available online at https://www.esoa.net/cms-data/positions/ESOA%205G%20Ecosystem%20 white%20paper.pdf.

[7] 3GPP TS 22.261, "Service Requirements for Next Generation New Services and Markets; Stage 1 (Release 15)", September 2017.

[8] 3GPP RP-171450, "Study on NR to support Non-Terrestrial Networks", 3GPP TSG RAN WG1 Meeting 88bis, West Palm Beach, USA, 5th–9th June 2017.

[9] H2020 VITAL Research Project, 2015. Available online at http://www.ict-vital.eu/. Last Accessed 1 September 2017.

[10] L. Bertaux, S. Medjiah, P. Berthou, *et al.*, "Software Defined Networking and Virtualization for Broadband Satellite Networks", IEEE Communications Magazine, March 2015.

[11] R. Ferrús, H. Koumaras, O. Sallent, *et al.*, "SDN/NFV-enabled Satellite Communications Networks: Opportunities, Scenarios and Challenges", Physical Communication, pp. 95–112, November 2015.

[12] T. Rossi, M. De Sanctis, E. Cianca, C. Fragale, M. Ruggieri and H. Fenech, "Future Space-based Communications Infrastructures based on High Throughput Satellites and Software Defined Networking", IEEE International Symposium on Systems Engineering (ISSE), 2015.

[13] ONF TR-521, "SDN Architecture", Issue 1.1, February 2016.

[14] E. Haleplidis and K. Pentikousis (Editors), "Software-Defined Networking (SDN): Layers and Architecture Terminology", IRTF RFC 7426, January 2015.

[15] ONF TS-025, "OpenFlow Switch Specification", Version 1.5.1, March 2015.

[16] ONF TR-535, "ONF SDN Evolution", Version 1.0, September 2016.

[17] ONF TR-513, "Common Information Model (CIM) Overview 1.2", September 2016.

[18] ONF TR-512, "Core Information Model (CoreModel) 1.2", September 2016.

[19] ONF TR-522, "SDN Architecture for Transport Networks", March 2016.

[20] ONF TR-527, "Functional Requirements for Transport API", June 2016.

[21] ONF TR-532, "Microwave Information Model", Version 1.0, December 2016.

[22] ONF TR-523, "Intent Definition Principles", October 2016.

[23] M. Bjorklund (Editor), "The YANG 1.1 Data Modeling Language", IETF RFC 7950, August 2016.

[24] M. Bjorklund, "YANG – A Data Modeling Language for the Network Configuration Protocol (NETCONF)", RFC 6020, October 2010.

[25] A. Bierman, Bjorklund M. and Watsen K., "RESTCONF Protocol", IETF RFC 8040, January 2017.

[26] Y. Lee, X. Zhang, D. Ceccarrelli, B. Y. Yoon, O. G. de Dios and J. Y. Shin, "Applicability of YANG models for Abstraction and Control of Traffic Engineered Networks", June 2017, draft-zhang-teas-actn-yang-05.

[27] B. A. A. Nunes, M. Mendonca, X.-N. Nguyen, K. Obraczka and T. Turletti, "A Survey of Software-Defined Networking: Past, Present, and Future of Programmable Networks", IEEE Communications Surveys & Tutorials, Third Quarter 2014.

[28] C. Janz, L. Ong, K. Sethuraman and V. Shukla, "Emerging Transport SDN Architecture and Use Cases", IEEE Communications Magazine, October 2016.

[29] ETSI TR 101 984, "Satellite Earth Stations and Systems (SES); Broadband Satellite Multimedia (BSM; Services and Architectures", December 2007.

[30] ETSI TR 102 187, "Overview of BSM Families", May 2003.

[31] ETSI TS 102 357, "Common Air Interface Specification; Satellite Independent Service Access Point SI-SAP", May 2005.

[32] ETSI TR 103 444, "Guide to Satellite Independent Service Access Point (SI-SAP) Use", December 2016.

[33] ETSI TS 102 462, "QoS Functional Architecture", June 2015.

[34] ETSI TS 102 295, "BSM Traffic Classes", February 2004.

[35] ETSI TS 103 275, "Satellite Independent Service Access Point (SI-SAP) interface: Services", May 2015.

[36] S. Abdellatif, P. Berthou, P. Gelard, T. Plesse and S. El-Yousfi, "Exposing an Openflow Switch Abstraction of the Satellite Segment to Virtual Network Operators", 2016 IEEE 83rd Vehicular Technology Conference (VTC Spring), Nanjing, 2016.

[37] D. Bogdanovic, B. Claise and C. Moberg, "YANG Module Classification", IETF Internet Draft, October 2016, draft-ietf-netmod-yang-modelclassification.

[38] W. Liu and A. Farrel, "Service Models Explained", IETF Internet Draft, June 2017, draft-ietf-opsawg-service-model-explained-01.

[39] I. Busi (Editor), "Transport Northbound Interface Use Cases", July 2017, draft-tnbidt-ccamp-transport-nbi-use-cases-02.

[40] D. Awduche, J. Malcolm, J. Agogbua, M. O'Dell and J. McManus, "Requirements for Traffic Engineering over MPLS", IETF RFC 2702, September 1999.

[41] M. Conran, "OpenFlow Traffic Engineering", September 2015. Available online at http://network-insight.net/2015/09/openflow-traffic-engineering/. Last Accessed 1 July 2017.

[42] D. Bojic, E. Sasaki, N. Cvijetic, *et al.*, "Advanced Wireless and Optical Technologies for Small-cell Mobile Backhaul with Dynamic Software-defined Management", IEEE Communications Magazine, pp. 86–93, September 2013.

[43] M. R. Sama, L. M. Contreras, J. Kaippallimalil, I. Akiyoshi, H. Qian and H. Ni, "Software-defined Control of the Virtualized Mobile Packet Core", IEEE Communications, pp. 107–115, February 2015.

[44] N. L. M. van Adrichem, C. Doerr and F. A. Kuipers, "OpenNetMon: Network Monitoring in OpenFlow Software-Defined Networks", IEEE Network Operations and Management Symposium (NOMS), Krakow, 2014.

[45] Aricent White Paper, "Demystifying Routing Services in Software-defined Networking", November 2014. Available online at http://www.aricent.com/sites/default/files/pdfs/Aricent-Demystifying-Routing-Services-SDN-

Whitepaper.pdf.
[46] R. Pujar and I. Camelo, "Path Protection and Failover Strategies in SDN Networks", Inocybe Technologies, Open Networking Summit, March 2016.
[47] D. Kreutz, F. M. V. Ramos, P. E. Veríssimo, C. E. Rothenberg, S. Azodolmolky and S. Uhlig, "Software-Defined Networking: A Comprehensive Survey", Proceedings of the IEEE, pp. 14–76, January 2015.
[48] I. F. Akyildiz, A. Lee, P. Wang, M. Luo and W. Chou, "A Roadmap for Traffic Engineering in SDN-OpenFlow Networks", Computer Networks, pp. 1–30, October 2014.
[49] T. Ahmed, R. Ferrus, R. Fedrizzi and O. Sallent, "Towards SDN/NFV-enabled Satellite Ground Segment Systems: Bandwidth on Demand Use Case", 1st International Workshop on Satellite Communications – Challenges and Integration in the 5G ecosystem (IEEE ICC 2017), Paris, France, 25 May, 2017.
[50] R. Ferrús, H. Koumaras, O. Sallent, *et al*. "On the Virtualization and Dynamic Orchestration of Satellite Communication Services", Proc. IEEE 84th Vehicular Technology Conference: (VTC'16-Fall), Montréal (Canada), 18–21 September 2016.
[51] C. Niephaus, M. Kretschmer and G. Ghinea, "QoS Provisioning in Converged Satellite and Terrestrial Networks: A Survey of the State-of-the-Art", IEEE Communications Surveys & Tutorials, vol. 18, no. 4, pp. 2415–2441, Fourth Quarter 2016.
[52] N. Cassiau and D. Kténas, "Satellite Multicast for Relieving Terrestrial eMBMS: System-level Study", IEEE 82nd Vehicular Technology Conference (VTC Fall), Boston, 2015.
[53] S. Shenker, "Fundamental Design Issues for the Future Internet", IEEE Journal on Selected Areas in Communications, vol. 13, no. 7, pp. 1176–1188, September 1995.
[54] Z. Jiang, Y. Ge and Y. Li, "Max-utility Wireless Resource Management for Best-effort Traffic", IEEE Transactions on Wireless Communications, vol. 4, no. 4, pp. 100–111, January 2005.
[55] E. Kelly, "Charging and Rate Control for Elastic Traffic", European Transactions on Telecommunications, vol. 8, pp. 33–37, 1997.
[56] F. Mendoza, R. Ferrús and O. Sallent, "Flexible Capacity and Traffic Management for Hybrid Satellite-Terrestrial Mobile Backhauling Networks", International Symposium on Wireless Communication Systems (ISWCS), Poznan, September 2016.
[57] Huawei, "Video as a Basic Service of LTE Networks: Mobile vMOS Defining Network Requirements", July 2015. Available online at http://www.huawei.com/minisite/4-5g/en/industryjsdc-j.html.

第4章
基于 NFV 的星地融合方案

H. 库马拉斯[1]，G. 加迪基斯[2]，Ch. 萨卡斯[1]，
G. 西洛里斯[1]，V. 库马拉斯[1]，M. A. 库蒂斯[1]
1. 希腊信息和电信研究所；2. 希腊太空赫拉斯

过去几年里，电信/网络运营商正朝着网络基础架构组件虚拟化和“软件化”方向迈进，从而促生了一种新型的“云网络”架构模型，该模型允许运营商使用云模式灵活管理网络资源和功能。未来网络由多重异构无线和有线物理基础设施组成，通过虚拟化机制，可以将网络资源进行抽象、统一、形成动态资源池后并打包成服务租给用户使用。

当前网络基础设施（有线/无线和卫星）多由固定硬件组件构成，硬件组件均具有供应商特定的管理接口。这种架构方式虽然实现了网络的高性能和高可靠性，但在很大程度上限制了网络管理的灵活性和资源整合，阻碍了新型网络服务的快速引入。在卫星网络中，这种“僵化”现象更明显。星上处理器中的网络技术和协议硬件样机的资源需求程序，以及与卫星制造和发射相关的延迟和成本，均使在卫星网络中采用新技术的进度大大落后。

为了使卫星网络得益于技术的发展，并实现与未来网络的无缝融合，卫星通信平台也需要跟上发展步伐，快速进行转变。本章将重点讨论“云网络”相关技术在卫星通信平台上的适用性，并阐述将卫星基础设施集成到未来云网络中所带来的益处与挑战。

4.1 云计算简介

网络功能虚拟化（NFV）是一种新兴网络技术，这种技术重新阐释了

“网络基础设施”的本质。NFV 指的是网络功能（NF）虚拟化，如图 4.1 所示。NFV 由专门的硬件设备执行，可以像部署在普通 IT（包括云）基础设施之上的软件一样可随意迁移。

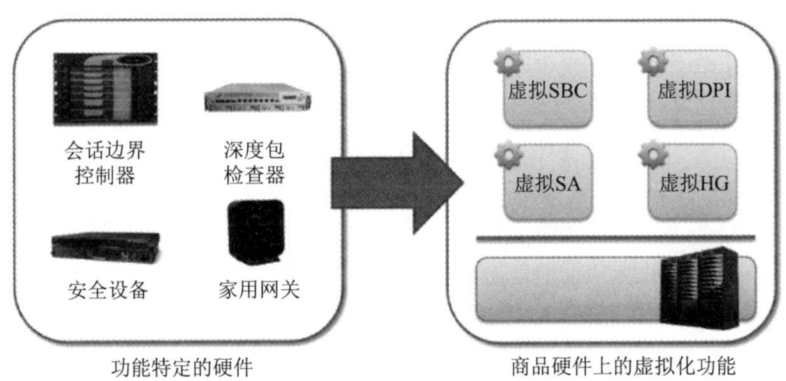

图 4.1　NFV 的概念

NFV 为网络运营商/服务供应商（SP）带来了很多优势。

（1）整合硬件资源，从而降低设备投资和维护成本（降低投资成本（CAPEX）和运营支出（OPEX）），以及减少功耗；

（2）可实现在不同 NF 和用户之间共享资源；

（3）可灵活的增加或减少分配给每个功能模块的资源；

（4）可以较低成本和较低风险快速引入新型 NF（包括升级现有 NF），从而大大缩短了新解决方案的上市时间，实验性质的业务与实际产品可以共存于同一基础架构中；

（5）通过开放一部分网络市场并将其转化为新颖的虚拟设备市场来促进创新，从而推进软件开发者的广泛参与，如中小企业（SME）、学术界等。

利用上述优势，虽然一些供应商已经在供应虚拟化设备或中间件产品，但在实际网络中，NFV 在自动化和虚拟设备大规模部署方面临着一些关键挑战。事实证明，先进的 IaaS 云管理平台在部署用于托管用户应用程序的虚拟机（VM）方面非常有效，而虚拟化网络设备的自动化部署则是一项更具挑战性的任务，因为这意味着在同一网络中对 IT 资源和网络资源进行联合管理，以便将现有的网络连接服务与已部署的 NF 耦合。

可扩展且高效的管理解决方案应可以实现 NF 部署和资源管理，同时还要考虑已建好的网络拓扑结构。故障恢复能力和可靠性也是关键问题，因为虚拟 NF 故障可能会影响整个网络服务（NS）。更重要的是，NFV 解决方案应与现有的网络管理基础架构（包括运营支持系统（OSS）/业务支持系统（BSS）平台）兼容，从而能够实现向完全虚拟化的基础架构平滑迁移。解决方案还应该具有通用性，支持来自不同供应商的虚拟设备和底层硬件设备。最后重要的一点是，NF 的可伸缩性和性能也至关重要，因为软件设施应达到与硬件设备相当的性能。

为解决上述问题并加速 NFV 的应用，ETSI 在 2012 年设立了专门的网络功能虚拟化行业规范小组，该小组由电信运营商联合成立。欧洲目前正在推动 NFV 领域的全球首项标准化工作，这为欧洲工业的领导地位奠定了基础。

网络虚拟化是一种可以打破现有互联网限制的关键技术。此外，这项技术还可用于在同一张生产网络上试验新的网络协议，而不会影响其他已有业务。它被广泛认为是未来互联网重要组成部分。

如参考文献［1］所述，在过去的几年里，网络虚拟化技术受到了极大的关注。未来互联网新方案，如 4WARD[2]、Cabernet[3] 和 GEYSERS[4]，均提出了网络虚拟化体系架构。以上方案着重阐述了跨多域提供和管理虚拟网络（VN）所需的业务角色和接口。参考文献［5,6］介绍了 4WARD 网络虚拟化方案的部分组件的早期原型实现，参考文献［7］进一步证明了该体系架构在技术上的可行性及可靠性。当前已经搭建了多个网络虚拟化平台，可以帮助网络运营商在自己的基础设施上部署 VN[8]。此外，参考文献［9］提出了一种基于服务的网络基础架构，但不支持网络内部服务。其他新方案也提及网络虚拟化，通过所谓的网络信息和控制（NetIC）通用启动器[10] 解决网络虚拟化问题。NetIC 旨在为高层实体提供网络操作的访问。其更侧重于 VN 配置，同时通过 SDN 支持可编程，以允许用户开发用于网络管理的应用程序。最新的研究项目，例如 H2020 VITAL[11] 和 5G-SAT[12]，正在研究将卫星网络通过 SDN/NFV 技术与 5G 生态系统的融合。

就 VN 嵌入式算法而言，大多数现有算法[13-16] 均考虑单个的基础设施供应商，并且需要对可用资源和底层网络拓扑结构全面了解。参考文献［17］提出了一种多域 VN 嵌入式算法。这种方法允许在基础设施供应商之间中继 VN 请求，直到完成嵌入为止。然而，这种 VN 嵌入方法缺乏资源指配和分配的算法，且尚未得到评估。因此，目前还不清楚它收敛到完全实现 VN 嵌入的速度有多快。参考文献［18］提供了一些用于多域 VN 嵌入的算法。如果同时考虑对网络元素的计算约束，则资源规划就会变得更加复杂[19,20]。

在网络节点虚拟化方面，服务器[21] 和链路[22] 虚拟化的发展为 VN 全球范围化部署提供了技术支持。参考文献［23］表明，商用硬件的虚拟路由器可以数 Gbps 速率转发最小数据包，同时还具备高水平的可编程性[24]。例如，VINI[25] 和 Trellis[26] 实验平台，综合了服务器和链接虚拟化技术建设简化的

VN，主要用于验证网络节点虚拟化方案。由于虚拟路由器缺乏专用的内存来处理和输入/输出（I/O）资源[27]，因而大多数情况下，虚拟路由器仅提供逻辑隔离，而非真正的隔离。

一些研究项目进一步扩展了网络虚拟化概念，以涵盖较低层（PHY/MAC）的运营。如欧盟资助的 iJoin[28] 和 TROPIC[29] 项目重点关注无线接入网络（RAN）云蜂窝的虚拟化，旨在对小区进行有效的资源管理。类似地，随着网络虚拟化概念的扩展，移动云网络（MCN）提出了一种新框架结构，通过端到端连接，可以实现从 RAN 到应用服务器域的完全虚拟化移动网络。为此，MCN 采用了 NFV 方案，特别是针对移动网络的组件。

NFV 既为通信网络增加了新功能，就需要改变原有网络的运营、管理、维护和配置模式，额外增加一些新的管理和编排功能。在传统网络中，NF 实现需要其运行所需的基础资源支持。而 NFV 可以使 NF 的软件实现与其运行所需的计算、存储和网络资源分离开来。虚拟化方案通过虚拟化层（Virtualization Layer）实现 NF 与底层资源的解耦。

NF 与底层资源的解耦需要引入一组新的网络功能实体，即虚拟化网络功能（VNF），以及它们与 NFV 内部结构（NFVI）之间的对应关系。VNF 可以与其他 VNF 和/或物理网络功能（PNF）联合起来实现 NS。由于 NS（包括相关的 VNF 转发图、虚拟链路、PNF、VNF、NFVI，及其之间的关系）在 NFV 出现之前并不存在，因此需要一组新的管理和编排功能（Management and Orchestration）对它们进行处理。

下面将介绍一些集成的 NFV、SDN 编排解决方案，包括目前正在进行的研发项目、产业架构和解决方案，以及 NFV 相关的标准化工作等。

4.2　NFV 编排概述

NFV 将 NF 与底层硬件分离，使它们像软件一样可以在现成的商用和专用硬件上运行。NFV 通过标准的虚拟化技术（计算、网络和存储）来实现 NF 的虚拟化，目的是通过仅在必要时刻分配使用物理和虚拟资源，以减少对专用物理设备的依赖。通过这种方法，SP 可以将更多组件转移到通用物理基础架构中，同时优化使用方式，来降低总体成本，使它们能够根据需要部署新的应用程序和服务，从而更动态地响应不断变化的市场需求。

展示 NFV 服务优势的简单例子是虚拟防火墙或负载均衡器。NFV 无须安装和启用专用设备来执行 NF，仅使操作人员根据需要简单地将软件映像加载到 VM 上。在移动网络中，可展示 NFV 服务优势的例子为移动分组核心功能的虚拟化，例如，数据分组网络网关、服务网关、移动管理实体和其他元素。

NFV 将 NF 与底层资源的解耦。若要从基于 NFV 的服务中获取最大益处需要新的编排功能。

在大多数业务实现场景中，传统的编排是指包括设计协调和调整业务流程、创建和交付既定业务的运营程序。这种编排程序涉及复杂系统和工具的使用和管理，例如，订单、库存和资源管理系统，配置和供应工具，OSS 与这些工具和系统相结合的程序等。NFV 编排功能模块通过与 BSS 和客户关系管理系统编排功能模块集成，实现任务自动化，打破了技术和部门限制，缩短了投入到收益时间差，对 SP 起了至关重要的作用。

与基于物理设备上服务的传统编排相比，NFV 编排所需要的唯一要求是按照服务目的对虚拟化 NS 的高度动态交付进行自动化。

（1）除了服务所需的其他资源之外，还可以快速配置、调配和链接虚拟 NF。将多个 VNF 链接在一起的能力对创建创新性和定制化服务来说是一种重要的特性。

（2）智能服务布局：根据各种业务和网络参数，如成本、性能和用户体验等，自动确定和选择放置 VNF 的最佳物理位置和平台是一个关键优势。VNF 可以放置在网络中的各种设备上，如数据中心、网络节点，甚至可以放在客户场所。

（3）动态弹性地扩展服务：编排程序将虚拟 NF 实例与实时需求进行映射。此功能释放了物理内存以用于其他服务。由此，SP 可以更有效地利用网络基础设施。SP 还可以通过部署额外的 NS 来获取可预测且更优的投资回报率（ROI），而无需增加设备成本。这种投资回报率对于用户数量有限的 SP 尤其有利，可预期这些 SP 未来将必须增加可能大大超出服务需求的硬件。

（4）VNF 生命周期管理：此管理包括 VNF 的创建，实例化和监控，直到 VNF 退役。

NFV 的目标是使 SP 更好地满足业务便捷性目标，降低成本并实现更快的服务交付。为此，NFV 必须与现有 OSS 紧密合作。

NFV 要求实现全新的管理级别，即不仅要管理云基础设施和构成该基础设施的虚拟资源，还要管理各个 VNF 对资源的消耗。NFV 需要现有的 OSS 与云资源管理系统（如 OpenStack）进行交互。将来，云管理和编排功能以及相关的数据中心管理系统可能会取代“传统”的 OSS 功能和系统。

4.3　融合场景

本章阐述的融合场景与将云网络技术集成到卫星网络中的应用案例相对应[30]。融合场景是将地面 NFV 应用案例的概念转化使用在了卫星通信中推演得到的[31]。我们还考虑了当前卫星通信市场份额最高的业务，即内容交付、宽带接入和 M2M，并将融合场景与这些业务相对应[32]。

对于每种融合场景，明确以下几点。

（1）所涉及的参与者/角色；

（2）高层次描述；

（3）卫星通信在现有服务和技术方面的技术附加值；

（4）与场景实现有关的事情和挑战，还包括对所需技术框架准备情况的评估。

关于所涉及的价值链和业务角色，图 4.2 描述了一个通用模型，其中包括大多数与卫星/地面云 NS 服务相关的角色。

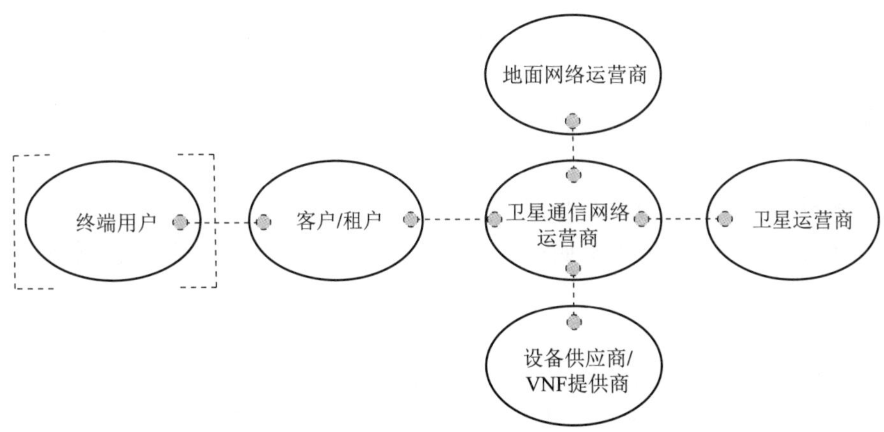

图 4.2　通用价值链/或卫星/地面云网络

卫星运营商提供卫星平台和用于建立卫星网络的原始容量。大多数情况下，云网络技术的应用对他们来说是透明的。

卫星和地面网络运营商/SP 拥有能够支持虚拟化的网络基础设施，能够提供云 NS。SP 通过分配和配置基础设施资源来满足客户的服务请求，以组成虚拟化服务。

客户或租户是虚拟租用业务的“运营商”。通常，客户与 SP 之间按所需的服务水平达成服务水平协议（SLA），并且对所提供的切片有特定的管理、控制和监视权限。对于联合的卫星/地面服务，客户可以维护所供应切片的统一视图，而无须考虑构建该切片所基于的多个基础设施。

客户可以划分网络切片供自己内部使用，例如企业用户建立企业 VPN。此外，客户也可以反过来充当 SP，并利用切片为其客户提供服务。例如，在内容提供商租用切片来分发互联网协议电视（IPTV）服务的情况下。在这种情况下，模型还包括终端用户（EU），他们通过切片接收应用程序/内容。切片的存在对 EU 来说是完全透明的，它只与所提供的应用程序/内容交互。

最后，在云网络模型中，扩展了设备供应商的角色，以便也包括 VNF 供应商，即虚拟 NF 的开发人员，他们构建 NS 的关键组件及其相应的硬件。

4.3.1 场景 1：虚拟 CDN 服务

虚拟内容交付网络（CDN）即服务（vCDNaaS）场景，涉及卫星网络切片虚拟化、抽象化和供应，并通过网络内部功能（内容缓存和转码）增强虚拟 CDN（vCDN），以用于卫星上的高效内容分发。

4.3.1.1 参与者和角色

该场景涉及一个卫星通信网络运营商，该运营商采用虚拟化机制以促进 vCDN 服务在其基础设施上部署。运营商将此业务提供给一个或多个 vCDN 供应商。客户作为内容的最终消费者，只与卫星通信 SP 签约，在这种情况下，CDN 服务对他们是透明的。

此外，vCDN 供应商也可以向一个或多个内容供应商提供内容处理服务。但后者并不期望与实际卫星通信基础设施进行交互，因此内容供应商在场景中的参与非常有限。

4.3.1.2 描述和附加值

CDN 被广泛用于改善发布的互联网内容（主要是网页和媒体），允许内容供应商向终端用户（EU）提供高质量的实时和点播服务，其质量与 EU 的需求相似且往往优于 EU 的需求。将 CDN 节点集成到网络中是提高客户体验质量（QoE）的有效且经济高效的方法，主要是通过将高度流行的内容缓存在消费者位置，从而减少与核心网的连接和回传连接，节约网络资源。CDN 供应商要么利用 CDN 网络来交付自己的内容，要么将这些功能打包后整个提供给第三方（如内容提供商）。

目前，某些 CDN 供应商尝试使用卫星接入来扩展其覆盖范围，就必须将 CDN 节点即专用物理设备部署到卫星网络中。如果需要保证网络服务质量（QoS），就需要与卫星通信网络运营商达成协议，卫星通信网络运营商可以

（可选）额外提供一些专用网络空间来交付内容。这种传统做法，需要 CDN 供应商有高额资本支出（CAPEX）用于获取和安装设备外，还非常不灵活，主要原因如下：

（1）为了满足高峰时业务需求，物理设备需要超额部署；

（2）CDN 节点的升级和修改（如视频格式的更新、新协议的安装等）非常昂贵且对资源需求很高。

与卫星 CDN 相关的另一个重要限制是，传统方法中，CDN 节点只能安装在卫星网关位置（即在卫星接入网之前）。此限制大大影响缓存的效率，因为无法节省卫星链路容量，每次使用缓存的内容时，仍需要通过卫星来提供缓存的内容。但是，卫星终端仍然期望在接入卫星网络之后再进行内容缓存。这种部署方式可以以“推送”方式利用卫星广播功能进行内容发布。然而，传统基于硬件的方法，特别复杂、缺少灵活性且成本昂贵，尤其是当许多 CDN 供应商共享同一卫星基础设施时。

虚拟化技术有望通过完全虚拟化 CDN 基础设施来减少以上限制，将 vCDNaaS 实例应用于卫星通信中将提供以下功能。

（1）vCDN 节点被实例化成卫星通信基础设施内的软件实体，同时仍由 vCDN 提供程序（如物理设备）来负责管理。

（2）vCDN 节点将能够按需扩大/缩小，而不必依赖静态分配的资源。

（3）vCDN 节点能够在终端设备上实例化，依据内容缓存机制，就可减少卫星网络对同一内容的传输次数，从根本上减少流行内容的访问延迟。当一个终端为多个客户提供服务时，这种方法是有意义的，将极大地受益于卫星固有的广播特性，因为流行内容可以同时推送到多个远程缓存点仅在本地进行服务。

（4）除了被动缓存之外，vCDN 供应商较为容易部署（面向内容供应商提供）额外的增值服务。如媒体转码、内容推送或数字版权管理。

（5）vCDN 供应商能够按需获取用于内容交付的网络资源（如按需带宽和 QoS），此功能对于高峰时段维持客户 QoE 水平特别有利。

除了 vCDN 节点之外，集中式 CDN 控制器也是虚拟化的目标。通过这种方法，整个 vCDN 服务将完全是虚拟的，并且部署时可以节约前期投资成本，如图 4.3 所示。

最后，为解决多域部署问题，vCDN 场景（适用于单个卫星基础设施）可以扩展。在融合概念里，vCDN 服务可以跨越多个卫星和地面域，覆盖更广泛的用户。

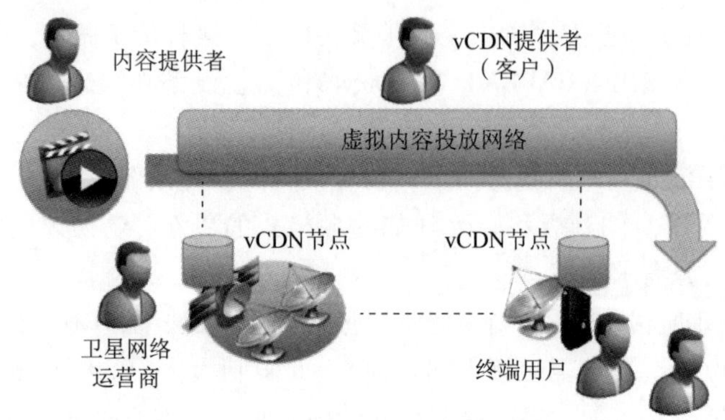

图 4.3 vCDN 卫星服务场景

4.3.1.3 实施和挑战

CDN 功能虚拟化是此方案的核心概念，因而凸显了 NFV 技术的重要性。为了将 vCDN 功能（不仅是高速缓存，还包括代码转换器和安全设备等）像 VNF 一样部署，卫星网络基础设施需要启用 NFV。即卫星网关还必须具有 VNF 托管和管理的私有云基础设施。并且，NFV 管理机制必须支持多租户，即允许每个 vCDN 供应商管理自己的 vCDN 节点。

另外，若还需要网络资源管理，即内容交付时需提供按需带宽（BoD）和 QoS 保障，则基于 SDN 的网络控制将大有帮助。

如果分配给每个 vCDN 提供程序的虚拟资源（计算和网络）不是固定的，可动态调整大小，则应建立适当的计量/记账/计费机制，以便对使用的资源进行正确计费，可以让 vCDN 供应商采用即付费即用的模式进行收费。

最后，虽然在卫星网关处实例化 vCDN 节点较为简单，但在卫星终端上部署 vCDN 功能会面临较大困难。挑战在于终端的计算资源有限，需要仔细管理这些资源，特别是多个 vCDN 供应商需要共享这些资源时。当卫星终端的持有者不是 vCDN 供应商或卫星网络运营商，而是由客户时，挑战会更严峻。这种时候，为了支持 vCDN 服务，必须借用用户的本地资源作为补偿，业务模型必须向用户阐明借用其资源的好处。

4.3.2 场景 2：卫星虚拟网络运营商

该场景继承了地面有线基础设施中的 VNO 和蜂窝网络中的移动虚拟网络运营商（MVNO）的概念。卫星虚拟网络运营商（SVNO）场景涉及将卫星通信基础设施划分为具有专用网络、IT 和无线电资源的逻辑隔离的端到端片。这些片以“虚拟集线器”的形式，作为一种服务租给了几个 SVNO，这些 SVNO 可以完全控制虚拟基础设施，就像是一张物理网络一样。

4.3.2.1　参与者和角色

该场景的交互主要发生在卫星通信运营商之间，卫星通信运营商在本场景中称为卫星通信基础设施提供商（InP），其明显不同于虚拟运营商；这种情况下，客户即 SVNO，租赁切片并使用 SVNO 服务。此场景中，假设 EU 仅与 SVNO 保持关系。

地面网络虚拟化利益链通常还包括虚拟网络提供商（VNP），VNP 使用 InP 的资源为 VNO 提供虚拟化服务。但是，仅在卫星通信网络中，可以假设该角色也由 InP 承担。

4.3.2.2　描述和附加值

随着虚拟化技术和其推动者的出现，虚拟网络运营商（VNO）尤其是 MVNO 的概念逐渐普及，并且 VNO 商业案例变得越来越有吸引力。

过去的几年中，VNO 概念已扩展到涵盖卫星领域，并且出现了 SVNO 产品。DVB-RCS2 技术通过将网络容量分为多个逻辑且独立网络运营商虚拟网络（OVN）来支持 SVNO。每个 OVN 被分配了一组终端和专用网络容量，与其余 OVN 在逻辑上保持隔离。

通过利用虚拟化范例，本文描述的场景将 SVNO 概念从简单的容量切片，扩展到整个集线器（即核心网关和前端功能）的完全虚拟化，包括流量控制（缓存、防火墙、性能增强代理（PEP）等）、多路复用、多址接入，以及无线电（编码和调制）。其中每一项功能都在逻辑隔离的虚拟设备（VNF）中实现，并链接在一起，成为“虚拟集线器”的组件，并最终成为端到端 SVNO 服务的组件，如图 4.4 所示。

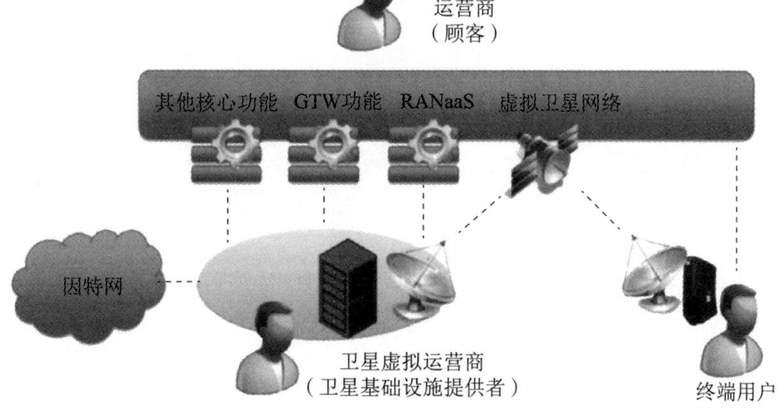

图 4.4　SVNO 服务场景

与当前的SVNO相比，这种方法的关键价值在于提供给SVNO完全的管理特权，SVNO可以独立地管理服务中的所有虚拟设备，就像正在管理物理设备一样。例如，SVNO可以配置PEP、更改调度程序优先级、管理复用程序，甚至微调调制/编码参数，当然，要考虑到卫星功率和链路预算限制。也就是说，SVNO完全可以（几乎）像物理卫星通信网络运营商一样进行管理。但是，根据运营模式和SVNO的技术能力，后者需要决定将某些管理功能外包给InP。

在该场景下，能够为SVNO提供的另一个好处是，可以选择多个虚拟设备并根据需要进行组合（链接）。例如，SVNO服务可以将供应商A的虚拟防火墙与供应商C的虚拟多路复用器与供应商C的虚拟调制器结合在一起。在这种混合匹配的情况下，将价值链进一步扩展，也包括虚拟设备供应商（VNF开发人员）的角色，因为虚拟设备供应商在该场景中扮演着更加积极的角色。

快速配置时间和资源弹性供应也是SVNO的优点。根据所业务流量、客户密度和需求，SVNO可能会请求扩大或缩小分配给虚拟网络的资源。但是，这种缩放并不是高度动态的。

最后较为重要的是，SVNO也可以（尽管需要考虑几个技术和业务方面的因素）将来自多个卫星通信基础设施的资源组合起来，形成一个联合虚拟基础设施。在这种情况下，虚拟NS将跨越多个管理域。这种方法可以实现更大容量（通过多个卫星的带宽聚合）和/或扩展覆盖范围（通过利用覆盖不同区域的多个卫星）。

出于以上目的，在多种业务和运营模式下，SVNO示例可能适用于各种参与者，包括但不限于以下几种情况。

（1）希望以较低的CAPEX投资进入市场的小数据SP；

（2）希望添加卫星“分支机构”以覆盖某些客户或提供混合接入的地面互联网服务提供商（ISP）；

（3）M2M SP也拥有M2M应用程序平台，并希望通过卫星提供交钥匙和终止M2M解决方案；

（4）希望虚拟网络供内部使用并寻求更“自主”和自我管理服务的大型企业用户。

4.3.2.3 实施和挑战

SDN和NFV是SVNO场景的关键推动技术。为了完全支持SVNO产品及其所描述的功能，卫星通信基础设施需要完全启用SDN和NFV。

如前场景中所述，SDN可用于：①在基础架构内保留SVNO容量；②在必要时建立网络隧道；③实施服务链，使“虚拟集线器”的各种虚拟设备互通。

此外，虽然当前的SVNO产品提供基于SNMP等协议的（通常是有限的）

管理功能，但是 SDN 驱动的 SVNO 可以（可选）公开 SDN 北向接口以进行网络控制；从这个意义上说，虚拟运营商可以通过任何标准的 SDN 控制器管理服务，甚至可以开发自己的控制应用程序。此功能为完全可编程的卫星 VN 部署打下了基础。

基于 SDN 进行控制，还意味着 SVNO 可以使交付给客户的服务供应程序自动化。实际上，通过 SDN，可以使用供应引擎编排和执行所有必要的配置。换句话说，诸如弹性 BoD 之类的服务可以通过 VN 提供，而不通过物理网络实体提供。

反过来，假设所有 VNF 都将公开一个通用的、符合标准的管理接口，虚拟设备作为“虚拟集线器”的组成部分，其虚拟化和统一管理需要 NFV。

尽管已获得较多技术支持，但 SDN/NFV 驱动的 SVNO 仍然是一个极具挑战性的场景。与任何基础设施虚拟化方法一样，安全性和弹性是两个主要考虑因素。虚拟服务与物理服务具有相同的可用性要求，虚拟服务的任何故障（意外或故意）都应通过虚拟设备的实时迁移等方法得到快速缓解，而不应影响使用相同基础设施的其他租户的 SVNO 服务。

另一个挑战是 SVNO 资源的动态性。借助 SDN，虽然可以快速重新分配 VN 内客户的资源，但从整体上来说，SVNO 服务的扩展规模相当有限，且不会经常发生。特别是在实际环境中，分配给虚拟无线电前端的 RF 带宽不是动态可伸缩额度资源。

综上所述，尽管已经很好地建立了 L2/L3 逻辑网络分区机制，但是仍需从长考虑无线接入虚拟化概念的应用。

4.3.3　场景 3：边缘处理与动态回传

在地面覆盖不够的情况下，边缘处理与动态回传即服务场景研究了通过卫星链路对地面网络的动态扩展。除了按需分配容量并为每个服务提供必要的 QoS 之外，还可以在卫星接入段上部署特定地面网络服务，例如长期演进（LTE）的分组核心（EPC）组件作为 VNF 在卫星上部署。这就是卫星边缘处理的概念，它与新兴的多址边缘计算（MEC）保持一致。

除了对移动网络的回传支持外，此方案还旨在通过在卫星接入段（在向本地 M2M 网络提供卫星连接的网关处）动态部署数据处理组件，作为 VNF 来增强卫星 M2M 服务。这种功能允许以可重编程/可重配置的方式在聚合点对 M2M 业务进行本地预处理（如数据聚合、统计处理、视频特征提取等）。

4.3.3.1　参与者和角色

尽管这种场景技术特性很强，但是价值链很简单。卫星网络运营商提供动态回传服务，还为卫星终端提供边缘计算/处理功能。预计客户将是移动运营商（使用卫星网段扩展网络覆盖范围）、M2M 平台运营商、机构等。通常，此类服务不提供给零售商/家庭客户。

4.3.3.2 描述和附加值

移动回传（如用于 2G/3G/4G 网络）已成为卫星通信的典型用例之一。通过卫星向远程基站馈电，将卫星集成到蜂窝基础设施中，使移动网络运营商可以将其服务扩展到地面回传链路未覆盖的区域（如光纤或微波），这些区域包括偏远、孤立的地点。在这些地方，地面回传链路扩展覆盖范围在技术上是不可行的或不经济的。在地面基础设施遭受重大破坏的时候（如在自然灾害之后），也使用卫星回传。

如前场景中所述，网络可编程性技术可以极大地促进回传容量的分配、管理和优化。因此，缩短服务建立时间和资源按需分配是网络可编程性技术带来的最大好处。

然而，在启用虚拟化技术的网络中，回传不仅仅意味着容量。具体而言，5G 技术框架的关键要素之一就是能够以 VN 设备的形式，同时利用 NFV 和 MEC 新兴模式，直接为网络边缘管理提供技术支持。新型边缘基础设施有望按需提供动态处理功能，并以最佳方式部署在用户附近。照这样发展，新颖的业务案将从任意种类的基础设施或应用中产生附加值，使这些基础设施或应用程序可能“作为服务”供应。

卫星边缘处理场景假设将以上模式扩展到卫星域。具体而言，可以设想到回传服务与卫星终端的虚拟化功能相结合，能够在终端用户（EU）附近托管虚拟流量处理器，如图 4.5 所示。这种本地业务处理可以显著地节省卫星容量。

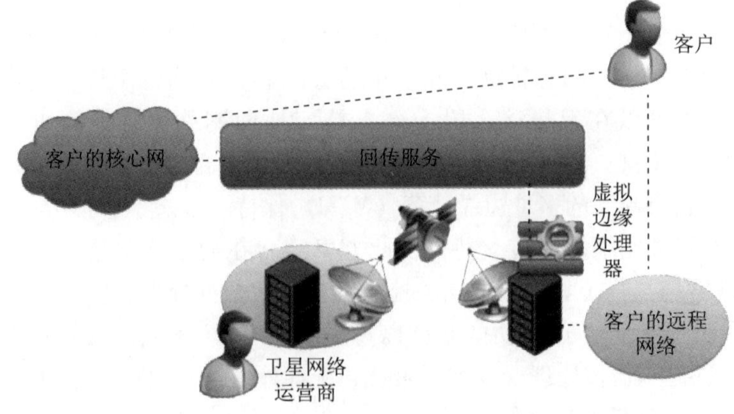

图 4.5 边缘处理动态回传场景

下面提供此方案的两个示例。

（1）在3G/4G移动回传服务中，可以在边缘部署一些IP多媒体子系统（IMS）或EPC组件，以便在本地处理和对用户业务重新提供路由，而无须遍历整个卫星链路。

（2）在M2M业务中，可以在终端虚拟处理器上聚合和处理传感器数据。例如，可以汇总来自多个传感器的测量结果，只有汇聚后和可能检测到的事件才能通过卫星传回；视频流可以进行动态转码、提取特征，并且只有最终提取的特征/处理结果可以通过卫星传回。

NFV灵敏性允许客户在专业卫星终端中按需部署此类业务处理功能，对其进行升级，并以统一的方式进行配置/管理。可以按需调整虚拟设备的资源，以匹配业务特性和客户需求。

该概念促生了全新的组合服务，传统的回传与按需供应的边缘处理资源相结合，作为一种新型服务提供。终端本质上转变为支持虚拟化的远程前端，能够满足各种应用场景。

最后较为重要的是，如前场景所述，该方案假定单个客户使用卫星终端，但虚拟化技术也允许在边缘网端服务于多租户。这意味着专业终端本身可以划分为多个“虚拟终端”，提供给不同的客户。在卫星通信运营商已部署了终端网络，并将部分终端租赁给不同客户的情况下，可以使用此功能。例如，覆盖偏远村庄的一组终端可以在两个或多个移动运营商之间租用和共享，这种新颖的方法显示了虚拟化技术的强大功能。虚拟化技术可以引入新的市场机会，并改变典型的电信价值链。

4.3.3.3　实施和挑战

关于为回传服务保留带宽容量，SDN的使用极大地简化了网络控制，并有助于保障每个流或每个应用程序的QoS。建议在卫星网关和远程终端中集成SDN功能，卫星网关和远程终端由卫星运营商集中控制，卫星运营商可以按需分配SDN功能。尽管如此，BoD已经可以使用传统技术实现，但是SDN允许弹性、每个应用程序的差异，以及灵活的SLA和定价，特别适合动态应用场景的使用。然而，为了有效地控制和共享卫星容量，特别是返回链路，必须将SDN与无线电资源管理相结合。

在边缘处理方面，NFV与新兴的MEC相结合是网络边缘云资源部署的关键推动技术。卫星终端需要包含虚拟化的IT资源以便承载业务处理器，如VNF。在管理方面，由于不建议在终端上部署整个云系统（如OpenStack），因此可以假定云控制器位于卫星网关的中心，控制终端的远程计算节点。在更简洁的方法中，终端可以包含简单的IT虚拟化（例如，通过KVM虚拟机管理程序，甚至通过 Docker 容器)，而无需任何云架构。这种方法的代价是降低了弹性和管理功能。然而，它节省了 IT 资源，也减轻了卫星网段的信令负担，因而更适合边缘 VNF（而不是托管在网关的 VNF，网关上基于 OpenStack 的管理仍然是可取的)。

边缘计算机制的成熟度较低，当前技术储备水平为中等。

4.3.4 场景 4：客户功能虚拟化

此场景基于 VNF 即服务（VNFaaS）模式，并假定以 VNF 形式（例如，防火墙，流量过滤器，家庭网关功能，媒体存储和处理等）向卫星通信用户动态提供 VN 设备。根据此特性，这些 VNF 可以在卫星网关或支持 VNF 的卫星终端上实例化。必须注意的是，这种场景主要体现在消费者使用上。

4.3.4.1 参与者和角色

该场景假定卫星网络运营商也承担着 NFV SP 的角色，并向客户提供 VN-FaaS 作为附加值服务以及卫星连接。在更多元化的场景中，VNF 供应商（开发人员）扮演着更加积极的角色，对他们发布在目录中的服务进行广告宣传和动态定价。客户可以选择最适合他们需求的服务。在某些业务模型中，VNF 供应商可能会从客户那里获得直接收益，既可以作为卫星通信服务费用的一部分间接获得，也可以作为使用 VNF 的许可费用直接获得。

4.3.4.2 描述和附加值

常见的卫星宽带接入场景中，卫星终端本身会向客户提供一些基本的网络功能，如防火墙、NAT、端口转发等。如果需要更多的功能，客户必须安装额外的物理设备。

此外，为了节省卫星容量，建议在卫星段之前提供某些功能。例如，应在卫星网关设置防火墙，以避免通过卫星段进行传输，使该通信链路直接在终端被阻断。与媒体转码类似，建议在传输流之前先对其进行转码，以免占用卫星容量。但是，当前无法为每个客户提供此类功能；网关处的网络功能适用于全部流量，当然不能由客户管理。

VNFaaS 场景通过允许客户以 VN 设备形式按需获取 NF，并在卫星终端或网关的共享资源空间（主要是私有云）中实例化，有望减轻以上限制，如图 4.6 所示。某些功能，如 PEP 和应用程序分类，可以分别安装在网络两端。

在静态场景下，卫星网络运营商应客户要求手动部署 VNF 并将其互连。通过更具交互性和动态性的方法，客户可以访问服务门户，浏览 VNF 目录，选择最能满足自身需求的 VNF 并将其集成到卫星通信服务包中，以完全自动化的方式组合 NFV 服务。

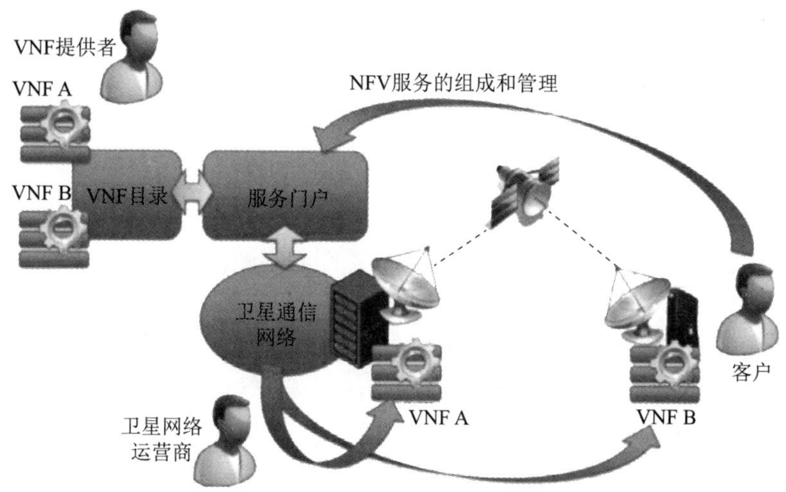

图 4.6　客户功能虚拟化场景

然后，可以将同一业务门户网站用于业务的监督和管理。用户可通过门户网站或通过单独的管理接口对 VNF 进行管理。

在卫星通信环境中，作为服务提供的 VNF 会带来附加值的范例如下：

（1）防火墙和内容过滤（GW 侧）。

（2）应用分类（GW 和终端侧）。

（3）缓存（终端侧缓存来自外部网络的流量，网关侧缓存来自终端的流量）。

（4）媒体转码（客户消费的媒体流的 GW 侧）。

（5）性能增强代理（GW 和终端侧）。

4.3.4.3　实施和挑战

为了实现应用案例，需要将 VNFaaS 平台集成到卫星基础设施中。通常，NFV 管理实体部署在网关侧，控制本地（网关处）和远程（终端处）的 NFV 资源。为了在卫星段不造成过多的容量开销，终端上的 NFV 资源的远程管理的信令开销应尽可能少。

NFV 管理层将会执行整个 NFV 生命周期的控制程序如下：

（1）NFV 服务映射，即分配与服务要求和特征匹配的资源。

（2）VNF 实例化，即在主机中启动 VNF 映像。

（3）服务链，即控制网络以互连服务的各个 VNF，并通过 VNF 引导客户的流量。

（4）服务监控，即从 VNF 和 VN 收集和汇总指标。

（5）服务扩展，包括 VNF 资源和网络资源的扩展。

（6）服务启动/停止和拆卸。

除了以上管理程序外，NFV 平台还需要与客户进行交互，允许他们选择、部署、管理和监视 VNF。NFV 服务目录对于客户根据自己的需求定制服务至关重要，也需要配备正确的 SLA 和计费机制。

为了实现在卫星终端中部署 VNF，卫星终端需要提供通用的计算资源和适当的管理接口，以适应 VNF。鉴于终端通常会限制硬件资源，因此特别需要针对非 x86 处理器（如适用于 ARM 处理器），以及轻量级虚拟化方案（如 Linux 容器或 Docker 容器）开发新颖的虚拟化技术，而不是基于 VM 的完全虚拟化。这种方法可允许在单个终端中以最少的资源开销，部署链接在一起的多个 VNF。

此外，由于其他新兴的 NFV 架构均基于 SDN 进行网络管理，因此卫星网络（至少在网关本地网络中）也需要支持 SDN。

该场景的技术成熟度被认为是中等水平，与 NFV 架构在未来几年的预期进展紧密相关。

4.4 小结

本章介绍了一种基于 NFV 的卫星通信基础设施和云网络技术的候选融合场景。目前，NFV 解决方案也提供了丰富的功能性（未来还计划提供更多的功能），从卫星通信的角度看，NFV 在地面段的适用性似乎没有基本的新要求。从技术和商业角度来看，卫星通信与 NFV 的结合可以产生非常有吸引力的应用案例，并且可以带来额外的好处。

供应商受益于产品改进的简易性、装配的加速、集成和测试（AIT），以及更好的生命周期支持。反过来，SP 可以从扩大服务范围，减少 CAPEX（资本支出）和 OPEX（运营成本），以及更好的资源管理中受益。

从技术和业务的角度来看，在短期内采用 NFV 某些虚拟化策略，是非常有益的，也是安全的，尤其是在网络边缘（地面接口和后来在终端）。考虑到 NFV 技术的发展和普遍采用，应该仔细规划长期的发展。

为了方便与卫星通信的集成，NFV 技术的进一步发展将包括以下内容。

（1）在资源非常有限的计算节点（例如，有效负载或终端）中部署 VNF。

（2）对于多网关配置，重新考虑 SDN/NFV 模式以允许在长距离内有效地分布到多个网关（即，放宽回传链路的带宽要求）。此时，需仅集中特定功能而不集中整个基带处理链。

（3）与卫星通信 OSS/BSS 功能、实践和工作流程更好地集成。

为了以最有效的方式促进预期的技术成果，可以需要与软件网络和卫星通信实体进行交互。

参考文献

[1] Boutaba, N., and Chowdhury, R. (2009). Network Virtualization: State of the Art and Research Challenges. *IEEE Communications Magazine*, *47*(7), 20–26.

[2] 4WARD. (2014). *4WARD Project*. Retrieved 7 14, 2014, from http://www.4ward-project.eu/.

[3] Zu, Y., Zhang-Shen, R., Rangarajan, S., and Rexford, J. (2008). Cabernet: Connectivity Architecture for Better Network Services. Madrid, Spain: in Proc. ACM ReArch'08.

[4] GEYSERS. (2014). *Generalised Architecture for Dynamic Infrastructure Services*. Retrieved 7 21, 2014, from http://www.geysers.eu/.

[5] Schaffrath, G., Werle, C., Papadimitriou, P., *et al.* (2009). Network Virtualization Architecture: Proposal and Initial Prototype. Barcelona: in Proc. ACM SIGCOMM VISA.

[6] Werle, C., Papadimitriou, P., Houidi, I., *et al.* (2011). Building Virtual Networks Across Multiple Domains. Toronto: in Proc. ACM SIGCOMM 2011, Poster Session.

[7] Papadimitriou, P., Houidi, I., Louati, W., *et al.* (2012). Towards Large-Scale Network Virtualization. Santorini: IFIP WWIC 2012.

[8] Nogueira, J., Melo, M., Carapinha, J., and Sargento, S. (2011). A Platform for Operator-driven Network Virtualization. in Proc. IEEE EUROCON—International Conference on Computer as a Tool.

[9] Peng, B. (2011). A Network Virtualisation Framework for IP Infrastructure Provisioning. in Proc. 3rd IEEE Int. Conf. on Cloud Computing Technology and Science.

[10] FI-WARE. (2014, 7 14). *FI-WARE Interface to Networks and Devices (I2ND)*. Retrieved 7 14, 2014, from http://forge.fi-ware.eu/plugins/mediawiki/wiki/fiware/index.php/FI-WARE_Interface_to_Networks_and_Devices_(I2ND).

[11] VITAL. (2018, 01 13). *VITAL Project*. Retrieved from VITAL Project: http://www.ict-vital.eu/.

[12] SAT-5G. (2018, 01 13). *SAT-5G Project*. Retrieved from SAT-5G Project: http://sat5g-project.eu/.

[13] Zhang, S., Qian, Z., Guo, S., and Lu, S. (2011). FELL: A Flexible Virtual Network Embedding Algorithm with Guaranteed Load Balancing. in Proc. 2011 IEEE International Conference on Communications (ICC).

[14] Masti, S., and Raghavan, S. (2012). VNA: An Enhanced Algorithm for Virtual Network Embedding. in 21st International Conference on Computer Communication Networks (ICCCN).

[15] Yu, J. (2012). Solution for Virtual Network Embedding Problem based on Simulated Annealing Genetic Algorithm. in The 2nd International Conference on Consumer Electronics, Communications and Networks (CECNet).

[16] Sarsembagieva, K., Gardikis, G., Xilouris, G., Kourtis, A., and Demestichas, P. (2013). Efficient Planning of Virtual Network Services. in IEEE Region 8 EuroCon Conference.

[17] Chowdhury, M., Rahman, M., and Boutaba, R. (2012). ViNEYard: Virtual Network Embedding Algorithms With Coordinated Node and Link Mapping. *IEEE/ACM Transactions on Networking*, *20*(1), 203–226.

[18] Houidi, I., Louati, W., Bean-Ameur, W., and Zeghlache, D. (2011). Virtual Network Provisioning Across Multiple Substrate Networks. *Computer Networks*, *55*(4), 1011–1023.

[19] Nogueira, J., Melo, M., Carapinha, J., and Sargento, S. (2011). Network Virtualization System Suite: Experimental Network Virtualization Platform. Proc. International Conf. on Testbeds and Research Infrastructures for the development of Networks and Communities, Shanghai, China, April.

[20] Nogueira, J., Melo, M., Carapinha, J., and Sargento, S. (2011). *Virtual Network Mapping into Heterogeneous Substrate Networks*. Corfu: in Proc. IEEE ISCC-11.

[21] Barham, P., Dragovic, B., Fraser, K., *et al.* (2003). Xen and the Art of Virtualization. New York, NY: in Proc. 19th ACM Symposium on OS Principles.

[22] Rekhter, E., and Rosen, Y. (1999). *BGP/MPLS VPNs, RFC 2547*. IETF.

[23] Egi, E., Greenhalgh, A., Handley, M., Hoerdt, M., Huici, F., and Mathy, L. (2008). Towards High Performance Virtual Routers on Commodity Hardware. Madrid: in Proc. ACM CoNEXT 2008.

[24] Egi, N., Greenhalgh, A., Handley, M., *et al.* (2011). A Platform for High Performance and Flexible Virtual Routers on Commodity Hardware. *ACM SIGCOMM Computer Communication Review Archive*, *40*(1), 127–128.

[25] Bavier, A., Feamster, N., Huang, M., Peterson, L., and Rexford, J. (2006). In VINI Veritas: Realistic and Controlled Network Experimentation. Pisa: in Proc. ACM SIGCOMM.

[26] Bhatia, S., Motiwala, M., Muhlbauer, W., *et al.* (2008). Trellis: A Platform for Building Flexible, Fast Virtual Networks on Commodity Hardware. Madrid: in Proc. 3rd ACM Workshop on Real Overlays and Distributed Systems.

[27] Carapinha, J., and Jimenez, J. (2009). Network Virtualization—A View from the Bottom. Barcelona: in Proc. ACM SIGCOMM VISA'2009 Workshop.

[28] IJOIN. (n.d.). Retrieved from http://www.ict-ijoin.eu/.

[29] TROPIC. (n.d.). Retrieved from http://www.ict-tropic.eu/.

[30] Ferrús, R., Koumaras, H., Sallent, O., *et al.* (2016). SDN/NFV-enabled Satellite Communications Networks: Opportunities, Scenarios and Challenges. *Physical Communication*, *18*(2), 95–112.

[31] Bertaux, L., Medjiah, S., Berthou, P., *et al.* (2015). Software Defined Networking and Virtualization for Broadband Satellite Networks. *IEEE Communications Magazine*, *53*(3), 54–60.

[32] Gardikis, G., Costicoglou, S., Koumaras, H., *et al.* (2016). NFV Applicability and Use Cases in Satellite Networks. European Conference on Networks and Communications (EuCNC), Athens, pp. 47–51.

第5章
极高频宽带卫星航空通信系统中的电波传播和系统规模

尼古拉斯·詹宁[1]，巴里·埃文斯[2]，阿吉里奥斯·吉尔加佐斯[2]
1. 法国图卢兹大学航空航天研究中心电磁学与雷达研究部；
2. 英国萨里大学通信系统学院

由于馈线链路的带宽需求日益增加，卫星固定系统对 Ka（20~30GHz）及以上频段的研究和利用正逐步攀升为热点。在 Q/V 波段（40~50GHz），理论上有 5GHz 的上行链路带宽和 5GHz 的下行链路带宽。这与 W 波段（70~80GHz）的情况有些相似，上行和下行链路的带宽分别高达 5GHz。

这些频段，由于不利天气条件（云和雨）的影响，传播损耗很高，以至于在大多数气候区只有使用大型天线或空间分集的情况下，高频段的使用才具有商业价值。因此，尽管可用于卫星固定业务的带宽很大，但这些频段仍然不能用于用户链路。地面用户终端通常不能从站点分集中受益，也不能使用大型天线。因此，在卫星应用中，这些频段几乎只能用于运营商网关的馈线链路。

然而，为了应对飞行时连通性需求的增长，使用极高频（EHF）频段为航空终端提供服务却是一个有前途的解决方案。实际上，对于在对流层之上飞行的飞机而言，卫星与飞机的通信不太容易受到大气传播损耗的影响，因为它们主要发生在对流层的底端。即使剩余的传播余量非常低，在高频下也能确保良好的可用性。此外，考虑到卫星和终端天线的尺寸与较低频段相同，系统可以得到更有利的链路预算。本章主要讨论了专门用于飞机通信的 EHF 卫星通信系统面临的挑战。

本章的第一部分：首先概述了现有或计划用于飞机宽带通信的系统；然后

考虑当前商用航空业务量和预测数据使用情况，分析预测了商业航空系统的业务需求。

接下来将介绍EHF频段上飞机到卫星的信道特性，特别分析了高度对流层高度损耗的影响。最新的ITU-R标准评估了大气层对飞机空间链路的影响，还讨论了传播信道的特性。

在此基础上，提出了一种在EHF频段进行系统尺寸调整以满足业务需求的方法。通过对卫星和机载天线的分析及对有效载荷方面的讨论，阐述了与传输链路的不同因素相关的挑战。最后，针对不同的频段，对用于航空通信的理想系统的性能进行了初步评估。

5.1 业务需求和特点

卫星通信行业目前最大的增长来源之一是为客机提供服务。事实上，无处不在的连接需求，加上对数据速率要求很高的应用程序的开发，使得每个飞机[1]的数据需求得到了巨大的增长。预计在2020年左右，每架单通道飞机的流量需求将达到125~200Mb/s。部分容量将由S波段的地面LTE（长期演进）基础设施提供，如美国的Gogo[2]或欧洲的Inmarsat和Deutsch Telekom[3]。剩余流量可能由卫星部分（欧洲系统的Europasat有效载荷）补充。其他基于网状网络的解决方案（其中飞机是具有飞机之间可视连接的自组网节点）目前正在研究中[4-5]。在飞机密度足够在海洋上提供连接的区域，这可能是一个有效的解决方案。

然而，卫星可能仍然是主要的连接供应商，至少在长途飞行中是这样，因地球静止轨道（GEO）星座几乎可以提供全世界范围内的连接。未来以高数据速率为目标的非地球静止轨道卫星星座也可以为商业飞机提供通信连接。目前，使用L波段卫星移动业务、Ku频段高通量卫星系统或像全球Xpress这样的Ka波段卫星系统向飞机提供连接服务。然而，这些卫星系统的带宽不能完全满足未来的容量需求。事实上，以上波束的容量范围仅从L波段系统的不到1Mb/s到Ka频段系统的几十Mb/s。为了满足大多数需求，需要大幅度增加带宽。这在飞机密度高的区域，尤其需要增加带宽。

全球飞机位置示意图如图5.1所示。在北美、欧洲和东亚的主要枢纽附近，飞机的密度最高。在横贯大陆的主要航线上也可以发现大量的飞机集中地，这些航线位置随高速气流状况而变化。

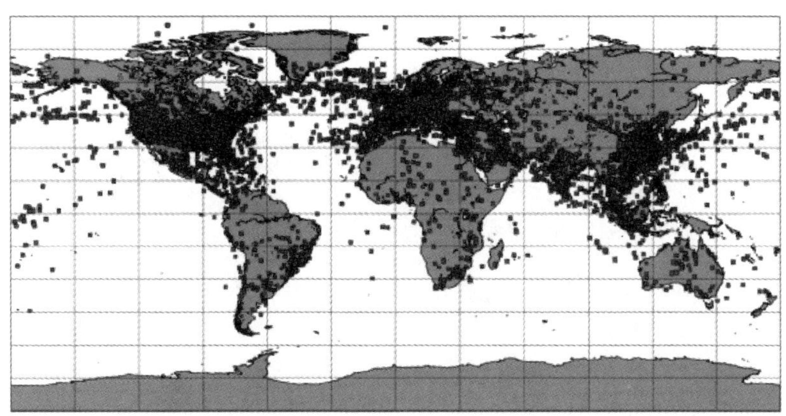

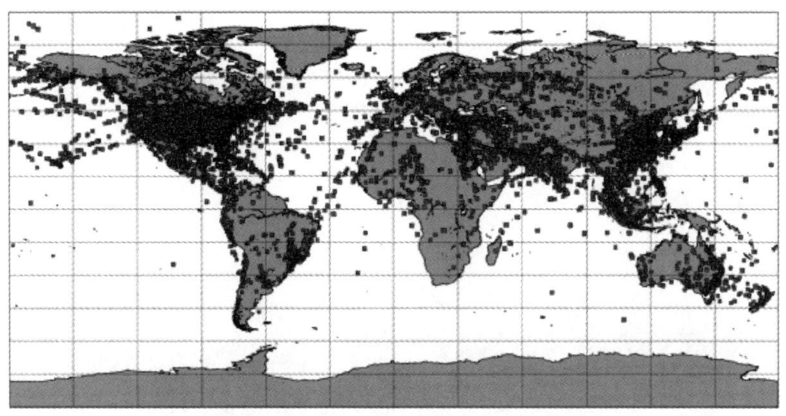

图 5.1　ADS-B 在 14：00 UTC 和 0：40 UTC 跟踪的飞机的全球分布
（未连续跟踪的航班的位置参考文献［6］的插图）

流量需求具有明显的昼夜模式，大部分航班在当地时间的早晨或晚上降落或起飞。

根据飞机位置图，可以通过计算每个所考虑区域内乘客数量的平均值（除去航程少于 3000km 的航班）来建立乘客密度地图。图 5.2 所示为一个乘客密度地图的示例。

假设每位乘客的容量需求为 0.5Mb/s，飞机载客率为 0.7[7]，则可以建立如图 5.3 所示的容量需求图。从容量需求图中可以看出某些区域的容量需求高于 1Gbps/100000km^2，因此几乎会使高通量卫星的波束达到饱和。考虑到每位乘客的容量需求的增加、航班数量和乘客数量的增加，这一数字在几年内可能会增加一个数量级[1]。因此，Ka 频段可用带宽的很大一部分专门用于向航空终端提供数据。

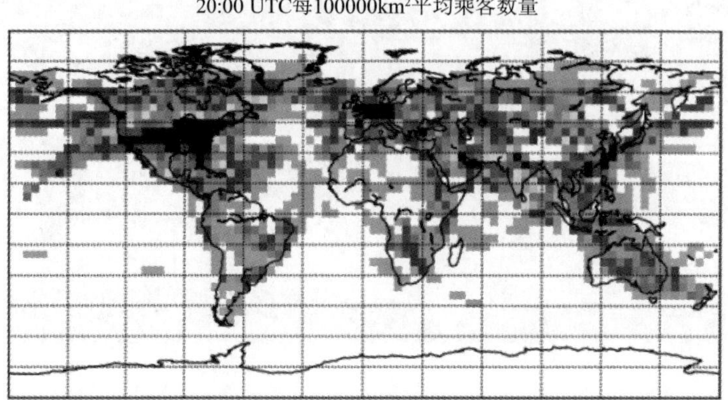

图 5.2　20：00 UTC 乘客密度

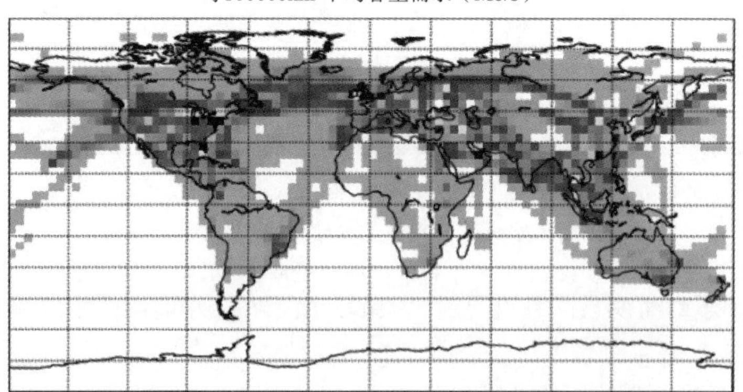

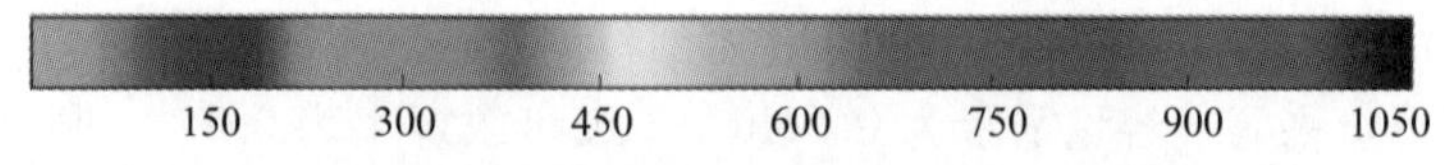

图 5.3　根据 20：00 UTC 的飞机位置计算的流量需求图

图 5.4 是一天中所有飞机单次飞行的高度直方图。

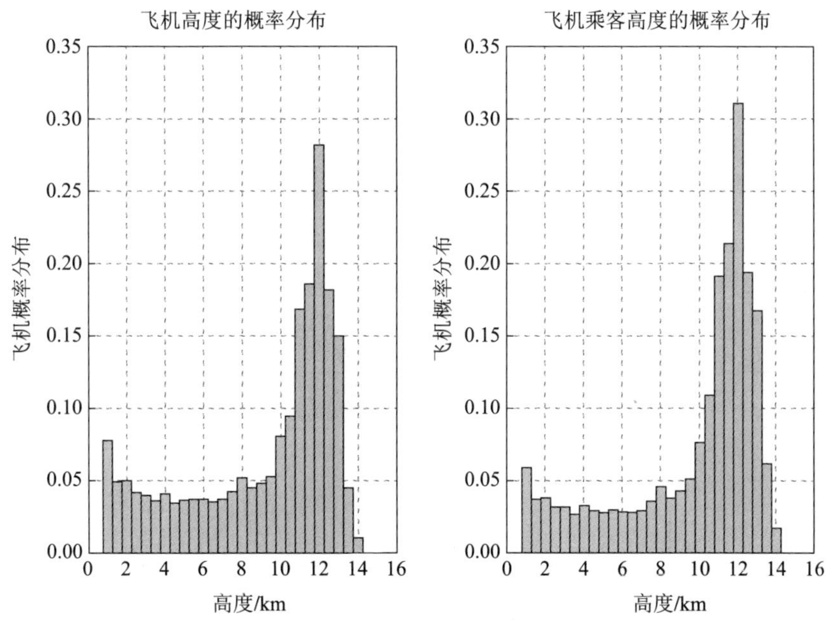

图 5.4　飞机高度和乘客高度的概率分布函数

可以注意到，大多数时候飞机处于 5km 以上的高度。按乘客所处高度重新划分更是如此，因为最低的飞行高度层通常是留给乘客人数较少的小型飞机的。正如 5.3 节将要详细讨论的那样，考虑到海拔高度，大多数乘客的大多数通信连接受到大气影响非常低。

5.2　监管环境

与 Ka 频段不同，ITU 在 Q/V 和 W 波段中的频率分配不提供卫星专用频段。因此，在 EHF 频段运行的卫星系统将与固定业务（FS），广播业务（BS）和移动业务（MS）共享频段，因此是在不受保护的基础上运行。在欧洲，欧洲邮政和电信组织（CEPT）为 Q/V 波段的卫星业务做了一些规定，如图 5.5 和图 5.6 所示。

最具前途的频段如下：

（1）下行链路 39.5～40.5GHz；

（2）上行链路 48.2～50.2GHz。

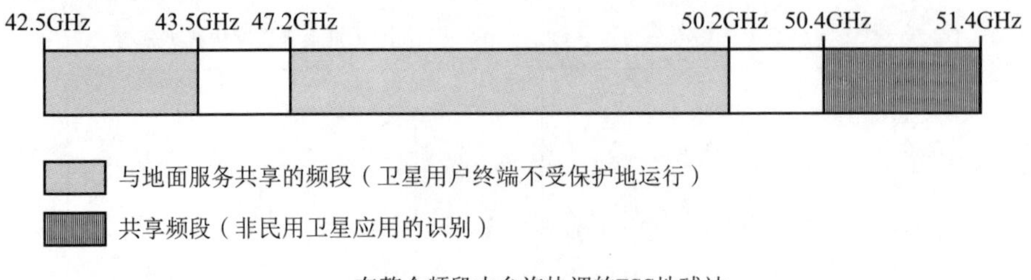

在整个频段内允许协调的FSS地球站

图 5.5　Q/V 波段 42.5~51.4GHz（上行链路）CEPT 共享

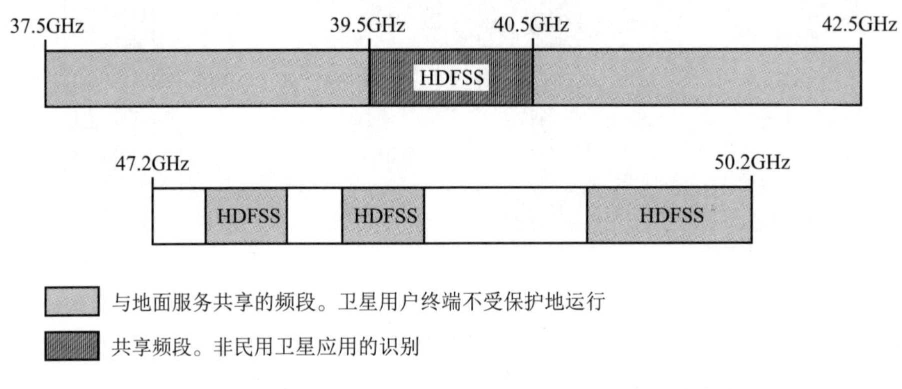

HDFSS在直接访问客户的基础上无处不在地部署大量用户终端
在整个频段内允许协调的FSS地球站

图 5.6　Q/V 波段 37.5~42.5GHz（下行链路）CEPT 共享

然而，与其他业务的共存仍需进一步评估。在 W 波段，情况不像某些国家（如英国和法国）那样清晰，虽然有大量的低功率 FS 链路，但是由于波束指向性的改善，FS 链路则不是那么重要。最具前景的卫星频段是：①下行链路 74~76GHz；②上行链路 84~86GHz。

世界无线电行政大会（WARC）对 5G 系统频谱分配的研究使毫米波段的情况进一步复杂化，研究结论将在世界无线电大会（WRC19）上予以报告。对卫星航空系统来说，影响主要是在机场的起飞和着陆阶段。

运动中的地球站（ESIM），以前称为移动平台地球站（ESOMPS），已经使用了 C 波段和 Ku 频段一段时间，并且有相应的 CEPT 规定。2013 年，由于 Ka 频段的 GEO 卫星出现，需要考虑 Ka 频段 ESOMPS[8] 与 Ka 频段的地球同步轨道卫星同步运行。迄今为止，还没有适用于更高频率的规则。ESIM 的处理方式与无须协调的 FSS 地球站类似。因此，ESIM 仅被视为 FSS 的一个应用，不能要求 FS 或 BSS 业务的保护。Ka 频段的下行链路，ESIM 与 FSS（卫星固定业务）一样不受保护。Ka 频段的上行链路，ESIM 在欧洲使用 HDFSS（高密度 FSS）频段，可受保护。但在其他地区，应当与 FS 共存。因此，航空 ESIM 跨越国境时必须遵守相关国家/地区的 FSS 规定。航空 ESIM 因为其特殊的几何结构和机身屏蔽而有所不同。ECC 研究了航空 ESIM 对于 FS 的干扰，并采用了功率通量密度（PFD）掩模（详见参考文献［9］，但基本上是 124.7dBW/m^2，在 14MHz 带宽内通过角度调整）。在 CoRaSat 项目[10] 中，就 FS 对 17.7~19.7GHz 频段中航空终端的干扰进行了研究。结果表明，依赖于海拔高度，FS 产生的干扰会超出 FSS 的干扰阀值，需要采用必要手段减少干扰。

如上所述，迄今为止尚未对 Q 和 W 频段的 ESIM 进行评估，但仍会将 ESIM 视为 FSS 的应用继续监管。

5.3　传播信道

5.3.1　对流层边缘分布

如前所述，如果飞机在巡航高度飞行，即使使用 EHF 频段，飞机到卫星链路的对流层传播损耗也会减少。实际上，在高于平均海平面约 11km 的巡航高度时，大多数气象损耗都在飞机下方，并不会影响飞机与卫星的通信路径。大气中的大部分气体低于飞机巡航高度，降水和大部分云层也是如此。即使传播信道的影响不如地面影响大，也必须评估链路损耗。另外，需要评估上升和下降阶段通信中断的可能性。

为了实现这一目标，国际电信联盟无线电通信部门（ITU-R）建议书 P.2041[11] 中提供了一个标准化的特定模型，该模型给出了在特定高度和地理位置下航空器传播损耗互补累积分布函数（CCDF）的计算。主要依赖于 ITU-R 建议书 P.618-12[12] 设计地-空电信系统所需的传播数据和预测方法。主要区别在于在计算余量时需要考虑飞机的高度。本节的后续部分将详细介绍该模型如何用于雨衰、云衰、气衰和闪烁方面的计算。

5.3.1.1　雨衰

为了计算降雨衰减 CCDF，计算的是卫星与飞机通信链路受降雨影响的部分，即飞机与降雨高度之间的倾斜路径部分，而不是地面与降雨高度之间的倾斜路径部分。因此，若飞机高于降雨高度，则不会衰减。这种方法可以给出比较准确的结果，特别是在没有因降雨而衰减的海拔高度上。实际上，降水的垂直结构更为复杂。对于层状降水，降雨高度受 0℃ 等温线高度的驱动，但全年等温线的高度可能会出现明显的波动。对于对流降水，在上升气流通过的过冷水的作用下，液态雨可能存在于0℃等温线以上。为了建立飞机高度与降雨衰减分布之间更加真实的联系，需要使用高分辨率的雷达数据或数值天气预报模型进行更多研究[13]。然而，ITU-R 建议书 P. 2041[11] 给出的趋势应能够计算传播余量的数量级。对于位于纬度为 ϕ_g、海拔高度为 h_g 的地面站，可用 $A_r^g = f_R^{-1}(p, R_{001}, h_r, h_g, f, \theta, \phi_g, \pi)$ 表示（频率为 f，仰角为 θ，极化为 π 的链路，降雨高度为 h_r，降雨率在时间 R_{001} 内超过 0.01%）超过 ITU-R 建议书 P. 618-11 给出的地-空链路 p%时间的雨衰。纬度 ϕ_g 和海拔高度 h_g，这两个参数可以分别从 ITU-R 建议书 P. 837-6[14] 和 ITU-R 建议书 P. 839[15] 的地面站位置得出。

为了计算高度为 h_a 和纬度为 ϕ_a 的飞机链路的衰减，ITU-R 建议书 P. 2041 仅建议通过以下方式使降雨衰减超过 p%的时间：

$$A_r^a = f_R^{-1}(p, R_{001}, h_r, h_a, f, \theta, \phi_a, \pi) \tag{5.1}$$

使用这种统计模型来计算飞机卫星链路上的传播损耗是不可信的，因为计算隐含了假设飞机将遇到与固定接收机相同概率的恶劣天气条件。然而，出于安全的考虑（尤其是雷暴），飞机倾向于避免危险气象事件。因此，使用这种统计方法计算雨衰，对于链路余量设计不利，因为这种方法隐含地假设了飞机的位置与天气无关。

5.3.1.2 云衰

很难预测从机载平台到太空的云衰，因为不同类型的云出现在不同的高度，其垂直范围和液态水含量不同。但是，ITU-R 建议书 P. 2041[11] 中采用的保守方法是假设云层的底部处于 ITU-R 建议书 P. 839[15] 中规定的降雨高度，而云层的顶部为 6km。按照 ITU-R 建议书 P. 840[16] 的建议，在高度为 h_a 的飞机上，超出时间 p 的部分，云衰损 A_c 的计算方法为

$$A_c^a = f_c^{-1}(L(p, h_a), f, \theta) \tag{5.2}$$

式中：$L(p, h_a)$ 为高度 h_a 以上的柱状液态水含量；f 和 θ 为链路的频率和高度；$L(p, 0)$ 可以从 ITU-R 建议书 P. 840[16] 中计算出来，为液态水的总含量。

ITU-R 建议书 P. 2041[11] 的模型提出在地面高度和降雨高度之间取 $L(p, h_a)$ 等于 $L(p, 0)$，在 6km 以上取零，并且两者之间呈线性变化。高度 h_a 以上的柱状液态水含量可以表示为

$$L(p, h_a) = \begin{cases} L(p, 0), & h_a < h_R \\ L(p, 0)\dfrac{6-h_a}{6-h_r}, & h_r \leqslant h_a < 6\text{km} \\ L(p, 0) = 0, & h_a \geqslant 6\text{km} \end{cases} \tag{5.3}$$

同样，该方法也被认为是相当保守的，因为液态云可能存在于降水高度以下，并且柱状液态水含量的减少仅取决于雨水高度。在过冷水滴的形状下，液态水的痕迹仍然存在于冷冻高度以上，需要一个冻结核才能达到固态。由于介电常数虚部的值很低，冰云引起的衰减通常被忽略。使用云雷达数据[17] 或数值天气预报模型输出[13] 也可以允许在云衰减 CCDF 和飞机高度之间包含更现实的依赖关系，在这里也应能够精确地得到一个合理数量级的损耗。

5.3.1.3　大气

通过 ITU-R 建议书 P. 676-12[18] 可以预测地-空路径的大气衰减，必须考虑氧和水蒸气的影响。这些大气损耗的计算是基于简化的（但与面积相关）大气剖面的气体比衰减积分。考虑到氧浓度的低可变性，氧气衰减可以仅根据海拔高度的恒定值来近似。这种对海拔高度的依赖性可以通过以下公式计算：

$$A_o^a = A_o \exp\left(-\frac{h_a}{h_o}\right) \tag{5.4}$$

式中：A_o 为 ITU-R 建议书 P. 676-12 给出的氧衰减值，该值取决于平均地面温度、链路频率和海拔高度；h_o 是氧气的特征标度高度，它反映了大气压力随高度的指数衰减。

水蒸气集中在对流层的最低层，并且随着高度的升高而迅速地衰减。ITU-R 建议书 P. 676-12 给出了一个平均值，用于估算链路在频率 f 和仰角 θ 处，水蒸气为 V 的气态衰减。ITU-R 建议书 P. 836-5[19] 给出了计算水蒸气含量的模型，该模型可以得到高度 h，在一定时间 p 的百分比上超过高度 h 时获得的累计水蒸气含量 V，从而知道接收器的位置。因此，通过将这两个阶段结合起来，可以获得飞机的水蒸气衰减 CCDF。ITU-R 建议书 P. 836-5[19] 通过以下公式给出水蒸气 CCDF 模型：

$$V(p,h) = f_V^{-1}(p, h_a, \phi_a, \psi_a) \tag{5.5}$$

式中：h_a、ϕ_a 和 ψ_a 分别为飞机的高度、纬度和经度；f_V 为积分水蒸气含量 CCDF。

水蒸气衰减超过 p%的时间可以表示为

$$A_{wv}(p) = f_{wv}^{-1}(V(p,h), f, \theta) \tag{5.6}$$

可通过对水蒸气含量数据的垂直剖面进行分析得到用于计算高度综合水蒸气含量函数的方法，该方法相对准确。

5.3.1.4　闪烁

闪烁是由大气湍流引起的折射率波动引起的。折射率的波动是由水蒸气的波动触发的，因此闪烁多发于对流层的最低层。对于在地面终端间的链路，根

据 ITU-R 建议书 P. 618-12，对流层闪烁超过 p%时间的引起的衰落 A_S^g 为

$$A_S^g(p)=f_s^{-1}(p,f,\theta,N_{wet}) \tag{5.7}$$

式中：N_{wet} 为表面折射率的干湿因子的中值，可依据 ITU-R 建议书 P. 453[20] 计算得到。

ITU-R 建议书 P. 2041 提出了一种在计算闪烁损耗 $A_S^a(p,\ h)$ 时考虑平台高度的方法。

（1）如果机载平台的海拔高度低于 ITU-R 建议书 P. 839 中规定的降雨高度，则假设机载平台位于地球表面并计算对流层闪烁。

（2）如果机载平台的海拔高于 ITU-R 建议书 P. 839 中规定的降雨高度，则将忽略对流层闪烁。

由此，$A_S^a(p,\ h)$ 可以表示为

$$A_S^a(p,h)=\begin{cases}A_S^g(p), & h<h_R\\ 0, & h\geqslant h_R\end{cases} \tag{5.8}$$

这种方法是渐近的，实际上衰减应该更平滑，并且在降雨高度以上可能还会有一些闪烁。但是，它对整体链路设计的影响可以忽略不计。为了获得超过 p%时间的总衰减 $A_{tot}^a(p,\ h)$，ITU-R 建议书 P. 2041 中所提倡的方法是利用以下方程将各分量组合起来。

$$A_{tot}^a(p,h)=A_O^a(h)+A_{wv}^a(h,p)+\sqrt{(A_R^a(h,p)+A_C^a(h,p))^2+A_S^a(h,p)^2} \tag{5.9}$$

这种方法可以估计卫星-飞机链路的衰减和潜在的可用性。如前所述，有几个不准确的因素，特别是由于对雨和云的垂直结构的粗略描述。在具体解决 EHF 频段的问题时，由于缺乏实验数据和这些频段上的验证，还存在其他问题[21]。一些物理假设，尤其是关于雨水的散射机制的假设，即将超出有效性极限范围，将会导致额外的不准确。但是，考虑到高空飞行的飞机几乎不受雨水的影响，这种影响应该是有限的。考虑到中短途飞行将主要发生在白天，衰减的昼夜差异性可以进一步改善[22-23]。

5.3.1.5 使用 ITU-R 建议书 P. 2041 的结果

ITU-R 建议书 P. 2041 随海拔高度变化的大气衰减函数如图 5.7 所示，适用于温带和赤道地区。这两种气候与 0℃ 等温线的平均高度有关，因此也与降雨高度有关。考虑到赤道地区较高的降雨高度，赤道地区海拔较高，其比温带地区的损耗要大。

ITU-R 建议书 P. 2041 给出了飞机和卫星之间的链路在 50GHz 和 80GHz，仰角为 35°时对流层损耗的分布，如图 5. 8 所示，图 5. 8 的位置与图 5. 7 相同。

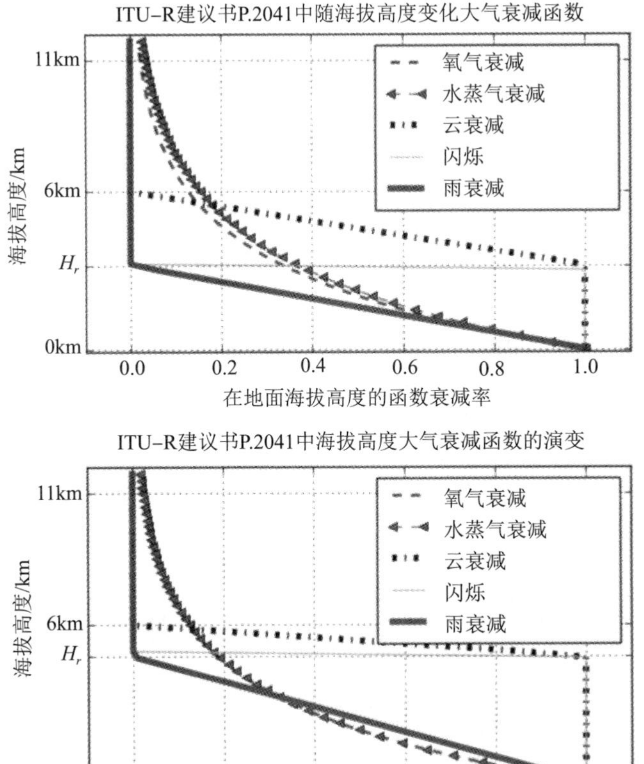

图 5.7　温带纬度（图卢兹）和赤道位置（古鲁）随高度变化的大气损耗比例

从图 5.7 和图 5.8 可以看出，传播边界随海拔高度下降较快。在温带地区，W 波段链路在 3km 处的传播余量变得不如 Ka 波段固定接收机的传播余量重要。在 6km 以上，只有少量残留气体衰减。因此，可以预见，在 EHF 频带，传播效应对于在巡航高度的飞机与卫星之间链路并不是主要障碍。

为了将可用性与给定飞行路径的衰减余量关联，可以通过在时间间隔 $[t_1,t_2]$ 中沿飞行路径对每个位置的停机概率 $P_{\psi(t),\phi(t),h(t)}(A_{\text{tot}}>A^*)$ 积分，根据以下公式，由在该位置花费的时间加权而得：

$$P_{\text{flight}}(A_{\text{tot}}>A^*)=\frac{1}{t_2-t_1}\int_{t_1}^{t_2}P_{\psi_a(t),\phi_a(t),h(t)}(A_{\text{tot}}>A^*)\,\mathrm{d}t \tag{5.10}$$

在式（5.10）中，$\phi_a(t)$、$\psi_a(t)$ 和 $h_a(t)$ 分别为飞机在时间 t 的纬度、经度和高度。可以通过对式（5.9）求逆，计算出在已知位置（$\phi_a(t)$，$\psi_a(t)$，$h(t)$）超过给定总衰减值 $P_{\psi_a(t),\phi_a(t),h(t)}(A_{\text{tot}}>A^*)$ 的概率。

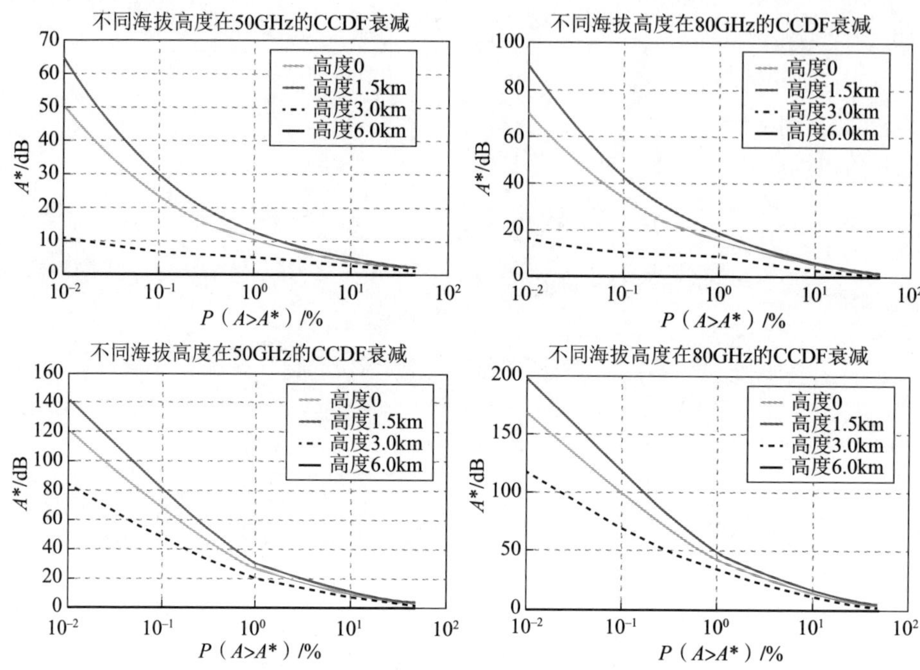

图 5.8 ITU-R 建议书 P.2041（法国图卢兹（上图）和法属圭亚那库鲁（下图））针对 V 和 W 波段不同高度的 CCDF 衰减（链路的仰角为 35°）

仅当链路预算的其他参数，如卫星 G/T 或 EIRP（等效全向辐射功率），在飞行过程中没有出现明显的波动时，该余量确定才成立。否则，这些波动需要包括在余量计算中。

图 5.9 给出了链路频率为 40GHz 和 70GHz 时各种飞行场景的飞行中断余量的评估。对于每次飞行，均假定卫星位于飞行路径中间相对应的经度上。

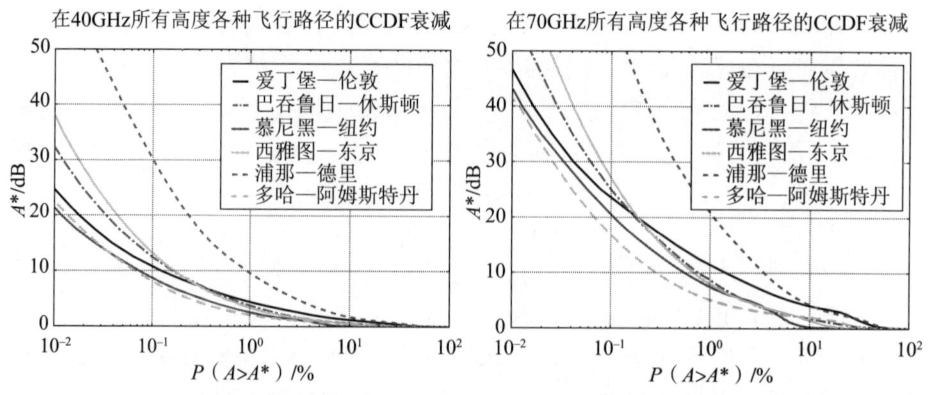

图 5.9 考虑所有飞行阶段在 40GHz 和 70GHz 各种飞行路径的 CCDF 衰减

如图 5.9 所示，对于各种飞行轨迹，即使在热带地区之间，Q 和 W 波段的可用性也超过 99%。然而，可以观察到不同的趋势。

（1）航线越短，总体可用性越低或所需余量越大。对于短途飞行，飞机在低空着陆和起飞阶段所花费的时间比例（其中传播损耗可能很严重）比长途飞行的比例大。

（2）从传播的角度来看，不利区域之间的航班链接（在热带地区）需要更大的余量或可用性低于温带地区。

还需注意，图 5.9 中显示的结果包括所有飞行阶段（但不包括滑行阶段）。低空飞行阶段需要较大的衰减余量，以保证可用率大于 99.9%。但是，在起飞和降落阶段，通信系统可能无法运行。为了解决这种在地面附近无法运行的问题，可以仅将式（5.10）应用于链路运行的部分轨道。假设极限高度为 3km，低于该极限高度必须关闭系统，则得出图 5.10 的结果。

如图 5.10 所示，趋势与计算整个飞行路径的可用性时相同，但是所要求的余量要低得多，无论飞行路径如何，10dB 余量使可用性几乎达到 99.9%。

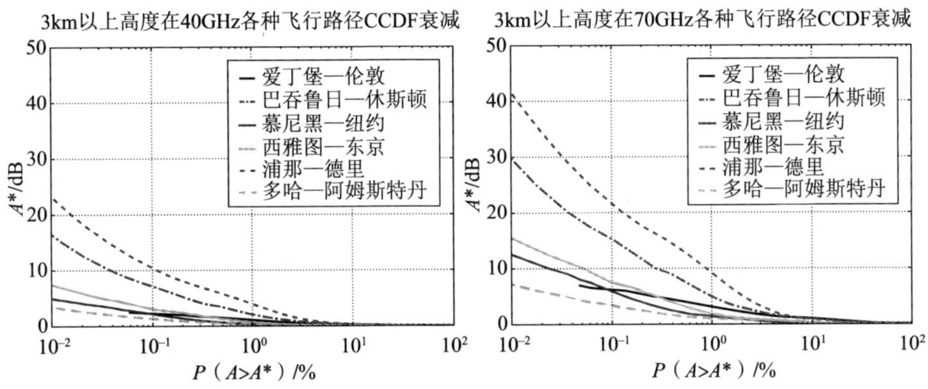

图 5.10　考虑 3km 以上高度飞行阶段在 40GHz 和 70GHz 各种飞行路径的 CCDF 衰减

5.3.1.6　飞行路径信道模型

对于进一步的系统分析，需要信道时间演变的时间序列表示。例如，需要调整 ACM 控制回路的大小。为了能够生成卫星-飞机链路的传播损耗时间序列，ITU-R 建议书 P.1853-1[24] 中描述的，为地面终端的地-空链路生成传播时间序列的模型采用类似于参考文献［25］中所述的方法，同样适用于航空情况。

（1）第一个修改是根据 ITU-R 建议书 P.2041[11] 提出的方法，对与气象相关的参数转换为衰减的模型进行了更改。

（2）第二个修改是为了考虑车辆的运动而改变相关参数（特别是在飞机的情况下，衰减的变化率可以比在固定终端时大）。

输入参量为由经度 $\psi_a(t)$、纬度 $\phi_a(t)$ 和海拔 $h_a(t)$ 定义的飞行轨迹，以及频率、卫星位置和极化等链路参数。气象参数的时间序列可以从这些轨迹中构造出来。输出是针对各种传播效应按时间索引的衰减时间序列。

在先前的各种不同参数化的工作中，已经讨论了用于生成 ITU-R 建议书 P. 1853-1[24] 的时间序列的相关参数的调整[26]。思路是假设信道的时间波动是由于空间非均匀衰减场的对流（在风影响下的平移）引起的。因此，在移动接收机存在的情况下，时间波动是空间非均质气象场中场的对流和移动接收机的位移共同作用的结果。考虑到飞机的具体情况，其速度远大于气象场的平流速度（通常比 800km/h 小 100km/h）。在这方面，可以将时间序列的相关性假定为用于固定接收机的时间收缩副本。收缩率等于 V_0/V_a，其中 V_0 是平均对流速度，约为 50km/h，V_a 是飞机速度。

ITU-R 建议书 P. 1853-1 中的时间序列综合方法，依赖于将相关的高斯随机过程转换为根据所考虑的损耗分布而分布的过程。各种损耗是单独产生的，但随机噪声是相关的，以引入对各种效应的依赖性。因此，下雨时会有云，这种情况下，水蒸气含量往往会更高。

为了生成用于飞机和卫星相关配置的降雨衰减时间序列，这里产生了相关的高斯过程 $G_R^a(t)$。用于生成过程的相关函数定义为

$$c_{G_r}^a(t)=c_{G_r}^g\left(\frac{tV_0}{V_a}\right)=\exp\left(-\beta\frac{|t|V_0}{V_a}\right) \tag{5.11}$$

式中：β 为常数，表示降雨衰减时间序列的自相关函数。

ITU-R 建议书 P. 1853-1[24] 中的建议值为 $\beta=2\times10^{-4}\text{s}^{-1}$。该过程可以通过时变系数的一阶线性滤波来生成。在生成过程中，滤波器系数 β 必须被替换为系数 $\beta(t)=\beta(V_0/V_a(t))$。与参考文献［24］中所描述的不同，这种时变特性要求在时域中模拟过程。

降雨衰减过程 $A_R(t)$ 通过应用以下变换计算：

$$A_R^a(t)=f_R^{-1}\left(\frac{1}{2}\text{erfc}\left(G_R^a\frac{t}{\sqrt{2}}\right),R_{001},h_r,h_a,f,\theta,\phi_a,\pi\right) \tag{5.12}$$

将高斯分布过程转换为根据降雨衰减分布，海拔（仰角）θ、降雨率超过 R_{001} 时间的 0.01%、h_r、h_a 视飞机轨迹而定。使用类似方法生成 $A_c^a(t)$ 和 $A_{wv}^a(t)$ 表示云和水蒸气衰减时间序列，并对基础高斯过程 $C_{G_C}^a(t)=C_{G_C}^g(tV_0/V_a)$ 和 $C_{G_{WV}}^a(t)=C_{G_{WV}}^g(tV_0/V_a)$ 的自相关函数使用相同的收缩因子。

高斯过程的逆可以通过下式计算：

$$A_c^{a}(t)=f_c^{-1}\left(L\left(\frac{1}{2}\text{erfc}\left(\frac{G_{C}^{a}(t)}{\sqrt{2}}\right),h_a\right),f,\theta\right) \tag{5.13}$$

$$A_{wv}^{a}(t)=f_{wv}^{-1}\left(V\left(\frac{1}{2}\text{erfc}\left(\frac{G_{wv}^{a}(t)}{\sqrt{2}}\right),h\right),f,\theta\right) \tag{5.14}$$

为了将这些过程关联起来，使用 ITU-R 建议书 P. 1853-1 中描述的机制，将用于生成随机过程的随机噪声进行关联。对于闪烁衰落，该过程的自相关也通过速度比的增大而减小。考虑到 ITU-R 建议书 P. 1853-1 中提及的滤波方法，闪烁衰落的自相关等于将滤波器的角频率与速度之比的乘积，然后根据高斯过程 $G_S^a(t)$ 计算闪烁时间序列：

$$A_S^{g}(t)=f_S^{-1}\left(\frac{1}{2}\text{erfc}\left(\frac{G_S^{a}(t)}{\sqrt{2}}\right),f,\theta,N_{wet}\right) \tag{5.15}$$

氧气衰减余量计算为仅取决于飞机的位置固定值 A_O。总衰减时间序列是所有这些贡献的总和。

对于中雨到大雨，图 5.11 举例说明了 70GHz 时在图卢兹和伦敦之间飞行时生成的时间序列。

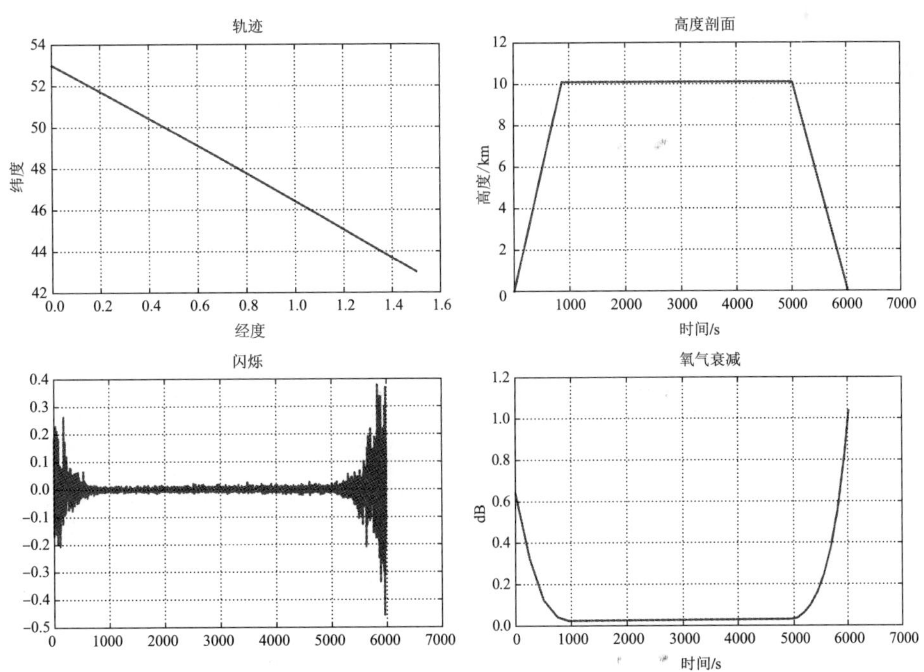

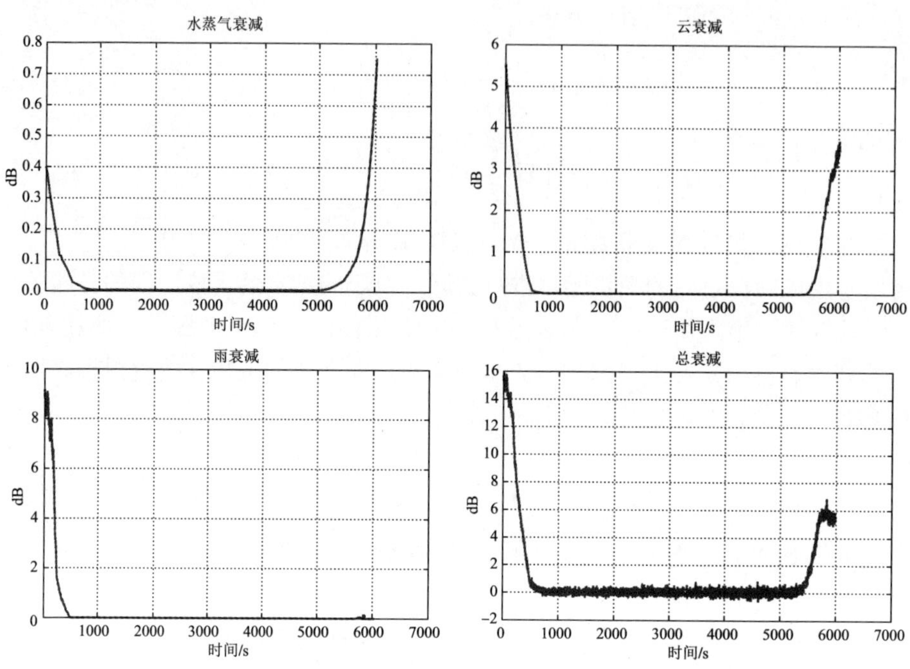

图 5.11 在中等降雨条件下生成的时间序列示例（进行随机抽取是考虑到先前描述的损耗的分布）

在此示例中，可以很容易地注意到海拔高度对传播损耗的影响。上升阶段的气体损耗迅速减少。一旦飞机高于降雨高度，雨衰消失，而当飞机高于 6km 时，云衰消失。由于飞机相对于损耗的空间相关性快速变换位置，使得信道的波动很快。

5.4 系统规模

为了对用户链路使用 Q/V 和 W 波段可能实现的数据速率进行估计，先对 Ka 频段系统可能实现的数据速率进行比较分析。重点放在前向链路上，因为通常前向链路对所提供多媒体内容在数据速率方面要求更高。第一阶段：首先介绍了适用于航空案例的终端的合理性能；然后确定服务区和搭建有效载荷模型。在最后阶段，提出了对预期性能的评估。

5.4.1 航空终端

5.4.1.1 技术方面

在考虑飞机机载卫星天线时，至关重要的是最小化天线罩引起的阻力。

实际上，由天线罩引起的空气动力干扰会导致阻力增加，从而导致燃料消耗增加。总油耗会增加 0.20% 以上[27-28]，这是不容忽视的。将这些额外的消耗整合到卫星通信服务的总成本中，将使卫星通信的成本非常高。为了减少天线罩引起的燃料消耗，必须限制其尺寸。这对天线设计有两种可能的结果。天线的物理孔径较小，增益也较小；或者天线是保角的且方向性电子可控。可以沿一个轴进行电子控制而沿另一个轴进行机械控制的平板构成了一种中间解决方案。该解决方案目前是通用的，并且广泛地应用于当前航空终端的天线中[29]。

小增益天线的使用不利于整体频谱效率，从而对业务成本和可达到的数据速率产生负面影响。

电子可控天线仍然非常昂贵，相对笨重并且功率效率低下。但是，随着超材料天线或具有集成数字处理功能的天线出现，情况会迅速改变。目前，各种公司都希望在 Ku 和 Ka 频段使用扁平或保角天线[30-31]。天线的厚度可以在 1cm 左右，从而大大降低了燃料的过度消耗。这些技术目前针对的频段是 Ku 和 Ka 频段，但是可以预见到这些设备将进一步扩展到 Q/V 或 W 波段（例如，使用与 WiFi HD 电子转向天线在 60GHz 所使用的 CMOS 技术接近的技术）。目前，正在开发 W 波段的集成功率放大器[32] 已研发面世①。

5.4.1.2　预测性能

为了获得航空终端的实际特性，考虑了全球 Xpress 的 Ka 频段终端的当前特性，并将其外推到 Q/V 和 W 波段。在此过程中，人们假设机械跟踪天线将使用超材料、数字波束赋形或先进的 MMIC 技术的保角阵列所取代。在较高频段上 RF 组件已经使用了当前的制造商数据（Kymeta、Phasor、Thinkom 等），发现其性能较低，导致额外的性能下降。对于低噪声放大器（LNA），目前现有 LNA 的噪声系数数据已在整个频带使用。Q/V 和 W 波段终端预测性能见表 5.1。

表 5.1　航空终端等效孔径的各种频段函数的外推性能

直径/m	下行链路和上行链路的增益/dBi					
	Ka		Q/V		W	
0.5	38.5	42.1	44.6	46.5	49.4	50.6
0.7	41.5	45.0	47.5	49.4	52.3	53.5
1	44.6	48.1	50.6	52.5	55.4	56.6

① 原书出版时间为 2018 年，译者改为已研发面世。——译者注

续表

	LNA 性能		
	Ka	Q/V	W
噪声因子/dB	2.0	2.2	3.0
噪声温度/dBK	22.3	22.8	24.6
直径/m	G/T/(dB/K)		
	Ka	Q/V	W
0.5	16.2	21.7	24.8
0.7	19.2	24.8	27.7
1	22.3	27.8	30.8
直径/m	EIRP/dBW		
	Ka	Q/V	W
0.5	49.1	53.5	57.6
0.7	52.0	56.4	60.5
1	55.1	59.5	63.6

5.4.2 卫星模型

该卫星被建模为 HTS 多波束配置，具有 4 倍的频率复用率（还考虑使用正交化技术），行波管放大器（TWTA）功率取自制造商的数据，高至 W 波段，并且假定使用 DVB-S2X 空中接口。考虑每个频段上可用的 TWTA，建议在每个 TWTA 的基础上进行性能比较。为了进行比较，还假设不同系统的覆盖区域相同。

图 5.12 显示了卫星航空系统的潜在覆盖范围。卫星位于东经 13°，业务区域低至 22°仰角，被用作所有有效载荷的通用基础。

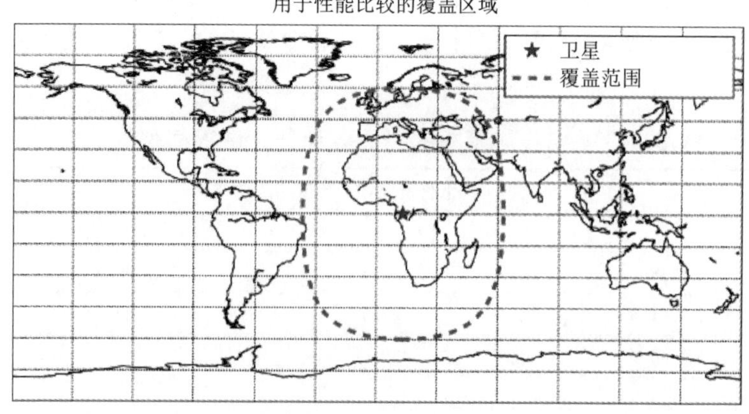

图 5.12 考虑航空服务的覆盖范围

对于天线辐射方向图，已经考虑了参考文献［33,34］中描述的模型，该模型在参考文献［35］中进一步扩展。此模型的锥度滚降参数为 1.6，锥度边缘参数为-10dB，三个相邻波束之间的交叉点为-4dB。天线相对于轴外角的增益表示为 θ，D 是天线直径，f 是频率，n 是锥形滚降参数，ET 表示边缘锥度参数，以 dB 为单位。D、f、n 和 ET 均已给出。因此，目的是找到导致 $g(\theta, D,f,n,ET)=$ 交点值的 θ，这是迭代完成的。

每个波束所覆盖的区域可根据参考文献［36］中所述的方法计算。波束的中心位于 48°N 8°E。

从参考文献［37］可知，直径为 θ_c 的圆内的 N 个波束，允许波束之间重叠 21%，可以近似为

$$N=1.21\left(\frac{1-\cos\theta_c}{1-\cos\theta}\right) \tag{5.16}$$

从表 5.2 中可以看出，如果卫星上天线的尺寸保持不变，则在 Ka 频段或 W 波段覆盖等效尺寸的区域所需的波束数将改变一个数量级。因此，假设在 Ka 频段、Q/V 和 W 频段有效载荷上的放大器数量可以保持相同，则 Q/V 波段 TWTA 的波束要比 Ka 频段 TWTA 多 3 倍，而 W 波段 TWTA 则比 Ka 频段 TWTA 多 10 倍。可以通过使用 FDM 或使用跳波束技术[38] 或两个选项的组合来完成。

表 5.2　波束宽度、波束表面和填充覆盖区域的波束数量

参数/系统	Ka	Q	W
波束宽度/(°)	1	0.57	0.304
每波束覆盖区域/km^2	566796	183062	51962
波束数量	78	242	851

表 5.3 中显示了用于基准测试的主要参数。

表 5.3　用于系统比较的主要参数

频段	Ka	Q	W
可用频谱	20.2-19.7GHz=0.5GHz	42.5-37.5GHz=5GHz	76-71GHz=5GHz
频率复用的色数	4（2 频 .2 极化.）		
每波束带宽/MHz	250	1250	2500
卫星行波管功率放大器（TWTA）的功率/W	50	50	40
TWTA/波束	1/波束	1/3 波束	1/10 波束
点波束数量	80	240	800
TWTA 总数	80	80	80

续表

频段	Ka	Q	W
波形	DVB-S 2x		
余弦滤波滚降/%	5		
卫星天线直径/m	1	1	1
终端孔径尺寸/m	0.5	0.5	0.5
终端 G/T/（dB/K）	16.2	21.7	24.8
同信道 C/I/dB	16	18	21
相邻卫星 C/I	噪声温度增加 12%	无干扰	无干扰

对于不同的频段，飞机上考虑了孔径对应于 0.5m 碟形天线的终端。考虑到当前频谱占用，假设在 Ka 频段的干扰要比在 Q/V 波段的干扰高。假设 Q/V 和 W 波段系统分别使用 3 和 10 的开关投掷计数的跳波束（应答器的输出通过开关迭代地连接到一组波束）。

使用上面的终端和卫星数据，表 5.4 对每个频段一个 TWTA 的性能（三个频段）进行了评估。假设前向上行链路对于不同频带具有相同固定的 C/N+I。假设它对总体链路预算没有重大影响（考虑到网关可能具有较大的天线，并且可以使用分集来抵消对流层衰落）。链路预算是为 10km 的飞机飞行高度建立的；因此，对流层的衰减非常有限，见 5.3 节。

表 5.4　晴空链路预算—在不同频段飞机高度（10km）

参数/系统	单位	Ka	Q/V	W
卫星经度	(°)	13	13	13
接收站				
纬度	(°)	45	45	45
经度	(°)	8	8	8
卫星高度（仰角）	(°)	36.54	36.54	36.54
卫星链路				
占用带宽	MHz	250	1250（5×250）	2500（10×250）
滚降		0.2	0.2	0.2
系统实施裕量	dB	1	1	1
下行频率	GHz	20	40	74
上行（SAS/LES 到星）				
(C/N+I) 上行	dB	24	24	24
下行（星到星）				
卫星发射功率				
卫星天线增益	dBi	44.6	50.6	55.9
饱和功率/HPA	W	50	50	40
饱和功率/HPA	dBW	17	17	16
输出回退值	dB	1	1	1
总发射 EIRP	dBW	60.5	66.6	70.9

续表

参数/系统	单位	Ka	Q/V	W
传播损耗				
自由空间损耗	dB	210.1	216.1	221
卫星指向损耗	dB	1	1	1
IMUX/OMUX 损耗	dB	1	3	3
航空终端指向损耗	dB	0.1	0.1	0.1
气体衰减	dB	0.01	0.04	0.1
总损耗	dB	212.2	220.2	225.6
接收参数				
接收站：/GT	dB/K	16.2	21.7	24.8
下行链路预算				
（C/N_0）下行	dBHz	93.0	96.4	98.5
（C/N）下行+邻星 C/I	dB	8.5	5.5	4.5
（C/I）下行	dB	16	18	21
总（C/N+I）	dB	7.7	5.2	4.4
调制方式		**8APSK 2/3**	**QPSK 3/4**	**QPSK2/3**
裕量	dB	1	1	1
数据率/HPA	Mb/s	**412**	**1540**	**2750**
注：粗体值是对先前数据进行分析得出的最终结果				

为了解决 RF 组件在 Q/V 和 W 频段较低性能的问题，已经考虑了较低的 HPA 功率和较大的 IMUX/OMUX 损耗。

表 5.4 以每个高功率放大器（HPA）为基础进行的比较表明，在 Q/V 和 W 波段可获得的数据速率明显提高，分别是在 Ka 频段可获得的数据速率的 4~10 倍。这可能与所做的假设有关。实际上，在 Ka 频段、Q/V 和 W 波段使用相同的卫星天线尺寸，且具有近似相同的 TWTA 功率，可以对增加的自由空间损耗进行补偿。即使在考虑到 Q/V 和 W 波段射频组件性能下降的情况下，对于 C/N_0，在 Q/V 和 W 波段使用相同孔径的终端，C/N_0 的情况也比在 Ka 频段要好。考虑到 Q/V 和 W 波段上的可用调制带宽很大，有可能利用这种有利的链路预算来增加每个放大器的容量。尽管如此，仍然需要注意的是，该假设使用了 Q/V 和 W 波段的跳波束技术，将显著增加有效载荷的复杂性，但将会很大程度地增加其灵活性，以匹配前面说明的业务的多样性，如图 5.2 所示。此外，每个放大器的带宽可能会分成几个载波，以适应终端调制解调的速率。将导致输出回退值方面的额外损失，以避免互调的增加（在表 5.4 中已被忽略）。然而，可以使用参考文献［39］中描述的方法，在知道每个 HPA 的载波数量的情况下，确定最佳操作点。

5.5 小结

本章讨论了在卫星上使用 EHF 频率提供航空宽带通信的可能性。当前使用的 Ka 频段频率将很快无法满足飞机乘客日益增长的互联网需求。除了在机场附近，采用 Q/V 和 W 波段没有任何大的监管障碍。研究表明，对流层中的传播损耗目前阻碍了这些频带用于卫星用户链路，但对于航空应用而言，这并不是一个主要问题，因为传播损耗随着海拔的升高而显著降低。在巡航级别，传播损耗几乎可以忽略不计。本章已经详细介绍了各种可用来确定传播余量的方法。分析结论表明，对于大多数 Q/V 和 W 波段的飞行配置，确保可用率 99.9%以上时所需的损耗余量可能小于 10dB。

为了对使用这些较高频段带来的性能改善有所了解，将目前的航空终端和卫星特性外推到 EHF 频段。研究表明，采用保角天线来增强可以有效提高系统的容量，比目前 Ka 频段系统提高系统容量达 4~10 倍。此数据似乎可以满足 2020 年及未来每架飞机约 200Mb/s 的预期业务需求。证明了 EHF 频段卫星系统可以满足未来航空旅客需求，从而在较低频段为地面应用提供了带宽。

鸣谢

作者非常感谢欧洲航天局在 Satnex IV 框架下资助本章所述的大部分研究工作。

参考文献

[1] Luecke O, Buechter KD, Moll F. Future broadband aeronautical communication–opportunities and challenges for SatCom. In: 21st Ka band and Broadband Communications Systems; 2015.

[2] Gogo ATG4 | Gogo Commercial Aviation; 2018. Available from: https://www.gogoair.com/commercial/atg4.

[3] European Aviation Network. 2018. Available from: https://www.europeanaviationnetwork.com/.

[4] Medina D, Hoffmann F, Rossetto F, *et al.* North Atlantic inflight internet connectivity via airborne mesh networking. In: Vehicular Technology Conference (VTC Fall), 2011 IEEE. IEEE; 2011. p. 1–5.

[5] Newton B, Aikat J, Jeffay K. Analysis of topology algorithms for commercial airborne networks. In: Network Protocols (ICNP), 2014 IEEE 22nd International Conference on. IEEE; 2014. p. 368–373.

[6] ADS-B Exchange World's Largest Co-op of Unfiltered Flight Data; 2018. Available from: https://www.adsbexchange.com/.
[7] IATA Annual Review. 2017. Available from: http://www.iata.org/publications/Documents/iata-annual-review-2017.pdf.
[8] ECC. Report 184: The Use of Earth Stations on Mobile Platforms Operating with GSO Satellite Networks in the Frequency Range 17.3–20.2 GHz and 27.5–30.0 GHz; 2013. Available from: http://www.erodocdb.dk/docs/doc98/official/pdf/ECCRep184.pdfasat1/11/2015.
[9] ECC. Decision(13)01: The Harmonised Use, Free Circulation and Exemption from Individual Licensing of Earth Station On Mobile Platforms (ESOMPs) within the Frequency Bands 17.3–20.2 GHz and 27.5–30.0 GHz; 2013. Available from: http://www.erodocdb.dk/does/doc98/official/pdf/ECC Dec1301.pdf as at 1/11/2015.
[10] CoRaSat. The CoRaSat EU FP-7 Project; 2012. www.ict-corasat.eu.
[11] ITU-R P 2041-0. Prediction of Path Attenuation on Links Between an AirBorne Platform and Space and Between an Airborne Platform and the Surface of the Earth; 2013.
[12] ITU-R P 618-12. Propagation Data and Prediction Methods Required for the Design of Earth-Space Telecommunication Systems; 2015.
[13] Jeannin N, Outeiral M, Castanet L, *et al.* Atmospheric channel simulator for the simulation of propagation impairments for Ka band data downlink. In: The 8th European Conference on Antennas and Propagation (EuCAP 2014); 2014. p. 3357–3361.
[14] ITU-R P 837. Characteristics of Precipitation for Propagation Modelling; 2012.
[15] ITU-R P 839. Rain Height Model for Prediction Methods; 2013.
[16] ITU-R P 840. Attenuation Due to Clouds and Fog; 2013.
[17] Luini L, Capsoni C. Scaling cloud attenuation statistics with link elevation in earth-space applications. IEEE Transactions on Antennas and Propagation. 2016 March;64(3):1089–1095.
[18] ITU-R P 676. Attenuation by Atmospheric Gases; 2016.
[19] ITU-R P 836. Water Vapour: Surface Density and Total Columnar Content; 2013.
[20] ITU-R P 453. The Radio Refractive Index: Its Formula and Refractivity Data; 2013.
[21] Riva C, Capsoni C, Luini L, *et al.* The challenge of using the W band in satellite communication. International Journal of Satellite Communications and Networking. 2014;32(3):187–200. Available from: http://dx.doi.org/10.1002/sat.1050.
[22] Riva C. Seasonal and diurnal variations of total attenuation measured with the ITALSAT satellite at Spino d'Adda at 18.7, 39.6 and 49.5 GHz. International Journal of Satellite Communications and Networking. 2004 July;22(4):449–476. Available from: http://onlinelibrary.wiley.com/doi/10.1002/sat.784/abstract.
[23] Fiebig UC, Riva C. Impact of seasonal and diurnal variations on satellite system design in V band. IEEE Transactions on Antennas and Propagation. 2004 April;52(4):923–932.
[24] ITU-R P 1853. Tropospheric Attenuation Time Series Synthesis; 2012.
[25] Arapoglou PD, Liolis KP, Panagopoulos AD. Railway satellite channel at Ku band and above: Composite dynamic modeling for the design of fade mitigation techniques. International Journal of Satellite Communications and Network-

ing. 2012;30(1):1–17. Available from: http://dx.doi.org/10.1002/sat.991.

[26] Graziani A, Vanhoenacker-Janvier D, Pereira C, *et al.* Synthetized tropospheric total attenuation time series for satellite-to-aeronautical link from L to Q band. In: 2016 10th European Conference on Antennas and Propagation (EuCAP); 2016. p. 1–4.

[27] Boeing Radome Solutions: Tri-band; 2017. Available from: http://www.boeing.com/resources/boeingdotcom/commercial/services/assets/brochure/boeing-radome-solutions.pdf.

[28] Gogo 2Ku Brochure. 2018. Available from: http://static1.squarespace.com/static/57b203af5016e15b4c5dfac1/t/57b20ec215d5db405ffc1f6d/1471286985901/Gogo+2KU.pdf.

[29] Vaccaro S, Diamond L, Runyon D, *et al.* Ka-band mobility terminals enabling new services. In: The 8th European Conference on Antennas and Propagation (EuCAP 2014); 2014. p. 2617–2618.

[30] Silvestri F, Benini A, Gandini E, *et al.* DragOnFly—Electronically steerable low drag aeronautical antenna. In: Antennas and Propagation (EUCAP), 2017 11th European Conference on. IEEE; 2017. p. 3423–3427.

[31] Sato H, Miyashita H. Heritage of Mitsubishi's phased array antennas development for mobile satellite communications. In: Antennas and Propagation (EUCAP), 2017 11th European Conference on. IEEE; 2017. p. 1521–1524.

[32] Zhao D, Reynaert P. An E-band power amplifier with broadband parallel-series power combiner in 40-nm CMOS. IEEE Transactions on Microwave Theory and Techniques. 2015;63(2):683–690.

[33] Sciambi AF. The effect of the aperture illumination on the circular aperture antenna pattern characteristics. RC Microwave Scanning Antennas. 1964;I(Academic Press):71.

[34] Strutzman W, Terada M. Design of offset-parabolic-reflector antennas for low cross-pol and low sidelobes. IEEE Antennas and Propagation Magazine. 1993;35(6):46–49.

[35] Kyrgiazos A, Evans B, Thompson P, *et al.* A terabit/second satellite system for European broadband access: a feasibility study. International Journal of Satellite Communications and Networking. 2014;32(2):63–92. Available from: http://dx.doi.org/10.1002/sat.1067.

[36] Salmasi AB, Rahmat-Samii Y. Beam area determination for multiple-beam satellite communication applications. IEEE Transactions on Aerospace and Electronic Systems. 1983 May;AES-19(3):405–412.

[37] Lutz E, Werner M, Jahn A. Satellite systems for personal and broadband communications. Springer; 2000. Available from: http://books.google.co.uk/books?id=LgBTAAAAMAAJ.

[38] Anzalchi J, Couchman A, Gabellini P, *et al.* Beam hopping in multi-beam broadband satellite systems: System simulation and performance comparison with non-hopped systems. In: Advanced Satellite Multimedia Systems Conference (ASMS) and the 11th Signal Processing for Space Communications Workshop (SPSC), 2010 5th. IEEE; 2010. p. 248–255.

[39] Aloisio M, Angeletti P, Casini E, *et al.* Accurate characterization of TWTA distortion in multicarrier operation by means of a correlation-based method. IEEE Transactions on Electron Devices. 2009 May;56(5):951–958.

第6章
下一代非对地静止卫星通信系统：链路特性和系统前景

夏里奥斯·库罗乔加斯[1]，阿波斯托洛斯·Z·帕帕费拉加基斯[2]，
阿塔纳西奥斯·D·帕纳戈普洛斯[2]，斯皮罗斯·文图拉斯[1]
1. 英国 RAL 空间、科学和技术设施理事会；
2. 希腊雅典国家技术大学电气与计算机工程学院

地心轨道上的非对地静止轨道（NGSO）卫星包括近地轨道（LEO）、中轨道（MEO）和高椭圆轨道（HEO）卫星。这些轨道是根据卫星距离地球的高度进行分类的。除 HEO 卫星外，LEO 和 MEO 卫星以比对地静止地球赤道轨道（GEO）卫星低得多的高度持续绕地球行进。因此，其链路损耗较 GEO 卫星小，且由信号传播而引起的延迟也较低，因此这些轨道对于那些只可忍受毫秒级延迟的业务（如实时数据业务）具有较强的吸引力。NGSO 卫星已经用于众多应用，例如电信应用（GLOBALSTAR 和 IRIDIUM）、定位系统（全球定位系统）和地球观测（EO）系统（守卫任务）。在过去的几年中，基于 NGSO 卫星的新卫星通信（SatCom）系统已经开始运行，并且计划在未来部署更多的星座。O3b 在 Ka 频段使用 MEO 卫星为赤道地区提供数据服务[1]。目前，O3b 星座由 12 颗卫星组成，并且计划发射更多的卫星。此外，激光通信计划在 MEO 星座中使用光学频率[2]。考虑到 LEO 卫星，已经出现了使用大量交叉链接（星链）的 LEO 卫星的新概念，从而用于创建一个诸如 IRIDIUM NEXT、LEOSat、OneWeb 和 ORBCOMM 之类的大型星座。根据所提供的服务，如中继和最后“一英里”服务、直接到家解决方案或机器类通信，工作频率会从较低频段变化到非常高的频段。

6.1 下一代 NGSO 卫星系统

GEO 卫星以大约零倾角的高度在 35678km 的赤道平面上运行。尽管它们提供了较大的覆盖范围，但这些卫星无法覆盖到高纬度区域。此外，GEO 卫星与地面站之间的通信链路易受高传播损耗的影响，因此需要使用大型的天线和更高的发射功率。此外，由于传播路径长、传播延迟高，导致 GEO 卫星对不能忍受高延迟的业务的吸引力降低。虽然低轨的卫星可能会覆盖较小的覆盖范围，但它们可以为高纬度地区提供通信，但需要一个星座（一组卫星）来提供全球覆盖。

第一批发展起来的用于通信目的的低于 GEO 卫星轨道的两个系统是第一代用于电话业务的铱星（IRIDIUM）和第一代全球星（GLOBALSTAR）系统。这些系统使用 L/S 波段在地面上的卫星手持设备与卫星之间进行通信。全球星的编队（星座）由 48 颗 LEO 卫星组成，高度为 1400km，而铱星系统由 66 颗卫星组成，高度约为 770km。对于铱星系统而言，由于其具有高倾斜角，因此卫星编队（星座）还可以为极地地区提供覆盖。仰角为 5°的铱星卫星的覆盖范围的等高线图如图 6.1 所示[3]。

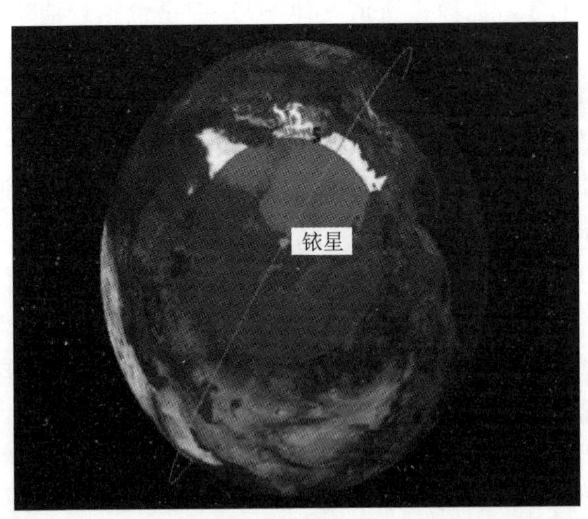

图 6.1　参考文献［3］设计的北极上空单颗铱星卫星仰角为 5°的等高线图

这些属于用于通信目的的第一代 LEO 星座。但是，由于对数据量和数据速率的需求不断增长，为了支持各种多媒体和数据应用以及互联网波段服务，出现了使用 L、S 频段和 Ka 频段的下一代 NGSO 卫星通信系统。已经开发或计划的第一批系统，如有 O3b 系统[1]、下一代铱星系统（IRIDIUM NEXT）[4]、第二代全球星系统、LEOSat[5] 和 OneWeb[6] 等。这些系统是为提供数据、语音和/或卫星中继服务（通过卫星回传）而开发的。此外，波音公司已经申请了在 C 波段和 V 波段运行 1000 多颗卫星的 MEO 星座许可证。

在上述所有卫星网络中，已有多颗卫星可用以提供全球或准全球覆盖。大量（数百或数千颗）NGSO 卫星的星座也称为巨型星座。LEOSat 计划部署 108 颗 LEO 卫星，而铱星公司在铱星下一代星座中将部署 77 颗 LEO 卫星，One Web 计划使用 600 多颗 LEO 卫星，而 O3b 已经发射了 12 颗 MEO 卫星，并设计了下一代 MEO 卫星编队（O3b mPower）[1]。卫星可以根据轨道倾斜角度和高度用于覆盖不同的区域。例如，发射了 12 颗小于 0.1°轨道倾角（赤道面）的等间距 MEO 卫星，其轨道高度为 8062km。在图 6.2 中展示了 O3b 系统 12 颗 MEO 星座图和 5°仰角等高线图的覆盖区域。

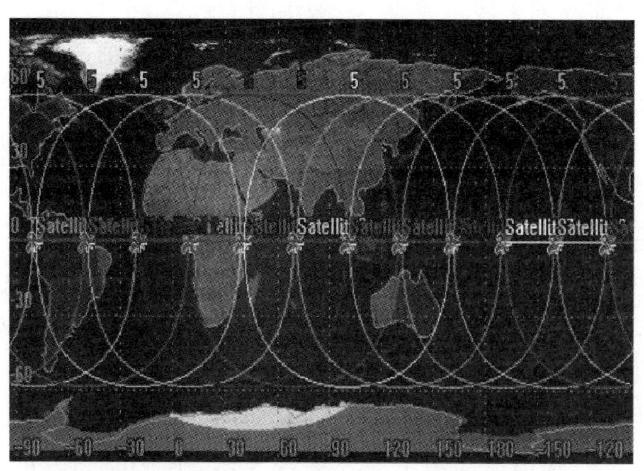

图 6.2　12 颗 MEO 星座以及 5°仰角等高线图

考虑到 NGSO 通信系统的应用目标，可以使用不同的频率。对于移动应用，通常使用 L/S 波段。但是，Ku/Ka 频段也可以使用，特别是用于海事和航空应用中，如 INTELSAT 的 Ku 频段航空移动卫星系统[7]。NGSO 卫星在 Ka 频段已运行的系统之一使用了 1.3GHz 频谱用于下行链路。大多数未来计划发射的 NGSO 系统将使用 Ku 或 Ka 频段。而且为了进一步增加主要用于馈线链路的可用带宽，还可以使用 Q/V 波段或更高的频段。根据参考文献［8，9］，在 Q 波段中的 37.5～42.5GHz 之间有 5GHz 的可用带宽。但是，由于 5G 系统已在使用该波谱，因此该波谱是否可以用于 NGSO 卫星系统仍待研究。在国际电联 2019 年世界无线电通信大会的筹备研究中，议题 1.6 涉及有关 NGSO 系统可否使用部分 Q 波段频谱的研究[10]。此外，目前已在 GEO 高通量卫星（HTS）系统的框架内，开展了 W 波段是否可以使用的研究[11]。最后，考虑到光学范围内的频率免许可、带宽大，并且由于波束窄具有高安全性等特性，因此在馈线链路中使用光学范围的频率可能非常有益[12]。

由于 NGSO 卫星会穿越用户可见区并且用户与卫星之间可建链的时间有限，所以在下一代 NGSO 系统中可以采用的另一项技术进步是在用户终端（以 Ka 频段运行）使用多个天线以提供无缝的连接。双天线终端也已在 O3b 网络中实现。参考文献［13］确定了两种用于赤道 MEO 星座的切换技术。先连后断技术可以确保无缝连接。它意味着此场景中的单个接收机具有两个天线。无论何时接收机都有主天线和副天线，并且可视范围内有两颗卫星：一颗正在离开可视范围；另一颗正在进入可视范围。对于切换而言，主天线正在与离开可视范围的卫星通信，而副天线开始与进入可视范围的卫星通信。当副天线与进入可视范围的卫星之间建立连接后，以前的主天线会断开与离开可视范围的卫星通信，并且先前的副天线将成为下一次切换的主天线。但是，无论使用哪种切换机制，天线都必须配备跟踪机制，以便在卫星经过地球站的可视区域时能够跟踪到卫星。

此外，除了在地面段使用多个天线之外，下一代 NGSO 卫星还将在星上配备多个天线，从而实现多波束卫星，并提高卫星容量。例如，在 O3b 和 LEOSat 中，用了 10 副 Ka 频段天线与用户终端通信，而另两个用于与关口站（GW）通信。

无论何时部署大型或巨型星座，NGSO 卫星之间或 NGSO 和 GEO 卫星之间的通信都可以通过星间链路（ISL）实现。星间链路可以使用射频（RF）或光学链路来实现通信。更具体地说，下一代铱星系统（IRIDIUM NEXT）使用 Ka 频段实现卫星之间的传输。参考文献［14］中，研究了将光频段用于具有无信标跟踪的 ISL。据报道，使用主从方法在不到 20s 的时间内可实现双工数据速率为 5.6Gb/s 和误码率为 10^{-9} 的完整通信。

而且，为了进一步减小通信延迟，根据 LEOSat 计划，LEOSat 使用了通信流量的星上处理技术。如参考文献［5］中所述，流量可能不会通过关口站，而是直接通过一个或多个卫星从一个用户传输到另一个用户，因此可以进一步减少通信延迟。

考虑到频谱可用性以及卫星中继服务、数据应用和 5G 流量分流所需的高数据速率需求，可以使用高于 Ka 频段的频率，尤其是用于馈线链路，即关口站与卫星之间的链路，从而催生了 NGSO 高通量卫星（HTS）系统。此外，NGSO 的系统架构允许应用其他的技术来进一步提高 NGSO 系统的吞吐量。6.3 节中分析的此类技术包括自适应编码和调制（ACM）或可变的编码和调制（VCM）。由于在地面段和空间段上都使用了多个天线，因此可以使用空间分集技术进一步提高频谱的可用性，如站址分集和/或轨道分集。为了增加系统的带宽，NGSO 可以与地面和 GEO 卫星网络共享频谱。无论如何，通过 ISL 链路，NGSO 和 GEO 卫星系统可以用协作的方式为地面上的无线电台（站）提供全球性的服务。

6.2　传播特性和模型

本节将介绍地面站和 NGSO 卫星之间链路的传播特性。根据所使用的频段，在系统设计中应考虑不同的传播现象和由此带来的不同信道条件的设计和建模。在 L/S 波段中，影响信号的主要现象是靠近地面站的本地环境。本地环境，即建筑物、路标、汽车等，会引起信号反射和衍射的物体和场景。在 Ka 频段和 Q/V 波段，由于使用了定向天线，视距条件普遍存在，因此本地环境效应不会对信号造成最严重的影响。但是，大气现象会变成主要的影响因素，光学链路也是如此。所以，光学链路和 RF 链路所受的主要影响是不同的。

NGSO 或 GEO 与地面终端之间的链路通信存在一个很大的区别，在前一种情况下，地面观察者看到的卫星位置随时间而变化，因此链路的仰角和方位角也会随时间而变化。考虑到地面站始终以最大仰角与卫星通信，图 6.3 给出了一个有 8 颗卫星的 MEO 星座和位于夏威夷的地面站的仰角时间序列。此外，图 6.4 中显示了该系统的三个站点（分别位于秘鲁利马、希腊尼米亚、美国夏威夷）在每个仰角处的概率密度函数（PDF）。

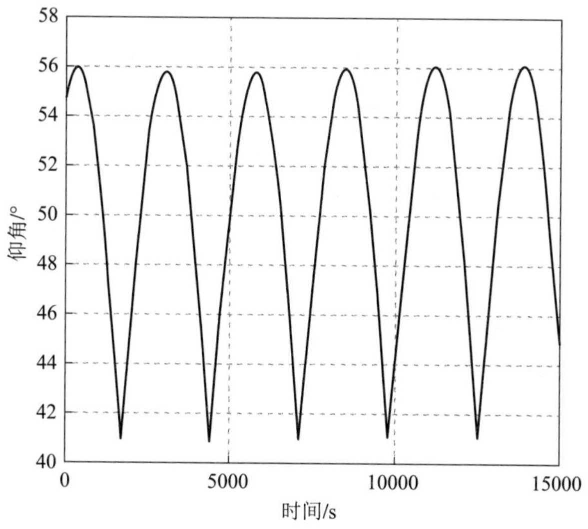

图 6.3　位于夏威夷并与 8-MEO 星座进行通信的地面站仰角时间序列

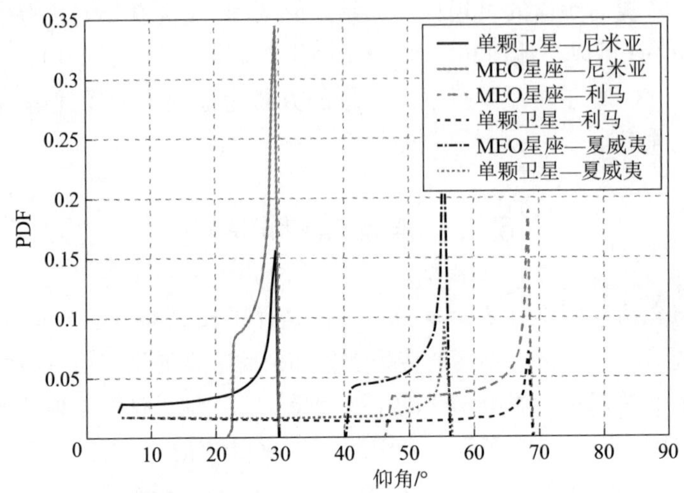

图 6.4 8-MEO 星座在秘鲁利马、希腊尼米亚和美国夏威夷的三个站点每个仰角处的 PDF

6.2.1 本地环境影响

在 L 和 S 波段，地面站周围的本地环境会引起信号的衰减。本地环境影响包括来自自然和人造物体的影响，例如，建筑物、树木、道路标志和汽车等。本地影响中最主要的影响是建筑物引起的反射、环境物体导致的衍射，以及导致信号幅度发生或慢或快变化及其时域扩散的散射。卫星陆地移动（LMS）信道主要考虑的因素之一是该信道是被视为平坦衰落信道还是频率选择性信道。

LMS 信道明确被分类为确定性、物理统计和统计模型[15]。统计模型基于信道测量得出的信道统计特性，并基于具有统计分布的接收信号包络的描述。已经确定了各种单一分布，如对数正态分布、瑞利分布和莱斯分布，还发展出了多种复合信道模型，如 Loo 分布[16]、Corazza-Vatalaro[17] 等。在参考文献［17］中，分布参数由包含仰角的函数给出。在参考文献［18］中进行了类似的分析，其中将下式中给出的 Loo 分布拟合到 2×2 双极化多输入多输出（MIMO）信道分量的各个仰角间隔上，即

$$f(r)=\frac{8.686r}{\sigma_L^2\Sigma\sqrt{2\pi}}\int_0^{\infty}\frac{1}{a}\exp\left(-\frac{r^2+a^2}{2\sigma_L^2}\right)\exp\left[-\frac{(20\lg a-M)^2}{2\Sigma^2}\right]I_0\left(\frac{ra}{\sigma_L^2}\right)\mathrm{d}a \quad (6.1)$$

式中，Σ 为直射信号的标准偏差，以 dB 为单位，并反映了阴影效应；M 为直射信号的平均值，以 dB 为单位；$MP=10\log_2\sigma_L^2$，以 dB 为单位；函数 $I_0(.)$ 是

第一类零阶改进的贝塞尔（Bessel）函数。拟合值是通过对测量值进行拟合而得出的。

实验设置包括一个不断移动的飞艇和而静止不动的接收机。图 6.5 中显示了来自两个正交圆极化测量接收信号的信道增益的时间序列，通过图示可以发现 Loo 分布拟合度更好。使用相同的测量方法，参考文献［19］测试了在不同仰角间隔内，高斯逆分布可否用于建模阴影效应。

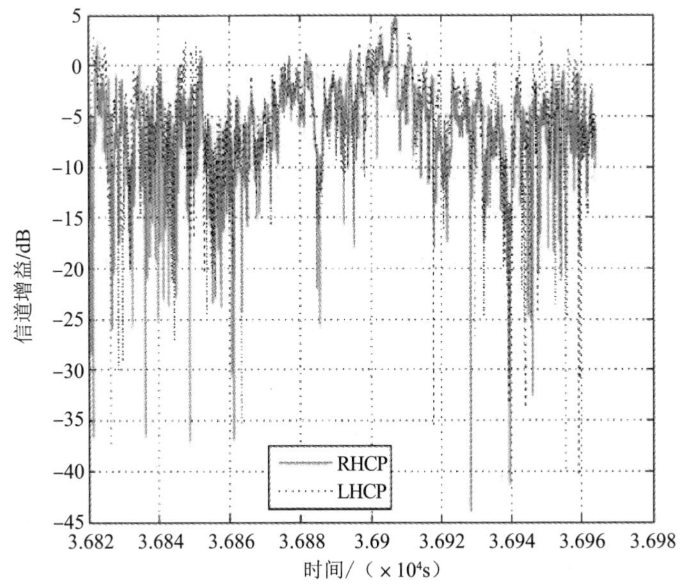

图 6.5　在 L 波段模拟 LEO 卫星运动的飞艇信道增益（关于自由空间损耗）的时间序列

为了进行系统评估，需要接收信号的时间序列。在参考文献［20］中，首次提出了一种方法，使用 NGSO 卫星生成 LMS 信道的接收信号的时间序列。由于地面终端和 NGSO 卫星移动导致的多普勒频移值很高（数十千赫[20-21]），因此假设衰落带宽等于最大多普勒频移，并且使用滤波器来合并多普勒效应。在参考文献［21］中，提出了用三态马尔可夫链生成 LMS 信道的时间序列。这三个状态表示视距条件、中等衰落阴影和深衰落阴影事件。在每种状态下，接收包络分布都可通过 Loo 分布描述。

如参考文献［21］中讨论的，GEO 和 NGSO LMS 信道之间的一个差异是对于给定状态，Loo 分布参数可能会由于链路仰角的变化而变化。因此，由于移动地面终端的移动或在仰角发生变化的情况下，都可以触发马尔可夫链。为了分离仰角间隔，使用了 10°的步进。由于使用了几何统计模型来定位统计通过的散射体，因此总的多普勒频移分为由于移动终端的移动和由于卫星移动引起的多普勒频移。

使用确定性模型对接收功率进行准确描述。通过使用详细的输入信息，如城市地图、物体和建筑物的电磁参数及理论电磁方程式（如麦克斯韦方程式），可以得出电磁波从所有可能的方向到达给定区域内（如城市、公园）的单个接收的仿真值。最广泛使用的技术是与物理光学相结合的射线跟踪法[22,23]。射线跟踪法是计算从卫星发射到地面的所有可能射线的电磁场，并计算出接收信号的包络的方法。对于所需的时空分辨率，可以由给定区域的任何一点上接收功率计算得出。但是，确定性的信道建模需要很大的计算能力，才能提供准确的仿真结果，尤其是对于几何形状连续变化的 NGSO 卫星。

在物理统计模型中[24]，为了分析传播信道，将用户本地环境中的对象建模为盒子和圆柱体之类的标准形状。然而，为了将建筑物的高度或建筑物之间的距离作为随机变量进行描述，需要使用各种分布作为输入。可以将物理统计模型与电磁理论一起使用，从而得出信号的接收功率。

6.2.2 大气传播特性

用于海事应用、动中通地球站和固定用户的下一代 NGSO 链路中，都已采用 Ka 频段来提供高数据速率的业务。但是，对于 NGSO 高通量卫星（HTS）系统的馈线链路，除了 Ka 频段外，还提出了使用 Q/V 波段、W 波段和光学频率作为解决方案。

如果使用更高频率的射频，即 Ka 频段和 Q 波段或光学范围，视线（视距传输）总是有保证的。此外，由于使用更高的频率，地面终端天线的波束更窄。因此，本地环境影响不会造成较大的损耗。在这些频段上，尽管不同的机制是造成信号衰减的主要原因，并导致更高频率的射频和光学系统链路质量的下降，但大气现象对信号衰减也有很大的影响。

NGSO 和 GSO 系统之间大气传播的巨大差异在于 NGSO 卫星的位置相对于地球站不断变化。NGSO 卫星在地球上的观察者上方的移动会影响到卫星的链路长度、链路的仰角和方位角。因此，对于给定的大气现象或天气锋面（云、雨、增加的水蒸气、湍流）及其可能还会朝某个方向移动的形状而言，NGSO 链路受以上影响的时间与 GSO 链路受其影响的时间是不同的。此外，由于仰角的变化，穿过大气的路径长度也不断变化，因此没有恒定的衰减统计特性。由于方位角的变化，对于 GSO 卫星，即使在相同的仰角下，穿过大气的路径也总是与此不同。此外，NGSO 卫星系统可能必须需要使用大量的卫星，才能实现将地面站从一个卫星切换到另一个卫星。因此，对于 NGSO 卫星系统信道的仿真，必须始终考虑空间的相关性。

6.2.2.1　射频系统在 Ka 及以上频段的传播特性

云层、降水、大气气体和湍流会严重影响在 Ka 频段、Q/V 和 W 波段传播的信号[25]，尤其降雨是这些频段面临的主要衰落机制。

当雨滴的大小与波长的大小相当时，电磁波就会被散射，因此功率衰减很大[26]。云由液态水和冰粒组成。尽管冰粒主要使信号消极化，但是液态水颗粒会减弱信号功率。与雨滴相反，尤其是对于 Ka 频段和 Q/V 波段，云中的液态水粒子远小于信号的波长[27-29]。因此，信号功率的衰减远小于雨引起的衰减。此外，水蒸气和氧气是严重影响信号电平的大气气体。ITU-R 建议书 P. 676[30] 中给出了两种计算由气体引起的衰减的方法。至于湍流，由于风切变引起的折射率变化会导致信号幅度的闪烁。

在 GEO 链路中运行的 Ka 频段 RF 系统通过大气传播而引起的总衰减已被建模。ITU-R 推荐了一种用于计算高达 55GHz 频率总衰减超出概率的方法[31]。

为了对总衰减的一阶统计量（超出概率）进行建模，ITU-R 建议书 P. 618[31] 建议使用一种基于链路仰角间隔的方法。在参考文献［32］中，给出了用于计算具有不同仰角 NGSO 链路大气衰减的数学表达式：

$$P(A_{\text{tot}} \geqslant A_{\text{th}}) = \int_{\theta_{\min}}^{\theta_{\max}} P(A_{\text{tot}} \geqslant A_{\text{th}} \mid \theta) P(\theta) \, \mathrm{d}\theta \tag{6.2}$$

式中：$P(A_{\text{tot}} \geqslant A_{\text{th}})$ 为 NGSO 链路总大气衰减的超标概率；$P(A_{\text{tot}} \geqslant A_{\text{th}} \mid \theta)$ 为在给定仰角下的总大气衰减的超标概率；$P(\theta)$ 为 NGSO 链路的仰角概率密度函数。

在图 6.6 中，显示了使用 ITU-R 建议书 P. 618-12 模型和参考文献［9］中提出的模型，在 Ka 频段包含了 8 颗卫星的 MEO 星座在澳大利亚达博地面站的总衰减超标概率。

除了使用式（6.2）或 ITU-R 建议书外，还开发了许多模型来生成主要的气象指标和数量图（如降雨率或液态水含量）。这些都可以用于计算在 GSO 和 NGSO 链路中引起的大气衰减。这些模型中的一种模型是在参考文献［33］中被提出的；另一种模型是基于使用了欧洲中期天气预报中心的 ERA-40 数据库的数值气象产品提出的，它们都可用于生成降雨率、云中的液态水和水汽的空间图。首先，通过使用 MultiExcell 模型为降雨率图建模，来模拟降雨效果；然后，使用 3D 云场合成器（云的随机建模，SMOC）来获得云液态水含量的 3D 场[28] 和水蒸气的随机建模用于获得水蒸气的衰减[34]。由于产生了降雨率、液态水含量和水蒸气含量的物理量，因此可通过数值积分和数值表达式计算总衰减量。通过使用 ERA-40 数据库及其附加的模式匹配，可以考虑雨场和云场之间的相互关系。模式匹配算法用于确定云场的基础 2D 高斯场与 MultiExcell 生成的降雨率之间的最高相关性[33]。参考文献［35］中提出了另一个模型，

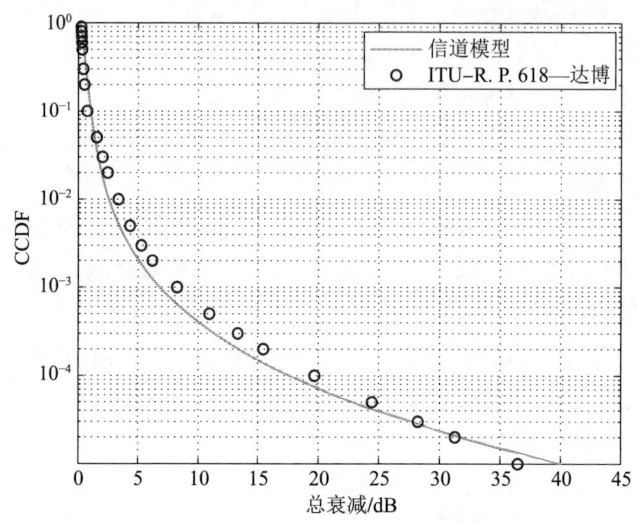

图 6.6　在 19GHz 频率下，8-MEO 星座在位于澳大利亚达博地面站的大气总衰减超标概率

该模型基于气象指标的时空场生成，并在该气象指标上计算出了总衰减。在此模型中，将气象研究预报（Weather Research Forecasting，WRF）算法用于 ERA 中期数据尺度转换处理，以获得高分辨率的气象产品，接着就可以计算出传播效应的影响。

为了使用衰减缓解技术评估 NGSO 卫星系统中的总衰减，需要时空合成器来获得衰减的时间序列。参考文献［35］中已经提出了用于 EO 数据链路的总衰减合成器。考虑到降雨衰减，首先在参考文献［36］中，研究了 LEO 到地面链路的降雨衰落斜率，并通过 EXCELL 模型对降雨单元进行建模[37]；然后在参考文献［38］中，还研究了使用 HYCELL 模型对降降雨单元进行建模的衰落斜率[39]。降雨单元模型通过对单个降雨单元中的降雨率进行建模（使用降雨单元直径的概率分布），以及某个区域中降雨单元的集总来努力捕获降雨的不均匀性。然后，可以通过对倾斜路径上的降雨率进行数值积分来计算由于降雨引起的衰减。

已对 NGSO 卫星链路的雷达数据进行了分析，以评估在移动终端和 MEO 卫星之间的链路中引入的降雨衰减[40]。此外，合成风暴技术（SST）[41] 也已用于生成随时间变化的链路仰角的降雨衰减时间序列[42]。SST 利用泰勒假设和风暴速度将雨量计测量出的降雨率时间序列转换为降雨衰减时间序列。在参考文献［42］中，两层模型用于根据降雨率计算降雨衰减。根据参考文献［42］，对仰角进行采样，并保持恒定或给定时间段。在参考文献［42］中发现的拉格朗日 L1 轨道的采样时间可以选择等于 6min，因为在该时间间隔内仰角只会稍有变化。考虑到链路的仰角恒定，而且等于在第一个样本间隔处观察到的仰角，所以在该间隔（6min）中可以将降雨率时间序列转换为降雨衰减时间序列。

在参考文献［43］中，提出了一个模型，该模型使用具有时变参数的随机微分方程（SDE）来生成降雨衰减时间序列。在单颗 MEO 卫星场景中也使用了相同的模型[44]。在图 6.7 中，给出了工作于 Ka 频段的铱星与位于雅典的地面站间链路的降雨衰减时间序列快照。关于闪烁的评估，在参考文献［45］中提出了一种基于卡尔曼滤波器的模型，用于生成幅度闪烁的时间序列，而在参考文献［46］中，提出了一种基于 WRF 和线性时变滤波器的模型，用于形成闪烁频谱。雅典和铱星之间倾斜路径降雨衰减的时间序列如图 6.7 所示。

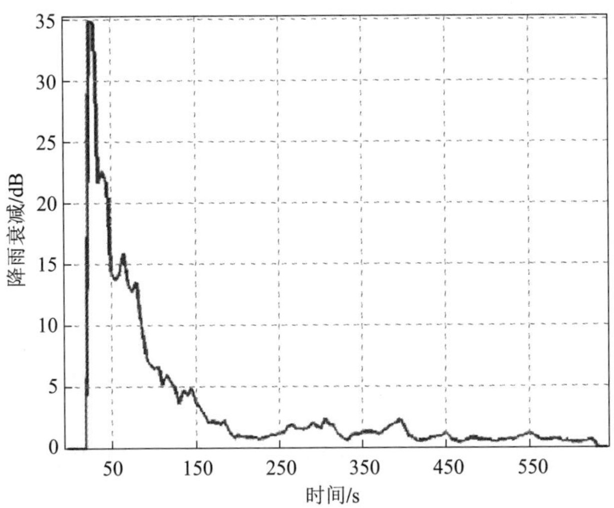

图 6.7　工作于 20GHz 频率下，雅典和铱星之间的降雨衰减的时间序列快照

在参考文献［9］中，提出了一种基于多维 SDE 的时间序列合成器，用于生成 NGSO 星座通信的总衰减时间序列。研制该合成器是为了捕获衰减的时间和空间特征。在参考文献［47］中，根据给定时间示例的衰减分量，给出了用于计算给定时间示例的总大气衰减的表达式：

$$A_{\text{atm}}(t)=A_{\text{rain}}(t)+A_{\text{cl}}(t)+A_{\text{wv}}(t)+A_{\text{oxygen}}(t)+S(t) \tag{6.3}$$

式中：$A_{\text{rain}}(t)$、$A_{\text{cl}}(t)$、$A_{\text{wv}}(t)$、$A_{\text{oxygen}}(t)$ 和 S 分别为降雨衰减、云衰减、水蒸气造成的衰减、氧气衰减和闪烁，均以 dB 为单位。

由于式（6.3）是指某个特定时间的示例，所以同样的表达式也可以作为 NGSO 链路衰减因子的函数来计算大气总衰减。对于降雨衰减，为了考虑地面站与两个或三个不同 MEO 卫星链路之间的降雨衰减的空间相关性，必须将参考文献［43］中介绍的方法扩展到多维随机微分方程中（SDE）[48-50]。由于可以假设降雨衰减在给定仰角下服从对数正态分布，因此降雨衰减与底层的高斯过程相关。底层高斯过程的多维 SDE 通用表达式为

$$\boldsymbol{U}_t = e^{\int_0^t \boldsymbol{B}_y dy} \boldsymbol{U}_0 + e^{\int_0^t \boldsymbol{B}_y dy} \int_0^t \exp\left(-\int_0^y \boldsymbol{B}_{y'} dy'\right) \boldsymbol{S}_y d\boldsymbol{W}_y \tag{6.4}$$

式中：$\boldsymbol{U}_t$ 为一个 $n \times n$ 矩阵，元素 $b_{ij,t} = -\beta_{i,t}\delta_{ij}$。张量积三角函数 δ_{ij} 和降雨衰减的动态参数 $-\beta_{i,t}$ 都如参考文献［43］中所定义的那样。如文献［43］所示，矩阵 $\boldsymbol{B}$ 是时间相关的，因为它的元素取决于仰角，所以 MEO 的倾斜路径、动态参数都是时间相关的。如参考文献［51］中所提出，降雨衰减模型的主要假设是，对于给定的仰角，降雨衰减服从对数正态分布，并具有指数衰减的自相关函数。参考文献［52］计算出了用作隔离角函数的会聚链路的空间相关性。图 6.8 所示为用于产生在多个 NGSO 卫星链路中引入降雨衰减时间序列的框图。

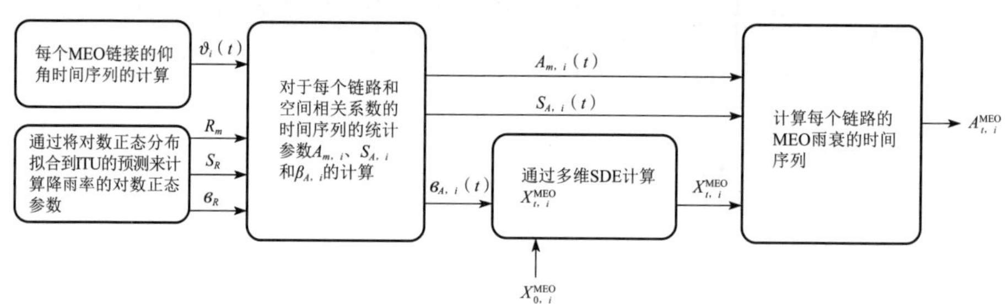

图 6.8　多个 NGSO 链路的降雨衰减时间序列生成框图

对于云衰减，ITU-R 建议书 P. 1853-1[47] 的方法已扩展到可用于多个空间分离链路。云衰减合成器基于一个点上生成的积分液态水含量（ILWC）时间序列。接着使用 ITU-R. 建议书 P. 840[27]，根据仰角从积分液态水含量时间序列中生成因云而引起的衰减时间序列。为了将上述方法扩展到多个链路，使用了多维相关的高斯噪声。为了包括空间相关性，使用了 SMOC 模型[28] 中提出的公式作为隔离距离 d 的函数：

$$\rho_C(d) = 0.35e^{-(d/7.8)} + 0.65e^{-(d/225.3)} \tag{6.5}$$

因此，在会聚链路的情况下，将隔离距离设置为等于低云底处两个会聚链路之间的距离，该距离等于 1km a. m. s. l（above mean sea level，高于平均海平面）[28]。因此，所创建的相关矩阵与时间有关。

对于大气气体引起的衰减，由于氧的分布呈现出非常高的空间相关性[53]，因此对于给定的仰角氧的衰减被认为是常数，而且对于空间隔离的链路氧衰减值也被认为是相同的，这也是 ITU-R 建议书 P. 1853 中提出的。为了在多条链

路上产生由于水蒸气引起的衰减，将参考文献［47］中介绍的方法扩展到多条链路上。首先，针对单个点生成综合水汽含量（IWVC）的时间序列；然后使用 ITU-R 建议书 P. 676[30]，计算在单个链路中由于水蒸气时间序列而引起的衰减。相关系数是从参考文献［53］中得出的，并且取决于链路之间的间隔距离。对于站点分集的情况，该距离等于地面站之间的距离，而对于轨道分集，隔离距离是指链路高度为高于平均海平面 1km a. m. s. l 的链路之间的距离。

参考文献［54］中介绍的方法针对时间相关参数进行了修正可用于生成幅度闪烁时间序列。该模型使用由分数布朗运动驱动的 SDE 来生成服从高斯分布，具有低通功率谱且斜率为−80/3dB/decade 的时间序列。

在 ITU-R 建议书 P. 1853−1[47] 中，为了得到各因素之间的相互依赖性，我们加强了用来产生衰减的高斯过程之间的相关性。利用相同的高斯白噪声合成降雨衰减和云衰减，而降雨的白高斯噪声与 IWVC 的相关系数为 0. 8。对于闪烁与降雨的相关性，根据以下公式计算方差：

$$\sigma_{\text{scint}} = \begin{cases} \sigma_{\text{SC}}, & A_{\text{rain}} < 1\text{dB} \\ CA_{\text{rain}}^{5/12}, & A_{\text{rain}} \geqslant 1\text{dB} \end{cases} \tag{6.6}$$

式中：σ_{SC} 来自 ITU-R 建议书 P. 618[31]，C 分别设置为 0. 039 和 0. 056，被分别用于 Ka 频段和 Q 波段的链路[55]。

对于 NGSO 星座，使用上述方法，可以生成总大气衰减的时间序列。图 6. 9 给出了一个位于葡萄牙辛特拉的地面站与包含 8 颗卫星的 MEO 星座进行通信的示例。

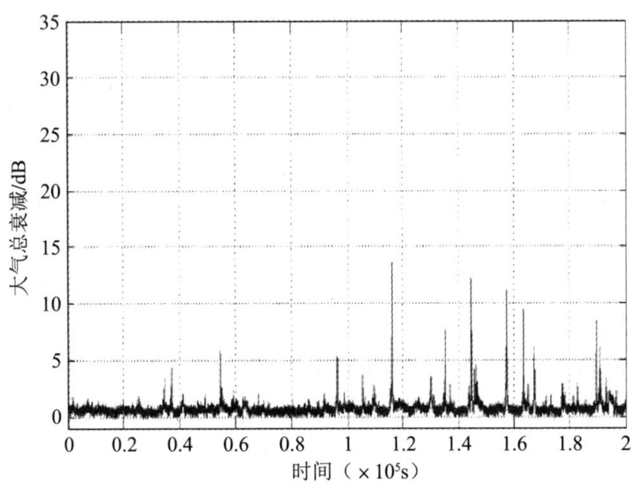

图 6. 9　工作于 20GHz 频率下，辛特拉和 8-MEO 星座之间大气总衰减的时间序列快照

6.2.2.2 光学 NGSO 系统的传播特性

影响光学系统的主要因素包括液态水粒子或冰水粒子在内的云团、大气中导致信号消失的气溶胶、共振频率接近所用光学频率的分子及湍流[56]。

更具体地说，云层沿倾斜路径的存在会导致数百分贝（dB）的衰减。发生这种情况的原因是，与信号波长相比，水颗粒的大小与之相当甚至更大[29]。因此，为了描述云的影响，使用了无云视距（CFLOS）的概率。CFLOS 是链路的倾斜路径上不存在云的概率。对抗云层存在的唯一方法是通过使用多个空间上分离的站点，即站点分集。通过使用数据库[57]、解析表达式[58]或通过云场的空间建模[29]，提出了 CFLOS 的预测模型。在参考文献［9］中，给出了使用参考文献［29］中的模型在多个地面站间进行光馈线链路的研究，表 6.1 给出了从参考文献［9］中得出的一些结果。表中第三列给出了所示的各地区达到 CFLOS 概率所需要的台站数量，所选择的几何形状是半径或边长分别大于 300km 的圆形或矩形。对于希腊的尼米亚，由于受限于该国的地理拓扑结构，选择的城市是尼米亚、米蒂利尼、罗得市、卡拉马塔、赫拉克利翁、科孚市、沃洛斯和塞萨洛尼基。

表 6.1 每个区域考虑的地面站数量和产生的 CFLOS 概率

区域	地面站数量/个	CFLOS 概率/%
尼米亚	8	99.906
卡拉奇	5	99.94
弗农	8	99.94
利马	4	99.93

除了带有液态水颗粒的云之外，还有另一种卷云，它是透明的，因此不会造成链路的完全阻塞，但会引起信号损耗[59]。

影响光学链路的另一个重要因素是湍流，并且它对下行链路和上行链路会带来不同的影响。下行链路效应和上行链路效应之间的区别在于，在前一种情况下，电磁波在行进数千千米后进入湍流层，而在后一种情况下，光波在传输波束的同时进入湍流层。在下行链路中，也需根据仰角的大小，通过无限平面波的近似来估计闪烁指数，并且偏轴闪烁是恒定的。然而，湍流的相关宽度很小，因此地面上的孔径平均了幅度的闪烁。在上行链路中，闪烁波动更大，并且还存在波束漂移。然而，由于湍流的空间相关性更高，因此卫星可被视为点接收机[60]。

在参考文献［61］中，提出了关于在甚高通量卫星系统中使用 MEO 卫星的研究，对用于上行链路研究场景的湍流效应进行了建模。湍流导致了信号幅度的闪烁、高斯波束最大值的漂移和波束扩散[60]。为了补偿光学链路上的湍流效应，可以使用预补偿技术。在预补偿技术中，下行链路信号被用于补偿上行链路上的湍流[62]。然而，为了使用等平面角这样的技术，即保持湍流恒定（或高度相关）角必须大于或等于前点（前面的）角。因此，与 GSO 系统相比，由于卫星的运动范围更大，要对所有的大气湍流效应进行充分补偿，采用预补偿技术也是比较困难的。

6.3　通过传输技术增强 NGSO 卫星通信系统的容量

使用更高的频率和对高吞吐量需求的增加推动人们使用各种可能的技术来提高系统容量。这些技术包括 ACM、空间分集和多天线技术，以及通用的 MIMO 技术[63]。

在转向其他技术之前，智能 GW 技术需要特别注意。最近，在 GEO 系统和 HTS 系统中，智能 GW 概念因其具有可扩展性、灵活性和优化的资源分配能力而引起了人们的极大兴趣[64-66]。根据用于多波束卫星的智能 GW 分集情况，我们定义了两种架构：①N+P 方案——在 GW 断电的情况下使用多个冗余的 GW；②N-激活方案——如果 GW 发生断电中断，则其流量将被重新分配到其他运行的 GW 路由上。这样的技术也可以应用于 NGSO HTS 系统。然而，为了满足以上两种体系架构的需求，在每个服务区域都需要建立了更多的 GW 波束或冗余的 GW。

6.3.1　可变和自适应编码调制

多种调制和编码方案（ModCod）独立于所使用的频带，是一种有助于增加系统容量的技术。该方案基于系统的几何形状或自适应地依赖于信噪比（SNR）来进行预编程。基于几何形状的情况称为 VCM，并且 ModCod 表根据某些标准进行了预编程。参考文献［67］中已经提出将 VCM 用于 EO 的下行链路。在这种情况下，将基于链路的仰角来选择使用的 ModCod。但是，可以基于测量或估计的 SNR 自适应地选择 ModCod，此技术称为 ACM。ACM 已经被 ETSI DVB 标准、DVB-S2 和 DVB-S2x 所采用[68-69]。在 NGSO MEO 星座上使用 ACM 已经被 O3b 用于 Ka 频段（也在单天线的 Ka 频段进行了研究[70]），并且在 Q 波段 MEO 系统[71] 和在 Q 频段操作的空间分集系统[9] 中获得了研究成果。对于 Q 频段，根据参考文献［9］，表 6.2 显示了使用 ModCod 表的详细信息。最后，基于对流层衰减对链路的影响时间，参考文献［72］提出了一种基于改变符号速率以提供与晴空条件下相同的数据量的方法。

表 6.2 Q 波段 MEO 卫星通信系统所用 MoDCoD 的详细信息

序号	Mod.	Rate	E_S/N_0 (dB)	$SE/((b/s)/Hz)$
15	8PSK	100/180	6.36	1.7105
16	8PSK	104/180	6.77	1.7789
17	8PSK	3/5	7.13	1.8474
18	8PSK	2/3	7.97	2.0526
19	8PSK	13/18	8.97	2.2237
20	16APSK	100/180	8.22	2.2807
21	16APSK	104/180	8.63	2.3719
22	16APSK	28/45	9.37	2.5544
23	16APSK	116/180	9.77	2.6456
24	16APSK	2/3	10.12	2.7368
25	16APSK	25/36	10.59	2.8509
26	16APSK	3/4	11.66	3.0789

6.3.2 分集技术

空间分离链路的优点是，信道增益或衰减与增加接收机和/或发射机之间的距离没有高度相关。因此，两个链路的衰减率都很高的概率比单个链路的衰减率要小。

在 LMS 信道中，已将发射天线和/或接收天线的这种空间分离用作轨道分集方案，参考文献［73］中介绍了其建模，其中除信道模型外，还考虑了用于定义天空中卫星路径的图像透镜。此外，链路的空间分离可以通过 MIMO 技术在 LMS 信道中使用。由于 MIMO 技术在地面通信方面的成功，它受到了卫星通信行业的广泛关注[63]。通常，MIMO 技术实际上是利用基带信号的数字处理技术和信道的不同（与最佳情况无关）条件来提供系统容量或可用性的增益。

转向更高的频率（Ka 频段及以上），必须始终以窄波束宽度保证视线，因此通过大气传播会造成最严重的损耗。对于大气效应的补偿，既可以考虑与单颗 NGSO 卫星通信的多地面站，也可以考虑与多颗卫星通信的双天线或多天线单个地面站。第一种场景称为站点分集，其几何形状如图 6.10 所示；第二种场景称为轨道分集，其几何形状如图 6.11 所示。

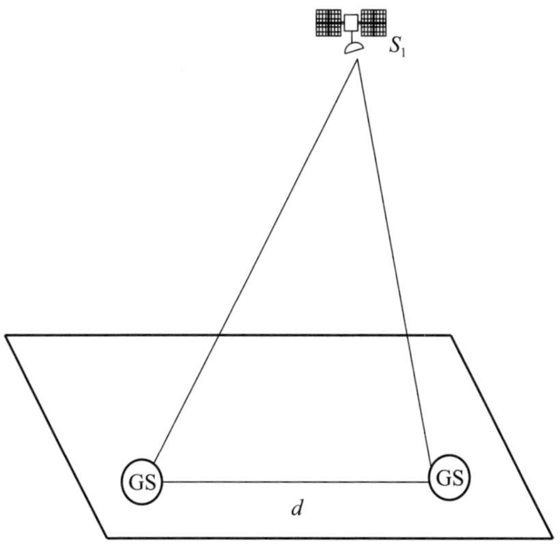

图 6.10　站点分集系统的系统几何形状

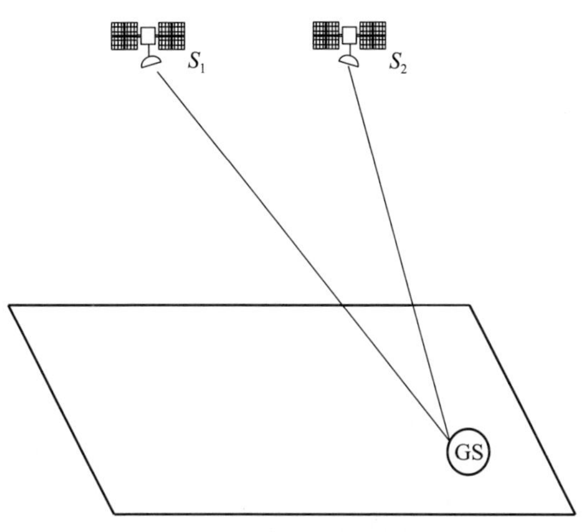

图 6.11　轨道分集系统的系统几何形状

尽管实现分集场景需要更多的地面设备或更多的有效载荷资源，值得注意的是，对于 NGSO 卫星系统，地面终端应至少配备两个天线，如 6.1 节所述，因此轨道分集可行。但是，这两种情况都需要多个地面站之间的通信或不同卫星之间的通信。因此，此过程增加了信号传播的延迟。考虑到具有等距卫星的 8-MEO 卫星星座系统，使用参考文献［9］和用于轨道分集的互补累积分布函数（CCDF）在 Q 波段工作的站点分集系统的大气总衰减的时间序列分别如图 6.12 和图 6.13 所示。两种情况下均可观察到增益。更具体地说，对于 99.7%的目标可用性，轨道系统的超出衰减为 15dB，而单链路为 17.4dB。因此，可以观察到接近 3dB 的增益。

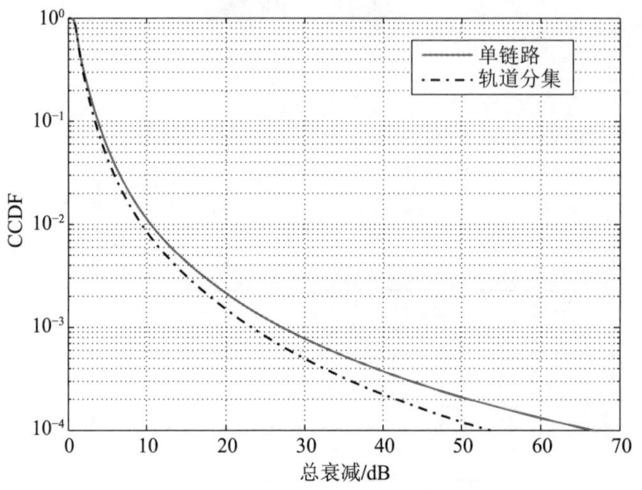

图 6.12　Q 波段 8-MEO 星座系统与位于弗农具有/不具有轨道分集地面站之间的大气总衰减超标概率

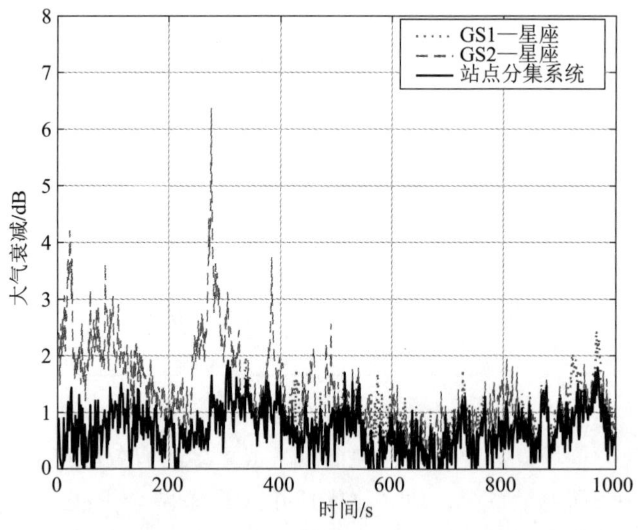

图 6.13　20GHz 频率下夏威夷与 8-MEO 星座之间站点分集系统大气总衰减的时间序列快照

NGSO 卫星系统的光馈线链路也必须采用站点分集技术。然而，由于与降雨相比，云的相关性更高，因此必须将站点之间的距离设置得更大（宏分集方案）[9]。为了对抗湍流，一种解决方案是在地面光终端上以较小的距离使用更多的光阑（微分集方案）。

此外，对于与 GEO 卫星的 X 波段、Ku 和 Ka 频段通信链路，已有研究表明上行链路和下行链路相干排列技术可以提高 SNR[74]。这种改进来自使用多个天线作为天线阵列的增益。但是，接收必须是相干的，相位和相位波动的主要误差来自射频单元位置、硬件和大气相位波动[75-77]。由于 NGSO 卫星的地面终端可以安装两个或多个彼此非常靠近的天线，因此可以采用这种分布式技术。

6.3.3　干扰问题和 NGSO-GSO 合作

未来可能出现的问题是 NGSO HTS 和 GEO HTS 系统之间的干扰。参考文献［78］中的一项研究表明，差分大气衰减对射频系统在无线电干扰，以及 GEO 和 NGSO 卫星系统之间共存时的影响。系统间干扰，不论是地面到卫星，还是卫星到地面的链路，都受传播条件的影响很大。正如参考文献［78］所提的那样，NGSO 系统的自由空间损耗与 GEO 卫星系统相比差异很大，并且要比 GEO 系统所受自由空间损耗小得多。此外，降雨和一般的大气现象也都可能会严重影响所受干扰，因为仰角的变化，以及地面站与 LEO 卫星之间的仰角的取值可从 10°变到高于 80°。图 6.14 描绘了单颗 MEO 和 GEO 卫星的总差分衰减时间序列。从图中可以观察到，尽管在 GEO 链路中，包括自由空间损耗在内的损耗较高，但由于 MEO 链路可能会遇到较低的仰角，大气衰减会导致差分衰减失衡。图 6.15 显示了赤道面单颗 MEO 卫星和 GEO 卫星上的载波干扰比的累积分布（或中断概率），是晴朗天气条件下载波干扰的函数。

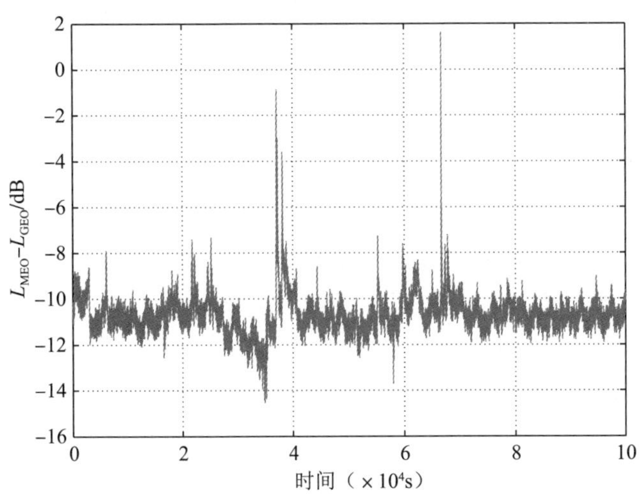

图 6.14　MEO 和 GEO 链路之间的差分衰减时间序列（大气和自由空间损耗）

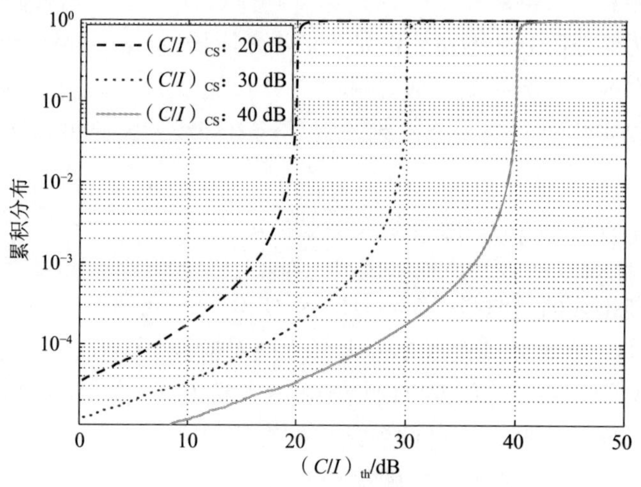

图 6.15　单颗 MEO 卫星和 GEO 卫星的载波干扰比累积分布

One Web 提出的一种干扰规避解决方案是渐进俯仰。当来自 LEO 卫星的波束与 GEO 卫星的波束对准时，LEO 的波束将关闭。但是，由于可能使用不同的大型星座，因此在不同的 NGSO 系统之间可能也会出现干扰问题。下一代铱星系统已提出并开发了一种系统，该系统将 NGSO 卫星和 GEO 卫星配合使用，从而实现了卫星通信的真正全球覆盖。最后，提出了用于评估陆地和卫星网络共存的感知技术和分析模型[79-81]。

6.4　小结

本章介绍并讨论了下一代 NGSO 卫星通信系统及其传播链路的特性。NGSO 卫星系统不是一个很新的概念，因为 NGSO 系统自 20 世纪 90 年代末以来一直在运行。表 6.3 简要介绍了 NGSO 系统与 GSO 系统的优缺点。与 GEO 卫星系统相比，NGSO 系统的优势在于较低的时延、更小的尺寸和更低的损耗，并且当一个星座完成部署后，一般可以实现全球覆盖。目前，已经投入使用并计划使用的 NGSO 卫星新系统，即下一代 NGSO 卫星系统将利用更高频的频段，从而可以提供更高的数据速率。根据应用类型，所提供的业务及链路的类型（馈线或用户链路），将使用不同的频段。不同的频段有不同的传播特性。较低的频段（L/S 波段）主要受本地环境的影响，而在更高的射频频段和光学频段范围内，进行系统设计时必须考虑到大气的影响。此外，如最近的研究所示，使用衰减缓解技术（如 ACM 或分集技术）可以提高系统的吞吐量和可用性。但是，如果所有这些计划的系统都发射和运行，则必须解决的一个问题是，不仅要避免 NGSO 和 GEO 系统间造成的干扰，而且还要避免不同的大型星座之间造成的系统间干扰。

表 6.3　与 GSO 系统相比 NGSO 系统的优点和缺点

优点	缺点
可以提供真正的全球覆盖（甚至包括两极）	需要更多的卫星才可提供均匀的全球覆盖
降低了链路损耗、发射功率和延时	数量更多的关口站才可为全球所有波束提供服务
较小的天线终端	需要跟踪天线，并且需要大量天线才能实现无缝切换
降低了大气衰减	传播建模更为复杂

参考文献

[1] O3b mPower; Accessed Sep. 2017. Available from: https://www.ses.com/networks/o3b-mpower.

[2] Laser Light Communications; Accessed Sep. 2017. Available from: http://www.laserlightcomms.com/.

[3] AGI STK – Academic Version; Accessed Sep. 2017. Available from: https://www.agi.com/products/by-product-type/applications/stk/.

[4] IridiumNEXT; Accessed Sep. 2017. [cited 2017 Sep]. Available from: https://www.iridiumnext.com/.

[5] LEOSat; Accessed Sep. 2017. [cited 2017 Sep]. Available from: leosat.com.

[6] OneWeb; Accessed Sep. 2017. [cited 2017 Sep]. Available from: oneweb.world.

[7] INTELSAT AMSS; Accessed Dec. 2017. Available from: http://www.intelsat.com/media-resources/high-throughput-ku-band-for-aero-applications/.

[8] ITU-R. Radio Regulations – Articles. International Telecommunications Union; 2012.

[9] Kourogiorgas CI, Tarchi D, Ugolini A, *et al.* Capacity statistics evaluation for next generation broadband MEO satellite systems. IEEE Transactions on Aerospace and Electronic Systems. 2017;53(5):2344–2358.

[10] ITU-R Preparatory Studies for WRC-19; Accessed Dec. 2017. Available from: http://www.itu.int/en/ITU-R/study-groups/rcpm/Pages/wrc-19-studies.aspx.

[11] Riva C, Capsoni C, Luini L, *et al.* The challenge of using the W band in satellite communication. International Journal of Satellite Communications and Networking. 2014;32(3):187–200.

[12] Giggenbach D, Lutz E, Poliak J, *et al.* A High-Throughput Satellite System for Serving whole Europe with Fast Internet Service, Employing Optical Feeder Links. In: Broadband Coverage in Germany. 9th ITG Symposium. Proceedings; 2015. p. 1–7.

[13] Blumenthal SH. Medium Earth Orbit Ka-Band Satellite Communication Systems. In: MILCOM 2013 – 2013 IEEE Military Communications Conference; 2013. p. 273–277.

[14] Smutny B, Kaempfner H, Muehlnikel G, *et al.* 5.6 Gbps Optical Intersatellite Communication Link; 2009.

[15] Arapoglou PD, Michailidis ET, Panagopoulos AD, *et al.* The land mobile earth-space channel. IEEE Vehicular Technology Magazine. 2011 Jun;6(2):44–53.

[16] Loo C. A statistical model for a land mobile satellite link. IEEE Transactions on Vehicular Technology. 1985 Aug;34(3):122–127.

[17] Corazza GE, Vatalaro F. A statistical model for land mobile satellite channels and its application to nongeostationary orbit systems. IEEE Transactions on Vehicular Technology. 1994 Aug;43(3):738–742.

[18] Kourogiorgas C, Kvicera M, Skraparlis D, *et al.* Modeling of first-order statistics of the MIMO dual polarized channel at 2 GHz for land mobile satellite systems under tree shadowing. IEEE Transactions on Antennas and Propagation. 2014 Oct;62(10):5410–5415.

[19] Kourogiorgas C, Kvicera M, Panagopoulos AD, *et al.* Inverse Gaussian-based composite channel model and time series generator for land mobile satellite systems under tree shadowing. IET Microwaves, Antennas Propagation. 2016;10(6):612–616.

[20] Ko SC, Kim J, Yang CY. Practical Channel Simulation Model for the Non-GEO Land Mobile Satellite (LMS) Communications. In: 1997 IEEE 47th Vehicular Technology Conference. Technology in Motion. vol. 1; 1997. p. 411–415.

[21] Fontan FP, Vazquez-Castro M, Cabado CE, *et al.* Statistical modeling of the LMS channel. IEEE Transactions on Vehicular Technology. 2001 Nov;50(6):1549–1567.

[22] Catedra MF, Perez J. Cell Planning for Wireless Communications. 1st ed. Norwood, MA, USA: Artech House, Inc.; 1999.

[23] Dottling M, Jahn A, Didascalou D, *et al.* Two- and three-dimensional ray tracing applied to the land mobile satellite (LMS) propagation channel. IEEE Antennas and Propagation Magazine. 2001 Dec;43(6):27–37.

[24] Saunders SR, Evans BG. A Physical–Statistical Model for Land Mobile Satellite Propagation in Built-Up Areas. In: Tenth International Conference on Antennas and Propagation (Conf. Publ. No. 436). vol. 2; 1997. p. 44–47.

[25] Panagopoulos AD, Arapoglou PDM, Cottis PG. Satellite communications at KU, KA, and V bands: Propagation impairments and mitigation techniques. IEEE Communications Surveys Tutorials. 2004 Third;6(3):2–14.

[26] Olsen R, Rogers D, Hodge D. The aRb relation in the calculation of rain attenuation. IEEE Transactions on Antennas and Propagation. 1978 Mar;26(2):318–329.

[27] ITU-R P 840-7. Attenuation Due to Clouds and Fog. International Telecommunications Union; 2017.

[28] Luini L, Capsoni C. Modeling high-resolution 3-D cloud fields for earth–space communication systems. IEEE Transactions on Antennas and Propagation. 2014 Oct;62(10):5190–5199.

[29] Lyras NK, Kourogiorgas CI, Panagopoulos AD. Cloud attenuation statistics prediction from Ka-band to optical frequencies: integrated liquid water content field synthesizer. IEEE Transactions on Antennas and Propagation. 2017 Jan;65(1):319–328.

[30] ITU-R P 676. Attenuation by Atmospheric Gases; 2012.

[31] ITU-R P 618-13. Propagation Data and Prediction Methods Required for the Design of Earth -Space Telecommunication Systems. International Telecom-

munications Union; 2017.

[32] Arapoglou PD, Panagopoulos AD. A Tool for Synthesizing Rain Attenuation Time Series in LEO Earth Observation Satellite Downlinks at Ka Band. In: Proceedings of the 5th European Conference on Antennas and Propagation (EUCAP); 2011. p. 1467–1470.

[33] Luini L. A comprehensive methodology to assess tropospheric fade affecting earth space communication systems. IEEE Transactions on Antennas and Propagation. 2017 Jul;65(7):3654–3663.

[34] Luini L. Modeling and synthesis of 3-D water vapor fields for EM wave propagation applications. IEEE Transactions on Antennas and Propagation. 2016 Sep;64(9):3972–3980.

[35] Jeannin N, Outeiral M, Castanet L, *et al.* Atmospheric Channel Simulator for the Simulation of Propagation Impairments for Ka Band Data Downlink. In: The 8th European Conference on Antennas and Propagation (EuCAP 2014); 2014. p. 3357–3361.

[36] Liu W, Michelson DG. Fade slope analysis of Ka-band earth-LEO satellite links using a synthetic rain field model. IEEE Transactions on Vehicular Technology. 2009 Oct;58(8):4013–4022.

[37] Capsoni C, Fedi F, Magistroni C, *et al.* Data and theory for a new model of the horizontal structure of rain cells for propagation applications. Radio Science. 1987;22(3):395–404.

[38] Liu W, Michelson DG, Malm J, *et al.* Effect of rain cell shape on fade slope statistics over simulated Earth-LEO Ka-band links. In: 2010 14th International Symposium on Antenna Technology and Applied Electromagnetics the American Electromagnetics Conference; 2010. p. 1–4.

[39] Feral L, Sauvageot H, Castanet L, *et al.* HYCELL—A new hybrid model of the rain horizontal distribution for propagation studies: 1. Modeling of the rain cell. Radio Science. 2003;38(3):1056.

[40] Matricciani E, Selva SP. Attenuation statistics estimated from radar measurements in MEO satellite communication systems for mobile terminals. International Journal of Satellite Communications. 2002;20(3):167–185. Available from: http://dx.doi.org/10.1002/sat.719.

[41] Matricciani E. Physical-mathematical model of the dynamics of rain attenuation based on rain rate time series and a two-layer vertical structure of precipitation. Radio Science. 1996;31(2):281–295. Available from: http://dx.doi.org/10.1029/95RS03129.

[42] Matricciani E. Space communications with variable elevation angle faded by rain: Radio links to the Sun Earth first Lagrangian point L1. International Journal of Satellite Communications and Networking. 2016;34(6): 809–831. SAT-15-0005.R1. Available from: http://dx.doi.org/10.1002/sat.1134.

[43] Kourogiorgas C, Panagopoulos A. A rain attenuation stochastic dynamic model for LEO satellite systems above 10 GHz. IEEE Transactions on Vehicular Technology. 2015 Feb;64(2):829–834.

[44] Kourogiorgas C, Panagopoulos AD, Arapoglou PD. Rain Attenuation Time Series Generator for Medium Earth Orbit Links Operating at Ka Band and above. In: Antennas and Propagation (EUCAP), 2014 8th European Conference on; 2014. p. 3506–3510.

[45] Liu W, Michelson DG. Effect of turbulence layer height and satellite altitude on tropospheric scintillation on Ka-band earth LEO satellite links. IEEE

Transactions on Vehicular Technology. 2010 Sep;59(7):3181–3192.
[46] Pereira C, Vanhoenacker-Janvier D, Jeannin N, *et al.* Simulation of Tropospheric Scintillation on LEO Satellite Link Based on Space–Time Channel Modeling. In: The 8th European Conference on Antennas and Propagation (EuCAP 2014); 2014. p. 3516–3519.
[47] ITU-R P 1853-1. Tropospheric Attenuation Time Series Synthesis. International Telecommunications Union; 2012.
[48] Karagiannis GA, Panagopoulos AD, Kanellopoulos JD. Multidimensional rain attenuation stochastic dynamic modeling application to earth space diversity systems. IEEE Transactions on Antennas and Propagation. 2012 Nov;60(11):5400–5411.
[49] Karatzas I, Shreve SE. Brownian Motion and Stochastic Calculus. Berlin: Springer-Verlag; 2005.
[50] Kourogiorgas CI, Panagopoulos AD. Space–time stochastic rain fading channel for multiple LEO or MEO satellite slant paths. IEEE Wireless Communications Letters. 2017;PP(99):1.
[51] Maseng T, Bakken P. A stochastic dynamic model of rain attenuation. IEEE Transactions on Communications. 1981 May;29(5):660–669.
[52] Panagopoulos AD, Kanellopoulos JD. Prediction of triple-orbital diversity performance in Earth–space communication. International Journal of Satellite Communications. 2002;20(3):187–200. Available from: http://dx.doi.org/10.1002/sat.720.
[53] Jeannin N, Carrie G, Castanet L, Lacoste F. A Space Time Channel Model for the Simulation of Total Attenuation Fields. In: ESA Workshop on Radiowave Propagation; 2011.
[54] Kourogiorgas C, Panagopoulos AD. A Tropospheric Scintillation Time Series Synthesizer based on Stochastic Differential Equations. In: 2013 Joint Conference: 19th Ka and Broadband Communications, Navigation and Earth Observation Conference and 31st AIAA ICSSC; 2013.
[55] Matricciani E, Mauri M, Riva C. Scintillation and Simultaneous Rain Attenuation at 49.5 GHz. In: Antennas and Propagation, 1995. Ninth International Conference on (Conf. Publ. No. 407). vol. 2; 1995. p. 165–168.
[56] Hemmati H, editor. Near-Earth laser communications. No. 143 in Optical Science and Engineering. Boca Raton: CRC Press; 2009.
[57] Fuchs C, Moll F. Ground station network optimization for space-to-ground optical communication links. IEEE/OSA Journal of Optical Communications and Networking. 2015 Dec;7(12):1148–1159.
[58] Lyras NK, Kourogiorgas CI, Panagopoulos AD. Cloud free line of sight prediction modeling for optical satellite communication networks. IEEE Communications Letters. 2017 Jul;21(7):1537–1540.
[59] Degnan JJ. Millimeter accuracy satellite laser ranging: A review. In: Smith DE, Turcotte DL, editors. Geodynamics Series. vol. 25. Washington, D. C.: American Geophysical Union; 1993. p. 133–162.
[60] Andrews LC, Phillips RL. Laser Beam Propagation through Random Media. vol. PM152. SPIE; 2005.
[61] Mengali A, Lyras N, Kourogiorgas C, *et al.* Optical Feeder Links Study towards Future Generation MEO VHTS Systems. In: 35th AIAA International Communications Satellite Systems Conference (ICSSC). Trieste, Italy; 2017.
[62] Dimitrov S, Barrios R, Matuz B, *et al.* Digital modulation and coding for satellite optical feeder links with pre-distortion adaptive optics. International

Journal of Satellite Communications and Networking. 2015 Jan;34:625–644.

[63] Arapoglou PD, Liolis K, Bertinelli M, *et al.* MIMO over satellite: a review. IEEE Communications Surveys Tutorials. 2011 First;13(1):27–51.

[64] Kyrgiazos A, Evans BG, Thompson P. On the gateway diversity for high throughput broadband satellite systems. IEEE Transactions on Wireless Communications. 2014 Oct;13(10):5411–5426.

[65] Kyrgiazos A, Evans B, Thompson P, *et al.* A terabit/second satellite system for European broadband access: a feasibility study. International Journal of Satellite Communications and Networking. 2014 Mar;32(2):63–92. Available from: http://onlinelibrary.wiley.com/doi/10.1002/sat.1067/abstract.

[66] Jeannin N, Castanet L, Radzik J, *et al.* Smart gateways for terabit/s satellite. International Journal of Satellite Communications and Networking. 2014 Mar;32(2):93–106. Available from: http://onlinelibrary.wiley.com/doi/10.1002/sat.1065/abstract.

[67] Toptsidis N, Arapoglou PD, Bertinelli M. Link adaptation for Ka band LEO Earth observation systems: A realistic performance assessment. International Journal of Satellite Communications and Networking. 2012 May/Jun;30(3):131–146.

[68] Second Generation Framing Structure, Channel Coding and Modulation Systems for Broadcasting, Interactive Services, News Gathering and Other Broadband Satellite Applications, 2014. Part I: DVB-S2.

[69] Second Generation Framing Structure, Channel Coding and Modulation Systems for Broadcasting, Interactive Services, News Gathering and Other Broadband Satellite Applications, 2014. Part II: S2-Extensions (DVB-S2X).

[70] Kourogiorgas C, Tarchi D, Ugolini A, *et al.* System Capacity Evaluation of DVB-S2X Based Medium Earth Orbit Satellite Network Operating at Ka-Band. In: in ASMS/SPSC Conference; 2016.

[71] Kourogiorgas C, Tarchi D, Ugolini A, *et al.* Performance Evaluation of DVB-S2X Based MEO Satellite Networks Operating At Q-Band. In: IEEE GlobeCom 2016; 2016.

[72] Matricciani E. A method to achieve clear-sky data-volume download in satellite links affected by tropospheric attenuation. International Journal of Satellite Communications and Networking. 2016;34(6):713–723. SAT-14-0078.R1. Available from: http://dx.doi.org/10.1002/sat.1126.

[73] Akturan R, Vogel WJ. Path diversity for LEO satellite-PCS in the urban environment. IEEE Transactions on Antennas and Propagation. 1997 Jul;45(7): 1107–1116.

[74] Suzaki K, Suzuki Y, Kobayashi K. A novel earth station antenna concept for Ku-band mobile satellite communication systems – Distributed array antenna and key technologies. In: 29th AIAA International Communications Satellite Systems Conference (ICSSC); 2011.

[75] Ishimaru A. Wave Propagation and Scattering in Random Media. London: Academic Press; 1978.

[76] Nessel JA, Acosta RJ, Morabito DD. Phase Fluctuations at Goldstone Derived from One Year Site Testing Interferometer Data. In: 14th Ka and Broadband Communications Conference. Matera, Italy; 2008.

[77] Matricciani E. A relationship between phase delay and attenuation due to rain and its applications to satellite and deep-space tracking. IEEE Transactions on Antennas and Propagation. 2009 Nov;57(11):3602–3611.

[78] Kourogiorgas C, Panagopoulos AD. Spectral Coexistence of GEO and MEO

Satellite Communication Networks: Differential Total Atmospheric Attenuation Statistics. In: 2017 11th European Conference on Antennas and Propagation (EUCAP); 2017. p. 10–14.

[79] Vassaki S, Poulakis MI, Panagopoulos AD, *et al.* Power allocation in cognitive satellite terrestrial networks with QoS constraints. IEEE Communications Letters. 2013 Jul;17(7):1344–1347.

[80] Vassaki S, Poulakis MI, Panagopoulos AD. Optimal iSINR-based power control for cognitive satellite terrestrial networks. Transactions on Emerging Telecommunications Technologies. 2017;28:e2945.

[81] Kourogiorgas C, Panagopoulos AD, Liolis K. Cognitive Uplink FSS and FS Links Coexistence in Ka-Band: Propagation Based Interference Analysis. In: 2015 IEEE International Conference on Communication Workshop (ICCW); 2015. p. 1675–1680.

第7章
分集合并和切换技术

尼克洛·马扎里[1]，巴哈瓦尼·山卡[1]，阿修克·劳[2]，
马克·维赫克[3]，皮特·得·科林[3]，伊万·得·贝拉[3]
1. 卢森堡大学跨学科安全中心；2. 卢森堡工程科学学会；3. 比利时新科技

本章将全面介绍MEO卫星，重点突出其独特性、应用领域，以及如何影响5G卫星网络。本章着重将阐述为何用MEO卫星作为新型范例，如何应对利用MEO卫星带来的挑战，怎样使之与5G场景融合。从而，本章将说明分集合并和切换技术如何成为MEO和5G成功融合的关键。

为了描述使用MEO卫星的5G范例，本章首先从卫星特性、已经部署的服务，以及未来可能的应用展开讨论；然后进一步描述大气层对MEO通信的典型影响；最后对切换技术（目前发展状况、技术评估、未来的挑战）与合并技术（MEO场景的理论性能、优缺点、技术评估）进行介绍。

7.1 引言

5G即下一代无线网络，将有望推动无处不在的高带宽、低时延通信新时代的到来。然而，即使在发达国家，也无法在所有地区都部署大量的地面无线接入网和回传链路。因此，卫星有望通过为5G接入网提供高宽带回传链路，或引导终端用户接入高宽带链路中，从而在消除数字鸿沟上发挥关键的作用。

一般来讲，GEO卫星能在更简单的网络管理和用户终端的条件下，提升覆盖范围。然而，高数据速率NGSO（非对地静止地球轨道）卫星的使用在过去几年快速发展。近期第一颗MEO星座卫星发射成功，相比现有使用宽带实现覆盖的GEO，MEO充分利用了低时延和高发射功率的优势，用于覆盖地面

偏远地区。MEO依托低时延、高吞吐和广覆盖的优势，使用户能随时随地接入5G。使用多卫星和多点波束（具有可调波束的能力）这种新的接入场景意味着每个终端节点可接收多条传输路径的信号，而大气条件给维持链路（尤其是在Ka频段）的可用性带来了新的挑战。因此，接收机除应具备先进的信号处理系统外，还需要空中接口的支持。MEO卫星之间应满足无缝切换，但是MEO卫星的仰角和方位角各不相同，那么就需要终端调制解调器。该调制解调器带有多个解调器和至少两副天线：一副用于跟踪可见范围内的卫星；另一副用于获取即将进入可见范围的卫星信息。实际上，若只使用一副快速跟踪天线会因天线重新定向而导致通信中断。在切换周期外，两副天线可以指向同一颗卫星，并且可以使用分集合并来提高SNR，并进一步提高回传和直接接入场景下的吞吐量。众所周知，分集合并是一种易扩展的技术，使用软件定义的无线电体系结构能在相对适中增加硬件复杂度的情况下，实现高阶分集合并。同时应注意，无论是否采用分集合并，自适应编码和调制环路在切换开始阶段和结束阶段对SNR的突变均具有鲁棒性。

7.2 MEO卫星的架构和应用

MEO轨道也称为中间圆轨道（ICO），是指距地球表面2000km以上、静止轨道（距地球表面35786km）以下的赤道和倾斜圆轨道。为了减少辐射对电子系统的损害，MEO卫星通常位于两个范艾伦辐射带之间。内范艾伦辐射带由高能质子组成，从距地球表面1000km扩展到6000km；外范艾伦带包含高能质子，从距地球表面13000km扩展到60000km，其最大强度在近地球的那部分区域（距地球表面13000km至20000km之间）。因此，MEO卫星要么位于内带和外带之间（距离地球表面6000~13000km），要么位于外范艾伦带的较低强度地区（距离地球表面20000km以上）。

目前，已发射的MEO卫星包括通信卫星（如ICO的S波段系统和O3b的Ka频段系统）和导航卫星（如全球定位系统（GPS）、Glonass和伽利略系统）。利用MEO轨道进行通信，则通信距离较短（与地球同步轨道相比），路径损耗较少，在卫星通信中具有一定优势，可以部署具有较小天线、较低增益和功率的卫星。较短的通信距离降低了语音、视频和数据应用程序的延迟，极大地提高了用户体验[1]。另一方面，与GEO卫星相比，MEO卫星更靠近地球，因此其视野是有限的（地球曲率的影响），覆盖仅限于纬度约±45°内（如MEO星座O3b系统位于8062km的高度）。在高纬度地区，地面终端的仰角很低，很难获得直视通信路径。实际上，地球人口主要集中在±45°纬度区域内，卫星在覆盖上的限制不是主要问题。航空器和在公海上航行的船舶终端不受自然和人造物体的阻碍，可以继续在高纬度地区工作。

近来提出了宽带 LEO 星座的概念，LEO 卫星在约 1000km 的轨道高度上运行，可以提供比 MEO 卫星更低的延迟。与 O3b 卫星不同的是，LEO 卫星需要处于高度倾斜或极轨道上，以便为地球上足够广的区域提供覆盖。此外，由于地球的自转，倾斜或极轨 LEO 星座需要在多个平面提供不间断的覆盖，高度低、视野小、轨道倾斜，其带来的结果就是需要更多的卫星来提供连续覆盖。因此，更多的卫星、更高的发射成本使得这种系统比 MEO 或 GEO 卫星系统更加昂贵。

7.2.1　O3b 卫星网络

O3b 卫星网络由 12 颗 MEO 通信卫星组成，位于距地球表面 8062km 高的赤道 MEO 轨道上，卫星环绕地球运行周期为 288min（或 4.8h），每颗卫星在 24h 内绕地球运行 5 圈，即每颗卫星每天要飞越地球同一位置 4 次。2015 年 2 月，12 颗卫星投入商业服务，其中部分卫星作为在轨备用卫星。目前，新一代的 8 颗卫星正在建设中，使卫星数量达到 20 颗。O3b 星座的一个显著优势是可以在星座中增加卫星，而不必像 GEO 卫星系统那样试图获取轨位。随着卫星的增加，容量将会增加，地面终端可以由地理位置（纬度）较近的卫星提供服务，那么仰角将提高、路径损耗也将减少。因此，可接入终端上下行的吞吐量得以提升。一些使用 GEO 卫星可能面临直视障碍的站点，若使用 O3b 将更容易获得直视路径。

对于 12 颗在轨卫星的星座，地球可以划分为 12 个区域（实际上是 11 个，下面将会解释），每颗卫星 1 个区域，如图 7.1 所示。在图中，较大的圆圈用于显示关口站位置和与用户波束频率重叠的区域。较小的圆圈用于显示一些用户波束。椭圆形区域表示正面倾斜至少 15°的区域，并固定在相同灰度的通道上。

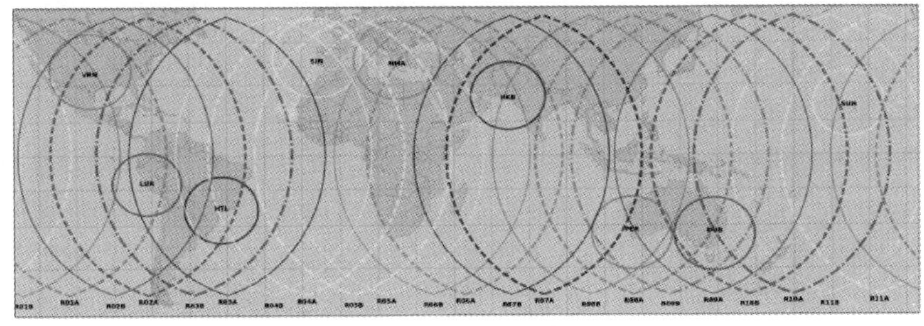

图 7.1　O3b 卫星网络

卫星将在每个区域上空停留 30min，之后它将朝东移至下一个区域。与此同时，星座中的下一颗卫星从该区域西边上空移入，取代它在该区域的位置。要保持无缝的通信连接，需要从正在移出的卫星切换到下一个正在移入的卫星。由于每个区域的关口站无法从一颗卫星瞬间切换到下一颗卫星，前一个区域切换完成且下一个区域的卫星天线指向关口站或用户区域时，下一个区域才能切换。系统允许少量的重叠时间，即“切换间隔”来完成这一任务。为了解决这个额外的时间，12 颗卫星星座的活跃区域减少到 11 个服务区域。

每个服务区域都由一个关口站（GW）决定，关口站负责提供与地面光纤基础设施的连接。为了获得更大的灵活性，每个卫星上的两个波束可以独立地指向服务区域内的两个不同位置的关口站。每个服务区域被分割成两个子区域，它们在空间上有些许距离，切换时间上有轻微差别，这种空间距离和时间差别使切换过程中有更高的仰角。关口站配备 7. 3m 大型天线，并在区域内提供锚点，用于启动从一颗卫星（移出卫星）到下一颗（移入卫星）子区域内所有客户终端的切换。

每个 O3b 卫星有 10 个用户点波束，每个子区域有 5 个波束。点波束直径约为 700km，对应带宽为 216MHz 的转发器（信道）。信号传输极化方式是圆极化，一个子区域内的波束与另一个子区域内的波束在极化上相反。大多数 GEO 的 Ka 频段卫星上行链路和下行链路的极化方式相反，但 O3b 卫星的上行链路和下行链路的极化方式相同。卫星相对于地球移动时，它必须聚焦在地球的同一区域，因此其每个波束都是可调的。

O3b 用户终端为用户提供广泛的通信服务。在多数情况下，用户终端通过卫星与服务区域内的公共关口站进行通信。用户终端还可以通过同一个用户波束（所谓的环回波束）内的卫星彼此直接通信。O3b 系统定义了三级客户终端：一级终端有 4. 5m 直径的天线，带有高功率放大器（HPA），能够以千兆比特的速度发送和接收信号。这种高带宽链接的统计复用增益很大，因此这些终端通常支持数十万的终端用户；二级终端有 2. 4m 或 1. 8m 直径的天线，支持数万个终端用户，并可以根据其在波束内的位置、仰角和天气条件维持 500Mb/s 或更高的速率；三级终端直径为 1. 2m 或更小，能够处理数百兆比特的吞吐量，适用于用户较少的关口站（数千个或更少的用户）。

用户终端的性能取决于天线的大小、功率放大器的功率大小和调制解调器的配置类型。许多大型关口站配置为点对点连接，调制解调器配置为传统的单通道单载波（Single Channel Per Carrier，SCPC）操作模式。另外，如果有多个关口站同时服务于一个波束的用户，那么通常关口站到终端的前向链路使用点到多点（Point-to-Multipoint，PMP）连接，反向链路使用点对点 SCPC 模式。

PMP 方式允许处于同一个波束的用户共享可用带宽和瞬间达到最大带宽，并提供统计复用增益。在反向链路上，若站点服务的用户较多，则首选 SCPC 配置方式。若站点服务的用户较少，时分多址（TDMA）更为适用；然而，卫星的运动引入了链路直线上的时间变化和时变多普勒频移，这两者都需要在集线器上的 TDMA 突发解调器中考虑。

O3b 卫星最初的主要用途是为发展中国家的电信运营商提供高速数据连接，这些所谓的中继服务对象主要是 2.4m 或 4.5m 口径天线的客户终端。另一个较早出现的用途是服务企业和政府，在没有地面基础设施的偏远地区提供高速远程连接，服务对象涉及固定终端、便携式终端以及船舶和舰艇上的终端。世界上一些大型邮轮配有 2.2m 的海事终端，这类终端可由 O3b 卫星可调波束（根据航行线路跟踪）提供服务。另外，农村地区 3G 和 4G 基站也越来越多地通过 O3b 卫星连接到核心网络而实现移动回传。

O3b 服务面临的最大挑战是需要可调天线，以及由于每颗卫星上的波束数量较少而导致的有限覆盖。目前，天线方面已取得较大进展，新型低成本的机械可调和电子可调天线正处于研发阶段。为了解决有限覆盖问题，O3b 需要发射更多卫星以增加服务范围。此外，新一代 MEO 卫星星座 O3b mPOWER 刚起步，这个新型星座的卫星与高增益相控阵天线能够形成成千上万的波束，并将使±45°纬度内的覆盖无处不在。

7.3 MEO 卫星的信道描述

本节将描述典型前向端到端链路（包括上行链路和下行链路）的关键元素。

7.3.1 上行链路无线电传播的影响

若不考虑上行噪声，馈线链路通常可以假设为理想情况[2]。在 MEO 场景中，用户终端具有多个天线能力和合并能力，上行噪声不能像在 GEO 应用中那样忽略不计。一方面，尽管下行噪声通常占主导地位，但通过合并技术可以降低噪声；另一方面，上行噪声普遍存在于接收端的输入信号中，其对馈线链路的影响是不能降低的。进一步的细节将在 7.5 节中介绍。

7.3.2 下行链路无线电传播的影响

下行信道通常包括传播损耗、多普勒效应、信道增益的变化，以及附加的热噪声。

传播引起的损耗可以称为晴空效应或雨云效应。晴空效应包括大气衰减、大气折射引起的仰角变化、极化效应和对流层/电离层闪烁。另一方面，雨云效应也包括雨、雾、云和雪的衰减。上述是对70GHz以下信号的整体衰减有重要影响的因素，关于建模和传播效应产生的细节可以参见文献[3-5]。

当用户终端有多个天线时，每个接收到的信号都会受到无线传播效应的不同影响。然而，由于天线通常是在同一位置，这种损耗在空域和时域上都是相关的。

由于卫星和用户终端的移动性，信道增益可能会发生变化。阴影衰弱（如附近建筑物所造成的）可能会使该链路无法进入视线之内；水和冰引起的信号反射也可能引入多径。在地面无线通信中，用户终端和/或卫星的移动性将产生多普勒效应，如多普勒频移。

7.3.3 载荷的影响

卫星转发器模型由一个输入多路复用器（IMUX）滤波器、一个HPA单元和一个输出多路复用器（OMUX）滤波器组成。行波管放大器（TWTA）通常用作高频放大器。在转发器中，所需要的单载波（或多载波波束）首先由IMUX进行带通滤波；然后信号被行波管放大，行波管工作点必须通过引入合适的输入来选择，工作点越接近饱和点，放大器引入的非线性畸变越高。典型的畸变包括信号功率谱密度尾部区域的频谱再生和记忆效应。OMUX滤波器是一种带通滤波器，用于对非线性失真信号进行变换，以减少对相邻转发器的干扰。

利用AM/AM和AM/PM特性可定义HPA特性。相对窄带的应用这个过程具有频率独立性和无记忆性。另一方面，宽带放大器可能会产生记忆效应。IMUX滤波器的典型振幅响应和群（组）延迟如图7.2（a）所示。因为可能会出现较大的特性变化，预期这些响应曲线不能精确地模拟任何实际的OMUX和IMUX的传递函数。线性化TWTA典型的AM/AM和AM/PM特性如图7.2（b）所示。

7.3.4 用户终端的影响

用户终端缺陷所造成的影响通常比有效载荷和传播影响的危害要小。然而，由高频头（LNB）和电缆引入的增益斜率、相位噪声和频率偏移仍然是相关的。除此之外，热噪声通常在用户终端比在转发器或网关要高得多。热噪声通常被建模为加性高斯白噪声（AWGN），其功率由接收单元的噪声温度决定。

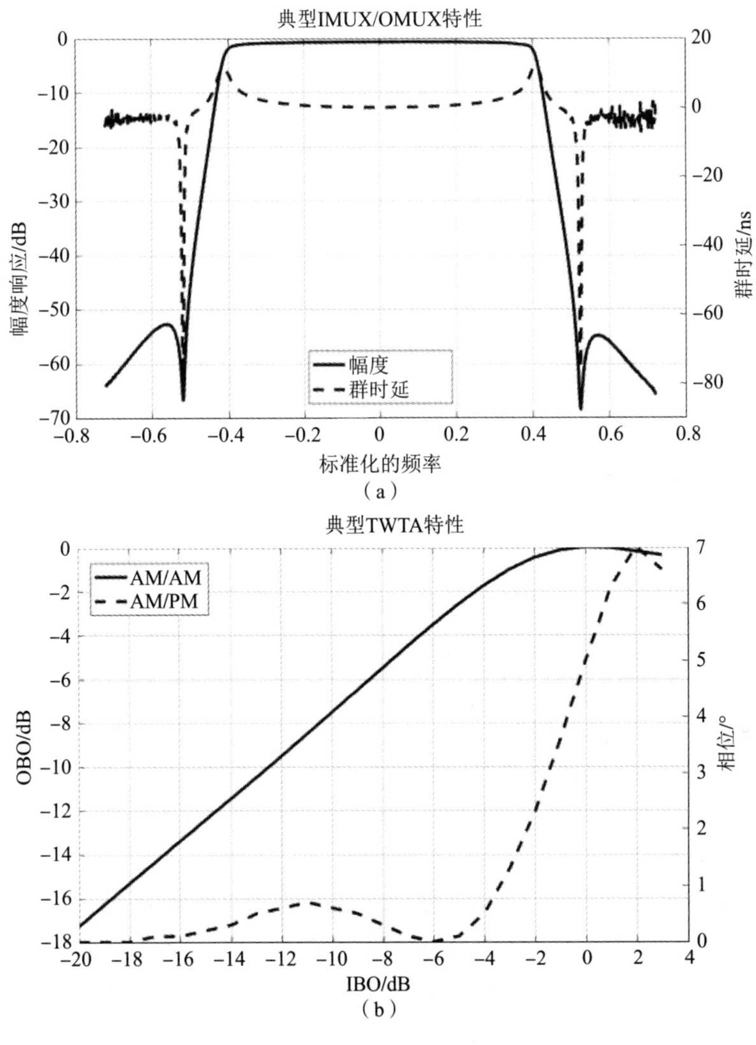

图 7.2　典型载荷特性

(a) IMUX/OMUX；(b) TWTA。

7.4　MEO 卫星的切换

MEO 卫星所提供服务的优势是更高的吞吐量（由于等效各向同性辐射功率（EIRP）的增加）和更低的延迟，同时，这种移动基础设施（MEO 卫星）本身也为体系架构、网络管理和地面系统带来新的理念。星座的卫星数目及其轨道面决定了卫星可见期间的覆盖面积和最小仰角等。有效载荷体系结构决定了用户数量和网关波束的数量、波束打向地面的能力、板载处理能力等。网络管理（管理和控制服务器）处理有效的星内和星间切换，同时确保最小的链路损耗。地面系统组件需要跟踪卫星通过支持无缝切换来满足从集线器到终端的链路切换需求。

为了使 MEO 卫星应用达到无缝切换，必须尽可能避免丢包和降低吞吐量，同时应使用现成的调制解调器来减少成本。本节将概述 MEO 卫星应用中现有的切换技术，并详细阐述无缝切换的概念，无缝切换是当前地面系统（如新技术会话平台）技术改进的一部分。

7.4.1 现有相关理论

7.4.1.1 切换技术

除同步和分集合并外，切换是保证 MEO 卫星系统 QoS 的关键。一般来说，切换可以通过先通后断（在断开第一颗卫星的连接前先接通第二颗卫星）和先断后通（在接通第二颗卫星前断开第一颗卫星的连接）策略来实现，后者在切换期间经常丢包或重传。有一种策略可以处理网络高层协议栈中的丢包或重传，但因为增加了时延而不可取。传统传输要求没有丢包和重传，因此先断后通的策略显然不可取。因此将优先考虑先通后断策略。

7.4.1.2 物理层切换机制

在物理层执行切换的优点在于网络高层协议栈是透明的。这种切换的输入端是利用监测和控制（M&C）服务器的卫星星历表/GPS 数据，用于指示天线控制单元并跟踪卫星。

一种实现方法是在调制解调器前 RF 端的分离装置中执行切换（如 L 波段装置），其优点是可以使用现成的调制解调器，该设备通常还采用分集合并（在切换周期之外），第 7.5 节将会介绍这种 SNR 改进技术。避免时延抖动的一种方法是在 RF 端进行切换，如移入（负多普勒频移）和移出（正多普勒频移）卫星的传播延迟完全相等（高达 10ns）。首先，这种装置使用时，移入和移出卫星通常分别对应正多普勒频移和负多普勒频移，其实现方式的缺点是需要昂贵的专用 RF 端切换设备。其次，从资源的角度来看，由于分集合并处理的是有噪声信号，且必须在信号级进行合并，其复杂度高，并非最优方式。最后，分集合并的实现方法无法在其中一条链路突然中断的情况下使用。

另一种实现方法是在调制解调器内执行切换。由于可以发送两个相同的数据包（如 ACK 信息），采用相关的方法并不能完全解决两个卫星路径之间的时延差异。而且通常情况，空口会改变并包含 BBF 编号，这会带来一些开销。

上述两个示例中，在切换期间必须通过两个卫星发送相同的数据包。

7.4.1.3　高层切换机制

可以在调制解调器的两个输出流上执行切换，而不需要在物理层执行实际的切换。输出流可以来自一个或两个调制解调器。在本节中，我们将介绍双调制解调器解决方案，但是单个调制解调器解决方案也可以作为产品的候选解决方案。至少有两个解调器，包括前向纠错（FEC）解码器，在切换时使用。两个解调器中的一个用于锁定第一颗卫星；另一个用于锁定第二颗卫星。

下面，我们将提供现有协议的高级概述，以及它们如何映射到 MEO 范例。我们在这里考虑使用现有的移动管理解决方案来解决 MEO 卫星切换问题。

1. L3 IP 协议

在 L3（IP 层）上的移动性或切换可以通过多种方式实现。它可以使用移动 IP（MIP）或任何相关的协议（分层移动 IP，快速移动 IP，无缝切换架构的移动 IP）。它们通常使用隧道机制将移动节点的 IP 地址和相应的路由选择与参与切换的实际网络隔离开来。无论是架空信号传输还是架空运输隧道，都使得它们不太适合实际的卫星切换。此外，可以针对我们的切换需求设计专门的网络拓扑，从而设计出更高效的切换概念。

另一种方法是使用现有的动态路由协议将调制解调器及其相关的 IP 地址和相关网络连接到因特网上的另一个连接点。例如，边界网关协议（Border Gateway Protocol）、开放最短路径优先（OSPF）和路由信息协议。如果远程位置配备两个具有动态路由功能的调制解调器，则两者之间的本地虚拟路由器冗余协议（VRRP）信令将网络设备的远程连接移动到能够提供卫星网络连接的适当的调制解调器或网关上。

2. L2 以太网协议

针对支持链路切换的地面技术，L2 层以太网层根据需求也提供了相应的协议标准。本书主要区分了链路聚合协议（IEEE 802.3ad 链路聚合协议）和链路保护协议（IEEE 801.1 ag 和 ITU-T SGl 5/Q9 G.8032），这两种协议各有优缺点。

现有的以太网交换机（载体以太网）广泛支持以太网链路保护和环保护，并且两种保护方式互不影响且自动运行，在卫星切换期间不需要任何操作员的干预或重新配置；缺点是实际的交换时有较大延迟与丢包，而且不是无缝交换，如果卫星链路不稳定，链路或环保护也会变得不稳定，从而导致潜在的链路抖动。

3. 基于 SDN 的协议

SDN 机制提供了一种灵活的方式，可以在卫星上灵活切换双向链路的任一方向，同时保证卫星连通性和链路可用性，这就使无缝切换成为可能。

本书介绍了一种基于 SDN 技术的低轨卫星解决方案。所设计的控制平面主要针对多颗 LEO 卫星之间、LEO 卫星与地面设备之间的通信重定向。本章提出的方法概述了低轨卫星的能力（假设是智能地面终端和智能卫星链路管理）。由此产生的切换借助在轨卫星完成，而与其轨道高度（LEO、MEO 或 GEO）无关。

7.4.1.4 关于切换的总结

为了实现无缝切换，因此只考虑先通后断。实际上，能达到零丢包是因为能够在卫星间传输数据，在物理层上使用特制的 L 波段设备或在特制的调制解调器内进行切换，都将产生成本更低的解决方案。另外，涉及即时双向交换的 L2 和 L3 层机制可能丢包：特别是 L3 IP 动态路由协议（如 OSPF）和 L2 层以太网协议（如 IEEE 801.1 ag）不能保证切换时不丢包。另外，MIP 家族增大了开销和复杂性。

如此，现有的解决方案应充分利用 SDN 技术，结合先通后断和单向交换的方式，并完成相应基础设施的建设，使用现有的调制解调器实现最佳性能和零丢包的目标。

7.4.2 切换结构

整体网络拓扑结构如图 7.3 所示，它由两个双向卫星连接组成，作为网关和调制解调器位置之间的可选路径。

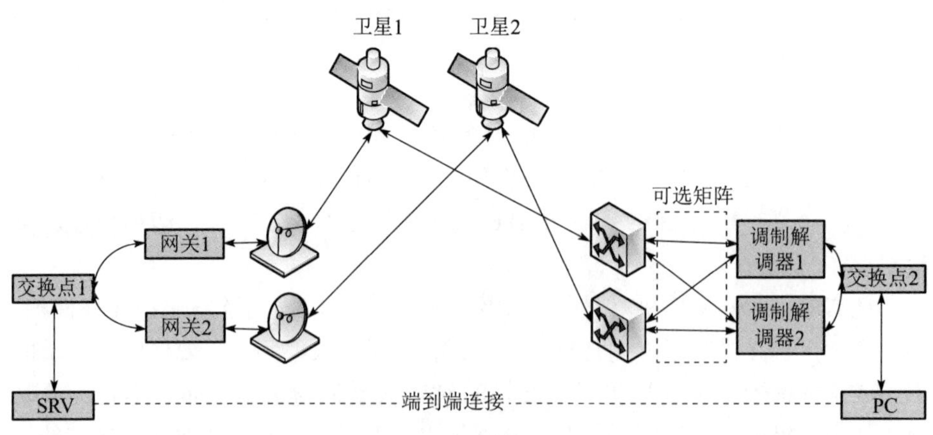

图 7.3 整体网络拓扑结构

每条路径由网关或集线器部分、卫星部分和调制解调器部分组成。在每个位置，一个以太网交换机将设备连接到本地卫星。应该注意的是，这些交换机可能连接到任何需要通过卫星进行“网络扩展”的本地网络。在所提出的结构中，两个卫星路径通过专用设备实现，并通过以太网交换机连接在一起，通过使用支持多个卫星连接的集成集线器，可以在网关位置共享设备。在调制解调器位置，一个调制解调器可以包含多个接收器和一个发射机，便于集成部署。

7.4.3 动态交互

卫星切换是通过载波千兆以太网交换机1/交换机2上的L2层完成单向交换，以先通后断的方式进行的。

假设用调制解调器1（通过卫星1）建立连接，在切换期间，调制解调器1通过卫星2进行连接。建立连接后，数据应通过调制解调器2重新进行选择路由，这将通过使用单向交换的L2层开关来完成。在SDN网络中可以实现第二层的单向交换。单向交换意味着交换机能够区分数据流的发射和接收方向。因此，传输端的交换机可以启动通信数据的重传。但是，接收端的交换机可以监听一个可配置数量的路径（在本例中是两条路径）。当两个数据包同时到达时，先处理一个数据包，另一个包处于缓冲状态。交换机以非常高的速率处理数据包，因此在这些情况下不存在数据包溢出的风险。这样一来就没有丢包，从而保证不会通过链路重传数据（在传输端进行的交换保证数据包只发送一次，而且只通过一个卫星路径发送），而重传主要是因为切换时两条卫星路径的传输时延差异造成的。

7.4.3.1 数据流

为了清晰起见，只显示数据包的一个传输方向，另一个方向与之类似，两个方向的切换是相互独立的。

1. 第一切换阶段

在切换的第一步（图7.4），数据流通过交换点1、网关1和卫星1。第二个卫星天线指向卫星2。网关2、卫星2（移入的卫星）和调制解调器2之间也建立了通道。交换点2接受调制解调器1和调制解调器2的数据流。网关2/调制解调器2这一配对的设备，其控制平面是可操作的，但没有发送实际数据（只有虚拟的DVB-S2基带帧）。

2. 第二切换阶段

在切换的第二步中（图7.5），交换点1中的数据通过网关2进行交换。数据将由卫星2、调制解调器2和交换点2传输。

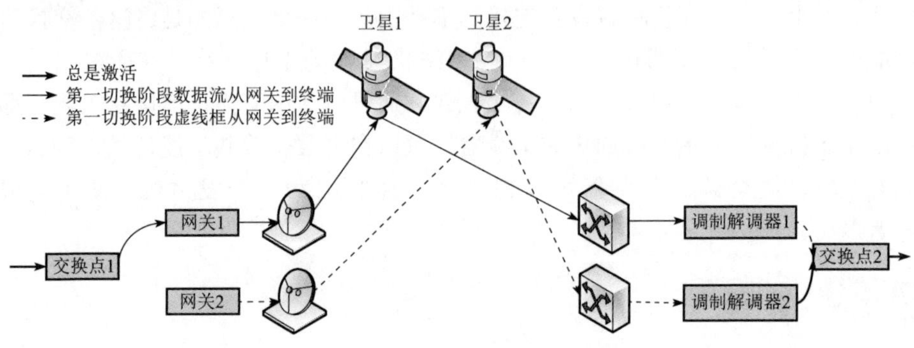

图 7.4　第一切换阶段

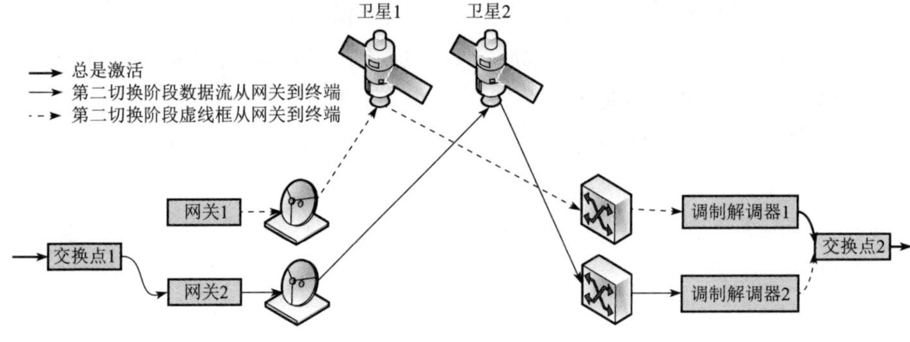

图 7.5　第二切换阶段

7.4.4　概念和结果的证明

在设计的一系列切换测试中，对 E_s/N_0 变化和多样性组合进行了抽象（有关合并技术的详细分析，见 7.5 节）。此外，在以下测试中不考虑时延补偿，以量化最大数据包重传及其影响。

简而言之，端到端测试针对移出和移入的卫星链路之间不同的卫星链路时延变化，是在源数据发射机和数据接收机之间进行的，数据从一个高时延链路到低延迟链路的切换至关重要。在这种情况下，物理介质充当缓冲区，产生额外数据包时延并引入重传。但是，按照既定设计，在物理介质上传输不会丢包。即使时延差异很大，也会在某个时间点接收到无线缓冲包。这个最大时延抖动对高层（如 L3 层）的影响将在下面进行研究。

7.4.4.1　基本切换测试

基本切换测试设置如图 7.6 所示，包括一个源数据发射机（PC-1）和一个数据接收机（PC-2），它们通过两个独立的卫星链路连接，每个链路都有一个完整的卫星信道。

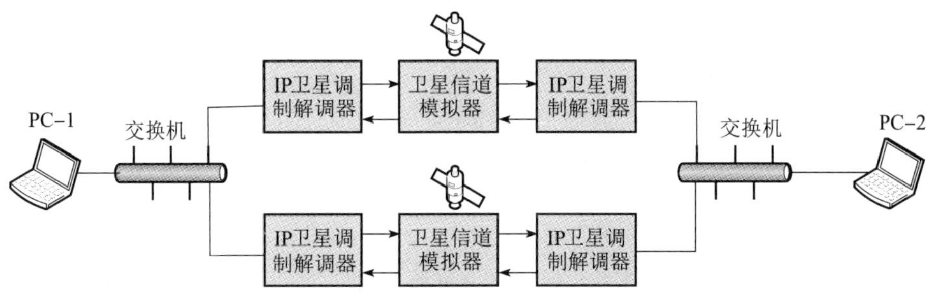

图 7.6　基本切换设置

交换机通过卫星接收来自两个链路的数据，数据只通过一个卫星链路上的交换机发送。在卫星切换中，交换机彼此独立地重新配置，以在另一个卫星链路上引导数据。表 7.1 中列出了基本切换测试及其描述、目的和设置/负载，而相应的测试结果见表 7.2。在 scp（Secure Copy）测试中，未经切换的文件传输时间为 2min20s。这个测试受切换影响最大。然而，实际上在文件传输期间只发生了一次切换，而不是 10 次。因此，实际文件传输的影响要小得多。

表 7.1　基本切换测试

测试	ping	iperf	scp
描述	用于测试互联网协议（IP）网络上主机可达性的一种软件实用程序	用于网络性能测量和调优的工具	安全拷贝，一种在本地主机和远程主机之间安全地传输计算机文件的方法
目的	丢包检测	丢包检测	传输时间比较
设置/负载	包大小为 300B，包间隔 0.01s/10 次切换	包大小为 1500B，2Mbps，UDP/10 次切换	文件大小 736MB/10 次切换

表 7.2　切换测试结果

测试结果	ping	iperf	scp
无延迟差别	无丢包	10 个包重传	持续时间：4min9s
100ms 延迟差别	无丢包	10 个包重传	持续时间：4min15s

7.4.4.2　带有多个 TCP 会话的切换测试

在本系列测试中，使用了以下工具。用于创建多个传输控制协议（TCP）会话，见表 7.3。

Spirent Avalanche：商业工具，可以模拟多数网络连接。

Echotest：回声测试工具，由 Newtec 开发的一种工具，通过它可以设置特定数量的 TCP 会话和目标比特率。测试的目的是验证是否达到了目标比特率。

表 7.3　Avalanche 和 Echotest 的设置

测试	Avalanche		Echotest
设置			
时延	卫星 1 有 75ms 时延/卫星 2 有 90ms 时延		卫星 1 有 75ms 时延/卫星 2 有 90ms 时延
往返时间	卫星 1 的 RTT 为 150ms，通过 Sat1 和 Sat2 的路径之间的 RTT 差值为 30ms		卫星 1 的 RTT 为 150ms，通过 Sat1 和 Sat2 的路径之间的 RTT 差值为 30ms
吞吐量	每个配对的调制解调器最大吞吐量设置为 40Mbps		每配对的调制解调器最大吞吐量设置为 200Mbps
系统	Spirent Avalanche		Linux Ubuntu 14. 04
负载			
	Web 客户	250 并发用户	100 个 tcp 连接
		1800 处理量/s	每个连接 2Mbps
		浏览器 HTTP/1. 1 兼容	测试持续时间：192s
	Web 服务器	Microsoft-IIS/6. 0	10 次切换
		100kB 页/1Mb 页	

1. Spirent Avalanche 测试

假设所有 TCP 连接关闭时无错误（实际也未报错），在没有卫星切换的情况下与有两个卫星切换的情况下观察到的差异不明显，见表 7. 4。

表 7. 4　Spirent Avalanche 测试结果

100kB 页	无切换	两个切换	1Mb 页	无切换	10 次切换
测试时间	5min55s	6min	测试时间	0. 25h	0. 24h
tcp 连接数	13936	14000	tcp 连接数	8557	8511

2. Echotest（回声）测试

在下面的图中，x 轴表示 TCP 会话的 id，其中第一个会话的 id 是 1，最后一个会话的 id 是 100。每个 TCP 会话的接收字节数（y 轴）如图 7. 7 所示，而每个 TCP 会话的吞吐量如图 7. 8 所示。单个 TCP 会话之间的差异很小。

7. 4. 4. 3　切换测试总结

切换测试表明没有丢包，数据包重传的数量很低并可以接受。但是 scp 有一定影响，这表明一些应用程序对数据包重传非常敏感。移入和移出卫星链路的不同时延差异产生了相似的测试结果。带有许多 TCP 会话的测试没有明显地受到切换的影响。

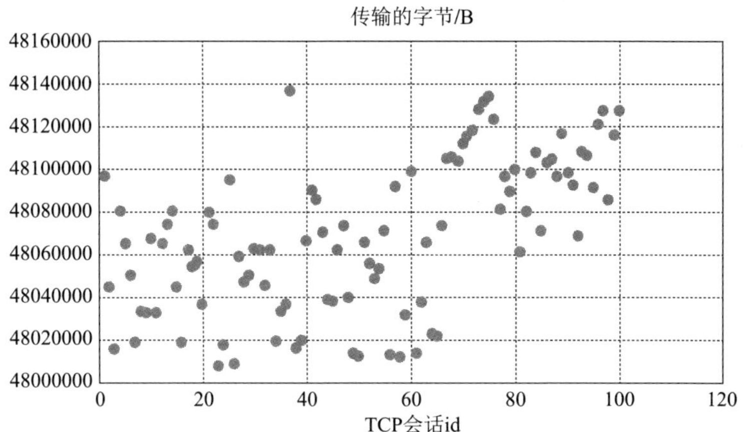

图 7.7　TCP 会话的传输字节

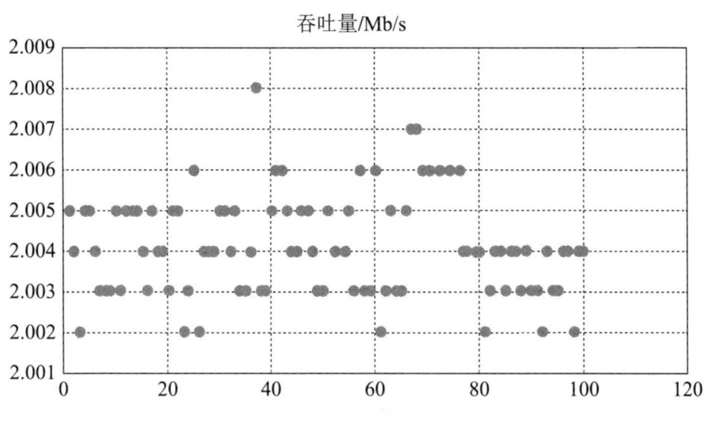

图 7.8　TCP 会话的吞吐量

7.5　用于 MEO 卫星应用的分集合并

分集技术作为抗衰落[7] 的一种有效方法，已在地面无线电通信中应用了几十年。其关键思想是假设每条路径都经历不同的衰落，将收到的发射信号的多条路径进行线性组合，以增加接收机的 SNR。在 GEO 卫星应用中，分集合并利用典型场景的多样性来抵消由大气条件引起的衰落（如雨衰）[8]。

另外，MEO 卫星应用中需要一种完全不同的方法。为了在切换期间保持数据流的连续性，接收器终端必须有两个接收天线。在切换阶段之外（只有一颗卫星在视野内），终端仍然从同一网关和通过同一卫星接收相同的数据流两次（每个天线一个），并可以进行分集合并。由于两个接收天线通常位于彼此附近，在接收端看到的传播信道实际上没有明显差异。因此，用户终端执行合并的好处通常可以理解为合并增益（就功率而言），而不是分集增益。然而，在切换阶段之外的某些情况下，当发生信号堵塞或船上桅杆中的电缆剪断，分集合并可以使服务保持连续性。鉴于此，我们继续使用分集合并。

本节讲述合并技术的最新进展，特别是简要地介绍合并技术，并考虑了它们在现实场景中的可能应用。

7.5.1 合并机制：现状回顾

参考文献［7,9］中已知的合并方案包括：①最大比值合并（MRC）；②等增益合并（EGC）；③选择合并（SC）；④开关合并（SwC）。

由于 MRC 源于通过对接收流的线性处理来最大化接收端的 SNR，因此当不存在干扰时，MRC 的结果是最优方案（就达到的 SNR 而言）。为此，用于多径信号线性组合的 MRC 权值是复系数，对多径信号幅度和相位进行重新标度。另外，EGC 只对多径分支信号的相位起作用：它的权值仍然是复数，但具有单位振幅。

MRC 和 EGC 都需要获取信道状态信息，并进行相应的处理来计算各自的权值。相反，SC 和 SwC 不需要权值：它们只选择具有最高信噪比的分支。SC 持续地监视所有的多径信号并可能从一个多径分支立即切换到另一个分支时。而 SwC 将保持在所选的分支上，直到它的 SNR 下降到预定的阈值以下。

在 MEO 卫星系统中，通常只有两个分支可用。此外，由于两个接收天线通常距离很近，两个数据流的信道在合并过程中将是高度相关的。因此，SC 和 SwC 在正常工作模式下不会提供任何增益。然而，MRC 和 EGC 可以通过平均热噪声以及两个接收链路的 HW 所产生的非共性损耗来提高性能。另外，在一个天线发生堵塞时，MRC 和 SC 都是最优的，他们通过完全丢弃来自 SC 的信号或通过设置相应的权重为零（MRC），从而可以防止噪声注入多径信号的分支。

下面将简要介绍 MRC 和 EGC。

MRC 需要相干增益和相位合成，在合成了输入流之后，没有其他检测器会导致更高的 SNR，因此被认为是最优的。实际上在 MRC 中，有用的信号是相干的，而噪声则不是。两副接收天线将在链路预算产生 3dB 的增益。然而，实际情况会有所损耗导致增益减少。在信道波动较大的情况下，需要相应地改变组合权值，这就需要快速、鲁棒的估计算法。因此，从实际操作的角度来看，更简单的方案是 EGC。

与 MRC 不同的是，EGC 仅在分支信号合并前对信号进行合并相位处理，因此相对于 MRC，其性能结果是次优的。实际上，假设每个分支的噪声水平是相当的（如在一个实际的 MEO 场景中），使用 EGC 实现的可获得的分集增益只能比 MRC 略低一点。特殊情况时，当一个数据流具有较高 SNR，而另一个数据流的噪声占主导地位时，合并后的 SNR 可能低于最佳流的 SNR（SNR 较高的分支）。这意味着 EGC 在合并后会向信号中注入更多的噪声，这并不是一种好的结果。

7.5.2　合并位置

接收机总是有来自两副不同天线的两个输入。分支信号合并前，每个输入都由一个单独的接收链路处理（除了切换期间，不执行合并时）。因此，可以采用不同的方法来实现不同位置的合并，通常在匹配滤波之前或之后。

7.5.2.1　匹配滤波前合并

这种体系结构中，在合并之前要执行的唯一操作是数据流对齐和信道估计。两条链路之间的时延来自两个流之间的物理路径差异（如电缆长度），并且可以通过将一个流与另一个流关联起来进行校准。这种方法还允许对数据流之间的差分相位偏移进行补偿。因为在这个阶段没有导频可用，所以调整难度较大。然而，基于相关函数的鲁棒盲算法（如非相干后验集成算法）可以用来关联两个数据流并估计相对时延。相关资料可参考文献［10］及其参考文献。

7.5.2.2　匹配滤波后合并

这种结构中，同步是在两个数据流对齐之前执行的。实际上，可以通过检测每个数据流的帧头，在同步链内实现对两个数据流之间的相对时间偏移补偿。这种分集技术称为后验合并。

7.5.3　合并技术的性能

本节通过考虑相对于信道增益的归一化信号模型，对 MRC 和 EGC 进行分析研究。这种归一化背后的原理是，实际的解调器通常根据导频域上计算的相关关系，通过估计信道增益来归一化接收到的信号。

7.5.3.1　最大比合并

我们考虑一个具有单发天线（在网关处）和 N 个接收天线的系统：

$$\boldsymbol{y}=\boldsymbol{1}s+\boldsymbol{1}g+\hat{\boldsymbol{\eta}} \tag{7.1}$$

式中：（1）$\boldsymbol{y}=[y_1,y_2,\cdots,y_N]^{\mathrm{T}}$ 为 $N\times1$ 接收向量（y_k 指第 k 个接收天线的信号）；（2）向量 **1** 指的是所有 $N\times1$ 的向量；（3）假设 s 为零均值和单位方差的传输数据信号；（4）g 为不同接收信号之间的公共噪声分量，建模为高斯噪声，零均值，方差 α^2；（5）$\hat{\boldsymbol{\eta}}=[\eta_1/h_1,\eta_2/h_2,\cdots,\eta_N/h_N]^{\mathrm{T}}$ 为正态分布的 $N\times1$ 接收噪声向量；（6）h_k 为发射端和第 k 个接收天线之间的信道，并且 $\boldsymbol{h}=[h_1,$

$h_2,\cdots,h_N]^{\mathrm{T}}$ 是 $N\times1$ 信道向量；（7）η_k 为第 k 个接收天线的噪声，我们把 $\boldsymbol{\eta}=[\eta_1,\eta_2,\cdots,\eta_N]^{\mathrm{T}}$ 作为高斯向量，它的属性为—独立分量；—对于所有 l，$E[\eta_l]=0$；—$E[|\eta_l|^2]=\sigma_l^2$，注意噪声分量可以有不同大小的方差。

上述模型可以用于 MEO 合并场景，其中 $\boldsymbol{h}$ 表示下行信道，g 表示公共上行噪声，$\boldsymbol{\eta}$ 表示下行接收机特定的 AWGN 前端噪声。

经过适当加权后，从不同接收天线接收到的信号合并在一起。设权重向量为 $\boldsymbol{u}=[u_1,u_2,\cdots,u_N]^{\mathrm{T}}$，合并信号形式为 $z=\boldsymbol{u}^{\mathrm{H}}\boldsymbol{y}=\boldsymbol{u}^{\mathrm{H}}\mathbf{1}s+g\boldsymbol{u}^{\mathrm{H}}\mathbf{1}+\boldsymbol{u}^{\mathrm{H}}\hat{\boldsymbol{\eta}}$。

使用上述信号模型，SNR 可定义为

$$\mathrm{SNR}=\frac{|\boldsymbol{u}^{\mathrm{H}}\mathbf{1}|^2}{\alpha^2|\boldsymbol{u}^{\mathrm{H}}\mathbf{1}|^2+\sum_{l=1}^{N}\sigma_l^2(|u_l|^2/|h_l|^2)} \tag{7.2}$$

MRC 权重是最大 SNR 的 $\boldsymbol{u}$ 分量。为了获得 $\boldsymbol{u}$ 的表达式，定义 $w_k=u_k/(h_k)^*$，则式（7.2）变为

$$\mathrm{SNR}=\frac{|\boldsymbol{w}^{\mathrm{H}}\boldsymbol{h}|^2}{\alpha^2|\boldsymbol{w}^{\mathrm{H}}\boldsymbol{h}|^2+\sum_{l=1}^{N}\sigma_l^2|w_l|^2} \tag{7.3}$$

然后，可以引入下面的修正。

（1）$|\boldsymbol{w}^{\mathrm{H}}\boldsymbol{h}|^2=\boldsymbol{w}^{\mathrm{H}}\boldsymbol{h}\boldsymbol{h}^{\mathrm{H}}\boldsymbol{w}=\boldsymbol{w}^{\mathrm{H}}\boldsymbol{R}_h\boldsymbol{w}$，其中 $\boldsymbol{R}_h=\boldsymbol{h}\boldsymbol{h}^{\mathrm{H}}$；

（2）$\sum_{l=1}^{N}\sigma_l^2|w_l|^2=\boldsymbol{w}^{\mathrm{H}}\boldsymbol{R}_n\boldsymbol{w}$，其中 $\boldsymbol{R}_n$ 是对角矩阵，其条目表示为 $\{\sigma_l^2\}$；

（3）$\sum_{l=1}^{N}\sigma_l^2|w_l|^2+\alpha^2|\boldsymbol{w}^{\mathrm{H}}\boldsymbol{h}|^2=\boldsymbol{w}^{\mathrm{H}}\boldsymbol{R}_{\mathrm{tot}}\boldsymbol{w}$，其中 $\boldsymbol{R}_{\mathrm{tot}}=\boldsymbol{R}_n+\alpha^2\boldsymbol{h}\boldsymbol{h}^{\mathrm{H}}$

SNR 可以表示成如下形式：

$$\mathrm{SNR}=\frac{\boldsymbol{w}^{\mathrm{H}}\boldsymbol{R}_n\boldsymbol{w}}{\boldsymbol{w}^{\mathrm{H}}\boldsymbol{R}_{\mathrm{tot}}\boldsymbol{w}} \tag{7.4}$$

令 $\boldsymbol{Q}$ 为 $\boldsymbol{R}_{\mathrm{tot}}$ 的 Cholesky 平方根，也就是 $\boldsymbol{R}_{\mathrm{tot}}=\boldsymbol{Q}^2$，然后我们再假设 $\boldsymbol{R}_{\mathrm{tot}}$ 和 $\boldsymbol{Q}$ 是可逆的。定义 $\boldsymbol{x}=\boldsymbol{Q}\boldsymbol{w}$。经过迭代后，SNR 表达式可以简化为

$$\mathrm{SNR}=\frac{\boldsymbol{x}^{\mathrm{H}}\boldsymbol{Q}^{-1}\boldsymbol{R}_n\boldsymbol{Q}^{-1}\boldsymbol{x}}{\boldsymbol{x}^{\mathrm{H}}\boldsymbol{x}} \tag{7.5}$$

式中：

$$v=Q^{-1}h \tag{7.6}$$

通过定义 $\boldsymbol{R}_{\mathrm{tot}}=\boldsymbol{Q}^2$，可以得出

$$\boldsymbol{w}=\boldsymbol{Q}^{-1}\boldsymbol{Q}^{-1}\boldsymbol{h}=[\boldsymbol{R}_{\mathrm{tot}}]^{-1}\boldsymbol{h}$$

实际上，$\boldsymbol{R}_{\mathrm{tot}}$ 和 $\boldsymbol{h}$ 可以从式（7.1）通过基于导频域的标准估计算法得出。

我们还知道 $\boldsymbol{R}_{\mathrm{tot}}=\boldsymbol{R}_n+\alpha^2\boldsymbol{h}\boldsymbol{h}^{\mathrm{H}}$，通过 Sherman-Morrison 公式得出

$$[\boldsymbol{R}_{\mathrm{tot}}]^{-1}=\boldsymbol{R}_n^{-1}-\frac{\alpha^2\boldsymbol{R}_n^{-1}\boldsymbol{h}\boldsymbol{h}^{\mathrm{H}}\boldsymbol{R}_n^{-1}}{1+\alpha^2\boldsymbol{h}^{\mathrm{H}}\boldsymbol{R}_n^{-1}\boldsymbol{h}} \tag{7.7}$$

式（7.7）简化之后，有 $[\boldsymbol{R}_{\mathrm{tot}}]^{-1}\boldsymbol{h}=\boldsymbol{R}_n^{-1}\boldsymbol{h}-\dfrac{\alpha^2\boldsymbol{h}^{\mathrm{H}}\boldsymbol{R}_n^{-1}\boldsymbol{h}}{1+\alpha^2\boldsymbol{h}^{\mathrm{H}}\boldsymbol{R}_n^{-1}\boldsymbol{h}}\boldsymbol{R}_n^{-1}\boldsymbol{h}$

则

$$\boldsymbol{w}=[\boldsymbol{R}_{\mathrm{tot}}]^{-1}\boldsymbol{h}=\frac{1}{1+\alpha^2\boldsymbol{h}^{\mathrm{H}}\boldsymbol{R}_n^{-1}\boldsymbol{h}}\boldsymbol{R}_n^{-1}\boldsymbol{h} \tag{7.8}$$

权重向量 $\boldsymbol{w}$ 的缩放不会改变 SNR，由于缩放因子 $1/(1+\alpha^2\boldsymbol{h}^{\mathrm{H}}\boldsymbol{R}_n^{-1}\boldsymbol{h})$ 对于两者都是相同的，我们可以简化式（7.8）。MRC 权重向量将为 $\boldsymbol{w}=\boldsymbol{R}_n^{-1}\boldsymbol{h}$，并且 $\boldsymbol{u}=(\boldsymbol{R}_n^{-1}\boldsymbol{h})\odot\boldsymbol{h}^*$，其中⊙指的是元素积。

因为 $\boldsymbol{R}_n^{-1}$ 指的是下行链路噪声方差，因此 MRC 权重向量不需要任何上行链路 SNR 的信息。特别地，对于独立的下行链路分量，$\boldsymbol{R}_n$ 是具有 $\{\sigma_l^2\}$ 项的对角矩阵，其中第 l 个信道的权重是 $u_l=|h_l|^2/\sigma_l^2$。得出的 SNR 是 $\boldsymbol{Q}^{-1}\boldsymbol{R}_h\boldsymbol{Q}^{-1}$ 的最大特征值，其表达式为 $\mathrm{SNR}=\boldsymbol{h}^{\mathrm{H}}[\boldsymbol{R}_{\mathrm{tot}}]^{-1}\boldsymbol{h}$。$\boldsymbol{R}_n$ 是对角矩阵 $\{\sigma_l^2\}$，SNR 表达式可扩展为

$$\mathrm{SNR}=\frac{1}{(1/h^{\mathrm{H}}R_n^{-1}h)+\alpha^2}=\frac{1}{\left(1\Big/\left(\sum_{l=1}^{N}(|h_l|^2/\sigma_l^2)\right)\right)+\alpha^2}$$

因此，可以清楚地得出第 l 条下行链路 SNR 是 $\gamma_{\mathrm{DL},l}=|h_l|^2/\sigma_l^2$；另外，上行 SNR 采用形式 $\gamma_{\mathrm{UL}}=1/\alpha^2$。因此 MRC 方式的 SNR 表达式为

$$\mathrm{SNR}=\frac{1}{\left(1\Big/\sum_{l=1}^{N}\gamma_{\mathrm{DL},l}\right)+(1/\gamma_{\mathrm{UL}})} \tag{7.9}$$

7.5.3.2　等增益合并

接收信号的模型与式（7.1）相同。在这种情况下 EGC 是一个简单的平均值，其组合信号为

$$z=\frac{1}{N}(\mathbf{1}^{\mathrm{H}}\boldsymbol{y})=s+g+\frac{1}{N}(\mathbf{1}^{\mathrm{H}}\hat{\boldsymbol{\eta}})$$

利用上述信号模型，SNR 结果可以计算为

$$\mathrm{SNR}=\frac{1}{\alpha^2+(1/N^2)\sum_{l=1}^{N}(\sigma_l^2/|h_l|^2)} \tag{7.10}$$

通过代数算法（Cauchy-Schwartz 不等式），我们可以得出 EGC 的 SNR 比

MRC 的 SNR 更低。

7.5.4 利用下行 SNR 的开关阈值计算

尽管 MRC 在理论上是最优的，但实际情况始终需要计算合并权重。另外，在所描述的场景中，EGC 实则为数据流的简单平均，并且不需要额外的权重计算，从而使其实现起来更加简单。此外，SC 可以通过数据流之间的简单切换直接实现。因此，从实现难度来看，EGC 和 SC 比 MRC 更具吸引力。

由于不同组合算法的性能取决于每个接收机不同分支上的 SNR，因此在本节中，我们将针对两个分支之间 SNR 不平衡的函数进行性能复杂度折中的分析。这种不平衡可能是硬件老化的结果，其大小可能从很小（如几分贝的统计波动）到很大（当一副天线被阻塞或发生断电/故障时）变化。

在两条分支 SNR 不平衡的情况下，MRC 始终是最佳的（就接收 SNR 的最大化而言），其性能优于其他技术。但是在某些条件下，EGC 的性能可能与 MRC 的性能非常相似，这使其成为实际更优良的候选技术。然而，在不同工作条件下，EGC 的表现较差，而 SC 的结果却提供了更加接近 MRC 的增益，如图 7.9 所示。因此，可以同时使用 EGC 和 SC，并根据工作条件随时间的变化从一个切换到另一个，此选择将在 EGC 和 SC 组合后提高 SNR（使增益接近 MRC 提供的增益），同时也使接收机的复杂性降至最低。EGC 和 SC 之间的最佳切换阈值可以在表示合并后的 SNR 的曲线的交点处找到，表示为分支上 SNR 的函数。下面，我们假设仅下行链路 SNR 是已知的。

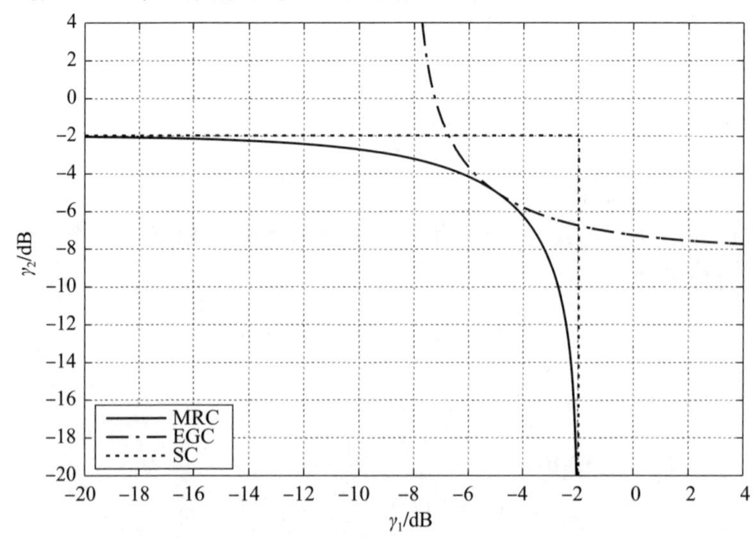

图 7.9 不同合并算法下的多径分支 SNR 对应曲线（合并后的 SNR 为−2dB 时）

在使用 EGC 合并分支后，得到的 SNR 为

$$\gamma_{EGC}=\frac{1}{\alpha^2+(1/4)((1/\gamma_1)+(1/\gamma_2))} \tag{7.11}$$

对于 SC，合并后的 SNR 是各个分支中 SNR 的最大值，即

$$\gamma_{SC}=\max\left(\frac{1}{(1/\gamma_1)+\alpha^2},\frac{1}{(1/\gamma_2)+\alpha^2}\right) \tag{7.12}$$

最佳阈值就是只有在 $\gamma_{EGC}>\gamma_{SC}$ 时使用 EGC，否则我们使用 SC。γ_M 是两个下行 SNR 的最大值，γ 是另外一个 SNR，那么变换的条件为

$$\frac{1}{\alpha^2+(1/4)((1/\gamma_M)+(1/\gamma))}>\frac{1}{(1/\gamma_M)+\alpha^2}$$

引入不平衡 $\theta=\gamma/\gamma_M$，并且将 γ 替代为 $\theta\gamma_M$，我们可以得出 $\theta>1/3=-4.77$dB。这意味着当两个数据流之间的 SNR 不平衡（绝对值大于 4.77dB）时，合并后 SC 在可达到的 SNR 方面优于 EGC。

7.5.4.1　性能评估

图 7.9 显示了在采用相应合并算法后的 SNR=-2dB 的情况下，两条多径分支 SNR 值的对应曲线。对于不同的合并算法，分别在 x 轴和 y 轴上显示了单分支的 SNR。对于正常长度的 FEC 帧，合并后的 SNR 值（为便于显示，选择为整数）接近 DVB-S2X 标准的最低工作点（不包括最低 SNR 时的工作模式）[11-12]。另外，任何其他工作点都显示三种算法相同的相对性能，曲线相对位置相同。从图 7.9 中可以看出，MRC 的最优性是显而易见的，因为它是合并后需要两个分支上最低 SNR 才能满足-2dB 约束的技术。当没有 SNR 不平衡时，MRC 和 EGC 在性能方面是等效的，因为它们都提供了预期的 3dB 增益。当 SNR 不平衡加剧时，EGC 开始偏离 MRC，并且在某个点上，它的表现优于 SC。

7.5.5　利用总 SNR 计算开关阈值

对于每个数据流的 SNR，$\hat{\gamma}_k(k=1,2)$ 可以表示为

$$\frac{1}{\hat{\gamma}_k}=\frac{1}{\gamma_k}+\alpha^2 \tag{7.13}$$

对于 SC 的 SNR，$\hat{\gamma}_{SC}$ 可以表示为

$$\hat{\gamma}_{SC}=\max(\hat{\gamma}_1,\hat{\gamma}_2)=\hat{\gamma}_M$$

然而，EGC 的 $\hat{\gamma}_{EGC}$ 包括 $\hat{\gamma}_1$ 和 $\hat{\gamma}_2$，和上行噪声 α^2。将式（7.11）代入式（7.13），EGC 的 SNR 可以表示为

$$\hat{\gamma}_{\mathrm{EGC}}=\frac{1}{(\alpha^2/2)+(1/4)((1/\hat{\gamma}_1)+(1/\hat{\gamma}_2))}$$

假设 $\hat{\gamma}_{\mathrm{EGC}}>\hat{\gamma}_{\mathrm{SC}}$，而且引入失衡 $\hat{\theta}=\hat{\gamma}/\hat{\gamma}_{\mathrm{M}}>0$，则阈值为

$$\hat{\theta}>\frac{1}{3-2\hat{\gamma}_{\mathrm{M}}\alpha^2} \tag{7.14}$$

式（7.14）中的阈值计算取决于上行链路噪声功率和分支上的最大 SNR。当接收器的上行链路噪声功率未知时，精确的阈值计算将变得很困难。但是，最优阈值结果要大于仅考虑下行链路 SNR 而获得的阈值，即

$$\frac{1}{3-2\hat{\gamma}_{\mathrm{M}}\alpha^2}>\frac{1}{3} \tag{7.15}$$

当 $\hat{\gamma}_M<3/2\alpha^2$，通过式（7.13）和式（7.15）可以表示为 $\hat{\gamma}_{\mathrm{M}}>-3/\alpha^2$，当 γ_{M} 为正，这个公式成立。

综上所述，对于任何 $\theta\leqslant1$，通过式（7.13），可以得出

$$0<\theta=\frac{\gamma}{\gamma_{\mathrm{M}}}\leqslant\frac{\hat{\gamma}}{\hat{\gamma}_{\mathrm{M}}}\leqslant1 \tag{7.16}$$

用总 SNR 计算的失衡 SNR 为

$$0<\hat{\theta}=\frac{\hat{\gamma}}{\hat{\gamma}_{\mathrm{M}}}\leqslant1$$

这个值比用下行噪声计算的值更接近 1。

由于接收机通常只能测量总 SNR，因此要使用的最佳阈值为式（7.14）。即使用总 SNR 计算得出的阈值。但是，由于估计上行链路噪声功率难度较大，因此在准确性和复杂性之间折中后，将使用下行链路 SNR 计算的阈值。如式（7.16）所示，由于最优阈值的值高于次优阈值的值，因此使用次优阈值意味着 EGC 偶尔会在不应出现的时候出现，从而增加了解调器的噪声。

7.5.6 合并增益

在 MEO 系统的实际方案中，两副接收天线位于同一个位置。因此，两个数据流之间没有 SNR 不平衡。以此假设，合并后的总 SNR 可为

$$\gamma_{\mathrm{post}}=\frac{1}{(1/\gamma_{\mathrm{UL}})+(1/2\gamma_{\mathrm{DL}})} \tag{7.17}$$

式中：γ_{UL} 为上行 SNR；γ_{DL} 为下行 SNR。

式（7.17）在 MRC 和 EGC 中都通用。同样，总 SNR 在合并之前为

$$\gamma_{\mathrm{pre}}=\frac{1}{(1/\gamma_{\mathrm{UL}})+(1/\gamma_{\mathrm{DL}})}$$

在合并之后为

$$\chi = \frac{\gamma_{\text{post}}}{\gamma_{\text{pre}}} = 1 + \frac{1}{1+2(\gamma_{DL}/\gamma_{UL})} \tag{7.18}$$

并且$\chi \in [1, 2]$。从式（7.18）可以看出，上行噪声的存在降低了合并增益。事实上，如果系统受上行链路噪声的支配，则合并所提供的增益可能会非常有限，因为合并会影响专有的下行噪声。另一方面，当不存在上行链路噪声时，则$\chi = 3\text{dB}$。图 7.10 清楚地显示了这种行为。

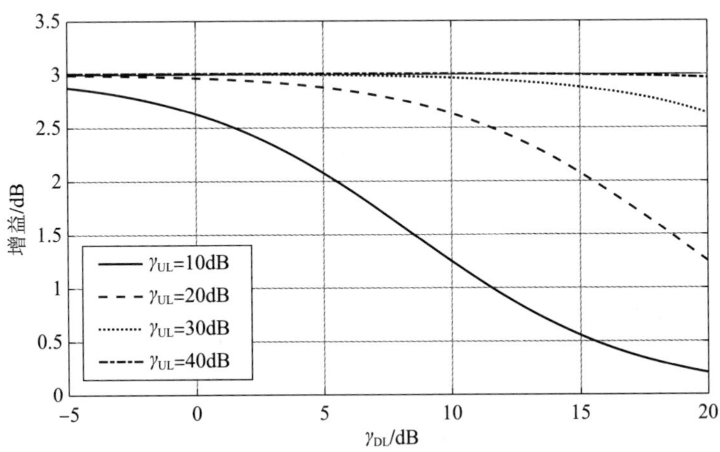

图 7.10　上下行不同 SNR 的合并增益

7.6　路线图

分集合并在已存在两副天线的情况下受到商业关注，因此出于切换目的采用双天线用例来说明。在这些情况下，当两路信号被不相关的噪声分量破坏时，分集合并可以提供高达 3dB 的 SNR 增益。MEO 卫星应用是这种双天线系统最明显的示例：为了进行无缝的卫星切换，接收器通常利用两副天线，可以将它们链接到两个解调器。

双天线系统的另一个示例是在海上，当其中一个副天线阻塞的情况下，使用两副（或更多）天线作为备用天线。双天线系统通常使用判决器在天线之间切换信号。如果发生阻塞（可以预先配置）或天线发生故障，判决器会在两个天线之间自动切换。如果是带有双解调器的调制解调器，则此功能可以在调制解调器内部完成。

对于 GEO，在波束切换的情况下，将单天线双解调器系统用于卫星切换。

通过将第二个解调器锁定到新波束，可以在切换之前进行同步操作，从而实现更快的切换。但是，由于在这种情况下是单天线，所以不适用分集合并。另一方面，如果为移动终端考虑无缝的GEO卫星切换，则需要使用双天线以避免在切换期间服务中断。

7.7 小结

本章介绍了一种经济有效的解决方案，利用MEO卫星可实现无缝卫星切换。本章通过分析表明，文献中描述的现有机制在实现最佳性能和数据包零丢失方面存在一些缺陷，本章提出的解决方案可以利用SDN技术，构建“先通后断”和“单向交换”概念相结合的基础结构，以实现所提出的目标。

本章建立了用来演示切换性能的模型，并且测试结果清楚地表明可以实现零丢包的卫星切换。而且，由于两个卫星路径之间的时延差异而导致潜在数据包重传的影响可以忽略不计。该模型可以建立TCP通信而不会出错，并且用户数据报协议（UDP）几乎不会经历重大的重传。可以说，本章描述的机制不会导致任何类型的“服务降级”。SDN可以成功用于卫星交换，并且是实现无缝切换的首选技术。

此外，为了充分利用切换阶段之外的两副天线，可以考虑采用分集合并来增加接收机的SNR。三种经典算法（MRC、EGC和SC）的性能通过信道和信号的真实建模而专门用于MEO应用。尽管就SNR最大化而言，MRC是最佳解决方案，但对于合并权重而言，采用EGC和SC的组合不需要额外的计算开销，更为简便。特别地，当两个接收信号之间的SNR不平衡程度较小时，EGC的表现非常接近MRC，而当不平衡程度较大时，SC则优于EGC，并接近MRC。为了在性能和复杂度之间折中，计算出了EGC和SC之间的最佳切换阈值（当SNR不平衡时）。

本章提出的概念不限于MEO星座，而是可以应用于需要切换并且可以利用分集的场景。然而，因为MEO星座得到商业认可，在实现方面，允许更快地达到本章所述的概念。

参考文献

[1] ITU-T Recommendation P.10, 'Vocabulary for performance and quality of service', Amendment 5, July 2016.

[2] ETSI TR 102 376-2 V1.1.1, 'Digital Video Broadcasting (DVB); Implementation guidelines for the second generation system for Broadcasting, Interactive

Services, News Gathering and other broadband satellite applications; Part 2-S2 Extensions (DVB-S2X)', November 2015.
[3] ITU-R P.618-12, 'Propagation data and prediction methods required for the design of Earth-space telecommunications systems', P Series Radiowave Propagation, July 2015.
[4] ITU-R P.840-6, 'Attenuation due to clouds and fog', P Series Radiowave Propagation, September 2013.
[5] Kourogiorgas C., Panagopoulos A.D., and Arapoglou P.-D., 'Rain Attenuation Time Series Generator for Medium Earth Orbit Links Operating at Ka Band and above,' European Conference on Antennas and Propagation (EUCAP), p. 3506–3510, 2014.
[6] Yang B., Wu Y., and Chu X., 'Seamless Handover in Software-Defined Satellite Networking,' IEEE Communication Letters, vol. 20, no. 9, pp. 1768–1771, 2016.
[7] Brennan D.G., 'Linear Diversity Combining Techniques,' Proceedings of the IEEE, vol. 91, no. 2, pp. 331–356, February 2003.
[8] Panagopoulos A.D., Arapoglou P.-D.M., Kanellopoulos J.D., and Cottis P.G., 'Long-term Rain Attenuation Probability and Site Diversity Gain Prediction Formulas,' IEEE Transactions on Antennas and Propagation, vol. 53, no. 7, pp. 2307–2313, July 2005.
[9] Simon M.K. and Alouini M.-S., *Digital Communication over Fading Channels*, 2nd ed., Hoboken, NJ: Wiley, 2005.
[10] Pedone R., Villanti M., Vanelli-Coralli A., Corazza G.E., and Mathiopoulos P.T., 'Frame Synchronization in Frequency Uncertainty,' IEEE Transactions on Communications, vol. 58, no. 4, pp. 1235–1246, April 2010.
[11] ETSI EN 302 307-1 Ver. 1.4.1, 'Digital Video Broadcasting (DVB); Second generation framing structure, channel coding and modulation systems for Broadcasting, Interactive Services, News Gathering and other Broadband satellite applications – Part 1: DVB-S2', November 2014.
[12] ETSI EN 302 307-2 Ver. 1.1.1, 'Digital Video Broadcasting (DVB); Second generation framing structure, channel coding and modulation systems for Broadcasting, Interactive Services, News Gathering and other Broadband satellite applications – Part 2: DVB-S2 Extensions (DVB-S2X)', October 2014.

第8章
多载波卫星的强大非线性对策——延续到5G

贝塞尔·弗·毕达斯
美国休斯高级开发集团

现阶段，用卫星传输高速率数据的需求越来越迫切，而最大程度提高卫星质量效率（Mass Efficiency）的挑战性也越来越高，这就提升了高阶调制多载波使用共用转发器的需求，从而使转发器的高功率放大器（HPA）接近饱和。本章将讨论一些强大的对策，这些对策在发射端采用预失真的方式，接收端采用均衡的方式，从而最小化所产生的非线性失真。

为了与新兴的5G生态系统建立更强的通用性，本章尽可能地在宽带卫星通信的前向传输链路（从关口站到终端）应用正交频分复用（OFDM）信令，而5G地面系统一直是使用OFDM空口。上面提到的强大对策将被推广和利用，这些方案在基于OFDM的卫星系统中表现出了良好的性能，甚至在某些高阶调制和采用多信号共用同一转发器的情况下，其性能也超过了使用单载波调制（SCM）的传统系统。

8.1 引言

5G地面无线网络快速发展，吸引着数以亿计资金投入其中进行研究和建造相关设施。令人可期的是，农村地区将利用5G网络实现更大容量、更可靠、更安全、更低延时、更低成本的宽带通信业务。可以想象的是，卫星通信在新型的5G愿景中将起主导作用，部分原因是卫星通信覆盖范围广，对基础设施受限的地区影响显著，而且能抵抗自然灾害或大规模攻击对通信造成的影响。

在宽带和广播应用中，实现高通量卫星需求的关键是通过多种手段使得系统效率最大化：（1）通过多载波共享卫星的 HPA 来实现有效载荷的质量效率；（2）利用基于同心环的高阶调制技术，在可用频谱带宽上，将各载波进行频率压缩，尽最大可能地挤满可用的频谱带宽，从而来提升带宽的使用效率；（3）通过使 HPA 接近饱和来提高功率效率；（4）通过使用已被广泛采用的 DVB-S2[1] 和扩展 DVB-S2X[2] 卫星标准中，容量逼近前向纠错码的自适应编码和调制（ACM）技术，来提高能量效率。然而，由于 HPA 的固有非线性特性产生了实质地非线性失真环境，如果不对其进行补偿，将会造成严重的后果。

本章首先介绍了一些应用在发射机和接收机中的强大补偿技术，可以有效地降低在卫星高效率工作时产生的线性和非线性失真。在此基础上，提出了一种适用于多载波卫星应用的载波间失真分析框架，这个由毕达斯（Beidas）引入的框架，采用了沃尔泰拉（Volterra）级数来描述非线性失真，这些非线性失真与载波自身或与其他相关的载波有关。当载波数量为 1 时，互调（IMD）分析简化为非线性符号间的干扰（ISI）分析，此研究可参见本纳德托（Benedetto）等在参考文献［4］中的分析。使用该方法另一个较为特殊的研究可见参考文献［5］，即毕达斯和塞沙德里（Seshadri）开展的，当载波数量为 2 时的分析。

进一步提高通信系统的频谱效率可以通过使用超奈奎斯特（Faster-Than-Nyquist，FTN）获得。FTN 为使用非线性卫星系统提供了很多便利，例如，在不受转发器的多路复用滤波器带来的不利影响下，FTN 可以提高符号速率，这时 FTN 不会改变信号频谱的内容或形状。同时，FTN 为增加频谱效率提供了一定的自由度，而无须引入信号星座额外的同心环（这个环对非线性 HPA 有益）。参考文献［8，9］中研究了更先进的接收机以实现用于非线性卫星链路的 FTN 增益。

本章接下来介绍了通过在宽带卫星传输的前向链路（关口站到用户终端）中使用类 OFDM 信令，以实现 5G 和卫星通信的交互。OFDM 空口一直以来被用在 5G 的下行链路上。这也符合第三代合作伙伴项目（3GPP）[10] 指定的 5G 新无线接入技术标准化的进展。具有巨大共性的空口可被用于集成的卫星和地面宽带网络中，这种集成促使了可用于未来的卫星用例，并通过将 5G 的覆盖范围扩大到只有卫星才能渗透的区域，从而扩大了 5G 服务的覆盖范围和部署弹性。

另外，OFDM 是一种特殊的多载波调制（MCM）形式，由于具有众多的优点，如果在宽带卫星系统中使用 OFDM 技术，可以使宽带卫星系统具有更多的优势，这其中就包括：（1）抵抗来自陆地微波信号的窄带干扰，因为 5G 服务提供商迫切希望共享被传统卫星业务占用的频谱；（2）星载转发器的复用滤波器导致了稳健的频率选择失真，例幅度失真在窄带 OFDM 子载波上表现得较为平坦；（3）利用信道状态信息时的位置相关方式，通过使用自适应加载最佳功率分配和调制选择可实现灵活和高效的频谱利用率。

在卫星系统中采用 OFDM 的主要难点是 OFDM 固有的非线性失真敏感性，这归因于高峰均功率比（PARP）电平，要求在较大输出回退（Output Back-off，OBO）时低效地运行星载的 HPA。上述强大的应对策略可广泛地应用于消除这些非线性失真中。这些策略的共同之处在于失真消除的连续应用，这种失真不仅包括来自窄带 OFDM 信号本身的子载波间干扰（ICI），而且还包括来自共用 HPA 的其他信号干扰的影响。这些技术可应用在发射端或接收端，并将收发两端结合起来以获得额外的性能增益。有了先进的补偿技术，在卫星中使用类 OFDM 信令才能成为可能，这可以比拟甚至超过采用了最先进的增强接收机架构[12] 的 SCM 传统系统。

本章其余部分结构安排如下，第 8.2 节描述了单一非线性转发器中继的多重前向纠错编码的高阶调制载波。在第 8.3 节，使用多载沃尔泰拉级数描述了 IMD 的理论特性，还阐述了相关的模块化公式和低复杂度的实施方案。第 8.4 节研究了当卫星通信系统使用 SCM 时，最小化线性和非线性失真的一些应对措施。第 8.5 节探索了宽带卫星应用中的类 OFDM 信令，评估了渐进地减少非线性失真的连续纠错技术。第 8.6 节为小结。

8.2 系统描述

8.2.1 信号模型

如图 8.1 所示的系统架构用于模拟一个多载波卫星系统，其中包含了通过卫星转发器单个 HPA 放大的 M_c 个独立载波。每个载波使用 FEC 编码，通过交叉和格雷映射到与高阶调制相关的星座，如幅度相位键控（APSK），其大小用字母 M 表示，产生符号速率为 T_s^{-1}的复值符号 $\{a_{m,k};m=1,2\cdots,M_c\}_{k=-\infty}^{\infty}$。发射机的输出端的复合信号 $s_c(t)$ 可以表示为

$$s_c(t)=\sum_{m=1}^{M_c}\frac{1}{\sqrt{M_c}}\cdot s_m(t)\cdot \mathrm{e}^{\mathrm{j}(2\pi f_m t+\theta_m)} \tag{8.1}$$

式（8.1）中的独立数字调制信号 $s_m(t)$ 可表示为

$$s_m(t)=\sum_{k=-\infty}^{\infty}a_{m,k}\cdot p_{m,T}(t-kT_s-\varepsilon_m T_s) \tag{8.2}$$

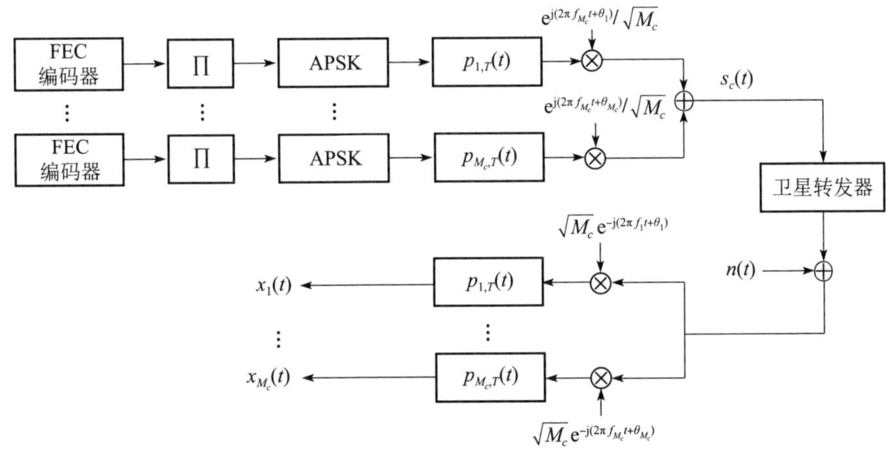

图 8.1　多载波卫星系统架构

式中：$\{\varepsilon_m,\ \theta_m\}$ 分别为信号时间和载波相位的归一化偏差；f_m 为第 m 个中心频率。为简便起见，频率统一间隔 Δf 表示为

$$f_m=\left(m-\frac{M_c+1}{2}\right)\Delta f,\quad m=1,2,\cdots,M_c \tag{8.3}$$

而由此给出的分析适用于任何其他的频率设计。

接收的第一步包括了一组将每个载波频率转换至基带的接收滤波器，通过采取带有脉冲响应 $p_{m,R}(t)$ 的滤波操作，使得在非信号频段的噪声被抑制掉了，如图 8.1 所示。第 m 个接收滤波器的输入/输出关系表示为

$$x_m(t)=\int_{-\infty}^{\infty} r(t-\tau)\sqrt{M_c}\,e^{-j(2\pi f_m(t-\tau)+\theta_m)}\cdot p_{m,R}(\tau)\,d\tau \tag{8.4}$$

为了实现微小间隔（FS）的群时延（GD）均衡，信号 $x_m(t)(m=1,2,\cdots,M_c)$，在式（8.4）接收滤波器的输出端以多种符号速率被采样。如此可以补偿由复用滤波器引入的线性相位失真。

8.2.2　卫星信道模型

图 8.2 描述的卫星信道模型包含了一个输入多路复用（IMUX）滤波器、一个非线性 HPA 和一个输出多路（OMUX）复用滤波器。IMUX 滤波器选择所需的 M_c 个信号组，从而可以限制相邻上行信号的影响。放置在 HPA 之后的 OMUX 滤波器，用于限制对相邻转发器的非线性干扰。利用参考文献［1］中相应滤波器响应的缩放公式因子 M_c 或式（8.5）和式（8.6），可得到与 IMUX 和 OMUX 滤波器相关的频率响应。

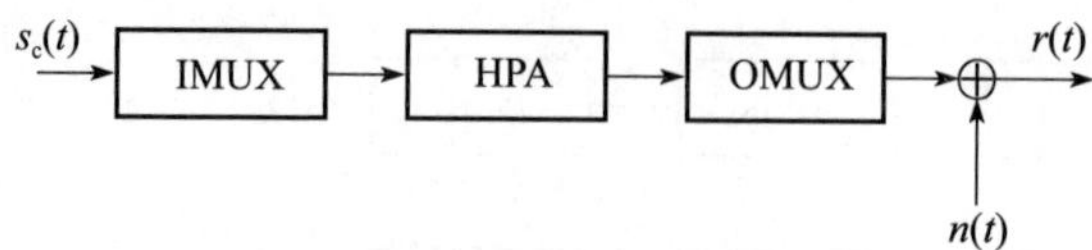

图 8.2　卫星信道框图

$$R'(f)=R\left(\frac{f}{M_c}\right) \tag{8.5}$$

$$G'(f)=\frac{1}{M_c}\cdot G\left(\frac{f}{M_c}\right) \tag{8.6}$$

IMUX 和 OMUX 滤波器的频率响应如图 8.3 所示，其中 $M_c=3$。由 HPA 带来的幅度相位失真，分别转换为来自参考文献［1］和图 8.4 所示的非线性幅度调制（AM）/AM 和 AM/相位调制（PM）。

卫星信道加入下行噪声 $n(t)$，假设下行噪声为单边功率谱密度（PSD）为 N_0(W/Hz）的加性高斯白噪声（AWGN），其干扰的对象为 OMUX 输出端信号。通过适当的卫星链路参数（包括发射天线的尺寸）可以实现上行噪声相比下行噪声可忽略不计这种情况。

从系统总体性能损失来看，在 OBO 的影响下为达到目标错误率，在非线性卫星信道报告性能结果是有意义的。OBO 表示 HPA 输出端（相对饱和而言）的功率损失，参数 TD 用 dB 表示为

$$\mathrm{TD}=\mathrm{OBO}+\left.\frac{E_s}{N_0}\right|_{\mathrm{NL}}-\left.\frac{E_s}{N_0}\right|_{\mathrm{L}} \tag{8.7}$$

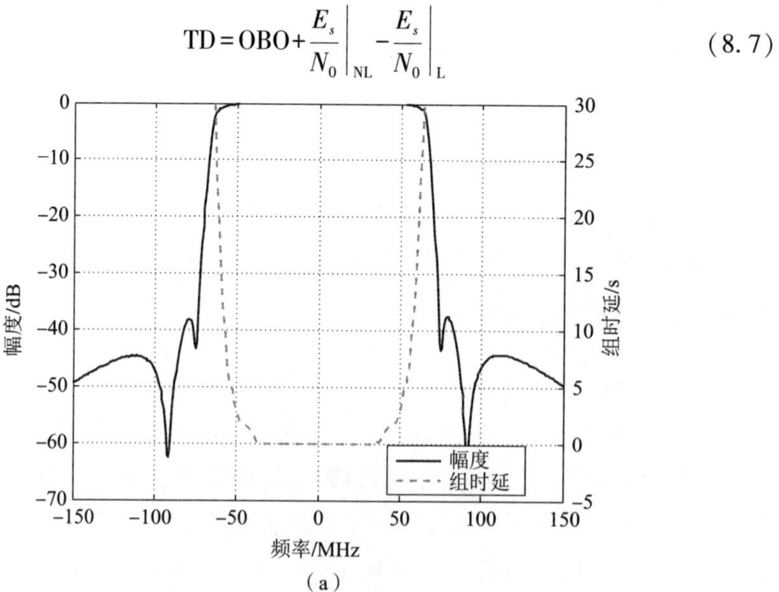

（a）

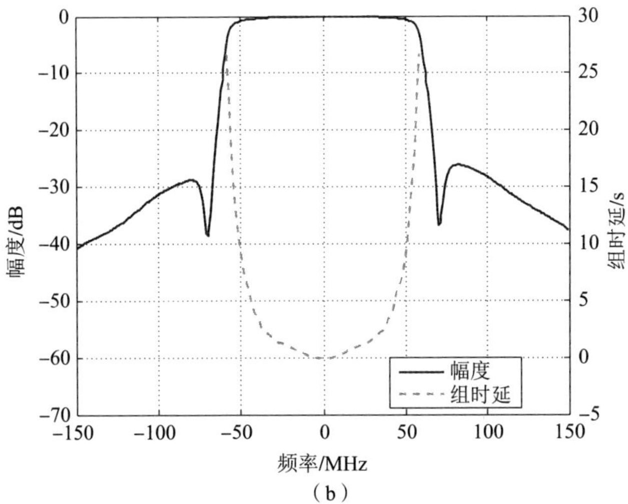

图 8.3　$M_c=3$ 时宽带卫星滤波器的性能

（a）IMUX；（b）OMUX。

式中：$\left.\dfrac{E_s}{N_0}\right|_{\mathrm{NL}}$ 是存在非线性失真的情况下，达到目标错误率所需的每符号平均 SNR，以 dB 为单位；$\left.\dfrac{E_s}{N_0}\right|_{\mathrm{L}}$ 是 AWGN 下，达到目标错误率所需的每符号平均 SNR，以 dB 为单位。

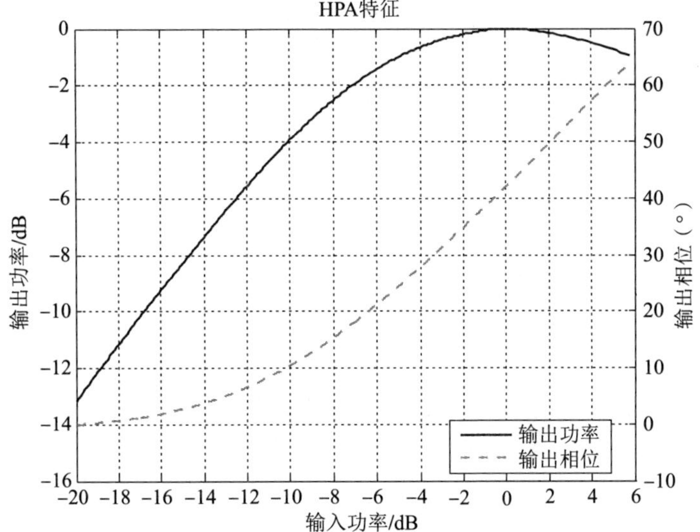

图 8.4　非线性 AM/AM 和 AM/PM 的特征

8.3 互调失真的多载波分析

8.3.1 多载波沃尔泰拉级数

在卫星转发器中的多路复用滤波器之间采用 HPA 导致了有记忆的非线性信道，通常可以使用沃尔泰拉级数对这种情况进行精确建模。本节分析了当利用单个卫星转发器的 HPA 时，基于多载波沃尔泰拉级数的多个高阶调制载波，在接收滤波器组上产生的三阶互调失真（IMD）。另外，本节对载波之间产生的非线性失真进行了量化分析。

特殊情况下，令 m_d 为滤波器组的一个特殊分支，$z_{m_d}^{(3)}(t)$ 为接收滤波操作之前由非线性幂级数三阶项引起的波形。然后，将 $z_{m_d}^{(3)}(t)$ 表示为

$$z_{m_d}^{(3)}(t)=\frac{\gamma^{(3)}}{M_c}\cdot\sum_{m_1=1}^{M_c}\sum_{m_2=m_1}^{M_c}\sum_{m_3=1}^{M_c}2^{1-\delta_{m_1m_2}}\cdot \mathrm{e}^{\mathrm{j}(2\pi(f_{m_1}+f_{m_2}-f_{m_3}-f_{m_d})t+(\theta_{m_1}+\theta_{m_2}-\theta_{m_3}-\theta_{m_d}))}\cdot s_{m_1}(t)\cdot s_{m_2}(t)\cdot s_{m_3}^{*}(t) \tag{8.8}$$

式中：δ_{ij} 为克罗内克 δ（Kronecker Delta）函数，若 $i=j$，则 $\delta_{ij}=1$，否则为 $\delta_{ij}=0$。

将式（8.8）带入式（8.4）并以符号速率采样，非线性对接收滤波器组 $\zeta_{m_d}^{3}((n+\varepsilon_{m_d})T_s)$ 的三阶贡献表示为

$$\zeta_{m_d}^{3}((n+\varepsilon_{m_d})T_s)=\int_{-\infty}^{\infty}z_{m_d}^{(3)}((n+\varepsilon_{m_d})T-\tau)\cdot p_{m_d,R}(\tau)\mathrm{d}\tau \tag{8.9}$$

IMD 的有效信道脉冲响应表示为沃尔泰拉核（函数）的广义定义（该函数在参考文献［5］中进行了介绍），即

$$h_{\mathrm{bcde}}^{(3)}(t_1,t_2,t_3;f_0)\triangleq\int_{-\infty}^{\infty}p_{b,T}(t_1-\tau)\cdot p_{c,T}(t_2-\tau)\cdot p_{d,T}^{*}(t_3-\tau)\cdot p_{e,R}(\tau)\cdot \mathrm{e}^{-\mathrm{j}2\pi f_0\tau}\mathrm{d}\tau \tag{8.10}$$

式中：$1\leqslant b$，c，d，$e\leqslant M_c$。

在此广义定义中，有四个下标：bcd 表示三阶产物所涉及的三个单独的发射滤波器，而 e 表示接收滤波器。频率参数 f_0（载波间距）在多载波分析中起着重要作用。为了揭示其重要性，我们将频域广义沃尔泰拉核用傅里叶（Fourier）变换表示出来，则式（8.10）变为

$$h_{\mathrm{bcde}}^{(3)}(t_1,t_2,t_3;f_0)=\int_{-\infty}^{\infty}\left[P_{b,T}(f-f_0)\mathrm{e}^{\mathrm{j}2\pi(f-f_0)t_1}\underset{f}{\star}P_{c,T}(f-f_0)\mathrm{e}^{\mathrm{j}2\pi(f-f_0)t_2}\underset{f}{\star}P_{d,T}^{*}(-(f-f_0))\mathrm{e}^{\mathrm{j}2\pi(f-f_0)t_3}\right]\cdot P_{e,R}(f)\mathrm{d}f \tag{8.11}$$

式中：$\underset{f}{\star}$ 表示频域中的卷积算符。

式（8.11）中，带中括号“（·）”的项表示由三阶产物得到的 IMD 项，并且由于卷积运算，其频率与各个发射脉冲的宽度之和是一样的。另外，该 IMD 项的中心为 f_0，而接收滤波器 $P_{e,R}(f)$ 是以原点为中心。然而考虑到发射和接收滤波器实际带宽效率的原因，当 $|f_0|>\Delta f$ 时此 IMD 项产生的影响迅速减小。

通过分析式（8.8）~式（8.11），可以得出以下重要发现：多个载波利用相同的非线性，会产生多个三阶 IMD 项，即总共 $M_c^2(M_c+1)/2$ 个不同项。为了提供有关干扰符号的明确表达式，以符号速率采样时，出现在第 m_d 分支上的所有三阶 IMD 项均表示为式（8.12），即参考文献［5］中的式（15）。

$$
\begin{aligned}
\mathrm{IMD}_{m_d}^{(3)}([m_1 m_2 m_3]) = \frac{\gamma^{(3)}}{M_c} \cdot 2^{1-\delta_{m_1 m_2}} \cdot \mathrm{e}^{\mathrm{j}2\pi(f_{m_1}+f_{m_2}-f_{m_3}-f_{m_d})(n+\varepsilon_{m_d})T_s} \cdot \mathrm{e}^{\mathrm{j}(\theta_{m_1}+\theta_{m_2}-\theta_{m_3}-\theta_{m_d})} \cdot \\
\sum_{k_1=-\infty}^{\infty} \sum_{k_2=-\infty}^{\infty} \sum_{k_3=-\infty}^{\infty} a_{m_1,n-k_1} \cdot a_{m_2,n-k_2} \cdot a_{m_3,n-k_3}^{*} \cdot \\
h_{m_1 m_2 m_3 m_d}^{(3)}((k_1-\delta\varepsilon_{m_1})T_s,(k_2-\delta\varepsilon_{m_2})T_s, \\
(k_3-\delta\varepsilon_{m_3})T_s; f_{m_1}+f_{m_2}-f_{m_3}-f_{m_d})
\end{aligned}
\tag{8.12}
$$

式中：$\delta\varepsilon_{m_i}=\varepsilon_{m_i}-\varepsilon_{m_d}$，$1\leqslant m_1$，$m_2$，$m_3$，$m_d\leqslant M_c$。

式（8.12）表明在采样接收滤波器输出处的三阶 IMD 代表了干扰符号的离散卷积。该离散卷积具有由广义沃尔泰拉核的三维脉冲响应。这些核是通过多个载波间隔系数来指定，该系数取决于当前的载波组合［m_1 m_2 m_3］。

该 IMD 项以式（8.11）中的中心频率 f_0 为基础进行分类，则整个频段内有 $3(M_c-1)+1$ 个 IMD 中心，即

$$
\begin{bmatrix}
-\frac{3}{2}(M_c-1)\cdot\Delta f-f_{m_d} \\
\left(-\frac{3}{2}(M_c-1)+1\right)\cdot\Delta f-f_{m_d} \\
\vdots \\
-\Delta f \\
0 \\
+\Delta f \\
\vdots \\
\frac{3}{2}(M_c-1)\cdot\Delta f-f_{m_d}
\end{bmatrix}
\tag{8.13}
$$

式中：最重要的项是满足条件 $f_{m_1}+f_{m_2}-f_{m_3}-f_{m_d}=0$，即 IMD 频率中心为零的项。

下一个较为重要的项是满足条件$f_{m_1}+f_{m_2}-f_{m_3}-f_{m_d}=\pm\Delta f$，即中心频率为$\pm\Delta f$的项。

对于等距的载波，此类不同项的数量可以表示为

$$N_{m_d}(f_0)=\begin{cases}\frac{1}{4}(M_c^2-(-1)^{m_d}\cdot M_c(\bmod 2))+\\ \frac{1}{2}m_d(M_c-m_d+1), & f_0=0\\ \frac{1}{4}(M_c(M_c-2)+(-1)^{m_d}\cdot M_c(\bmod 2))+\\ \frac{1}{2}(M_cm_d-(m_d-1)(m_d-2)), & f_0=-\Delta f\\ \frac{1}{4}(M_c(M_c+2)+(-1)^{m_d}\cdot M_c(\bmod 2))+\\ \frac{1}{2}m_d(M_c-m_d-1), & f_0=+\Delta f\end{cases} \tag{8.14}$$

表8.1包含了载波组合［$m_1m_2m_3$］，当滤波器组的每个m_d分支处的载波数分别为2、3、4和5时，则IMD的频率中心为0（$1\leqslant m_d\leqslant M_c$）。参考文献［3］的表Ⅱ中包含以$\pm\Delta f$为中心的IMD载波组合。

在式（8.8）的众多数据项中，有一个与$m_1=m_2=m_3=m_d$条件下相关的“特殊”求和项。它可以描述为非线性ISI，其中心频率为零。

表8.1　等间隔多载波产生的IMD载波组合

接收滤波分支					
	$m_d=1$	$m_d=2$	$m_d=3$	$m_d=4$	$m_d=5$
$M_c=2$	[111]	[121]	—	—	—
	[122]	[222]	—	—	—
$M_c=3$	[111]	[121]	[131]	—	—
	[122]	[132]	[221]	—	—
	[133]	[222]	[232]	—	—
	[223]	[233]	[333]	—	—
$M_c=4$	[111]	[121]	[131]	[141]	—
	[122]	[132]	[142]	[231]	—
	[133]	[143]	[221]	[242]	—
	[144]	[222]	[232]	[332]	—
	[223]	[233]	[243]	[343]	—
	[234]	[244]	[333]	[444]	—
	—	[334]	[344]	—	—

续表

接收滤波分支					
$M_c=5$	[111]	[121]	[131]	[141]	[151]
	[122]	[132]	[142]	[152]	[241]
	[133]	[143]	[153]	[231]	[252]
	[144]	[154]	[221]	[242]	[331]
	[155]	[222]	[232]	[253]	[342]
	[223]	[233]	[243]	[332]	[353]
	[234]	[244]	[254]	[343]	[443]
	[245]	[255]	[333]	[354]	[454]
	[335]	[334]	[344]	[444]	[555]
	—	[345]	[355]	[455]	—
	—	—	[445]	—	—

接收滤波器输出处附带的噪声项 $n_m(t)$（$m=1,2,\cdots,M_c$）是零均值加性复高斯过程，其协方差为

$$E\{n_m^*(t)\cdot n_{m'}(t')\}=N_0\cdot \mathrm{e}^{-\mathrm{j}(2\pi(f_{m'}-f_m)t'+(\theta_{m'}-\theta_m))}\cdot \left[\int_{-\infty}^{\infty}p_{m,R}^*(\alpha)\cdot p_{m',R}(\alpha+t'-t)\cdot \mathrm{e}^{-\mathrm{j}2\pi(f_{m'}-f_m)\alpha}\mathrm{d}\alpha\right] \quad (8.15)$$

这里就失真的均方误差（MSE）进行性能分析和评估。该失真是通过非线性器件时，由共享的多个等距载波产生的。例如，每个载波采用 16APSK 的调制方式，频率间隔为 Δf，其值分别为 $1.25T_s^{-1}$、$1.13T_s^{-1}$和 $1.10T_s^{-1}$。发射和接收滤波器 $p_{m,T}(t)$、$p_{m,R}(t)$ 是一对匹配根升余弦（RRC）滤波器，其滚降因子为 0.25。这里将非线性考虑为仅包含三阶分量或表示为 $y=x+\gamma^{(3)}\cdot x\cdot|x|^2$。当载波数为 4 时，失真的 MSE 与中心载波的三阶参数 $\gamma^{(3)}$ 的关系如图 8.5 所示，在 MSE 计算中考虑的载波组合是那些会产生中心频率为 0 和$\pm\Delta f$ 的 IMD 的载波组合。在某些选定的 $\gamma^{(3)}$ 处用“□”（图 8.5 的图例）标记给出了蒙特卡罗的仿真结果。可以看出，分析和仿真结果是完全一致的。这证实了沃尔泰拉级数的载波之间基于 IMD 的特征描述是准确的，计算 MSE 时考虑会产生以 0 和$\pm\Delta f$ 为中心 IMD 的载波组合是充分可信的。

8.3.2　多载波沃尔泰拉滤波器公式

此处描述了对 8.3.1 节中得出的非线性分量进行建模的公式。该公式在输入方面是线性的，因此可以直接用于推导补偿算法。我们首先从瞬时离散情况开始计算，仅在当前时刻合并了接收滤波器组；然后在本节末尾进行扩展并包括连续的时间样本。

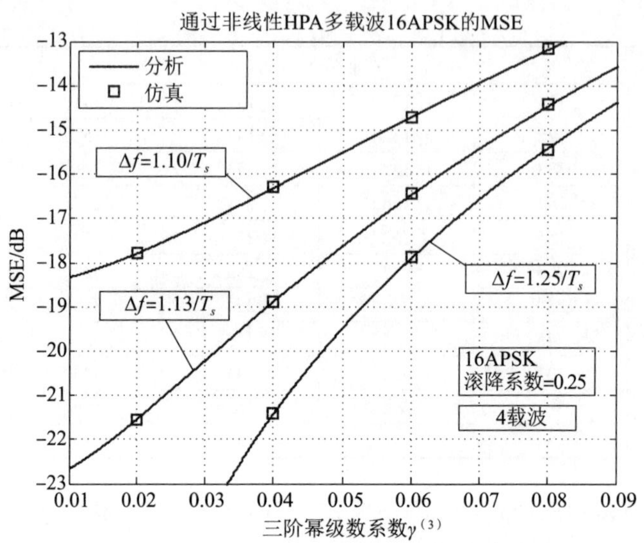

图 8.5　4 个载波时 IMD 中心载波的 MSE 评估

通过定义

$$\underline{\boldsymbol{x}}(n) \triangleq [x_1((n+\varepsilon_1)T_s), x_2((n+\varepsilon_2)T_s), \cdots, x_{M_c}((n+\varepsilon_{M_c})T_s)]^{\mathrm{T}} \tag{8.16}$$

表示第 n 个时刻的接收滤波器组的输出，以矩阵向量表示为

$$\underline{\boldsymbol{x}}(n) = \boldsymbol{H}^{(3)}(n) \cdot \underline{\boldsymbol{a}}_{\mathrm{NL}}^{(3)}(n) + \underline{\boldsymbol{n}}(n) \tag{8.17}$$

式中：$\underline{\boldsymbol{n}}(n)$ 为具有协方差矩阵 $\boldsymbol{R}_{\boldsymbol{N}}(n)$ 的零均值复高斯噪声向量，它使用式（8.15）的分量关系进行组合。

在式（8.17）中，矩阵 $\boldsymbol{H}^{(3)}(n)$ 建模了载波之间的 IMD 积，而矩阵 $\underline{\boldsymbol{a}}_{\mathrm{NL}}^{(3)}(n)$ 是符号非线性组合的对应向量，两者均在参考文献［3］中进行了详细说明。瞬时多载波公式可以进一步概括为跨越 L' 个符号的接收滤波器组的连续时间采样，包括在第 n 个瞬间，通过堆叠式（8.16）的向量 $\underline{\boldsymbol{x}}(n), n-((L'-1)/2), \cdots, n+((L'-1)/2)$，得

$$\underline{\tilde{\boldsymbol{x}}}(n) \triangleq \begin{bmatrix} \underline{\boldsymbol{x}}\left(n-\dfrac{L'-1}{2}\right) \\ \underline{\boldsymbol{x}}\left(n-\dfrac{L'-1}{2}+1\right) \\ \vdots \\ \underline{\boldsymbol{x}}\left(n+\dfrac{L'-1}{2}\right) \end{bmatrix} \tag{8.18}$$

式中：$\tilde{\ }$ 代表堆叠的部分。

那么，$\underline{\tilde{\boldsymbol{x}}}(n)$ 在式（8.18）中可以表述为

$$\underline{\tilde{\boldsymbol{x}}}(n)=\tilde{\boldsymbol{H}}^{(3)}(n)\cdot\underline{\tilde{\boldsymbol{a}}}_{\mathrm{NL}}^{(3)}(n)+\underline{\tilde{\boldsymbol{n}}}(n) \tag{8.19}$$

其数量参考文献［3］中所述的广义沃尔泰拉核。

实际上，式（8.19）中的沃尔泰拉矩阵可以通过使用基于随机梯度算法，例如，递归最小二乘法（RLS）来进行计算[13]。如此，无须优先知晓非线性特性就可以评估并且快速的响应环境变化，包括回退调整和长期老化效应。RLS 在非线性信道识别中的应用已经纳入第 8.4 节的数值示例中。此外，本章介绍的公式是模块化的，其中仅需保留与具有重大贡献的载体组合有关的模块。在载波组合［$m_1m_2m_3$］的每个模块中，我们可以放弃那些对输出贡献很小的时间组合以进一步减少矩阵的大小。

8.3.3　低复杂度的沃尔泰拉结构

完整沃尔泰拉的特殊还原表示方法，是在参考文献［14］中提出的广义记忆多项式，它仅通过保留形成输入及其指数包络乘积的项而获得。简单起见，我们使用简化的沃尔泰拉模型，它可表示为

$$\mathscr{H}_{\mathrm{rdcd}}^{D}(u[n],\underline{\boldsymbol{w}};L,L_b,L_c)=\sum_{d=1}^{D}\sum_{k=0}^{L}\sum_{m=-L_c}^{L_b}w_{d,k,m}\cdot u[n-k]\cdot|u[n-k-m]|^{d-1} \tag{8.20}$$

式中：$\underline{w}$ 为下面构造的系数 $w_{d,k,m}$ 的向量；L 为非线性的记忆范围；L_b 和 L_c 分别与滞后和前导指数包络的记忆长度有关。

如果将式（8.20）中的参数 L_b 和 L_c 设置为零，则表示简化为记忆多项式模型[15-16]。式（8.20）的简化式包括具有偶数和奇数阶的非线性项，以在非线性建模中获得更大的灵活性。另外，系数 $w_{d,k,m}$ 通过下式与沃尔泰拉核相关：

$$w_{d,k,m}=h^{(d)}[k,k+m,\cdots,k+m],\ d\ \text{为奇数} \tag{8.21}$$

并且式（8.20）中的记忆跨度对于所有非线性阶均具有相同的值 d，设置为 L、L_b 和 L_c。为了获得良好的性能，模型的记忆范围必须与要补偿的非线性系统相匹配。与此简化的沃尔泰拉模型相关的项数以非线性度 D 线性增长，等于 $D(L+1)(L_b+L_c+1)$。使用广义记忆多项式降低复杂度后，压缩向量形式的沃尔泰拉表达式在数学上的表示为

$$\mathscr{H}_{\mathrm{rdcd}}^{D}(u[n],\underline{\boldsymbol{w}},L,L_b,L_c)=\underline{\boldsymbol{w}}^{\mathrm{T}}\cdot\underline{\boldsymbol{u}}_{\mathrm{NL}}^{(D)}[n,L,L_b,L_c] \tag{8.22}$$

向量的具体细节已经在参考文献［17］中描述过。

8.4　非线性对策

本节将介绍一种先进的补偿体系结构，该体系结构可以消除线性和非线性

失真，当使用多载波卫星系统时效率较高。这些解决方案利用了先前在8.3节中阐明的多载波IMD的分析表征和建模拓扑。

其中一些解决方案以Turbo沃尔泰拉均衡的形式应用于接收机，该均衡在均衡器和FEC解码器之间迭代交换软信息，详见8.4.1节。其他的解决方案以预失真（PD）的形式应用于发射机，这也将在8.4.2节~8.4.4节进行描述。

通常，PD有两种方法：数据PD与信号PD。数据PD在发射滤波器之前使用，并以符号采样速率应用于发射的符号。相反，信号PD在发射滤波器之后使用，并且使用与信号带宽相关的采样率，该采样速率高于符号速率。由于这些差异，数据PD不会导致上行链路频谱再生，但会在导致下行链路的非线性输出。但是，这被卫星上的OMUX滤波器抑制了。另一方面，数字信号PD在非线性之后提供了对频谱变换的控制，但会导致发射机输出处的频谱再生，从而影响上行链路带外（OOB）发射。

当研究用于宽带卫星应用的OFDM时，这些先进的技术方法将在8.5节中加以利用和比较。

8.4.1 Turbo沃尔泰拉均衡

图8.6显示了在接收机中采用的Turbo沃尔泰拉均衡器[3]，它较为新颖的组件是多载波沃尔泰拉均衡器，能够通过分析来重构载波之间的IMD，它在接收滤波器组$x_m((n+\varepsilon_m)T_s)$上运行，并使用干扰载波编码比特的先验对数似然比（LLR），$L_a^{(E)}(c_{m,n})$，该软信息是交织后由一组软输入软输出（SISO）单载波FEC解码器$L_a^{(D)}(c_{m,n})$提供的后验LLR集合。

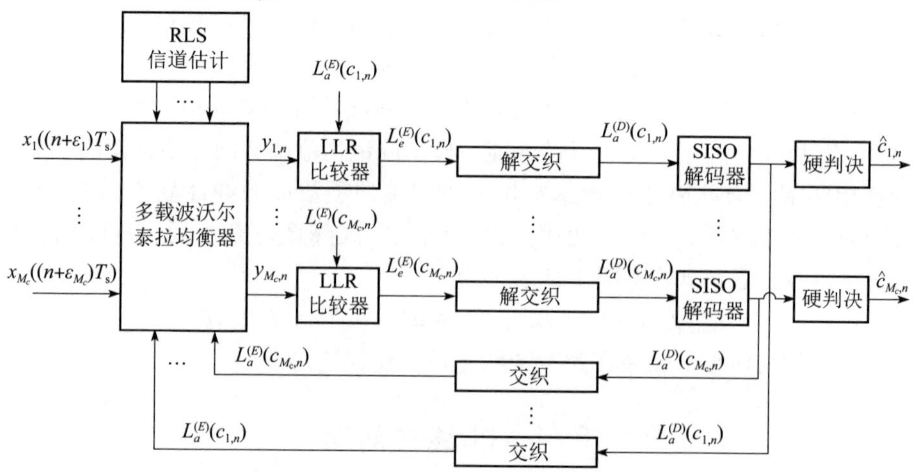

图8.6 多载波沃尔泰拉均衡器的方框图

多载波沃尔泰拉均衡器也具有自适应性，因为它接收广义沃尔泰拉核的估计值，该估计值是在已知序列训练结束时通过 RLS 信道估计获得的，并利用了模块化矩阵向量公式，见 8.3.2 节。非线性干扰的补偿是通过线性最小 MSE（MMSE）均衡来完成的。需要一个 LLR 计算机，通过使用来自先前解码迭代的先验 LLR，将均衡器输出 $y_{m,n}$ 转换为与代码位 $L_e^{(E)}(c_{m,n})$ 有关的外部 LLR。然后，该更新后的关于代码位的软信息集被解交织，并提供为先前的 LLR，即 $L_a^{(D)}(c_{m,n})$，以用于下一个解码迭代。用于 Turbo 均衡的单载波解决方案已在参考文献［18-20］中用于缓解非线性 ISI，但它无法处理载波之间的非线性相互作用。

这里的均衡是通过将线性 MMSE 滤波与前馈系数和反馈系数同时应用于式（8.18）的匹配滤波器输出向量 $\underline{\tilde{\boldsymbol{x}}}(n)$ 上来实现的。

$$y_{m,n}=\underline{\boldsymbol{c}}_f^{\mathrm{T}}\cdot\underline{\tilde{\boldsymbol{x}}}(n)+c_b \tag{8.23}$$

式中，表示反馈项之和的系数 $\underline{\boldsymbol{c}}_f$ 和 c_b 是通过最小化 $y_{m,n}$ 和所需符号 $a_{m,n}$ 之间的 MSE 得出的。获得均衡器输出为[21]

$$y_{m,n}=\underline{\boldsymbol{c}}_f^{\mathrm{T}}\cdot(\underline{\tilde{\boldsymbol{x}}}(n)-\tilde{\boldsymbol{H}}_I^{(3)}(n)\cdot\mathbb{E}\{\underline{\tilde{\boldsymbol{a}}}_I^{(3)}(n)\mid\boldsymbol{L}_a^{(E)}\}) \tag{8.24}$$

式中：下标 I 表示与所需符号 $a_{m,n}$ 设置为零相关的分量，前馈系数在参考文献［3］中进行了详细说明。

通过简化选择 $\underline{\boldsymbol{c}}_f$ 作为全零向量（分量（$m-1$）·$L'+(L'+1)/2$ 中的单位除外），可以降低均衡器的复杂度，式（8.24）可以表示为

$$y_{m,n}=x_{m,n}-[\boldsymbol{H}^{(3)}(n)\mid_{\text{mth row}}\cdot\mathbb{E}\{\underline{\boldsymbol{a}}_{\mathrm{NL}}^{(3)}(n)\mid\boldsymbol{L}_a^{(E)}\}-\mathbb{E}\{\mathscr{P}_m^{\text{centroid}}(a_{m,n})\mid\boldsymbol{L}_a^{(E)}\}] \tag{8.25}$$

式中：$\mathscr{P}_m^{\text{centroid}}(a_l)$ 为与 a_l 相关的质心值。

在式（8.25）中，我们调用质心[22] 来解决由非线性引起的星座扭曲。为了提高性能，在估算非线性干扰时可以使用此方法。

在式（8.25）中，期望 $\mathbb{E}\{\underline{\boldsymbol{a}}^{(3)}(n)\mid\boldsymbol{L}_a^{(E)}\}$ 可以使用分量来计算一阶和三阶符号积的关系，即

$$\begin{aligned}&\mathbb{E}\{a_{m_1,k_1}a_{m_2,k_2}\cdots a_{m_p,k_p}a^*_{m_{p+1},k_{p+1}}a^*_{m_{p+2},k_{p+2}}\cdots a^*_{m_q,k_q}\mid\boldsymbol{L}_a^{(E)}\}\\&=\prod_{m=1}^{M_c}\prod_{i=n-(L-1)/2}^{n+(L-1)/2}\mathbb{E}\{a_{m,i}^{v_{m,i}}(a_{m,i}^{v^*_{m,i}})^*\mid\boldsymbol{L}_a^{(E)}\}\end{aligned} \tag{8.26}$$

期望的结果是可能的，因为交织操作提供了跨载波和跨符号的独立性。参数 $v_{m,i}$ 定义为取值为 i 的第 m 个数据符号流 a_{m,k_j} 的索引号，而 $v^*_{m,i}$ 为取值为 i 时的第 m 个数据符号流共轭 a^*_{m,k_j} 的索引数。然后将式（8.26）乘积中的各个项计算为

$$\mathbb{E}\{a_{m,i}^{v_{m,i}}(a_{m,i}^{v^*_{m,i}})^*\mid\boldsymbol{L}_a^{(E)}\}=\sum_{l=1}^{M}a_l^{v_{m,i}}(a_l^{v^*_{m,i}})^*\cdot P\{a_{m,i}=a_l\mid\boldsymbol{L}_a^{(E)}\} \tag{8.27}$$

根据在先前迭代中由 SISO 解码器组提供相应代码位的先验 LLR 形成条件符号概率 $P\{a_{m,i}=a_l \mid \boldsymbol{L}_a^{(E)}\}$。

图 8.7 包含了当载波数为 4、调制方式为 32APSK、使用速率为 11/15 的低密度奇偶校验码（LDPC），并且 HPA 工作在总 OBO 为 2.8dB 时，对于中心载波来说，单载波与多载波沃尔泰拉均衡器的误码率（BER）性能。性能曲线中的（u，v）用于枚举迭代，其中 u 是均衡迭代的次数，v 是 LDPC 解码器内的解码迭代的次数。当使用仅补偿 ISI 的最新单载波方法，在不使用或使用 Turbo 处理的情况下，相对于 BER 为 2×10^{-5} 正确判决的理想情况，性能分别下降为 2.3dB 和 1.7dB。但是，当使用 Turbo 处理并结合本章中分析的多载波 IMD 时，这种降级可以减少到 0.25dB 以内。

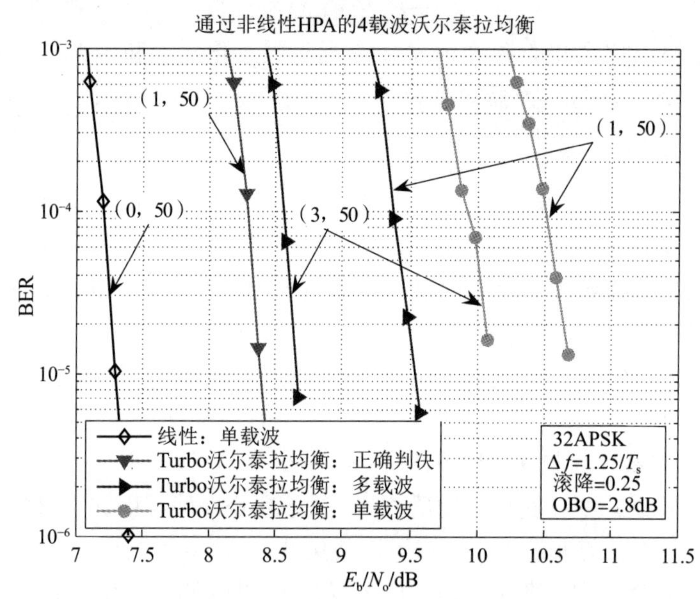

图 8.7 多载波 Turbo 沃尔泰拉均衡中心载波的 BER

8.4.2 基于沃尔泰拉的数据预失真

在参考文献［23］中引入了多载波数据 PD 方案，该方案通过非线性三阶多载波沃尔泰拉的逆来修改发射的符号，应用于单级并使用参考文献［16］中描述的记忆多项式方法进行了简化。它以符号速率处理，并放置在脉冲变换滤波器之前。在参考文献［24,25］中描述了使用非线性沃尔泰拉的逆的单载波 PD 方法。

这种 PD 方法得益于参考文献［3］中描述的多载波沃尔泰拉近似反向通道的分析法，上述反向通道也是记忆非线性的。这是通过非线性输入组合 $\underline{\boldsymbol{a}}_{\mathrm{NL}}^{(3)}(n)$

和 PD 系数向量 $\underline{\boldsymbol{g}}_{m_d}$ 求内积来完成的，即

$$\tilde{\boldsymbol{a}}_{m_d}(n)=\underline{\boldsymbol{g}}_{m_d}^{\mathrm{T}}\cdot\underline{\boldsymbol{a}}_{\mathrm{NL}}^{(3)}(n) \tag{8.28}$$

式（8.28）中有两种估算 PD 系数向量 $\underline{\boldsymbol{g}}_{m_d}$ 的方法：间接学习与直接学习。对于前者，首先求后逆（沃尔泰拉的逆）；然后在第二步中复制到预失真器。相比之下，直接学习方法类似于预求逆，并且直接根据标称星座图和滤波器组的输出来计算系数，从而最大程度减少了学习次数，即

$$e_{m_d}(n)=a_{m_d,n}-x_{m_d}((n+\varepsilon_{m_d})T_s) \tag{8.29}$$

直接学习方法会优于间接方法，因为它在非线性之前应用了预求逆而不是后逆先求，并且非线性运算的顺序是不可交换的。但是，它的缺点是需要估计反向非线性系统。

在参考文献［23］中考虑了单独损失与联合损失函数。单独估计方法减少到 M_c 个不同的优化过程，将 $e_m(n)(m=1,2,\cdots,M_c)$ 最小化，分别为不同载波生成 PD 系数并且并行运行。联合估计方法实现 PD 系数的全局最优，联合最小化了 $\sum_{m=1}^{M_c}|e_m(n)|^2$ 从而导致更高的复杂度。

图 8.8 包含了三个 16APSK 载波具有相同非线性时，内部载波编码的性能比较。相对于没有 PD 的情况，多载波数据 PD 提供了显著的增益。相对于间接方法，预失真器系数的直接估计提供了进一步的增益。联合优化可产生最佳性能，在相同的预失真器复杂度和训练长度的情况下，比间接方法提供约 0.5dB 的性能。

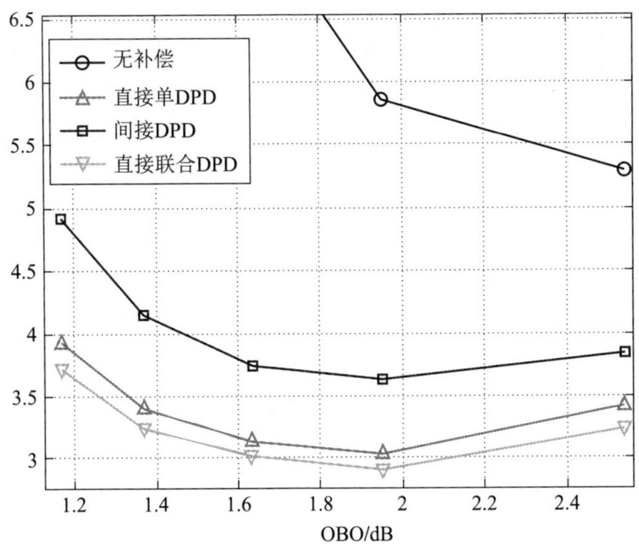

图 8.8　内部载波编码的性能损失和 OBO 的关系[23]

8.4.3 基于沃尔泰拉的连续信号预失真

信号 PD 是一种数字补偿器，可在应用于非线性系统之前以消除产生的失真。随着传输宽带信号需求的增加以及记忆效应的日益突出，这里的重点是结合记忆效应的方法。当 HPA 与预失真器并置时，带有记忆的非线性 PD 技术，包括经典的基于沃尔泰拉逆的算法[15,16,26] 和能使性能显著提高的最新的连续解决方案[17]。这些方法可以直接应用于信号合成，因为它们与共享非线性的信号数量无关。本节中详细介绍了一系列方案，这些方案能够同时抑制下行链路频谱再生和带内失真，并具有增加可调性的功能。

特别地，若非线性记忆系统的原始复值输入为 $x[n]$，PD 结构的目标是修改此输入，以便在由非线性系统处理时，输出近似于没有非线性失真的所需响应。所寻求的解决方案是使用随机近似类型[27] 的递归顺序确定的，该递归仅当有噪声的测量可用时才能找到未知函数的零交叉。在第 S 级和第 n 个离散时间瞬间将修改后的输入表示为 $\tilde{x}^{(s)}[n]$，此递归用下式更新预失真信号，即

$$\tilde{x}^{(s+1)}[n]=\tilde{x}^{(s)}[n]+\mu^{(s)}\cdot e[n] \tag{8.30}$$

式中：$e[n]$ 是一个误差信号，它在多级中被设定为零；$s=0,1,\cdots,S-1$。

对于初始化 PD 零级的，输入使用原始的未失真输入，或者设置为 $\tilde{x}^{(0)}[n]=x[n]$。图 8.9 给出了一个 S 级的连续信号预失真解决方案的示意图。

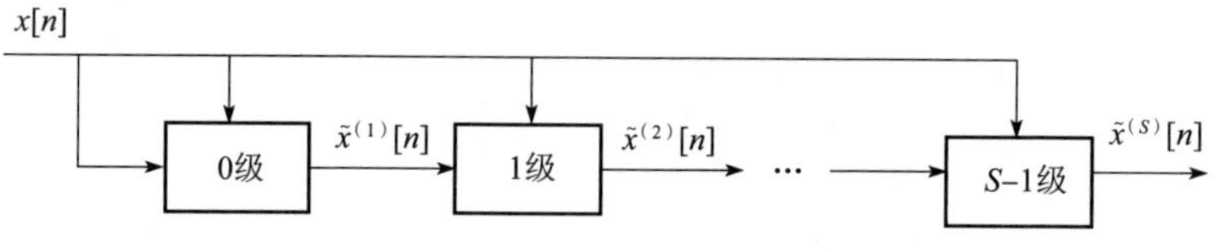

图 8.9 S 级连续信号预失真

序列 $\{\mu^{(s)}\}$ 的选择在平衡收敛速度和残差量方面起着核心作用。包括使用步长序列进行数值实验的确定性步长规则，这将在本节后半部分进行讨论。

本节介绍了几种 PD 方案，以实现非线性失真抑制的不同目标。在一种情况下，该方案优化了由非线性系统引起频谱再生的抑制，同时减轻了带内失真。为此，使用降低复杂度的沃尔泰拉模型 $\mathscr{H}_{rdcd}^{D}$（8.3.3 节进行了介绍），在第 S 级根据原始输入 $x[n]$，被选择用作期望信号 $d_1[n]$ 与估计 $\hat{d}_1^{(s)}[n]$ 之间的差异形成误差信号，数学上可表示为

$$e_1[n]=d_1[n]-\hat{d}_1^{(s)}[n] \tag{8.31}$$

其中

$$d_1[n]=x[n] \tag{8.32}$$

$$\hat{d}_1^{(s)}[n]=\gamma_1^{-1}\cdot\mathscr{H}_{rdcd}^{D}(\tilde{x}^{(s)}[n],\underline{\tilde{\boldsymbol{w}}}^{(s)};L,L_b,L_c) \tag{8.33}$$

式中：$\underline{\tilde{\boldsymbol{w}}}^{(s)}$ 是与第 S 级关联的沃尔泰拉核的向量；γ_1 是旨在消除非线性引起的翘曲效应的复数值增益校正。

γ_1 可以通过下式得到，即

$$\gamma_1=\frac{\sum_n \hat{d}_1^{(s)}[n]\cdot d_1^*[n]}{\sum_n |d_1[n]|^2} \tag{8.34}$$

图 8.10 展示了第一种方案的连续 PD 的第 S 级应用。

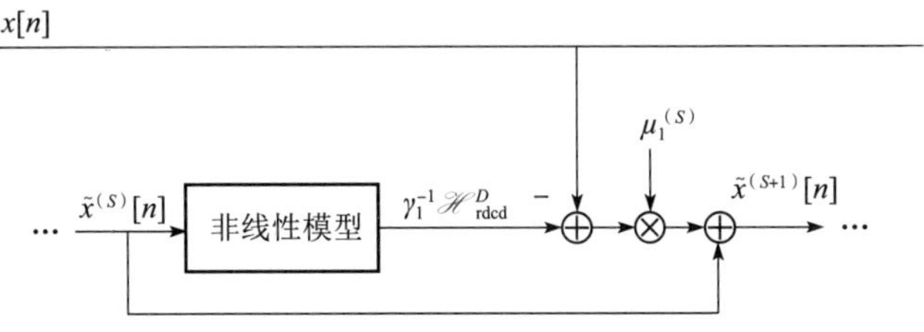

图 8.10　第一种方案的第 S 级应用

考虑第二种方案以优化对接收滤波器 $p_R[n]$ 的输出所经历的带内失真的抑制。接收滤波器 $p_R[n]$ 设计为抑制非信号带中的噪声并减少相邻载波的溢出。该方案形成一个误差信号，当产生期望的响应或接近期望响应时，将使用接收滤波器 $p_R[n]$ 的模型：

$$e_2[n]=d_2[n]-\hat{d}_2^{(s)}[n] \tag{8.35}$$

其中

$$d_2[n]=\sum_k d_1[n-k]\cdot p_R[k] \tag{8.36}$$

$$\hat{d}_2^{(s)}[n]=\left(\frac{\gamma_2}{\gamma_1}\right)^{-1}\cdot\sum_k \hat{d}_1^{(s)}[n-k]\cdot p_R[k] \tag{8.37}$$

式中：γ_2 为复数值增益校正，旨在消除滤波器后的非线性所引起的翘曲效应。

图 8.11 展示了第二种方案的连续 PD 的第 S 级应用。

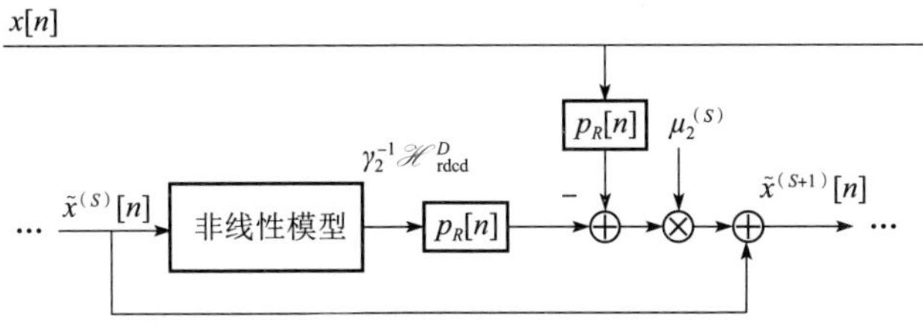

图 8.11　第二种方案的第 S 级应用

此外，提出了第三种方案，以使设计者能够权衡在非线性输出处频谱再生的抑制水平与接收滤波器输出处的带内失真之间的权衡。该方案形成了误差信号，该误差信号由上述 $e_1[n]$ 和 $e_2[n]$ 中描述的误差信号的线性组合或加权和组成，并可能以不同的速率进行调整。在这种情况下，对预失真信号的递归表达式为

$$\tilde{x}^{(s+1)}[n]=\tilde{x}^{(s)}[n]+(\alpha\cdot\mu_1^{(s)}\cdot e_1[n]+\beta\cdot\mu_2^{(s)}\cdot e_2[n]) \tag{8.38}$$

式中：α、β 为非负组合参数，这些参数是设计者选择的，以平衡抑制频谱再生和带内失真的水平。

图 8.12（a）显示了在 64 阶正交幅度调制（QAM）通过非线性维纳-哈默斯坦（Wiener-Hammerstein）型 HPA 模型（带有或不带有连续 PD）的情况下，该系统模型相邻信道干扰（ACI）的 OBO 水平。图 8.12（b）中说明了归一化 MSE（NMSE）的相关结果。图 8.12 中标记为“■”的曲线是由第一种方案生成的，该方案不涉及接收滤波器。从图 8.12 中可以看出，该技术使 ACI 的水平大大降低了，这展现了该技术抑制非线性输出处的频谱再生或 OOB 发射的能力。另外，由于 HPA 的非线性，连续信号 PD 在减轻带内失真的同时有效。再者，合并接收滤波器会引入比 HPA 更大的记忆，从而进一步抑制带内 NMSE。要注意的一个重要特征是考虑到的信号 PD 为设计者提供的可调谐性，这权衡了 OOB 失真抑制与非线性 HPA 产生的带内失真的抑制水平。

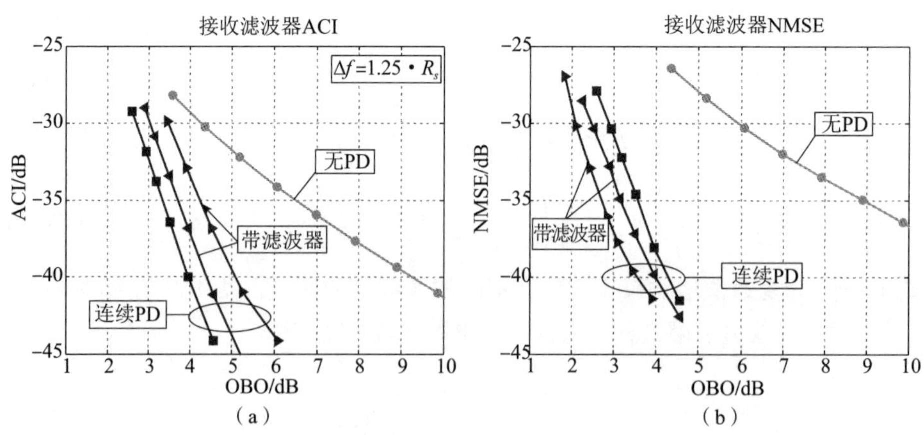

图 8.12　不同 ACI 和 NMSE 下的 OBO 结果
（a）ACI；（b）NMSE。

能满足收敛基本条件的确定性步长序列的通用公式为

$$\mu^{(s)}=\mu_0\cdot\frac{a+(b/(s+1))}{(a+(b/(s+1))+(s+1)^c-1)} \tag{8.39}$$

式中：$s=0,1,\cdots$。

图 8.13 显示了在 OBO = 4.2dB 时，调制方式为 64-QAM 下的评估，以维纳-哈默斯坦 HPA 输出 $s_{NL}(t)$ 及其理想对应值之间的 NMSE 表示。该图使用式（8.39）中的 μ_0、a、b 和 c 的不同值显示了 NMSE 与连续 PD 方法和级数之间的关系。当使用更多失真消除级时，性能得到改善，并且仅需要少量级。

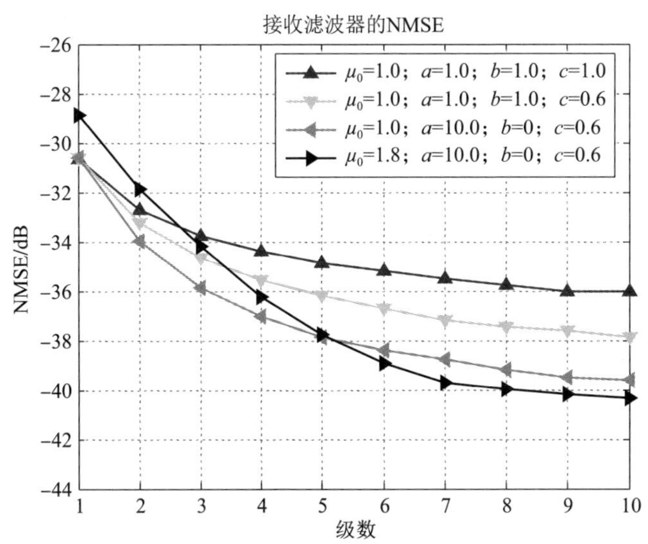

图 8.13　不同参数下 NMSE 随级数改变的结果

图 8.14 表示了另一种评估结果，当基于非线性维纳-哈默斯坦的 HPA 模型放大至 256-QAM 调制时。256-QAM 调制的星座图具有更多的信号电平。结果它具有较高的 PAPR，并有望更容易受到非线性失真的影响。可以看出，与参考文献［15,16,26］中普遍采用的基于逆信号的相继信号相比，使用连续信号 PD 的另一个优势是 TD 降低高达 5dB，而 TD 则提高了近 3.6dB OBO 功率效率级别。连续 PD 能接近理想限制器而达到完美限值，表示其为最佳预失真系统，降低到 0.5dB 以内。

8.4.4　连续数据预失真

在参考文献［28］中引入并在图 8.15 中说明的连续数据 PD 放置在发射机或网关处，并且需要相继修改发射符号的集合以将多载波失真向量设置为零。这种失真向量是由从网关固有访问的多个载波传输的符号通过非线性卫星

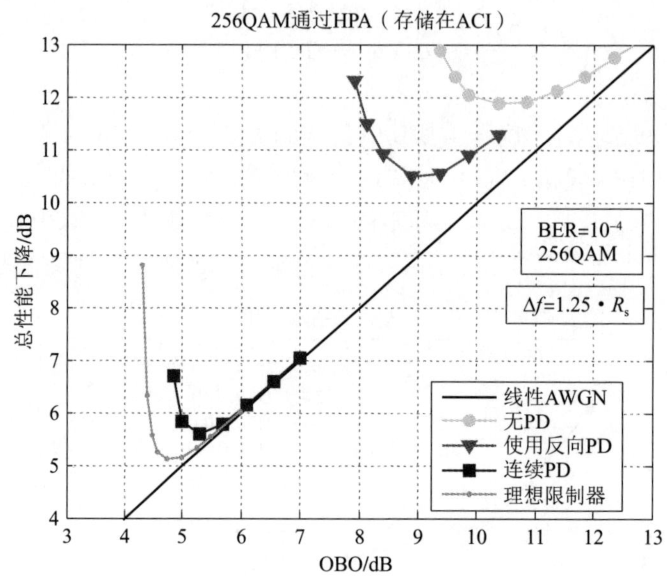

图 8.14 通过非线性维纳-哈默斯坦 HPA 性能的下降

信道模型产生的。该方法为每个载波从参与 PD 的所有 M_c 载波中产生每个载波的预失真符号，这些符号在一定的存储范围内包含过去和将来的干扰数据符号的影响。

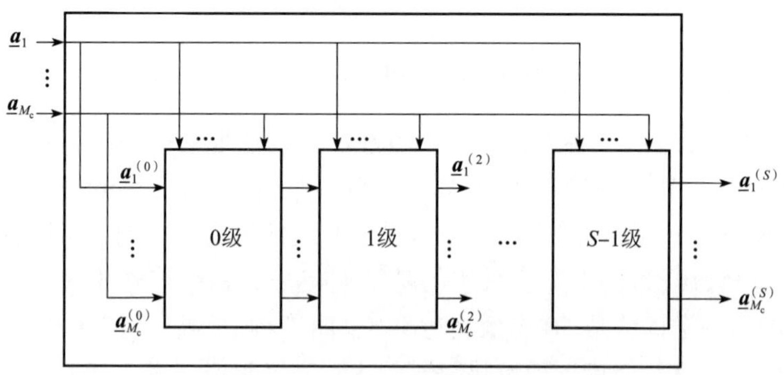

图 8.15 描述多载波连续数据预失真方框图

在参考文献［29,30］中引入了动态数据 PD，该数据基于单载波情况的查找表（LUT），通过最小化 MSE 生成。然而，LUT 的大小随预失真器的存储范围呈指数增长，其增长因子等于调制阶数。在高效的卫星系统中，这两个数量都很大。该方法的优势是它使用了即时计算，避免了 LUT 的大小在这种情况下随 PD 记忆跨度和载波数量的乘积成倍增长。在该方法的一种实现方式中，计算复杂度仅随着该参数的乘积线性增加，从而允许使用较高的调制阶数、较多的载波数量和较大的预失真器记忆范围。

特别是对于当前方法，令 $\underline{\boldsymbol{a}}_m^{(s)}$ 在第 S 阶与第 m 个载波相关联的复数值数据符号的向量为

$$\underline{\boldsymbol{a}}_m^{(s)}=[a_{m,0}^{(s)},a_{m,1}^{(s)},\cdots,a_{m,N-1}^{(s)}]^{\mathrm{T}} \tag{8.40}$$

式中：$s=0,1,\cdots S-1,m=1,2,\cdots M_c$；$N$ 为数据块的长度，通常为跨越符号的代码块。

式（8.40）的特例是 PD 的第一个应用，其输入由未失真的数据符号或 $\underline{\boldsymbol{a}}_m^{(0)}=\underline{\boldsymbol{a}}_m=[a_{m,0},a_{m,1},\cdots,a_{m,N-1}]^{\mathrm{T}}$ 组成。我们进一步将符号向量定义为 $\underline{\boldsymbol{\alpha}}^{(s)}$，其大小为 $N\cdot M_c$，由对应的组成前一级输出的符号与每个共享非线性的 M_c 载波相关：

$$\underline{\boldsymbol{\alpha}}^{(s)}=\begin{bmatrix}\underline{\boldsymbol{a}}_1^{(s)}\\\underline{\boldsymbol{a}}_2^{(s)}\\\vdots\\\underline{\boldsymbol{a}}_{M_c}^{(s)}\end{bmatrix} \tag{8.41}$$

下面，将长度为 N 的向量 $\mathscr{H}_{m_d}(\underline{\boldsymbol{\alpha}}^{(s)})$ 表示为在第 m 个特定载波处接收到的符号的估计值，其中 $m_d=1,2,\cdots,M_c$，并使用式（8.41）中定义的向量 $\underline{\boldsymbol{\alpha}}^{(s)}$。参考文献［28］中详细介绍了 $\mathscr{H}_{m_d}(\underline{\boldsymbol{\alpha}}^{(s)})$ 的实现，包括计算用于插值和抽取滤波操作的高效多相结构。然后，将接收到的符号估计用于生成相对于未失真星座图也为长度 N 的失真向量为

$$\underline{\boldsymbol{e}}_{m_d}(\underline{\boldsymbol{\alpha}}^{(s)})=\underline{\boldsymbol{a}}_{m_d}-\mathscr{H}_{m_d}(\underline{\boldsymbol{\alpha}}^{(s)}) \tag{8.42}$$

通过估计 $\mathscr{H}_{m_d}(\underline{\boldsymbol{\alpha}}^{(s)})$，式（8.42）中的失真向量包含在预失真器的存储范围内，来自 PD 中涉及的所有 M_c 载波的过去和将来的干扰数据符号的影响。然后，PD 的连续应用将式（8.42）中的失真向量驱动为零。为此，通过用与失真向量成比例的校正来修改前一级的预失真符号来生成 PD 输出。即在第 m 个载波的第 S 级的 PD 输出数学上表示为

$$\underline{\boldsymbol{a}}_{m_d}^{(s+1)}=\underline{\boldsymbol{a}}_{m_d}^{(s)}+\mu^{(s)}\cdot\underline{\boldsymbol{e}}_{m_d}(\underline{\boldsymbol{\alpha}}^{(s)}) \tag{8.43}$$

式中：$\{\mu^{(s)}\}$ 为一个步长序列，为正数并且递减以确保朝着求解的方向前进。

此外，每一级仅需要对失真向量 $\underline{\boldsymbol{e}}_{m_d}(\underline{\boldsymbol{\alpha}}^{(s)})$ 进行一次评估，因此这种递归在计算上是简单的。图 8.16 说明了连续 PD 方法的第 S 级应用。

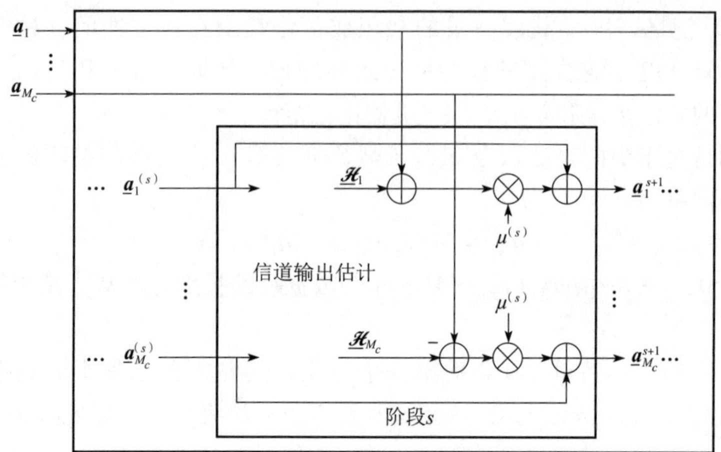

图 8.16 第 S 级多载波连续预失真方框图

值得注意的是，在任何第 S 级中，针对所有 M_c 载波都需同时调整预失真符号。此外，在估计信道输出以导出失真向量时，需要来自相邻载波的数据符号。然而，如式（8.42）中那样对于各个载波分别使失真向量最小化，并且如式（8.43）中那样针对每个载波分别生成预失真符号。

图 8.17 说明了目标误包率（PER）为 10^{-3} 的 TD，当四个 16APSK 载波全部使用速率 2/3 的 DVB-S2 LDPC 码，并且共享非线性转发器时，内部载波的 OBO 电平将有所变化。生成的两组曲线：一组曲线用于采用多载波连续 PD 的

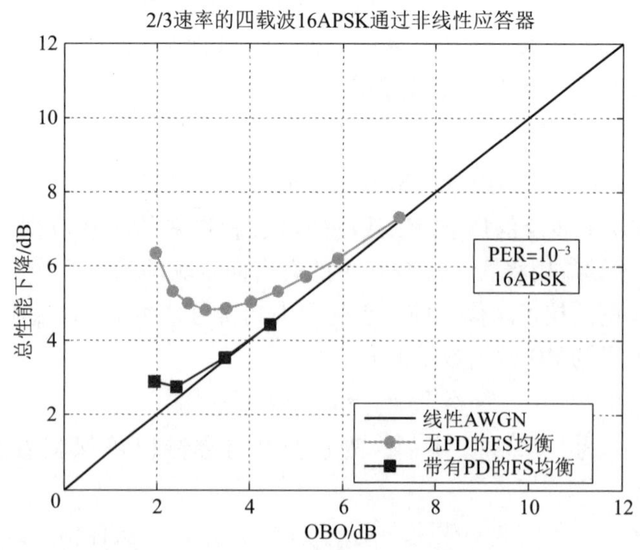

图 8.17 载波共用非线性转发器时性能下降

系统；另一组曲线用于无 PD 的系统。在这两种情况下，都没有应用线性均衡器以外的其他基于接收机的补偿。在非 PD 情况下，可以看到显著的性能提升。如果没有 PD，则 TD 的 OBO 为 4.8dB 时将达到最小值，也就是 3.1dB。相比之下，多载波连续 PD 的应用使系统不仅能以 2.7dB 的较低 TD 发出信号，还可以通过以 2.4dB 的较低 OBO 进行操作来提高 HPA 功率效率。

这种多载波连续数据 PD 技术已在参考文献［31］中成功采用，以优化在极高频（EHF）采用 Q/V 频段（33～75GHz）的下一代宽带 MEO 卫星系统。详细的信息理论评估表明，连续数据 PD 在应用于单用户或多用户检测时可确保获得可观的增益。

8.5　类 OFDM 信令

为了与 5G 地面网络具有更多的通用性，本节致力于将类 OFDM 信令用于宽带卫星的质量、功率、能量和带宽方面的高效应用中。

在本节考虑通过借助两层多载波操作，引入参考文献［32］中所述的类 OFDM 系统。双层多载波操作中的第一层允许多个独立信号共享一个星载 HPA，从而最大程度地提高有效载荷的质量效率。第二层允许每个单独信号的发射符号上调制多个窄带 OFDM 子载波。接下来是用于过采样、抑制干扰泄漏到复合信号中的相邻信号、为了与卫星上行链路传输兼容而限制 OOB 辐射电平的插值滤波器。

8.4 节概括了最初为 SCM 开发的几种有效对策，并证明了这些策略在最小化失真方面的有效性。这种失真不仅包括共享卫星转发器的信号之间的线性和非线性作用，还包括 OFDM 子载波之间的线性和非线性 ICI。

8.5.1　类 OFDM 发射机

图 8.18 显示了所谓的类 OFDM 信令，该信令生成了 M_c 个频率复用的独立信号的复合信号，并具有多个特征。第一个特征包括对以符号速率 T_s^{-1} 发射的符号块进行 N 点快速傅里叶逆变换（IFFT），该符号快属于复信号 $s_c(t)$ 中的每个单独信号 $s_m(t)$，因此它们调制 N 个窄带 OFDM 子载波。对于信号 $s_m(t)$，OFDM 子载波的数目或 IFFT 的大小 N 可以不同，以允许它们之间具有不同的 OFDM 计算能力。第二个特征是在 $s_m(t)$ 内的每个 OFDM 子载波集合上应用每个内插滤波器 $p_{m,T}(t)$ 以提供过采样，抑制干扰泄漏到相邻信号中，并限制 OOB 的发射强度。传统的 OFDM 使用矩形脉冲整形，在频域中表现出缓慢衰减的 $\sin(x)/x$ 波形。第三个特征是避免循环前缀（CP）重复 OFDM 符号的尾

部。本节虽未提及，使用 CP 在色散信道中是有利的，但是由于冗余会引起频谱效率损失，并且由于 CP 符号需要额外的功率而增大传输开销，且随后在接收端丢弃。该功率损耗以 dB 为单位计算为 $10\cdot\lg((N+N_{CP})/N)$，其中 N_{CP} 是 CP 符号的数量。同时，使用 CP 会在常规 OFDM 频谱的带内区域中产生明显的纹波，因此需要降低功耗以符合相应规则。但是，本章介绍的先进技术在频率选择性多径信道中包含 CP 时，可直接应用于去除 ISI。此外，在类 OFDM 信令中，OFDM 调制器的输入端没有保护块以避免吞吐量的降低。

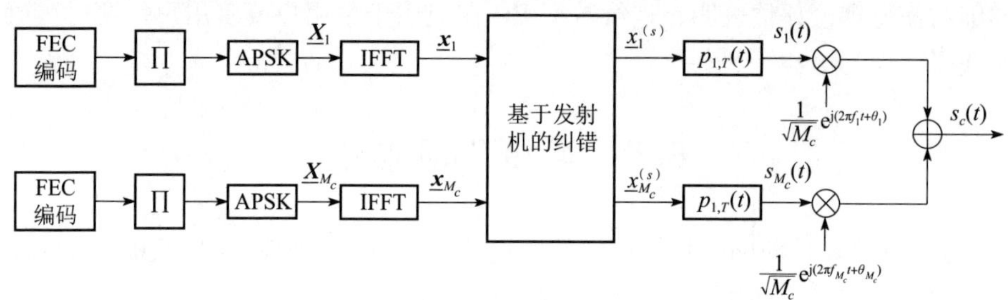

图 8.18　宽带卫星应用的类 OFDM 发射机框图

类 OFDM 的发射机的输入是使用符号速率为 T_s^{-1} 的 MPSK 调制方式的复信号序列 $\{X_{m,n};n=0,1,\cdots,M_c\}$，每个信号使用精选的比特至符号映射、独立的 FEC 码和比特流交织。参数 N_s 是跨符号码块的数据块的长度。特别地，令 $\underline{\boldsymbol{X}}_m$ 为与第 m 个信号相关联的大小为 $N_f\times1$ 的复数据符号的向量，该向量符号位于频域中，即

$$\underline{\boldsymbol{X}}_m=[X_{m,0},X_{m,1},\cdots,X_{m,N_f-1}]^{\mathrm{T}} \tag{8.44}$$

向量 $\underline{\boldsymbol{X}}_m$ 被分割为 N_{OFDM} 个块，用来调制 N 个正交子载波，为简便起见，可令 $N_{\mathrm{OFDM}}=N_f/N$。为了使 N_{OFDM} 成为整数，可能需要填充少量的额外符号 N_f-N_s。填充符号可以分配到不同的块中，也可以作为一个段引入。在式（8.44）中将与 OFDM 块相关的向量堆叠以形成 $\underline{\boldsymbol{X}}_m$，可以等效地表示为

$$\underline{\boldsymbol{X}}_m=[\tilde{\underline{\boldsymbol{X}}}_{m,0}^{\mathrm{T}},\tilde{\underline{\boldsymbol{X}}}_{m,1}^{\mathrm{T}},\cdots,\tilde{\underline{\boldsymbol{X}}}_{m,N_{\mathrm{OFDM}}-1}^{\mathrm{T}}]^{\mathrm{T}} \tag{8.45}$$

式中：

$$\tilde{\underline{\boldsymbol{X}}}_{m,l}=[\underline{\boldsymbol{X}}_{m,l\cdot N},\underline{\boldsymbol{X}}_{m,l\cdot N+1},\cdots,\underline{\boldsymbol{X}}_{m,(l+1)\cdot N-1}]^{\mathrm{T}} \tag{8.46}$$

大小为 $N\times1$，$l=0,1,\cdots,N_{\mathrm{OFDM}}-1$，$m=1,2,\cdots,M_c$。式（8.46）中的每个向量 $\tilde{\underline{\boldsymbol{X}}}_{m,l}$ 都经过 N 点 IFFT 进一步处理，以生成第 m 个信号的第 l 个 OFDM 个符号，即

$$\tilde{\tilde{\boldsymbol{x}}}_{m,l,k}=\frac{1}{\sqrt{N}}\cdot\sum_{n=0}^{N-1}\tilde{\boldsymbol{X}}_{m,l,n}\cdot\mathrm{e}^{\mathrm{j}2\pi kn/N} \tag{8.47}$$

式中：$\tilde{\boldsymbol{X}}_{m,l,n}$ 是式（8.46）中向量 $\tilde{\underline{\boldsymbol{X}}}_{m,l}$ 的第 n 个分量；$k=0,1,\cdots,N-1$。

将式（8.47）中的样本$\tilde{\tilde{\boldsymbol{x}}}_{m,l,k}$堆叠起来以形成时域中的输入为

$$\underline{\boldsymbol{x}}_m=[\underline{\tilde{\boldsymbol{x}}}_{m,0}^{\mathrm{T}},\underline{\tilde{\boldsymbol{x}}}_{m,1}^{\mathrm{T}},\cdots,\underline{\tilde{\boldsymbol{x}}}_{m,N_{\mathrm{OFDM}}-1}^{\mathrm{T}}]^{\mathrm{T}} \tag{8.48}$$

式中：

$$\underline{\tilde{\boldsymbol{x}}}_{m,l}=[\tilde{\tilde{\boldsymbol{x}}}_{m,l,0},\tilde{\tilde{\boldsymbol{x}}}_{m,l,1},\cdots,\tilde{\tilde{\boldsymbol{x}}}_{m,l,N-1}]^{\mathrm{T}} \tag{8.49}$$

大小为$N\times1$。

另外，式（8.49）中的 OFDM 块$\underline{\tilde{\boldsymbol{x}}}_{m,l}$可以通过矩阵向量乘法生成为$\underline{\tilde{\boldsymbol{x}}}_{m,l}=\boldsymbol{F}^{\mathrm{H}}\cdot\underline{\tilde{\boldsymbol{X}}}_{m,l}$，其中$\boldsymbol{F}$是$N\times N$离散傅里叶变换（DFT）矩阵，$l=0,1,\cdots,N_{\mathrm{OFDM}}-1$。如图 8.18 所示，有一个可选时间域 S 阶连续补偿器，它处理所得的复值符号序列，并以速率T_s^{-1}生成符号$\{x_{m,k}^S;k=0,1,\cdots,N_f-1;m=1,2,\cdots,M_c\}$的修正集。各个波形$s_m(t)$使用发射脉冲整形滤波器$p_{m,T}(t)$进行数字调制，有

$$s_m(t)=\sum_{k=0}^{N_f-1}x_{m,k}^{(S)}\cdot p_{m,T}(t-kT_s) \tag{8.50}$$

图 8.19 所示为单个波形$s_m(t)$的上行链路 PSD，它显示了当选择$p_{m,T}(t)$作为 RRC 并使用 16APSK 时，常规 OFDM、带有 CP 的常规 OFDM 和类 OFDM 信令之间的对比。从图中可以清楚地看出，常规 OFDM 在频域中表现出缓慢衰减的$\sin(x)/x$图像，使用 CP 时带内区域中会出现约 3.6dB 的波纹[33]。然而，频谱纹波要求降低发射功率以免超过严格的发射限制，这是监管机构根据频谱的峰值水平设置的。

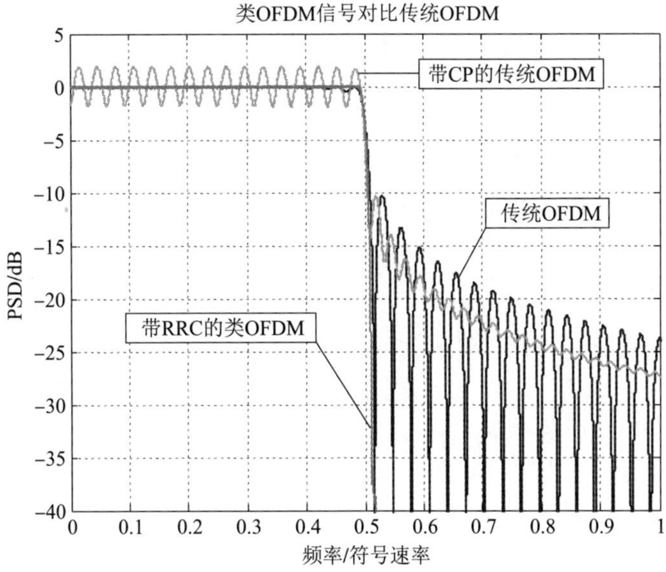

图 8.19　各类 OFDM 单个$s_m(t)$的上行 PSD

另一方面，与所谓的类 OFDM 信令相关的频谱不会受到带内波纹的影响，并且可以很好地将其频率内容包含在目标频带内。类 OFDM 信令提供了泄漏到复合信号 $s_c(t)$ 中相邻信号 $s_m(t)$ 中的最小级别的干扰，即使它们之间的正交性由于不同的 OFDM 数值或同步偏移而受到损害。这也确保了上行链路 OOB 发射强度与使用 SCM 的传统卫星信号的发射强度一致。

8.5.2 类 OFDM 接收机

图 8.20 所示为类 OFDM 接收机框图。仅应用单个用户检测，从而不会像卫星前向应用中那样与其他用户的接收机交换信息。通过 GD 均衡器对式（8.4）中接收滤波器输出处的信号 $x_m(t)$ 进行采样（以符号率的倍数进行采样），以补偿 IMUX 和 OMUX 滤波器引入的线性相位失真。在其输出处，以符号速率输出的样本为

$$\{y_{m,k};k=0,1,\cdots,N_f-1;m=1,2,\cdots,M_c\}$$

这些样本被分成 N_{OFDM} 个块，每个块包含 N 个样本，这些样本将通过 N 点快速傅里叶变换（FFT）到频域，有

$$\tilde{\tilde{\boldsymbol{Y}}}_{m,l,n}=\frac{1}{\sqrt{N}}\cdot\sum_{k=0}^{N-1}y_{m,l,N+k}\cdot \mathrm{e}^{\mathrm{j}2\pi kn/N} \tag{8.51}$$

式中：$l=0,1,\cdots,N_{\mathrm{OFDM}}-1;n=0,1,\cdots,N-1$。

将每个单独的第 m 个信号组合大小为 $N_f\times 1$ 的向量，即

$$\underline{\boldsymbol{Y}}_m=\left[\underline{\tilde{\boldsymbol{Y}}}_{m,0}^{\mathrm{T}},\underline{\tilde{\boldsymbol{Y}}}_{m,1}^{\mathrm{T}},\cdots,\underline{\tilde{\boldsymbol{Y}}}_{m,N_{OFDM}-1}^{\mathrm{T}}\right]^{\mathrm{T}} \tag{8.52}$$

其中

$$\underline{\tilde{\boldsymbol{Y}}}_{m,l}=\left[\tilde{\tilde{\boldsymbol{Y}}}_{m,l,0},\tilde{\tilde{\boldsymbol{Y}}}_{m,l,1},\cdots,\tilde{\tilde{\boldsymbol{Y}}}_{m,l,N-1}\right]^{\mathrm{T}} \tag{8.53}$$

或者，可以通过矩阵向量乘法将（8.53）中的符号 $\underline{\tilde{\boldsymbol{Y}}}_{m,l}$ 的频域块生成为

$$\underline{\tilde{\boldsymbol{Y}}}_{m,l}=\boldsymbol{F}\cdot\left[y_{m,l\cdot N},y_{m,l\cdot N+1},\cdots,y_{m,(l+1)\cdot N-1}\right]^{\mathrm{T}}$$

式（8.52）中 $\underline{\boldsymbol{Y}}_m$ 的第 n 个分量 $\{Y_{m,n};n=0,1,\cdots,N_s-1;m=1,2,\cdots,M_c\}$ 用于在去除多余的 N_f-N_s 填充符号后为各个 FEC 解码器生成 LLR。如图 8.20 所示，接收机包括一个选项，可以在 S 次迭代中使用 FEC 解码器提供的软信息来实现频域连续补偿器。在这种情况下，在迭代 $S+1$ 次期间，补偿器输出处的频域采样向量用 $\underline{\boldsymbol{Y}}_m^{(s+1)}$ 表示，用于生成 FEC 解码器的 LLR。在生成所需的 LLR 时，我们应用了一种新技术，该技术首先在参考文献［34］中提到，它考虑了 $Y_{m,n}$ 由于非线性失真而经历的聚类和翘曲。对于不同星座环上的符号，此聚类可以不同并且也可以是非圆形的，具有一定的旋转性，从而促使使用双变

量高斯模型来评估 LLR。这与迭代解码的比特交织编码调制（BICM-ID）[35] 原理结合使用，涉及与 FEC 解码器交换软信息。更具体地，图 8.20 中的 LLR 计算模块将在第 s 次迭代期间由 FEC 解码器提供的关于码位的先验信息用作输入 $Y_{m,n}$ 和 $\boldsymbol{L}_a^{(s)}$。LLR 计算模块为映射到特定符号 $X_{m,n}$ 的$\log_2 M$ 位计算位外部信息，并且可以用 LLR 表示为

$$\boldsymbol{L}_e^{(s+1)}(b_{m,i}) = \log \frac{\sum\limits_{\tilde{X} \varepsilon X_i^0} \exp\left\{f_{bi}(Y_{m,n} \mid \tilde{\boldsymbol{X}}) + \sum\limits_{\substack{j=1 \\ j\neq i}}^{\log_2 M} g_j(\tilde{\boldsymbol{X}})\boldsymbol{L}_a^{(s)}(b_{m,j})\right\}}{\sum\limits_{\tilde{X} \varepsilon X_i^1} \exp\left\{f_{bi}(Y_{m,n} \mid \tilde{\boldsymbol{X}}) + \sum\limits_{\substack{j=1 \\ j\neq i}}^{\log_2 M} g_j(\tilde{\boldsymbol{X}})\boldsymbol{L}_a^{(s)}(b_{m,j})\right\}} \tag{8.54}$$

对于符号 $X_{m,n}$ 对应比特位 $b_{m,i}$ 的情况，在式（8.54）中我们将 $g_i(X_{m,n})$ 定义为一个函数，该函数返回用于标记 $X_{m,n}$ 的第 i 个位，以使 $i=1,2,\cdots,\log_2 M$ 和 $f_{bi}(Y_{m,n} \mid \tilde{\boldsymbol{X}})$ 表示基于双变量高斯模型评估似然概率的一种改进，见文献［34］。对于迭代 $s=0$ 的特定情况，FEC 解码器没有可用的软信息，因此使用 $L_a^{(0)}=\underline{0}$。在解交织之后，将外部信息 $\boldsymbol{L}_e^{(s+1)}$ 的向量作为输入提供给 FEC 解码器。在达到最大迭代次数后，解码器会生成源比特的估计。

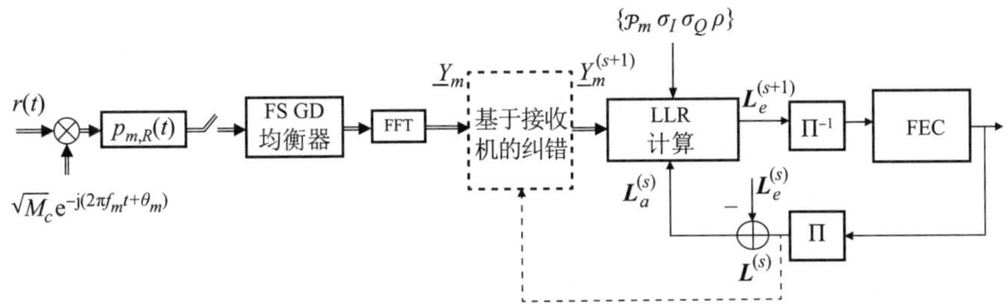

图 8.20　第 m 个信号的类 OFDM 接收机框图

8.5.3　基于发射机和接收机的连续补偿

第 8.4 节中概述了先进的非线性方案并评估了其有效性，以最大程度减少由于类 OFDM 信令引起的线性和非线性 ICI 失真，并评估了六种不同的补偿策略。

（1）参考文献［12］中使用 FS 线性均衡器的增强型接收机架构，其抽头是使用最小均方（LMS）自适应算法计算的。

（2）基于迭代接收机的非线性失真消除[36-39]，采用符号硬判决来重新生成失真，并在 FFT 算法的输出上采用单个增益校正。

（3）式（8.1）中信号组合 $s_c(t)$ 上的连续信号 PD。

（4）使用质心和二元高斯统计量的基于接收机的连续软消除。

（5）在传输滤波器之前以符号速率传输的连续数据 PD。

（6）结合基于发射机的数据 PD 和基于接收机的软消除，这一概念类似于参考文献［40］中针对 SCM 的情况。

迭代解决方案实现了 $S=10$ 级失真消除。使用基于 SCM 的信号的传统系统，以及参考文献［12］中增强的接收机体系结构，也可以进行性能比较，同时还利用了基于质心的双变量高斯函数计算。

图 8.21 显示了在采用 16APSK 的单个类 OFDM 信令且在最佳 OBO 水平时，使用信号 PD 与数据 PD 的上行链路 PSD 和下行链路 PSD 对比。信号 PD 方案广泛用于 HPA 和预失真器并置的应用中，然而其在发射滤波操作之后的过采样信号处实现，因此需要高采样率，该采样率与信号的独立带宽、M_c 个信号的数量、其频率间隔 Δf，以及要补偿的非线性程度的乘积成正比。

此外，信号 PD 会在 HPA 之前引起频谱再生，因此对上行链路发射要求过于严格，不太适合宽带卫星应用。相反，数据 PD 要求的采样率仅等于符号速率，不会引起上行链路频谱再生，并提供更好的性能。它可能导致下行链路的频谱再生，但这被卫星上的 OMUX 过滤抑制了。

图 8.22 显示了若每个转发器设置单个信号，目标 PER10^{-3} 时的编码 TD 与 OBO 性能（使用 16APSK，速率 28/45 的 LDPC 码）的关系。结果表明，采用数据 PD 的基于 OFDM 的系统提高了 1.4dB，而基于接收机的连续软失真消除则提高了 1.2dB。更重要的是，在接收机上使用数据 PD 和软干扰消除的组合解决方案比 PD 单独提供了约 0.2dB 的额外增益。

图 8.23 显示了在每个转发器设置单个信号时，采用 64APSK，速率为 7/9LDPC 码时 TD 与 OBO 性能关系，数据 PD 技术使基于 OFDM 的系统性能少降低了 4dB（相当于 4dB 增益）。基于接收机的软失真消除技术还可以使 TD 降低相当。与此同时，所描述的基于发射机和接收机的技术大大降低了基于 OFDM 的系统所需的 OBO。此外，相比于单独的 PD，在发射机和接收机处的组合连续补偿可以得到额外的 0.35dB 性能改善。

图 8.24 显示了当三个信号共享同一转发器时，内部信号都使用 16APSK 速率为 28/45 的 LDPC 码。每个信号的符号速率为 37MBaud，载波的平均间隔为 $\Delta f=40$MHz。基于接收机的软干扰消除技术的效果有限，因为接收机无法从其他用户的 LDPC 解码器获取符号估计。相比之下，连续的多载波数据 PD 可以准确地重建所需信号经历的失真，从而降低产生的失真。结果表明，最小 TD 降低了近 1.4dB，所需的 OBO 降低了 0.5dB。

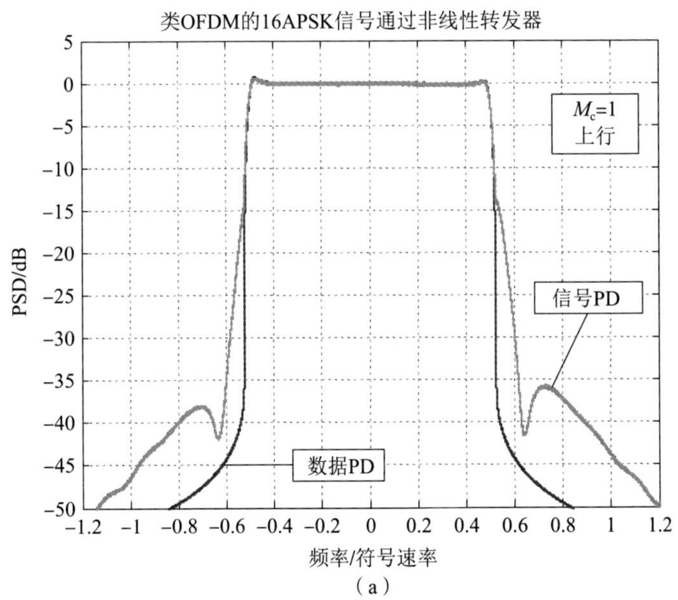

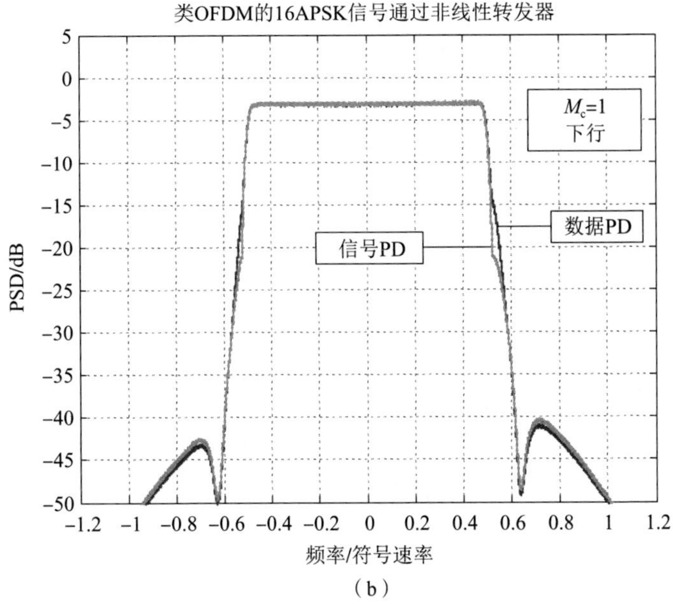

图 8.21　信号 PD 对比数据 PD

（a）上行；（b）下行

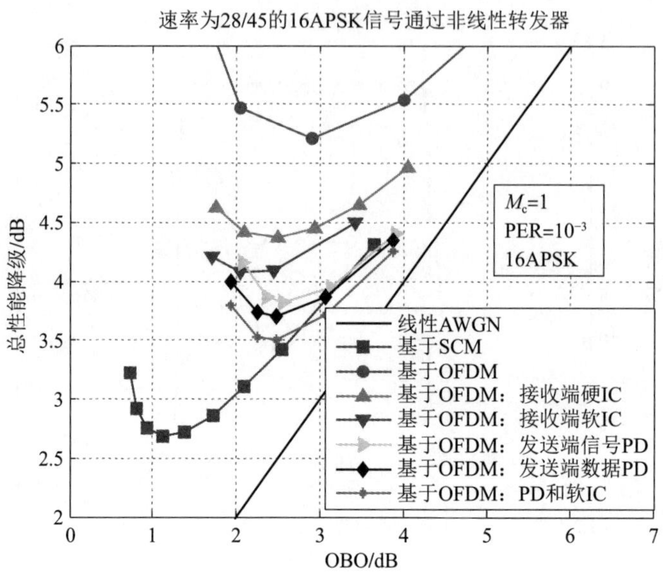

图 8.22　16APSK 速率为 28/45 的 LDPC 码 TD 与 OBO 性能关系

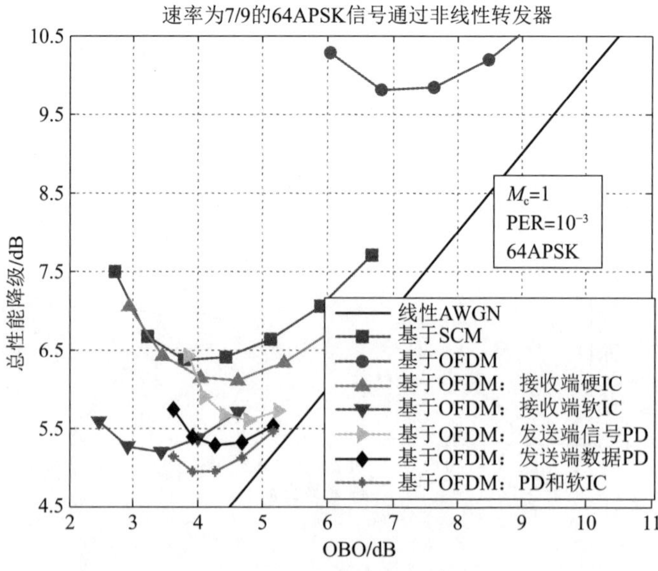

图 8.23　64APSK 速率为 7/9LDPC 码时 TD 与 OBO 性能关系

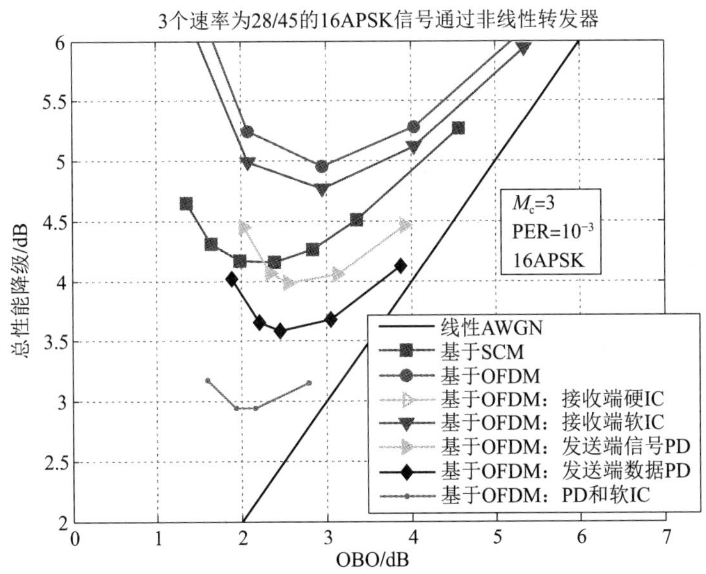

图 8.24　速率为 28/45 的单个 16APSK

连续信号 PD 技术降低了 0.4dB。基于 OFDM 的系统与具有增强型接收机的 SCM 系统之间的差距明显小于以前在每个转发器情况下单个信号的结果中所观察到的差距。同时，预失真系统彼此之间仅相距 0.6dB 之内。这是因为当使用高阶星座图和/或多个信号共享同一个转发器时，基于 SCM 的系统和基于 OFDM 的系统的 PAPR 变得更具可比性。

8.6　小结

本章描述了适用于宽带和广播应用的卫星通信系统。该应用在质量、功率、能量和带宽等许多方面都十分高效。本章通过使用多载波沃尔泰拉（Volterra）级数对产生的非线性失真进行了重要分析。分析非线性失真的框架已被证明是准确的，并可用于补偿算法的开发，从而在 HPA 接近饱和时，可成功运行此类补偿系统。本章研究了一些强大的、可最大限度地减少线性和非线性失真的应对策略。这些策略可以 PD 的形式应用于发射机，以均衡的形式应用于接收机，同时也可利用与 FEC 解码器交换软信息的 Turbo 处理原则。

可以预见在新兴的 5G 领域中，卫星将会继续发挥重要作用，包括继续使用 OFDM 的空口。本章致力于在卫星系统上应用 OFDM 以建立起与 5G 系统相同的特性。前面提到的强大对策已应用于类 OFDM 信令的传输中，从而使基于

OFDM 的卫星系统（在采用高阶星座和/或多重信号共享同一转发器时）能获得与使用 SCM 的传统系统相媲美的性能，甚至在某些情况下还能超越传统系统，这些都完全符合行业的发展趋势。

本章提出的分析方法和技术，具有良好的性能，有助于其他重要领域继续进行相关的研究和探索。例如，多波束卫星系统的预编码[41]是一种很有前景的技术，当使用大量的频率复用时，它可以减少波束之间的线性共信道干扰。预编码方面包含了基于网关的、需要对发射的符号进行多用户处理的解决方案。这就产生了与多载波 PD 的协同效应，该协同效应可用于将预编码方法与为了降低卫星转发器的节能操作而引入的非线性失真结合使用。

用于卫星系统的认知通信[42]是另一种有前景的技术，它允许卫星与地面网络共享频谱。可以通过认知节点来计算所描述的非线性失真特征以获取其更多的认知信息。而且类 OFDM 信令可以提供更灵活的频谱，并具有极好的频率抑制能力，和通过使用先进技术而具有对抗失真的鲁棒性。借助这些特性，类 OFDM 的信令可以进一步用来实现通信认知。

参考文献

[1] ETSI EN 302307-1. Second generation framing structure, channel coding and modulation systems for broadcasting, interactive services, news gathering and other broadband satellite applications; Part I: DVB-S2. Digital Video Broadcasting (DVB). 2005.

[2] ETSI EN 302307-2. Second generation framing structure, channel coding and modulation systems for Broadcasting, interactive services, news gathering and other broadband satellite applications; Part II: S2 Extensions (DVB-S2X). Digital Video Broadcasting (DVB). 2014.

[3] Beidas BF. Intermodulation Distortion in Multicarrier Satellite Systems: Analysis and Turbo Volterra Equalization. IEEE Trans Commun. 2011 June;59(6):1580–1590.

[4] Benedetto S, Biglieri E, Daffara R. Modeling and Performance Evaluation of Nonlinear Satellite Links—A Volterra Series Approach. IEEE Trans Aerosp Electron Syst. 1979 July;15(4):494–507.

[5] Beidas BF, Seshadri RI. Analysis and Compensation for Nonlinear Interference of Two High-Order Modulation Carriers over Satellite Link. IEEE Trans Commun. 2010 June;58(6):1824–1833.

[6] Mazo JE. Faster-Than-Nyquist Signaling. Bell Syst Tech J. 1975 October; 54(8):1451–1462.

[7] Liveris AD, Georghiades CN. Exploiting Faster-Than-Nyquist Signaling. IEEE Trans Commun. 2003 September;51(9):1502–1511.

[8] Piemontese A, Modenini A, Colavolpe G, *et al.* Improving the Spectral Efficiency of Nonlinear Satellite Systems through Time-Frequency Packing and Advanced Receiver Processing. IEEE Trans Commun. 2013 August;61(8): 3404–3412.

[9] Beidas BF, Seshadri RI, Eroz M, *et al.* Faster-Than-Nyquist Signaling and Optimized Signal Constellation for High Spectral Efficiency Communications in Nonlinear Satellite Systems. In: Proc. IEEE MILCOM Conference; 2014. p. 818–823.
[10] 3GPP TR 38 802 V14 1 0. Study on New Radio Access Technology Physical Layer Aspects (Release 14). 3rd Generation Partnership Project; Technical Specification Group Radio Access Network. 2017 June.
[11] Bingham JAC. Multicarrier Modulation for Data Transmission: An Idea Whose Time Has Come. IEEE Commun Mag. 1990 May;28(5):5–14.
[12] ETSI TR 102 376 V1 1 1. Implementation guidelines for the second generation system for Broadcasting, Interactive Services, News Gathering and other broadband satellite applications; Part 2: S2 Extensions DVB-S2X. Digital Video Broadcasting (DVB). 2015.
[13] Haykin S. Adaptive Filter Theory. 2nd ed. Englewood Cliffs, NJ, USA: Prentice-Hall; 1991.
[14] Morgan DR, Ma Z, Kim J, *et al.* A Generalized Memory Polynomial Model for Digital Predistortion of RF Power Amplifiers. IEEE Trans Signal Process. 2006 October;54(10):3852–3860.
[15] Kim J, Konstantinou K. Digital predistortion of wideband signals based on power amplifier model with memory. Electron Lett. 2001 November; 37(23):1417–1418.
[16] Ding L, Zhou GT, Morgan DR, *et al.* A Robust Digital Baseband Predistorter Constructed Using Memory Polynomials. IEEE Trans Commun. 2004 Januanry;52(1):159–165.
[17] Beidas BF. Adaptive Digital Signal Predistortion for Nonlinear Communication Systems Using Successive Methods. IEEE Trans Commun. 2016 May; 64(5):2166–2175.
[18] Heo SW, Gelfand SB, Krogmeier JV. Equalization Combined with Trellis Coded and Turbo Trellis Coded Modulation in the Nonlinear Satellite Channel. In: Proc IEEE MILCOM, *Los Angeles, CA*. 2000 October; p. 184–188.
[19] Pérez AL, Ryan WE. Iterative Detection and Decoding on Nonlinear ISI. In: Proc Int Conf Commun, *New York, NY*. 2002 May; p. 1501–1505.
[20] Burnet CE, Barbulescu SA, Cowley WG. Turbo equalization of the nonlinear satellite channel. In: Proc Int Symp Turbo Codes, *Brest, France*. 2003 September; p. 475–478.
[21] Beidas BF, El-Gamal H, Kay S. Iterative Interference Cancellation for High Spectral Efficiency Satellite Communications. IEEE Trans Commun. 2002 January;50(1):31–36.
[22] De Gaudenzi R, Luise M. Analysis and Design of an All-Digital Demodulator for Trellis Coded 16-QAM Transmission over a Nonlinear Satellite Channel. IEEE Trans Commun. 1995 February/March/April;43(2/3/4):659–668.
[23] Piazza R, Bhavani Shankar MR, Ottersten B. Data Predistortion for Multicarrier Satellite Channels Based on Direct Learning. IEEE Trans Signal Process. 2014 November;62(22):5868–5880.
[24] Biglieri E, Barberis S, Catena M. Analysis and Compensation of Nonlinearities in Digital Transmission Systems. IEEE J Select Areas Commun. 1988 January;6(1):42–51.
[25] Eun C, Powers E. A New Volterra Predistorter based on the Indirect Learning Architecture. IEEE Trans Signal Process. 1997 January;45(1):223–227.
[26] Zhou L, DeBrunner VE. Novel Adaptive Nonlinear Predistorters Based on

the Direct Learning Algorithm. IEEE Trans Signal Process. 2007 January; 55(1):120–133.

[27] Kushner HJ, Yin GG. Stochastic Approximation and Recursive Algorithms and Applications. 2nd ed. New York, USA: Springer-Verlag; 2003.

[28] Beidas BF, Seshadri RI, Becker N. Multicarrier Successive Predistortion for Nonlinear Satellite Systems. IEEE Trans Commun. 2015 April;63(4): 1373–1382.

[29] Karam G, Sari H. A Data Predistortion Technique with Memory for QAM Radio Systems. IEEE Trans Commun. 1991 February;39(2):336–344.

[30] Casini E, De Gaudenzi R, Ginesi A. DVB-S2 Modem Algorithms Design and Performance Over Typical Satellite Channels. Intern J Satellite Commun Network. 2004;22(3):281–318.

[31] Kourogiorgas CI, Lyras N, Panagopoulos AD, *et al.* Capacity Statistics Evaluation for Next Generation Broadband MEO Satellite Systems. IEEE Trans Aerosp Electron Syst. 2017 October;53(5):2344–2358.

[32] Beidas BF, Seshadri RI. OFDM-Like Signaling for Broadband Satellite Applications: Analysis and Advanced Compensation. IEEE Trans Commun. 2017 October;65(10):4433–4445.

[33] van Waterschoot T, Nir VL, Duplicy J, *et al.* Analytical Expressions for the Power Spectral Density of CP-OFDM and ZP-OFDM Signals. IEEE Signal Process Lett. 2010 April;17(4):371–374.

[34] Beidas BF, Seshadri RI. Forward error correction decoder input computation in multi-carrier communications system. US Patent and Trademark Office, *Patent 9,203,680*. 2015 filed September 2012, granted December.

[35] Li X, Ritcey JA. Bit-Interleaved Coded Modulation with Iterative Decoding. IEEE Commun Lett. 1997 November;1(6):169–171.

[36] Kim D, Stuber GL. Residual ISI Cancellation for OFDM with Applications to HDTV Broadcasting. IEEE J Sel Areas Commun. 1998 October;16(8): 1590–1599.

[37] Kim D, Stuber GL. Clipping Noise Mitigation for OFDM by Decision-Aided Reconstruction. IEEE Commun Lett. 1999 January;3(1):4–6.

[38] Tellado J, Hoo LMC, Cioffi JM. Maximum-Likelihood Detection of Nonlinearly Distorted Multicarrier Symbols by Iterative Decoding. IEEE Trans Commun. 2003 February;51(2):218–228.

[39] Chen H, Haimovich AM. Iterative Estimation and Cancellation of Clipping Noise for OFDM Signals. IEEE Commun Lett. 2003 July;7(7):305–307.

[40] Beidas BF, Kay S, Becker N. System and Method for Combined Predistortion and Interference Cancellation in a Satellite Communications System. US Patent and Trademark Office, *Patent 8,355,462*. 2013 filed October 2009, granted January.

[41] Christopoulos D, Chatzinotas S, Ottersten B. Multicast Multigroup Precoding and User Scheduling for Frame-Based Satellite Communications. IEEE Trans Wireless Commun. 2015 September;14(9):4695–4707.

[42] Sharma SK, Chatzinotas S, Ottersten B. Cognitive Radio Techniques for Satellite Communication Systems. In: IEEE Vehicular Technology Conference; 2013. p. 1–5.

第9章
卫星多波束预编码软件定义的无线电演示器

史蒂芬诺·安德纳西，约翰·卡洛斯·梅拉诺·顿灿，
杰夫基尼·克瑞夫吉扎，西蒙·查特诺塔斯
卢森堡大学信息安全中心

线性预编码（通常称为多用户多输入多输出（MU-MIMO））利用多天线发射机提供的空间自由度来管理共用信道用户之间的干扰。由于线性预编码依赖于用户终端（UT）的信道状态信息（CSI）来估计，因此实现实时测试系统的信道状态信息，具有较大难度。对用户终端的信道状态进行估计是一项有挑战性的操作，尤其是对于卫星通信（SATCOM）而言，因为信道估计适合在低信干噪比（SNIR）下进行，且同时受不同组件和技术所带来大量损耗的影响，包括载荷特性、用户终端的损耗，进而影响到网关（GW）。下面列出了预编码系统设计中需要考虑的一些最重要和通用的损耗。

（1）发射机、信道模拟器和所有接收机中使用的本地振荡器（LO）的频偏、频率不稳定性和相位噪声（PN）；

（2）不同波束之间的时序错位（对于高吞吐量链路）；

（3）由于星上非线性，导致的不同载荷链上的差分相位/幅度失真；

（4）CSI 的定点报告、现场可编程阵列（FPGA）中预编码器的定点计算；

（5）有限的计算能力，尤其对于高吞吐量链路；

（6）卫星链路的往返时间（RTT）延迟。

本章的目的是展示宽带多波束卫星系统在频率复用模式下的运行能力，当实际条件约束了信号处理技术时，则采用先进的预编码信号处理方式。为了完成此目标，构建了由软件定义无线电（SDR）组成的特定硬件基础设施，该设施能够通过关口站模拟器和多波束卫星信道模拟器来模拟卫星前向（FWD）

链路的传输，其中包括了卫星上的损耗、MIMO 用户链路信道和一组独立的终端用户（UT）射频（RF）损耗仿真器。为了实现实时预编码，从 UT 到 GW 的馈线信道也相应地进行了模拟。通常基础设施包括称为通用软件无线电外设（USRP）的 SDR 开发平台。每个 USRP 都会连接到用于选择特定测试所需的子基础设施的中央集线器（Hub）上，同时每个 USRP 还提供控制和监测功能。每块板本身就是一个配备有 RF 模块、数/模转换器（DAC）和模/数转换器（ADC）以及用于自定义数字处理的高性能 FPGA 的单天线/多天线系统。

用于集中处理的中央集线器由配备了一套 FPGA 的高性能计算工作站支撑工作。本章分为以下几个部分；第 9.1 节简单介绍了预编码技术；第 9.2 节研究和分析了预编码的实际约束和可能的解决方案；第 9.3 节介绍了预编码的实现方法；第 9.4 节介绍了对所采用预编码技术的实验室验证法；最后第 9.5 节为结论和对未来的展望。

9.1 预编码简介

宽带互联网和按需服务的新时代提出了新的卫星通信系统设计方法。宽带互联网的市场重要性和频率资源的有限性，推动着卫星通信行业和学术界在功率和频率无线通信技术方面向新型智能更高效的方向发展。

多波束卫星一方面功率效率更高，另一方面通过空间复用[1]，其卫星信道具有更高的容量。另外，尽管常规的多波束系统采用四重频率复用（FR4）方案甚至更高的复用倍数，但在频谱受限的情况下，全频率复用（FFR）方案更具吸引力。因此，卫星通信中的 MU-MIMO 应用由于面临实际限制而极具挑战性，同时从理论和实际项目的角度看也极具前景。

9.1.1 近期的预编码项目

在欧洲航天局（ESA）框架 NGW（下一代提高频谱效率的波形）[3] 的框架中。由于使用多关口站系统，及用户在多播预编码和实际限制下分组的 CSI 估计准确性和敏感性的导致的性能下降，我们将重点放在实际情况的实现方面。在参考文献［4］中指出，相比四重频率复用系统不使用预编码的情况，在 GW 上将 FFR 系统与之前技术结合使用，能使总容量带来 38%~140%不等的增益；

在另一项 ESA 研究中，从系统级的角度评估了 FoGBS（基于未来地面的波束成形技术）[5]，通过标准多波束卫星系统中的频率复用方案，能在基准场景下获得增益。结果显示，在系统中采用适当的调度方法时，以下三种情况下系统容量都有潜在的提高，包括利用 Ka 频段的区域宽带交互性服务、C 波段大陆地区的高吞吐量回传服务，以及 L 波段多卫星的移动服务。

ESA 项目 PreDem（宽带系统前向链路的预编码演示器）[6] 的重点是考虑到最近的数字视频广播 S2 扩展（DVB-S2x），在前向链路卫星通信系统中的 GW 端实现用于减轻干扰技术的软件演示器，特别是关于旨在支持预编码技术的超帧设计。在完成本研究活动时要交付的主要产品是成熟模拟器的开发，其中包括在实际损耗下卫星上预编码涉及的所有系统和物理层方面。

ESA 项目 Optimus（针对单播交互式广播业务的最佳传输技术）[7] 的目的是超越类似于“直接入户”的标准和应用，以消除基于广播的卫星系统的某些限制。根据项目的适用范围，为宽带卫星系统设计一种新颖的前向链路空中接口是这项活动的重点，该接口支持在发射机处使用先进的干扰缓解技术，即预编码。

基于从这些研究项目和活动中获得的丰富经验，由卢森堡国家研究基金（FNR）资助的首个概念验证项目 SERENADE（卫星前置硬件演示器）[9] 在 2016 年已经启动。目的是设计和开发实验室内基于软件定义的卫星多波束预编码演示器，能够模拟和测试端到端链路，同时也与参考文献［9,10］不同，当前的试验台不是基于 LTE 波形，它采用了可编程的多波束卫星信道模拟器，并且在使用 DVB-S2x 波形的实际限制下完成每个接收机的 CSI 估计。

9.1.2　有关卫星通信预编码的观点

未来的卫星通信将受益于多波束卫星，这些卫星可以通过先进的信号处理技术来实现频率复用，而且设计了各种不同的预编码技术并以多种方式增强卫星通信链路：提高物理层安全性[11]，优化系统容量和用户调度[12] 并通过多天线[4,13-15] 提供的空间自由度来管理干扰。此类技术在多波束卫星中应用，能提高卫星通信的系统容量、服务可用性、增强安全性和能量效率。

但是，HPA 的非线性特性会导致相邻信道干扰并增加 PAPR（峰均功率比）[16]，这限制了预期的理论性能增益。在本章中，星上预失真技术将研究能量效率，可以通过均匀分配功率负载来优化 HPA 的性能[17,18]。此外，发射机处的 MU-MIMO 预编码器通过采用了从 UT 检索 CSI 的闭环方法，因此需要一个反馈通道来使预编码器工作。

一般情况下，由于无法在 GW 处获取即时 CSI，移动卫星系统的预编码难度很大。但是，对于某些特定类型的应用系统（如航空/海事系统）却存在例外。某些情况下，该通道是可预测的，并不会阻塞直视路径[19]。

报告准确的 CSI 是另一大难题，因为它对基于预编码系统的整体性能有相当大的影响，尤其是在卫星通信中，该信道受到非理想成分的影响，而 UT 远非无损。此外，卫星通信 FWD 帧结构的性质是基于长前向纠错（FEC）码字，这些码字根据所选调制和编码（ModCod）的符号而改变其长度，这种可变的 FEC 长度需要新型的空中接口支持。

因此，DVB 研究组通过卫星技术模块，开发了超帧结构[20] 作为 DVB-S2X[21,22] 的选件，特别是用于预编码和波束跳跃之类的干扰缓解技术。目前已经实现了超帧的两种格式规范，这使 MU-MIMO 技术可用于卫星通信的 FWD 链路。

另外，这里构思了一种新颖的 UT 同步和信道估计程序来应对这种新场景。与有用信号相比，因为受到干扰加噪声的限制，要估计的波形可能非常微弱[4,22]。

下文评估了在与卫星通信实施预编码技术有关的一些挑战，并得出了相应的结论。

9.2 预编码的实际约束和可能的解决方案分析

9.2.1 系统模型

传统的系统模型聚焦在多波束卫星系统的前向链路，旨在复用覆盖波束中的所有可用带宽（FFR）。我们定义 N_t 为发射天线单元数量，N_u 为覆盖区域用户的总数量。在特殊的 MIMO 信道模型中，第 i 个用户的接收信号为 $y_i=\boldsymbol{h}_i^\dagger\boldsymbol{x}+n_i$，其中 $\boldsymbol{h}_i^\dagger$ 是一个 $1\times N_t$ 的向量，代表第 i 个用户和发射机的 N_t 个天线之间的复信道系数，$\boldsymbol{x}$ 定义为在特定的符号区间的 $N_t\times1$ 传输符号向量，n_i 为在第 i 个用户接收天线上测量的复杂的循环对称（complex circular symmetric，c. c. s）独立同分布（independent identically distributed，i. i. d.）零平均加性高斯白噪声（AWGN）。

假设系统中 $N_t=N_u=N$，考虑接收信号的一般公式，包括整个用户集，线性信号模型为

$$\boldsymbol{y}=\boldsymbol{Hx}+\boldsymbol{n}=\boldsymbol{HWs}+\boldsymbol{n} \tag{9.1}$$

式中：$\boldsymbol{y}$ 和 $\boldsymbol{n}\in\mathbb{C}^N$，$\boldsymbol{x}\in\mathbb{C}^N$，$\boldsymbol{H}\in\mathbb{C}^{N\times N}$。

在这种情况下，我们定义了线性预编码矩阵 $\boldsymbol{W}\in\mathbb{C}^{N\times N}$，它将信息符号 $\boldsymbol{s}$ 映射到预编码的符号 $\boldsymbol{x}$ 中。值得注意的是，在下面的描述中，我们使用术语“波形”，指的是来自卫星馈线信号。

9.2.2 预编码波形的差分相位失真

预编码性能下降的潜在原因是 TWTA 非零 AM/PM 特性引起的预编码波形

瞬时差分相位失真问题，尤其是在卫星有效载荷链中使用非线性 TWTA。

非线性 TWTA 为转发器中不同符号引入了不同的瞬时相位偏移集，这种偏移取决于 TWTA 输入端的瞬时符号功率的相位偏移变化，可能会导致预编码矩阵和该信道的错位。虽然 CSI 的估计考虑了平均幅度和相位的信道条件，但其无法报告瞬时（每个符号）信道质量，特别是当 GEO 和 MEO 的往返时延超过 CSI 系数的时候。

通过查看卫星功率放大器的相位失真，AM/PM 特性会通过引入两个主要的性能降级因素来影响一般的发射波形，尤其是预编码的星座图。

（1）空间微分相位失真（DPhD）。转发器之间这种瞬时相位偏移失配的影响是预编码波形恶化的潜在来源。在这种情况下，瞬时相位偏移是瞬时预编码符号功率的函数。

（2）由于单个 TWTA 的非线性 AM/PM 特性（PhC）导致的时序相位失真。这会影响预编码和未预编码的一般星座特征，而与转发器之间的相位失配无关。在地面和卫星领域的相关文献已对此效应进行了深入研究。

先进的有效载荷技术有助于减轻不良影响。与此同时，放大器的 AM/AM 和 AM/PM 特性几乎是线性的，因此线性化 TWTA 的使用可减少失真的影响。

为了评估预编码波形在空间上差分相移的影响，我们对 AM/PM 影响的 FFR 中的预编码多载波传输与 FR4 中的未进行预编码多载波传输之间在 UT 处的 SNIR，进行线性和非线性 TWTA 的失真比较，如图 9.1 所示。

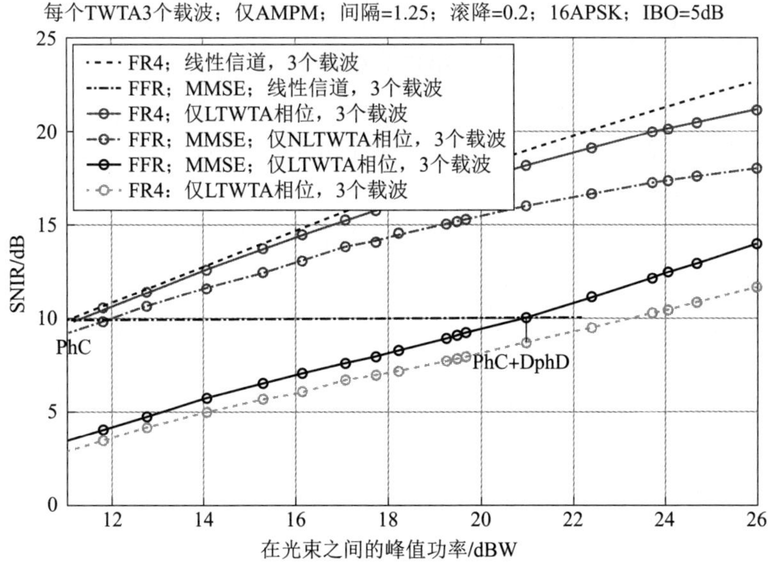

图 9.1　空间多载波场景下的差分相位失真影响评估

下面的仿真中，$N_t \times N_c$ 数量的数据流在发射端随机独立生成，其中 N_t 为馈链的数量，N_c 为一条波束的载波。在数据流用预编码（基于 CSI 的完美认知）线性组合之前，每个流都用 16APSK 调制。假设采用多载波传输方案，同一波束的载波预编码系数相同，这个假设是在不同的频带宽度上有相同的信道系数（非频率选择性信道）。

在应用上述方法之后，首先对同一波束的载波进行整形和聚合，以生成每波束的多载波波形；然后每个多载波波形会因 TWTA 的独立 AM/PM 特性而产生失真并发送到接收机；最后每个接收机为每个载波计算 SNIR，并根据所使用的每个波束功率得出整个载波集的平均结果。

表 9.1 列出了用于仿真的常规参数。

表 9.1　多载波传输的仿真参数

参数	数值
场景	全欧洲的 71 波束
每波束的载波数量	3
载波间隔	1.25
滚降系数	0.2
调制方式	16APSK
输入回退（IBO）	5dB

在图 9.1 中，在当仿真链中同时使用线性和非线性 TWTA 时，我们根据平均接收 SNIR 与平均每波束功率得出仿真结果。

图 9.1 显示了以下曲线。

（1）**FR4；线性信道，3 个载波**：每个波束使用 3 个载波时，FR4 情况的基准曲线（线性通道）。

（2）**FFR；MMSE；线性信道，3 个载波**：每个波束使用 3 个载波时，具有预编码（MMSE[15]）的 FFR 的基准曲线（线性通道）。

（3）**FR4；仅 LTWTA 相位，3 个载波**：线性 TWTA 的 AM/PM 特性用于 FR4 多载波情况下的每个波束。

（4）**FFR；MMSE；仅 NLTWTA 相位，3 个载波**：非线性 TWTA 的 AM/PM 特性用于多载波情况之前的 FFR 的每个波束。

（5）**FFR；MMSE；仅 LTWTA 相位，3 个载波**：线性 TWTA 的 AM/PM 特性用于 FFR 预编码多载波情况的每个波束。

（6）**FR4；仅 NLTWTA 相位，3 个载波**：FR4 多载波情况下的每个波束都是用非线性 TWTA 的 AM/PM 特性。

根据结论，第一个结果是，当使用线性信道（至少用于中低 SNIR）时，差分相位不会对 FFR 和 FR4 情况造成严重影响。因此，重点是由非线性 TW-TA 对接收到的 SNIR 造成的失真影响。特别是对于波束之间的高峰值功率而言，降噪对 SNIR 的影响更大。因此，性能恶化和干扰程度之间存在依赖性。

为了评估在空间中差分相位失真的影响，我们固定相同的接收 SNIR 来比较曲线（预编码和非预编码）。当前比较使用 SNIR 为 10dB 作为阈值。

FR4（虚线）曲线的 SNIR 值的差异大约为 0.8dB，这基本上表示了随时间的相位失真水平。FFR（点划线）曲线中的差异是由于空间和时间上的相位退化引起的，约为 1.4dB。假设可以以某种方式将这两个效应去耦，则对于所选的比较对象，SNIR = 10dB 时，空间上的差分相位失真约为 0.6dB。

降低影响的解决方案如下：

（1）使用线性化 TWTA，如图 9.1 所示；

（2）使用预编码技术来限制波束的平均功率（例如，正常化每个天线的功率）；

（3）联合预编码/预失真技术。

9.2.3　预编码波形上的时序未对准

为了生成预编码矩阵，可以预见的是每个终端为所有可检测到的接收信号（即终端特定波形加上所有可检测到的干扰[4,12] 信号）提供信道参数的估计值。这就要求终端不仅要同步到自己的信号上，还要同步到所有可检测到的干扰源上。在参考文献［21］的附件 E 中定义的 DVB-S2X 超帧结构是一种设计成帧的结构，它使卫星系统[22] 中估算 CSI 成为可能。

DVB-S2X 依赖于 SF-Pilots 定义中正交序列集（Walsh-Hadamard 序列）的使用，但正交互相关码提供的优势要求发射波形在时间上完美同步，尤其发生在卫星链路使用加扰序列时，如图 9.2 所示。在某些情况下由于每个载波的波特率不同，卫星有效载荷会由于转发器滤波器的群（组）时延和路径不同而在不同的发射天线之间引入时序未对准。

那么，所需波形对准不仅对于 CSI 估计精度很重要，而且为了避免 UT 处叠加信号波形 ISI（码间干扰）而引起的附加性能降级，预编码技术需要发射波形准完美同步。

下面介绍的一种由有效负载引入的预补偿时序未对准的过程，这种过程对于提高 CSI 估计的质量并避免预编码过程中的性能下降至关重要。

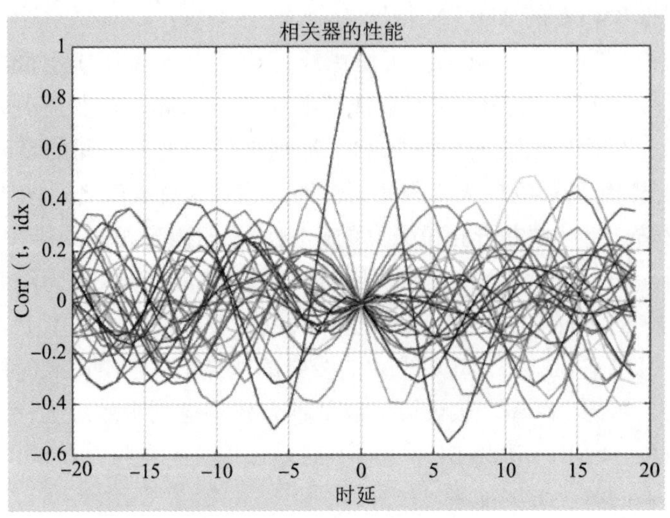

图 9.2　所有采样的相关函数之间的叠加 SF-Pilots

9.2.3.1　预编码系统中时序未对准波形的影响分析

本部分的目的是分析由于系统在 GW 处采用线性预编码技术产生了卫星载荷的损耗，进而造成时序未对准的影响。分析和验证分为两个部分：①分析对 CSI 估计准确性的影响；②分析预编码符号对接收到的 SNIR 的影响。

9.2.3.2　信道估计中捆绑帧时序未对准的影响

考虑到波束之间的频率复用而导致的干扰受限情况，已知符号（导频）辅助算法在从 UT 的叠加信号中区分波束特定波形方面具有优势，导频辅助算法受所使用序列集的相关性影响。在时序对准的情况下，例如，在无线系统的下行链路情况下，由于能在某些约束下提供序列之间良好的互相关性，使用 Walsh-Hadamard 序列是一种更好的选择。另一方面，由于自相关函数中存在多个旁瓣，自相关属性不适合以检测为目的。在自相关函数和频谱方面，所有信号（如参考文献［21］中所述的 DVB-S2x 附件 E 的帧结构）之间共享时，使用逐个符号操作的加扰序列在避免谱线重叠方面非常有用。

给出两个离散序列之间的归一化相关函数：

$$R_{ij}[n]=\frac{1}{N_{\text{pil}}}\sum_{m=0}^{N_{\text{pil}}-1} o_i[m]o_j^*[m-n] \tag{9.2}$$

式中：N_{pil} 为序列的长度；o_i 为第 i 个正交 Walsh-Hadamard 序列；$*$ 表示复共轭。这个相关函数取决于序列集的性质，对于 Walsh-Hadamard 集，当 $n=0$ 且 $i\neq j$ 时，基本上可以得出互相关值为零。

当考虑加扰序列 $g[m]$ 时，需要考虑一组新的序列，该序列由 $c_i[m]=$

$g[m]o_i[m]$ 给出，根据超帧的描述，$\boldsymbol{g}$ 对所有的波形都是一样的。加扰序列另一个属性 $g[m]g^*[m]=1$，如果我们把新的序列代入方程，可以得到

$$R_{ij}[n]=\frac{1}{N_{\mathrm{Pil}}}\sum_{m=0}^{N_{\mathrm{pil}}}c_i[m]c_j^*[m-n]\frac{1}{N_{\mathrm{Pil}}}=\sum_{m=0}^{N_{\mathrm{pil}}}g[m]o_i[m]g^*[m-n]o_j^*[m-n] \tag{9.3}$$

从式（9.3）中，注意到对每个 $m=0,\cdots,N_{\mathrm{pil}}$，当 $g[m]g^*[m-n]=1$ 时，相关函数和式（9.2）一致，当 $n=0$ 时同样成立，即当两个序列时序对准。

在图 9.2 中，给出了所选序列相对于其他序列的超采样域内的自相关函数和互相关函数。应该指定，考虑到实际情况载荷数据符号对相关的影响，关联函数计算如下（考虑到超帧的格式规范 2）：

$$R_{ij}[n]=\frac{1}{N_{\mathrm{Pil}}}\sum_{m=0}^{N_{\mathrm{pil}}}r_i'[m+n]c_j^*[m] \tag{9.4}$$

式中：$n=[-920,-920+1/ns,0,\cdots,955-1/ns,955]\in\mathbb{R}$，$m\in\mathbb{N}$；$ns$ 为过采样因子；r_i' 为由三个连续关联向量给出的第 i 个接收流，即

$$r_i'[m]=\begin{cases}x1_i[m], & -920\leqslant m<0\\ c_i[m], & 0\leqslant m<N_{\mathrm{pil}}-1\\ x2_i[m], & N_{\mathrm{pil}}\leqslant m<955\end{cases} \tag{9.5}$$

在后一种定义中，为了简单起见，$x1$ 和 $x2$ 都是具有 QPSK 调制的随机数据符号。从图 9.2 中可以清楚地看出，因为零时延中的所有相关值都为零，只有在时序完全对准的情况下，序列间的正交性才会发生。在零时延中有一个峰值的曲线是自相关函数 R_{ii}。这就证明了预先补偿由于卫星有效载荷造成的时序未对准的重要性。

9.2.4　带有时序预补偿波形的 CSI 质量数值结果

下面，我们给出了与参考文献［4,22］中描述的接收机算法（同步和信道估计）相关的数值分析和性能评估。结果可以分为两个部分：第一部分，显示了波形之间存在时序未对准（无正交性）的情况下的时间估计性能；第二部分，针对预补偿和未补偿情况下的 CSI 估计误差获得的结果做了相应解释。

重要的是要指定在同步链输出端，根据残差误差对在接收器链中的 CSI 估计之前的同步过程进行建模。

对于数值结果，我们在接收机一侧考虑 6 个叠加的参考波形（如唯一要解码有用信息的波形）和来自 5 个相邻波束的 5 个干扰波形。假设 C 是参考波形

的功率，I 是要估计的干扰源波形功率（一个 CSI 系数），则这 6 个波形具有以下 C/I 分布：

$$C/I_i = [0 \quad 4 \quad 8 \quad 12 \quad 16]\,\mathrm{dB} \tag{9.6}$$

值得注意的是，这种分布的目的是突出显示在出现时序未对准时其他载波如何影响 CSI 误差。用于信道估计过程的算法通过以下公式描述导频辅助算法：

$$\hat{h}_i = A_i \mathrm{e}^{\mathrm{j}\varphi_i} \tag{9.7}$$

$$A_i = \frac{1}{N_{\mathrm{Pilot}} L_{\mathrm{Pilot}}} \sum_{k=1}^{N_{\mathrm{Pilot}}} \left| \sum_{j=1}^{L_{\mathrm{Pilot}}} y_k^p[j] c_{ki}^*[j] \right| \tag{9.8}$$

$$\varphi_i = \frac{1}{N_{\mathrm{Pilot}} L_{\mathrm{Pilot}}} \sum_{k=1}^{N_{\mathrm{Pilot}}} \angle \sum_{j=1}^{L_{\mathrm{Pilot}}} y_k^p[j] c_{ki}^*[j] \tag{9.9}$$

式中：$\angle$ 为角函数；$\hat{h}_i$ 为第 i 个波形估计；A_i 和 φ_i 为第 i 个波形的幅度和相位估计；N_{Pilot} 和 L_{Pilot} 为导频场（平均估计的连续导频块的数量）的数量和导频场的长度；$y_k^p[j]$ 为超帧内传输的导频第 k 块对应接收信号的一部分；$c_{ki}^*[j]$ 为波束特定序列（由波束特定的 Walsh-Hadamard 序列和置乱序列组成）。

下面描述针对时序对准和时序未对准波形的 CSI 误差方面的比较。

表 9.2 列出了信道估计程序中使用的仿真参数。

表 9.2　CSI 精度估计的仿真参数

参数	值
符号速率	500MBaud
滚降	0.05
过采样因子	4
时间未对准	$[-3T_s;\ +3T_s]$
频率未对准	否
相位未对准	$[-\pi/2;\ \pi/2]$
频率估计残差	高斯 $r.v.\ \sigma = 0.0003R_s$
时间估计残差	高斯 $r.v.\ \sigma = 0.036T_s$
相位估计残差	高斯 $r.v.\ \sigma$ = 克拉美罗边界（Cramer Rao Bound）
SNR（w.r.t. 参考波形）	0~10dB
N_{Pilot}	32 符号
L_{Pilot}	639 连续导频场

图 9.3 显示了在未对准和采用预补偿对准（偏差指的是未对准，对齐指的

是对准）波形的情况下，CSI 幅度误差的平均值和标准偏差结果与特定波形的 C/I 值的关系。从获得的幅度误差开始，这些值通过下式计算：

$$A_{\mathrm{errdB}} = 20\lg\left(\frac{1}{N_{\mathrm{iter}}}\sum_{i=1}^{N_{\mathrm{iter}}}\frac{A_{\mathrm{lin}}+\varepsilon_i}{A_{\mathrm{lin}}}\right) \tag{9.10}$$

式中：A_{lin} 为波形幅度的值；ε_i 为幅度估计误差；

图 9.3 中实线是均值，而相应的（相同灰度）虚线表示标准差 w. r. t。前两条曲线分别是参考用户信噪比为 0 和 10dB 时未对准波形的结果。另外，图 9.3 中最后两条曲线分别是在 SNR 为 0 和 10dB 时对准波形的结果。

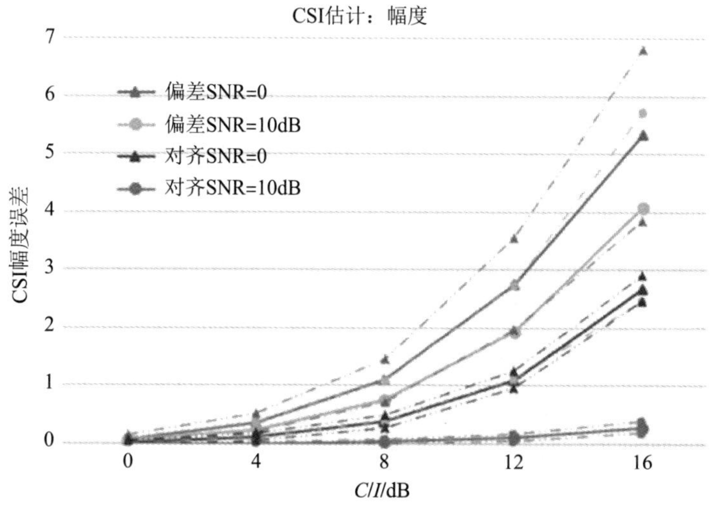

图 9.3　未对准和对准情况下 CSI 的幅度误差

可以得出对于所有的曲线，随着 C/I 增加，误差变大。通过比较未对准和对准的情况下，在发射机端预补偿在 CSI 误差和可靠性（标准差）的估计方面提供了巨大增益，因为在未对准情况下，均值和标准差值都大得多。

此外，考虑到 C/I = 16dB 时，当参考波形的 SNR 约为 0，对准与未对准的平均值相差 2dB，而当考虑的 SNR 为 10dB 时，这个差值将更大。

在图 9.4 中，未对准和对准（通过预补偿）波形的 CSI 相位误差的平均值和标准差结果与特定波形的 C/I 值进行了对比。因为相位误差的平均值和标准差相比非常小，图中没有显示平均值。信号幅度方面，在发射机端使用预补偿[23] 的优势很大，特别是考虑到对于最弱的干扰，标准差达到 20°，这显著降低了预编码的性能。

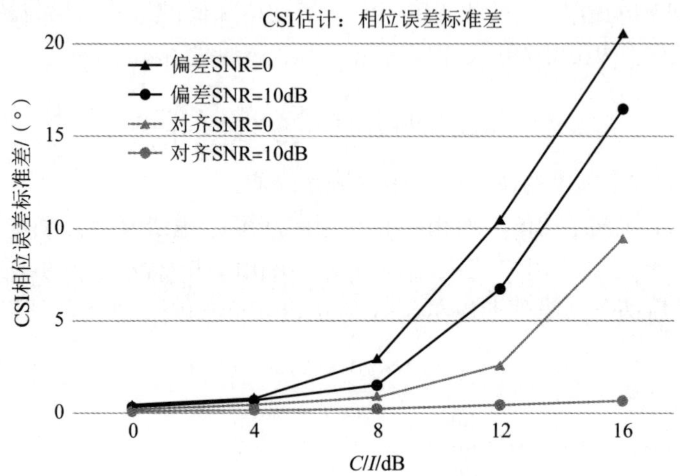

图 9.4　对准和未对准波形的 CSI 的相位误差（标准差）

为了评估预编码系统中时序相位的影响，这里假设一个简化的 2×2 模型。预编码符号向量 $\boldsymbol{x}$ 可以表示为

$$\boldsymbol{x}=\begin{bmatrix}\widehat{w_{11}} & \widehat{w_{12}}\\ \widehat{w_{12}} & \widehat{w_{22}}\end{bmatrix}\begin{bmatrix}s^{(1)}\\ s^{(2)}\end{bmatrix}=\begin{bmatrix}x^{(1)}=\widehat{w_{11}}s^{(1)}+\widehat{w_{12}}s^{(2)}\\ x^{(2)}=\widehat{w_{21}}s^{(1)}+\widehat{w_{22}}s^{(2)}\end{bmatrix}\tag{9.11}$$

式中：$\widehat{w_{ij}}$ 为使用非完美 CSI 得到的预编码系数（第 j 个用户和第 i 个天线）；$s^{(i)}$ 为第 i 个用户的符号。

假设无噪声传输，因此采用迫零（ZF）预编码技术，第 i 个用户 sy_i（t）接收到的预编码信号可以表示为

$$sy_1(t)=\sum_i x_i^{(1)}h'_{11}(t-iT)+\sum_i x_i^{(2)}h'_{12}(t-\tau-iT)\tag{9.12}$$

式中：h'_{mn} 为整形滤波功能信道系数 h_{mn} 的卷积；T 为符号周期；τ 为第一和第二传输信号之间的时序未对准值，kT 时刻进行采样：

$$sy_1(kT)=\sum_i x_i^{(1)}h'_{11}(kT-iT)+\sum_i x_i^{(2)}h'_{12}(kT-\tau-iT)\tag{9.13}$$

如果我们将传输的符号 $\boldsymbol{x}$ 替换为原始非预编码符号的线性组合，可以得到

$$\begin{aligned}sy_1(kT)=&\sum_i(\widehat{w_{11}}s_i^{(1)}+\widehat{w_{12}}s_i^{(2)})h'_{11}(kT-iT)+\\&\sum_i(\widehat{w_{21}}s_i^{(1)}+\widehat{w_{22}}s_i^{(2)})h'_{12}(kT-\tau-iT)\end{aligned}\tag{9.14}$$

$$\begin{aligned}sy_1(kT)=&\sum_i\widehat{w_{11}}s_i^{(1)}h'_{11}(kT-iT)+\sum_i\widehat{w_{12}}s_i^{(2)}h'_{11}(kT-iT)+\\&\sum_i\widehat{w_{21}}s_i^{(1)}h'_{12}(kT-\tau-iT)+\sum_i\widehat{w_{22}}s_i^{(2)}h'_{12}(kT-\tau-iT)\end{aligned}$$

$$
\begin{aligned}
&=[\widehat{w_{11}}h'_{11}(0)+\widehat{w_{21}}h'_{12}(-\tau)]s_i^{(1)}+[\widehat{w_{12}}h'_{11}(0)+\widehat{w_{22}}h'_{12}(-\tau)]s_i^{(2)}+\\
&\sum_{i\neq k}[\widehat{w_{11}}h'_{11}(kT-iT)+\widehat{w_{21}}h'_{12}(kT-\tau-iT)]s_i^{(1)}+\\
&\sum_{i\neq k}[\widehat{w_{12}}h'_{11}(kT-iT)+\widehat{w_{22}}h'_{12}(kT-\tau-iT)]s_i^{(2)}\\
&=[\widehat{w_{11}}h'_{11}(0)+\widehat{w_{21}}h'_{12}(-\tau)]s_i^{(1)}+[\widehat{w_{12}}h'_{11}(0)+\widehat{w_{22}}h'_{12}(-\tau)]s_i^{(2)}+\\
&\sum_{i\neq k}\widehat{w_{11}}h'_{11}(kT-iT)s_i^{(1)}+\sum_{i\neq k}\widehat{w_{21}}h'_{12}(kT-\tau-iT)]s_i^{(1)}+\\
&\sum_{i\neq k}\widehat{w_{12}}h'_{11}(kT-iT)s_i^{(2)}+\sum_{i\neq k}\widehat{w_{22}}h'_{12}(kT-\tau-iT)]s_i^{(2)}
\end{aligned}
\tag{9.15}
$$

最终的表达式为

$$
\begin{aligned}
sy_1(kT)=[\widehat{w_{11}}h_{11}+\widehat{w_{21}}h'_{12}(-\tau)]s_i^{(1)}+[\widehat{w_{12}}h_{11}+\widehat{w_{22}}h'_{12}(-\tau)]s_i^{(2)}+\\
\sum_{i\neq k}\widehat{w_{21}}h'_{12}(kT-\tau-iT)s_i^{(1)}+\sum_{i\neq k}\widehat{w_{22}}h'_{12}(kT-\tau-iT)s_i^{(2)}
\end{aligned}
\tag{9.16}
$$

由于在正确采样时刻，符号间干扰（ISI）为 0，即

$$\sum_{i\neq k}\widehat{w_{11}}h'_{11}(kT-iT)s_i^{(1)}=0 \tag{9.17}$$

$$\sum_{i\neq k}\widehat{w_{12}}h'_{11}(kT-iT)s_i^{(2)}=0 \tag{9.18}$$

另一个信号也可以用同样方法进行分析。

我们可以在最终的表达式（9.16）中突出显示与四个因素相对应的四个主要部分。

（1）接收到参考波形的预编码符号（对用户有用的高功率信号）；

（2）接收到的用于干扰波形的预编码符号（通过预编码减轻低功率干扰）；

（3）有关预编码符号 ISI 的有用信息；

（4）有关预编码符号 ISI 的干扰信息。

可以将最后提到的两个部分视为具有某些特征的随机变量，我们将不对其进行研究。这两个组件是由于逐个符号检测而导致接收机端的 SNIR 性能潜在下降的根源。

从公式明显地看出，接收到的预编码的性能符号受所选信道的影响。

9.2.5 时序未对准波形预编码恶化的数值结果

下面介绍实际情况下对预编码波形时序未对准，对仿真结果的影响。

用于结果的仿真链如图 9.5 所示。在 GW 处生成 N_t 个流：首先根据 DVB-S2 波形进行调制；然后将预编码应用于已调制符号。由于在当前的仿真中；首先使用的是完美 CSI，根据 MMSE 技术信道 $\boldsymbol{H}$ 直接用于计算预编码向

量；然后数据流被采样并通过平方根升余弦滤波器进行脉冲整形。在仿真链的这一阶段，时序损耗应用于过采样的数据流。外部块生成均匀分布的随机变量的 N_t 个示例，使用的值可以在数值结果中找到，信道矩阵及高斯噪声也被应用。通过匹配滤波器进行采样之前，应根据实际信号中发生的损耗（参考波形的时间偏移）对接收到的信号进行补偿。这是为了正确计算每个接收天线的 SNIR，但是它也不能消除未对准效应。

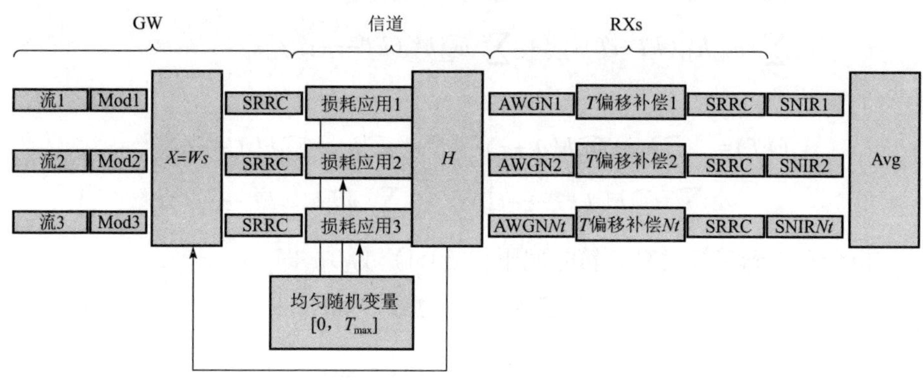

图 9.5 使用预编码波形的时序未对准影响结果仿真链

此处使用的仿真参数见表 9.3。

表 9.3 时序未对准波形下预编码退化的仿真参数

参数	数值
覆盖	全欧洲的 71 波束
用户链路带宽	500MHz
用户位置	波束中心
每波束载波	1
预编码	MMSE
CSI	理想 CSI
滚降系数	0.05
过采样	4
调制编码	QPSK 5/6

图 9.6 显示了在 SNIR 与每波束峰值功率之间的关系，预编码波形时序未对准的影响。其中，几个值表示可允许范围内的最大的未对准值，并且在仿真中绘制了达到此最大值的随机值。虚线是基准曲线，其考虑了时序对准的波形。其他曲线是使用不同的最大时序未对准获得的，其值分别为 $1/20T_s$、1/

$10T_s$、$1/8T_s$、T_s 和 T_s，其中 T_s 是符号周期。

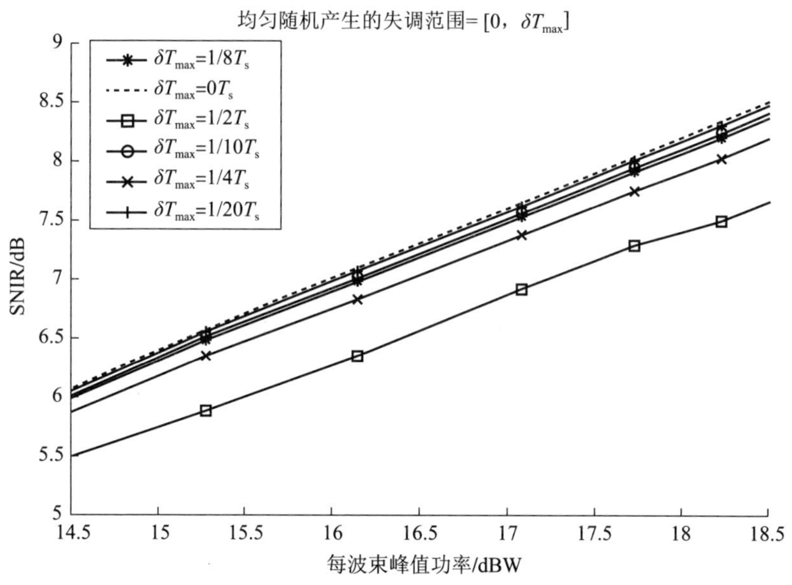

图 9.6　不同时序未对准的影响

如果达到符号周期 1/10 的未对准，SNIR 降级会非常有限，但当未对准达到符号周期的一半时，SNIR 降低会很大。结果表明使用时序预补偿相位可以补偿先前性能的下降（尤其是在考虑大带宽载波的情况下）。因此有效负载引入的时序未对准是不可忽略的。

9.3　实现预编码的方法

9.3.1　预编码技术

除了 ZF 预编码，本章还实现了一个低复杂度符号级预编码技术(SLP)[24] 的演示，这是通过预编码波形设计的第一步，借助了预编码器每个符号（不仅传输 CSI 还传输符号）的变化作为优化问题的输入。本节关注了由于卫星通信使用 FFR 且终端处较大的天线尺寸（如回传）产生多用户干扰机制。在这种情况下，ZF 和 MMSE 性能将会融合。SLP 算法旨在最大程度减少预编码符号的总功率，同时为所有接收到的信号维持最低的 SNR 要求。该方法以最佳方式保留了有意义的干扰分量以减少发射机侧的总功耗。采用线性预编码方法的本质区别在于优化向量（$\boldsymbol{u} \in \mathbb{C}^N$），它根据每个符号集重新计算以

构造最优的预编码信号，即

$$\boldsymbol{x}=\boldsymbol{W}_{\mathrm{ZF}}(\boldsymbol{s}+\boldsymbol{u}) \tag{9.19}$$

式中：$\boldsymbol{W}_{\mathrm{ZF}}=\hat{\boldsymbol{H}}^{\mathrm{H}}\cdot(\hat{\boldsymbol{H}}\cdot\hat{\boldsymbol{H}}^{\mathrm{H}})^{-1}$ 是迫零预编码矩阵；$\hat{\boldsymbol{H}}$ 从 CSI 估计的信道矩阵，预编码技术将接收符号的最小 SNR 维持在

$$\begin{aligned}&\min\|\boldsymbol{x}\|_2\\ &\text{s. t. } |\boldsymbol{y}|\geqslant|\boldsymbol{s}|\end{aligned} \tag{9.20}$$

式中：$\boldsymbol{H}\boldsymbol{W}_{\mathrm{ZF}}=\boldsymbol{I}$，$\boldsymbol{n}=\boldsymbol{0}$。

在参考文献［24］中证明了式（9.20）问题可以转化为一个非负最小二乘（NNLS）问题，并求解出向量 $\boldsymbol{u}$。如果无法找到特定信道矩阵的解，则 $\boldsymbol{u}=\boldsymbol{0}$ 且式（9.19）变为常规的迫零预编码[25]。因此，所提出的预编码技术的最小性能期望在使用统计平均 CSI 数据的迫零水平上。我们将在本文中进一步介绍所提出的预编码技术（称为 NNLS-SLP）。

9.3.2　非负最小二乘算法

上面描述的低复杂度 SLP 设计实现了硬件和软件的统一解决方案。关键是解决 NNLS 优化问题的有效算法。其中可以使用软件定义的无线电和具有合理复杂度的 FPGA 平台来实现。我们使用标准的快速非负约束最小二乘算法[24]。该算法最费时的操作是通过 QR 分解求解未约束的线性最小二乘问题。矩阵（$\mathbb{R}^{n\times n}$）QR 分解的渐近复杂度为 $O(n^3)$。然而，还有更有效的方法可以极大地降低这种复杂度，直到 $O(n^2)$。

9.3.3　SLP 对星座的影响

图 9.7 显示了 NNLS-SLP 算法，QPSK 星座图的一个符号如何在水平或垂直轴上有幅度偏移，这是因为式（9.20）的优化问题对接收到符号幅度施加了不等式约束。在这里我们假设接收机可以完美的恢复参考符号的相位从而获得理论上 BER 表达式。在实际情况下，可以通过导频符号来实现该阶段恢复。另外，如果修改的符号具有与映射符号相同的平均相位，则可以维持精确的同步。对于 QPSK 调制符号的特殊情况，映射符号（可以是同相或

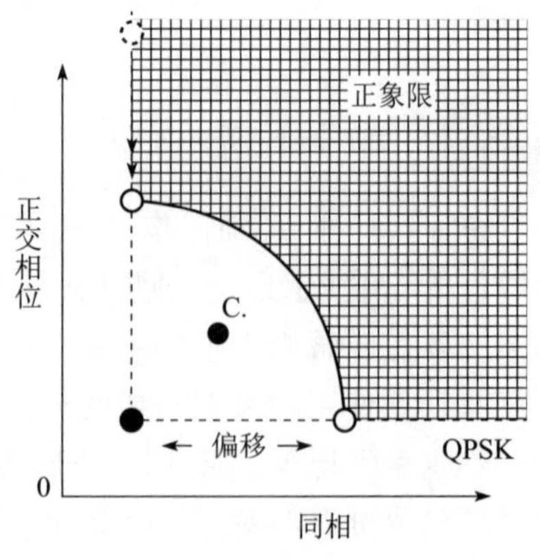

图 9.7　NNLS-SLP 算法中的符号偏移

正交的轴）的偏移比为 ε（图 9.7），BER 为 $p_{es}=0.5(\mathscr{L}(\sqrt{\gamma})+\mathscr{L}(\sqrt{\gamma}(1+\varepsilon)))$，其中$\mathscr{L}(\cdot)$为标准高斯互补累积分布函数，$\gamma$ 为 SNR（假设接收信号受加性零均值循环对称复高斯噪声的影响）。总体未编码的误码率计算为 $0.75\mathscr{L}(\sqrt{\gamma})+0.25\mathscr{L}(\sqrt{\gamma}(1+\varepsilon))$。假设所有的符号都有相同的概率，一半的符号在一个维度上有相同的幅度偏移，另一半没有任何偏移。

9.4　预编码技术的实验室验证

9.4.1　2×2 子系统的实验验证

本节描述了 2×2 预编码器的实验验证，并论证了所提出技术的可行性。该演示器由预编码发射机（GW），卫星 MIMO 信道模拟器和两个使用 SDR 平台的接收机组成。卫星信道模拟器能够生成典型的卫星损耗，后面是 MIMO 用户链路信道矩阵。用户可以根据情况手动配置信道矩阵。为了比较不同干扰环境（代表不同用户位置）下的两种预编码技术，信道矩阵在幅度和相位上都进行了手动修改。预编码演示器的总体框图如图 9.8 所示。GW 计算的预编码矩阵利用了通过专用的返回信道从接收机获得 CSI。因此，该预编码矩阵用于生成传输的符号，使用一组脉冲整形滤波器将其转换为波形。

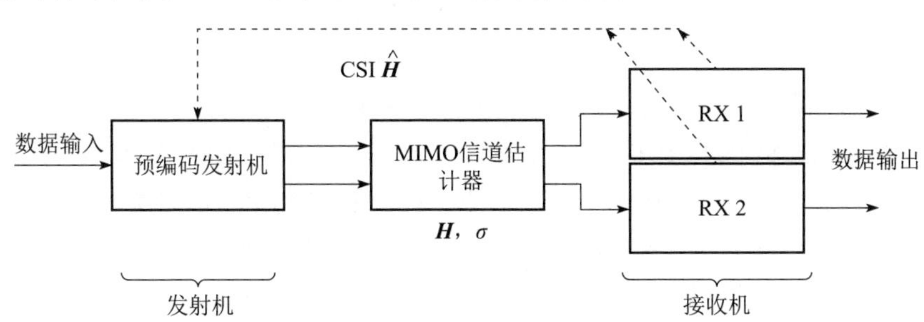

图 9.8　预编码演示器总体框图

传输的波形被发送到 MIMO 信道模拟器，该模拟器应用信道矩阵 $\boldsymbol{H}$，并注入加性高斯白噪声和可控功率。另外，MIMO 信道仿真器可以具有仿真卫星信道损耗的能力。

其中一些损耗是由卫星有效负载组件（例如，OMUX 和 IMUX 滤波器，以及高功率放大器（HPA））的频率响应和非线性决定的。这些信道功能在集成到 SDR 平台的 FPGA 中实现。由于所用载波的波特率（假设多载波传输），并且通过允许信号在线性 TWTA 的线性区域内回退，在实验中卫星的影响几乎可以忽略不计。通过模拟器的 RF 输入和输出工作在不同的载波频率。使用这种配置，我们减少了通过信道仿真器的 RF 部分在传输链路和接受链路之间的相互耦合，从而减少了所需信道矩阵设置的准确性。表 9.4 总结了 2×2 MINO 系统中预编码的传输实验参数。

表 9.4　2×2 MIMO 系统中预编码传输的实验参数

参数	值
调制类型	QPSK
发射端至仿真器的频率	1210MHz
仿真器至接收端的频率	960MHz
载波带宽	250kHz
过采样因子	4
脉冲成型滤波	SRRC，滚降系数 0.2
导频持续时间	24 符号
数据持续时间	896 符号
导频重复周期	2048 符号

预编码之前，每个输入比特流都是用从两个最大长度序列与特征多项式 $1+x^3+x^{20}$ 和 $1+x^2+x^{11}+x^{17}+x^{20}$ 的组合获得的不同黄金序列进行异或加扰。使用该加扰获得所有符号具有相同出现概率的传输。传输的数据是在接收机处恢复的两个不同视频流的集合。图 9.9 显示了预编码 2×2 实验设置。我们使用 NI USRP-RIO，NI-2944-R 作为 SDR 平台。每个 SDR 平台均有专用 PC 主机进行监视和控制，该 PC 主机用于数据收集、处理和可视化。信道模拟器可以生成具有给定条件编号的 2×2 复信道矩阵，并准确设置 AWGN 的功率。我们还使用信道模拟器来测量发射机每个端口上的实际发射功率。

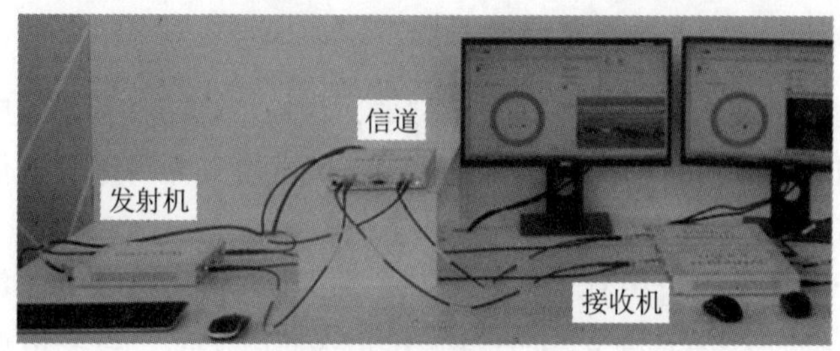

图 9.9　预编码 2×2 实验设置

9.4.2　符号级优化的预编码评估

本节使用上述的实验环境来测试优化的符号级预编码技术。首先生成一组具有酉矩阵 F 范数的随机信道矩阵 $\boldsymbol{H}$，定义为 $\|\boldsymbol{H}\|_F = \mathrm{trace}(\boldsymbol{H}^{\mathrm{H}}\boldsymbol{H})$，对于不同的矩阵条件数量，定义为

$$\kappa_2(\boldsymbol{H}) = \|\boldsymbol{H}\|_2 \cdot \|\boldsymbol{H}^{-1}\|_2 \tag{9.21}$$

使用 NNLS-SLP 并将结果与常规信道反转 ZF 预编码进行比较。在这两种情况下，都将预编码矩阵归一化以使其具有一个统一的二范数，以便为每个天线的发射功率的期望获得一个恒定值（以模拟卫星上自动电平控制（ALC））。在此约束下，测量两个接收机的功率，并针对一组介于 2.5～4 的信道矩阵条件数对比不同信道实现方法（代表不同用户位置）的结果，如图 9.10 所示。值得注意的是，在 ZF 和 NNLS-SLP 两种情况下，我们都使用相同的信道逆矩阵。但是，NNLS-SLP 的区别在于优化了符号，这些符号仅限于单一幅度。从图 9.10 可以看出，ZF 预编码的接收功率对于给定的条件数不是理论上预期的恒定值，而是在 1dB 之内。这些变化来自实际硬件中的缺陷，其中包括 CSI 估计的准确性有限（实时且逐帧发生）及其量化误差。从图 9.10 中还可以看出，NNLS-SLP 的接收功率增益随着矩阵条件数的增加变得更加频繁。在某些信道实现中，NNLS-SLP 结果与两个接收机的 ZF 相同，而其他情况仅为其中一个接收机生成优化符号。到目前为止，已经可以观察到 NNLS-SLP 的接收功率增益，下面将看到该增益如何转换为接收器的 BER 性能。值得注意的是，SLP 情况下的功率扩展与优化问题中使用的不等式约束有关，该不等式约束使接收到的星座图向更高 SNIR 方向发展。

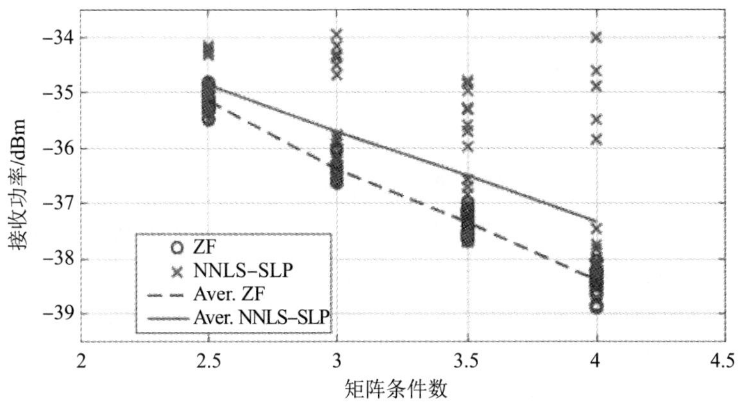

图 9.10　常规 ZF 和 NNLS-SLP[26] 在两台接收机中检测功率的模糊实现

9.4.3 NNLS-SLP 的非编码误码性能

图 9.11 显示了使用 NNLS-SLP 算法接收到的修正后星座图的示例，其中已经增加了一些 AWGN。传统的 QPSK 解调器（LabVIEW Communications v2.0）很难解调该星座图。由于采用 SLP 相干，产生了相位同步算法跟踪的平均相位误差，该误差在预计接收星座图中会增加。但是，符号偏移将有助于相位正确恢复，也有助于加性噪声对接收信号影响很大的低 SNR 情况。因此，本节着手对不同的 SNR 值进行 BER 实验。通过在信道模拟器中人工加入 AWGN 来设置 SNR。当得到接收信号功率的准确值后，可以精确控制噪声功率以调整所需的 SNR。使用未经修改的 QPSK 星座图进行了单链路 BER 测量，并将其用作评估低 SNR 值时不完美相位同步效果的参考。每帧都会重置解调器的锁相环。

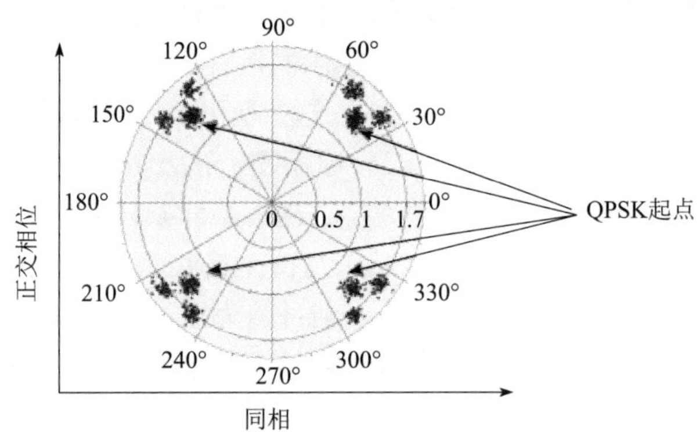

图 9.11 一个 NNLS-SLP 改进接收星座的示例

对于 NNLS-SLP，我们不会从 QPSK 原始映射点修改预编码的导频符号。针对不同信道矩阵对 ZF 和 NNLS-SLP 进行了 BER 测量，其中仅使用 ZF 预编码来估算 SNR。这也是相对公平的比较，因为尽管使用 NNLS-SLP 时平均接收功率可以增加，最小接收功率仍可以与使用 ZF 预编码获得功率相匹配。

图 9.12 显示了理想的 QPSK 的 BER 值，单个无干扰链路的 BER，对于条件数为 2.5 的特定矩阵的 ZF 和 NNLS-SLP 的 BER，其偏移（水平和垂直轴）为 4%。与单链路 BER 曲线相比，可以看到使用预编码的 BER 图的退化。这是因为 CSI 估计的不准确性，它会产生残留干扰而影响 BER 性能。但应指出，对于预编码信号，由于系统使用相同的频率提供了两个独立的数据流，因此获得了 2 倍的频谱效率。

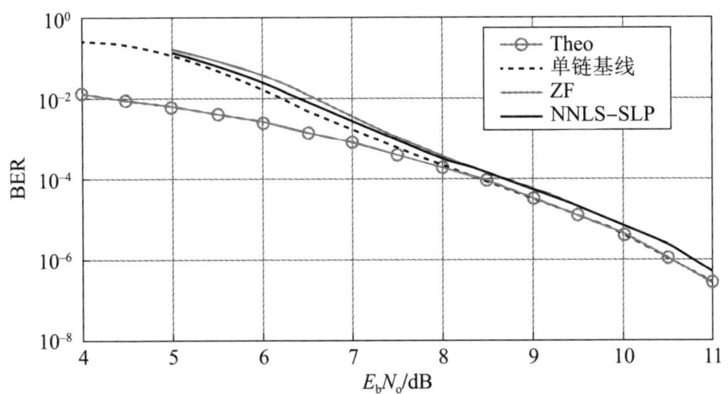

图 9.12　ZF 和 NPLS-SLP 的实验 BER 值（条件数为 2.5）

在 ZF 和 NNLS-SLP 之间的比较中，可以看到 NNLS-SLP 在低 SNR 值下性能稍好，而 ZF 在使用传统接收机在较高 SNR 值的某些点上性能更好，此时二者的 E_b/N_o 是相同的。因此，该对比未考虑由于 SLP 的相长干扰而导致接收到的总体 SNIR 增加。本实验重复了一些高偏移值的信道矩阵，某些情况下会因为高 SNR 值导致 BER 性能降级，这些误差大多是由于缺乏相位同步和相位跟踪。这些效应可以借助观察星座图的抖动，在接收端用户界面观察到。需要澄清的是，在发射机 QPSK 调制器映射传输符号相当于优化偏移值。然而在接收端，QPSK 解调器规范接收符号相当于是传统 QPSK 符号映射，因为接收端对优化映射一无所知。然而在接收端，QPSK 起点恢复到其原始幅度位置，该原始幅度位置与应用 ZF 预编码时获得的幅度相同。图 9.13 显示了条件数为 3 时，特定矩阵采用 ZF 和 NNLS-SLP 的实验 BER 曲线，其偏移（水平和垂直轴）为 20%。从图 9.13 中可以看出，对于 E_b/N_o<8dB 的情况，NNLS-SLP 的性能比常规 ZF 略好。

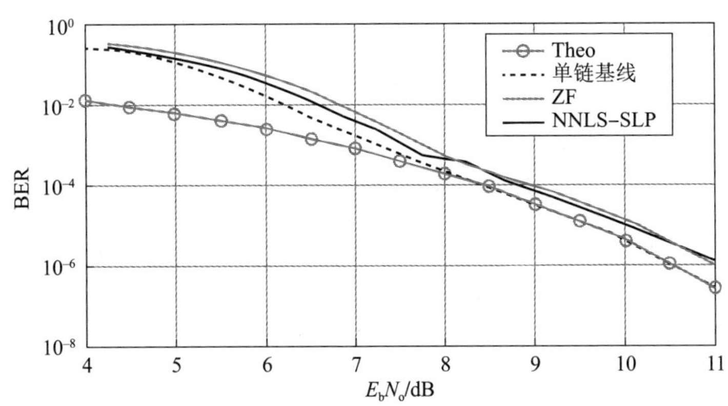

图 9.13　ZF 和 NNLS-SLP 的实验 BER 曲线（条件数为 3）

9.5 小结

本章讨论了在多波束卫星系统 GW，实施 MU-MIMO 技术（预编码）的实际挑战。

在简要介绍了卫星通信的预编码概念和相关工作之后，在 9.2 节中，我们分析了在实际的卫星环境中进行预编码工作所需要受到一些实际约束。此外，为了量化与预期增益有关的可能衰减，我们已经完成了一些相关的数值评估。

9.3 节描述了在技术实施阶段采用预编码技术的通用情况。为了促进实时操作的实现，还进行了复杂度的估计。

最后，在 9.4 节介绍了使用由两个发射机和两个 UT 组成的小规模网络实验室试验，该网络位于多波束卫星信道模拟器之间。相比与为了避免干扰而采用频分方案的标准非预编码系统，所研究的两种预编码技术的研究和实验结果都在 9.4 节中给出。

通过实验室的技术验证，可以预见未来的工作还包括以下几种。

（1）用于超过 40MHZ 的载波带宽。

（2）为了应对性能降级，在卫星有效载荷链中应引入强大的非线性技术、考虑所有卫星的损耗和联合预编码/预失真技术。

（3）使用取自多调制编码（ModCod）的 DVB-S2X 集，基于 LDPC 编码字进行的性能评估。

（4）统计不同用户组的复用性能。

（5）使用具有波束归并功能的大规模网络，对预编码技术进行性能评估。

（6）使用集中式和分布式技术，评估 GW 环境中预编码技术的性能。

参考文献

[1] Letzepis N, Grant AJ. Capacity of the multiple spot beam satellite channel with Rician fading. IEEE Transactions on Information Theory. 2008 Nov;54(11):5210–5222.

[2] Arapoglou PD, Liolis K, Bertinelli M, *et al.* MIMO over satellite: a review. IEEE Communications Surveys Tutorials. 2011 First;13(1):27–51.

[3] ESA Artes 1 Contract 4000106528/12/NL/NR, “Next Generation Waveform for Improved Spectral Efficiency”. Final Report; 2015.

[4] Arapoglou PD, Ginesi A, Cioni S, *et al.* DVB-S2X-enabled precoding for high throughput satellite systems. International Journal of Satellite Communications and Networking. 2016;34(3):439–455. SAT-15-0019.R1. Available from: http://dx.doi.org/10.1002/sat.1122.

[5] ESA Artes 1 Contract AO/1-7723/13/NL/NR "Future Ground-Based Beam-Forming", Final Report; 2016.

[6] ESA Artes 5.1 Contract AO/1-7882/14/NL/US "Precoding Demonstrator for Broadband System"; 2015.

[7] ESA TRP Contract AO 1-8332/15/NL/FE "Optimized Transmission Techniques for SATCOM Unicast Interactive Traffic"; 2015.

[8] FNR Proof of Concept Project SERENADE "Satellite Precoding Hardware Demonstrator"; 2016.

[9] Malkowsky S, Vieira J, Liu L, *et al.* The World's first real-time testbed for massive MIMO: design, implementation, and validation. IEEE Access. 2017;5:9073–9088.

[10] http://www.cttc.es/project/cloud-architecture-for-standardization-development/.

[11] Kalantari A, Zheng G, Gao Z, *et al.* Secrecy analysis on network coding in bidirectional multibeam satellite communications. IEEE Transactions on Information Forensics and Security. 2015 September;10(9):1862–1874.

[12] Christopoulos D, Chatzinotas S, Ottersten B. Multicast multigroup precoding and user scheduling for frame-based satellite communications. IEEE Transactions on Wireless Communications. 2015 September;14(9):4695–4707.

[13] Christopoulos D, Arapoglou PD, Chatzinotas S. Linear precoding in multibeam SatComs: practical constraints. In: 31st AIAA International Communications Satellite Systems Conference. American Institute of Aeronautics and Astronautics; 2013. Available from: https://doi.org/10.2514/6.2013-5716.

[14] Vazquez MA, Perez-Neira A, Christopoulos D, *et al.* Precoding in multibeam satellite communications: present and future challenges. IEEE Wireless Communications. 2016 December;23(6):88–95.

[15] Cottatellucci L, Debbah M, Casini E, *et al.* Interference mitigation techniques for broadband satellite system. In: ICSSC 2006, 24th AIAA International Communications Satellite Systems Conference, 11–15 June 2006, San Diego, USA. San Diego, UNITED STATES; 2006. Available from: http://www.eurecom.fr/publication/1886.

[16] Chatzinotas S, Ottersten B, Gaudenzi RD. Cooperative and cognitive satellite systems. London: Academic Press is an imprint of Elsevier; 2015.

[17] Spano D, Alodeh M, Chatzinotas S, *et al.* Spatial PAPR reduction in symbol-level precoding for the multi-beam satellite downlink. In: IEEE SPAWC 2017; 2017.

[18] Alodeh M, Chatzinotas S, Ottersten B. Energy-efficient symbol-level precoding in multiuser MISO based on relaxed detection region. IEEE Transactions on Wireless Communications. 2016 May;15(5):3755–3767.

[19] Wang K, Sun Q, Tao X, *et al.* Partial precoding for integrated mobile satellite service system. In: 2013 IEEE 78th Vehicular Technology Conference (VTC Fall); 2013. p. 1–5.

[20] Rohde C, Alagha N, De Gaudenzi R, *et al.* Super-framing: a powerful physical layer frame structure for next generation satellite broadband systems. International Journal of Satellite Communications and Networking. 2016;34(3):413–438. SAT-15-0037.R1. Available from: http://dx.doi.org/10.1002/sat.1153.

[21] ETSI EN 302 307-2 Digital Video Broadcasting (DVB), "Second Generation Framing Structure, Channel Coding and Modulation Systems for Broadcasting, Interactive Services, News Gathering and other Broadband Satellite Applications, Part II: S2-Extensions (DVB-S2X)"; Available on ETSI web site (http://www.etsi.org); 2014.

[22] ETSI TR 102 376 V1.1.1 Digital Video Broadcasting (DVB), "Implementation Guidelines for the Second Generation System for Broadcasting, Interactive Services, News Gathering and other Broadband Satellite Applications; Part 2 – S2 Extensions (DVB-S2X)"; March 2015, Available on ETSI web site (http://www.etsi.org).

[23] Andrenacci S, Chatzinotas S, Vanelli-Coralli A, *et al.* Exploiting orthogonality in DVB-S2X through timing pre-compensation. In: 2016 8th Advanced Satellite Multimedia Systems Conference and the 14th Signal Processing for Space Communications Workshop (ASMS/SPSC); 2016. p. 1–8.

[24] Krivochiza J, Kalantari A, Chatzinotas S, *et al.* Low complexity symbol-level design for linear precoding systems. In: 2017 Symposium on Information Theory and Signal Processing in the Benelux. Delft University of Technology; 2017. p. 117.

[25] Peel CB, Hochwald BM, Swindlehurst AL. A vector-perturbation technique for near-capacity multiantenna multiuser communication – Part I: Channel inversion and regularization. IEEE Transactions on Communications. 2005 January;53(1):195–202.

[26] Merlano Duncan JC, Krivochiza J, Andrenacci S, Chatzinotas S, Ottersten B. Computationally efficient symbol-level precoding communications demonstrator. In: 2017 IEEE 28th Annual International Symposium on Personal, Indoor, and Mobile Radio Communications (PIMRC). 2017.

第10章
下一代卫星通信系统的跳波束系统

克里斯蒂安·罗德[1]，雷纳·万施[1]，索尼娅·阿莫斯[2]，赫克托·费内克[2]，纳德·阿拉加[3]，斯蒂法诺·乔尼[3]，格哈德·莫克[4]，阿奇姆·特鲁切尔-斯特凡[4]

1. 德国夫琅和费集成电路研究所射频与卫星通信部；

2. 法国欧洲通信卫星公司；3. 欧空局（荷兰）；4. 德国 WORK 公司

10.1 引言

世界各地对更快、更灵活通信的需求已经成为一种全球性趋势。地面网络非常适合为人口稠密的地区提供服务。然而，这一全球性趋势将扩大到包括海洋、天空等复杂环境和人口稀少的地区。定义卫星通信服务的经典方法是在卫星的整个寿命期间能够满足所有的潜在需求。这就导致了卫星资源的低效利用，特别是在可能存在波动的领域、不确定市场的领域，或在需求随时间变化的商业中。为了使系统能够最佳地适应随时间和位置变化来而改变的业务需求，引入了新的跳波束概念。卫星不是静态地提供服务，而是根据业务量得来的时间表，在一组覆盖范围内进行不断的循环。因此，在任何给定的时间，只有集合中的一个覆盖是以全功率和带宽激活的。当然，在一个给定的卫星上可能有许多这样的装置并行运行。

下一代卫星通信旨在更有效地利用可用的系统资源，目的是使服务更具成本效益。跳波束是可以达到此目的的一个方法。一种应用是通过高通量卫星（High-throughput Satellite，HTS）系统，这种系统将可用的容量与不同区域的通信需求相匹配是一个挑战，特别是考虑到市场在卫星寿命（通常为 15 年）期间的变化。

Eutelsat Quantum 是商业通信卫星的一大进步，其所有的主要载荷参数都具有灵活性，并且是一个包含跳波束以扩展其应用的示例。Eutelsat Quantum 上的跳波束提供了一种高效、灵活和动态的方式，在卫星可视范围内以较小的颗粒度分配容量。

高通量卫星和 Eutelsat Quantum 关键性的区别是效率。在高通量卫星中跳波束允许系统在多个点之间分配容量，因此可用容量以动态的方式匹配地理特性，从而来满足需求。Eutelsat Quantum 则使用跳波束在不同的地理区域提供服务，同时还可以有效地利用航天器资源。

10.2 节讨论了跳波束的概念和优点。与传统的宽带卫星系统相比，跳波束系统在用户满意度和系统吞吐量方面都取得了进步。接下来，我们将讨论物理层传输方案。为应用跳波束，根据已定义波形的关键要求，回顾了已发布的 DVB-S2X（附录 E）[1] 标准的超级帧规范。结果发现，格式 2-4 可以用于各种跳波束系统的配置。

最后，讨论了跳波束系统的当前和未来技术，以及实现跳波束技术所面临的挑战。具体来说，即将推出的 Eutelsat Quantum 卫星是为跳波束而设计的，它具有可重置赋形波束等特点，且突出了潜在的应用。对相应的地面设备也进行了分析，以便更好地利用其处理宽带的优势。

10.2 跳波束系统概念

过去几年中不断增长的宽带卫星业务通常具有时变的特征，在某些情况下还存在不确定的流量需求。考虑到流量需求在卫星覆盖范围内不均匀的地理分布，适应不同流量需求的灵活性是卫星系统保持竞争力的关键。参考文献［2,3］介绍了包括欧空局两个项目在内的若干研究，意识到并研究了在卫星覆盖区域内支持流量需求不确定性的必要性。除可能的灵活载荷与系统架构外，欧空局的两个项目还研究了跳波束系统。在跳波束系统中，对于任何给定的时间内，只有一个卫星波束中的配置子集被激活。一种预先设定的激活模式决定了向每个波束分配的资源。

在非高通量卫星应用中，及时激活空间的不同位置能够实现更大的地理覆盖，其中每一覆盖范围都由必要的最小波束提供服务。在高通量卫星系统中，跳波束使得卫星资源能够供大量的波束在时域内实现资源共享。这意味着在任一时刻只有一部分波束被使用，从而减少了所需的资源，且能够将资源汇集于有需求的地方。甚高通量卫星（Very HTS，VHTS）系统应用通常具有固定覆盖集合的波束，并且在这个定义范围内填充因子是最大化的。在甚高通量卫星和非高通量卫星应用中，容量均根据用户需求和确定的地理范围进行了优化。跳波束在人口稠密和有高容量需求的地区变得尤其有用，通过将相邻最近的跳波束调配至这类区域可以提高 C/I。

如参考文献［4-6］中的研究结果，在整个覆盖区域中，跳波束解决方案可为不规律的和时变的流量需求提供了更大的灵活性。此外，在跳波束系统中所有可用的用户链路带宽可以在单载波操作模式下分配给用户波束，这反过来可以提高星上高功率放大器的效率。被激活波束的集合在每一时隙根据时-空传输计划来变更，该计划按照图 10.1 所示周期性的重复。时间轴被划分成 W 个时隙来代表跳波束窗口，其周期性遵循一种固定模式。

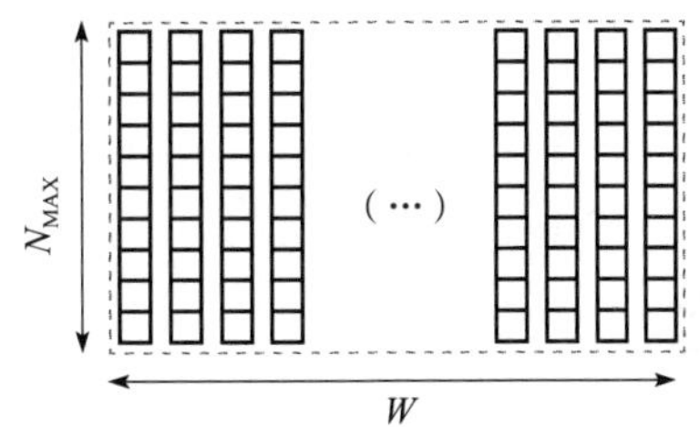

图 10.1　无带宽分割的跳波束窗口示意图

在给定的运行周期内，W 个时隙的窗口持续时间通常是恒定的。为了适应不同的业务分布和每波束业务需求，对波束的切换方式进行了优化。此过程将提前实施并传递给跳波束系统。在每个时隙中，一组不同的卫星波束被激活。通常最多 N_{MAX} 个波束可以同时被激活。选择 N_{MAX} 是为了限制有效载荷的结构复杂性。在图 10.1 中，每个垂直列代表每个时隙中活动波束的向量。活动波束的实际表征可以从一个时隙到下一个时隙发生变化。时隙是卫星波束分配资源的基本单元。因此，窗口长度 W（以时隙计）的选择，是在对以 W 为函数的系统性能的灵敏度进行详细评估之后提出的。

在假设带宽分配更一般的情况下，一个波束可以激活波束总可用带宽 N_f 中的一部分子带宽。在这种情况下，跳波束矩阵可以用三维表示，如图 10.2 所示。

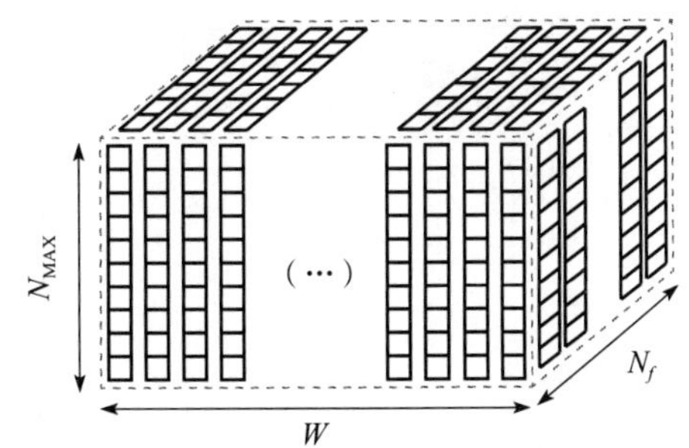

图 10.2　有带宽分割的跳波束窗口示意图

实现跳波束应用的第一个例子是先进通信技术卫星[7]。休斯网络公司的航天系统[8] 是另一个具有跳波束能力的卫星系统实例，其跳波束技术应用于大型多波束卫星以提供宽带服务。一个先进的波束形成赋形网络（Beam-forming Network，BFN）和一副直辐射阵列天线能够同时激活 784 个下行波束中的 24 个[9]。

在欧洲航天局最近的研究中，研究了多波束卫星系统中跳波束技术的可行性，且从有效载荷和系统的角度指出了它们与传统系统结构相比的潜在优势。有几种载荷结构可能适合于支持跳波束。

图 10.3 和图 10.4 展示了 70 个波束之间的非均匀容量需求，且分别给出了非跳波束和跳波束系统中每个波束的所提供容量的示例。两者都显示了所需（深色柱状）和所提供（浅色柱状）的容量（Mb/s）与波束编号的关系。显然，因为传统系统平均分布提供的业务量为每波束恒定的 580Mb/s，跳波束系统能够更好地满足业务需求。

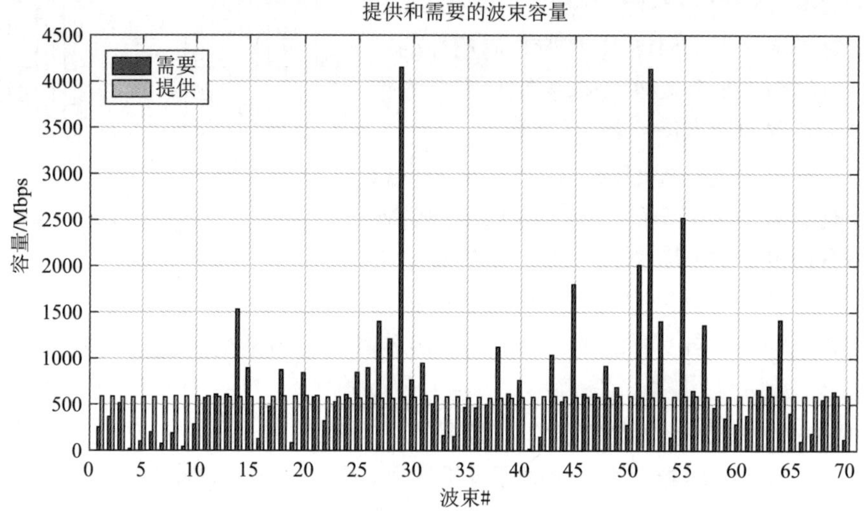

图 10.3　传统系统中需求和提供的单载波容量

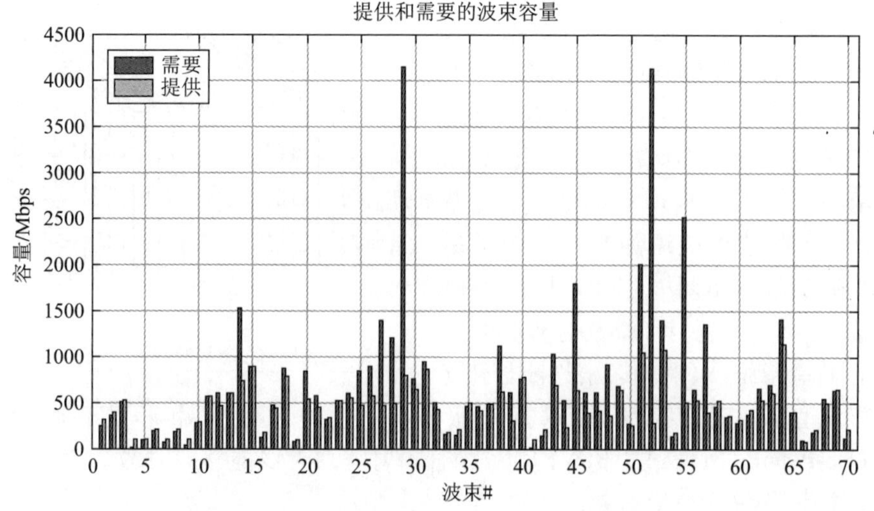

图 10.4　跳波束系统中需求和提供的单载波容量

理论上，有频率和时间-空间二象性原理来比较跳波束解决方案和频率灵活载荷方案。这种比较的理论框架示例见参考文献［10］。尽管时域和频域资源共享概念具有理论对偶性，但作为卫星载荷一部分的跳波束解决方案，能够明显简化和节省组件选择、调整、功率消耗和功率损耗。

在某些系统场景中，在可用吞吐量表征业务量不确定和业务需求分布不均匀的情况下，使用跳波束可以提高吞吐量（15%～20%），或者在多波束载荷场景中基于给定非均匀业务需求的覆盖范围内，可大幅度地节省多波束载荷的直流功率消耗。参考文献［5,6］比较了传统多波束系统和跳波束系统性能，并给出了一些基于典型系统场景的例子。

10.3　DVB-S2X 波形应用中的跳波束

图 10.5 阐述了跳波束系统前向链路传输的应用机理。它指的是一种无须星上数据处理的透明载荷体系结构，这一体系结构适用于所有未来的考虑。根据波束切换时间计划（Beam-switching Time Plan，BSTP），卫星将波束的方向改变到地面称为覆盖区或服务区的不同区域。这些服务区域可以包括不同数量的远程终端。在图 10.5 的例子中，只显示了前向链路传输，即从网关（Gateway，GW）到终端的方向。因此，用户终端情况对应于具有中断传输的点到点链路。

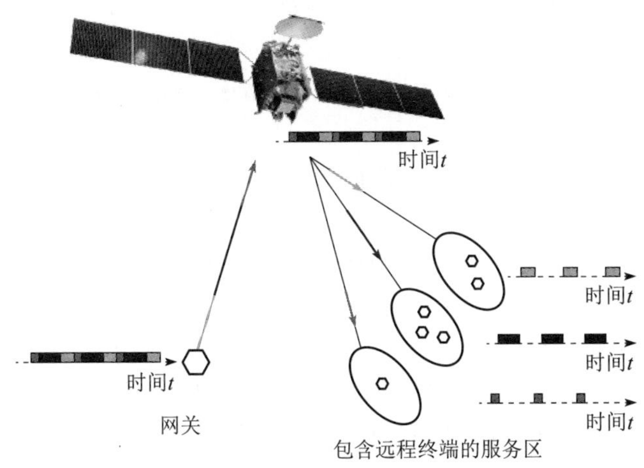

图 10.5　分发给不同业务区的数据框架示例（空客防御和空间的免费 Eutelsat Quantum 卫星图片）

作为基准，我们假设一个波束切换时间计划更新周期类似于每个覆盖的激活持续时间的变化，发生在与激活持续时间相比的系统定义粒度的大时间帧内。激活持续时间远大于数据符号持续时间。这些假设是必要的，以确保接收器的复杂度具备可行性，且支持休眠模式功能以节省能量。在这个一般假设上，我们确定了波形设计的三个基本要求：

（1）**有保护时间的传输**，在保护时间内进行波束切换。为了避免在切换过程期间损坏用户数据，应传输一个带有无关紧要虚拟数据或甚至根本没有数据的保护时间。

（2）**常规框架结构**，以与波束切换时间表对齐。规则清晰的帧结构大大简化了网关调制器的设计，因为它必须为用户数据帧的正确传输时间进行协调和预计算。此外，它还有助于在保护时间内最小化虚拟数据的开销。

（3）**锚定前导序列**，使在突发模式处理中工作的终端能够快速可靠地重新同步。当然，上述规则帧也支持这类终端同步任务。

注意这些要求适用于前馈处理类型的接收器。如 10.4.4 节中详细描述的，它侧重于流水线式的连续处理。与之相比，计数部分的接收器类型采用大量缓冲以逐块处理数据，那么其中要求（2）和（3）变得不那么重要。这是因为检测算法可以迭代地分析存储在缓冲区的更多信号历史，并检查各种假设直到做出决定。如在 10.4.4 节中所讨论的，与前馈处理接收器相比这可能导致复杂性和存储的增加。

除了上述要求之外，还存在与物理层信令相关的实际问题，以支持所有使用场景和终端接收条件。其中一些基本特征如下：

（1）**覆盖或波束 ID** 帮助具有方向性的终端，且是移动终端切换管理的基准。为此，终端必须将接收到的波束及其信噪比（Signal-to-noise Ratio，SNR）反馈给网关。

（2）**关于设想业务需求和类型的反馈**代表了为网关进行优化业务调度的宝贵信息。

（3）网关可以向终端提供关于**计划波束切换时间计划更新的辅助信息**，以便在终端处实现高效的省电模式。

为了运行卫星的跳波束功能，合适的波形起主要作用。下面，我们将分析与这些要求相关的最新 DVB-S2X 标准[1]，讨论不同波形结构的潜在应用和特点。本节中的两个主题扩展并补充了对参考文献［11］的讨论。

10.3.1 DVB-S2X 传统框架

首先，我们讨论 DVB-S2X 的传统框架，以区别于后面讨论的超级框架。由于 DVB-S2X[1] 表示对 DVB-S2[12] 的扩展，因此常规框架的术语可用于两个版本的标准。传统框架一个最基本的特点是，数据帧的长度随着调制和码字长度（正常或短）的不同而变化，并且在导频开或关时也会变化。由于 DVB-S2/S2X 标准没有提供明确用于跳波束的规范，下面的概念代表了潜在的扩展及方法以尽可能接近地重新使用现有的规范。因此，网关不考虑保护间隙的连续信号传输是强制性的。也就是说，在保护时间内或已经在所有激活的数据被发送并且在下一跳开始时恢复发送之后，关闭信号是不遵照标准的。

如图 10.6 所示，考虑了两种情况。考虑了 DVB-S2/S2X 两种不同的传输方式：恒定编码调制（Constant Coding Modulation，CCM）和可变/自适应编码调制（Variable/Adaptive Coding Modulation，VCM/ACM）。传输代替数据帧（物理层帧（Physical Layer Frames，PLFRAME））的虚拟帧，在其中波束切换事件是预期会发生的。每个物理层帧由一个物理层报头（Physical Layer Header，PLH）和一个调制后的码字组成，其中该帧的调制和编码是用信号表示的。虚拟帧还可以承载锚定前导序列以用于数据辅助的激活检测开始。前导码可以放置在虚拟帧的末端以初始化物理层报头/物理层帧跟踪。这样，一个虚拟帧有可能足以容纳波束切换事件和前导码。

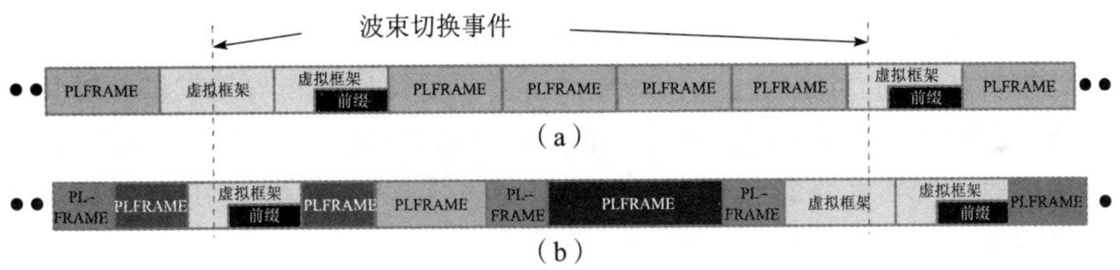

图 10.6　BVB-S2/S2X 传统框架采用虚拟框架增加引导和提供保护时隙
(a) CCM 调制；(b) VCM/ACM 调制。

在这两种情况下，框架结构不能以常规方式与波束切换事件对齐。由于恒定的帧大小，恒定编码调制由于更规则的结构看起来更适合。然而，调制和编码的固定选择将意味着跳波束系统缺少灵活性。使用可变/自适应编码调制会减少此限制，但会导致在每次激活期间产生大量的可能帧长度组合。

让我们暂时假设一个规则的框架结构不是必需的。根据图 10.6，其他两个要求得到满足。锚定前导序列可以放在最后一个虚拟帧的末尾。突发模式接收器可以通过检测该训练序列来初始化帧跟踪器。由于来自不同激活的检测不会因为不对齐的帧而等距，因此在相关峰值低于阈值的情况下，既不能针对潜在虚假警报的检测进行验证，也不能对帧的开始进行预测。因此，要么接收器可靠性降低，要么花费更多的精力来关联更长的锚训练序列。

另一种框架结构如图 10.7 所示。它反映了 DVB-S2X 所谓的极低信噪比（Very Low SNR，VLSNR）帧的使用，其头部专门用于信噪比降至−10dB 的突发模式检测。这种结构可以与恒定编码调制或可变/自适应编码调制操作相结合。与图 10.6 的方法相反，没有机会保存一个虚拟帧，因为极低信噪比帧头位于该帧的最开始处且其检测不应受到切换事件的影响。然而，极低信噪比帧中保护良好的数据部分可用于跳波束的特定信令。

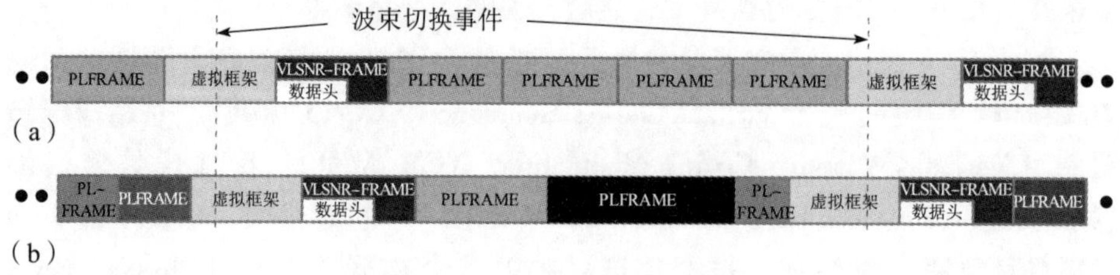

图 10.7　BVB-S2 传统框架的 VLSNR 架构用于引导和虚拟架构以提供保护时隙
(a) CCM 调制；(b) VCM/ACM 调制。

从上述讨论中，我们注意到基于传统 DVB-S2/S2X 帧结构下跳波束有一些可能性和可用的波形特征。然而，传统的现有格式帧在跳频系统中使用可能不是有效和实用的。这是因为网关侧物理层帧调度将是一个非常具有挑战性的任务，特别是在可变/自适应编码调制模式下：数据帧调度和与波束切换时间计划的所有交换事件相关的时间对齐，必须联合解决和优化。图 10.6 和图 10.7 已经表明每个切换事件都与形成帧对齐，因此它将成为网关侧物理层帧调度器的移动目标。

10.3.2　DVB-S2X 附录 E 超级框架

超级帧（Super-Frame，SF）结构作为不同特定格式内容的集合在 DVB-S2X 标准[1] 的附录 E 中有详细说明。总体结构如图 10.8 所示。超级帧帧头（Start-of-SF，SOSF）表示 270 个符号的长前导码，而超级帧格式指示器（SF Format Indicator，SFFI）450 个符号里提供了这个超级帧中哪个格式规范是有效的信息。超级帧帧头和超级帧格式指示器一起可以作为 720 个符号的长锚定序列使用，这使得在信噪比降至-10dB 的情况下具有稳定的检测能力[13]。

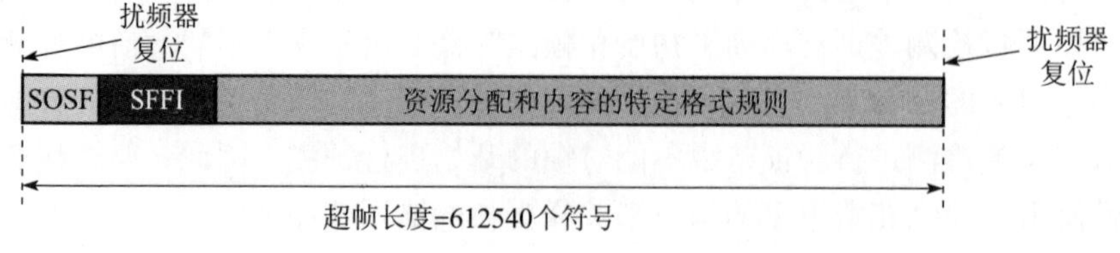

图 10.8　依据 DVB-S2X 附录 E[1] 的超级框架一般结构

规则框架是超级帧的最初设计标准。这是由一个预定义恒定的超级帧长度和超级帧大小保持不变的事实决定的，无论超级帧导频是开还是关。此外，还指定了一个 90 个符号大小的容量单元（Capacity Unit，CU），该容量单元可用于资源分配。因此，上述提到的网关侧调度通过超级帧形成大大简化，因为它将两个任务分离：一个调度和网络同步实体将超级帧与交换事件对齐并计算波束切换时间计划更新请求；第二个调度实体针对放置在右侧超级帧中用于目标覆盖的数据物理帧来执行超级帧的资源分配。

遵循这一概念，三个基本要求中的两个已经通过一般的超级帧结构得到满足。下面，将讨论保护时间具体格式及一些含义的要求。表 10.1 概述了不同的超级帧格式及其用途。

表 10.1　依据参考文献［1］的特殊超级帧格式概述

格式	描述和目的
0	超级帧中嵌入 DVB-S2 传统帧以获得遗留系统的支持
1	DVB-S2X 常规帧：包括嵌入超级帧的极低信噪比帧
2	标准帧长帧中捆绑了物理层帧，用于多输入多输出技术的应用
3	短帧中捆绑了物理层帧，用于多输入多输出技术的应用
4	宽带通信的灵活格式和支持极低信噪比
5~15	保留用于将来使用

从一般的角度来看，可以考虑 612540 个符号的静态超级帧长度作为约束，因为它直接决定了激活持续时间的粒度。这种基于超级帧的粒度看起来相当粗糙，但是显著减小超级帧的大小意味着增加前导码和保护时间所需的开销。当使用有益的宽带传输（见第 10.4.2 节）运行系统时，激活持续时间在绝对时间内变得非常短。此外，终端同步还受益于超级帧网格，因为它即使在波束切换时间计划更新的情况下也保持不变。这允许了激活检测的验证。最后，通过灵活的波束赋形，可以通过改变覆盖形状和大小来解决完整超级帧服务区内服务单个用户的资源浪费问题，也可以利用有目的利用波束的旁瓣来实现上述目标。

10.3.2.1　超级框架格式 0 和 1：S2 和 S2X 传统帧

超级帧格式 0 和 1 将常规的 DVB-S2 和 DVB-S2X 帧嵌入到超级帧中。由于超级帧，单纯传统框架中上述提到的缺点得以减少。然而，所需的保护时间仍然需要通过在超级帧的末端插入虚拟帧来提供。由于这些帧仅与容量单元网格对齐，而不与超级帧的末端对齐，因此虚拟帧的其余部分溢出到下一个超级帧。这有两个后果：

(1) 每次激活开始时，终端必须搜索第一个物理层报头的位置，而不是在第一个可用容量单元才开始物理层报头跟踪。尽管合适的搜索算法已经被很好地提出了，但这一搜索过程是可以避免的。

(2) 下一个超级帧中虚拟帧的剩余部分是实际开销，因为其没有任何用途。由于动态映射到容量单元，某些应用特定信令的重用可能很复杂。

尽管有这些缺陷，格式 0 和 1 可用于跳波束。在更新 DVB-S2X 标准的情况下，应在格式 0 和 1 规范中添加合适的超级帧填充方案。

10.3.2.2 超级框架格式 2 和 3：捆绑式帧结构

格式 2 和格式 3 指定绑定的数据帧以实现固定长度的帧。如图 10.9 所示，格式 2 的超级帧承载 9 个每个大小为 64800 的数据符号的长捆绑帧，其等于如两个 QPSK 正常大小的帧或三个 8PSK 正常大小的帧。除了物理层报头之外，每个捆绑帧还包括 71 个正常导频“P”和 1 个调制规范导频域“P2”。相应地，格式 3 的超级帧承载每个帧大小为 16200 个数据符号的 36 个短捆绑帧，其中相同的框架原则应用于短尺寸帧。因此，由物理层报头发出信号的调制和编码选择对于一组码字始终有效，例如捆绑帧。

格式 2 的框架结构如图 10.9 所示，其中在每个超级帧的末端插入固定数量为 540 个的虚拟符号。应考虑这些虚拟符号是否独立于激活的末端。如果激活持续时间较长，则此填充（在没有发生波束切换事件的情况下）因为未被利用对应于开销。

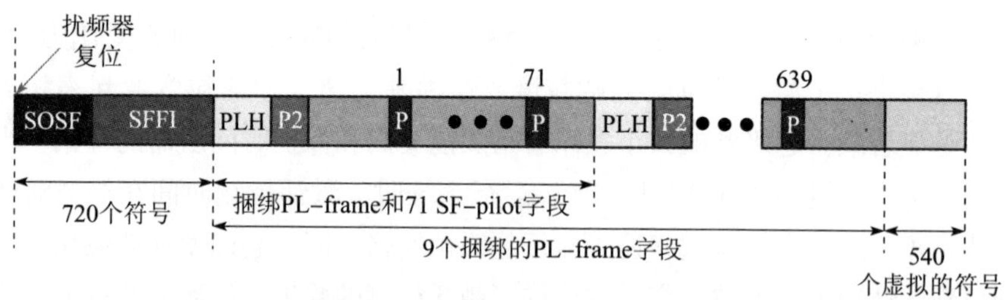

图 10.9 依据格式 2 的 DVB-S2X 附录 E 超级帧结构

类似的结构适用于格式 3，指定 396 个虚拟符号。注意到虚拟数据插入的静态配置会导致不同符号速率的保护时间不同。例如，396 个虚拟符号表示在 200MHz 符号速率下 1.98μs 的保护时间，或在 20MHz 符号速率下 19.8μs 的保护时间。考虑这是否会导致潜在的问题取决于系统应用和设计依赖性，如波束切换事件抖动和传输持续时间，这可能会变得不可接受。在参考文献［14］中 Eutelsat Quantum 卫星也给出了类似的计算结果，这种计算由于其传输持续时间仅为几百毫秒量级而似乎并不重要。低符号速率下的长保护时间可能导致容量浪费，而高符号速率下的短保护时间可能太短，无法处理较长的转换时间和/或波束切换抖动。尽管如此，我们还可以得出在典型条件下可达到的保护时间应能满足要求的结论。

与预编码传输系统不同，不使用所谓的 P2 导频域。为了服务于跳波束方法，可以重新定义 P2 域以携带物理层信令信息，例如，覆盖 ID 或跳波束的网络状态。然而，如果跳波束应与 MIMO 技术（如预编码）相结合，则将需要 P2 导频域的原始定义。

10.3.2.3　超级框架格式 4：灵活的宽带方法

超级格式 4 支持时间切片，以及灵活的可变/自适应编码调制和低信噪比，以支持宽带传输并提供信令的额外手段。这反映在图 10.10 中，其中超级帧报头（Super-frame Header，SFH）字段和超级帧报头先导（Super-frame Header Trailer，ST）字段分别位于 SFFI 和特征长度 630 和 90 符号之后。超级帧报头指示超级帧对准导频是开还是关、物理层报头保护级别，以及指向超级帧中第一个完整物理层报头的指针。

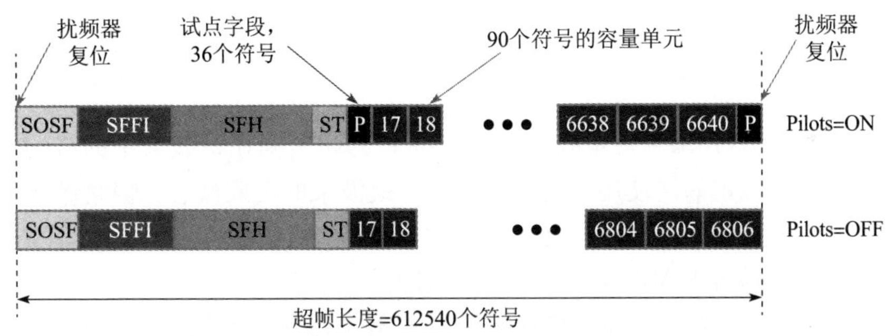

图 10.10　依据格式 4 的 DVB-S2X 附录 E SF 结构

虽然 ST 字段可以作为训练数据，但目前还没有明确的目的。因此，可以利用 ST 字段用于如通过选择相应的沃尔什-阿达玛（Walsh Hadamard）序列索引 0,…,63 来发送实际目标覆盖 ID 或波束 ID 信号。此外，通过使用尚未定义的物理层报头指针值 0,…,15，超级帧报头内的指针可用于多达 16 种不同调制器状态或网络状态等表示信号的发送。标准规范中已经预见到了这一点，因为这些指针值指的是超级帧开头的所有信令字段。此外在激活开始时，第一个物理层报头将直接位于这些信令字段之后。这一点可以被利用，如发出波束切换时间计划即将改变的信号，以便使终端准备好不进入睡眠模式而是保持活动状态以检测新的波束切换时间计划结构。

除了这些潜在的特性外，通过动态超级帧填充，超级帧格式 4 还支持所需的保护时间。这是通过特殊的虚拟帧实现的：任意内容的虚拟帧（时间切片数（Time Slicing Number，TSN），TSN = 254，正常大小物理层帧）或确定性内容的虚拟帧（TSN = 255，正常大小物理层帧）用于在带有填充数据的激活结束时终止超级帧。对于超过一个超级帧的较长激活，仅在最后一个超级帧处插入用于超级帧填充的虚拟帧以降低开销。

这意味着可以根据需要在最后一个超级帧的末尾插入尽可能多的虚拟数据，以满足几乎任何保护时间要求，例如，取决于网络同步状态。为了开销最小化和微调，虚拟符号的数量也可以保持尽可能小。这种动态填充长度允许调制器根据需要保留尽可能多的保护时间，其取决于实际符号速率、波束切换抖动和转换特性以及网络同步精度。由于超级帧结尾处特殊虚拟帧的自动终止，传输到另一个服务区域发生时，虚拟帧数据溢出到下一个超级帧没有意义，正如格式 0 和 1 已经观察到的一样。尽管所有超级帧格式都满足基本要求，但格式 4 已经在其当前规范中提供了用于虚拟数据插入的非常高的灵活性，以符合实际使用中几乎所有的保护时间，且支持额外的特征，如波束 ID、网络状态或波束切换时间计划更新通知的信令。

10.3.3 波形结论

本节讨论 DVB-S2X 常规帧和根据附件 E 的超级帧在跳波束中的应用。虽然标准中没有规定如何使用传统框架来进行跳波束的现成概念，但是超级帧格式规范可直接适用于跳波束。超级帧格式 2 和格式 3 的优点是，它允许结合跳波束和如预编码的 MIMO 技术，而保护时间是静态的。超级帧格式 4 支持宽带传输，并且足够灵活以完全支持跳波束（具有动态保护时间），并为跳波束的实际应用提供了进一步的特征。

该讨论还表明，超级帧框架与传统框架相比具有更高的实用性，其中主要的方面是网关侧调度和网络同步的复杂性。与传统框架相比，使用超级帧框架可以大大简化。这是因为超级帧框架将网络同步的两个任务分离开来，将帧与波束切换时间计划的对齐和物理层帧调度分离为单独的实体，而这对于传统框架则必须是联合优化任务。

10.4 技术和实施

10.4.1 未来 Eutelsat Quantum 卫星中的跳波束

Eutelsat Quantum 级卫星是一种软件可重构的商业通信卫星，其核心是灵活性。它由空客防务和航天公司为卫星运营商 Eutelsat 制造，提供了频谱、电源管理和覆盖范围定义方面的重构性，并授权客户以最有效和优化的方式管理其资源[15]。跳波束功能的结合将这种灵活性又扩展了另一个重要的阶段。

传统上在高通量卫星系统中，通过采用静态的、小的、高性能的点波束来实现跳波束。通过在大量预定义点之间分配容量，可以分析可用容量以便更有效地利用资源。在地理覆盖没有显著变化引发需求转变的系统中，这是一种有效的解决方案而无需显著的额外复杂性。Eutelsat Quantum 解决了这个问题，并通过使每个点或跳具有不同的形状（分布在可视地球上）提高了资源的效率。此外，Eutelsat Quantum 允许活动覆盖集的更新，以便始终高效地使用资源。可以从活动集中删除不再有用的覆盖范围，当有新的覆盖范围需求时可以新建。

图 10.11 强调了这两种系统在方法上的差异。高通量卫星系统从在预定义覆盖范围内的大量波束，典型地通过单波束单馈入或单波束多馈入天线的方法提供跳波束。Eutelsat Quantum 通过及时对波束进行单独的重新配置来提供跳波束。由于相控阵天线与波束形成网络的结合使用，因此每一跳的波束形状可以改变，以便为每一跳进行地理优化从而在任何给定时刻提供优化的链路预算。

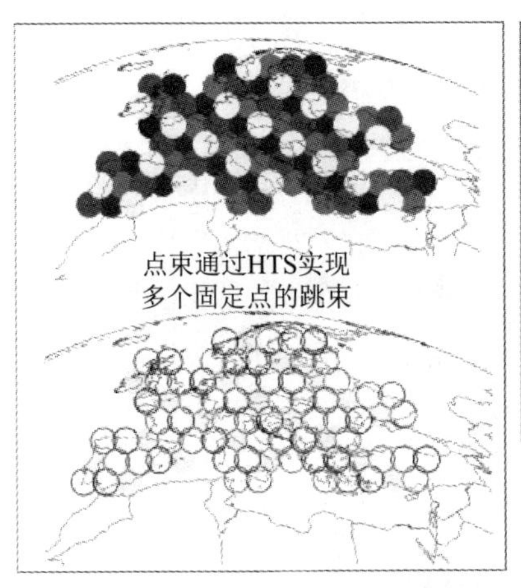

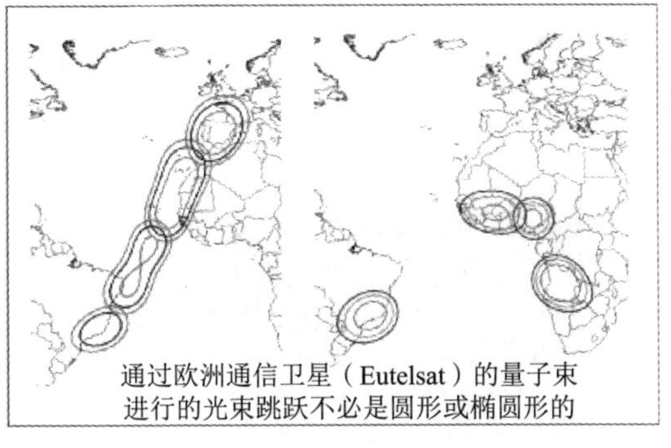

通过欧洲通信卫星（Eutelsat）的量子束
进行的光束跳跃不必是圆形或椭圆形的

图 10.11　通过高通量卫星系统和 Eutelsat Quantum 的跳波束应用示例

此外，在将重构与由网络控制中心控制的业务概况相结合时，依据业务需要更新每一跳的停顿时间变成了可能，从而以最适当的方式在覆盖的跳波束集合中分配可用容量。

在时间共享基础上快速无缝地服务于多个区域的能力适合于各种快速发展的应用。我们已经讨论了如何将跳波束应用于空间上不同的覆盖。当在飞行路径或导航路径上一起形成时，跳波束同样适用于对容量需求不断增加的移动和航空行业，这伴随着服务提供商试图通过不断变化的流量概况来满足 7×24h 连接性的需求。然而尽管对容量的需求在增加，但不可以使随之而来的成本上升。因此有效的解决方案至关重要。

用于移动的跳波束不为民用应用保留。政府和军事实体可以从以更可控的方式为其航线提供资源中获益，因为它服务于其飞行路线或感兴趣的地区。

10.4.1.1 波束赋形和跳波束

跳波束可以通过许多技术来实现。Eutelsat Quantun 为每个波束并入一个跳波束网，这样每个天线单元的振幅和相位可以适当地重新配置以提供所需的波束形状。每个天线使用的单元数决定了最终波束的成形分辨率。重要的是当考虑到跳波束时，单元的数量也会影响存储器的存储和重新配置每个波束所需的时间。

此外，波束形成作为一个附加优势来增强业务形态。天线单元阵列的优化允许同时覆盖空间上不同的位置。如图 10.12 所示，其中不同的覆盖大小和位置是独立配置上行链路和下行链路的。因此，当以前的一个服务区需要来覆盖具有完整超级帧的单个用户时，波束赋形允许作为分离波瓣的一部分或主波束的更宽波瓣覆盖这个单用户。利用这种优化的波束模式，这个单用户与所述主波束的其他用户联合被服务。这样可以更有效地使用系统资源。

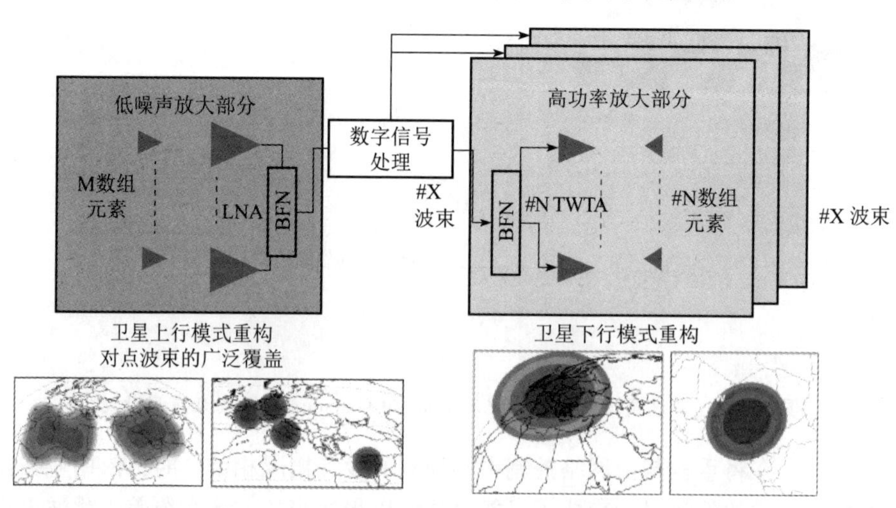

图 10.12 卫星重新配置上下行链路的示例

10.4.1.2 全双工和半双工

Eutelsat Quantum 能够在两种工作模式下工作：

模式 1　全双工。

（1）每个信道都使用一个跳波束配置（Beam-hopping Configuration，BHC）。因此，有用于前向链路的跳波束配置和用于返回链路的跳波束配置。用于前向下行链路的波束切换时间计划和用于返回上行链路的跳波束突发时间计划（Beam-hopping Burst Time Plan，BHBTP），在两个不同信道并行执行。

（2）Quantum 支持 8 个上行和 8 个下行波束。由于全双工为前向和返回链路分配同等的资源，因此它能够支持四个这样的网络。

作为单个网络示例，图 10.13 描述了前向链路和返回链路的同时传输。网关侧上下行波束为静态配置，而终端侧上下行波束分别根据跳波束突发时间计划和波束切换时间计划进行跳跃。

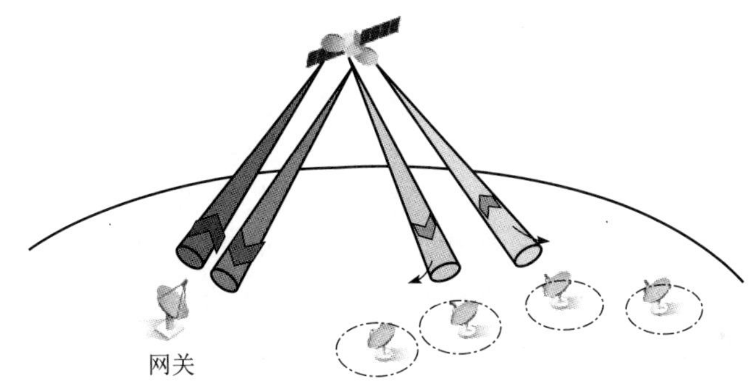

图 10.13　全双工

模式 2　半双工。

（1）使用一个一个量子通道的跳波束配。也就是说，跳波束配置在前向和返回链路通信间及时共享。因此，波束切换时间计划和跳波束突发时间计划连接起来共享同一信道。请注意，由于卫星上的频率转换上行和下行链路频率不相同。

（2）因此每个网络仅使用一个有波束跳频上行链路波束和波束跳频下行链路波束的跳波束配置。

（3）帧结构因此包括前向链路波束切换时间计划和返回链路跳波束突发时间计划。

（4）Quantum 支持 8 个上行和 8 个下行波束。由于半双工共享资源 Quantum 能够支持 8 个这样的网络。

图 10.14 显示半双工传输的一个波束切换帧，它是周期性执行的。首先，前向链路（Forward Link，FWD）通信根据波束切换时间计划使用跳波束将数据分发给终端。其次，在跳波束突发时间计划之后进行返回链路（Return Link，RTN）通信以从终端收集数据。

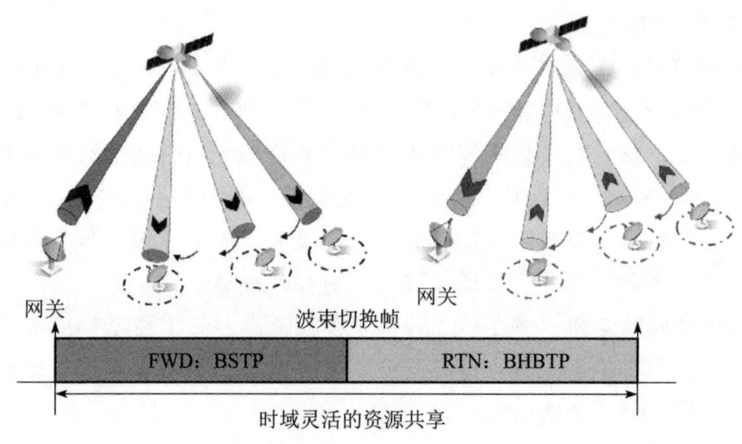

图 10.14 半双工

每种操作模式都有其优缺点。虽然全双工在实现上不那么复杂，但它也更加有限且需要更多的资源。工作在半双工意味着一个跳波束网络可以以一对上下行链路波束工作，在任何时间点只能工作一个。给出的不同方法，显然这两种方法都适合于各种应用。考虑到实施这两种办法可能都是可行的，但决定使用哪一种办法可能取决于资源的效率和直接使用的潜在需要。

全双工可以被认为适合于服务目标是多个无缝位置的场景。由于一个信道用于上行链路和下行链路，它能够支持来自固定网关位置的更大带宽。如移动应用就可以认为是典型的例子，其中要求海上和航空航线能够支持不断增长的容量需求，因为用户需要连续访问视频和数据。在移动性应用中，可以应用跳波束来跟踪单个飞行器或无缝地服务于一次航班或繁忙的海上航线，如图 10.15 左侧所示。

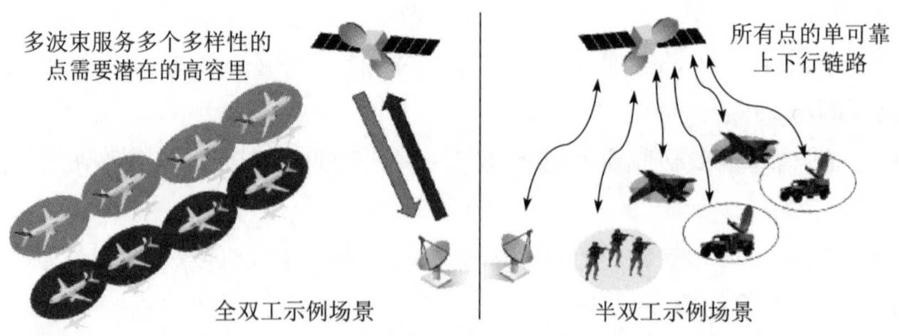

图 10.15 全/半双工场景示例

由于半双工采用一个上行链路和单个下行链路波束，因此它特别适合于多个客户都希望在没有额外资源的情况下操作或访问他们自己跳波束网络的应用。这些应用可以是政府或军事任务，其可以集中到最小的资源和必要的覆盖范围且有潜力能以安全的方式操作，如图 10.15 右侧所示。半双工也可用于动态分配前向和返回链路之间的容量。

10.4.2 跳波束的宽带传输

由于需要独立的波束赋形和波束切换能力，卫星可能仅支持有限组的独立跳波束网络。因此，最高效率将通过宽带传输而不是使用标准信号带宽来实现。

假设通过标准带宽转发器（如 36MHz）以传统方式激活服务区域，30Msps 的符号速率可能用于服务用户。如果跳波束系统应服务于 10 个这样的服务区域，则需要 300Msps 的符号速率来提供每个服务区域相同的平均符号速率。这是由于应用了时分复用（Time-Division Multiplexing，TDM）方法。

以传统方式使用宽带转发器，即在频分复用（Frequency-Division Multiplexing，FDM）式的多载波模式中，即使在非跳波束系统中也比单载波模式显示出几个缺点：

（1）为保护频带浪费稀有频率资源（通常为 10%～16%）；

（2）降低了预失真技术的增益；

（3）由于峰均功率比较高需要更高的功率回退；

（4）互调产物引起的载波间干扰；

（5）在多服务或多线应用场景下，由于宽带复用增益没有增强吞吐量。

如果跳波束也起作用，则根据实际的波束切换时间计划，强制跳波束的频分复用转发器所有载波进行联合切换。这似乎是最大限度地发挥灵活性和适应性的一个勉强条件。

因此我们可以得出结论，单宽带载波模式将是最有利的选择，因为必须实施一种新的系统方法而不必保证遗留系统的支持。此外，切换事件的保护时间开销可以保持在非常低的远小于 1%。鉴于目前基于技术和实现的限制，考虑到实现新系统且不需要遗留系统支持的需求，因此提出的单宽带载波模式可能是最有利的选择。这就降低了未来变化对系统的影响，同时在可能的情况下保持最佳的灵活性。

注意到宽带传输通常可用于前向链路，其中终端充当接收器。对于返回链路，终端的等效各向同性辐射功率限制可能不允许用户轻易地使用宽带传输。因此，在频分或时分多址方式中使用更窄带的传输可能更适合于返回链路。这是一种常见的方法，因为数据速率需求通常也是不对称的。

同时，通过为不同的运营商预留不同的时隙或共享时隙，可以实现不同运营商之间的时间资源共享。这是通过使用例如时隙内不同时间切片数来实现的，在针对不同时隙的数据输入处理中，时隙的每个时间切片数有可调的预留容量。这种方案在服务处理质量方面已经很普遍。但是，运营商必须以协作的方式运行一种联合资源分配调度程序。

10.4.3 网络同步特性

向终端直接发送的情形表现出来不是广播场景就是星型双向系统的出站场景。一般来说，跳波束也可用于星型双向系统的返回链路。网关作为广播网络普通上行链路的一部分或作为星型双向系统公共枢纽的一部分。此外，具有中断传输能力的点到点链路也可以被视为此类通用网络拓扑的特例。

一个特殊挑战来源于要求网关以某种顺序将传输同步到卫星波束切换时间计划处，这种顺序可以是网关传输的用户数据帧在预定的服务区被正确送达。

与此相关的关键参数如下：

（1）波束切换时间计划的时钟速率取决于卫星高稳定时钟，卫星时钟是精确的但不同步到任何其他时间参考，也可以提供给地面的网关。

（2）标准卫星站保持适用。因此，网关与卫星之间、卫星与远程终端之间信号传输时延的变化是适用的。

（3）网关也知道卫星的波束切换时间计划，但在更新的情况下，一些不确定性的激活时间也适用。

所有这些不确定性都要求网关能够通过采用特殊的测量回路使自己与卫星同步。为此使用了一个参考终端，该终端类似于所有其他远程终端，接收来自卫星的信号但向网关提供有关所需调整的特殊信息。这包括关于如何参考卫星的波束切换时间计划来调整网关波束时间切换时间计划相位和时钟速率的信息。

当然，其他同步机制也是可能的。例如，可以使用卫星遥测和控制链路。然而，由于该链路容量的限制时间同步可能不够精确。此外，还必须传输波束切换时间计划更新数据。在地面使用参考终端则无需在卫星上安装跳波束信号定时分析并将测量结果传输到地面。

此外，网关和卫星之间的变化时延，以及卫星时钟和网关时钟之间可能很小但变化的偏移需要进行初步识别、校正和持续跟踪。

如前所述，波束切换时间计划也可以不时地更新，这暂时是卫星测控的一个过程，其中包括显著的和某种程度上未知的延迟。然而，网关需要及时切换到与卫星同步，这需要特殊的程序。

10.4.4 终端的信号同步

对于终端，有两个基本的突发模式接收器概念。

（1）检测和数据处理的基于块分离处理。

在检测到激活开始后，所有样本被转发到（大的）缓冲区直到激活结束。数据处理，如同步、解调和解码，作用于缓冲的数据。这允许在定时、频率和相位方面增强和精细同步，因为在可以执行解映射和解码之前，可能所有缓冲数据都可以用于偏移估计和补偿（在各种迭代步骤中）。然而，这种方法可能需要非常大的缓冲区，并且在支持不同传输场景和最坏情况下的系统配置方面表现出吞吐量限制。

（2）检测和数据处理的前馈处理。

这种方法具有与连续信号处理非常相似的流水线处理架构。与以前的体系结构相反，这种方法没有大的缓冲区，因此迭代方法更少。同步模块永久进行检测、偏移估计和补偿的处理。在激活的情况下，它们将样本转发到解调和解码部分。这种结构允许单接收机设计支持跳波束和传统连续信号的接收。因此，高符号率和最大吞吐量支持是有保证的，但是在低激活占空比的情况下以某种复杂性开销为代价。

当然，这些正反两方面的比例取决于使用的符号速率和接收器支持的最短激活占空比。让我们考虑几个关键案例。

最短的波束切换时间计划服务于两个覆盖区域，每个覆盖区域安排一个超级帧。所以接收器需要处理所有第二个超级帧。此外，如果这个超级帧中的所有数据帧都分配给一个接收器，则处理速度必须应对大约一半的系统符号速率。在这种情况下，前馈处理在复杂度方面将明显优于分离架构。

作为一个反例，很长的激活占空比和每个超级帧中的少数数据帧的可变分级情况，则更赞成有利于解耦基于块的处理架构，因为可能的复杂性规模下降。因此这两个极端告诉我们，不会有全局最优的决策。权衡和混合架构需要被折衷处理。因此下面讨论一些可以在两种架构中使用的任务和算法。

然而，为了支持各种用例和系统配置的最大灵活性，稳妥起见使用前馈处理方法，尽管在低占空比情况下复杂度方面存在一定的开销。

10.4.4.1　接收场景

虽然在参考文献［14,15］中讨论了一般的跳波束传输场景，但图 10.16 中展示了三种不同的示例性接收方案。在每一种情况下，水平时间轴反映了对于超级帧的激活时间粒度。当前接收信号的功率在垂直方向给出。在图 10.16（a）情况下，终端仅在两个超级帧周期内接收到功率值 P_1 波束 D 的一个激活信号，以及功率值 P_0 的纯噪声。因此，这是简单的基准场景，其中位于覆盖区域 D 的终端仅观察到波束 D 的目标激活。由于周期性地执行波束切换时间计划，因此终端可以利用此重复特性来与超级帧网格同步。

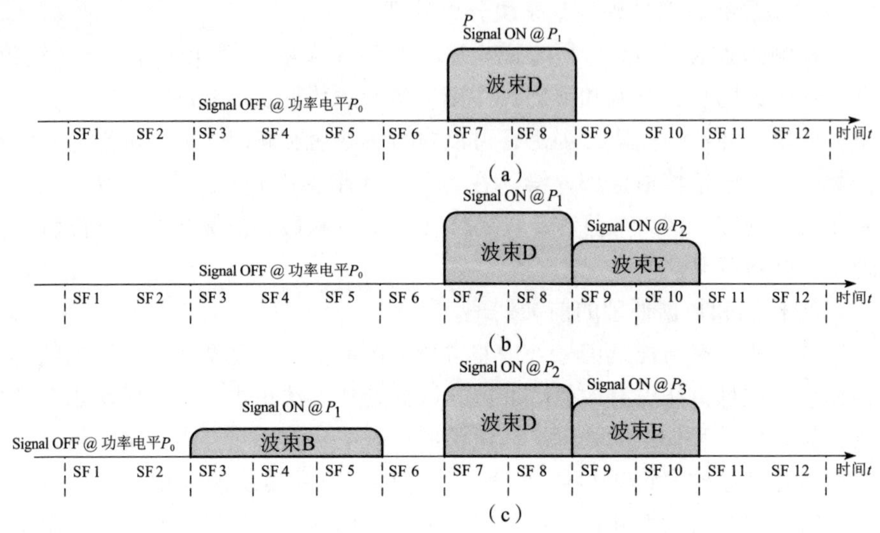

图 10.16 终端的信号接收场景

(a) 相邻无信号；(b) 相邻有一个信号；(c) 相邻有两个信号。

在终端位置靠近覆盖区边缘的可能情况下，会发生（b）和（c）情形中所示的接收场景。相邻波束 B 和 E 分别对准相邻的覆盖 B 和 E，接收到与波束 D 不同的功率值。因此终端不能仅依赖于支持基准情况（a）。注意到情形（b）和（c）也可以在终端位于覆盖区 B 和 E 的情况下发生。这意味着相邻的波束信号具有比自身信号有更高的功率值。因此，一个合适的终端同步方案也必须处理更具挑战的情况。为此，需要一个智能增益控制和高动态范围。

10.4.4.2 功率检测

功率检测代表了支持波束跳频终端中最基本的部分。作为一种非数据辅助算法，它与所使用的波形无关。功率检测还具有对抗定时和频偏的鲁棒性。因此，它是跳波束终端在其他数据辅助同步方案失败时的骨干算法。此外，还需要实现智能增益控制和触发自适应（重新）启动进一步的同步算法。

即使在图 10.16（c）中，位于覆盖区 B 的终端也可以利用波束 D 和波束 E 的信号进行同步，这要归功于通用的超级帧结构。但要做到这一点，需要功率检测来进行识别。当然，数据解调仍然使用波束 B 超级帧来执行，直到网络控制器调度一个切换到波束 D 或 E。这需要向网关反馈由终端功率检测提供的功率水平估计。

由于瞬时功率值 P_{act} 具有很强的波动性，因此在应用检测技术之前必须进行平均。为了实现低复杂度的移动平均，可以使用等增益滤波器或递归滤波器。等增益滤波器提供线性减小权重的存储器，而递归滤波器是指数减小权重的存储器。这分别产生线性递增的阶跃响应和指数递增的阶跃响应。为了不立即识别与激活开始和结束相关的功率变化，对于这样的检测任务递归滤波器的更快响应似乎比等增益平均更有利。平均功率 P_{IIR} 的更新方程根据下式使用一个无限脉冲响应（Infinite Impulse Response，IIR）递归滤波器。

$$P_{IIR}[i+1]=(1-\delta)\cdot P_{IIR}[i]+\delta\cdot P_{act}[i] \tag{10.1}$$

式中：i 是采样时间因子，遗忘因子 δ 是一个小的正常数。

以下分析了三种功率检测方法，它们具有不同的能力来查找激活的开始和结束，以及激活功率级别。

（1）**基于阈值的功率检测器**。

从平均的接收功率信号，在观察时间确定最小和最大功率。然后根据上升边缘检测和下降边缘检测的最小/最大功率值计算阈值。此过程可以迭代以跟踪接收功率随时间的轻微变化。

（2）**基于斜率的功率检测器**。

通过一个差分信号从平均接收功率信号计算斜率，即减去时滞 Δ 的功率值。一旦功率显著变化差分信号将会出现峰值，可根据阈值来进行检查。

（3）**功率电平检测器**。

在前两种方法直接通过搜索识别激活的开始和结束（通过检测上升/下降边缘）时，该方法搜索功率级。根据可配置的抓点距离，比较这些平均的功率抓点是否连续抓点在可配置的范围内。当存储检测到的功率级，一旦它们重复出现就可以识别它们。

这些方法的检测原理是在激活信号信噪比为-3dB 的情况下提供的。在图 10.17 和图 10.18 中，分别考虑了基于阈值的检测器和基于斜率的检测器。无限脉冲响应滤波器的平均功率值与采样时间因子 i 相对应，比较了两种代表平均深度的配置：遗忘因子分别是 $\delta=2^{-10}$ 和 $\delta=2^{-17}$ 的 IIRl 和 IIR2。IIRx 输出值灰度的变化表明检测到功率的高/低。在信号功率开关之间使用了余弦变换和 256 APSK 星座的随机数据符号。

在图 10.17 中，最大和最小平均功率值由 IIR2 确定，因为由强平均导致更精确（“IIR2 最大 PW”，“II2 最小 PW”）。根据这些值，计算出了阈值曲线“IIR1 的阈值”和“IIR2 的阈值”，其中阈值曲线中的台阶表示从上升边缘检测到下降边缘检测的切换。显然，对两个评估 IIR 配置的检测都是成功的，因为当超过阈值时线的灰度值会改变。注意，接收中的情形（a）(图 10.16) 仅考虑一个单波束。在情形（b）和（c）中的进一步测试表明，不同相邻波束的信号无法正确区分，从而导致上升或下降检测的丢失。

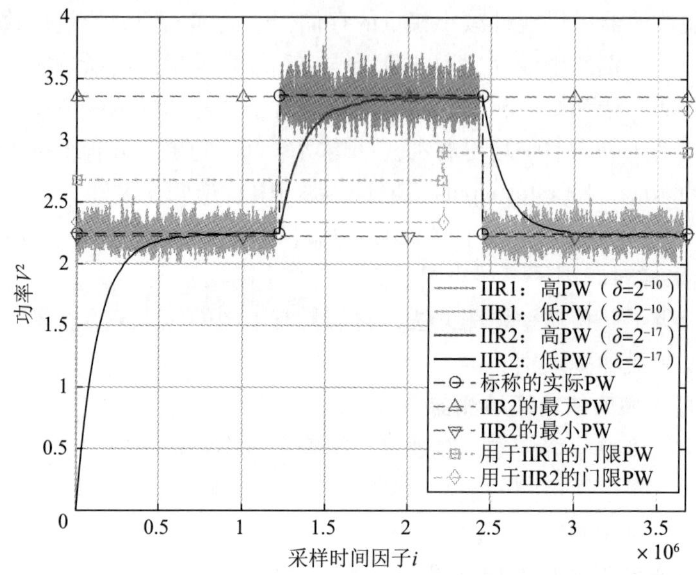

图 10.17　使用基于阈值检测器评估最小、最大功率的激活开始和结束

在图 10.18 中，基于使用 $\Delta=2048$ 个样本的 IIR1 输出值计算差分功率信号，它在零左右波动。虽然差分信号的峰值可以在这里观察和检测到，但是在低信噪比的情况下检测很有可能不成功。这是由于差分信号计算的噪声增强特性。如图 10.16 所示，这种不可靠的检测性能在多波束情况下变得更为严重。

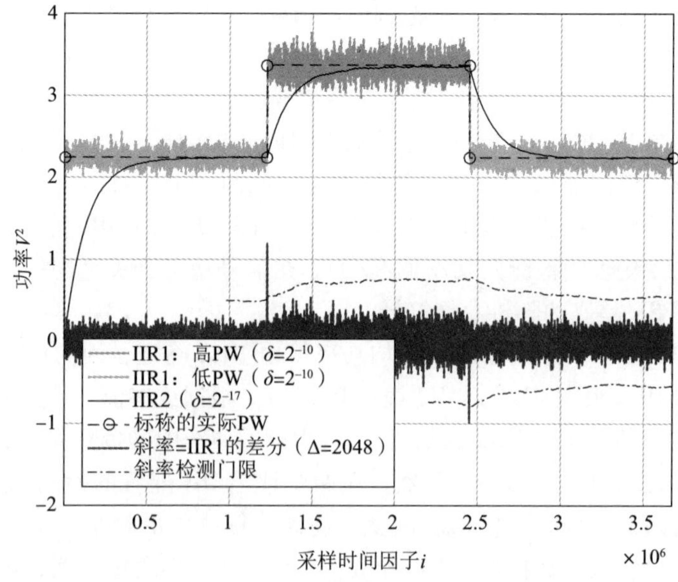

图 10.18　使用基于斜率检测器的激活和结束

功率电平检测方法的原理如图 10. 19 所示。成功的 IIRl 功率电平检测由方形标志表示同时显示检测间隔，而星形标志表示成功的 IIR2 功率电平检测。由于功率电平检测需要一个短的（至少两个）历史抓点，因此功率电平的结束可以立即被识别，而功率电平开始的判定被使用的历史长度延迟。对于图 10. 19 的示例，考虑两个抓点的历史记录，并与实际抓点进行比较。注意如果抓点偶然超出边际，则较长的历史允许更高的容错性，但这可能会导致进一步判定的延迟。

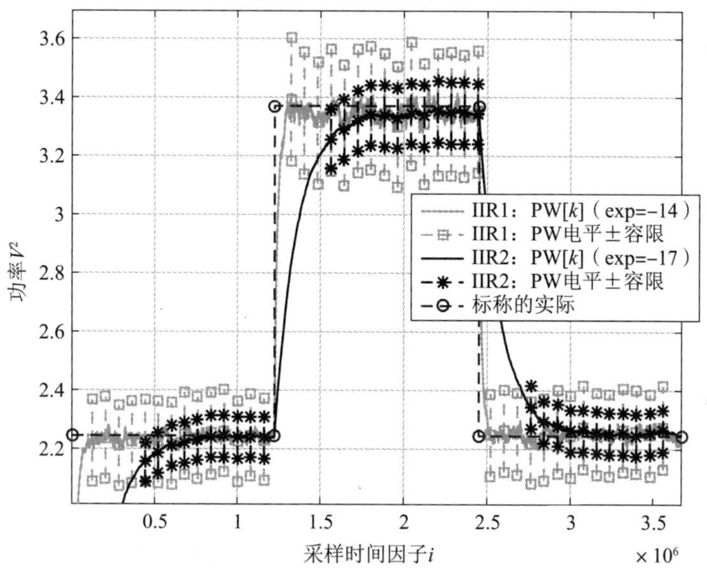

图 10. 19　使用功率级检测的激活开始和结束

从本质上讲，该算法可以识别和区分接收多个波束时的不同功率水平，但判定延迟似乎是一个缺点。因此，将基于阈值的方法与功率电平检测器相结合将是最有效的。例如，可以通过观察“离开低功率水平 PW min”和“PW 高于上升的 PW 阈值”两个事件来安全地识别激活的开始。

10. 4. 4. 3　超级帧架相关的性能图

超级帧的关键性能指标是 270 个符号长的超级帧帧头的检测概率。它决定了整个突发模式处理的质量。参考文献［16，17］对所考虑的基于子块相关算法进行了详细的讨论和描述。为此，将 270 个符号长度的传统完全相关分割为 18 个子块相关器，每个子块相关器 15 个符号长度。作为结合子块相关器输出值的总和表示完全相关。另一种结合是相邻输出和总和的成对共轭复数乘法，称为交叉相关算法（Cross-correlation Algorithm，XCorr）。另一种更进一步结合方法是推出结合前每个输出的绝对平方，称为绝对平方算法（Absolute Square Algorithm，Abs2）。

在参考文献［16,17］中，假设了关于SOSF+SFFI检测的完美采样。参考文献［13］中考虑了更合适的随机采样偏移情形。全部考虑了目标虚警概率 $Pr(FA)=10^{-5}$，这对于连续传输是没问题的。跳波束需要更可靠的峰值检测，这就是我们关注于 $Pr(FA)=10^{-6}$ 的原因。由于这会使遗漏相关峰 $Pr(MP)$ 的概率恶化，我们分析图10.20中的模拟结果。与超级帧帧头的相关仅在相对频率偏移为0和0.01的下进行。XCorr看起来足够稳健以确保超级帧帧头检测。在载波频偏补偿后的跟踪情况下，由于信噪比提高了2dB可以切换到全相关。

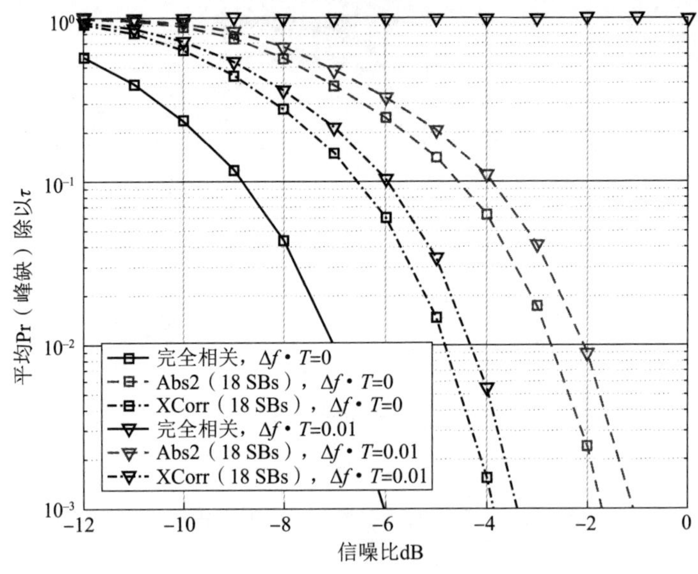

图10.20　相关载波频率频偏0和0.01的采样值与平均峰值误相关的平均概率

作为应用超级帧格式4的第二个性能指标，图10.21考虑了ST域解码的仿真结果。为了在64种不同的Walsh Hadamard序列中做出决定，采用了基于最大相关的解码器（有和没有相位信息）及低复杂度汉明码解码器。损伤场景是具有随机复杂相位（在每个码字上固定）的加性高斯白噪声信道。信噪比上的码字错误率（Code Word Error Rates，CER）如图10.21所示。

显然，相关译码器（无相位信息）在−4dB信噪比下已达到 10^{-6} 的码字错误率。因此，保证了覆盖ID的稳健信令。与有理想相位信息的最佳相关解码器相比，使用理想相位信息的低复杂度汉明码解码器被降低约2.2dB。对于实际应用，汉明码解码器需要来自ST字段旁边相邻导频的相位估计，如

图 10.10 所示。

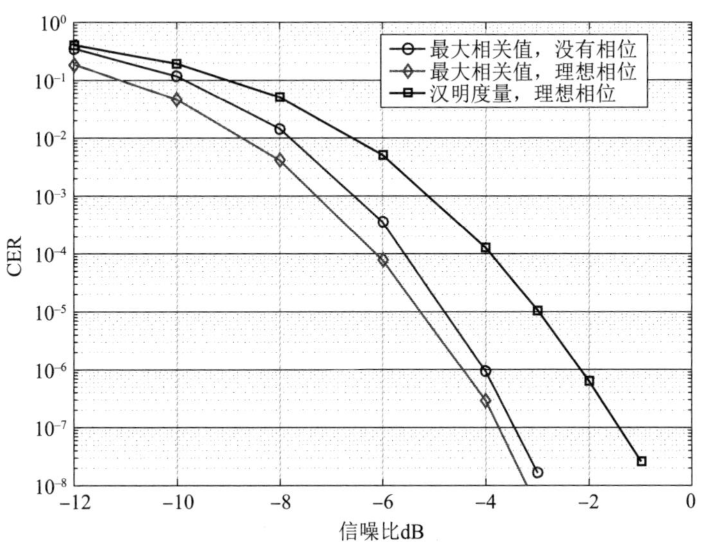

图 10.21　基于相关解码器和一个单比特硬判决解码器在不同复杂相位信息下的码字错误率

10.5　小结

本章介绍了跳波束的概念和优点，以及一些检测性能方面的考虑。特别是，与具有静态覆盖的传统宽带卫星系统进行了比较，显示跳波束系统在用户满意度和系统可用吞吐量方面均具有明显的优势。补充了跳波束系统的原理，讨论了适用于跳波束的物理层传输方案。基于为应用跳波束确定的波形关键要求，利用实际和有代表性的系统实例，对已发布的 DVB-S2X 标准进行了回顾和分析。研究发现，与传统的 DVB-S2/S2X 框架相比，超级帧规范具有很高的实用价值。

我们也介绍了应用于跳波束系统现有和未来的技术。具体而言，即将推出的为跳波束设计的 Eutelsat Quantum 量子级卫星，具有可重新配置波束赋形和亮眼的潜在应用等特点。我们还讨论了利用宽带处理优势，的相应地面设备。此外，利用 DVB-S2X 超级帧格式 4 的检测性能结果，证明了实现宽带处理的可行性。

跳波束可提供灵活的系统架构，通过在多波束间共享时间、功率和频率资源，解决随时间和地理位置变化的业务需求。跳波束系统每次通过将系统资源集中在最需要的地方来提供更高的可用吞吐量。

参考文献

[1] "ETSI EN 302 307-2: Digital video broadcasting (DVB); second generation framing structure, channel coding and modulation systems for broadcasting, interactive services, news gathering and other broadband satellite applications; Part 2: DVB-S2 extensions (DVB-S2X)," ETSI, European Telecommunications Standards Institute Std., Rev. 1.1.1, Oct. 2014.

[2] EADS Astrium Space Engineering, "ARTES-1 beam hopping techniques for multi-beam satellite systems – Final report," ESA, Tech. Rep., 2011. [Online]. Available: https://artes.esa.int/projects/beam-hopping-techniques-multi-beam-satellite-systems-eads-astrium.

[3] Indra Espacio, MDA, and Universitat Auttonoma de Barcelona, "ARTES-1 beam hopping techniques for multi-beam satellite systems – Final report," ESA, Tech. Rep., 2009. [Online]. Available: https://artes.esa.int/projects/beam-hopping-techniques-multibeam-satellite-systems-indra-espacio.

[4] P. Angeletti, D. Fernandez Prim, and R. Rinaldo, "Beam Hopping in Multi-Beam Broadband Satellite Systems: System Performance and Payload Architecture Analysis," in *Proc. of the AIAA*, San Diego, USA, Jun. 2006.

[5] J. Anzalchi, A. Couchman, P. Gabellini, *et al.*, "Beam Hopping in Multi-Beam Broadband Satellite Systems: System Simulation and Performance Comparison with Non-Hopped Systems," in *Proc. of 5th Advanced Satellite Multimedia Systems Conference (ASMS) and the 11th Signal Processing for Space Communications Workshop (SPSC)*, Cagliari, Italy, Sep. 2010, pp. 248–255.

[6] X. Alberti, J. M. Cebrian, A. Del Bianco, *et al.*, "System Capacity Optimization in Time and Frequency for Multibeam Multi-Media Satellite Systems," in *Proc. 5th Advanced Satellite Multimedia Systems Conference (ASMS) and the 11th Signal Processing for Space Communications Workshop (SPSC)*, Cagliari, Italy, Sep. 2010, pp. 226–233.

[7] R. T. Gedney and R. J. Schertler, "Advanced Communications Technology Satellite (ACTS)," in *Proc. ICC 1989, IEEE Int. Conf. on Communications*, vol. 3, Jun. 1989, pp. 1566–1577.

[8] D. Whitefield, R. Gopal, and S. Arnold, "Spaceway Now and in the Future: On-Board IP Packet Switching Satellite Communication Network," in *Proc. MILCOM 2006, IEEE Military Communications Conference*, Oct. 2006, pp. 1–7.

[9] R. J. F. Fang, "Broadband IP Transmission over SPACEWAY Satellite with On-Board Processing and Switching," in *Proc. GlobeCom 2011, IEEE Global Telecommunications Conference*, Dec. 2011, pp. 1–5.

[10] J. Lei and M. A. Vazquez Castro, "Frequency and Time-Space Duality Study for Multibeam Satellite Communications," in *Proc. ICC 2010, IEEE International Conference on Communications*, May 2010, pp. 1–5.

[11] C. Rohde, R. Wansch, G. Mocker, S. Amos, E. Feltrin, and H. Fenech, "Application of DVB-S2X Super-Framing for Beam-Hopping Systems," in *Proc. 23rd Ka and Broadband Communications Conference*, Trieste, Italy, Oct. 2017.

[12] "ETSI EN 302 307-1: Digital video broadcasting (DVB); second generation framing structure, channel coding and modulation systems for broadcasting,

interactive services, news gathering and other broadband satellite applications; Part 1: DVB-S2," ETSI, European Telecommunications Standards Institute Std., Rev. 1.4.1, Nov. 2014.

[13] C. Rohde, H. Stadali, and S. Lipp, "Flexible Synchronization Concept for DVB-S2X Super-Framing in Very Low SNR Reception," in *Proc. 21st Ka and Broadband Communications Conference*, Bologna, Italy, Oct. 2015.

[14] E. Feltrin, S. Amos, H. Fenech, and E. Weller, "Eutelsat QUANTUM-Class Satellite: Beam Hopping," in *Proc. 3rd ESA Workshop on Advanced Flexible Telecom Payloads*, ESA/ESTEC Noordwijk, The Netherlands, Mar. 2016.

[15] H. Fenech and S. Amos, "Eutelsat Quantum-Class Satellites, Answering the Operator's Need for Flexibility," in *Proc. 3rd ESA Workshop on Advanced Flexible Telecom Payloads*, ESA/ESTEC Noordwijk, The Netherlands, Mar. 2016.

[16] C. Rohde, H. Stadali, J. Perez-Trufero, S. Watts, N. Alagha, and R. De Gaudenzi, "Implementation of DVB-S2X Super-Frame Format 4 for Wideband Transmission," in *Proc. WISATS 2015, 7th EAI International Conference on Wireless and Satellite Systems*, Bradford, United Kingdom, Jul. 2015.

[17] C. Rohde, N. Alagha, R. De Gaudenzi, H. Stadali, and G. Mocker, "Super-Framing: A Powerful Physical Layer Frame Structure for Next Generation Satellite Broadband Systems," *International Journal of Satellite Communications and Networking (IJSCN)*, vol. 34, no. 3, pp. 413–438, Nov. 2015, SAT-15-0037.R1. [Online]. Available: http://dx.doi.org/10.1002/sat.1153.

第 11 章
低地球轨道下行链路应用的光学开关键控数据链路

德克·吉根巴赫，弗洛里安·莫尔，克里斯托弗·施密特，
克里斯蒂安·福克斯，阿尼塔·什雷斯塔
德国宇航中心（DLR）通信和导航研究所卫星网络部

光学自由空间链路将重塑未来几年空间任务中的高速通信技术。与任何射频技术相比，显著减少的光学信号扩散带来了以下优势：提高了功率效率、避免了干扰和由此引发的频谱管理问题、固有的防探测（截获）防欺骗、最重要的是数据速率（Data Rates，DR）的大幅提高，将使这项技术成为一个“游戏改变者”使之可以与以前在全球通信基础设施中引入玻璃纤维代替铜缆的方式相媲美。

作为光学空间链路的一个使用场景，已完成用于低地球轨道（Low Earth Orbit，LEO）观测卫星遥测回传的高速对地同步数据中继试验，并且此场景已在各类空间机构的业务上实施[1-4]。通过把数据发送给大型光学接收机式望远镜，深空任务可在数据速率方面提高几个数量级，NASA 目前正在将其深空网络（Deep Space Network，DSN）转变为光学的 DSN，我们也看到了欧洲在光学深空通信方面的发展[5-7]。为了将甚高吞吐量的通信卫星系统接入到太比特率（Tbps）体制（每秒太比特），上行光学链路可以解决射频链路可能会遇到的频谱瓶颈[8]。在低地球轨道体制（卫星间及光学低地球轨道的下行链路（Optical LEO Downlinks，OLEDOL））中，通信距离更短、允许用非常高的数据速率通信，同时还降低了对系统灵敏度的要求（高系统灵敏度中复杂性和由此产生的成本通常会随着灵敏度的增加而增加）。取而代之地是使用类似地面光纤通信的商用现货（Commercial-Off-the-Shelf，COTS）组件和技术，从而

利用中低系统成本就可实现非常高的吞吐量。由于低地球轨道任务的寿命更短，因此 LEO 任务的星间和下行链路也支持使用商用现货组件，这也意味着这些组件遭受的暴露辐射更少。在过去的几年里，各个机构已经进行了几次有关光学低地球轨道下行链路（OLEODL）的演示[9-15]，不久的将来即将迎来光学链路的商业化应用。

光学低地球轨道下行链路服务于从地球观测卫星上下载传感器数据，地球观测卫星的链路场景是极度不对称的，因为数据流大多是单向的，或者至少下行链路数据速率比上行链路高几个数量级（上链路可能仅用于遥控指令和链路保护）。因此，天线增益可以被合理地分配：在空中使用小而轻的发射机，在地面上相应地使用中等大小（即接收机望远镜的孔径）的天线。扰动的大气只影响靠近接收地面站的链路低端。接收地面站方面允许通过简单的孔径平均技术实现链路稳定，但另一方面由于这些格式可能需要复杂的技术，又会导致复杂化一些先进的调制和检测格式复杂化，如耦合到单模光纤的自适应光学技术。因此，可用于光学低地球轨道下行链路的数据格式选项主要集中在具有较低复杂和稳健特点的直接检测（Direct Detection，DD）技术上[16]。

以下内容将在本章其他各小节中介绍：

（1）空间终端和光学地面站（Optical Ground Station，OGS）的应用历史和链路场景的几何图。

（2）大气传输信道、链路预算、调制格式和链路保护技术的影响。

（3）系统和组件方面，以及对正在进行和未来任务和系统的展望。

11.1　光学低地球轨道数据下行链路的场景和发展历史

11.1.1　光学低地球轨道下行链路试验综述

与传统的射频通信相比，光学低地球轨道下行链路能够提高地球观测卫星的数据吞吐量，同时避免频谱管理问题。在几十年中，光学低地球轨道下行链路一直引人注意，并经历了多次实验性或演示性的太空任务，如图 11.1 所示。最早的一次是 2006 年和 2009 年从日本的 Kirari 卫星（也称为 OICETS）到日本、欧洲和美国地面站的下行链路传输[17-18]。该任务需要与半导体星间链路实验的欧洲地球静止轨道（Geostationary Earth Orbit，GEO）中继终端兼容[19]，因此使用了半导体激光域的波长。后来光学低地球轨道下行链路项目专注于将 15xx 纳米作为载波波长，因为这样可以使用地面光纤通信的技术上来建立组件，如光学放大器和激光二极管。此外，更容易实现眼睛安全和在较长波长下导致更少的太阳背景辐射扰动。后续项目还包括 NICT 的 SOTA（Small Optical Transponder，小型光学转发器，搭载 SOCRATES 卫星）[20]、喷气推进实验室（Jet Propulsion Lab，JPL）的 OPALS（Optical Payload for Lasercomm Science，激光通信科学的光学载荷，搭载 ISS）和德国航空航天中心不同发展状态的 OSIRLS（Optical Space InfraRed Link System，光学空间红外链路系统）[21]。中国和俄罗斯的相关实验也有报道。光学低地球轨道下行链路及其敏感测试和精细相干的 BPSK 同步检波调制[22] 都经星上 TerraSAR-X 的 LCT 演示。表 11.1 提供了一些项目参数的概述。

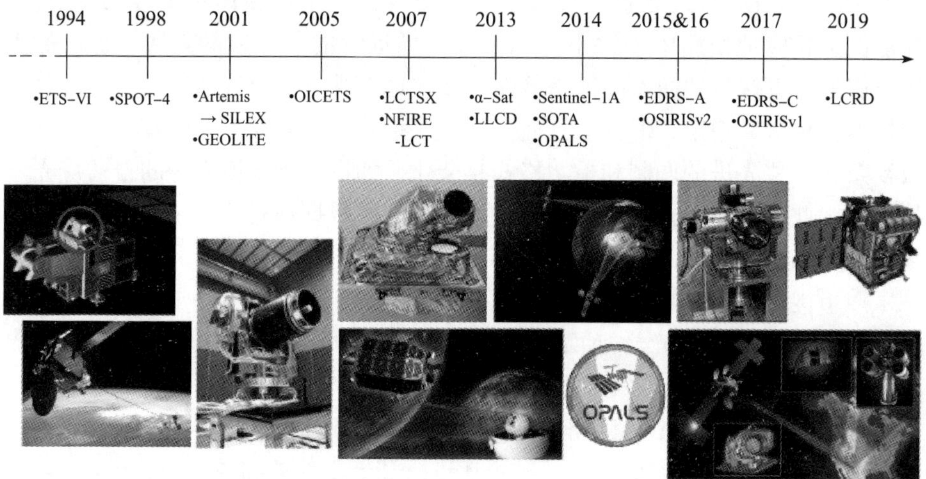

图 11.1　最近空间发射任务的时间轴（图片依次为 ESA、NASA、JAXA、NICT、DLR）

一些机构运行光学地面站，以便不仅从低地球轨道而且从静止地球轨道和更远的空间探测器来进行这样的下行实验。在加利福尼亚州特内里费岛和东京的光学地面站，在 20 世纪 90 年代就已经建立了[23-26]。新的—部分临时的—站址包括夏威夷、新墨西哥州的白沙、慕尼黑附近的奥伯法芬霍芬、蔚蓝海岸观测站（OCA）[27]，以及日本如冲绳和鹿岛的更多站。其他机构还将用于天文方面的设施作为光通信实验中的地面站临时使用。表 11.2 说明了一些光学地面站设施的基本参数。

未来，日本（RISESAT 上的 VSOTA）、欧洲（OSIRIS-v3[28]、OPTEL-μ[29]）和美国[30] 有望在光学低地球轨道下行链路领域取得进一步发展。空间数据系统咨询委员会（Consultative Committee for Space Data System，CCSDS）正在努力推进这一领域标准化工作的全球合作[31]。

表 11.1　光学低地球轨道下行链路项目的概述（节选）

光学终端	LUCE	LCTSX	SOTA	OPALS	OSIRIS v2	OSIRIS vl	OSIRIS v3
运营者	JAXA	DLR	NICT	JPL	DLR	DLR	DLR
在轨	2005	2006	2014	2014	2016	2017	2019
卫星或平台	OICETS/Kirari	TerraSAR-X	SOCRATES	ISS	BIROS	Flying Laptop	TBC
轨道高度（圆）	~600km	515km	600km	~400km	510km	600km	TBC
CPA 类型	az-el	periscope	az-el	az-el w. 4QT	Sat-Pointing. open-loop	Sat-Point.	1-mirror
发射波长	847nm	1064nm	1549nm	1550nm	1545 和 1550nm	1550nm	1540run
发射功率（典型，平均）	0. 1W	0. 7W	35mW	0. 8W	0. 5 和 0. 05W	0. 5W	1W
发射机发射角（FWHM）	5. 5μrad	—	223μrad	940μrad	200 和 1200μrad	200μrad	TBC
信道数据速率	50Mbps	5. 6Gbps	1/10Mbps	50Mbps	1Gbps	10/100Mbps	10Gbps
上行信标波长	820nm	1064nm	1064nm	976run	1560nm	N. A.	1590nm
上行数据速率	2Mbps	5. 6Gbps	N. A.	N. A.	100kbps	N. A.	TBD
到光学地面站下行链路	NICT-Tokyo OGS-OP ESA-Tenerife JPL-TMF	ESA-OGS OGS-OP Calar-Alto	NICT-Tokyo NICT-other OGS OGS-OP/TOGS CSA CNES-OCA	OCTL（TMF） OGS-OP/TOGS	OGS-OP/TOGS	OGS-OP/TOGS	OGS-OP/ TOGS-future
任务状态 （截至 2018 年 1 月）	结束	结束	结束	结束	已发射	已发射	在部署

表 11.2 接收光学低地球轨道下行链路信号光学地面站的全球设施（节选）

光学地面站	西班牙特内里费岛伊扎纳（Tenerife-Izana，Spain（ESA-OGS））	日本东京小金井（Tokyo-Koganei，Japan）	美国加利福尼亚桌山（Table Mountain，CA，USA（OCTL））	德国奥伯法芬霍芬（Oberpfaffenhofen，Germany（OGS-OP））	全球 TOGS（Worldwide（TOGS）））
运营者	ESA	NICT	JPL-NASA	DLR	DLR
开始运行时间	1997	1994	2003	2006	2010
地址 a. s. l.	2400m	70m	2288m	600m	便携
接收机尺寸	100cm	100cm 和 150cm	100cm	40cm	60cm
望远镜和安装类型	卡塞格林和库德（Cassegrain and Coude）	纳斯密斯和库德（Nasmyth and Coude）	方位俯仰/库德（Az. -El.，Coude）	卡塞格林和库德（Cassegrain and Coude）	里奇·克雷蒂安（Ritchey Chretien）
应用链路来自	OPALE（on Artemis） LUC E（on OICETS） LCTSX（on TerraSar-X） SOTA（on SOCRATES） OPALS（on ISS） LLCD（on LADEE）	ETS-VI LUCE SOTA	LUCE LLCD OPALS	LUCE OPALS SOTA OSIRIS	SOTA OSIRIS VABENE

11.1.2　性能和几何限制

光学低地球轨道下行链路包括由地面站望远镜检测和跟踪的来自卫星的下行链路信号，和从地面站到卫星的上行链路信标信号，其允许空间终端在过顶期间精确跟踪光学地面站的位置。与任何传统的低地球轨道射频下行链路一样，光链路的几何条件与图 11.2 所示和表 11.3 总结的相同。地球观测卫星的典型低轨道高度为 400km，卫星通信网络的典型高度为 900km。光下行链路一般在 5°仰角左右开始采集光信号，从 10°仰角以上开始进行安全数据传输。一个关键参数是上行链路相对于下行链路方向的提前角（Point-ahead Angle，PAA），这源于卫星相对于地面站的快速正交速度（卫星在信号传送期间移动几米）。由于光信号的发散角很小，它们可以和提前角的量级相同，因此，必须考虑到点前角的偏移量来校准光机械系统。

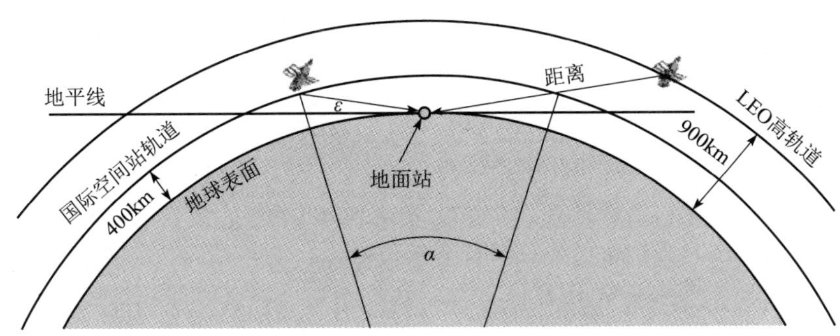

图 11.2　圆轨道典型低地球轨道卫星下行链路的几何示意图

表 11.3　图 11.2 所示的两个卫星高度的参数

轨道高度/km	5°时的距离/km	最大链路持续时间/s	天顶的回转角率/((°)/s)	天顶处的提前/μrad
400	1804	475	1.1	51
900	2992	831	0.48	49

注：两个轨道的绝对速度和因此导致的点前角几乎相同，然而，它们的能见度时间、距离和最大回转率相差约两倍。

当低地球轨道卫星处于光学地面站的视线范围内时，如图 11.3 中描绘了 500km 轨道高度的模拟结果，其观测仰角大部分时间限制在低仰角。当将 5°定义为可能的最小联通仰角时，卫星在 5°~20°之间可见占总联通时间的 64%。这对数据格式和链路保护有重大影响，因为在较低仰角会有较高的距离损失且大气干扰的影响更大。

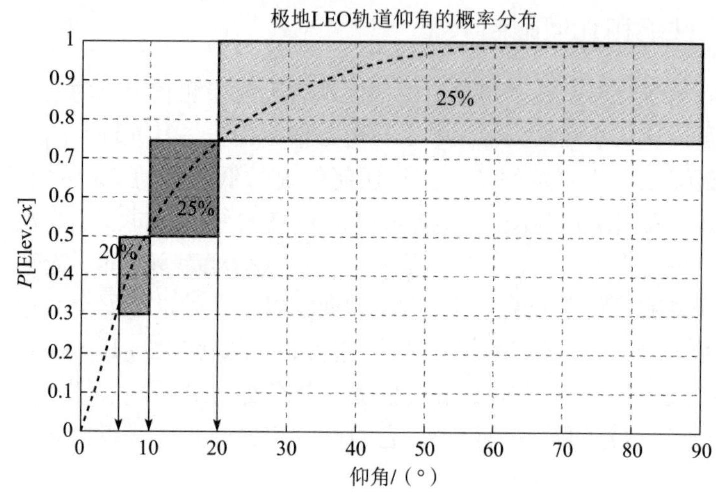

图 11.3　极地低轨卫星（轨道高度为500km）平均观测仰角的典型分布

注：这种相对分布在地球上任何一个光学地面站位置上都是定性相似的，当然绝对总能见度的变化取决于轨道和光学地面站纬度[32]。

11.1.2.1　吞吐量优势和频谱特点

光学链路技术目前仅使用一个波长来实现几 Gbps 的传输速率；然而，从地面光纤通信中，我们可以看到这种速率可以通过多个信道（密集波分复用）和高阶调制格式增加到 Tbps 量级。从可用信道容量来看，光链路提供数太赫兹的频谱和据此频谱的组合数据速率，而射频链路在频谱和吞吐量方面总是受到很大限制。考虑到实际的云阻塞统计数据估计了光学低地球轨道下行链路系统的吞吐量，见参考文献［33］。

另一个低地球轨道下行链路直接转到光学链路和避免其他高频射频技术的动机是，避免未来与5G 移动通信标准（正在转移到毫米波域）的频谱干扰问题。

11.1.3　可变链路预算的数据速率和速率变化

光学低地球轨道下行链路中的目标数据速率范围，从非常简单和低成本卫星和有限指向控制和发射功率终端的每秒几兆比特，到高吞吐量地球观测传感器数据下载的每秒几吉比特。由于相应的光学地面站第一步不需要用单模光纤耦合的自适应光学器件，因此假定信道速率上限至少为 10Gbps——在该速率仍可以使用多模光探测器。然而，优化的数据吞吐量不仅取决于最大可能的数据速率，而且取决于的由链路限制导致的速率变化如信道衰减，以及如大气折射率湍流（Index-of-Refraction Turbulence，IRT）引起的功率变化。由于距离和大气衰减而不断改变的链路预算，以及由大气折射率湍流而导致的快速功率闪烁，这两个效应是光学低地球轨道下行链路的关键挑战。各种出版物如参考文献［34］已经对大气闪烁的影响进行了深入研究，本文不做详细说明。

直接连接到链路仰角是可达到最大的数据速率。假设一个接收器以恒定的功率/比特运行，从 5°仰角到天顶的链路允许速率变化约为 25，如图 11.4 所示。该图包括与仰角相关的大气信号衰减，但不包括大气湍流引起的动态闪烁和衰落效应，这将在本章后面部分进行解释。然而，这种理想的接收机和相应的发射机（可以连续地改变其速率）在实际中不存在。因此，必须假设很少的硬数据速率值，甚至只有一个固定速率。即使在最好情况下固定速率的总吞吐量，也仅是具备连续可变速率的理想最大吞吐量的三分之一[35]。

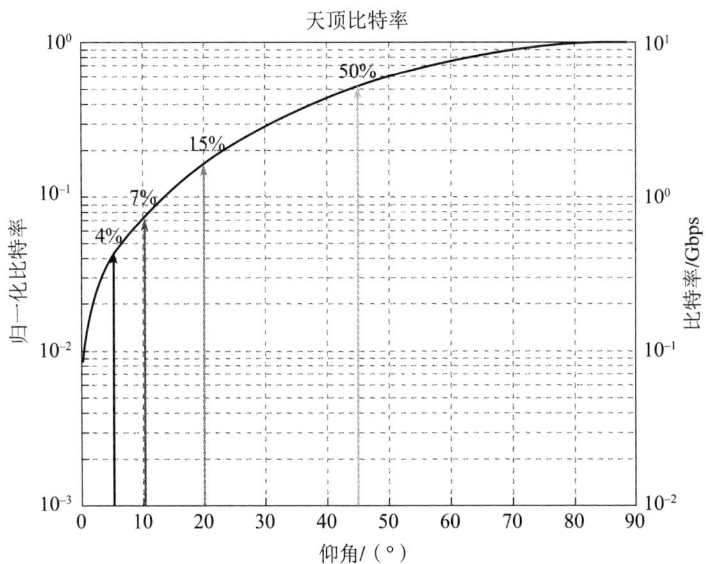

图 11.4　下行链路比特率标准化为天顶，用于恒定的每比特能量（即每比特的灵敏度与数据速率无关），包括距离和大气损耗

虽然前面的示例暗示源数据速率等于信道符号速率，但通常情况下并非如此，因为进一步的机制影响它们之间的关系（通常符号速率高于数据速率），其中一些机制如图 11.5 所示。

前向纠错（Forward Error Correction，FEC）是一种标准技术，用于保护单工链路中的数据不受位误差的影响，编码开销与总数据有效载荷的比值，以及相应前向纠错增益的变化，允许一定的速率变化。自动重发请求（Automatic

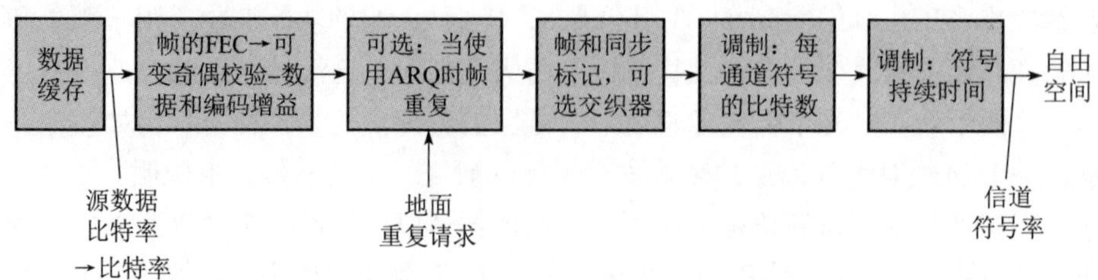

图 11.5　光学空间终端发射机数据处理流程中的几个步骤

Repeat Request，ARQ）是一种可选或附加的链路保护机制，然而这需要一个不能保证的返回信道（上行链路）。其他可选方法，例如，在数据段之间暂停的突发传输、帧重复和交织技术，部分证明在衰落信道中是有利的。使用开关键控（On-Off-Keying，OOK）调制的每个信道符号的比特变化，例如，使用脉冲位置调制（Pulse Position Modulation，PPM）或幅度键控调制格式来完成，其中一个脉冲发送超过一个比特的信息。最后，改变有效数据速率的最简单方法是改变一个符号时间的长度。

这些机制使用时速率变化模式有不同的复杂程度，以便在不同链路损耗下最大化整个下行链路系统的吞吐量，同时也保证频繁接入卫星。注意到，有效源数据速率的变化不一定需要改变信道符号速率。

在光学低地球轨道下行链路系统中变化数据速率的不同模式可以定义为：

（1）虽然一个特定的卫星终端可能只能在一个数据速率下工作，但是光学地面站可能需要改变其接收速率，因为它服务于不同类型的卫星任务。

（2）根据其路径几何结构选择一个下行链路联通期间的恒定速率，例如，在该链路期间允许最大吞吐量。

（3）根据链路仰角的推移，发射机以预先编辑的时间步长改变有效的数据速率，以采用已知仰角相关的链路损耗。

（4）通过地面和卫星之间的信道状态信息交换，在链路预算发生显著变化时动态地选择最优速率。

11.2　链路设计

任何系统开发的基础都是前面的链路设计。在我们的方法中，这包括对传播信道的分析、传输方程的定义、链路预算的计算、指向的考虑、捕获和跟踪（Acquisition and Tracking，PAT）过程、调制格式、接收技术，以及比特编码和更高层编码和协议的影响。

11.2.1 传输信道模型

关于传播特性我们区分了两组效应：大气消光效应和湍流效应。消光是指通过吸收和散射过程传播电磁波的能量损失。假设消光不依赖于波的强度，这可以用比尔定律来描述。它使用介质比消光系数 $\alpha_{ext}(\lambda)(km^{-1})$ 和路径长度 L (km) 模拟了传播路径经过指数规律介质的衰减，假设为均匀介质和单色光。设 $I_{in}(W/m^2)$ 为介质的输入强度及 $I_{out}(W/m^2)$ 为输出强度，然后

$$I_{out}=I_{in}\cdot\exp(-\alpha_{ext}(\lambda)\cdot L) \tag{11.1}$$

对于非均匀介质的情况，指数函数的参数由路径长度上的积分定义。

消光的波长依赖性决定了大气透射光谱。图 11.6（基于晴空大气）中给出了 200nm 和 20μm 之间的光谱计算。大气窗清晰可见。

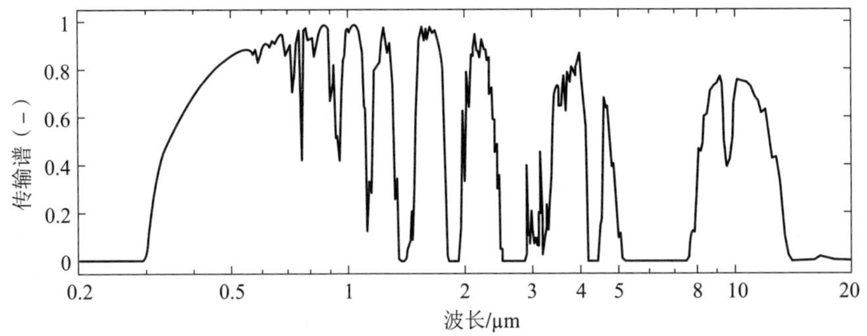

图 11.6　用 LOWTRAN 模型计算了从海平面到天顶方向的晴空大气传输谱，从 200nm～20μm。传输率 I_{out}/I_{in} 来自式（11.1）[36]

虽然图 11.6 确定了大光谱大气传输窗口，但当详细观察特定波长周围的情况并考虑低链路仰角时，薄分子吸收线可能成为主导。这些线主要由水蒸气和二氧化碳分子产生，并且具有典型的几吉赫宽度，而它们的出现大致为每纳米两行。如图 11.7 所示（中纬度夏季大气模式，大陆清洁气溶胶模式和四分之二火山活动），很明显对于典型光学低地球轨道下行链路地仰角，通常使用的 C 频段的下部比上部显示更多的这些吸收线。虽然大气的含水量随着海拔高度的升高而降低，因此山顶上的地面站受这些吸收效应的影响较小，但不能限制光学低地球轨道下行链路技术在地理位置优越的光学地面站上的应用。相反，上下行链路源的波长仔细选择和稳定性控制可以确保任何光学地面站站点的可靠运行。

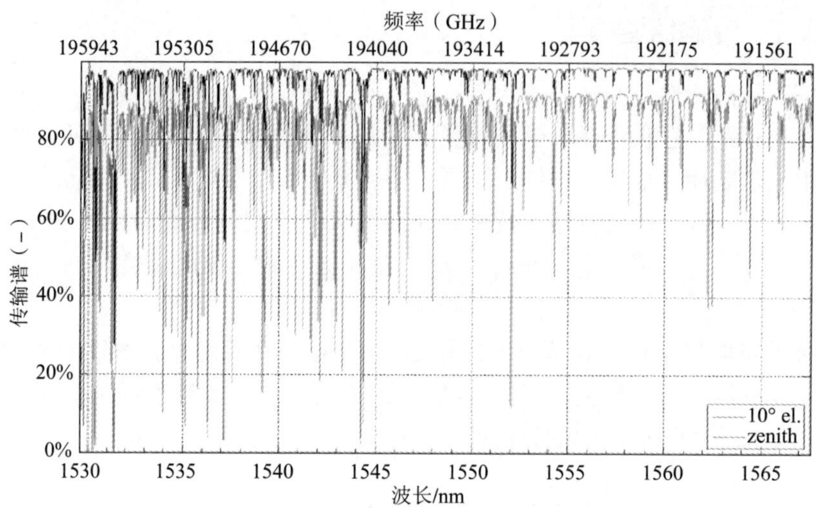

图 11.7　分子吸收线主要是由于水汽影响 C 频段（1530~1565nm）的大气传输，特别是在低链路仰角；使用从 HITRAN 数据库获得的大气成分剖面和吸收系数进行模拟[37]

第二组大气效应与折射率湍流有关，这些效应在电磁波从空间到地面的传播过程中引起相位畸变。畸变的位相峰引起波的结构性和破坏性的自干涉，导致光束的随机强度模式在空间和时间上发生变化，称为强度闪烁。折射率湍流过程产生了多种相位和强度效应，为了简化建模折射率湍流过程被隔离。强度由湍流强度、传播路径长度以及传播方向（在倾斜路径的情况下）控制。表 11.4 列出了最重要的影响。

表 11.4　大气湍流对激光束的影响综述

作用	类型	描述
波前畸变	相位	空间二维波前的畸变
波束倾斜	相位	从源头看传播方向的变化
到达角起伏	相位	从接收器看传播方向的变化
强度闪烁	强度	强度的时空波动
波束展宽	强度	引起波束腰增大

这些效应通常通过统计描述来建模。此外，根据波动情况对不同情景进行分类，用来选择适当的统计描述模型：弱、中、强。

11.2.2 传输方程式

传输方程在系统级描述链路，并用于计算特定系统设计的链路预算。参考文献［38］中描述的，适用于光学卫星链路传输方程的一种特殊形式如下：

$$P_r = P_t \tau_t G_t L_{fs} G_r \tau_r \tau_{rp} \tag{11.2}$$

式中：P_r(W) 为接收光功率，P_t(W) 为平均光发射功率，τ_t[-] 为发射机中的光损耗，G_t[-] 为发射天线增益，L_{fs}[-] 为自由空间损耗，G_r[-] 为接收天线增益，τ_r[-] 为接收机中的光损耗和 τ_{rp} 接收机的指向损耗。

此公式不包含发射机的指向损耗 τ_{tp}[-]，大气消光损耗 τ_{ext}[-]，大气湍流损耗 τ_{turb}[-]，由背景光引起的损耗 τ_{bgl}[-] 和编码增益 G_c[-]。扩展的传输方程为

$$P_r = P_t \tau_t G_t \tau_{tp} L_{fs} \tau_{ext} \tau_{turb} \tau_{bgl} G_r G_c \tau_r \tag{11.3}$$

其假设个体损耗和增益效应是独立的是有效的。

在均匀强度分布的情况下，峰值天线发射增益可以表示为

$$G_t = \frac{16}{\theta_{div}^2} \tag{11.4}$$

式中：θ_{div}(rad) 为全发散角。必须注意，在高斯强度分布的情况下式（11.4）中的分母设置为 32，因为其峰值是平均强度的两倍。自由空间损失为

$$L_{fs} = \left(\frac{\lambda}{4\pi z}\right)^2 \tag{11.5}$$

式中：λ（m）为波长和 z（m）为传播路径长度。接收天线增益为

$$G_r = \left(\frac{2\pi r_{Rx}}{\lambda}\right)^2 \tag{11.6}$$

式中：r_{Rx}（m）为接收天线的半径。

消光损耗由比尔定律定义，即

$$\tau_{ext} = \frac{I_{in}}{I_{out}} \tag{11.7}$$

对于非相干系统背景光引起的损耗 τ_{bgl}[-] 可以写成

$$\tau_{bgl} = f(R_{atm}, \Delta\lambda_{bp}, r_{Rx}, \theta_{Rx} P_{Rx}) \tag{11.8}$$

式中：大气辐射率为 R_{atm}（$W/m^2/nm/sr$）、光学带通带宽为 $\Delta\lambda_{bp}$（m）和探测器视场为 θ_{Rx}（rad）。由于背景光的损耗很大程度上取决于特定的调制和检测方案，因此这里的表达形式是相当普遍的。对于背景光损耗的详细分析，见参考文献［39］。例如，它包含了一个信噪比降低模型，信噪比降低由使用雪崩光电二极管（Avalanche Photo-Diode，APD）直接检测接收器的背景光引起。

发射机和接收机中的光损耗取决于实际实现的材料特性，主要取决于抗反射和反射涂层的质量。此外，一小部分能量可能会从通信系统分裂到捕获和跟踪传感器，这里也将其视为光损耗。由于发射器和接收器的未对准而引起的损

耗是统计损耗，取决于发射器的误指偏差 $\theta_{tp,bias}$（rad）、发射机的误指抖动 $\sigma_{tp.jit}$（rad）、接收器的误指偏差 $\theta_{rp,bias}$（rad），接收机的误指抖动 $\sigma_{rp.jit}$（rad），和接收信号下降到定义阈值低于 F_{thr}（dB）的概率 $p_{thr}[-]$。

$$\tau_{tp}=f(\sigma_{tp,jit},\theta_{tp,bias},p_{thr},F_{thr}) \tag{11.9}$$

和

$$\tau_{rp}=f(\sigma_{rp,jit},\theta_{rp,bias},p_{thr},F_{thr}) \tag{11.10}$$

大气折射率湍流引起空间和时间强度波动，导致接收功率以毫秒级为单位衰减和振荡（闪烁）。根据的动态信号质量损失取决于特殊传输系统，其定义类似于指向损失，即通过统计参数表示的动态损失。湍流损失可以用非常通用的形式表示为

$$\tau_{turb}=f(\omega_0,C_n^2(z),r_{Rx},p_{thr},F_{thr}) \tag{11.11}$$

这包括使用折射率常数 $C_n^2(z)$（$m^{-2/3}$）的路径剖面对湍流通道进行建模，来描述湍流沿传播路径的强度。在有开关键控和直接检测非相干系统的特殊情况下，且假设湍流通道具有对数正态功率波动统计，蒂吉根巴赫（Giggenbach）和亨尼格（Henniger）[40] 开发了一个模型，用于评估对数正态功率分布和固定损耗阈值 p_{thr} 的湍流损耗，即

$$\tau_{turb}=\frac{\exp\{\mathrm{erf}^{-1}(2p_{thr}-1)[2\ln(\sigma_p^2+1)]^{1/2}\}}{(\sigma_p^2+1)]^{1/2}} \tag{11.12}$$

功率闪烁指数 $\sigma_p^2[-]$ 包括折射率结构参数指数分布和接收器尺寸大小。

根据参考文献［41］定义编码增益 $G_c[-]$ 为

$$G_c=\frac{P_{min,uncoded}}{P_{min,coded}} \tag{11.13}$$

式中：$P_{min,uncoded}$（W）为在给定目标误码率 $BER_{tg}[-]$ 未应用编码的情况下所需的最小功率，$P_{min,coded}$（W）为在应用特定编码的情况下所需的最小功率。对于大气湍流信道，编码增益对信道参数的依赖关系表示为

$$G_c=f(\sigma_p^2,\tau_{p,corr},\sigma_N^2,BER_{tg}) \tag{11.14}$$

式中：$\tau_{p,corr}$ 为通过自协方差函数定义的接收功率相关时间。再次假设接收功率是对数正态统计。$\tau_{p,corr}$ 的使用假设波动的光谱形状是已知的。然而由于不一定如此，式（11.14）可能包含波动的功率谱 $S_{scint}(f)$ 而不是相关时间。参数 σ_N^2 表示附加电气噪声。

11.2.3 链路预算

基于扩展的传输方程式（11.3），可以计算链路的功率预算。通常以 dB

为单位写链接方程式的参数，并在表格中显示链接预算。因此，每个参数的影响很容易识别。下面我们给出了卫星到地面下行链路和信标上行链路的链路预算示例。

我们选择了一颗高度约 700km 的典型地球观测轨道上的卫星。这使得在仰角为 10°时链路距离约为 2100km，这被视为通信链路的起始仰角，仰角为 5°时约为 2500km，这被视为链路捕获的起始仰角。采用的波长 1550nm 是目前光学低地球轨道下行链路最常见的。

表 11.5 显示了下行链路和上行链路的链路预算结果。请注意，前面定义的几个参数在这里以 dB 给出。特别是，用于对地观测的卫星到地面链路可以设计成高度不对称的。仅在将任务数据传回地球是需要高吞吐量，而低速率上行链路就足够了。例如，用于交换信道状态信息。在给定的例子中允许在空间中有一个小终端，卫星终端仅使用 25mm 的接收器孔径。

表 11.5　用于 10Gbps 数据下行链路和用于跟踪和遥令的上行信标的链路预算示例，适用于 10°仰角的典型地球观测卫星，且从 5°仰角开始采集的信标

参数	单位	下行链路数据	上行链路数据	上行信标/(5°)
P_t	dBm	30	40	40
τ_t	dB	-1.5	-1	-1
G_t	dB	92	78.1	78.1
τ_{tp}	dB	-3	-3	-3
L_{fs}	dB	-264.6	-264.6	-266.1
τ_{ext}	dB	-4	-4	-8
τ_{turb}	dB	-5	-5	-3
τ_{rp}	dB	-1	-1	0
τ_{bgl}	dB	-1	-1	-1
G_r	dB	127.7	100.1	100.1
G_c	dB	4	4	0
τ_r	dB	-2.5	-4.5	-4.5
P_r	dBm	-28.9	-61.9	-68.4
P_{req}	dBm	-29	-69	-70
余量	dB	+0.1	+7.1	+1.6

假设一组下行激光通信链的典型值。发射机发散角设置为100μrad，接收机望远镜尺寸设置为60cm直径，发射功率为1W。数据速率设置为10Gbps，这将导致所需的接收功率为-29dBm，假设具有雪崩光电二极管的最新接收机前端（Receiver Front End，RFE）的灵敏度在BER为1E-6时约为1000Ph/bit，作为一个保守值（实际中可以达到更好）。指向损耗、湍流损耗、消光损耗和背景光损耗的值都按照典型设置选取。编码增益选择了以标准里德所罗门前向纠错实现为例。当经历强闪烁时（例如当接收孔径比闪烁模式小时），必须采用如下所述的标准交织技术。由于10Gbps数据速率需要高接收机功率，因此跟踪传感器在光学地面站处的功率分配并不重要，因此这儿没有显示。

对于上行链路方向也采取了类似的方法，但是有几个参数不同。例如，采用较大的波束发散度，以放宽光学地面站指向和卫星轨道信息的要求。此外，由于对光学地面站没有严格的功率效率限制，因此可以在上行方向使用更大的发射功率。再次，为数据接收器（误码率等于10^{-6}时是1000Ph/bit）和跟踪传感器（-70dBm）的灵敏度选择典型值，这是达到所需电信噪比的典型值。使用两个5W激光信标利用发射机分集减少上行链路信标功率的变化。使用中等尺寸的信标准直器时，即使具有如此高的功率，为了保证眼睛安全可以维持在1550nm波长。假设相同的激光器用于跟踪（信标上行链路）和数据传输（数据上行链路），1Mbps的低速率上行链路，可用于远程命令目的或星载固件更新。

可以观察到在下行链路方向，在给定的10Gbps数据速率的情况下链路的余量很小。由于链路也应在低仰角运行以最大化任何给定任务的数据吞吐量，很明显具有高链路动态的场景可以从可变数据速率技术中获益很大，因为该场景在低仰角允许降低速率从而使系统吞吐量和链路可用性最大化。

11.2.4 指向、捕获和跟踪

指向、捕获和跟踪的处理过程由激光通信终端的光学机械系统来完成。对于任何航空激光链路来说，获得视线都是非常重要的。第一步指向，与基于对方位置先验信息的发射波束引导至对方终端有关。例如，在卫星链路的情况下，这就是卫星的轨道数据和地面站的GPS位置数据。根据先验数据的精度和光机械系统的精度（框架精度、抖动、参考校准[41]），可以定义对方期望出现的角度不确定区域。如果此不确定区域超过发射光束锥，则必须应用扫描算法。在下一步捕获，对方终端使用捕获传感器检测光束，并激活控制机制将光束引导到跟踪传感器的视野中。最后，跟踪开始了。跟踪传感器进行的光束位移测量连续产生一个误差信号，该误差信号被控制回路用来保持链路锁定。

捕获和跟踪过程通常使用两级光学机械系统。目标指向组件（Course

Point-Assembly，CPA）定义了卫星或地面终端的视场，并针对低频，高振幅偏差和抖动进行校正。光学机械的实现通常是一个两轴电动透镜/反射镜系统，与类似于 Coude-path 的静态光学工作台相结合。或者，也可以选择带有整个光电系统的炮塔系统。目标指向组件的精度必须足够高，以引导光束进入精对准组件（Fine Pointing Assembly，FPA）的关注域。该子系统可校正高频、低振幅偏差和抖动。传感器通常是四象限二极管，和制动器音圈或压电驱动镜。对于白天和夜间的操作，推介使用调制信标激光，使空间段能够区分信标激光和背景光或地球反照率。

11.3 节展示了地面段的框图，同时还显示了已实现的跟踪和捕获子系统。图 11.8 阐述了典型低地球轨道下行链路系统的跟踪和捕获过程，图中锥形表示激光束发散，虚线表示卫星和地面站的光轴。这个过程包括五个步骤。在步骤 1 中，地面终端以高发散信标激光激活卫星。卫星在步骤 2 获得信号并修正其姿态。在步骤 3 中，卫星将发射的通信光束指向地面站。在步骤 4 中，地面站获得卫星信号并将其作为跟踪信标使用和相应地校正其指向，从而双方获得视线。在步骤 5 中，执行通信并且通过光学跟踪保持视线。

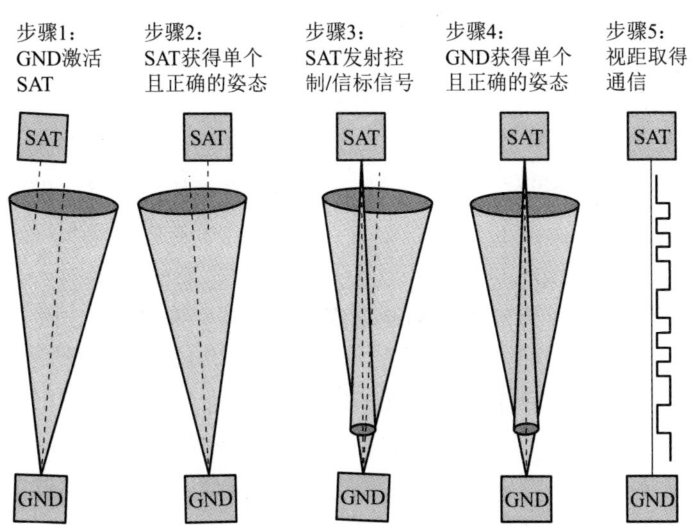

图 11.8　LEO 下行链路的捕获和跟踪过程

11.2.5　直接测量调制格式和速率变化

用于光学低地球轨道下行链路的调制格式主要是基于激光信号的开关键控来编码比特流。这种调制的检测不受大气波前畸变的阻碍，基本上只需要由批量雪崩光电二极管接收机提供的桶中功率的接收机技术。然而，如果需要更高的灵敏度或数据速率可以使用更复杂的技术，例如，联合光纤耦合预放大和自适应光学。

因此，整个过程也称为直接检测的强度调制（Intensity Modulation/Direct Detection，IM/DD）。光信号的相位不包含任何信息，因此相位的恶化不会降低传输灵敏度。然而如果使用适当的检测技术，直接检测的强度调制可以实现类似于相干相位调制的灵敏度（当假设光子到达使用泊松噪声统计，理论上 $BER=10^{-9}$ 时每位上 20 个光子，对比于相干零差 BPSK 的每任何比特 9 个光子）。这种开关键控的灵敏度可以通过使用超导纳米线探测器的单光子探测的前景可期技术来实现[42]，而现在较低开销雪崩光电二极管可以达到几百光子/比特及以下的灵敏度。不同的符号编码方案也可以应用于开关键控，下面我们将概述最常见的波形。

开关键控调制可以被认为是最简单的调制技术，其中光源的强度由信息比特序列直接调制。比特“1”由光脉冲表示，而“0”由光脉冲的缺失表示。如果脉冲占据整个比特持续时间，则称为不归零（Non-Return to-ZERO，NRZ）开关键控，如果脉冲根据信号的占空比占据部分比特持续时间，则称为归零（Return-to-ZERO，RZ）调制。

脉冲位置调制是一种正交开关键控调制技术，当脉冲被发送时信息被编码在时隙中[43]。它比不归零和归零的功率效率更高，但需要更大的带宽，并且在同步和后处理中必须满足附加复杂度的要求。在 M 元脉冲位置调制中，$M=2^n$，其中 n 是一个符号中的比特数。脉冲时隙在其符号时间内的位置（除非另有规定）对应于 n 比特输入数据的十进制值。符号持续时间 T_s 被划分为 L 个时隙，每个时隙持续时间为 T_b。

不同开关键控调制方式下数据速率变化的选择和有效性：如上所述，光学低地球轨道下行链路（距离、衰减和衰落）中的高信道可变性要求系统数据速率变化。使用不归零调制格式，只需简单地增加脉冲宽度即可降低数据速率。图 11.9 显示了通过将脉冲宽度翻倍以高数据速率（顶部）和一半速率（底部）传输不归零开关键控信号的信号波形。图 11.10 显示了针对不同数据速率的系统性能，包括散粒噪声限制（Shot-Noise-Limited，SNL）、实际雪崩光电二极管和热限制正-本征-负（Positive-Intrinsic-Negative，PIN）的接收机模型（接收机灵敏度的解释见下一节）。对于一个理想的散粒噪声限制接收机，就达到特定误码率所需的每位光子数（可得每比特能量）而言系统灵敏度在不同数据速率下保持恒定，而对于雪崩光电二极管和散粒噪声限制系统灵敏度在较高数据速率下会降低。对于这种速率变化方案，接收前端中的接收滤波器低通必须根据信道速率进行调整。

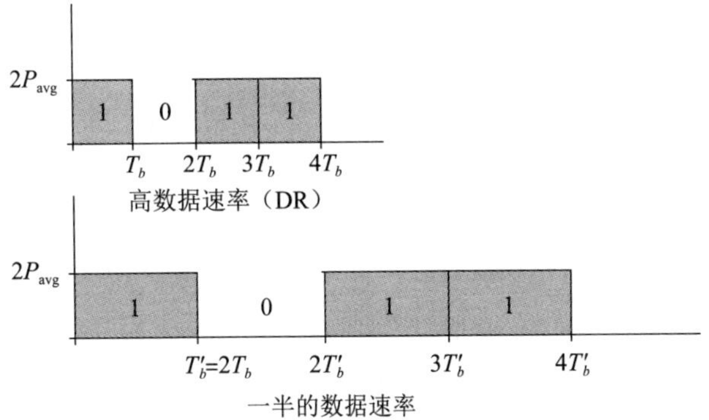

图 11.9　通过增加 NRZ-OOK 脉冲持续时间来改变数据速率

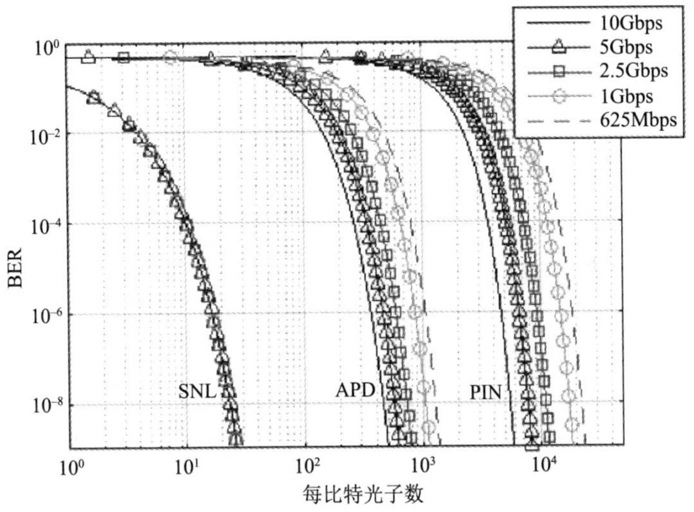

图 11.10　不同数据速率和不同接收器模型（无 FEC）下每用户比特的误码率与光子数的关系

在归零开关键控中，可变脉冲占空比可以简洁的方式使保持脉冲宽度固定(从而也使接收前端的接收滤波器固定)，同时如图 11.11 所示比特长度增加。左图在使用不归零开关键控调制的较高数据速率表示比特“0”和“1”，而右图在使用 25%占空比归零开关键控调制的较低数据速率（=DR/4）表示比特“0”和“1”。这种方法在脉冲之间引入较长的暂停，在恒定平均功率的发射机中相应地增大脉冲幅度。因此，对于所有类型的接收器（SNL、APD、PIN)，不同数据速率的系统灵敏度（单位为每比特光子数）保持不变，如图 11.12 所示[44]。

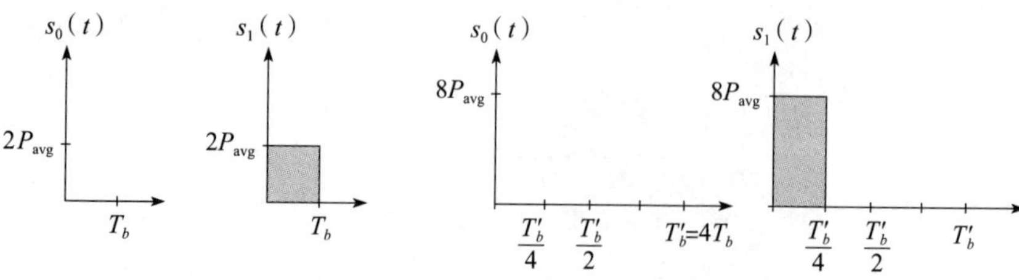

图 11.11　通过降低 RZ-OOK 的占空比来改变数据速率

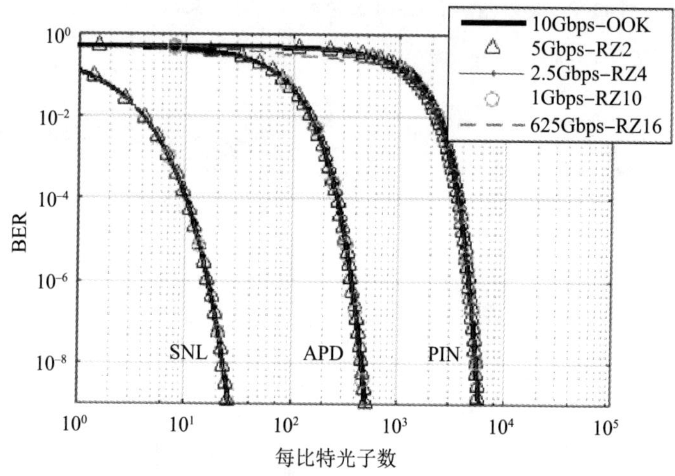

图 11.12　不同数据速率和不同接收器模型下，每用户比特的误码率与光子数的关系

同样，如果脉冲长度保持恒定，脉冲位置调制也随着阶数的增加而定量地降低数据速率；因此，可变的脉冲位置调制阶数可以用于速率变化机制。然而同步努力的增加，而变化由于阶数与有效数据速率之间的对数关系受到限制。

11.2.6　开关键控参考性能和对链路预算的影响

在开关键控接收器中，接收器望远镜收集光信号，滤除不需要的背景光，并聚焦到光电探测器表面将其转换成电信号电流。然后，必须通过判定逻辑在适当的光电流阈值（I_{th}）处将该信号检测为脉冲或无脉冲，该阈值如在参考文献［45］中导出。如果检测到的信号高于阈值，则检测到比特“1”，否则检测到比特“0”。除了调制信号外，散粒噪声（可能与信号有关）和热噪声还使其电平分布变宽，这可能导致脉冲的误检测或漏检测。图 11.13 显示了除噪声外信号的高斯概率分布，σ_0 和 σ_1 分别是噪声方差。然后区域 A 和 B 表示错误决策导致比特错误的概率。

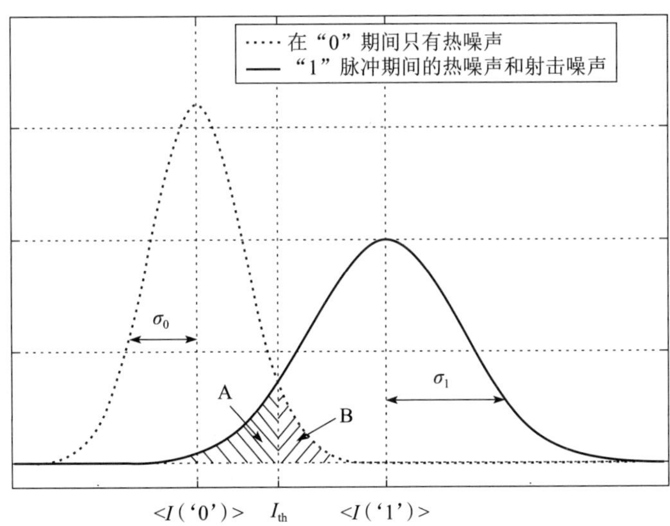

图 11.13　当“0”（左）和“1”（右）在存在散粒噪声和热噪声的情况下传输时，接收到有信号相关噪声的开关键控信号的概率分布［46］

考虑到上述所有可能的错误，并假设每个符号的可能性相等，不归零开关键控的比特错误概率计算如下

$$\mathrm{BEP}=\frac{1}{2}\cdot\mathrm{erfc}\left(\frac{\sqrt{\mathrm{SNR}}}{\sqrt{2}}\right);\quad \mathrm{SNR}=\left(\frac{\langle I(‘1’)\rangle}{\sigma_0+\sigma_1}\right)^2 \tag{11.15}$$

虽然从噪声分布计算误码率的理论推导已经被很好地理解，但实际接收机前端性能取决于通常无法预料的各种参数，特别是在雪崩二极管接收机实现中，这些参数同时受到热噪声和散粒噪声的影响。相反，实际测量以 BER（P_{Rx}）表示的接收机前端性能应该用来模拟系统性能。一种方法是使用绝对参考灵敏度（这里接收功率在 BER = 2.3%时 $P_Q=1$ 或品质因数 $Q=2$）和一个指数 n 来定义灵敏度斜率形状[47]。

$$\mathrm{BEP}=\frac{1}{2}\cdot\mathrm{erfc}\left(\frac{Q}{\sqrt{2}}\right)=\frac{1}{2}\cdot\mathrm{erfc}\left(\frac{f(\overline{P}_{\mathrm{Rx}})}{\sqrt{2}}\right);\quad Q=\sqrt{\mathrm{SNR}_{\mathrm{el}}} \tag{11.16}$$

$$f(\overline{P}_{\mathrm{Rx}})=2\left(\frac{\overline{P}_{\mathrm{Rx}}}{\overline{P}_{Q=2}}\right)^n \tag{11.17}$$

利用这种方法可以充分描述各种接收机前端性能，通过各接收机的绝对灵敏度在 $Q=2$ 时的每比特光子数和灵敏度运行。测量示例如图 11.14 所示，横坐标表示 $Q=2$（BER=0.023）时每比特所需的光子，纵坐标表示灵敏度运行的指数 n（根据参考文献［47］测量的接收机前端性能）。这里，相干散粒噪声限制的例子是一个 BPSK 零差接收机，当雪崩光电二极管和正-本征-负都是 InGaAs 半导体直接检测接收机。

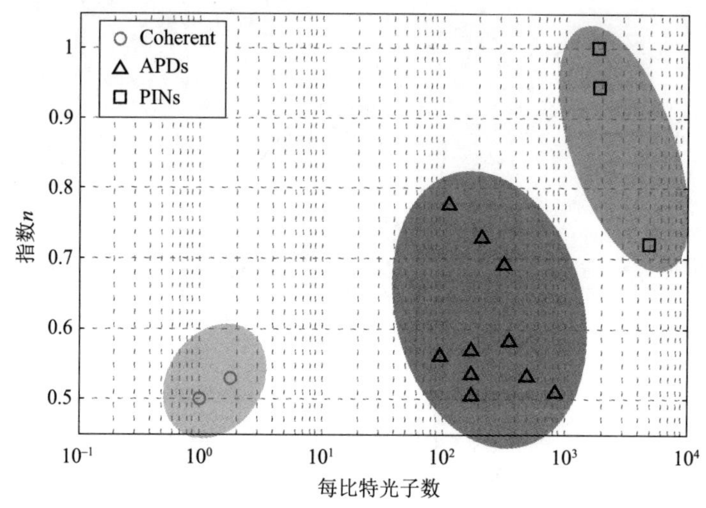

图 11.14　不同接收器实现的性能范围，源自使用 COTS 组件的测量示例

当根据前向纠错编码补偿 2.3%的高误码率时，雪崩光电二极管接收机可以获得 100 个光子/比特的信道灵敏度。

11.2.7　高斯信道的错误控制技术

数据比特从信源到信宿的传输总是受到噪声的影响，导致出现了一定的误比特检测概率。为了降低误码率，要么必须提高信噪比（这会降低系统效率），要么必须引入降低最终误码率的技术（所谓的差错控制算法）。这可以是自动重发请求，在自动重发请求中检测到接收数据包中的比特错误，并相应地请求这些包重复。然而，这种技术不适用于单工链路，也不适用于强延迟链路，就像卫星下行链路那样。或者可以应用前向纠错技术。在这里，源数据和从源数据产生的附加奇偶校验数据被传输。该附加数据允许校正在噪声信道上传输期间产生的比特错误，并且相应地可以增加系统灵敏度。前向纠错技术的性能参数一方面是编码所需的开销（奇偶校验位），另一方面是编码在一定的平均接收功率下修正传输信道中一定数量错误比特的能力。

前向纠错一直是科学研究的热点，在当今的电信领域是不可或缺的，参见参考文献［48-50］。

对于空间链路，在 CCSDS 的标准化文件中前向纠错被深入的考虑[51]。图 11.15 显示了应用于经典空间链路基本前向纠错码的比较。参数 E_b/N_0 表示每源数据比特的接收能量与噪声功率谱密度的比值。除其他外，该框架允许比较不同调制格式和编码方案的灵敏度（以及效率）。

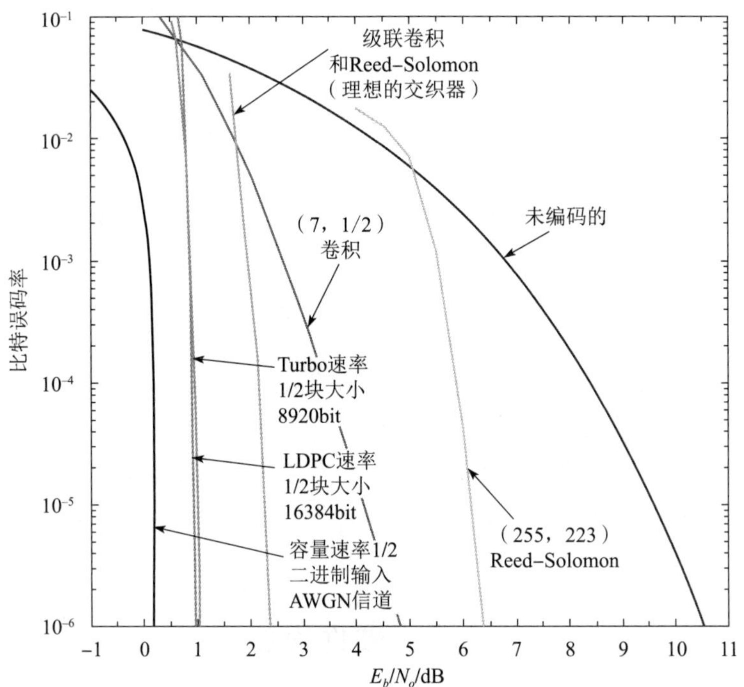

图 11.15　高斯（即非衰落）信道和二进制相移键控调制下不同码率下 FEC 编码方案的比较（经许可转载自参考文献［51］图 3-5）

简单的性能关系通常指所谓的高斯噪声信道，即噪声产生遵循高斯统计，并且单错误事件很短（快衰落信道）。当噪声不再围绕其平均值对称时（如在单光子接收信道中），或者当错误率随着接收信号的慢衰落而改变时，该图改变。后者需要在更长的时间范围内跨越码字影响的技术。

11.2.8　在大气衰落信道中交织

除了改变信道符号速率或符号调制顺序外，其他的交织技术都是基于直接对数据包进行处理。这种技术通常将有效信道速率变化和可变误差控制强度

(前向纠错)[52] 结合。标准编码技术提高了高斯信道中的灵敏度，但不能专门补偿由衰落引起的长时间擦除。因此，通过在比一个衰落事件大得多的时间跨度上的交织来扩展编码数据，有助于实现后续前向纠错的遍历情况。当使用小型接收天线时这是一个主要的问题，小型接收天线具有高闪烁动态，但对于大型天线来说这一点就不那么重要了。然而，交织器会导致存储开销并且需要额外的处理，这在高数据速率传输中可能是一个挑战。矩阵和卷积交织器是经典的交织器类型。

在矩阵交织器中，输入数据被写入配置为矩阵的存储器行中，然后按列读出。在卷积交织器中，数据被多路复用到固定数量的移位寄存器中并从中取出[53]。这种交织器可以在比特或码字级实现。码字交织的基本思想是，在发送之前对长码字的部分（而不是比特）重排序[54]。对于光衰落信道，码字交织器可能比超大按位矩阵交织器更适用。对于典型的在几毫秒级衰减的光学低地球轨道下行链路，内存需求是吉比特级的。码字交织可以以不同的方式进行：单个码字可以在比信道相关时间长的延迟之后简单地重复[55]。更有效地，一个码字可以被分割成数个块，每个块都受到不同衰落状态（所谓的块交织）的影响。这允许进一步的复杂化，例如，分别发送系统前向纠错码字的数据和奇偶校验部分[56]，或者对块应用第二级前向纠错。综上所述，前向纠错和交织地结合在衰落补偿和有效数据速率变化这两个方面都起作用，它们必须在具有特定闪烁强度和平均功率的特定信道情况下进行平衡。

11.3 硬件设施

11.3.1 空间段硬件设施

低地球轨道卫星直接对地应用光通信系统的一个关键组成部分是卫星有效载荷。卫星上的有效载荷必须提供激光信号，用传输数据对激光进行调制，并根据接收到的信标激光保持对地面站的跟踪，而整个有效载荷需要承受发射和在轨期间的环境影响。

可以实现上述特性的不同系统设计。这些实现在很大程度上取决于选择以下哪一项：

（1）使用来自光学地面站的信标；

（2）卫星的主动指向组件或姿态指向；

（3）单静态或双静态系统设计。

卫星上的光通信系统最简单、最可靠的系统设计是一个带有传输光学的纯激光源。在这种设计中，卫星的姿态指向与传输系统的相当大的发散一起使用，因此既不需要来自光学地面站的信标，也不需要指向设备。这种简单的系统设计带来了链路预算效率低下的缺点。

在地面站上增加一个信标激光器，可以通过减少由于改进了对卫星姿态指向或主动指向设备的跟踪而导致的发射机发散，从而提高系统的效率。使用来自光学地面站的信标还需要卫星有效载荷中的接收路径和发射路径。

从接收来自光学地面站信标信号的跟踪传感器接收的跟踪信号，可用于改进卫星的姿态指向或用于主动指向状态。利用卫星的姿态指向降低了卫星上光通信终端的复杂性，但又增加了卫星姿态控制的复杂性。如果姿态控制精度的传感器受限，利用信标激光和跟踪传感器通过一个传感器将卫星姿态传感器与信标探测器融合，可以提高姿态控制精度。如果姿态控制精度受到卫星执行部件的限制，则在光通信终端中应考虑有源指向装置。有源指向设备可以是精对准组件，它可以提供高精度和高速度，但仅在小角度范围内；也可以是目标指向组件，它覆盖大角度范围，但提供的精度和速度较低；或者是精对准组件和目标指向组件的结合。

同时具有来自光学地面站的信标接收路径和调制数据信号的发送路径，意味着需要实现单静态或双静态系统设计。双静态系统设计的特点是有两个不同的光圈（一个用于接收路径，一个用于发送路径），如图 11. 16 所示，而在单静态系统设计中只有一个光圈，同时用于接收和发送路径（比较图 11. 17）。

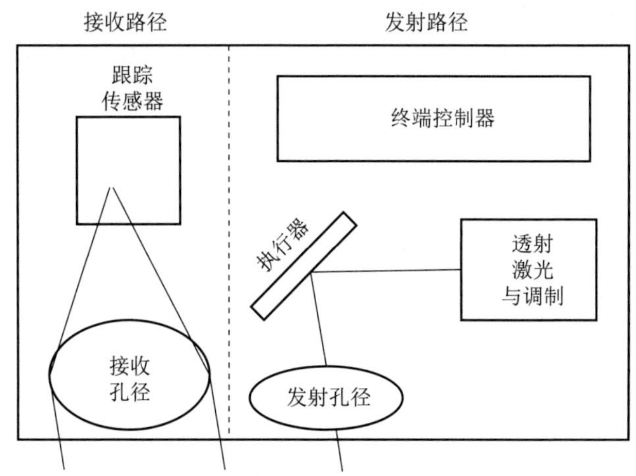

图 11. 16　收发路径分孔径双静态系统设计

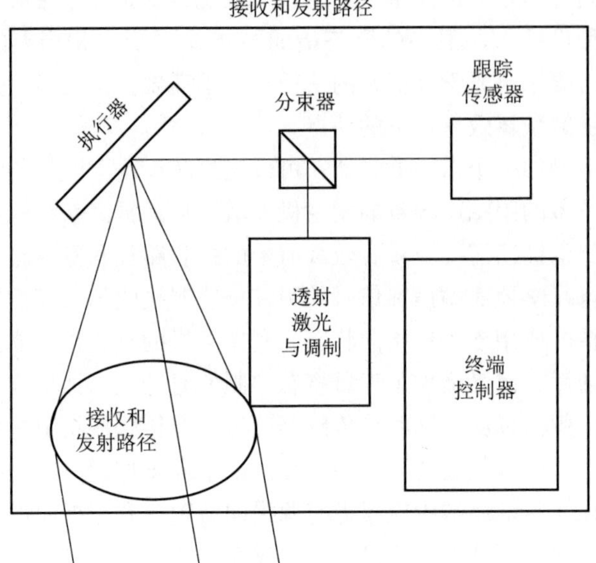

图 11.17 收发路径组合孔径单静态系统设计

两种系统设计各有利弊。表 11.6 总结了两种系统设计的优缺点。

表 11.6 单、双静态系统设计的优缺点比较

	优势	劣势
双静态设计	• 简单而稳健的系统设计 • 无须分离发送和接收路径	• 由于尺寸不同，可能会出现偏差 • 两个单独的孔需要更多的空间
单静态设计	• 高度紧凑的系统设计 • 补偿由于接收和发射的相同尺寸引起的失调	• 需要接收和发射之间的分离 • 更复杂的系统设计

所有的系统设计都要求能够承受系统发射和在轨运行期间所经历的环境影响。虽然机械应力是系统发射期间的主要问题（由于运载火箭的振动负荷），但在轨运行期间的关注方面包括热循环和辐射效应。所有这些影响以某种途径影响系统设计。振动负荷主要影响机械结构和光学设计，辐射影响终端的所有电气和光学元件。这些影响还可能导致元件在光或电水平上的性能下降，以及在未检测到锁存情况下可能完全失效。

对于这两种系统设计，尤其是单静态设计，接收和发射路径的波长选择是必不可少的。在单静态设计中，使用分束器来分离路径。来自光学系统传输路径的杂散光和后向反射，需要用彩色分束器和滤波器来抑制在跟踪传感器上以避免自盲。这些滤波器的性能取决于接收和发射信号之间的波长间隔。除分离

接收和发送路径，大气光谱中吸收线的存在在波长选择中起着重要作用（比较图 11.7）。图 11.18 显示了上行链路信标和下行链路具有不同选项的示范性频段规划。对于波长的选择，定义一个没有吸收线的光谱范围是一个主要的驱动因素。吸收线（由大气中的水蒸气和其他分子产生）的存在贯穿整个光学 C 频段和 L 频段，且影响某些波长的透射率，导致衰减随着海拔的降低而增加。对于在此窗口中选择的多个下行链路信道，频段规划显示了从 1545nm ~ 1565nm 的有利下行链路波长范围。基于接收和传输路径之间的波长间隔，该波长间隔由于波长分离元件的制造复杂性而理想地不小于 20nm，发现了三个用于信标波长的选项：1064nm、1530nm 和 1590nm。1064nm 的选项 1 具有接收和发送路径之间的较大波长间隔以及组件的良好可用性的优点，但在激光安全方面提出了挑战。1530nm 的选项 2 是光学 C 波段中的最小波长，允许下行和信标同时位于同一光学频段，并且由于在光纤通信中使用，组件的可用性很好。然而该选项的缺点是，如果波长间隙增大则下行信道的波长间隙有限或带宽减小，同时该区域中存在大量吸收线，因此对信标波长控制的要求更高。1590nm 的选项 3（光学 L 波段的低端）允许超过 25nm 的波长间隔，同时允许结合该区域较少存在吸收线使用全下行窗口。根据场景的要求和特点，可以选择优化的信标和下行链路波长组合。

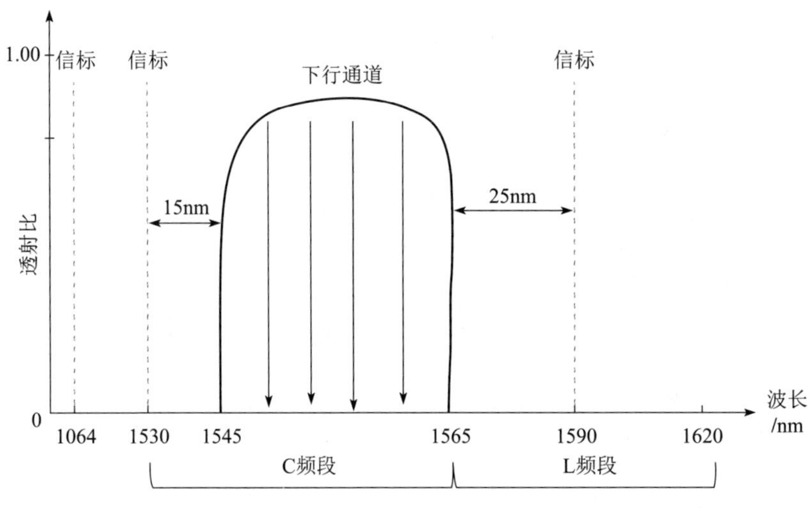

图 11.18　信标和传输波长的频带规划示例

11.3.2　地面段硬件设施

低地球轨道下行链路需要一个光学地面站作为接收终端。卡塞格林（Cassegrain)、里切-克雷蒂安（Ritchey-Chretien）和类似的望远镜配置是常见的。这里，数据和跟踪接收器将安装在卡塞格伦焦点或共轭平面上。更多的实验站可能会部署折轴焦点（Coude Focus）。然后，可以在折轴聚焦光学实验台上搭建更复杂、实验性更强的接收器和传感器。目前使用的大多数地面望远镜的主镜直径约为20cm~1.5m，取决于实际链路距离和发射天线增益。对于低地球轨道地面通信中的接收机来说，直径40~60cm通常就足够了。如果需要光纤耦合，也可能需要应用波前校正系统。相应的自适应光学系统通常是建立在一个折轴台上。

迄今为止，该系统主要用于试验和演示，已知地面站安装清单在表11.2给出。图11.19示范了德国航空航天中心的光学地面站奥伯法芬霍芬（OGS-OP）的基本框图。左侧黑条应表明这些元件是机械连接。控制软件正在引导望远镜支架指向卫星。安装了一个宽视场摄像机以提供粗略的光学跟踪。在跟踪和捕获过程中，信标激光望远镜被共同对准。可选的测量望远镜安装在通道测量旁边。在望远镜后面，准直光学系统与望远镜一起形成一个无焦系统。精对准组件稳定波束，确保剩余跟踪误差保持在最小。光耦合系统（自由空间）将光束分布到近视场摄像机进行精细跟踪，分配到测量仪器和数据接收前端。

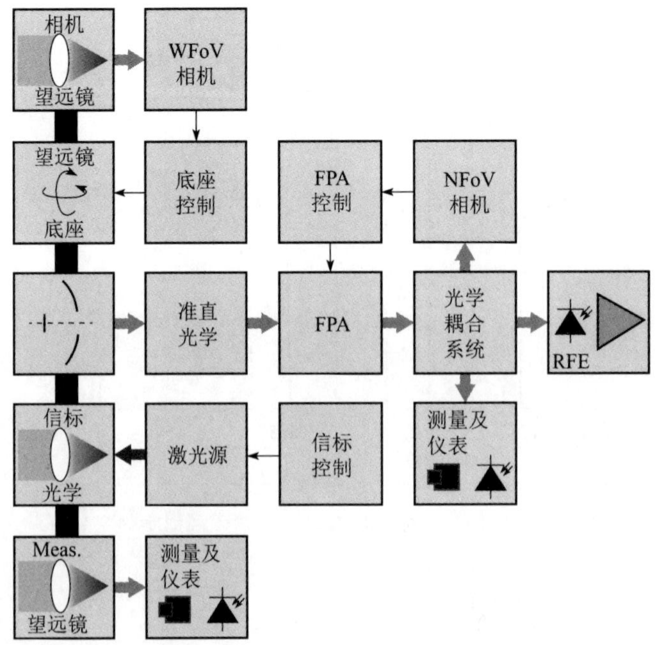

图11.19 OGS-OP光学系统基本框图。黑条表示功能块的机械连接[57]

地面站最重要的系统方面是天线增益、伴随的闪烁孔径平均、跟踪精度和信标系统。天线增益由主镜的尺寸控制，见式（11.6）。尺寸的增加不仅增加了天线增益，而且由于在数据接收器上看到的较低功率闪烁而减少了衰落事件。孔径平均因子 AAF，即具有有限孔径的闪烁 $\sigma_I^2(D)$ 与无穷小的小孔径的闪烁之 $\sigma_I^2(0)$ 间的关系，是衡量有限孔径如何有效地抑制衰落事件的指标。

孔径平均的另一个影响是强度统计从伽马-伽马或指数分布到对数正态分布的转变，即从强波动分布到弱波动分布。关于在不同链路高度下通过孔径平均从强度统计到接收功率统计的转换的详细信息，请参考文献［58］。

光学地面站中的跟踪系统可以设计成几乎任意高度的复杂度。最大跟踪能力要求是将整个望远镜朝向卫星并保持视线。如果能够以足够的精度实现这一点，则无须使用第二级跟踪系统，例如，需要用于光束稳定或光纤耦合的精细跟踪系统。一级跟踪系统的一个例子是德国航空航天中心的可运输光学地面站（Transportable Optical Ground Station，TOGS）。该站在要求远低于 100μrad 的飞机地面场景中实现了残余峰值跟踪误差，因此足够精确以在 170μrad 的视场下保持信号点在接收机前端。根据图 11.18 中的频段规划，德国航空航天中心的可运输光学地面站还配备了上行链路信标激光系统。系统设计除了考虑信标系统的波长外，还要考虑光输出功率、调制频率和发散角。

11.4　小结

本章回顾了高速光学卫星数据下行链路，并描述了该应用场景的关键特性。光链路的卓越特性，特别是高数据速率、无许可操作和有利的尺寸、重量和功率（Size Weight and Power，SWaP）为地球观测卫星运营商提供了一种改变游戏规则的射频链路技术替代品。尽管这项技术存在一些缺点，但世界各地的工业和研究机构目前正在开发适合下行链路应用的光通信系统，来展示这项技术的潜力，并强调了它对未来各种应用的重要性。

由于云层导致光学空间到地面链路可用性受到限制的事实，光学地面站网络使光学地面站多样化以确保可靠的操作环境。地对空链路的可用性是当前研究的热点[33,59]。研究表明，在适当的光学地面站网络设计下，当卫星上采用适当的缓冲存储器大小来解决由天气引起的光学地面站不可用，链路可用性的限制问题就消失了。光学地面站网络是未来使用光学卫星下行链路的关键要求，需要建立和运行光学地面站。

一个越来越受到关注的领域是用于组建低延迟全球通信的低轨巨型星座（LEO-Mega-Constellations），轨道高度约为 1000km。这些系统无意用来向地面传输遥感或地球观测数据。相反，它们的目的是在陆地能力有限的地区，例如，在发展中国家，实现互联网接入。欧洲一些区域，特别是农村地区也可以从卫星接入互联网中受益。为了避免与地面射频通信的干扰并实现高数据速率，这些星座的互联将有利地通过对称的光学数据链路来完成。它们的链路距离与光学低地球轨道下行链路相似，因此相对应的终端硬件也将以同样的方式工作。因此，光学低地球轨道通信的发展可能会出现两种用例，甚至允许在这些传输方案之间使用兼容的链路技术。

参考文献

[1] T. Tolker-Nielsen, J-C. Guillen, "SILEX the first European optical communication terminal in orbit", ESA Bulletin 96, Nov. 1998.

[2] H. Zech, F. Heine, D. Tröndle, *et al.*, "LCT for EDRS: LEO to GEO optical communications at 1,8 Gbps between Alphasat and Sentinel 1a", Proc. SPIE 9647, 2015.

[3] Y. Chishiki, S. Yamakawa, Y. Takano, Y. Miyamoto, T. Araki, H. Kohata, "Overview of optical data relay system in JAXA", Proc. SPIE 9739, 2016.

[4] E. Luzhanskiy, B. Edwards, D. Israel, *et al.*, "Overview and status of the laser communication relay demonstration", Proc. SPIE 9739, 2016.

[5] D.M. Cornwell, "NASA's optical communications program for 2017 and beyond", IEEE International Conference on Space Optical Systems and Applications (ICSOS) 2017, 2017.

[6] A. Biswas, J.M. Kovalik, M. Srinivasan, *et al.*, "Deep space laser communications", Proc. SPIE 9739, 2016.

[7] ESA, RUAG, DLR, *et al.*, "DOCOMAS – Deep Space Optical Communications Architecture Study, Executive Summary", 2016, downloaded 25.Sep. 2017.

[8] D. Giggenbach, E. Lutz, J. Poliak, R. Mata-Calvo, C. Fuchs, "A high-throughput satellite system for serving whole Europe with fast internet service, employing optical feeder links", ITG-Conference "Breitbandversorgung in Deutschland", Berlin, Apr. 20–21, 2015.

[9] T. Jono, Y. Takayama, N. Kura, *et al.*, "OICETS on-orbit laser communication experiments", Proc. SPIE, 6105, 2006.

[10] T. Jono, Y. Takayama, N. Perlot, *et al.*, "Report on DLR-JAXA Joint Experiment: The Kirari Optical Downlink to Oberpfaffenhofen (KIODO)", JAXA and DLR, ISSN 1349-1121, 2007.

[11] D. Giggenbach, F. Moll, N. Perlot, "Optical communication experiments at DLR", NICT Journal Special Issue on the Optical Inter-orbit Communications Engineering Test Satellite (OICETS), vol. 59, pp. 125–134, 2012.

[12] A. Carrasco-Casado, H. Takenaka, D. Kolev, *et al.*, "LEO-to-ground optical communications using SOTA (Small Optical TrAnsponder) – Payload verification results and experiments on space quantum communications", Acta Astronautica, vol. 139, pp. 377–384, 2017.

[13] A. Biswas, B, Oaida, K. Andrews, *et al.*, "Optical Payload for Lasercomm Science (OPALS) link validation during operations from the ISS", SPIE

Proceedings 9354, 2015.

[14] F. Moll, D. Kolev, M. Abrahamson, C. Schmidt, R. Mata Calvo, C. Fuchs, "LEO-ground scintillation measurements with the Optical Ground Station Oberpfaffenhofen and SOTA/OPALS space terminals", Proceedings of SPIE 9991 (Advanced Free-Space Optical Communication Techniques and Applications II), 2016, 999102-1–999102-8.

[15] C. Schmidt, M. Brechtelsbauer, F. Rein, C. Fuchs, "OSIRIS payload for DLR's BiROS satellite", International Conference on Space Optical Systems and Applications – ICSOS, Kobe, Japan, 2014.

[16] D. Giggenbach, A. Shrestha, C. Fuchs, C. Schmidt, F. Moll, "System aspects of optical LEO-to-ground links", International Conference on Space Optics, Biarritz, France, Oct. 2016.

[17] M. Toyoshima, K. Takizawa, T. Kuri, *et al.*, "Ground-to-OICETS laser communication experiments", Proc. of SPIE, 6304B, 2006, 1–8.

[18] N. Perlot, M. Knapek, D. Giggenbach, *et al.*, "Results of the optical downlink experiment KIODO from OICETS satellite to optical ground station Oberpfaffenhofen (OGS-OP)", Proc. of SPIE 6457, 2007.

[19] M.R. Garcia-Talavera, Z. Sodnik, P. Lopez, A. Alonso, T. Viera, G. Oppenhauser, "Preliminary results of the in-orbit test of ARTEMIS with the optical ground station", Proc. SPIE 4635, 2002.

[20] H. Takenaka, Y. Koyama, D. Kolev, *et al.*, "In-orbit verification of small optical transponder (SOTA) – Evaluation of satellite-to-ground laser communication links", Proc. of SPIE 9739, 2016.

[21] C. Schmidt, M. Brechtelsbauer, F. Rein, C. Fuchs, "OSIRIS payload for DLR's BiROS satellite", International Conference on Space Optical Systems and Applications 2014. ICSOS 2014, Kobe, Japan, 7.–9. Mai 2014.

[22] B. Smutny, H. Kaempfner, G. Muehlnikel, *et al.*, "5.6 Gbps optical intersatellite communication link", Proc. of SPIE 7199, 2009.

[23] M. Toyoshima, T. Kuri, W. Klaus, *et al.*, "4-2 Overview of the laser communication system for the NICT optical ground station and laser communication experiments in ground-to-satellite links", Special issue of the NICT Journal, vol. 59, no. 1/2, pp. 53–75, 2012.

[24] Z. Sodnik, B. Furch, H. Lutz, "The ESA optical ground station – Ten years since first light", ESA Bulletin 132, Nov. 2007.

[25] K. Saucke, C. Seiter, F. Heine, *et al.*, "The Tesat transportable adaptive optical ground station", Proc. of SPIE 9739, 2016.

[26] K. Wilson, N. Page, J. Wu, M. Srinivasan, "The JPL optical communications telescope laboratory test bed for the future optical deep space network", IPN Progress Report 42-153, 2003.

[27] D.-H. Pung, E. Samain, N. Maurice, *et al.*, "Telecom & scintillation first data analysis for DOMINO – laser communication between SOTA onboard Socrates satellite and MEO OGS", Space Optical Systems and Applications (ICSOS), New Orleans, 2015.

[28] C. Schmidt, C. Fuchs, "The OSIRIS program – First results and outlook", IEEE International Conference on Space Optical Systems and Applications (ICSOS) 2017, 2017.

[29] T. Dreischer, B. Thieme, K. Buchheim, "Functional system verification of the OPTEL-μ laser downlink system for small satellites in LEO", International Conference on Space Optical Systems and Applications (ICSOS) 2014, 2014.

[30] T. Shih, O. Guldner, F. Khatri, *et al.*, "A modular, agile, scalable optical terminal architecture for space communications", IEEE International Conference on Space Optical Systems and Applications (ICSOS) 2017, 2017.

[31] B.L. Edwards, "An update on the CCSDS optical communications working group", IEEE International Conference on Space Optical Systems and Applications (ICSOS) 2017, 2017.

[32] D. Giggenbach, F. Moll, C. Fuchs, T. de Cola, R. Mata-Calvo, "Space communications protocols for future optical satellite-downlinks", 62nd International Astronautical Congress, 3.Okt–7.Okt 2011, Cape Town, South Africa, 2011.

[33] C. Fuchs, S. Poulenard, N. Perlot, J. Riedi, J. Perdigues, "Optimization and throughput estimation of optical ground networks for LEO-downlinks, GEO-feeder links and GEO-relays", Proc. SPIE 10096, Feb. 24, 2017.

[34] L.C. Andrews, R.L. Phillips, "Laser Beam Propagation through Random Media, 2nd Edition", SPIE-Press, Bellingham, WA, 2005.

[35] N. Perlot, T. De Cola, "Throughput maximization of optical LEO-ground links", Free-Space Laser Comm. Technologies XXIV, San Francisco, USA, 2012.

[36] F. Moll, M. Knapek, "Wavelength selection criteria and link availability due to cloud coverage statistics and attenuation affecting satellite, aerial, and downlink scenarios", Proceedings of SPIE 6709, 2007.

[37] I.E. Gordon, L.S. Rothman, C. Hill, *et al.*, "The HITRAN2016 molecular spectroscopic database", Journal of Quantitative Spectroscopy and Radiative Transfer, vol. 203, pp. 3–69, Dec. 2017.

[38] H. Hemmati, M. Toyoshima, R.G. Marshalek, *et al.* (Ed.) Near-Earth Laser Communications, CRC Press, Boca Raton, FL, 2009.

[39] W.R. Leeb, "Degradation of signal to noise ratio in optical free space data links due to background illumination", Applied Optics, vol. 28, pp. 3443–3449, 1989.

[40] D. Giggenbach, H. Henniger, "Fading-loss assessment in atmospheric free-space optical communication links with on-off keying", Optical Engineering, vol. 47, pp. 046001-1–046001-6, 2008.

[41] S.G. Lambert, W. Casey, Laser Communications in Space, Artech House, Norwood, MA, 1995.

[42] M.D. Eisaman, J. Fan, A. Migdall, S.V. Polyakov, "Single-photon sources and detectors", Review of Scientific Instruments, vol. 82, 2011.

[43] Z. Ghassemlooy, W. Popoola, S. Rajbhandari, "Optical Wireless Communications: System and Channel Modelling with MATLAB", 2013.

[44] A. Shrestha, D. Giggenbach, "Variable data rate for Optical Low-Earth-Orbit (LEO) Downlinks", ITG-Fachbericht 264: Photonische Netze, 12–13 May 2016, Leipzig, Germany, 2016.

[45] G.P. Agrawal, "Fiber-Optic Communication Systems, 3rd Edition", John Wiley & Sons, New York, 2002.

[46] D. Giggenbach, "Optimierung der optischen Freiraumkommunikation durch die turbulente Atmosphäre – Focal Array Receiver", PhD. Thesis, University of German Federal Armed Forces, Munich, 2004.

[47] D. Giggenbach, R. Mata-Calvo, "Sensitivity Modelling of Binary Optical Receivers", Applied Optics, vol. 54, no. 28, Oct. 2015.

[48] C.E. Shannon. "A Mathematical Theory of Communication", Bell System Technical Journal, vol. 27, no. 3, pp. 379–423, Jul. 1948.

[49] B. Sklar, "Digital Communications: Fundamentals and Applications, 2nd

Edition", Prentice-Hall, Upper Saddle River, NJ, 2001.
[50] S. Lin, D.J. Costello, "Error Control Coding", Prentice Hall, Upper Saddle River, NJ, 2004.
[51] "TM Synchronization and Channel Coding – Summary and Rationale", CCSDS-130.1-G-2, Consultative Committee for Space Data Systems, Washington, DC, Nov. 2012.
[52] G. Gho, L. Klak, J.M. Kahn, "Rate-adaptive coding for optical fiber transmission systems", Journal of Lightwave Technology, vol. 29, no. 2, 2011.
[53] G.D. Forney, "Burst-correcting codes for the classic bursty channel", IEEE Transactions of Communications Technology, Vol. 19, no. 1971, pp. 772–781, 1971.
[54] A. Botta, A. Pescape, "IP packet interleaving: bridging the gap between theory and practice", IEEE, 2011.
[55] A. Shrestha, D. Giggenbach, N. Hanik, "Delayed frame repetition for free space optical communication (FSO) channel", ITG-Fachbericht 272: Photonische Netze, 11–12 May 2017, Leipzig, Germany, 2017.
[56] F. Xu, A. Khalighi, P. Caussé, S. Bourennane, "Channel coding and time-diversity for optical wireless links", Optics Express, vol. 17, no. 2, pp. 872, 2009.
[57] F. Moll, A. Shrestha, C. Fuchs, "Ground stations for aeronautical and space laser communications at German Aerospace Center", Proc. of SPIE 9647, 2015.
[58] D. Giggenbach, F. Moll, "Scintillation loss in optical low Earth orbit data downlinks with avalanche photodiode receivers", IEEE-Xplore, International Conference on Space Optical Systems 2017 (ICSOS), 13.–16. Nov. 2017, Naha, Japan, 2017.
[59] S. Poulenard, A. Mège, C. Fuchs, N. Perlot, J. Riedi, and J. Perdigues, "Digital optical feeder links system for broadband geostationary satellite", Proc. of SPIE, 10096, 2017, pp. 1009614–1.

第12章 超高速数据中继系统

里卡多·巴里奥斯，巴拉兹·马图兹，拉蒙·马塔-卡尔沃
德国宇航中心（DLR）通信和导航研究所卫星网络部

空间数据高速公路（Space Data Highway）是基于光学星间链路的首个高速数据中继系统运营业务，在空间光学通信领域树立了新的里程碑。数据中继系统在如地球观测等应用中变得至关重要，在这些应用中大量数据需要可靠地、低延迟地发送到地球。

在这种高速应用中光通信扮演着重要角色，由于用户之间干扰较少且可用带宽巨大，因此不需要任何法律规章来约束。自 20 世纪 90 年代末以来，通过在近地轨道（Low Earth Orbit，LEO）、对地静止赤道轨道（Geostationary Equatorial Orbit，GEO）和月球上使用光通信技术的实验，证明了这种技术的可行性。当前最先进的中继统体系结构涉及近地轨道卫星和对地静止赤道轨道卫星间的光学星间链路，以及从对地静止赤道轨道到地球的直接 Ka 频段射频链路。下一代系统可能还涉及无人机（Unmanned Aerial Vehicles，UVA），以及用于挖掘这些频率的全部潜力的光通信。

使用光学链路的主要挑战是当链路穿过地球大气层时会遇到湍流效应，以及由于传射波束固有的小发散而导致的平台微振动衰减效应。在设计未来系统时，必须考虑到这些方面。

前向纠错（Forward Error Correction，FEC）与调制一起定义了系统的通信性能。根据空间数据系统咨询委员会（Consultative Committee for Space Data Systems，CCSDS）的编码建议，分析了几种编码方案的性能，具体考虑了里德-所罗门码（Reed-Solomon，RS）、卷积码（Convolutional Codes，CC）、并行级联卷积码和低密度奇偶校验码。大气信道的主要特征之一是衰减事件的相关

性，这需要进一步的数据保护来补偿擦除事件。通过仿真，比较了交织和与前向纠错相结合的分组（Packet，PKT）级编码的性能。

最后，考虑了不同的数据纠错方法。对地静止赤道轨道卫星的星上复杂度特别地限制了最先进解码方案和数据保护在下一代中继系统的使用。性能和复杂性之间的权衡是至关重要的，以便允许在容量方面进一步增强系统性能，而不危及整个系统可用性。

12.1 引言

从近地轨道或伪卫星到地面的数据传输在一些应用中是非常重要的，在这些应用中安全是基础，并且需要传输大量数据。也许，最突出的例子是地球观测任务。

基于对地静止赤道轨道卫星的中继系统有两大优点。首先，它可以用几个中继卫星为整个地球表面提供覆盖。其次，它提高了近地轨道或伪卫星终端的数据传输可用性。此外，基于自由空间光通信的系统满足安全性和高数据速率的要求。从每秒数百兆比特到每秒吉太比特的数据传输成为可能，允许将光网络扩展到太空。

自 2016 年 11 月以来，第一个运行中的高速数据中继系统提供“空间数据高速公路”服务，通过欧洲数据中继系统（European Data Relay System，EDRS）的对地静止赤道轨道卫星将数据从近地轨道卫星传输到地面[1-2]。高数据速率的光链路能够在卫星之间传输数据，Ka 频段的链路将数据中继到地面。

为了进一步开发这种中继系统，或者开发新的中继系统，需要对物理（PHY）层进行详细分析，通过确定最佳调制格式、编码和数据处理方案来优化系统架构，在最大化数据吞吐量时考虑到平台限制和信道损伤。

本章的目的是定义和分析未来基于光学技术的超高速中继系统设计的关键要素。

12.2 相关任务和演示系统

自 20 世纪 90 年代末以来，已经开发了几种用于近地轨道、对地静止赤道轨道和月球任务的光通信终端。图 12.1 总结了与光通信有关的主要任务，包括过去的和计划的任务，突出显示了正在执行的中继通信任务。在图 12.1 的上部，有对地静止赤道轨道任务（SILEX、阿尔法卫星激光通信终端（Laser

Communication Terminal，LCT）、欧洲数据中继系统）和月球任务（月球激光通信演示（Lunar Laser Communications Demonstration，LLCD））。LCRD 目前正在开发中，并计划于 2018 年发射。它们都将在下面的章节中进行分析。在图 12.1 的下部，有近地轨道载荷的任务。OPALS、SATA 和 OSIRIS 项目都关注于到地球的直接下行链路，它们在接下来不做进一步得讨论。在未来，对于 SOTA 任务还计划连接到飞机和卫星[3]。

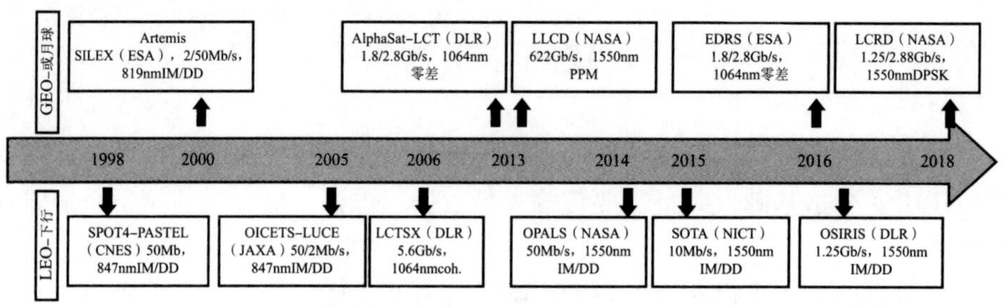

图 12.1　空间光学终端的时间轴

星间链路是 SILEX 项目的框架内容，其主要目标有两个：证明星间链路的可行性和性能，以及通过中继将近地轨道卫星的视频数据到地面站。实验包含两颗载有光学终端的卫星：ARTEMIS 对地静止赤道轨道卫星和 SPOT 近地轨道卫星。SPOT-4 由马特拉马可尼空间公司（Matra Marconi Space）为 CNES 研制并于 1998 年成功发射，ARTEMIS 由阿莱尼亚公司（Alenia）为欧洲航天局（European Space Agency，ESA）研制并于 2001 年发射[4]。激光终端是基于强度调制（50Mb/s，前向链路不归零的开关键控（On-Off Keying，OOK））和对 800nm 范围内激光束的直接探测（允许 50Mb/s 的数据传输速率）而开发的。自 2001 年 11 月以来，ARTEMIS 和在西班牙加那利群岛的欧洲航天局光学地面站（Optical Ground Station，OGS）之间进行了双向连接[5]。

自 2005 年首次双向星间链路建立以来，JAXA 和 ESA 在 ARTEMIS 和 OICETS 卫星之间进行了其他星间链路的连接。OICETS 使用 2 脉冲位置调制（Pulse-Position Modulation，PPM）以 2Mb/s 的速度执行返回链路。雪崩光电二极管被用作接收器（Receiver，Rx）[6]。

在 SILEX 实验之后，下一步将是基于相干通信的近地轨道星间通信。TerraSAR-X 基于这一通信技术在近地轨道卫星上托管了第一个相干通信终端。该终端采用二进制相移键控（Binary Phase Shift Keying，BPSK）调制和使用光学锁相环（Optical Phase-Locked Loop，OPLL）的零差检测。该终端是由 TESAT-Spacecom 在德国航宇航中心资助下开发的[7]。另一相对终端安装在美国国防部开发的 NFIRE 卫星上。在距离 4900km 的两颗卫星之间执行了 5.625Gbps 的零差二进制相移键控[8]。

自 2015 年 11 月起运行的 EDRS，通过一个对地静止赤道轨道卫星星座在近地轨道和地面之间中继数据，它还将支持无人机和飞机。Alphasat 和 EDRS-A 发射后，第一颗星座卫星已经在轨。在对地静止赤道轨道上，激光通信终端是用于数据中继的混合光射频有效载荷的一部分[9]。激光通信终端用于射频有效载荷的输入部分，这些有效载荷对于程序具有不同的能力：在 Alphasat 任务中，激光通信终端的数据输出直接连接到 600Mbit/s 的 Ka 频段调制器（透明连接），而在 EDRS 任务中，激光通信终端的数据输出受制于帧、加密和信道编码。由于由此产生的开销，数据量增加并通过各种 Ka 频段信道转储，每个信道的数据速率为 600Mbps。地面段执行解码、解密和碎片整理。

值得注意的是，最近美国航空航天局在月球大气尘埃与环境探测器（Lunar Atmospheric Dust and Environment Explorer，LADEE）上成功演示了基于 1500nm 系统光学终端的双向链路，并进行了一系列地面-空间光学链路的演示[10-12]。在这个演示中，使用月球激光通信空间终端分别提供 20 和 622Mbps 的最大上行链路和下行链路速率[12]。下行链路采用 16-PPM 调制方式运行，而上行链路采用 4-PPM 调制方式运行。

美国航空航天局目前正在开发 LCRD 任务，作为基于光通信数据中继系统所需不同技术和概念的试验台来提供服务。LCRD 将至少运行 2 年，它的一个终端位于承载两个光学通信模块的对地静止赤道轨道，允许测试地面站之间的切换协议。这次任务要证明的主要目标是地面和对地静止赤道轨道之间的高速双向通信，并了解脉冲位置调制用于深空通信的可行性——或其他功率受限系统——或用于近地高数据速率通信的差分相移键控（Differential Phase Shift Keying，DPSK）。此外，LCRD 将专门针对光链路上的编码、链路层和网络层协议的研究性能测试和演示[13]。

12.3 系统结构

在图 12.2 的上方，有一个随后考虑的中继场景的描述。数据中继系统结构由用户（U）终端节点、数据中继（R）节点和地面（G）站节点组成。在这个系统架构中有两条链路，分别是用户链路和馈线链路。U-R 链路定义为用户终端节点和数据中继节点之间的链路，而馈线 R-G 链路定义为数据中继节点和地面站之间的链路。用户终端节点可以是一颗近地轨道卫星（L）卫星或一架无人机（X），数据中继终端是对地静止赤道轨道卫星。地面站节点原则上可以是光学的或射频的，与所需的馈线链路技术相对应。在图 12.2 的底部，还提供了这种通信链的抽象图，其中 U-R 和 R-G 信道都能够降低传输信息的质量，从而导致数据传输中的错误。

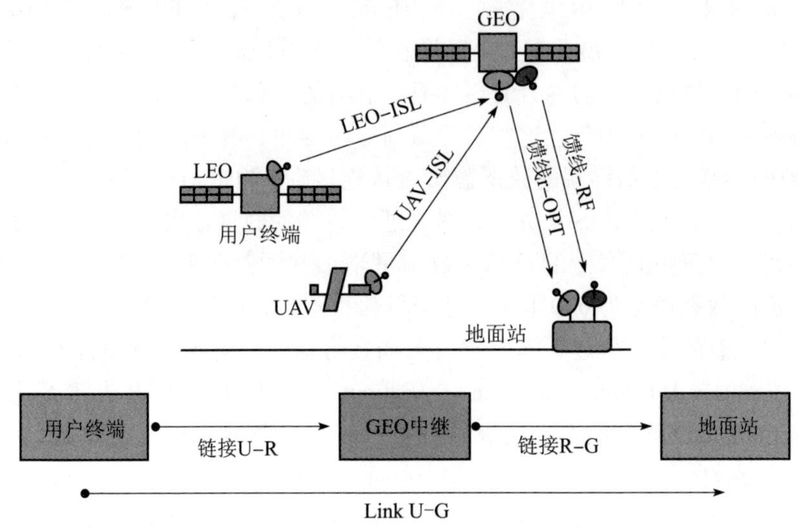

图 12.2　基于 GEO 中继系统的场景（顶部）和通信信道的抽象的场景（底部）

在所有已考虑的方案中，星上完全解码方案在功率、带宽和可实现的错误率之间提供了最佳的权衡。从信道编码的角度来看，不同的通信链路被认为是独立的，并且误差在卫星上和地面上都是局部恢复的。这可以通过由前向纠错码保护 U-R 链路上的数据流并在对地静止赤道轨道中继处解码数据流来实现。通过这样做，在中继处消除由用户终端引入的用于处理 U-R 链路错误的冗余，并且在正确地确定信道码的尺寸之后，几乎所有错误都被纠正。因此，在通过 R-G 链路传输之前，用户终端经由 U-R 链路发送的编码信息在对地静止赤道轨道中继处被解码和重构。利用在该链路上引入的冗余来处理影响 R-G 链路的错误。这种方法虽然在最小化两个链路的冗余数量上是最佳的，因此最大限度地提高了系统的频谱效率，但是有需要在对地静止赤道轨道中继解码的主要缺点。在中继上可能需要提供（准）无差错的信息解码，事实上，在 U-R 链路上使用一个强大的纠错码，在中继上就有一个复杂的解码器①。因此，将解码复杂性从中继转移到地面的其他各种选择被讨论。还要注意的是，U-R 链

① 复杂度的定义非常模糊，并且在时间上是变化的。目前，现有的中继系统几乎没有实现信道编码机制（简单重复是码例外）。因此，同样对于 Gbit/s 量级的高用户数据速率，在中继上对现代编码的解码在中期是不切实际的。

路的信道码需要预先固定，使以后的更改变得困难。其他方案，例如，分层解码提供了更多的灵活性，因此在中继处不执行解码。

为了避免在中继处实现复杂的解码算法，可以在用户处形成编码，通过中继路由数据并仅在地面上执行所有解码操作。该方案不会给中继带来很大的复杂性负担，并独立于中继为修改/更新物理层前向纠错方案提供了些灵活性。特别是对于需要中/低码速率的 U-R 链路，该解决方案缺乏频谱效率。

前向纠错编码选项如下：

（1）**对地静止赤道轨道的星上完全解码：** 前向纠错编码独立应用于每个链路（光 ISL 星间链路和光馈线链路）。对地静止赤道轨道必须纠正 ISL 信道中的错误，这可能会限制可应用的编码类型和级别，因为地静止赤道轨道搭载的资源有限。

（2）**仅在地面解码：** 前向纠错编码已经完成，同时处理 U-R 和 R-G 链路。在这种情况下，对地静止赤道轨道数据中继不执行任何解码。地面站必须纠正两个信道中出现的错误。

（3）**部分解码：** 这一模式假设在卫星上只有一些低复杂度的解码操作。可以在负担得起更多解码复杂性的地面上完成另一个解码步骤。

（4）**分层编码：** 这个方案意味着用户数据被附加在物理层码之上的纠错码保护。该码不在中继上解码，而是仅在地上解码，从而将解码复杂度转移到发射机。

另一种选择是允许在中继上进行一些低复杂度的解码操作。为了提高频谱效率，在给定的复杂性约束下，可以在对地静止赤道轨道中继上恢复尽可能多的错误。因此，从频谱效率的角度来看，适合中继复杂度限制的最佳误差控制方案应该用于保护 U-R 链路。在地面上，进行进一步的解码尝试以纠正剩余的错误。此后，这种方法被称为部分解码。

这种方法用于 EDRS，其中 U-R 链路受线性生产码保护，而端到端前向纠错基于（255，239）RS 码[14]。重复码在提供复杂度规模的最低端起作用，然而没有编码增益。使 U-R 链路更可靠的选项，可以基于更复杂但在计算负担纠错机制中仍然非常轻的选项。

另一种方法是基于分层解码。特别是当 U-R 链路发生严重错误事件，例如，由于强指向抖动，可以在低复杂度物理前向纠错方案之上增加附加的信道码。接下来，此码称为包级码或擦除码。在这种情况下，在对地静止赤道轨道上只解码弱物理码，从而纠正 U-R 链路上的一些错误。强制错误检测机制将每个物理码字标记为正确或错误。所有错误的数据都将被丢弃。剩余的数据在经过一些处理后，被编码并传输到地面，地面在 R-G 链路上的错误进行校正后包解码器尝试从 U-R 链路恢复错误数据，即在对地静止赤道轨道中继上未恢复的数据。经过适当的设计可以达到高频谱效率，同时性能则相对于卫星上的完全解码会有所损失。

12.4 光信道模型

12.4.1 大气模型

大气湍流可以用折射率波动的强度来定义，用折射率结构参数 C_n^2 表示，单位为 $m^{-2/3}$。在此之后，对于所有需要的计算，使用著名的 Hufnagel-Valley 垂直剖面[15]。接收信号的强度（对于相干和非相干调制）受到衰落的影响，导致检测功率的时变，这种影响归因于闪烁和光束漂移。闪烁是由于相位失真而自干扰过程的结果，而光束漂移是大气引起的指向误差。前者由闪烁指数（Scintillation Index，SI）定义，即接收光功率的归一化方差，后者由波束位移的均方根（Root Mean Square，RMS）值来定义。计算 SI 的表达式在其他地方很容易得到[15]。

在接收机点处于弱湍流区的情况下，强度可以建模为一个由对数正态概率密度函数（Probability Density Function，PDF）控制的随机变量，并且对于孔径平均数据在所有湍流状态下效果都很好[16,17]。对数正态相关时间样本的生成过程已在其他地方提出[18]。此外，对数正态信道衰减可以建模为特征频率的低通过程，该过程取决于大气湍流强度和不同湍流层速度，其在低频和高频分别具有-8/3 和-17/3 幂次斜率[19]。表征大气相干时间的截止频率称为格林伍德频率[20]。大气相干时间的尺度，即格林伍德频率的倒数，通常是几十毫秒的量级。

图 12.3 所示的框图描述了一个通用的信道模型，其中包括湍流引起的所有通道损伤效应和终端微振动引起的指向误差。

一旦第 12.3 节定义了基本场景，就可以对光信道的相关参数进行一些计算，以设置不同链路的操作约束。值得注意的是，L-R 链路不受湍流的影响，因此，仅对 X-R 和 R-G 链路计算与大气湍流有关的参数。

Fried 参数 r_0 衡量沿给定传播路径的积分湍流强度为

$$\gamma_0 = \left(0.423k^2\sec\zeta\int_{h_0}^{H} C_n^2(h)\,\mathrm{d}h\right)^{-3/5} \tag{12.1}$$

式中：$k=2\pi/\lambda$ 为波数；λ 为波长；ζ 为仰角。

Fried 参数的值越高，湍流就越弱。弱湍流的典型值在几十厘米范围内。

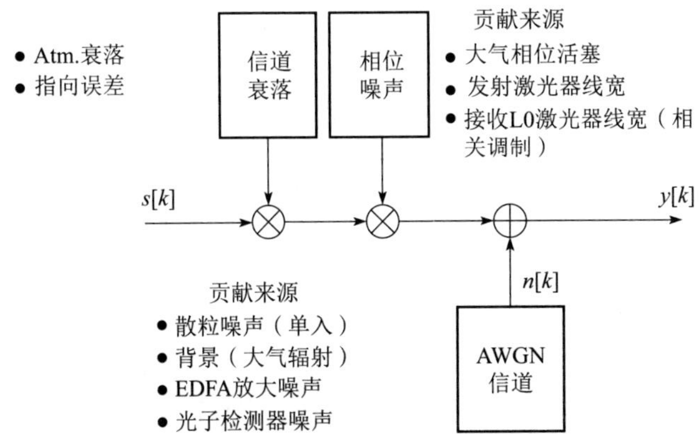

图 12.3　光电探测器后信道模型的通用框图

在 X-R 链路中，Fried 参数比弱湍流的典型值大约两个数量级，表明在这些链路中几乎没有湍流的影响。

图 12.4（a）给出了 X-R 链路上光束漂移效应的估计。代表大气诱导指向误差方差的角光束漂移表示为[15]

$$\theta_{\mathrm{BW}}^2 = 0.53\left(\frac{\lambda}{2W_0}\right)^2\left(\frac{2W_0}{r_0}\right)^{5/3} \tag{12.2}$$

式中：W_0 为发射机（Transmitter，Tx）输出平面处的光束半径。可以很容易地看出，对于无人机到中继链路的光束漂移损失可以忽略不计，波束漂移损耗可以估计为高斯分布的 $L_{\mathrm{BW}} = \exp(-G_T\theta_{\mathrm{BW}}^2)$。这主要是因为它们角度变化的标准差比无人机发射光束发散度低两个数量级的事实，即在几十微弧度量级。

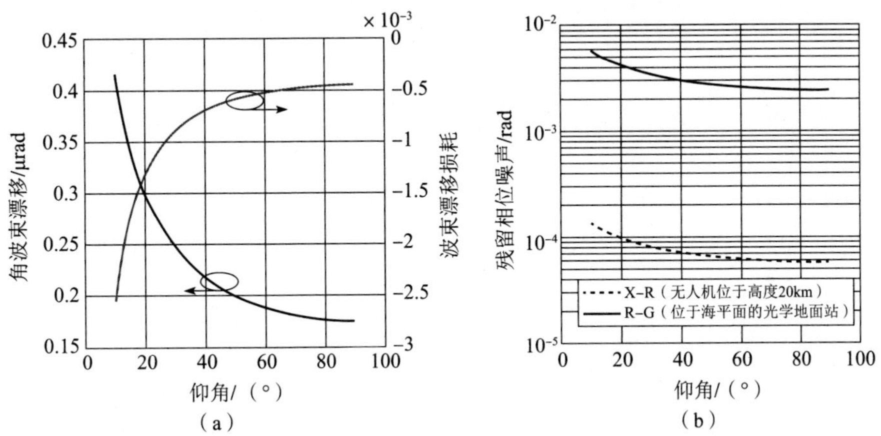

图 12.4　（a）X-R 链路的角波束漂移和波束漂移损耗；（b）与地球同步卫星直接连接时，由于两个不同终端高度和不同仰角的大气活塞引起的残余相位噪声误差

光通道的大气湍流产生强度和相位起伏。大气湍流引起的相位失真会在接收信号上产生到达时间抖动，这对于非相干调制格式来说是可以忽略的。在相干调制格式的情况下，大气活塞的影响可以通过其对残余相位噪声的影响来建模[21]，即

$$\theta_{\phi}^{2}=1.328\left(\frac{v_{\perp}}{r^{0}}\right)^{5/3}\omega_{n}^{-5/3} \tag{12.3}$$

式中：ω_n 为 Rx 光学锁相环的固有频率；$v_{\perp}$ 为相对于 C_n^2 分布的归一化风速垂直分布，可以如别处所示进行计算[21]。图 12.4（b）显示了由 X-R 和 R-G 链路的大气活塞产生的残余相位噪声，其中 $\omega_n=50\text{kHz}$，可以很容易地看出在所有分析条件下，其值始终低于 0.01rad。众所周知，只有 0.1rad 或以上的值才能导致零差 Rx 的显著恶化[21]。因此，对于这里分析的中继场景，当光学锁相环被优化设计[22]，在光相干调制格式的接收中，确定大气活塞不起重要作用。

图 12.5 显示了 X-R 和 R-G 链路的闪烁指数值和闪烁损耗。闪烁指数给出了接收光强度归一化标准差的度量，并且与链路仰角成反比，即当穿过越长的大气路径时，仰角越低，闪烁指数值越高。在估算闪烁损失时，假设目标可用率为 99.6%[23]。一方面，可以看到在 X-R 链路中，当仰角大于 15°时，闪烁指数值损耗小于 0.5dB，表明湍流非常弱。另一方面对于 R-G 链路，对于 60cm 的接收望远镜，低仰角的闪烁指数值损耗可以高达 2.5dB。然而，对地静止赤道轨道-地面场景的典型仰角大于 35°，其闪烁指数损失的将约等于 1dB 或更小。由于闪烁指数值始终低于 0.1，所有场景下的大气湍流都可视为在弱湍流状态下运行。解释了闪烁指数的低取值，因为对于 X-R 链路传播只发生

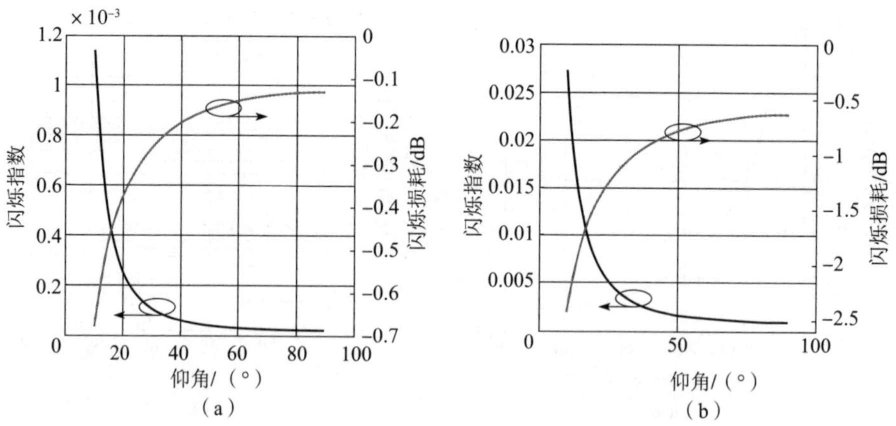

图 12.5 在海平面不同仰角下，从在 20km 的无人机（左）到 60cm 尺寸的 OGS（右）与地球同步轨道卫星直接链路的闪烁指数和闪烁损失

在大气的较高部分，其湍流是最低的。在 R-G 链路的情况下，虽然光波穿过整个大气，相当数量的孔径平均有效地降低闪烁指数。上行链路和下行链路的闪烁指数表达式已在参考文献［15］给出。

12.4.2 指向误差和微振动

发射机平台的微振动对指向误差有贡献，当指向偏差假设为零时指向误差可以用 β 分布来模拟。因此，仅由指向误差引起的接收光功率密度函数由参考文献［24］给出：

$$f_I(I)=\beta I^{\beta-1},0\leqslant I\leqslant i,0<\beta<\infty \tag{12.4}$$

式中：参数 $\beta=W_0^2/(4\sigma_e^2)$ 为用户终端的随机微振动特征；W_0 为发射机处的激光束半径；$\sigma_e=[f\theta_e^2(f)\mathrm{d}f]^{1/2}$ 为随机抖动的均方根[25]，为了完成建模，必须假设用户终端振动的功率谱密度，以便考虑发射望远镜指向误差的时间特性。过去，欧洲航天局提出了一个用于光通信有效载荷 SILEX 的微振动功率谱密度模型，由参考文献［26］给出：

$$\theta_e^2(f)=\frac{2\sigma_e^2}{\pi(1+(f/f_{e0})^2)} \tag{12.5}$$

式中：f_{e0} 为功率谱密度的截止频率。对于欧洲航天局的模型，将该频率设置为 1Hz 以模拟近地轨道平台。对于无人机，考虑到阵风的影响，可以预计功率谱密度将扩展到一个更大的带宽。

作为均方根随机抖动 σ_e 数量级的估计，对现有文献的快速综述表明，对于近地轨道终端 σ_e 在 20~45μrad 的范围内[25]，对于飞机终端，有报告称是几百微弧度[27]。这些数字是指由于空间或飞机的振动而产生的总量，在链路的初始指向和捕获阶段更为重要，通常通过粗指向组件进行补偿。

对于链路的通信阶段，通常是快速转向镜的精对准组件很可能也是激光通信终端的一部分，这有助于进一步减少对准误差。然而，始终存在残余的指向误差，这是链路的通信阶段的相关特征。文献中报告的卫星平台残余指向误差（抖动）值范围从低至 0.3μrad[28] 和 0.8~1.53μrad[29] 到高至 2.6μrad[30]。在无人机的情况下，对于 10km 或更高飞行高度的平台，报告的残余指向误差抖动约为几十微弧度[31]。

作为总结，表 12.1 给出了定义所有场景的相关参数列表，并给出了一些典型值以供示例使用。当用户终端为近地轨道卫星时，通过改变发射功率和孔径来反映近地轨道卫星终端的大小情况。假设小终端的孔径为 7cm 功率输出为 3W，而大终端的孔径为 15cm 功率输出为 5W。在这两种情况下，都假设发射机激光器是准直的。对于无人机，假设发射功率为50W，对于对地静止赤道轨道平台为10W。

表12.1 基于光学对低轨静止轨道卫星中继系统所有分析链路的相关参数

参数	单位	小型L-R	大型L-R	X-R	R-G
仰角	(°)	—	—	40	35
链路距离	km	40000	45000	35980	38394.12
波长	nm	1550	1550	1550	1550
Fried参数	cm	—	—	1612.71	13.94
格林伍德频率	Hz	—	—	0.34	34.46
大气相干	ms	—	—	2983.71	29.02
精准指向抖动	μrad	0.63	0.32	11.79	-
相干atm+抖动	μs	89.42	89.23	89.35	29020
闪烁指数		—	—	1.74E-04	1.36E-2
发射高度	km	500	500	20	36000
大气衰减	dB	—	—	-0.01	-0.5
发射功率	W	3	5	50	10
发射望远镜直径	cm	7	15	12	25
发射发散度	μrad	19.94	9.3	50	5.58
接收望远镜直径	cm	25	25	25	60

注：链路为小型和大型平台的低轨卫星到中继（L-R）、无人机到中继（X-R）和中继到地面（R-G）。

一方面，可以很容易地看出对于X-R链路，尽管它穿越大气，但由于只有大气上面部分起作用的事实，大气信道是相当良好的。另一方面，在R-G链路的情况下，尽管整个大气在下行链路激光的传播路径内，但是进行了相当数量的孔径平均显著降低了闪烁的影响。这是因为与Fried参数的典型值相比，地面站相对较大的接收孔径为60cm。另外，大气相干时间大约为几十毫秒，这表明了交织器的大小可以处理相关的衰落事件。最后，使用式（12.5）中的模型通过仿真平台的指向错误，计算了U-R信道的剩余抖动及其相干时间。接着，测量了在接收机平面上信道状态自相关的半宽度半最大值的点，假设发射机指向机制能够有效地抑制在链路的通信跟踪阶段上最大约为500Hz的振动[32]。对于小型和大型近地轨道平台，初始抖动σ_e的总量假设为20μrad和45μrad，当功率谱密度截止频率f_{e0}为1Hz，遵循欧洲航天局的模型[26]。对于无人机，当$f_{e0}=50$Hz时假设σ_e为100μrad，以反映由影响飞机的阵风导致的较高振动状态。

对 X-R 链路进行了特别考虑，其中用户是无人机平台。由于残余指向抖动很强，所以对发射机望远镜的发散角进行了优化，以抵消指向损耗效应。由此得到的最佳发散度约为 50μrad。无人机的望远镜被选为 12cm，因为这个尺寸符合跟踪系统的要求[33-34]。然而，这个孔径在 X-R 链路的链路预算计算中没有影响，因为发射机被假设为非准直的，且其增益通过散度值获得。

12.4.3 光耦合效率

在每条接收链中，望远镜收集到的光必须耦合到光电转换器装置中，该装置可能在光纤波导级之前，如在一个掺铒光纤放大器（Erbiumdoped Fiber Amplifier，EDFA）预放接收机链的情形。当光需要耦合到单模光纤（Single Mode Fiber，SMF）时，大气湍流下的耦合效率为[35]

$$\eta_C = 8a^2 \int_0^1\int_0^1 \exp\left[-\left(a^2+\frac{D_R^2}{4\rho_0^2}\right)\right] I_0\left(\frac{D_R^2}{4\rho_0^2}x_1x_2\right) \mathrm{d}x_1\mathrm{d}x_2 \tag{12.6}$$

式中：$\alpha=\pi D_R W_m/(2\lambda F)$；$W_m$ 为传播通过单模光纤（通常约为 5μm）时基本模式的场半径；F 为接收望远镜的焦距；$\rho_0 = 0.48r_0$ 为大气相干半径，与式（12.1）给出的 Fried 参数直接有关。

在上行链路方向，如无人机至对地静止赤道轨道中继，由 ρ_0 定义的湍流结构远大于对地静止赤道轨道卫星接收孔径的可能大小，因此 $\rho_0 \gg D_{\mathrm{R}}$。所以可以获得最大的光纤耦合效率 $\eta_C = 0.815$，前提是接收望远镜优化了比率 D_R/F，使得 $a=1.12$[36]。

在下行链路方向，对于对地静止赤道轨道中继到地面链路，D_R/ρ_0 比大于一个单位，说明接收孔径捕获了一定量的波前畸变。因此，聚焦光的形状可以与 Airy 模式大不相同，有效地产生额外的耦合损耗。为了对抗这一现象，自适应光学（Adaptive Optics，AO）经常被用来修正入射的畸变波，畸变波可以被分解成由泽尼克（Zernike）多项式描述的几种正交模式[37]。为了估计应用自适应光学技术时的可能增益，可以估计出就 Zernike 模式数量 N 而言的广义 Fried 参数 $r_{0,N}$ 修正为[38]

$$r_{0,N} = 0.286r_0\left(\frac{3.44}{C_N}\right)N^{-0.362} \tag{12.7}$$

式中：C_N 为由 Noll[37] 给出的被校正的模式 N 数目的对应系数。

最后，在光直接耦合在光电探测器上的情况下，时间平均（长期）焦点的直径可以大于检测器直径。如果 Fried 参数 r_o 小于孔径 D_R，则长期强度分布

$I(R)$ 可建模为标准差为 $\sigma \approx 0.42\lambda F/r_o$ 的高斯分布。对探测器区域上的强度分布进行积分，得到被包围的即可检测功率。

12.5 噪声模型

在评估链路性能时，可用信噪比（SNR）的计算至关重要。符号级信噪比定义为

$$\text{SNR} = \frac{I_R^1}{\sigma_s^2 + \sigma_B^2 + \sigma_{\text{ASE}}^2 + \sigma_{\text{s-ASE}}^2 + \sigma_{\text{ASE-ASE}}^2 + \sigma_{\text{LO}\cdot\text{ASE}}^2 + R_I^2 \text{NEP}^2 B_e^2} \qquad (12.8)$$

式中：R_I 为光电探测器的响应度；$I_R = R_I P_R$ 为在一定接收光功率 P_R 下产生的信号光电流。当接收到信号是相干调制，并且使用具有光功率 P_{LO} 的本机振荡器（Local Oscillator，LO）时，则 $I_R = 2R_I\sqrt{P_{\text{LO}}P_R}$。此外，$B_e$ 为光电探测器或随后的低通电滤波器的电带宽，其被选择来匹配调制接收信号特殊符号速率的所需带宽。此外，噪声等效功率（Noise Equivalent Power，NEP）表征了光探测过程的噪声系数，包括热噪声和暗电流噪声的影响。

光的固有量子性质的乘积产生的散粒噪声方差可以由 $\sigma_s^2 = 2qI_R\text{MFB}_e$ 近似，其中 q 代表基本电荷，M 是平均雪崩增益（高于 APD 光电二极管的单位），而 F 是过量噪声因子。同样，以相同的方式计算由光背景功率引起的噪声。

总的背景辐射可以用天空的光谱辐射来表征，这取决于仰角和昼夜运行的变化。在夜间，通过大气层的近水平路径的天空发射率基本上是在较低大气温度下的黑体发射率。白天条件下的行为与夜间条件下的行为非常相似，由于温度升高以及 3μm 以下散射太阳辐射的增加，会发生相应的变化[39]。背景噪声可以建模为 $\sigma_B^2 = 2qR_IP_B\text{MFB}_e$，其中 $P_B = N_BB_0(\pi D_R\text{FoV}/4)^2$ 是背景光功率，它取决于天空的光谱辐射 N_B、接收机孔径 D_R，光学滤波器带宽 B_0 和探测器视场 FoV。

放大自发辐射（Amplified Spontaneous Emission，ASE）噪声是所用光放大器的固有特性[40]。假设功率谱密度噪声是双边的，对于每个分量复噪声方差可以写成 $N_{0,\text{ASE}} = hv(G-1)n_{\text{sp}}/2$。其中，$h$ 为普朗克常数；G 为放大器增益；n_{sp} 为自发辐射因子，它总是大于 1。值得注意的是，方差依赖于频率 v，这表明 ASE 不是真正的白色，因为它依赖于 v。然而，对于数据传输系统所需的正常带宽值，ASE 噪声被认为是平坦的，因此可以假设为加性高斯白噪声过程。

在光-电转换阶段，会产生一个 ASE 散粒噪声和两拍组件，以及信号和 ASE 之间的拍频噪声 $\sigma_{\text{s-ASE}}^2$ 和 ASE 与 ASE 自身之间的拍频噪声 $\sigma_{\text{ASE-ASE}}^2$。假设

只有一个极化，所有这些都假设为高斯白噪声，并由参考文献［41］给出。

$$\sigma_{\text{ASE}}^2 = 2qN_{0,\text{ASE}}B_0B_IB_e$$
$$\sigma_{\text{s-ASE}}^2 = 4I_{\text{R}}MFN_{0,\text{ASE}}B_IB_e \tag{12.9}$$
$$\sigma_{\text{ASE-ASE}}^2 = R_I^2N_{0,\text{ASE}}^2B_e(2B_0-B_e)$$

在相干检测的情况下，由于本振功率 P_{LO} 与来自接收机链中 EDFA 前置放大器 ASE 组件的相互作用，出现额外的拍频噪声项，其由 $\sigma_{\text{LO-ASE}}^2 = 2R_I^2P_{\text{LO}}N_{0,\text{ASE}}B_e$ 给出[42]。

对于在发射机侧使用 EDFA 升压放大器的情况，其 ASE 噪声可以被称为作为背景噪声的一部分的接收机链，以加性背景功功率的形式由 $P_{\text{ASE-Tx}} = 0.2hcG_TF_TD_T^2D_R^2/(R^2\lambda^2)$ 给出。其中 G_T 和 F_T 分别指升压放大器增益和噪声系数[41]。

12.6　链路预算

信道模型包括多种效应：传输损耗、大气湍流效应和平台微振动。通过在距离 L 处检测到的接收光功率 P_R 的表达式，可以简单地看出影响光链路的不同因素，公式如下：

$$P_R = P_TG_T\eta_T\eta_{\text{ATM}}L_{\text{FS}}L_pL_{\text{SI}}G_R\eta_R\eta_C \tag{12.10}$$

式中：P_T 为波长为 λ 的发射平均光功率；$G_T=(\pi D_T/\lambda)^2$ 和 $G_R=(\pi D_R/\lambda)^2$ 分别为发射机和接收机的增益；η_T 和 η_R 分别为发射机和接收机的效率；而 η_{ATM} 为大气衰减；$L_{\text{FS}}=(\lambda/4\pi L)^2$ 为自由空间损耗。从式（12.10）各项，G_T、G_R、η_T、η_R、η_{ATM} 和 L_{FS} 被认为是相对于通信过程时间尺度上的静态或慢变化损耗，并且对衰落过程的统计行为没有影响。此外，$L_p=\exp(-G_T\theta_{\text{BW}}^2)$ 对应于指向误差。最后 L_{SI} 对应是散射指数损耗。前者可以用参考文献［43］中的方法计算，后者用参考文献［23］中的表达式计算，即

$$L_{\text{SI}} = (3.3-5.77\sqrt{\ln(1/p)})\sigma_I^{4/5} \tag{12.11}$$

式中：σ_I^2 为散射指数；$p=1-av$ 为实际停机时间；av 为目标可用性，在这里分析的场景中目标可用性设置为 99.6%。

最后，望远镜收集到的光必须耦合到一个光电探测器中，该探测器将显示出一定的耦合效率 η_C。当光需要耦合到 SMF 中时，如在 EDFA 预放大接收机链中，对于 R-G 链大气湍流存在下的耦合效率是接收机孔径与 Fried 参数比值 D_R/r_0 的函数[35]。对于下行链路情况，即在 R-G 链路中，假设通过应用自适应光学校正技术校正了 50 Zernike 模式。这表示相对于没有自适应光学的系统

大约改善了13dB，而对于补偿倾斜式泽尼克（Tip-Tilt-Zernike）模式的系统大约改善了7dB，即校正了到达角波动。

在上行链路，即对于U-R链路，波的横向相干性远大于对地静止赤道轨道接收望远镜孔径的可能大小。因此，可以获得最大的光纤耦合效率$\eta_C=0.815$。

为了进行链路预算计算，必须对发射机链和接收机链进行一些假设。在发射机中，假设升压放大器工作在具有45dB增益和6dB噪声系数的情况下。这些参数在计算对发射机升压器ASE噪声的影响时是必要的，其有效地作为额外的背景功率级别包含在内。

对于接收机链，假设一个0.8nm滤光器，即对应于一个100GHz的密集波分复用（Dense Wavelength Division Multiplexing，DWDM）网格，这是众所周知1550nm的标准假设。接收机光链有一个增益为30dB，噪声系数为4dB的前置放大器。假设前置放大器同时用于相干和非相干接收，因此光耦合功率损耗总是指光纤耦合效率。光电探测器是一个具有最大20GHz电带宽，0.75A/W响应性，和噪声等效功率$NEP=2.5\text{pW}/\sqrt{\text{Hz}}$的PIN二极管。此外对于相干检测，还考虑了10dBm的本机振荡器激光器。

值得注意的是在光学领域，利用当前的技术能够通过单个光信道实现高达40Gbit/s的数据速率。40Gbit/s的调制器和接收机也是可以实现的。然而，目前对于超过25Gbit/s的数据速率通常考虑波分复用（Wavelength Division Multiplexing，WDM）技术。在光纤通信中，这是一种众所周知的技术，它导致ITU分别对DWDM和粗WDM（coarse WDM，CWDM）频谱网格起草建议书G.694.1和G694.2。这些建议书确定了发射机激光器的中心频率以及复用器和解复用器的光通道。但是对于DWDM，该技术通常限于光学C波段和L波段范围内的波长，而对于CWDM则限于1270~1610nm之间的波长。

表12.2给出了所有选定场景的链路预算计算。在U-R链路中，用户可以是无人机也可以是小型或者大型平台的近地轨道。最后一行给出由接收机光电探测器看到的等效背景噪声功率，即在前置放大器之后，并且包括发射机升压器ASE噪声和天空辐照度背景噪声。

基于表12.2中给出的链路预算中计算的总接收功率，可以在不同比特率下执行每比特光子（Photons Per Bit，PPB）的计算。

$$\text{PPB}=\frac{P_R}{E_\lambda R_b} \tag{12.12}$$

式中：R_b为未编码的数据比特率；$E_\lambda=hv/\lambda$为光子能量；h为普朗克常数；c

为真空中的光速。

表 12.2　表 12.1 定义的所有链路场景的链接预算计算

参数	单位	小型 L-R	大型 L-R	X-R	R-G
发射功率	dBm	34.77	36.99	47.00	40.00
发射天线增益	dB	102.15	108.77	95.05	113.20
发射天线效率	dB	-3.01	-3.01	-3.01	-3.01
发射指向损耗	dB	-0.06	-0.15	-1.68	0.00
自由空间损耗	dB	-290.22	-291.24	-289.30	-289.86
大气衰减	dB	0.00	0.00	-0.01	-0.50
闪烁损耗	dB	0.00	0.00	-0.32	-1.84
链路余量	dB	-1.00	-1.00	-1.00	-3.00
接收天线增益	dB	114.10	114.10	114.10	120.88
接收天线效率	dB	-3.01	-3.01	-3.01	-3.01
接收天线的光耦合损耗	dB	-0.89	-0.89	-0.89	-14.72
总链路损耗	dB	-82.02	-76.44	-90.07	-81.00
总接收功率	dBm	-47.24	-39.45	-43.08	-41.00
总等效背景功率	dBm	-80.92	-74.75	-74.65	-69.24

PPB 度量对于提供原理上可以通过光学预放大接收机实现的最大比特速率的第一想法是有用的。在参考文献［44］中，有一个相当完整的表展示了高灵敏度光学接收机演示的列表。在这里，之前报告的未编码传输敏感度依次为：10Gbps 的 OOK 为 147PPB，12.5Gbps 的 DPSK 为 45PPB，10Gbps 的 BPSK 为约 100PPB[44]。此后，在从现在起大约 10 年的时间范围内，假设数据速率的量级为几十吉比特每秒，正在进行开发可能允许的接收机灵敏度接近 50PPB，对相干调制和 DPSK，以及 OOK 的大约 100PPB。

表 12.3 给出了在 0.1Gbps、1Gbps、5Gbps、10Gbps 和 20Gbps 下每条链路的 PPB 估计值。通过检查计算值，可以很容易地看出对于小型近地轨道平台到对地静止赤道轨道中继的数据传输，使用 OOK 的数据速率可能低于吉比特每秒单位，如果传输大约 1Gbps 或更多则需要 DPSK 或 BPSK 调制。在大型近地轨道平台的情况下，传输高达 10Gbps 似乎是可能的。当与对地静止赤道轨道中继通信的用户是无人机时，使用 DPSK 或 BPSK 可以实现高达 5Gbps 的数据速率，而 OOK 可以达到几吉比特每秒。最后，在从对地静止赤道轨道中继到光学地面站的下行链路中，可以实现高达 10Gbps 的数据速率，而对于更高的速率，建议将总吞吐量分成使用 WDM 技术的各种信道。

表 12.3 表 12.1 和表 12.2 定义的所有链路场景的平均每比特接收光子数，接收到的平均功率取自表 12.2

比特速率	小型 L-R	大型 L-R	X-R	R-G
100Mbps	1470.09	8837.77	3831.27	6182.63
1Gbps	147.01	883.78	383.13	618.26
5Gbps	29.40	176.76	76.63	123.65
10Gbps	14.70	88.38	38.31	61.83
20Gbps	7.35	44.19	19.16	30.91

最后，图 12.6 给出了不同调制格式下给定符号级信噪比的信道容量。DPSK 的图对应于当观察窗口包含两个符号时的性能[45]。请注意，多符号检测器可能会缩小相对于 BPSK 容量曲线的间隙。为了利用这些信息，在直接检测的情况下，表 12.4 给出了所有链路可用信噪比的计算。给出了用于 OOK 调制格式的值。此外，DPSK 和 BPSK 的值分别用方括号和圆括号表示。此外，根据上述接收机灵敏度讨论，仅给出可靠通信可能的值。值得申明的是，表 12.4 中给出的信噪比值是基于表 12.2 中给出的链路预算，其中发射机被假定为平均功率受限。因此，OOK 的发送峰值功率是平均功率的两倍，而 DPSK 和 BPSK 的峰值功率和平均功率是相同的。注意，虽然它们假设相同的平均功率，但 BPSK 的信噪比值大于 DPSK，这反映了前者使用激光本振相干检测的事实。

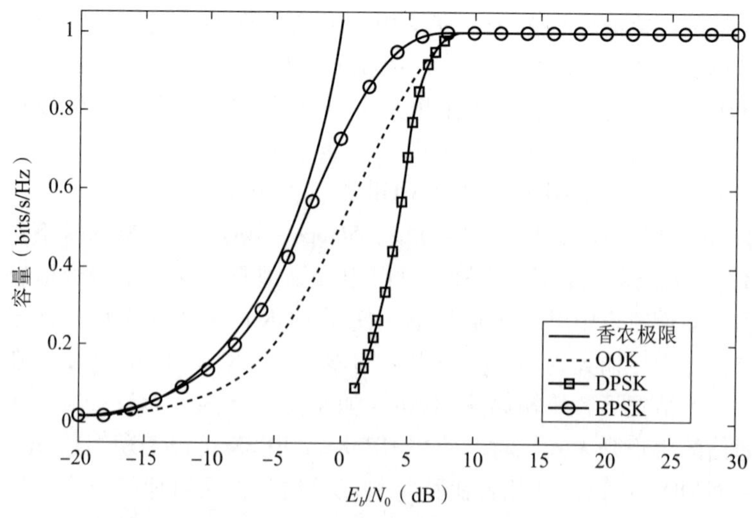

图 12.6 对于不同调制格式最大容量以符号级 SNR 为变量的函数；DPSK 的绘图对应于观察窗口包含两个符号时的性能；DPSK 的曲线取自参考文献［45］

表 12.4　表 12.1 和表 12.2 定义的所有链路场景的平均符号级信噪比（分贝）

比特速率	小型 L-R	大型 L-R	X-R	R-G
100Mbps	22.3 [22.0]（24.6）	33.1 [31.9]（32.3）	28.4 [27.6]（28.8）	31.2 [30.1]（30.7）
1Gbps	12.3 [12.0]（14.6）	23.2 [21.9]（22.3）	18.4 [17.6]（18.8）	21.2 [20.1]（20.7）
5Gbps	–	16.2 [15.0]（15.3）	11.4 [10.6]（11.7）	14.2 [13.1]（13.8）
10Gbps	–	13.2 [12.0]（12.3）	–	11.2 [10.1]（10.8）
20Gbps	–	–	–	–

注：给出直接检测的值即 OOK 和 DPSK（方括号内），相干检测的值即 BPSK（括号内）；对于预放大接收器灵敏度不足以允许可靠通信的比特率，没有给出 SNR 值。

当与图 12.6 中的最大可达到容量曲线相比，预期 SNR 值表明，原则上可以获得信道使用的最大利润。在这种情况下，可以应用具有高码率的纠错，以最大化传输信息比特的带宽占用。

到目前为止，所有分析仅考虑未编码传输。然而，通信系统将始终受到纠错码的保护。在接下来的部分中，我们将介绍前向纠错码的实现，同时在对地静止赤道轨道中继场景中用户和馈线光信道的特殊性以及处理的类型。

12.7　前向纠错

下文概述了用于近地和深空通信在 CCSDS 框架中定义的不同前向纠错码。这些有意用于点到点链路（即无中继）的码，可以用作数据中继系统的构建块。数据中继系统的完整方案将在下一小节中讨论。其中包括，CCSDS 中定义了以下信道码[46-48]。

（1）**RS 码**。对短/中型块进行硬判决解码[49]。由于有限的块长度和解码器不利用软信息的事实，编码增益是有限的，特别是 w. r. t. 现代、迭代码。

（2）**RS 和 CC（RS+CC）**。该串行级联方案由处理软信息的内部 CC 和固定内部码的残余（突发）符号误差的外部 RS 码组成。由于块之间缺乏迭代，并且依赖于软输入硬输出的内部解码器，该选项在性能上不如现代码。

（3）**涡轮码**。串行级联 CC 码（Serial Concatenated CC，SCCC）和并行级联卷积码都是 CCSDS 标准中提出的一类性能优良的迭代可译码涡轮码。

（4）**低密度奇偶校验码**（Low-Density Parity Check，LDPC）。不同类型的 LDPC 码是 CCSDS 的一部分，其中一些源于数字视频广播卫星 2 标准。由于较大的块长度和软解码器，LDPC 码是目前最强大的编码方案之一。

在图 12.7 中，误比特率（Bit Error Rate，BER）模拟结果与 E_b/N_0 的关系，即对于具有 BPSK 的加性高斯白噪声信道上的各种 CCSDS 信道代码，例示了每信息比特能量与噪声功率谱密度的比。从图中可以看出，在所考虑的信道码中，LDPC 码表现出最好的性能。在 RS 码、级联 RS 和 CC 曲线，以几个 dB 为量级的显著增益是可见的。对于图中的设置，SCCC 存在十分之几 dB 的小增益。从误比特率性能的角度来看，每当复杂性约束不严格时，LDPC 和 SCCC 都是一个自然选择。作为补充，在软解码下还描述了速率为 1/3 的重复码的 BER 与 E_b/N_0。观察到在误比特率是 10^{-4} 时，重复码相对于 LDPC 码存在约 5.6dB 的间隙。尽管存在这种差距，但如果解码复杂度是一个瓶颈，重复码可能是一个合理的选择。

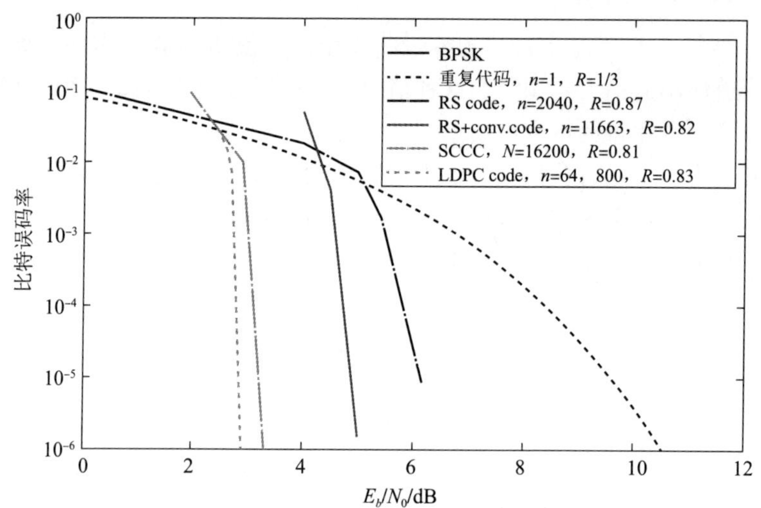

图 12.7 二进制输入加性高斯白噪声信道中不同 FEC 方案的 BER 与 E_b/N_0 的比较及未编码 BPSK 的误比特率

对于相关衰落信道，可以对上述信道编码选项进行以下附加：

（1）**长物理交织器**通常放置在信道编码器之后。从而在通过信道进行建模和传输之前，多个码字的码符号相互交织。在此设置中，“长”意味着交织器持续时间应超过信道的相干时间。这样在接收端解交织后，由衰落引起的错误会扩散到几个码字上。如果交织器选择足够长的时间，与不相关信道相比，几乎没有降低码性能[50]。然而，交织器的长度通常受到实际限制（例如，存储器、延迟等）。

（2）**包码**作为错误保护的附加层放置，作为物理码的补充。为此，用户数据首先被移植到包中，并由包码进行编码，包码中一个码符号位于整个包中。然后，数据通过物理码进一步编码。包码字的持续时间应长于信道相干时间。

接下来讨论数据中继系统的各种前向纠错方案。

12.7.1 中继星载完全解码

考虑 U-R 链路。事实上，没有对中继复杂度的约束，在带宽效率/误码率性能方面的最佳解决方案是：在用户侧编码数据，并在中继星载完全解码。这样，在正确选择调制和编码方案后，几乎所有的错误都在中继星载被纠正，并且 U-R 链路的所有冗余数据都在中继被移除。然后，对恢复的用户数据（不包含任何冗余）进行进一步编码，以保护数据不受 R-G 链路上错误的影响。一种具有高编码增益的现代信道码，如低密度奇偶校验码将是这里的首选。从复杂的角度来看，至少在今天，对星载中继的现代码进行软解码是有困难重重的。因此，给定严格的复杂性约束，可以配对使用简单的码与简单的、最好的硬解码器。这产生了性能损失，可以通过考虑替代前向纠错方案来减轻（如部分编码）。

12.7.2 只在地面解码

作为中继星载完全解码的一种替代方案，人们可以将解码复杂度移到计算资源丰富的地面站。这种方案称为地面解码。一方面，这种解决方案的缺点是带宽占用增加，至少当 U-R 链路的质量要求使用中/低码速率时。对于光链路，通常功率充足，但衰落事件可能需要中等/较低的码速率。另一方面，仅在地面上解码是一种简单、低复杂度的方案，具有良好的性能和一定修改物理前向纠错的灵活性。事实上，在所有被考虑的方案中，它对中继的计算负担最低。

由于技术限制，通常在中继处进行波形解调。接下来是一个调制步骤。我们称这种中继系统为半透明系统。为了充分利用现代码及其软迭代解码器（地面）的全部能力，它们需要能够访问软信道信息。因此，在中继上 U-R 链路信号的软解调是可取的。用 2^q 表示解调器输出的量化电平的数目，即每个值用 q 比特表示。这意味着，与硬解调相比，解调后发送软信息所需的带宽和功率（聚合）要高出 q 倍。

一个特例是 $q=1$。可以在中继上进行硬解调，以提高在 R-G 链路上的带宽效率，并减少中继的复杂度。通常，与软解调相比，硬解调器的使用伴随着大约 2dB 的性能损失，如图 12.8 所示。然而，在当前设置中，相对于软解调，所需带宽以 q 为因子减少，所需功率也以 q 为因子减少（因为每个解调码码元只需要发送一个而不是 q 比特）。因此，只在地面解码时 $q=1$ 解码是首选方案。

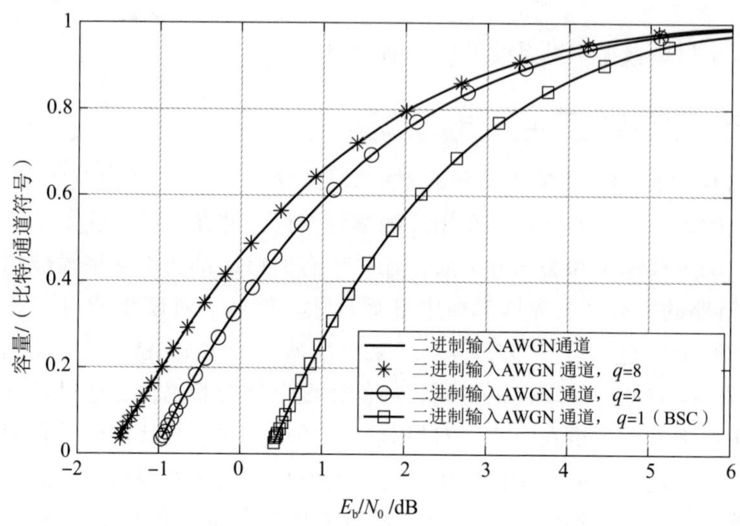

图 12.8 对于解调器具有不同量化级别的二进制输入 AWGN 信道的信道容量与 E_b/N_0，其中变量 q 是每个量化级别的比特数

只在地面解码有两种选择：

（1）**两步编码**：可以在用户端执行编码，以保护数据不受 U-R 链路错误的影响。然后，在中继上进行二次编码步骤，增加额外的复杂性（并减少方案的灵活性）。让我们用 R_{ur} 表示 U-R 链路的码速率，用 R_{rg} 表示 R-G 链路的码速率。选择量化电平的数量为 $q=1$。为了传输 k_{ur} 比特，U-R 链路需要携带 $k_{ur}\cdot 1/R_{ur}$ 比特。在中继星载上重新编码后，R-G 链路需要携带 $k_{ur}\cdot 1/R_{ur}\cdot 1/R_{rg}$ 比特。相比之下，当允许卫星星载解码时，R-G 链路的比特数最多为 $k_{ur}\cdot 1/R_{rg}$。这意味着所需数据速率（带宽）$1/R_{ur}$ 为因子的增加 w. r. t. 在中继解码。

（2）**一步编码**：另一种选择是仅在速率为 R_{ug} 的用户处执行编码，以保护数据免受 U-R 和 R-G 链路的损害。然后，不需要在中继处进行编码。我们可知 min（$R_{ur},R_{rg}\geqslant R_{ug}\geqslant R_{ur}R_{rg}$）。半透明中继执行解调和调制。如上所述，硬解调是从带宽/功耗/复杂性观点出发的更好选择。为了发送 k_{ur} 比特，现在在两个链路都需要发送 $k_{ur}\cdot 1/R_{ug}$ 比特。为了同样的性能，与卫星星载解码相比需要更大的带宽。当两个通信信道都允许高速率码时，该选项是一个很好的选择，即当 $R_{ur}\cdot R_{rg}$ 接近一个或带宽充足时。

地面解码就带宽使用（或固定带宽的功耗）而言不是最佳的选择。它是中继最常采用的方案，因为它是灵活、高性能和简单的，它需要星载中继最少的处理能力。

12.7.3　部分解码机制

部分解码有几种选择，其主要思想是使用简单码和解码器对中继处的部分数据进行解码，并在具有更多计算能力的地面上对其余数据进行解码，这样可以直接在中继端纠正一些错误，避免 R-G 链路上不必要的冗余。

可以考虑以下方法。在用户侧进行编码，并且数据被发送到进行第一次低复杂度解码尝试的中继。如果解码成功，则可以移除在用户侧添加的冗余，并将用户数据转发到中继处的编码器。如果解码不成功，则将整个错误码字转发给编码器。在编码器增加了额外的冗余，并将数据转发到地面进行解码。如果星载解码成功，该方案在带宽约束方面类似于前面描述的在中继星载进行解码。如果解码不成功，该方案类似于前面描述的仅在地面上进行解码。显然，中继星载的解码成功与 U-R 链路质量和物理解码器复杂度约束有密切的关系。设置如图 12.9（a）所示。

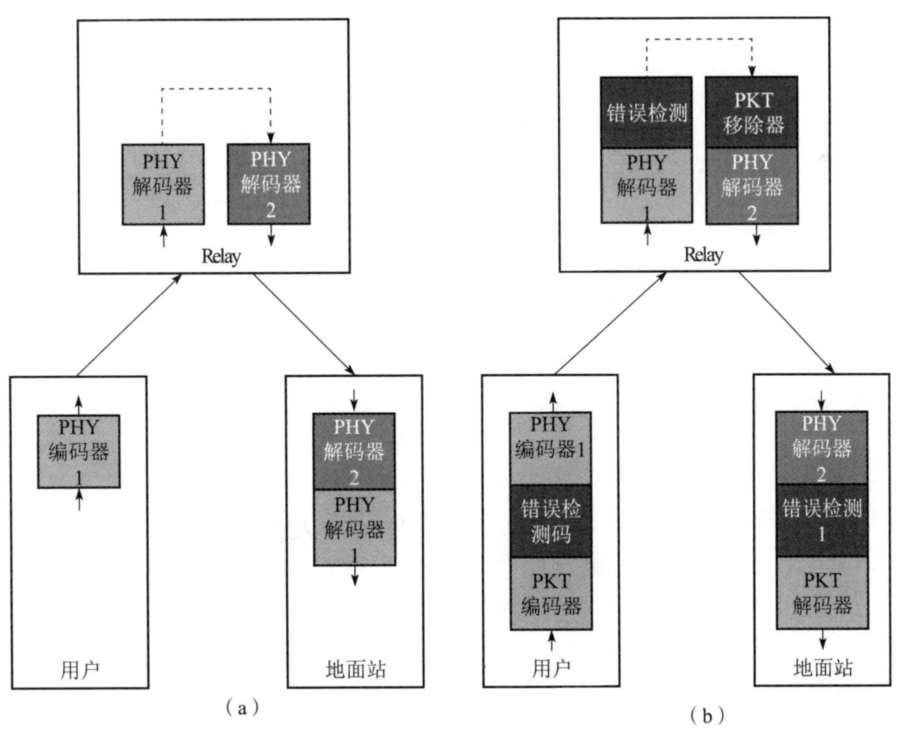

图 12.9 （a）部分解码方案和（b）分层前向纠错方案

物理码的候选项例如：

（1）**带交织的低存储 CC**。这里，可以考虑具有不同存储的 CC，在软判决解码下，相对于重复码的编码增益从 4dB（对于存储-2，速率 1/2 的情况）到 7dB（对于存储-6 的情况）。

（2）**代数码**。如汉明（Bose-Chaudhuri-Hocquenghem，BCH）码（或 RS 码）。基于可用查找表的高效综合征解码器，可用于 100Gbps 链路的地面光纤通信[51]。

（3）**级联方案**。上述码的级联可以产生更强大的信道码。一个例子是也用于地面光纤通信[51] 的汉明产生码，其组成码可能在中继处解码，而（在中继处解码失败时）产生码在地面解码。现代码，如 LDPC 码或涡轮码，也属于级联方案的一类[52-53]。类似地，它们的组成码可以在中继处解码（最终使用简单解码器），而级联的方案则在地面解码。

12.7.4 分层解码机制

在 U-R（衰落）链路的情况下，一个可选方案是使用额外的包码。为此，用户数据被分成 K 个 PKT，每个 PKT 有 L 比特，并通过产生 N 个 PKT 的 PKT 码进行编码，每个 PKT 码具有 L 比特。每个 PKT 还受错误检测机制（通常是 CRC 码或物理解码器的固有错误检测能力）的约束，以确保其在传输后的完整性。PKT 被转发到较低层。在 PHY 中，通常还附加使用一个简单纠错码来保护 PKT 不受噪声引起零星比特错误的影响，因为一个比特的错误可能损坏整个 PKT。使用 PKT 级码的目的是保护数据不受（相关）通信信道引入错误序列的影响。

在 U-R 链路传输后，在中继处进行 PHY 解码以纠正零星的比特错误。请注意，PHY 码是一个简单的码，它可以根据中继的复杂性限制量身定做。在下一步中，将进行错误检测以检查所有 PKT 的完整性。所有损坏的 PKT 将在中继处丢弃。

为了在 R-G 链路上腾出带宽，中继处的更多 PKT 可以被 PKT 清除器按如下丢弃。用 K' 表示中继上正确接收到 PKT 的数量。$K\leqslant K'$ 是解码成功的必要条件。对许多码来说，$K\leqslant K'$ 不足以确保解码成功。因此，让我们要求 $K+\Delta\leqslant K'$，其中 Δ 是一个设计参数（也称为开销），通常比 K 小得多，例如，在按 K 百分之几的数量级）。否则，解码将以很高的概率失败，并且可能丢弃中继已经存在的所有 PKT。假设在中继有 K' 个 PKT 被正确接收。然后，卫星上的 PKT 清除器丢弃 PKT，直到只剩下 $K+\Delta$ 个 PKT。开销的选择给出了 R-G 链路上码性能和带宽占用之间的权衡。

在 PKT 清除器后，在中继不进行 PKT 码的解码。相反，剩余的 $K+\Delta$ 个 PKT 被转发到较低层，再次编码并通过 R-G 链路传输。在地面上，对 R-G 链路的码进行解码。然后，再次对每个 PKT 进行错误检测。最后，PKT 解码器尝试更正丢失的 PKT。设置的框图如图 12.9（b）。

分层方案的优点在于，在中继星载上不进行复杂解码操作的事实。只需对简单码进行物理解码，然后执行错误检测和 PKT 删除步骤。PHY 上使用的码可以是代数代码或低内存 CC。其目的是纠正零星的比特错误。分层方案的另一个优点是中继只转发 $K+\Delta$ 个 PKT 到较低层，其中 K 是信息 PKT 的数目。为了与以前的方案进行比较，假设 $K \cdot L=k_{ur}$。发送 k_{ur} 比特的文件，必须在用户链路发送 $(K+\Delta) \cdot L \cdot 1/R_{rg}=(k_{ur}+\Delta \cdot L) \cdot 1/R_{rg}$ 比特。参数 Δ 被选择为 K 的一小部分，通常在百分之几的数量级。

分层编码可以看作是部分译码的一种特殊情况。这两种方案都可以实现类似的物理码，并辅之以 PKT 码用于分层解码。在中继，当对物理码进行低复杂度解码尝试，地面上对 PKT 层码进行解码以解决 U-R 链路上的残余错误。我们指出 PKT 级码在相关通信信道上的性能最好。如果 PKT 码字的持续时间比信道的相干时间长得多，它们就可以很好地工作。

12.7.5 插入选项

12.7.5.1 长物理层交织器

相关信道的典型策略是使用长物理交织器。这些交织器扩散到许多码字上。目标是让每个码字都经历好的和坏的信道状态。这样，在解交织后每个码字中的错误数应相似的。在正确选择码参数后，一个码字中的错误数量不得超过其纠错能力，并且可以成功解码。相反如果不交织，一些码字可能包含太多错误，而其他码字可能没有错误。对于给定的数据速率 D，通常选择交织器的长度（交织器深度 d），使得 d/D 远大于信道的相干时间 t。更正式的表达，$d=D \cdot t \cdot c$，其中 $c \gg 1$。c 的值决定码性能，需要为目标通信信道仔细选择。

为了评估交织器的效果，考虑长度为 64800 速率为 2/3 的 LDPC 码，在具有加性高斯白噪声对数正态块衰落信道上假设是 BPSK 调制的性能。对于对数正态衰落，我们选择参数 $s=0.5$（基本高斯过程的标准偏差）。此外，选择 m（基本高斯过程的平均值），使得对数正态过程的平均功率为 1。

块衰落信道的实现如下。基于平均状态持续时间为 $1/P_{ij}$ 的马尔可夫过程，选择信道状态。每个信道状态都与从对数正态分布采样的衰落幅度相关。对于实验，考虑了不同的 $1/P_{ij}$，其中 $1/P_{ij}$ 的高取值模拟了强相关的通信信道。结果总结如图 12.10 所示。

在图 12.10 中，$1/P_{ij}=1$ 的曲线表示长度 $n=64800$ 符号速率是-2/3 的低密度奇偶校验码，在非相关对数正态分布衰落信道上的帧错误率（Frame Error Rate，FER）与 E_b/N_0。如果 $1/P_{ij}$ 相当于码字长度 n，即对于 $1/P_{ij}=64800$，

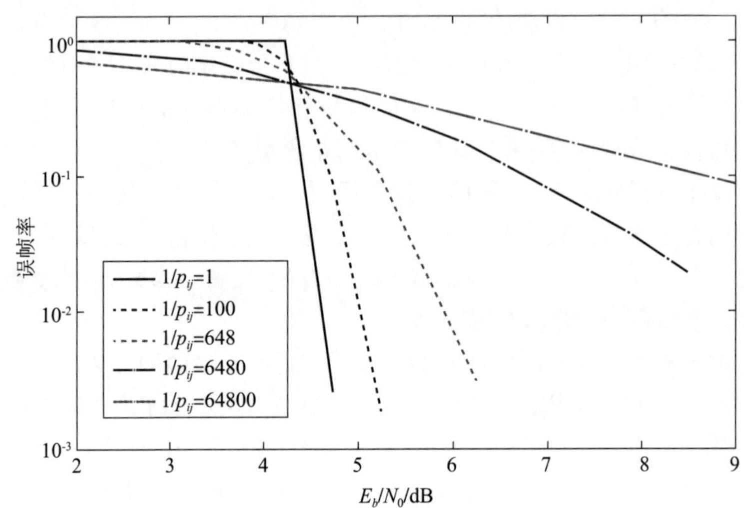

图 12.10 不同平均状态持续时间在对数正态块衰落信道上（64800，43200）低密度奇偶校验码的 FER 与 E_b/N_0

则性能上的显著损失是可见的。这是因为码字中的码符号通常经历类似程度的衰落，而信道码无法补偿这种情况的事实。对于 $1/P_{ij}=n/100=648$，与不相关情况（$1/P_{ij}=1$）相比，在帧错误率为 10^{-2} 时损耗在 1.4db 以内。这些观察结果表明，对于对数正态衰落信道，交织器深度应至少大于信道相干时间乘以数据速率的 100 倍，以避免性能的显著损失。

关于交织器的尺寸，程序如下：

（1）确定信道相干时间 t 和所需数据速率 D。

（2）根据仿真和/或对可用存储的限制和/或延迟的限制，确定 c 的值。

（3）计算交织器深度 $d=D \cdot t \cdot c$。

12.7.5.2 带有交织码符号（包）的 PKT 码

每当使用 PKT 码时，必须选择 PKT 码字的长度，使得 $NL/R_{\mathrm{PHY}}=c \cdot D \cdot t_{\mathrm{ur}}$，其中 L 表示单位为比特的 PKT 大小，c 是通常大于 1 的常数，D 是数据速率，t_{ur} 是 U-R 链路的相干时间，和 R_{PHY} 是 U-R 链路上物理码的码率。这里的约束条件与长物理交织器的相同。在相关信道上结构化 LDPC PK 码情况下，为了避免性能损失要求在传输前将码符号（PKT）彼此之间交织在一起。

12.7.6 编码机制的比较

考虑一个简化的设置，其中 R-G 链接被假设是理想的。如果 PHY 码在两种情况下都确定了大小，使得它可以校正 R-G 链路上的准所有错误事件，则可以证明这一假设是合理的。对于 U-R 链路，考虑有高斯噪声和 BPSK 调制的块对数正态衰落信道。平均状态持续时间 $1/P_{ij}$ 被设置为 64800 BPSK 调制信道符号，而对数正态分布（之前 s 是基本高斯过程的标准差）的参数 s 从 0.5（强衰落）到 0.015（弱衰落）不等。分析如下：

（1）**分层编码（即部分解码加上 PKT 码）**。这里，选择 RS 物理码，由最大距离可分离 PKT 电平码进行补充。RS 编码 PKT 码字的长度被选择为大约 6480000bit，总速率为 1/2。选择 RS 码字，使得信息长度对应于包的大小 L。

（2）**卫星星载全解码**。假设速率为 1/2 的 SCCC 被 6480000 符号长度的长物理交织器交织。

此外，在半透明卫星解调中，以 q 比特/比特的可靠性进行，对于 SCCC 方案 $q=1$ 或 $q=8$，而对于分层编码始终进行硬解调。

图 12.11 显示了两种方案的帧错误率性能。注意，如果对 SCCC 编码调制符号的 $q=8$（量化软解调器）进行解调，则增益约为 2~2.4dB w.r.t 分层编码（以 R-G 链路 q 倍高数据速率为代价）。如果选择 q 为 1（硬解调器），则此特定设置的增益约为 0.5dB。

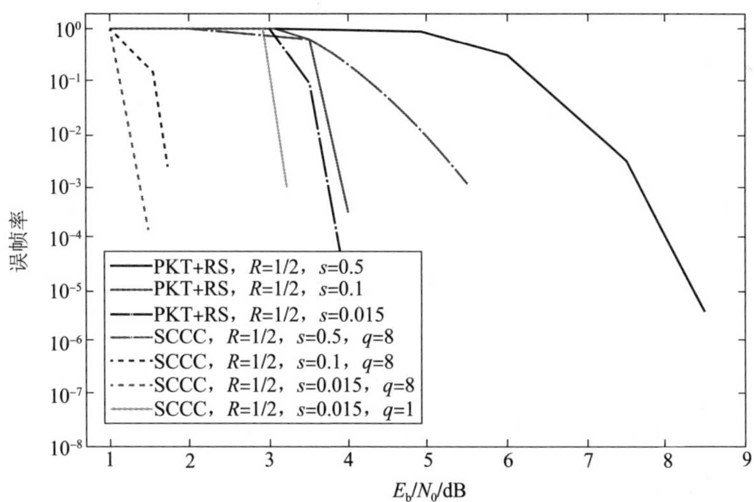

图 12.11　星载分层编码和解码的比较

图 12.11 中的结果表明，分层编码是考虑相关对数正态衰落信道的合适选择，而对于其他信道，必须进行专门的模拟。事实上，假设在卫星上硬解调，可提供与最佳解码策略类似的性能（0.5dB 差距），在中继上完全解码，但是在中继上具有更低的复杂度负担，同时在两个链路上具有相似的频谱效率。注意，通常不需要在中继星载进行（量化）软解调。特别是，考虑仅在地面解

码：如 12.7.2 节所述，对于 $q>1$ 数据速率/带宽要求增加，但总体功率要求也增加（因为需要传输 q 符号而不是一个符号）。这显然是不可取的。

12.8 小结

本章对基于中继高速数据速率系统中通信链的各个方面进行了概述。用户通过对地静止赤道轨道卫星将其数据发送到地球，因此有两个主要链路，即 U-R 和 R-G 链路。在考虑近地轨道卫星或无人机的情况下，对用户进行了区分。在近地轨道平台用户使用中考虑了一个小型卫星（例如立方体卫星）和一个大型卫星。定义了一个信道模型，假设 U-R 和 R-G 链路的传输是通过光完成的。由于平台的微振动，特别注意用户终端对指向误差以及对应链路的影响进行建模。接下来，为了了解未来超高速数据中继系统是否可用，基于信道模型，进行了链路预算分析。此外，根据先前报道的未编码传输灵敏度实验的推断，分析了接收机的灵敏度。由此，决定是将接收机设置为直接检测还是相干检测，以估计了本章考虑的中继场景下，每条链路可能达到的最大数据速率。

中继系统的编码设计依赖于几个约束条件。在中继的强复杂度限制和 U-R 链路的高功率（因此带来高码率）下，仅在地面解码是最优的选择。当 U-R 链路需要使用中/低速率的编码时，依赖于通信信道的部分编码方案和分层方案可能是一个不错的选择。分层编码方案充分利用了相关衰落信道的特性。如果中继上的复杂度约束不严格，则在中继上进行完全解码是最好的选择。

参考文献

[1] D. C. Troendle, C. Rochow, K. Saucke, *et al.*, "Alphasat TDP1 three years optical GEO data relay operations," in *34th AIAA International Communications Satellite Systems Conference*, 2016, pp. 2016–5700.

[2] M. Agnew, L. Renouard, and A. Hegyi, "EDRS-SpaceDataHighway: Near-real-time data relay services for LEO satellites and HAPs," in *30th AIAA International Communications Satellite System Conference, ICSCC*, 2012.

[3] Y. Koyama, M. Toyoshima, Y. Takayama, *et al.*, "SOTA: Small optical transponder for micro-satellite," in *Space Optical Systems and Applications (ICSOS), 2011 International Conference on*, 2011, pp. 97–101.

[4] G. D. Fletcher, T. R. Hicks, and B. Laurent, "The SILEX optical interorbit link experiment," *Electronics & Communication Engineering Journal*, vol. 3, no. 6, pp. 273–279, 1991.

[5] A. Alonso, M. Reyes, and Z. Sodnik, "Performance of satellite-to-ground communications link between ARTEMIS and the optical ground station," in

Optics in Atmospheric Propagation and Adaptive Systems VII, 2004, vol. 5572, no. 1, pp. 372–383.

[6] Y. Takayama, T. Jono, Y. Koyama, *et al.*, "Observation of atmospheric influence on OICETS inter-orbit laser communication demonstrations," in *Free-Space Laser Communications VII*, 2007, vol. 6709, no. 1, p. 67091B.

[7] M. Gregory, F. Heine, H. Kämpfner, R. Meyer, R. Fields, and C. Lunde, "Tesat laser communication terminal performance results on 5.6 Gbit coherent inter satellite and satellite to ground links," in *International Conference on Space Optics ICSO 2010*, 2010.

[8] Z. Sodnik, B. Furch, and H. Lutz, "Optical intersatellite communication," *IEEE Journal of Selected Topics in Quantum Electronics*, vol. 16, no. 5, pp. 1051–1057, 2010.

[9] G. Muehlnikel, H. Kämpfner, F. Heine, *et al.*, "The Alphasat GEO laser communication terminal flight acceptance tests," in *Proc. International Conference on Space Optical Systems and Applications (ICSOS)*, 2012.

[10] D. Giggenbach, P. Becker, R. Mata-Calvo, C. Fuchs, Z. Sodnik, and I. Zayer, "Lunar optical communications link (LOCL): Measurements of received power fluctuations and wavefront quality," in *Proc. International Conference on Space Optical Systems and Applications (ICSOS)*, 2014.

[11] Z. Sodnik, H. Smit, M. Sans, *et al.*, "Results from a Lunar Laser Communication experiment between NASA's LADEE satellite and ESA's optical ground station," in *Proc. International Conference on Space Optical Systems and Applications (ICSOS)*, 2014.

[12] D. M. Boroson, B. S. Robinson, D. V. Murphy, *et al.*, "Overview and results of the Lunar laser Communication Demonstration," in *Free-Space Laser Communication and Atmospheric Propagation XXVI*, 2014, vol. 8971, p. 89710S.

[13] B. L. Edwards, D. Israel, K. Wilson, J. Moores, and A. Fletcher, "Overview of the laser communications relay demonstration project," in *Proceedings of SpaceOps*, 2012, vol. 1261897.

[14] B. Friedrichs, "Data processing for broadband relay satellite networks–digital architecture and performance evaluation," in *Proc. Int. Commun. Satell. Syst. Conf.*, 2013.

[15] L. C. Andrews and R. L. Philips, *Laser Beam Propagation through Random Media*, 2nd ed. Bellingham: SPIE Press, 2005.

[16] N. Perlot and D. Fritzsche, "Aperture-averaging – Theory and measurements," in *Free-Space Laser Communication Technologies XVI*, 2004, vol. 5338, pp. 233–242.

[17] F. Vetelino, *Fade Statistics for a Lasercom System and the Joint PDF of a Gamma–Gamma Distributed Irradiance and its Time Derivative*, Department of Mathematics, University of Central Florida, Orlando, FL, 2006.

[18] B. Epple, "Simplified channel model for simulation of free-space optical communications," *Journal of Optical Communications and Networking*, vol. 2, no. 5, pp. 293–304, 2010.

[19] J.-M. Conan, G. Rousset, and P.-Y. Madec, "Wave-front temporal spectra in high-resolution imaging through turbulence," *Journal of the Optical Society of America A*, vol. 12, no. 7, pp. 1559–1570, 1995.

[20] G. A. Tyler, "Bandwidth considerations for tracking through turbulence," *Journal of the Optical Society of America A*, vol. 11, no. 1, pp. 358–367, 1994.

[21] J. Horwath, F. David, M. K. Knapek, and N. Perlot, "Coherent transmission feasibility analysis," in *Free-Space Laser Communication Technologies XVII*, 2005, vol. 5712, pp. 13–23.

[22] S. Schaefer, M. Gregory, and W. Rosenkranz, "Coherent receiver design based on digital signal processing in optical high-speed intersatellite links with M-phase-shift keying," *Optical Engineering*, vol. 55, no. 11, p. 111614, 2016.

[23] D. Giggenbach and H. Henniger, "Fading-loss assessment in atmospheric free-space optical communication links with on–off keying," *Optical Engineering*, vol. 47, no. 4, p. 046001, 2008.

[24] K. Kiasaleh, "On the probability density function of signal intensity in free-space optical communications systems impaired by pointing jitter and turbulence," *Optical Engineering*, vol. 33, no. 11, pp. 3748–3757, 1994.

[25] M. Toyoshima, Y. Takayama, H. Kunimori, T. Jono, and S. Yamakawa, "In-orbit measurements of spacecraft microvibrations for satellite laser communication links," *Optical Engineering*, vol. 49, no. 8, pp. 83604–83604, 2010.

[26] M. E. Wittig, L. Van Holtz, D. E. L. Tunbridge, and H. C. Vermeulen, "In-orbit measurements of microaccelerations of ESA's communication satellite OLYMPUS," in *Free-Space Laser Communication Technologies II*, 1990, vol. 1218, pp. 205–214.

[27] J. Horwath and C. Fuchs, "Aircraft to ground unidirectional laser-communications terminal for high-resolution sensors," in *Lasers and Applications in Science and Engineering*, 2009, vol. 7199, pp. 7199-09.

[28] R. Nelson, T. Ebben, and R. Marshalek, "Experimental verification of the pointing error distribution of an optical intersatellite link," in *1988 Los Angeles Symposium–OE/LASE'88*, 1988, pp. 132–142.

[29] G. Planche and V. Chorvalli, "SILEX in-orbit performances," in *5th International Conference on Space Optics*, 2004, vol. 554, pp. 403–410.

[30] M. Toyoshima, "Near-Earth Laser Communications," H. Hemmati, Ed. Boca Raton, FL: CRC Press, 2009.

[31] F. David, D. Giggenbach, H. Henniger, J. Horwath, R. Landrock, and N. Perlot, "Design considerations for optical inter-HAP links," in *Proceedings ICSSC, 22nd AIAA International Communications Satellite Systems Conference & Exhibit, Monterey, CA*, 2004.

[32] R. G. Marshalek, "Near-Earth Laser Communications," H. Hemmati, Ed. Boca Raton, FL: CRC Press, 2009, p. 59.

[33] F. Fidler, "Optical Communications for High-Altitude Platforms," Wien: Technische Universität Wien, 2007.

[34] D. Giggenbach, R. Purvinskis, M. Werner, and M. Holzbock, "Stratospheric optical inter-platform links for high altitude platforms," in *Proceedings of the 20th International Communications Satellite Systems Conference, Montreal*, 2002.

[35] H. Takenaka, M. Toyoshima, and Y. Takayama, "Experimental verification of fiber-coupling efficiency for satellite-to-ground atmospheric laser downlinks," *Optical Express*, vol. 20, no. 4, pp. 15301–15308, 2012.

[36] Y. Dikmelik and F. M. Davidson, "Fiber-coupling efficiency for free-space optical communication through atmospheric turbulence," *Applied Optics*, vol. 44, no. 23, pp. 4946–4952, 2005.

[37] R. J. Noll, "Zernike polynomials and atmospheric turbulence," *Journal of the Optical Society of America*, vol. 66, no. 3, pp. 207–211, 1976.

[38] M. P. Cagigal and V. F. Canales, "Generalized Fried parameter after adaptive optics partial wave-front compensation," *Journal of the Optical Society of America A*, vol. 17, no. 5, pp. 903–909, 2000.

[39] R. D. Hudson, *Infrared System Engineering*. New York: John Wiley & Sons, 1969.

[40] L. N. Binh, *Optical Fiber Communication Systems with Matlab and Simulink Models; 2nd ed.* Hoboken, NJ: CRC Press, 2014.

[41] P. J. Winzer, A. Kalmar, and W. R. Leeb, "Role of amplified spontaneous emission in optical free-space communication links with optical amplification: impact on isolation and data transmission and utilization for pointing, acquisition, and tracking," in *Proc. SPIE*, 1999, vol. 3615, pp. 134–141.

[42] M. Seimetz, *High-Order Modulation for Optical Fiber Transmission*, vol. 143. Springer, 2009.

[43] B. Moision, J. Wu, and S. Shambayati, "An optical communications link design tool for long-term mission planning for deep-space missions," in *Aerospace Conference, 2012 IEEE*, 2012, pp. 1–12.

[44] D. O. Caplan, "Laser communication transmitter and receiver design," *Journal of Optical and Fiber Communications Reports*, vol. 4, no. 4–5, pp. 225–362, 2007.

[45] M. Peleg and S. Shamai, "On the capacity of the blockwise incoherent MPSK channel," *IEEE Transactions on Communications*, vol. 46, no. 5, pp. 603–609, 1998.

[46] Huawei, "Polar codes: A 5G enabling FEC scheme," *HIRP Journal*, vol. 1, no. 1, pp. 2044–2047, Jun. 2015.

[47] CCSDS, "Flexible Advanced Coding and Modulation Scheme for High Rate Telemetry Applications," no. 131.2.B.1. Consultative Committee for Space Data Systems (CCSDS), Washington, DC, Mar. 2012.

[48] ETSI, *Digital Video Broadcasting (DVB); Second Generation Framing Structure, Channel Coding and Modulation Systems for Broadcasting, Interactive Services, News Gathering and Other Broadband Satellite Applications (DVB-S2)*. ETSI, 2009.

[49] A. K. Majumdar, *Advanced Free Space Optics (FSO)*. New York, NY, USA: Springer, 2015.

[50] S. J. Zhang, X. Blow, and K. Fowler Liu, "Low-complexity decoding for non-binary LDPC codes in high order fields," *IET Communications*, vol. 11, no. 13, pp. 2042–2048, Nov. 2017.

[51] B. Smith, A. Farhood, A. Hunt, F. R. Kschischang, and J. Lodge, "Staircase codes: FEC for 100 Gb/s OTN," *Journal of Lightwave Technology*, vol. 30, no. 1, pp. 110–117, Jan. 2012.

[52] R. Gallager, *Low-Density Parity-Check Codes*. Cambridge, MA, USA: MIT Press, 1963.

[53] C. Berrou, A. Glavieux, and P. Thitimajshima, "Near Shannon limit error-correcting coding and decoding: Turbo-codes," in *Proc. IEEE Int. Conf. Commun. (ICC)*, 1993.

第13章
星地融合的星上处理

雷纳·万施，亚历山大·霍夫曼，克里斯托弗·斯坦德，罗伯特·格林
德国埃尔兰根弗劳恩霍夫集成电路研究所（IIS）射频和卫星通信系统部

想在5G场景中使用卫星的主要原因之一，是看中了卫星的灵活性。实现星地融合的关键是星上处理。近年来，随着数字透明处理器的发展，卫星在频率和信道分配方面的灵活性不断增强，这也使得卫星变得越来越灵活。

首先，本章简要介绍星上处理器（On-Board Processors，OBP），然后对OBP进行分类。为了说明，先描述弗劳恩霍夫OBP（Fraunhofer OBP，FOBP）的当前设计，然后介绍在低轨（Low-Earth Orbiting，LEO）卫星上开展的OBP应用的典型5G用例，最后给出简短的总结。

13.1 星上处理简介

下面分别给出卫星通信系统中使用的数字透明和数字再生处理器的用例。在13.2节中将分别对上述用例进行详细说明。

13.1.1 Airbus Inmarsat处理器（空客海事卫星（Inmarsat）处理器）

海事（Inmarsat）卫星通信系统在L频段上工作，通过建立全球波束、19个宽带点波束和200多个窄带点波束来提供“全球”覆盖。该系统使用GEO卫星，并且即将升级到第6代Inmarsat系统。多年来，他们一直在其卫星上使用OBP，特别是引入了宽带全球局域网（Broadband Global Area Network，BGAN）系统，该系统可以聚合多个信道并提供高达1Mbit/s的数据速率。

窄带点波束由图 13.1 所示的 OBP 以数字化方式实现，从而可以将所需的功率和频谱引导到不同的区域。数字透明处理器可以将任一关口的上行链路切换到任一移动用户的下行链路波束，反之亦然。

图 13.1　空客 DS（英国）建造的 Inmarsat 处理器的照片

© 空客 DS，经许可摘录，来自 Artes 网站[1,2]

以下显示了此 OBP 的主要功能：

（1）L 频段接口。

（2）可配置的数字滤波器，范围在 200kHz 至几 MHz。

（3）200 个点波束接口，包括数字波束赋形能力。

（4）总共 600 个信道。

目前，第 6 代 Inmarsat 的开发和制造也由空客 DS 负责。下一代将拥有更多的波束，因此需要更加先进或者更加强大的 OBP。超过 60000 个信道将被切换、进行路径选择。该功能通过将信号分成小信道并在选择路径后重新组合来完成，同时所需的带宽可由组合信道确定。实现上述功能的技术基础是利用具有基本功能的专用集成电路（Application Specific Integrated Circuits，ASIC）。

总体而言，这种处理器是基于 ASIC 的数字透明（滤波器和开关）处理器。

13.1.2 泰雷兹阿莱尼亚太空 SpaceFlex 处理器（Thales Alenia Space SpaceFlex 处理器）

法国泰雷兹阿莱尼亚太空也提供了一种数字透明处理器，该处理器专注于基于 ASIC 的高通量卫星（High-Throughput Satellites，HTS）的宽带解决方案。该处理器的当前版本之一（SpaceFlex4 处理器 EM 如图 13.2 所示）具有以下主要特性。

（1）输入和输出端口：高达 20×20 个（活跃的 16×16 个）。

（2）端口带宽：250MHz。

（3）信道带宽：可在 312.5kHz~125MHz 范围内配置。

（4）信道间隔：低至 312.5kHz。

图 13.2　SpaceFlex4 处理器 EM

© 雷兹阿莱尼亚太空，经许可摘录，来自雷兹阿莱尼亚手册[3]

在表 13.1 中，可以看出 SpaceFlex 可以提供多种不同的配置，从 2GHz 的有效带宽到 64GHz 的带宽。输入带宽已从 250MHz 增加到 500/600MHz，可以为下一代 HTS 的使用提供较大的信道带宽。SES 在其 SES17 卫星上使用了该处理器更加强大的版本 SpaceFlex VHTS，这颗卫星预计于 2020/21 年发射，并且将使用 15 年以上。SpaceFlex VHTS 处理器为卫星增加了所需的灵活性，并可以连接近 200 个点波束。

表 13.1　SpaceFlex4 处理器的主要参数表[4]

产品	SpaceFlex 2	SpaceFlex 4	SpaceFlex 24	SpaceFlex 64
I/O 数量	最多 8/8	最多 16/16	最多 48/48	可扩展至>128
I/O 带宽	最大至 250MHz	最大至 250MHz	500~600MHz	500~600MHz
可用带宽容量/GHz	最大至 2	最大至 4	最少 24	最少 64
嵌入式数字 BFN	否	否	BFN 已就位	是
动态管理	可选	可选	新一代 SpaceFlex 的基本功能	

（1）端口动态范围：高于 40dB；

（2）通道动态范围：30dB；

（3）540W 的功率（用于 16×16×250MHz 有源矩阵）；

（4）50kg 的质量（用于 20×20×250MHz 矩阵）。

该 OBP 的支撑技术是泰雷兹阿莱尼亚太空使用 ATMEL AT65RHA 技术开发的 ASIC，该技术基于 ST C65Space 工艺以及 Teledyne-e2v 提供的快速信号转换器[9]。

13.1.3 泰雷兹阿莱尼亚太空 Redsat

西班牙泰雷兹阿莱尼亚太空已经为最近发射的 Ku 频段 Hispasat 36W-1 卫星（基于 OHB 的“Small GEO”平台）开发了一种再生处理器。该卫星将使用可重新配置的 Redsat 有效载荷为西班牙、葡萄牙、加那利群岛和南美提供多媒体服务，从而提供更好的信号质量和灵活的覆盖范围。

这种处理器在传输层使用 DVB/MPEG-2 标准，可提供宽带网络数据服务。为了有效利用该 OBP，已经开发了专用的地面控制和管理系统，可用灵活的方式连接卫星终端和关口站。除了再生功能，卫星还可以提供透明信道。该卫星的直接辐射阵列接收天线具有针对四个波束的波束控制功能。

Redsat OBP 具有以下主要功能：

（1）4 个信道。

（2）L 频段接口。

（3）DVB-S2，36MHz，最高 118Mbps。

（4）DVB-RCS，最高 8Mbps。

它由多个组件组成，如图 13.3 所示，例如，Ku 至 L 频段的下变频器和上变频器，处理器单元中的核心模块和滤波器可对信号进行赋形。Hispasat 卫星再生部分的主要功能块如图 13.4 所示。

图 13.3 Redsat OBP 的主要部分，从左到右：泰雷兹 L 频段 Tx 处理器，L 频段 Rx 处理器，Mier Comunicaciones Ku/L 频段下/上变频器，以及前面的泰雷兹滤波器

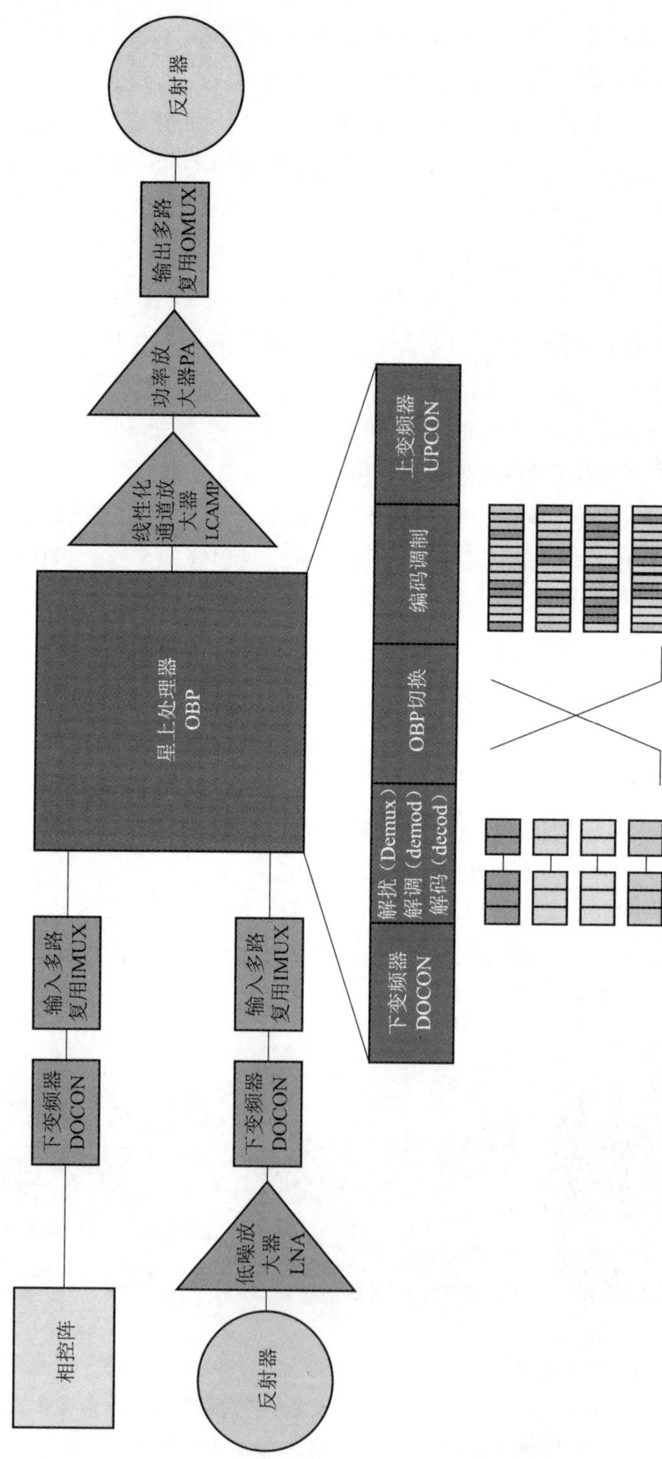

图13.4 Hispasat卫星再生部分的主要功能块

13.2　OBP 的分类和应用

13.2.1　卫星载荷结构

卫星有效载荷可以分为三种不同的结构：

（1）弯管；

（2）数字透明；

（3）再生。

在以下各节中对上述结构进行简单描述。

13.2.1.1　弯管

弯管结构（图 13.5）是典型的卫星载荷结构，因为它以最低的复杂性提供了所需的最基本功能。可以将其描述为滤波器和前向处理器，接收信号并对其进行放大，将其转换为相应的下行链路频率，并通过功率放大器对其进行放大以将信号下行至地面。

由于信号在卫星内部是独立的，因此必须通过复杂的网关来解决所有上层的功能（如网络和连接），这些网关必须提供与地面系统的必要连接，并且尽可能降低复杂度。弯管结构主要用于广播系统，但也用于通信系统，固定网关连接到波束就足够了。通过添加用于路由目的的其他交换机，可以在这些系统中引入一些灵活性。

图 13.5　弯管结构框图

13.2.1.2　数字透明转发器

卫星中使用数字透明转发器来提高灵活性。这种结构（图 13.6）在信号路径中添加了一个处理器，以对信号进行滤波和切换/路由至所需波束。它不会重新生成信号，因此也可以用于模拟信号。对于不同的应用，可能有许多不同的实现方式。如果需要大量通道，则 ASIC 可能是最节省资源的选择。

这种结构在信号处理（如滤波和路由）方面带来了很多灵活性。与弯管结构相比，它更加复杂且功耗更高。

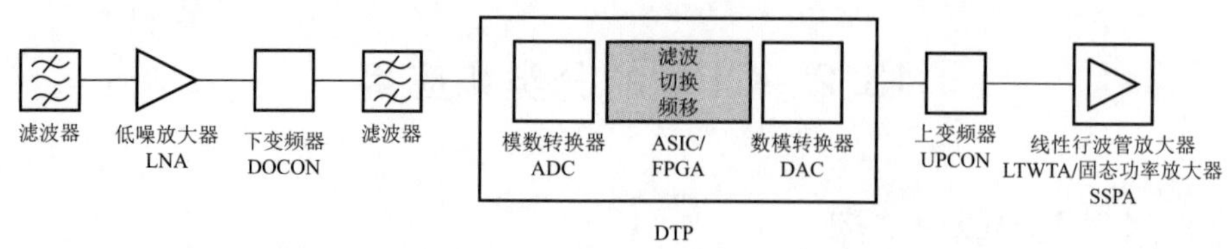

图 13.6 数字透明处理器（DTP）架构框图。

13.2.1.3 再生处理转发器

基于再生处理器的体系结构具有附加功能，因为可以重新生成接收到的信号，因此，可以在整个链路预算内实现额外增益。该结构（图 13.7）与数字透明情况非常相似，但提供了不同的或额外的信号处理功能。为了充分利用此结构，可能需要解调和解码，以及调制和编码。

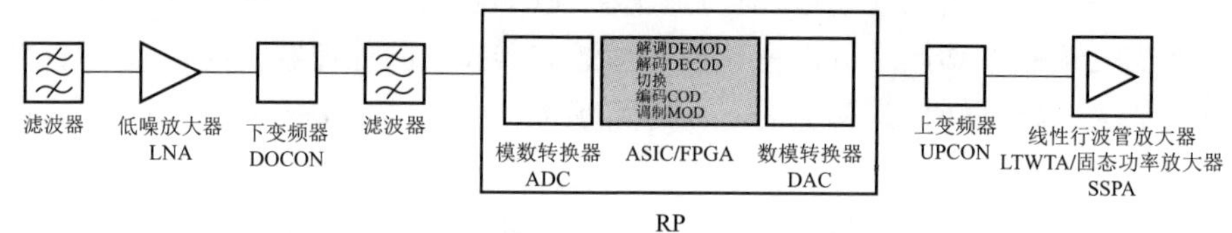

图 13.7 再生架构框图

解调和解码的好处在于，由于消除了信号中的所有失真和损耗，链路预算中获得了附加增益。再生式 OBP 还能够在卫星端用不同的功率接收不同尺寸终端的信号，因此具有不同的信噪比（Signal-to-Noise Ratios，SNR）。信号再生后，可以轻松地将其连接到地面站或其他用户终端。

这种结构会导致更高的功耗，并在设计信号处理时引入了额外的复杂性。对于非常高的数据速率和非常大的带宽，当前技术仍面临很多难以解决的挑战。

应对这一挑战的一种方法是仅解调信号而不进行解码。缺点是解码增益会丢失，信号中的错误会通过处理器传播。由于不需要实现解码器，因此可以通过这种方法来处理具有不同编码方案的不同链接。如果用户、网关和星间链路（Intersatellite Links，ISL）必须同时操作，则可以特别使用此功能。

13.2.2 数字有效载荷技术矩阵

如前一部分所述，我们分别介绍了数字透明转发器和数字再生转发器，这与传输的信号是有关联性的。对于 OBP 的配置，可以通过以下方式在可重新配置性方面对其进行区分：

（1）不可重新配置：OBP 的功能是固定的。

（2）部分可重新配置：OBP 的部分功能可以更改（例如，添加其他信号路径，通过更改系数来重新配置滤波器等）。

（3）完全可重新配置：OBP 的整个功能可以通过固件和软件来改变（例如，通过地面上传）。

可以在 OBP 中使用的用以实现数字处理的技术有：

（1）专用集成电路；

（2）反熔丝现场可编程门阵列（Field Programmable Gate Array，FPGA）；

（3）可重新配置的 FPGA（SRAM 或基于闪存）。

图 13.8 中的矩阵显示了如何在不同的透明/再生和可重新配置方法中使用这些技术。

图 13.8 将电路技术与信号架构和配置等级匹配的 OBP 技术矩阵

当前可用于太空应用的芯片技术依赖于 65nm 辐射硬化工艺。甚至 ESA 也已经开发了基于这种工艺技术的 FPGA，可能在不久的将来面世。

Xilinx 器件的当前一代中使用了 20nm 的互补金属氧化物半导体（Complementary Metal-Oxide-Semiconductor，CMOS）技术，这些技术具有一定的辐射耐受性，因此可以在太空中使用。28nm FD-SOI 或 22nm FD-SOI 技术也有望提供良好的辐射特性。

处理节点越小，开发和生产芯片的成本就越高。因此，必须明确选择在哪种技术中实现哪种功能。

可能的 FPGA 解决方案如下。

表 13.2 显示了根据参考文献［6］的假设（GEO 和 7mm 铝屏蔽）带有技术、资源和单事件效应（Single-Event Effect，SEE）速率的最新一代 Xilinx FPGA。除了块随机存取存储器（Block Random-Access Memories，BRAM）中的纠错码之外，SEE 速率不会受到影响[10]。

表 13.2 可能适合太空应用的、赛灵思公司（Xilinx）的 FPGA 间的对比

FPGA	Virtex-5QV XQR5VFX130	Kintex-7 XC7K325T	Kintex-Ultrascale XQRKU060	Zync-Ultrascale+ ZU19EG
处理工艺	65nm	28nm	20nm	16nm FinFET
级别	辐射增强设计（RHBD）	商用现货（COTS）	辐射耐受	COTS
晶片数	20480	50950	82920	130625
嵌入式内存（Mbit）	11.0	16.4	39.8	70.6
倍增数	320	840	2760	1968
嵌入式处理器	0	0	0	6
SEEs（a^{-1}）	6008	12516	25592	N/A

设计辐射增强（Radiation Hardening by Design，RHBD）和抗辐射 FPGA 可以用于任何地球轨道。商用现货（Commercial Off-the-Shelf，COTS）FPGA 可以用于 LEO，但是必须进行评估，尤其是要针对破坏性效应进行评估，比如，单事件闭锁（Single-Event Latch-up，SEL）。与平面 CMOS 技术相比，FinFET CMOS 技术趋向于不易受到 SEE 的影响（几个数量级），但 SEL 问题似乎仍然存在。

除了 Xilinx 提供的这些基于 SRAM 的 FPGA 之外，设计人员还可以考虑 Microsemi、ESA 和 Altera 的 FPGA。表 13.3 总结了这些基于闪存和 SRAM 配置存储器的 FPGA。与基于 SRAM 的 FPGA 相比，RTG4 FPGA 仅指定了 200 个配置写周期，并且不能在空间上重新配置。该组件的优点是，由于闪存将配置存储为非易失性，因此不需要其他外部启动设备。RTG4 具有出色的 SEE 性能，因此可以用作飞行计算机。来自 ESA 的 BRAVE FPGA 可以用作 Virtex-5QV 的替代产品，并且计划以小、中、大版本设计。Altera 5SGSMD5 是 COTS 组件的替代产品。

表 13.3 可能适用于空间应用的、不同供应商 FPGA 间的对比

FPGA	美国美高森美（Microsemi）RTG4	欧洲航天局（ESA）BRAVE medium	阿尔特拉（Altera）5SGSMD5-H3F35I4
可配置内存	Flash	SRAM	SRAM
处理工艺/nm	65	65	65
级别	RHBD	RHBD	COTS
晶片数	9489	2188	10788
嵌入式内存/Mbit	5.2	2.8	39.0
倍增数	462	112	3180
单事件闩锁（SEL）性能	不受影响	不受影响	易受影响

13.2.3 可重新配置的 OBP 的优点

可重新配置的 OBP 具有一系列优点：

（1）未来通信系统技术的灵活性；

（2）路由灵活性；

（3）重新编码的能力；

（4）使用通用处理器方法时降低成本；

（5）缩短上市时间；

（6）未来业务模型的灵活性；

（7）应用可更改性（如频率、带宽、调制、编码）；

（8）波束成形和相控阵控制；

（9）IP 路由和 ISL 路由功能；

（10）使用自适应冗余概念的可能性。

13.2.3.1　技术灵活性

OBP 在空间使用期间可进行重新配置。它们能够适应未来的通信标准，并在不同的应用场景中灵活使用。

它们可在生命周期内适应更有效的通信标准（先进的调制和编码技术，如 DVB-S2 或 DVB-S2X）（视其处理能力而定）。这可能形成更好的链接质量（较低的误码率），因此可以使用较小的用户终端。这是通过解调和重新编码、解复用、错误检测和纠正、灵活切换、缓冲、重新复用、调制和网络同步来实现的。

当前的 Fraunhofer IIS 方法（FOBP）是基于信号处理模块中的可重构 FPGA。我们可以使用这些模块实现高达 750MHz 的模拟通道带宽，由 ADC 和 DAC 提供。可能会达到 15GHz/kW，包括 20 个通道和 20 个数字信号处理（DSP）模块。

未来基于 FPGA 的信号处理模块可能会实现大约 1500MHz 的模拟通道带宽能力。如果使用 80 个通道和 20 个 DSP 模块，这将达到 120GHz/kW（假设 DSP 模块的功耗相当）。原理框图如图 13.9 所示。

通过这种方法，可以构建高度灵活且面向未来的处理器。

13.2.3.2　路由灵活性

如图 13.10 所示，有效载荷处理器可以灵活地将信号从输入端口路由到输出端口。上行链路频率块可以切换到不同的下行链路波束，或者可以连接到多个输出端口，还可以进行重新调制和重新编码以实现更高的频谱效率。

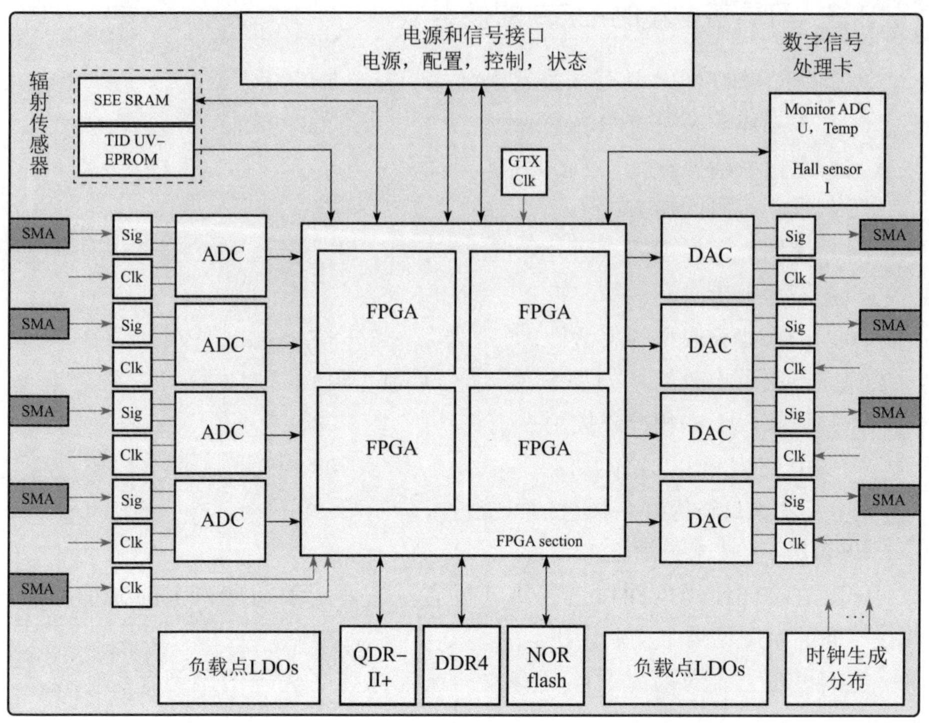

图 13.9 未来可重构 OBP 的高性能信号处理模块的框图

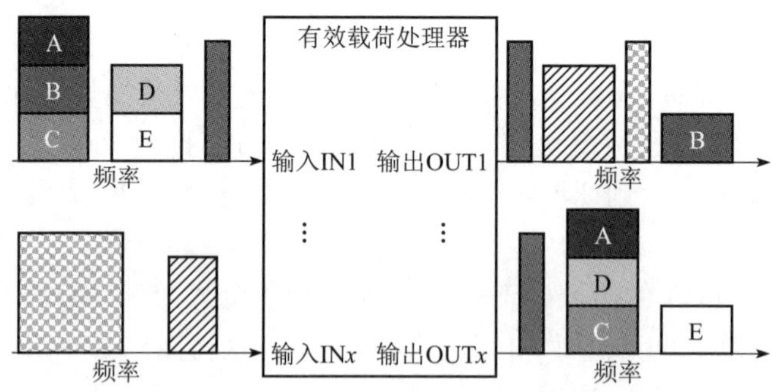

图 13.10 有效载荷处理器提供的路由可能性

13.2.3.3 缩短产品上市时间

与 ASIC 的开发相比，将 FPGA 用作 OBP 中的处理核心可以大大缩短产品上市时间，因为这些 FPGA 是现存的，且已由外部公司开发。图 13.11 显示了两种技术的项目时间表的比较。

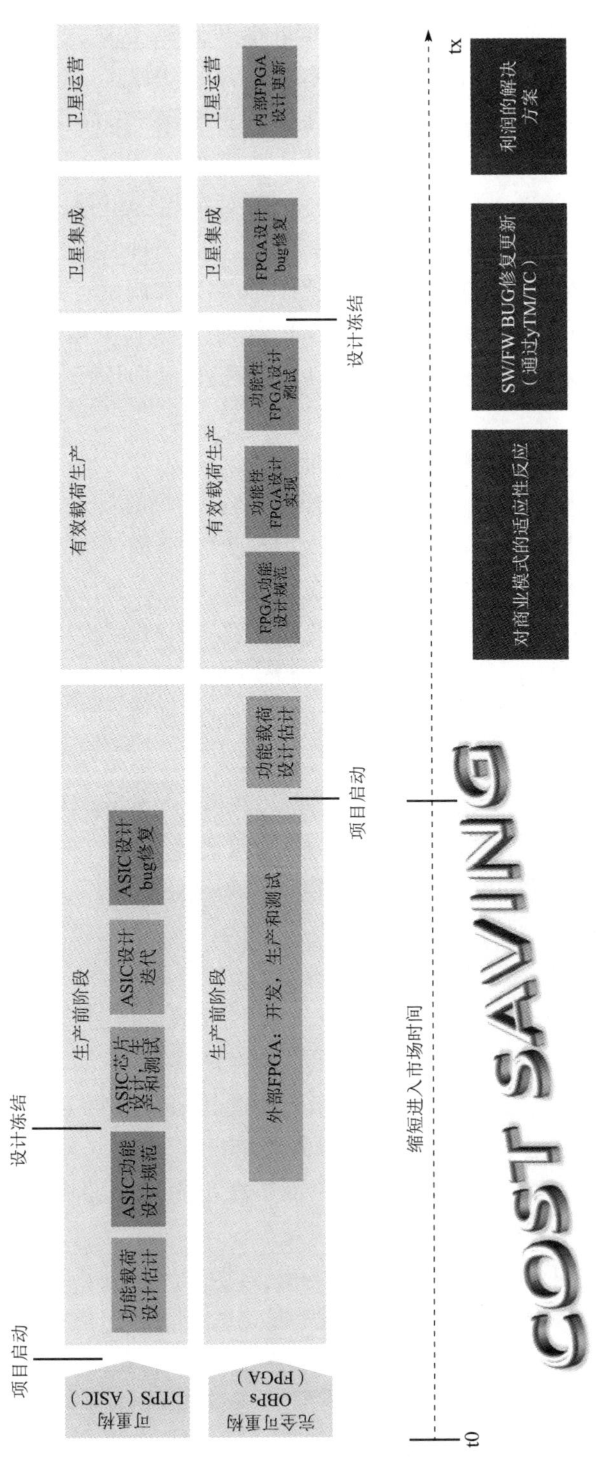

图 13.11　基于ASIC和FPGA的OBP实现的项目计划显示出缩短了上市时间

用于 OBP 的 ASIC 的设计必须在很早的时候就开始考虑太空应用技术，需求可能会改变，卫星运营商也可能会改变部分应用。因此，这些 ASIC 的开发将必须部分基于抽象的要求，这些要求也反映了覆盖未来应用程序的额外灵活性。

FPGA 固件的设计可以在晚些时候开始，设计成型的里程碑距离硬件完成和卫星集成处理器更近。根据设计的复杂程度，开发时间估计减少 12~18 个月。即使在集成过程中，也可以对代码进行阶段测试和调试，并可以在启动之前更新固件。当使用基于 SRAM 的 FPGA 时，在卫星运行阶段也可以对 FPGA 固件进行设计更新。这使运营商能够对新的业务模型和应用场景做出适应性的反应。

13.2.3.4 波束成形和相控阵天线控制

数字波束成形将为卫星开启新的灵活性领域，因为可以提供大量并行波束。目前最具挑战性的一点是要获得所需的天线增益所需的大量天线元件。这直接反映在波束形成处理器的端口数量上，可能是数千个。为了解决这个问题，一种可能的解决方案是将 ADC（以及用于发送 DAC）直接放置在天线孔径中，这会带来组装复杂、功耗，以及在较大温度范围内操作的问题。到处理器的接口可以通过高速串行通道来实现。同样，处理高带宽和众多波束将导致大量并行处理的操作。即使凭借最先进的结构和组件，未来几年仍然需要持续推进相关研究。

相反，控制相控阵天线相对容易些，因为仅需要一个接口来加载新的天线。使用调制解调器技术可以轻松地应用它。Eutelsat Quantum 等下一代卫星将通过 OBP 控制天线来使用这种方法。

13.2.3.5 IP 路由和卫星间链路（ISL）

大多数已公布的 LEO 星座都依赖 ISL。这些卫星被视为充分利用星座的有效手段，因为大多数卫星运行轨迹的星下点在海洋上，并且没有直接的网关连接。OBP 可以灵活地将用户波束与 ISL 连接起来（尽管卫星的飞行将遵循确定性路径）。这可以用于将信号路由到不同的网关，也可以仅使用星座卫星来建立端到端的连接。这些 ISL 应该能够在卫星之间路由传输约 5Gbps 数据。

也可以通过使用 OBP 引入更高层的路由。此功能不一定是 FPG 绑定的，并且可能不需要在门级进行重新配置。现有的芯片组，ASIC 或甚至是下一代 FPGA 的可用 CPU 内核都可以满足此要求。

13.3　FOBP 用例

13.3.1　有效载荷架构

FOBP 是为计划于 2021 年下半年发射的德国海因里希·赫兹（H2Sat）任务设计的。该任务基于 OHB 的“SmallGEO”平台形式，目前正在太空中运行，即 Hispasat 36W-l，该平台是在 ESA 的帮助下开发的。H2Sat 将涵盖另一个 OBP（基于 COTS），以及将在太空中进行测试的许多其他设备（滤波器，开关和放大器）。任务分为商业部分和科学部分，包含实验有效载荷。后者的上行和下行链路均使用 Ka 频段。

如图 13.12 所示，可以在信号路径中切换 FOBP，以实现科学有效载荷的灵活性（其他实验框未显示）。卫星可以提供的两个不同的带宽 36MHz 和 450MHz。因此，可以对卫星上的宽带信号进行实验。

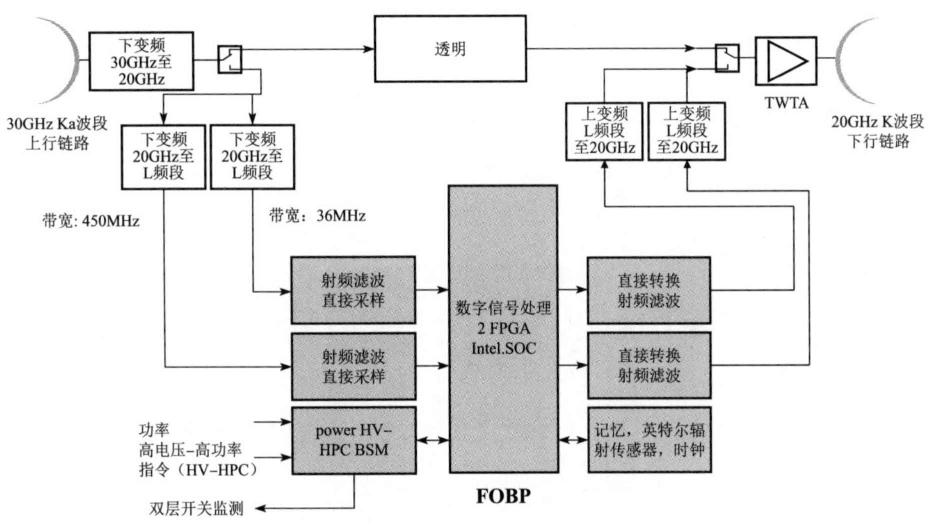

图 13.12　H2Sat 中 FOBP 的主要集成图

13.3.2　主要组件

图 13.13 显示了 FOBP 的框图，该 FOBP 覆盖了主要组件。FOBP 在 L 频段有两个输入端口和两个输出端口，支持 36MHz 和 450MHz 宽通道。具有 50V 总线电压，与卫星兼容的命令和监视线接口。

FOBP 的主要组成部分是：

- 电源，大功率命令（High Power Command，HPC）和双向监视器（Bistatic Monitor，BSM）控制器；
- 每个都有两个端口的模拟前端接收器和发送器；
- 时钟生成和分配；
- 两个带有 ADC、FPGA、DAC 和相应存储器的 DSP。

这些组件已在四张卡上实现：2 张 DSP 卡、1 个电源设备和 1 个 RF 和时钟卡。为了降低成本，可选择基于两个类别（称为范围 A 和 B）的一种方法。

范围 A（在图 13.13 中以灰色显示）涵盖了与卫星的所有接口（电源、RF、HV-HPC 和 BSM），设计运行 15 年，仅包含满足 ECSS-Q-ST-60C Rev. 2，Class 1 的组件。这些接口非常关键，因为它们直接连接至卫星的其余部分，不得引入任何缺陷。

范围 B 零件的设计方式是关键部件均为太空级。其余组件至少包装在太空级包装中。由于 DSP 模块非常复杂，因此 PCB 设计规则无法符合 ECSS 标准。

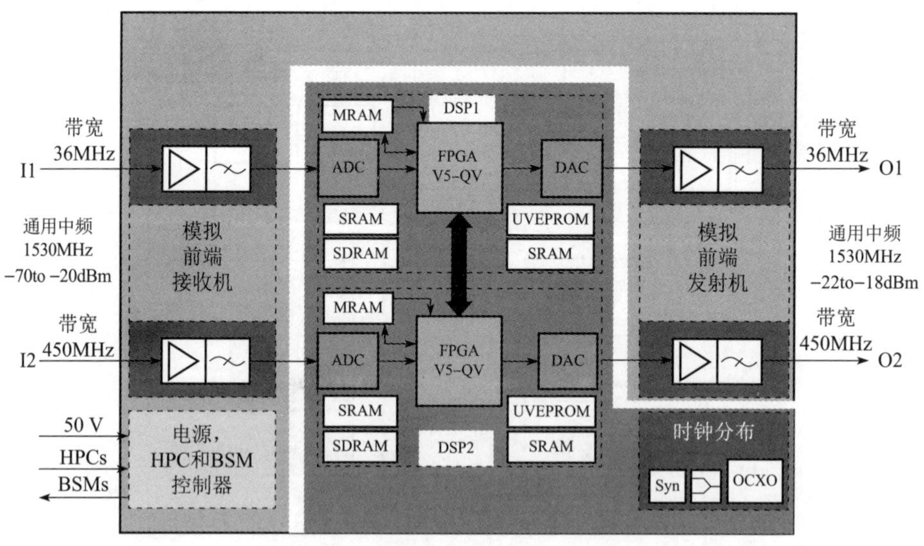

图 13.13　FOBP 的框图显示了主要组件

13.3.3 数字信号处理

信号处理模块的当前模型配备了太空级设备，例如，Xilinx Virtex-5QV FPGA。图 13.14 描绘了所提出模块的框图。我们通过不受 SEL 影响的可重构 FPGA、高速 ADC 和 DAC 建立了信号处理链。这些设备配有单独的时钟，以实现不同的采样和处理速率。

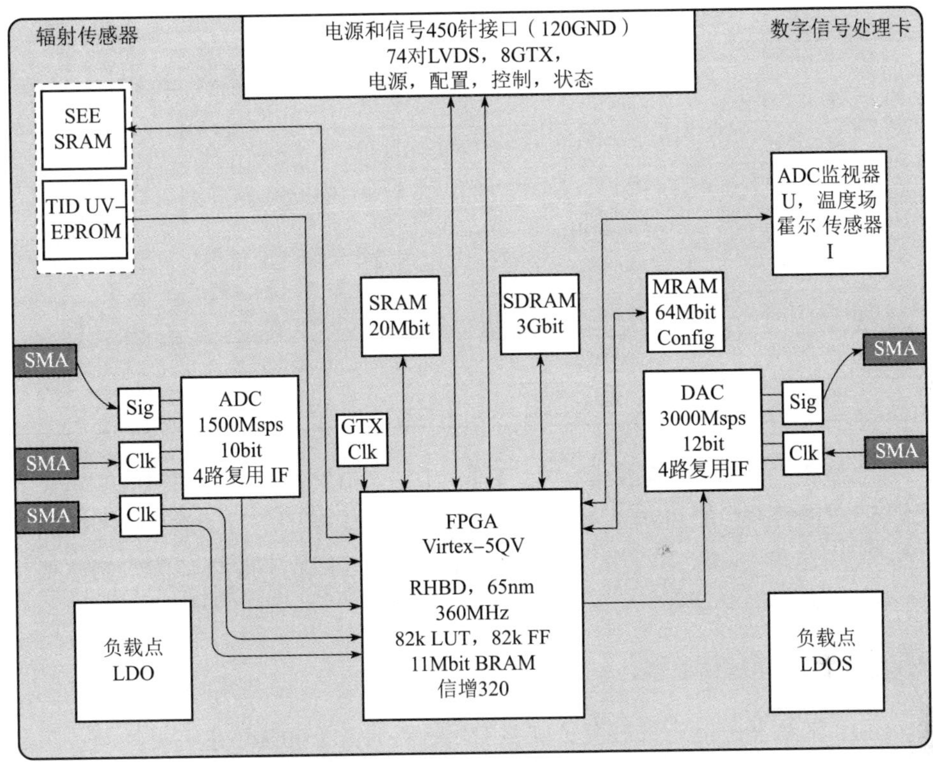

图 13.14 信号处理模块的框图

除了用于数据缓冲的 SRAM 和用于工作存储器的 SDRAM，该模块还配备了辐射传感器存储器。我们使用非易失性磁阻 RAM（MRAM）来存储初始 FPGA 配置（比特文件）。电源由负载点（Point of Loads，POL）和低压差（Low-Dropout，LDO）调节器组成，并且监控补充信号处理模块。电源和信号接口可实现电源和高数据速率与其他模块的连接。

由于信号处理模块具有通用性，因此表 13.4 列出了常规的软件定义无线电（Software-Defined Radio，SDR）功能、局限性和 FOBP 的设置。我们建议对输入和输出进行直接采样（带通欠采样），以节省一个模拟混频器级。FOBP 通过在第三个奈奎斯特频带中以 1224MS/s 的采样率对中心频率为 1530MHz，带宽为 450MHz 的频带进行采样来做到这一点。请注意，我们为 ADC 和 DAC 时钟实现了合成器，以便根据需要更改采样率。该合成器位于 FOBP 的射频模块上，不是信号处理模块的一部分。

表 13.4 信号处理模块的软件定义无线电功能、局限性和 FOBP 设置[11]

参数	范围	限制条件	备注	FOBP 配置
输入模拟频率 f_{in}	1~2250MHz	ADC	1. -3. (-5). 奈奎斯特	1530MHz
输入噪声功率比	43dB	ADC	10bit ADC	10bit
输入带宽	5~750MHz	合成器 ADC		612MHz
输入/输出接口数据速率	0~720Mbit/s	FPGA	双数据速率	306Mbit/s
处理速度	0~360MHz	FPGA		51；102；306MHz
输出带宽	5~1500MHz	合成器 ADC		612MHz
输出噪声功率比	45dB	DAC	12bit DAC	12bit
输出模拟频率 f_{out}	1~6000MHz	DAC	1. -5. 奈奎斯特	1530MHz
能耗	15~40W	-	最坏条件	典型 25W

系统设计中最具挑战性的部分是 ADC（40 对 LVDS）和 DAC（48 对 LVDS）的数字接口，FPGA 的功耗和散热。ADC 和 DAC 的接口经过四路复用，以发送和接收数字数据。我们通过使用 POL 和基于散热片的定制热概念解决了功耗和散热问题。

13.3.4 虚拟 TM/TC

为了监视和控制有效载荷，需要专用链路。由于 FOBP 是可重构的，因此需要上载配置数据。因此，与传统的遥测和遥令（TeleMetry/TeleCommand，TM/TC）系统（通常在卫星的所有模块之间共享）相比，我们需要在足够的时间用更高的数据速率来进行上载（如比特文件）。对于一个有效载荷模块，典型的 TM/TC 链路被限制为几 kbit/s，且访问必须与卫星的地面控制系统协调一致。

我们设计了所谓的虚拟 TM/TC（vTM/TC）来克服这些问题。此外，通过使用带内 vTM/TC，在有效载荷和卫星总线（如 MIL-STD-1553B）方面，我们避免了成本高昂的接口。同时，必须实施加密来保护 vTM/TC。

带内 vTM/TC 链路位于 K/Ka 频段通信链路中，并具有 2MHz 的信道带宽，能够使用差分正交相移键控（DQPSK）提供 1Mbit/s 的数据速率）调制。图 13.15 显示了不同的链接，左侧的 vTM/TC 是用户链接，右侧的 TM/TC 是卫星链接，典型低频段 TM/TC 链路。vTM/TC 的优化目标与频谱效率无关，而与 99.9%和最高可靠性的链路可用性有关。这使我们能够在不到一分钟的时间内上传大约 6MB 的 FPGA 比特文件。此外，还可通过我们的 vTM/TC 提供控制和状态信息，例如，温度、电压、电流、总电离剂量（Total Ionizing

Dose，TID）和单事件效应（SEE）失效率。对于信道编码，按照 CCSDS 标准[7-8] 的建议，使用 RS 编码和卷积编码的组合。

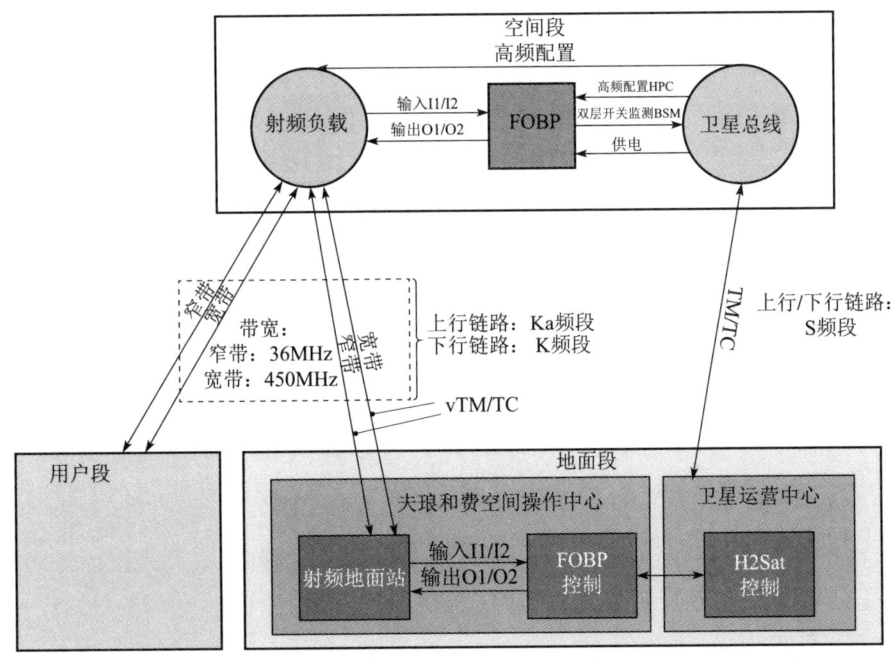

图 13.15　系统框图，左侧显示 vTM/TC 链接，右侧显示“标准”卫星 TM/TC 链接

如图 13.16 所示，接收链路包括数字下变频、同步、解调和信道解码。信道解码的数据输出是 188 字节的 MPEG-TS 数据包，该数据包被传输到下一层。

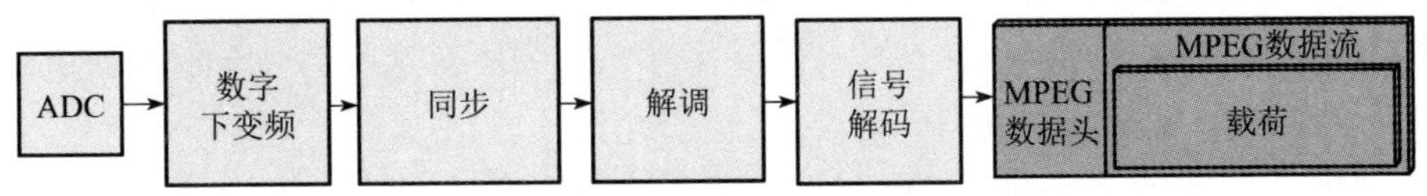

图 13.16　在 FPGA 中实现的 vTM/TC 接收链路框图

较高的网络层使用 IP 协议。卫星和地面控制系统内部的 FOBP 将获得 IP 地址，如图 13.17 所示。在 IP 之上，我们使用传输层协议 UDP 和 TCP 协议。即使包丢失或损坏，TCP 仍可确保可靠的数据传输。这非常适合传输 TC 或 FPGA 比特文件。传输层之上是应用层，我们还可以在其中使用标准协议，例如，FTP 用于比特文件上传、远程登录用于 TC。本质上，现在可以使用熟知的网络编程技术来编写星上软件。如果应用程序需要一些特殊的控制或监视，则可以在几小时或几天而不是几周或几个月的时间内编写必要的飞行和地面控制软件。

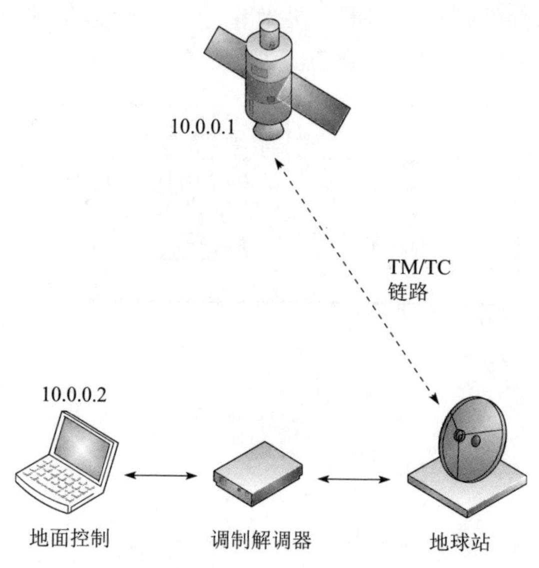

图 13.17 解决卫星上 FOBP 的通信链路

这样一来，我们便可以灵活地控制载荷，使其可以轻松嵌入未来的 5G 系统中。基于地面的新应用程序的上载，可进一步增加卫星有效载荷的灵活性。

13.4 LEO 卫星的星上处理器 5G 使用用例

为了说明未来协助 5G 或完全集成到 5G 中的卫星通信系统的需求，我们以 LEO 星座为例，其中的卫星可能在不同的位置扮演不同的角色。这些 LEO 系统要求卫星和地面设备具有高度的灵活性，因为所有这些都可能随时随地移动，至少是卫星在低轨道飞行时[12]。

OneWeb 公布了一种 LEO 星座，18 个轨道平面上部署 648 个 Ku 频段卫星，每个卫星的重量达 200kg，轨道高度为 1200km。LEOSAT 计划在 9 个轨道平面上部署 108 颗卫星，并使用激光星间链路。Telesat 计划在 1000km 和 1248km 的两个轨道上部署 117 颗卫星，后两个星座使用 Ka 频段作为用户链路。与 GEO 卫星相比，LEO 星座尽管卫星上只能容纳更小的天线，但其由于距离更近而具有 15dB 的优势。为了充分利用这些系统，星间链路必须在无法到达网关站时也保持连接。

图 13.18 和图 13.19 显示了一个应用用例，其中 LEO 卫星被集成在 5G 场景中，并在其轨道飞行期间在不同位置执行不同的任务。在图 13.18 中，卫星直接作为 5G 基站运行，以连接船或飞机。在那里，需要在用户终端与星间链

路或网关连接之间进行重新编码以传递相关的数据和进行网络连接。由于地面站主要部署在各大洲，因此通常无法进行直接网关连接。因此，星间链路对于在 5G 环境中使用 LEO 系统至关重要。

图 13.18　LEO 卫星充当 5G 基站，为海上船舶和飞机提供服务

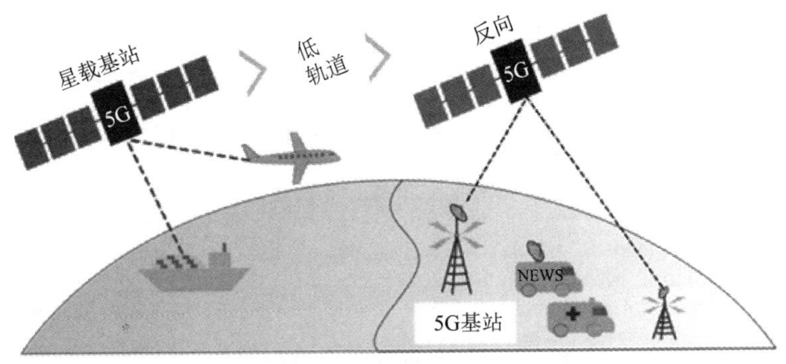

图 13.19　LEO 卫星在轨飞行期间的行为变化，可以为不同地区提供不同的服务

13.5　小结

本章简要介绍了星上处理及其将卫星整合到 5G 系统应用的必要性。为了实现未来电信基础设施的动态变化，需要使用到高度灵活的卫星。为了将所需数据灵活路由（传输）到不同用户、不同地面站以及其他位置，就需要使用带有星上处理功能的卫星。为了充分地利用卫星的灵活性，我们建议使用基于 FPGA 的星上处理器和专用的监测和控制信道。可以通过从卫星工作的网络来控制这种软件定义的有效载荷（Software Defined Payload，SDP）。

将星上处理器的灵活性和优势与卫星有效载荷的智能网络相集成，可以为卫星在将来 5G 网络中的运营铺平道路。

参考文献

[1] https://artes.esa.int/news/astrium-team-completes-web-system, August 2006, accessed 29.11.2017.

[2] https://artes.esa.int/sites/default/files/hiresimage/OPB_hi-res.jpg, August 2006, downloaded 29.11.2017.

[3] https://www.thalesgroup.com/sites/default/files/asset/document/Digital_Transparent_Processor_april2012.pdf, March 2012, accessed 29.11.2017.

[4] P. Voisin, A. Barthere, O. Maillet, *et al.*, Flexible Payloads for Telecommunication Satellites – A Thales Alenia Space perspective, 3rd ESA WS on advanced flexible payloads, March, 21–24, 2016, Noordwijk, The Netherlands.

[5] http://www.esa.int/spaceinimages/Images/2016/11/Redsat, 2016, accessed 20.12.2017.

[6] A. Hofmann, R. Glein, L. Frank, R. Wansch, and A. Heuberger, "Reconfigurable on-board processing for flexible satellite communication systems using FPGAs," in *2017 Topical Workshop on Internet of Space (TWIOS)*, 2017, pp. 1–4.

[7] CCSDS Green Book, CCSDS Protocols over DVB-S2 – Summary of Definition, Implementation, and Performance, Informational Report, 130.12-G-1, November 2016.

[8] CCSDS Green Book, Overview of Space Communications Protocols, Informational Report, CCSDS 130.0-G-3, July 2014.

[9] H. Gachon, V. Enjolras, P. Voisin, and G. Lesthievent, Spaceflex Digital transparent processor for advanced flexible payloads, 3rd ESA WS on advanced flexible payloads, March, 21–24, 2016, Noordwijk, The Netherlands.

[10] R. Glein, P. Mengs, F. Rittner, R. Wansch, and A. Heuberger, BRAM Implementation of a Single-Event Upset Sensor for Adaptive Single-Event Effect Mitigation in Reconfigurable FPGAs, 11th NASA/ESA Conference on Adaptive Hardware and Systems (AHS2017), July, 24–27, 2017, Pasadena, CA, USA.

[11] Robért Glein, Scalable Signal Processing based on Reconfigurable FPGAs for Satellite Payload Applications, 3rd ESA WS on advanced flexible payloads, March, 21–24, 2016, Noordwijk, The Netherlands.

[12] M. Russ and A, Hofmann, Architectural considerations on Software Defined Payloads (SDP) of interests to 5G Community, EuCNC 2017, June, 12–15, 2017, Oulu, Finland.

第14章 卫星通信的星载干扰检测和定位

克里斯托·波利蒂斯，阿什坎·卡兰塔利，希娜·马利基，西蒙·查齐诺塔斯
卢森堡大学安全、可靠性和信任跨学科中心

干扰是卫星通信（Satellite Communication，SATCOM）系统和服务面临的重要挑战。在卫星行业中，人们越来越关注如何有效地减轻干扰。在这种情况下，可使用星载频谱监测和定位系统来检测和定位干扰。现有的卫星频谱监测和定位系统主要部署在地面上，引入在轨频谱监测和定位系统能够带来多种好处，例如，简化多波束系统地面监测站的部署复杂度。本章介绍干扰检测和定位技术，这些技术可应用在具有数字透明转发器（DTP）的卫星有效载荷中或部分带有可再生转发器的卫星中。本章首先介绍常规能量检测器（Conventional Energy Detector，CED），它是监测卫星通信中强干扰的有效技术。但对于具有较低干扰加信号噪声比（ISNR）的信号，使用常规能量检测器可能很难检测到干扰。为解决这个问题，本章接着讨论了第二种检测器，它利用卫星通信的标准帧结构和导频符号。假设接收机已知导频信号信息，则可以将其从总的接收信号中剔除，然后对其余信号应用能量检测技术，以确定是否存在干扰。若在低信干噪比信号中，使用此检测技术进行干扰检测可能需要比普通干扰更多的导频样本。因此，本章继续讨论第三种检测器，即通过解调所需的信号，然后从总接收信号中剔除所需信号，并在剩余信号中施加能量检测从而来检测出干扰。检测到干扰之后，需要对干扰源进行定位，本章介绍用于开展地面干扰定位的现行技术，并提出一种利用单个卫星到达频率（Frequency of Arrival，FoA）的星载干扰定位技术。

14.1 简介

干扰是影响商用卫星电信系统和服务质量的主要问题[1]。干扰可导致卫星运营商高达数百万美元的损失，包括吞吐量降低导致的收入损失和购买干扰监测、检测、定位和缓解设备所需的费用。用户也会因服务质量下降而受到影响[2]。随着卫星数量不断增加，以及频段越来越拥挤，干扰情况在未来几年可能会变得更糟。因此，对于商业卫星行业来说，合理的干扰管理策略显得尤为重要。

想要有效地解决干扰，需要在各个环节开展复杂相关的工作和任务：干扰监测、干扰检测和隔离、干扰分类、干扰定位和干扰减缓[1]。在本章中，我们重点介绍其中两个，即干扰检测和干扰定位。干扰检测可以在空间或地面上进行。在地面上进行干扰检测的方法是将卫星当作透明转发器，其他所有处理都在地面上执行，可与其他功能结合使用。另一方面，在轨频谱监测单元（Spectrum Monitoring Unit，SMU）会带来一些其他好处，例如，为了在下行链路受损之前更快地解决干扰、通过避免在多个地球站中使用相同的监测设备来简化多波束卫星地面站的配置，并提供处理那些不受额外下行链路损害和与应答器有关失真影响的上行链路信号的能力[1,3,4]。在这里，我们应该提到的是，可以在星上使用单个监测设备来检测强干扰，例如，宽带检测器。但是，为了检测弱干扰，我们需要更复杂的算法，以便可以将干扰检测器应用于每个信道中。为了解决该问题，这些检测器只能被用于那些卫星运营商认为干扰出现概率更大或需要更高级别保护的信道中。最后，值得一提的是，星载干扰检测和定位都仍然面临一些技术挑战，这些挑战必须予以考虑，其中最重要的一个是如何最小化星载干扰检测和定位的复杂性和功耗。

本章我们仍旨在阐述利用依赖于单星获得的测量结果实现 FoA 对未知位置的干扰进行定位的技术。这种技术即可以在地面也可以在星上实施。为了更容易理解星载干扰定位的优势，我们将对地面方法和星载方法进行比较。在地面方法中，卫星在每个时间点对干扰进行采样，然后将其转发到关口站以估计其频率。由于卫星的移动，每个估计频率都包括了一个多普勒频移，该频移与未知干扰源的位置有关。关口站使用卫星的位置、速度、振荡器频率和干扰频率在估算频率和未知干扰位置之间建立起相关位置的方程式。卫星对参考信号和干扰信号同时进行采样，以校准估计的频率并补偿卫星位置、速度和振荡器频率的可用值和实际值间的不匹配。基于 FoA 测量（至少两个）获得的多个与位置有关的方程式，以及地表方程式可用于定位未知的干扰。在星载方法中，卫星在星上执行定位算法，可避免产生下变频振荡器频率误差以及在下行链路传输中出现的估计速度和卫星位置误差。此外，星载定位方法可以提高定位的精度，因此可以大大减少定位误差。

在这一部分中，我们将更详细地阐述使用星载卫星定位的情况[1,5]。以下情况可使用星载定位方法：

（1）待定位干扰信号未通过从卫星到关口站的下行链路信道。因此，它不会产生受信道和降雨影响而出现的失真、衰减和噪声，从而可以获得更好的位置估计。

（2）到 2018 年，载波 ID① 将仅配备专业的上行链路站[2]。但是，由于成本问题，载波 ID 将不会配备甚小孔径终端（Very Small Aperture Terminal，VSAT）。

（3）飞机等移动用户不会配备载波 ID。

（4）不使用载波 ID 的非法上行链路站（盗用的带宽或非法使用的带宽）。

星载干扰检测和定位可以极大地协助卫星产业的发展，而且在继续讨论当前的星载技术之前，我们首先概述一下卫星的数字化。

14.2　星载数字化

商业卫星由多种组件组成，这些组件使它们能够接收和重新分配来自地球的信号。卫星对接收到的信号进行滤波，通过低噪声放大器（Low Noise Amplifier，LNA）对其进行放大，将其转换为另一个频率，对其进行复用，再通过高功率放大器（High Power Amplifier，HPA）对其进行放大，然后将其发送回地面进行进一步处理[6]。此过程如图 14.1 所示。因此，卫星包含大量的模拟硬件，例如滤波器，开关，多路复用器，转换器和放大器。

如今卫星的数字化发生了一场革命[7]。数字信号处理器（Digital Signal Processors，DSP）的引入完全改变了卫星操作、交互和服务客户的方式[8]。卫星设计发生了巨大变化，可以替换大部分上述板上模拟硬件，其中信号将从 DSP 传递出去进行转化，变换和数字放大。

此外，卫星的数字化可实现灵活和自适应有效载荷的设计和运行，从而为卫星运营商及其客户带来诸多好处。卫星有效载荷的灵活性优化了资源管理，

---

① 载波 ID 是一个简单的概念，每个传输的载波都有一个唯一的 ID，卫星运营商可以对其进行解码。如果载波出现干扰，则将对此载波的唯一 ID 进行解码，以识别谁在发送干扰。卫星运营商可解码载波中的唯一 ID，与造成干扰的上行链路联系，并减少由干扰引起的服务中断持续时间。

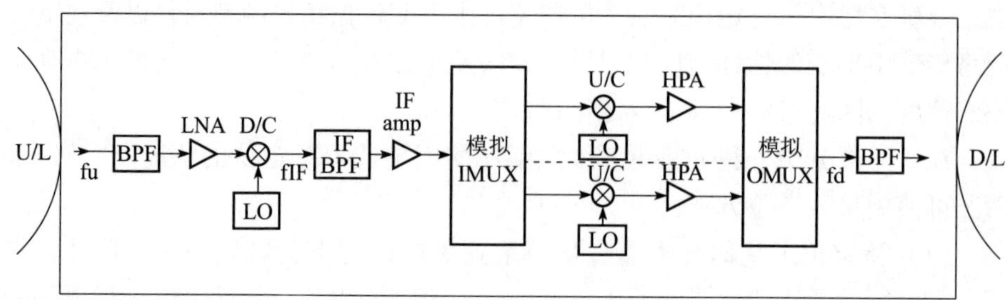

图 14.1　透明卫星有效载荷

提供了根据需求并基于给定区域中的实际交通状况来调整卫星用途的能力。就此而言，DTP[9-10] 是一种有前途的技术，可以提供灵活性。DTP 旨在在上行链路信号上提供非再生 DSP，如图 14.2 所示。DTP 是迈向更高级愿景的第一步：完整的有效负载数字化[7]。全数字有效载荷旨在支持再生 DSP，例如，卫星上的解调、解码、编码和调制。

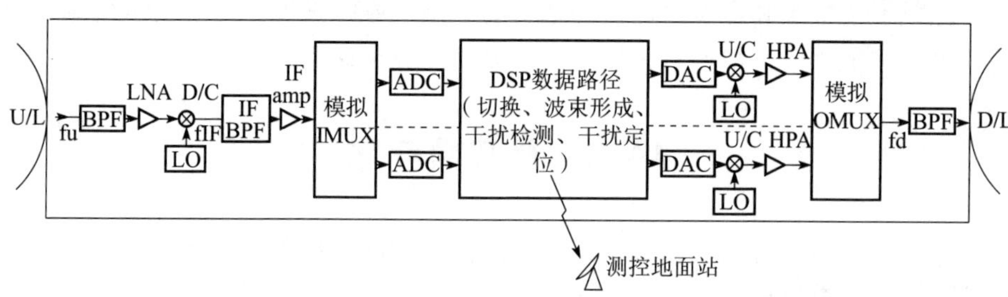

图 14.2　数字透明处理器（DTP）卫星有效载荷

在接下来将描述卫星上的干扰源，并且还将介绍用于干扰检测和定位的技术。

14.3　卫星干扰

根据定义，干扰是无用载波占用频带中有用载波的功率贡献[6]。本节中描述了很多可能发生干扰的场景，重点是上行链路卫星干扰。可以分为两类：系统内干扰和外部干扰[11]。

14.3.1　系统内干扰

系统内干扰是在属于同一系统的地球站（Earth Station，ES）传输的载波上产生的[12-13]。如图 14.3 所示，卫星网络中系统内干扰的一些潜在来源是同信道干扰，相邻信道干扰和交叉轮询干扰[6,11-15]。该图表示三个波束，假设波束 2 的 ES 2 是正常运行的 ES。

（1）由于不同波束之间的非理想隔离，会产生同频干扰。在图 14.3 中，ES 2 在主瓣中以最大天线增益发送信号，该信号定义为波束 2。此外，波束 3 的 ES 4 以与 ES 2 相同的频率和极化发射信号，并且该信号被限定波束 2 的天线的旁瓣接收，增益低但非零。因此，波束 3 的载波在波束 2 的载波的频谱中表现为干扰噪声，从而产生同信道干扰。

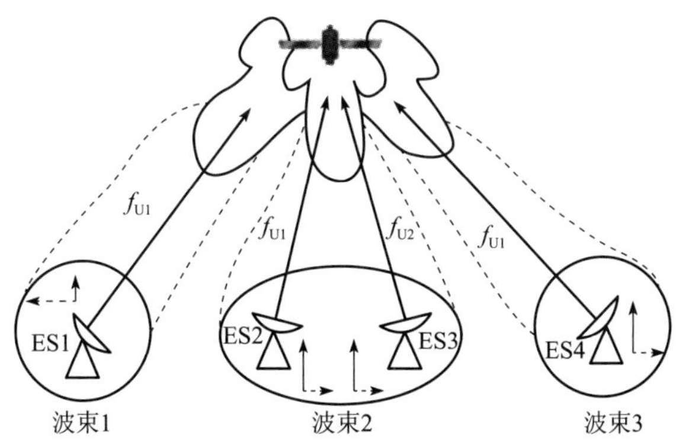

图 14.3　系统内干扰源

（2）交叉轮询干扰是载波相反的极化场的结果。在图 14.3 中，如果波束 1 的 ES1 以与有用 ES 的载波相同的频率但相反的极化进行传输，则会产生交叉轮询干扰。

（3）由于以下情况而产生相邻信道干扰：邻频 f_{U2} 的载波被接收 f_{U1} 载波的卫星接收。在图 14.3 中，我们看到，波束 2 的 ES 3 以与 ES 2 相同的极化但频率不同的方式接收了波束 2 的 ES 3 发射的信号功率的一部分，这是由于在该信号所占据的信道中滤波不完善的结果。ES 2 的载波，以这种方式产生相邻的干扰。

14.3.2　外部干扰

外部干扰是由来自不同系统的 ES 的载波产生的[12-13]。潜在的外部干扰源的一些示例是：相邻系统干扰、串联干扰、地面干扰和人为干扰。

（1）ES 向相邻卫星产生相邻系统干扰。由于操作错误、系统间协调不佳或设备设置不佳导致，此类干扰通常是偶然的。图 14.4 给出了相邻系统干扰的场景，其中干扰源正在向运行中的卫星发射。

（2）在 GEO 和 NGEO 网络共存的情况下，当 NGEO 卫星通过 ES 和 GEO 卫星之间的视线路径时，会产生在线干扰[16]。这种类型的干扰如图 14.5 所示。

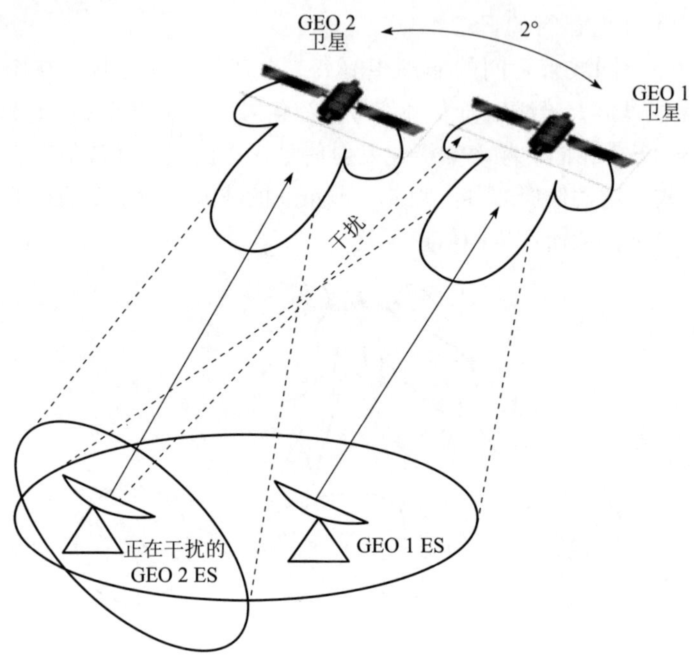

图 14.4　相邻系统干扰

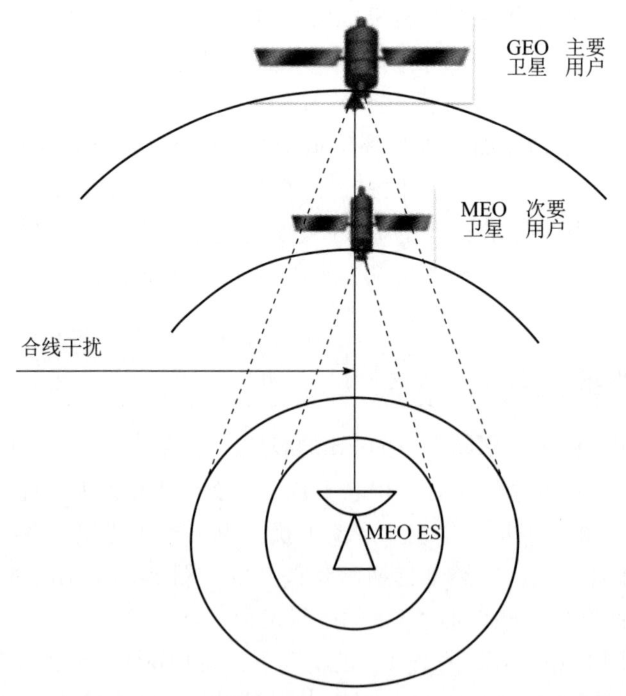

图 14.5　在线干扰

（3）由于分配给卫星通信的某些频带通常也分配给地面通信，特别是在 Ka 频段[17]，因此产生了地面干扰。

（4）降低卫星系统性能的信号会产生人为干扰。人为干扰最常见的类型是阻塞。

根据以上分析，还可以根据干扰源的性质将上行链路卫星干扰分为故意干扰（例如，阻塞）和非故意干扰（例如，同频、交叉轮询、邻频、相邻系统、串联和地面干扰）。卫星运营商估计，所有干扰事件中有 90%是由于无意干扰引起的，而故意干扰则相当于其中的 10%[14-15]。

最后，可以根据干扰信号所属的服务（例如，广播卫星服务、固定卫星服务、VSAT 等）进一步分类意外干扰的类型。根据 SES 数据[18]，VSAT 干扰是最关键的，也是最重要的贡献。每个 VSAT 终端发送一个低功率信号；但是，由于地理上分布的 VSAT 终端数量众多，因此，其中许多终端的聚集干扰对卫星通信产生了重要影响。

14.4　干扰检测技术

我们考虑一个常见的卫星通信系统，卫星、所需的终端和干扰源都配备一个天线。目的是检测上行链路射频干扰。因此，可以将检测问题公式化为以下二进制假设检验，它是基带符号采样模型为

$$\mathscr{H}_0: \boldsymbol{y}=h\boldsymbol{s}+\boldsymbol{w} \tag{14.1}$$

$$\mathscr{H}_1: \boldsymbol{y}=h\boldsymbol{s}+\boldsymbol{w}+\boldsymbol{i} \tag{14.2}$$

式中：h 为上行链路信道；$\boldsymbol{s}=[s(1)\cdots s(N)]^{\mathrm{T}}$ 为 $N\times1$ 向量，称为期望终端以功率 P_s 或能量 E_s 发送的信号；$\boldsymbol{i}=[i(1)\cdots i(N)]^{\mathrm{T}}$ 为 $N\times1$ 向量，称为从干扰源接收的信号；$\boldsymbol{w}=[w(1)\cdots w(N)]^{\mathrm{T}}$ 为 $N\times1$ 个向量，在卫星的接收天线处称为加性噪声，建模为具有零均值和协方差的独立且均匀分布的（i. i. d.）复高斯向量。

由 $E\{\boldsymbol{w}\boldsymbol{w}^{\mathrm{H}}\}=\sigma_2^w\boldsymbol{I}_N$ 给出，其中 $\boldsymbol{I}_N$ 表示大小为 N 的单位矩阵，并且 $\boldsymbol{y}=[y(1)\cdots y(N)]^{\mathrm{T}}$ 分别表示 $N\times1$ 向量，被称为卫星在第 $1_{\mathrm{st}}\cdots N_{\mathrm{th}}$ 时刻的总接收信号。期望的发送信号 s 是由与 N_d 个数据流 s_d 交织的 N_p 个数量的导频符号 s_p 组成的调制信号。因此，$N=N_p+N_d$，其中 N 表示样本总数。关于采用的 $\boldsymbol{i}$ 分布模型，请注意，可以将其视为通用模型，其中向量 $\boldsymbol{i}$ 可以是一个或多个独立干扰源的集合信号，这些干扰源随时间的推移会进一步独立。该模型可以被认为是对开发的探测器性能评估的有效模型。但是，如后所述，检测阈值的计算与

干扰信号的分布无关，并且可以应用于任何情况。

14.4.1 常规能量检测器（CED）

可以根据参考文献［19］中讨论的常见频谱感测技术之一来设计干扰检测模块，包括匹配滤波器检测[20]，循环平稳检测[21] 和能量检测[22-25]。匹配滤波器检测是一种最佳检测方法。然而，这需要干扰信号的先验信息，例如，调制、编码等，这在实践中通常是不易实现。此外，循环平稳检测需要了解干扰信号的循环频率，增加了复杂度，这也使得其难以实际实施。另一方面，能量检测不需要先验地了解干扰信号，并且由于其简单性而成为最受欢迎的检测器，从而降低了算法的复杂度，这构成了星载处理的关键因素。

测量接收信号的能量，并将其与适当选择的阈值进行比较，以决定是否存在干扰。因此，如果我们将 ED 应用于式（14.1）和式（14.2）的假设检验中，即

$$T(\boldsymbol{y})=\|\boldsymbol{y}\|^2=\sum_{n=1}^{N}|y(n)|^2 \begin{matrix}<\gamma_{\text{ced}}\rightarrow\mathscr{H}_1\\>\gamma_{\text{ced}}\rightarrow\mathscr{H}_0\end{matrix} \tag{14.3}$$

式中：γ_{ced} 为 CED 下的决策阈值，在假设 $\mathscr{H}_0$ 和 $\mathscr{H}_1$ 下，检验统计量 $T(y)$ 的分布遵循具有 $2N$ 自由度的非中心卡方分布，虚警概率（P_{FA}）和检测概率（P_{D}）可以用封闭形式表示为

$$P_{\text{FA}}=Q_N\left(\sqrt{\rho\mathscr{H}_0},\sqrt{\frac{2\gamma_{\text{ced}}}{\sigma_2^w}}\right) \tag{14.4}$$

$$P_{\text{D}}=Q_N\left(\sqrt{\rho\mathscr{H}_1},\sqrt{\frac{2\gamma_{\text{ced}}}{\sigma_2^i+\sigma_2^w}}\right) \tag{14.5}$$

式中：$Q_{\text{m}}(a,\ b)$ 为广义 Marcum-Q 函数，非中心性参数 ρ 分别由 $\rho\mathscr{H}_0=(2|h|^2E_s)/\sigma_w^2$ 和 $\rho\mathscr{H}_1=(2|h|^2E_s)/(\sigma_w^2+\sigma_i^2)$ 给出。

然后，实际上噪声和信号能量通常是未知的。因此，在噪声和信号能量都不确定的情况下，P_{FA} 和 P_{D} 可以近似为

$$P_{\text{FA}_u}=Q_N\left(\sqrt{\frac{2\eta_h|h|^2E_s}{\eta_w\sigma_w^2}},\sqrt{\frac{2\gamma_{\text{ced}_u}}{\eta_w\sigma_w^2}}\right) \tag{14.6}$$

$$P_{\text{D}_u}=Q_N\left(\sqrt{\rho\mathscr{H}_1},\sqrt{\frac{2\gamma_{\text{ced}_u}}{\sigma_i^2+\sigma_w^2}}\right) \tag{14.7}$$

式中：γ_{ced_u} 为常规 ED 不确定性情况下的选定阈值，不确定性因子可以定义为 $B=10\log_{10}\eta$，其中 B 以 dB 为单位。估计的噪声方差为 $\hat{\sigma}_w^2=\eta_w\sigma_w^2$，其中 η_w 反

映了估计的准确性。与 η_h 类似，索引 h 和 w 分别表示信道和噪声。

能量检测是一种有效的技术，尤其是在强干扰情况下。但是，它对干扰检测的主要缺点是对噪声变化的敏感性和所需信号功率的不确定性[4]。但由于它不需要有关干扰信号的信息，并且其实际实现简单且具有成本效益，因此被广泛采用。

14.4.2 在导频域消除缺陷信号能量检测器

如前所述，能量检测是一种非常流行的检测技术，但它通常难以检测具有低信干噪比值的信号，因为需要了解噪声和信号功率才能正确设置阈值。在实践中尚无法获得有关噪声和信号功率的准确判定。因此，出现了 ISNR 墙[26]的现象，此时无法进行准确的干扰检测。另外，即使判定是准确的，常规能量检测仍需要大量样本，这会阻碍对干扰的快速检测，并进一步增加卫星上的能量消耗，这是影响在轨处理的关键因素。

为了克服这些问题，参考文献［4］提出了一种利用卫星通信标准的帧结构知识的方法，该方法采用导频符号进行传输。该检测器非常适合数字透明处理器有效载荷。

算法 1：利用导频符号进行消除缺陷信号的能量检测。

（1）在时间和帧同步之后，卫星处的导频信号是已知的，并且将式（14.1）和式（14.2）的假设检验重新制定为

$$\mathscr{H}_{0_p}:\boldsymbol{y}_p=h\boldsymbol{s}_p+\boldsymbol{w}_p \tag{14.8}$$

$$\mathscr{H}_{1_p}:\boldsymbol{y}_p=h\boldsymbol{s}_p+\boldsymbol{w}_p+\boldsymbol{i}_p \tag{14.9}$$

式中：$\boldsymbol{s}_p=[s_p(1)\cdots s_p(N_p)]^{\mathrm{T}}$ 为 $N_p\times1$ 向量，称为期望终端以功率 P_s 或能量 E_s 发送的信号；$\boldsymbol{i}_p=[i_p(1)\cdots i_p(N)]^{\mathrm{T}}$ 为 $N_p\times1$ 向量，称为从干扰源接收的信号，其中 $\boldsymbol{i}_p\sim\mathscr{CN}(0,\ \sigma_{i_p}^2\boldsymbol{I}_{N_p})$；$\sigma_{i_p}^2=\sigma_i^2$ 为 $\boldsymbol{i}_p$ 的方差；$\boldsymbol{w}_p=[w_p(1)\cdots w_p(N_p)]^{\mathrm{T}}$ 为 $N_p\times1$ 个向量，在卫星的接收天线处称为加性噪声，其中 $\boldsymbol{w}_p\sim\mathscr{CN}(0,\ \sigma_{w_p}^2\boldsymbol{I}_{N_p})$；$\sigma_{w_p}^2=\sigma_w^2$ 为 $\boldsymbol{w}_p$ 的方差，$\boldsymbol{y}_p=[y_p(1)\cdots y_p(N_p)]^{\mathrm{T}}$ 分别表示 $N_p\times1$ 向量，被称为总接收信号。

（2）然后，使用导频符号估计信道。

（3）此外，从总接收信号中删除导频符号，新的假设检验可写为

$$\mathscr{H}_{0_p}:\boldsymbol{y}'_p=\boldsymbol{w}_p-\varepsilon\mathscr{H}_0\boldsymbol{s}_p \tag{14.10}$$

$$\mathscr{H}_{1_p}:\boldsymbol{y}'_p=\boldsymbol{i}_p+\boldsymbol{w}_p-\varepsilon\mathscr{H}_1\boldsymbol{s}_p \tag{14.11}$$

式中：$\varepsilon\mathscr{H}_0$ 和 $\varepsilon\mathscr{H}_1$ 分别为假设 $\mathscr{H}_0$ 和 $\mathscr{H}_1$ 下的信道估计误差。

（4）最后，对其余信号应用能量检测，可表示为

$$T(\boldsymbol{y}_p')=\|\boldsymbol{y}_p'\|^2=\sum_{n=1}^{N_p}|\boldsymbol{y}_p'(n)|^2 \begin{array}{l}<\gamma_p\to\mathscr{H}_{0_p}'\\>\gamma_p\to\mathscr{H}_{1_p}'\end{array} \tag{14.12}$$

式中：γ_p 为利用导频符号的算法的适当定义的阈值，负责检测干扰。

值得一提的是，为了使该方法成功，需要时间同步以找到符号的极限，并且还需要帧同步以找到导频在帧中的位置。

为了评估式（14.12）的检测器，我们需要找到相关的卡方变量的分布[27-28]。然后，基于某些操作，利用导频符号（在这种情况下分别为 P_{FA_p} 和 P_{D_p}），错误警报和检测缺陷信号的能量检测的概率分别为

$$P_{\text{FA}_p}=\frac{\Gamma(N_p-1,(\gamma_p/\sigma_{w_p^2}))}{\Gamma(N-1)} \tag{14.13}$$

$$P_{\text{D}_p}=\frac{\Gamma(N_p-1,(\gamma_p/\sigma_{w_p^2}+\sigma_{i_p^2}))}{\Gamma(N-1)} \tag{14.14}$$

看起来像自由度要小一些的能量检测。噪声不确定性情况的相应方程式为

$$P_{\text{FA}_{p_u}}=\frac{\Gamma(N_p-1,(\gamma_{u_p}/\eta_{w_p}\sigma_{w_p^2}))}{\Gamma(N_p-1)} \tag{14.15}$$

$$P_{\text{D}_{p_u}}=\frac{\Gamma(N_p-1,(\gamma_{u_p}/\sigma_{w_p^2}+\sigma_{i_p^2}))}{\Gamma(N_p-1)} \tag{14.16}$$

式中：γ_{u_p} 为在能量检测的不确定性情况下采用导频符号进行缺陷信号消除的选定阈值。

我们可以注意到，与必须考虑噪声和信号功率不确定性的传统能量检测相比，采用信号消除技术的能量检测仅受噪声不确定性的影响。

14.4.3 在数据域消除缺陷信号的能量检测器

早期，通过利用卫星通信标准的帧结构和导频符号，引入了具有信号消除功能的能量检测。在足够数量的样本（即导频）的假设下，该技术可提供对弱干扰信号的可靠检测。但在低 ISNR 值下进行检测可能需要比标准支持的导频数更多的样本。此外，如果干扰是间歇性的，则与导频符号位置有关的样本可能不会受到影响，先前的方法将无法很好地检测干扰。

为了解决这些问题，参考文献［29］提出了一种基于信号消除的能量检测概念的检测方案，该方案不需要导频符号。它着重于数据域，对所需数据信号进行解调，将其从总接收信号中删除，并在剩余信号中应用能量检测以检测

干扰。该技术需要部分再生的卫星（至少对于在轨频谱监测），在该卫星中可以对接收到的信号进行解调。

算法 2：利用数据消除缺陷信号的能量检测

（1）式（14.1）和式（14.2）的假设检验的公式为

$$\mathscr{H}_{0_d}:\boldsymbol{y}_d=h\boldsymbol{s}_d+\boldsymbol{w}_d \tag{14.17}$$

$$\mathscr{H}_{1_d}:\boldsymbol{y}_d=h\boldsymbol{s}_d+\boldsymbol{w}_d+\boldsymbol{i}_d \tag{14.18}$$

式中：h 为从期望的终端到卫星的标量平坦衰落信道，假定在卫星接收机处已知（即，预先估计），并且在经过信道功率 γ 的相位补偿后，它是实数，其中 $\boldsymbol{s}_d=[s_d(1)\cdots s_d(N_d)]^{\mathrm{T}}$ 表示 $N_d\times1$ 向量，称为期望终端以功率 P_d 或能量 E_d 发送的信号；$\boldsymbol{i}_d=[i_d(1)\cdots i_d(N)]^{\mathrm{T}}$ 为 $N_d\times1$ 向量，称为从干扰源接收的信号，其中 $i_d\sim\mathscr{CN}(0,\ \sigma_{i_d}^2\boldsymbol{I}_{N_d})$；$\sigma_{i_d}^2=\sigma_i^2$ 为 $\boldsymbol{i}_d$ 的方差；$\boldsymbol{w}_d=[w_d(1)\cdots w_d(N_d)]^{\mathrm{T}}$ 为 $N_d\times1$ 个向量，在卫星的接收天线处称为加性噪声，其中 $\boldsymbol{w}_d\sim\mathscr{CN}(0,\ \sigma_{w_d}^2\boldsymbol{I}_{N_d})$；$\sigma_{w_d}^2=\sigma_w^2$ 为 $\boldsymbol{w}_d$ 的方差；$\boldsymbol{y}_d=[y_d(1)\cdots y_d(N_d)]^{\mathrm{T}}$ 分别为 $N_d\times1$ 向量，被称为总接收信号。

（2）然后，通过所需端恢复发送的信号：$\hat{\boldsymbol{S}}_d$ 表示恢复或估计的信号。

（3）此外，从卫星上的总接收信号中删除此估计信号：$\boldsymbol{y}'_d=\boldsymbol{y}_d-h\hat{\boldsymbol{s}}_d$

（4）最后，对其余信号应用能量检测，表示为

$$T(\boldsymbol{y}'_d)=\|\boldsymbol{y}'_d\|^2=\sum_{n=1}^{N_d}|\boldsymbol{y}'_d(n)|^2 \begin{array}{l}<\gamma_d\rightarrow\mathscr{H}_{0_d}\\ >\gamma_d\rightarrow\mathscr{H}_{1_d}\end{array} \tag{14.19}$$

式中：γ_d 为用于恢复数据符号的算法的正确定义的阈值，负责检测干扰。

该算法可以应用于 DVB-S2X[30] 标准支持的任何调制方案（QPSK、8PSK、16APSK 等），在本节中，我们重点介绍 QPSK 调制信号。但是，为简单起见，我们开始考虑 BPSK 信号进行分析，这将在后面显示，可以很容易地扩展到 QPSK 方案。

在 BPSK 情况下应用算法的前三个步骤，可以将式（14.17）和式（14.18）的假设检验重新编写为

$$\mathscr{H}_{0_B}=\begin{cases}\mathscr{H}_{00_B}:y'_d(n)=w_d(n)\\ \mathscr{H}_{01_B}:y'_d(n)=2hs_d(n)+w_d(n)\end{cases} \tag{14.20}$$

$$\mathscr{H}_{1_B}=\begin{cases}\mathscr{H}_{10_B}:y'_d(n)=i_d(n)+w_d(n)\\ \mathscr{H}_{11_B}:y'_d(n)=i_d(n)+2hs_d(n)+w_d(n)\end{cases} \tag{14.21}$$

式中：$n=0,\ 1,\cdots,N-1$，索引 B 为 BPSK 场景；$\mathscr{H}_{00_B}$ 和 $\mathscr{H}_{10_B}$ 分别为正确恢复

接收信号且不存在干扰并且存在干扰的假设；而 $\mathscr{H}_{01_B}$ 和 $\mathscr{H}_{11_B}$ 为干扰恢复时的错误情况分别不存在和存在。

然后，在 BPSK 情况下，具有虚警概率缺陷信号消除功能的能量检测恢复了数据符号。在这种情况下，$P_{\mathrm{FA}_{d_B}}$ 表示为

$$P_{\mathrm{FA}_{d_B}} = \sum_{k=0}^{N_d} \binom{N_d}{k} P_{kB} P_{eB}^{k} (1-P_{eB})^{N_d-k} \tag{14.22}$$

式中：k 为错误恢复的比特数；P_{eB} 为 BPSK[31] 的比特错误概率；P_{kB} 为 k 个比特被错误恢复的情况下的虚警概率，可以近似为

$$P_{kB} = Q\left(\frac{\gamma_d - \mu\mathscr{H}_{0_B}}{\sqrt{V_{\mathscr{H}_{0_B}}}}\right) \tag{14.23}$$

式中：$\mu\mathscr{H}_{0_B}$ 和 $V\mathscr{H}_{0_B}$ 分别为检验统计量 $T(\boldsymbol{y}'_d \mid \mathscr{H}_{0_B})$ 的均值和无效值，它们也与 k 有关。

但是，检测阈值 γ_d 到式（14.22）的计算可能会很复杂，尤其是随着样本数量的增加。尽管如此，虚警概率可以近似为

$$P_{\mathrm{FA}_{d_{Ba}}} = Q\left(\frac{\gamma_d - N_d(1-P_{eB})\mu_{\mathscr{H}_{00_B}} - N_d P_{eB}\mu\mathscr{H}_{01_B}}{\sqrt{N_d(1-P_{eB})V\mathscr{H}_{00_B} - N_d P_{eB} V\mathscr{H}_{01_B}}}\right) \tag{14.24}$$

式中：$\mu\mathscr{H}_{00_B}$、$\mu\mathscr{H}_{01_B}$、$V\mathscr{H}_{00_B}$ 和 $V\mathscr{H}_{01_B}$ 分别为检验统计量 $T(\boldsymbol{y}'_d \mid \mathscr{H}_{00_B})$ 和 $T(\boldsymbol{y}'_d \mid \mathscr{H}_{01_B})$ 的均值和差值，其中 $\boldsymbol{y}'_d$ 表示仅一个样本，指数 B_a 表示在 BPSK 情况下的近似值，因此，该方程式近似并简化了式（14.22），基于这样一个事实：对于大量样本，正确和错误恢复的位的预期数量分别为 $N_d(1-P_{eB})$ 和 $N_d P_{eB}$。现在，基于 $P_{\mathrm{FA}_{d_{Ba}}}(\cdot)$ 的反函数，阈值 γ_d 的计算很简单。

相应的检测概率 P_{dB} 为

$$P_{\mathrm{D}_{d_{Bapr}}} = Q\left(\frac{\gamma_d - N_d(1-P'_{eB})\mu\mathscr{H}_{10_B} - N_d P'_{eB}\mu\mathscr{H}_{11_B}}{\sqrt{N_d(1-P'_{eB})V\mathscr{H}_{10_B} - N_d P'_{eB} V\mathscr{H}_{11_B}}}\right) \tag{14.25}$$

式中：$P'_{eB} = Q\left(\sqrt{\dfrac{\gamma P_d}{\sigma_{w_d^2} + \sigma_{i_d^2}}}\right)$。

在上一部分中，我们推导出了 BPSK 场景下的虚警概率。现在，将式（14.22）扩展为 QPSK 情况很简单，有

$$P_{\mathrm{FA}_{d_Q}} = \sum_{k=0}^{2N_d} \binom{2N_d}{k} P_{kQ} P_{eQ}^{k} (1-P_{eQ})^{2N_d-k} \tag{14.26}$$

式中：$P_{kQ} = P_{kB}$ 和 $P_{eQ} = P_{eB}$。因此，由于 QPSK 信号由两个正交的 BPSK 构成，

因此与式（14.22）的唯一区别是因子 2。另一方面，可以将式（14.24）的近似 P_{FA} 表示为

$$P_{FA_{d_{Qa}}}=Q\left(\frac{\gamma_d-a\mu\mathscr{H}_{00_Q}-b(\mu\mathscr{H}_{01_Q}+\mu\mathscr{H}_{02_Q})-c\mu\mathscr{H}_{03_Q}}{\sqrt{aV\mathscr{H}_{00_Q}-b(V\mathscr{H}_{01_Q}+V\mathscr{H}_{02_Q})-cV\mathscr{H}_{03_Q}}}\right) \tag{14.27}$$

式中：$a=(1-P_{eQ})^2$，$a=(1-P_{eQ})P_{eQ}$，$c=P_{eQ}^2$；索引 Q 为 QPSK 场景；P_{eQ} 为 QPSK 的误码概率，与 BPSK 相同；$\mathscr{H}_{00_Q}$ 为实部和虚部均已正确恢复；$\mathscr{H}_{01_Q}$ 为实部已错误地恢复并且虚部已正确恢复；$\mathscr{H}_{02_Q}$ 为实部已正确恢复，虚部被错误地恢复；而 $\mathscr{H}_{03_Q}$ 为实部和虚部被错误地恢复。此外，我们可以很容易地看到 $\mu\mathscr{H}_{00_Q}=2\mu\mathscr{H}_{00_B}$ 和 $V\mathscr{H}_{00_Q}=2V\mathscr{H}_{00_B}$，$\mu\mathscr{H}_{01_Q}=\mu\mathscr{H}_{00_B}+\mu\mathscr{H}_{01_B}$ 和 $V\mathscr{H}_{01_Q}=V\mathscr{H}_{00_B}+V\mathscr{H}_{01_B}$，$\mu\mathscr{H}_{02_Q}=\mu\mathscr{H}_{00_B}+\mu\mathscr{H}_{01_B}$ 和 $V\mathscr{H}_{02_Q}=V\mathscr{H}_{00_B}+V\mathscr{H}_{01_B}$，最后，$\mu\mathscr{H}_{03_Q}=2\mu\mathscr{H}_{01_B}$ 和 $V\mathscr{H}_{03_Q}=2V\mathscr{H}_{01_B}$。

关于在期望的发射信号被 QPSK 调制的情况下的 P_D，通过在相关部分中再次用 $\sigma_{w_d}^2$ 加上 $\sigma_{w_d}^2+\sigma_{i_d}^2$，由式（14.25）给出。最后，在不确定情况下，BPSK 和 QPSK 的错误警报和检测概率可以与前面的部分类似地得出。

14.5　当前的干扰定位技术

尽管在定位领域有大量著作，但在这里，我们重点关注卫星通信领域中的相关文献。在参考文献［32］中，使用干涉测量技术来找到干扰信号的 AoA。在干涉测量法中，在两个空间上分开的天线处测量输入信号的相位差。基于此测量，可以得出干扰辐射相对于干涉基线的 AoA。如参考文献［32］中所述，可以使用具有正交极化的馈源来执行干涉测量。具有相反极化的馈源上的信号电平比与信号具有相同极化的馈源上的信号电平低 30dB。

参考文献［33］的作者使用两个对地静止（GEO）卫星执行到达时间差（Time Difference of Arrival，TDOA）以及相位测量来定位未知干扰源。在参考文献［34］中，四分之三受到干扰的卫星被用来导出 TDOA 测量值，以定位未知的干扰源。Eutelsat 卫星的定位性能在参考文献［35］中进行了介绍，其中 TDOA 和到达频率差（Frequency Difference of Arrival，FDOA）测量用于定位未知干扰源。为了提高以前的工作的准确性，参考文献［36，37］中的高度限制被认为可以通过采用 TDOA 和/或 FDOA 技术来提高定位精度。参考文献［38］中的旋转卫星上的两个天线被用来定位一个未知的干扰源。由参考文献［39］中的两个以上的卫星完成的 FDOA 测量用于定位干扰源。结果表明，与 TDOA 相比，FDOA 的精度不受干扰信号带宽的影响。

除了科学论文，在卫星定位领域还有许多相关专利。在参考文献［40］中，重复使用TDOA和FDOA技术将目标定位在地球上。该专利建议使用两颗GEO卫星。在参考文献［41］中，使用TDOA和FDOA来定位目标。使用已知的参考信号以补偿未知信号中的相位噪声和频率漂移。参考信号用于消除误差源和操作限制。参考文献［41］不需要参考文献［40］中的精度的卫星速度和位置。此外，它还可以与倾斜度最大为3°的卫星一起工作。在参考文献［42］中，通过两个GEO卫星和参考信号重复进行TDOA和FDOA测量，从而将发射器定位在地球上。在这项工作中，考虑了频率变化的发射器。参考信号用于消除误差源和操作限制。它提高了准确性，并扩展了可进行测量的条件范围。

参考文献［43］使用由三颗卫星收集的两个TDOA和两个FDOA测量值，以及一个已知的参考信号来定位地球上一个未知的发射器。确定TDOA和FDOA测量中误差的权重，并将权重应用于加权误差函数中。权重考虑了测量中的误差和卫星位置和速度中的误差，并且取决于定位几何形状。在参考文献［44］中，采用了与参考文献［43］非常相似的方法。“三颗卫星”用于执行两个TDOA和两个FDOA测量。可以通过最小化从两个TDOA测量和两个FDOA测量得出的六个解决方案的加权组合的成本函数来确定发射器的位置。根据TDOA和/或FDOA测量值确定发射器可能位置的两条曲线的交角，确定组合中每种方案的权重。GLOWLIMK公司注册了一项专利[45]，该专利使用一颗卫星定位未知的发射器。值得一提的是，这是一种基于地面的定位方法。

除科学论文和专利外，我们再介绍一下卫星定位产品。西门子工业提出了一种技术，即SIECAMS ® ILS ONE（http：//www.siemens.com，于2017年4月12日访问），仅使用一颗卫星就可以定位地球表面的发射器。SIECAMS ILS ONE通过分析主要由卫星运动，大气层或天气影响以及许多其他环境因素引起的信号失真来工作。通过将干扰信号的这种信号失真与已知信号进行比较，SIECAMS ILS ONE能够识别出干扰源的精确区域，从而导致解决的干扰问题大大增加，远远超出了传统卫星干扰定位系统的限制。GLOWLINK公司还声称，他们只能使用一颗产品名称为“Single Satellite Geolocation”（单一卫星地理位置）(http：//www.glowlink.com，于2017年12月12日访问）的卫星来定位地球上的发射目标。此外，该公司还制造了两种卫星定位产品。

14.6　使用单星到达频率进行干扰定位

在这一部分中，根据算法设计的系统模型，仅使用受影响的卫星来定位干扰源。首先是地面方法，然后是星载方法。考虑一个不透明的卫星，该卫星从 Ka 频段内的网关接收上行链路信号。同时，卫星在与来自网关的上行链路信号相同的频带内，从未知发射机接收窄带上行链路干扰。参考信号被发送到卫星以补偿误差。图 14.6 总结了整个场景。干扰信号的中心频率用 f_{u} 表示，由于它干扰主上行链路信号，因此我们假设 f_{u} 是已知的。尽管 f_{u} 可能会由于电子设备的不稳定性而更改，但为简单起见，f_u 一直被认为是固定的。此外，我们假设对干扰信号进行采样后关闭了导出信号。本节和 14.7 节中的所有向量都在笛卡尔坐标中。在公式中使用下标 u，r，s，gw，ul 和 dl 分别代替术语：未知干扰源、参考发射机、卫星、网关、上行链路和下行链路。

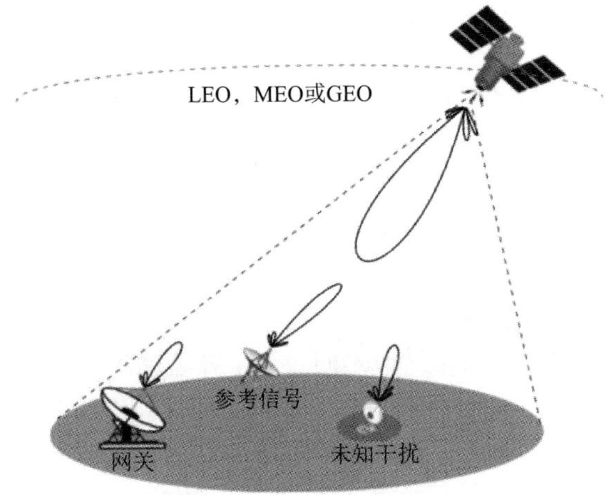

图 14.6　受影响卫星在上行链路中接收干扰和参考信号

卫星产生的干扰信号在时间上的第 n 个采样的频率为

$$f_{n_{\mathrm{u,s}}}=f_{\mathrm{u}}\left(1+\frac{\boldsymbol{v}_{n_{\mathrm{ul}}}^{\mathrm{T}}\boldsymbol{k}_{n_{\mathrm{u,s}}}}{c_n}\right) \tag{14.28}$$

式中：$f_{n_{\mathrm{u,s}}}$ 为卫星上干扰信号的第 n 个样本的频率；$v_{n_{\mathrm{ul}}}$ 为采样时卫星的速度；c_n 为信号在空间中的传播速度；$\boldsymbol{k}_{n_{\mathrm{u,s}}}$ 为从卫星指向卫星的归一化单位向量未知干扰源定义为

$$k_{n_{\mathrm{u,s}}}=\frac{\boldsymbol{u}-\boldsymbol{s}_{n_{\mathrm{ul}}}}{\|\boldsymbol{u}-\boldsymbol{s}_{n_{\mathrm{ul}}}\|} \tag{14.29}$$

式中：$\boldsymbol{s}_{n_{\mathrm{ul}}}$ 为卫星在上行链路期间的位置，而 $\boldsymbol{u}=[u_1, u_2, u_3]$ 是未知干扰源的位置。之后，卫星将 $f_{n_{\mathrm{u,s}}}$ 转换为

$$f_{n_{\mathrm{u,s}}}-f_{\mathrm{T}}=f_{\mathrm{u}}\left(1+\frac{\boldsymbol{v}_{n_{\mathrm{ul}}}^{\mathrm{T}}\boldsymbol{k}_{n_{\mathrm{u,s}}}}{c_n}\right)-f_{\mathrm{T}} \tag{14.30}$$

式中：f_{T} 为第 n 个样本的降频转换量。随后，卫星将降频后的信号转发到网关。使用式（14.30），网关处接收信号的频率为

$$\begin{aligned}f_{n_{\mathrm{u,g}}}&=\left(f_{\mathrm{u}}+f_{\mathrm{u}}\frac{\boldsymbol{v}_{n_{\mathrm{ul}}}^{\mathrm{T}}\boldsymbol{k}_{n_{\mathrm{u,s}}}}{c_n}-f_{\mathrm{T}}\right)\left(1+\frac{\boldsymbol{v}_{n_{\mathrm{dl}}}^{\mathrm{T}}\boldsymbol{k}_{n_{\mathrm{s,g}}}}{c_n}\right)\\&=f_{n_{\mathrm{dl}}}+f_{\mathrm{u}}\frac{\boldsymbol{v}_{n_{\mathrm{ul}}}^{\mathrm{T}}\boldsymbol{k}_{n_{\mathrm{u,s}}}}{c_n}+f_{n_{\mathrm{dl}}}\frac{\boldsymbol{v}_{n_{\mathrm{dl}}}^{\mathrm{T}}\boldsymbol{k}_{n_{\mathrm{s,g}}}}{c_n}+f_{\mathrm{u}}\frac{\boldsymbol{v}_{n_{\mathrm{ul}}}^{\mathrm{T}}\boldsymbol{k}_{n_{\mathrm{u,s}}}}{c_n}\frac{\boldsymbol{v}_{n_{\mathrm{dl}}}^{\mathrm{T}}\boldsymbol{k}_{n_{\mathrm{s,g}}}}{c_n}\end{aligned} \tag{14.31}$$

式中：$f_{n_{\mathrm{dl}}}=f_{\mathrm{u}}-f_{\mathrm{T}}$，$\boldsymbol{k}_{n_{\mathrm{s,g}}}=(\boldsymbol{s}_{\mathrm{gw}}-\boldsymbol{s}_{n_{\mathrm{dl}}})/(\|\boldsymbol{s}_{\mathrm{gw}}-\boldsymbol{s}_{n_{\mathrm{dl}}}\|)$，其中 $\boldsymbol{s}_{\mathrm{gw}}$ 为网关的位置，$\boldsymbol{s}_{n_{\mathrm{dl}}}$ 为将第 n 个采样干扰转发到网关时卫星的位置。式（14.31）中的最后一项相对于漂移非常慢的 GEO 卫星而言是很小的，在参考文献［45］中已被忽略。但我们将其保留下来，因为其效果会随着卫星速度的提高而增加，尤其是对于低地球轨道（LEO），中地球轨道（MEO）或后向 GEO 卫星而言。

网关从卫星接收到第 n 个采样干扰后，估计其频率。由于卫星的运动，每个估计的频率都包括与未知干扰源位置有关的特定多普勒频移量。因此，可以在每个估计的频率和未知干扰源的位置之间建立与位置有关的方程式。为此，网关要求卫星在第 n 个样本的上行链路和下行链路上的位置和速度，卫星的降频振荡器的频率以及发射时的干扰信号的频率。但由于设备损耗，与振荡器频率、位置和速度有关的值与实际值不同。为了补偿这些错误，网关需要校准第 n 个样本的估计频率。为此，可以通过以下方法之一将来自地球上已知位置的参考信号传输到卫星，然后转发到网关。

（1）延迟后，参考信号以与干扰信号相同的频率上行。由于延迟，参考信号和干扰信号会经历不同的失配。

（2）参考信号以与干扰信号不同的频率上行发射，卫星同时对干扰和参考信号进行采样。

通过第二种方法发射参考信号。通过遵循与式（14.28）~式（14.31）中类似的过程，网关处参考信号的第 n 个样本的频率可以通过以下方式获得：

$$\begin{aligned}f_{n_{\mathrm{r,g}}}&=\left(f_{\mathrm{r}}+f_{\mathrm{r}}\frac{\boldsymbol{v}_{n_{\mathrm{ul}}}^{\mathrm{T}}\boldsymbol{k}_{n_{\mathrm{r,s}}}}{c_n}-f_{\mathrm{T}}\right)\left(1+\frac{\boldsymbol{v}_{n_{\mathrm{dl}}}^{\mathrm{T}}\boldsymbol{k}_{n_{\mathrm{s,g}}}}{c_n}\right)\\&=f'_{n_{\mathrm{dl}}}+f_{\mathrm{r}}\frac{\boldsymbol{v}_{n_{\mathrm{ul}}}^{\mathrm{T}}\boldsymbol{k}_{n_{\mathrm{r,s}}}}{c_n}+f'_{n_{\mathrm{dl}}}\frac{\boldsymbol{v}_{n_{\mathrm{dl}}}^{\mathrm{T}}\boldsymbol{k}_{n_{\mathrm{s,g}}}}{c_n}+f_{\mathrm{r}}\frac{\boldsymbol{v}_{n_{\mathrm{ul}}}^{\mathrm{T}}\boldsymbol{k}_{n_{\mathrm{r,s}}}}{c_n}\frac{\boldsymbol{v}_{n_{\mathrm{dl}}}^{\mathrm{T}}\boldsymbol{k}_{n_{\mathrm{s,g}}}}{c_n}\end{aligned} \tag{14.32}$$

式中：$f_{n_{\mathrm{r,g}}}$ 为网关处参考信号的估计频率；$\boldsymbol{k}_{n_{\mathrm{r,s}}}$ 为从卫星指向参考发射机的归一化单位向量，定义为 $\boldsymbol{k}_{n_{\mathrm{r,s}}}=(\boldsymbol{r}-\boldsymbol{s}_{n_{\mathrm{ul}}})/(\|\boldsymbol{r}-\boldsymbol{s}_{n_{\mathrm{ul}}}\|)$，其中 $\boldsymbol{r}$ 是参考发射机的位置。接下来，网关使用可用的错误数据来计算参考信号的预期频率。例如

$$f_{n_{\mathrm{r,g,exp}}}=f_{\mathrm{r}}-f_{n_{\mathrm{T_e}}}+f_{\mathrm{r}}\frac{\boldsymbol{v}_{n_{\mathrm{ul_e}}}^{\mathrm{T}}\boldsymbol{k}_{n_{(\mathrm{r,s})_e}}}{c_n}+f_{n_{\mathrm{dl_e}}}\frac{\boldsymbol{v}_{n_{\mathrm{dl_e}}}^{\mathrm{T}}\boldsymbol{k}_{n_{(\mathrm{s,g})_e}}}{c_n}+f_{\mathrm{r}}\frac{\boldsymbol{v}_{n_{\mathrm{ul_e}}}^{\mathrm{T}}\boldsymbol{k}_{n_{(\mathrm{r,s})_e}}}{c_n}\frac{\boldsymbol{v}_{n_{\mathrm{dl_e}}}^{\mathrm{T}}\boldsymbol{k}_{n_{(\mathrm{s,g})_e}}}{c_n} \tag{14.33}$$

式中：$f_{n_{\mathrm{r,g,exp}}}$ 为网关处第 n 个采样参考信号的预期频率；$\boldsymbol{k}_{n_{(\mathrm{r,s})_e}}=(\boldsymbol{r}-\boldsymbol{s}_{n_{\mathrm{ul_e}}})/(\|\boldsymbol{r}-\boldsymbol{s}_{n_{\mathrm{ul_e}}}\|)$ 和 $\boldsymbol{k}_{n_{(\mathrm{s,g})_e}}=(\boldsymbol{s}_{\mathrm{gw}}-\boldsymbol{s}_{n_{\mathrm{dl_e}}})/(\|\boldsymbol{s}_{\mathrm{gw}}-\boldsymbol{s}_{n_{\mathrm{dl_e}}}\|)$。

使用式（14.32）和式（14.33）来消除第 n 个样本的频率不匹配

$$\delta_n=\frac{f_{\mathrm{u}}}{f_{\mathrm{r}}}[f_{n_{\mathrm{r,g}}}-f_{n_{\mathrm{r,g,exp}}}] \tag{14.34}$$

式中：δ_n 为频率不匹配的量，因为参考信号具有不同的频率并经历不同的失配量，所以因子 $\frac{f_{\mathrm{u}}}{f_{\mathrm{r}}}$ 用于将参考信号的频率转换为未知发射器的频率。使用式（14.34），通过 $\tilde{f}_{n_{\mathrm{u,g}}}=f_{n_{\mathrm{u,g}}}-\delta_n$ 获得网关处第 n 个接收到的干扰的校准频率，其中 $\tilde{f}_{n_{\mathrm{u,g}}}$ 是校准频率。未知发射机和参考发射机的位置差异导致 $\boldsymbol{k}_{\mathrm{u,s}}$ 和 $\boldsymbol{k}_{\mathrm{r,s}}$ 的值不同，因此，上行链路中的卫星速度在 $\boldsymbol{k}_{\mathrm{u,s}}$ 和 $\boldsymbol{k}_{\mathrm{r,s}}$ 方向上将具有不同的值和误差。这意味着参考信号不会经历与未知干扰信号相同数量的失配。为了改善这一点，我们可以执行迭代定位，并在每个定位步骤之后选择一个与未知干扰源更接近的参考发射机。校准后，网关处的已知信息用于降低估计频率式（14.31），表示为

$$\hat{f}_{n_{\mathrm{u,g}}}=\tilde{f}_{n_{\mathrm{u,g}}}-f_{\mathrm{u}}+f_{n\mathrm{T_e}}-f_{n_{\mathrm{dl_e}}}\frac{\boldsymbol{v}_{n_{\mathrm{dl_e}}}^{\mathrm{T}}\boldsymbol{k}_{n_{(\mathrm{s,g})_e}}}{c_n} \tag{14.35}$$

式中：$\hat{f}_{n_{\mathrm{u,g}}}$ 为网关和 $\boldsymbol{k}_{n_{(\mathrm{u,s})_e}}=(\boldsymbol{u}-\boldsymbol{s}_{n_{\mathrm{ul_e}}})/(\|\boldsymbol{u}-\boldsymbol{s}_{n_{\mathrm{ul_e}}}\|)$ 处第 n 个样本的降低的校准频率。网关使用式（14.35）和可用的数据以建立与位置相关的解析方程

$$\hat{f}_{n_{\mathrm{u,g}}}=f_u\frac{\boldsymbol{v}_{n_{\mathrm{ul_e}}}^{\mathrm{T}}\boldsymbol{k}_{n_{(\mathrm{u,s})_e}}}{c_n}+f_{\mathrm{u}}\frac{\boldsymbol{v}_{n_{\mathrm{ul_e}}}^{\mathrm{T}}\boldsymbol{k}_{n_{(\mathrm{u,s})_e}}}{c_n}\frac{\boldsymbol{v}_{n_{\mathrm{dl_e}}}^{\mathrm{T}}\boldsymbol{k}_{n_{(\mathrm{s,g})_e}}}{c_n} \tag{14.36}$$

备注 14.1：由于卫星电子器件的不稳定性，每个样本的 f_{T} 值都会发生变化。由于 f_{u} 和 f_{r} 之间的差异，无法准确得出 f_{T} 的误差，从而降低了定位精度。作为解决方案，我们可以使用星载频谱监控来进行星载定位。因此，不需要对采样的干扰进行下变频，其频率不受振荡器中漂移的影响。因此，可以通过星

载定位来提高定位精度。

在下面的部分中，描述了使用网关处的估计和校准频率来计算干扰源位置的过程。

14.7 定位算法及解决方案

由于已知未知干扰源位于地球上，因此至少需要两个式（14.37）中的方程式和地球表面方程，才能估算未知干扰源的位置。

$$f_n(\boldsymbol{u})=\frac{f_{\mathrm{u}}}{c_n}\left[\boldsymbol{v}_{n_{\mathrm{ul_e}}}^{\mathrm{T}}\boldsymbol{k}_{n_{(\mathrm{u,s})_{\mathrm{e}}}}\left(1+\frac{\boldsymbol{v}_{n_{\mathrm{dl_e}}}^{\mathrm{T}}\boldsymbol{k}_{n_{(\mathrm{s,g})_{\mathrm{e}}}}}{c_n}\right)\right]-\hat{f}_{n_{\mathrm{u,g}}} \tag{14.37}$$

为了建立一个与位置有关的方程式系统，可以随机选择 $N\geqslant2$ 的网关处的估计频率 N。使用初始猜测为 $\boldsymbol{u}_0$ 的迭代算法求解该非线性方程组。为此，将 $\boldsymbol{u}_0$ 附近的一阶泰勒级数逼近应用于每个与位置有关的方程，以获得

$$\boldsymbol{f}(\boldsymbol{u})\approx\boldsymbol{f}(\boldsymbol{u}_0)+\boldsymbol{F}'(\boldsymbol{u}_0)(\boldsymbol{u}-\boldsymbol{u}_0) \tag{14.38}$$

式中：$\boldsymbol{f}(\boldsymbol{u})=[f_1(\boldsymbol{u}),\cdots,f_N(\boldsymbol{u}),\|\boldsymbol{u}\|^2-r^2]$；$\|\boldsymbol{u}\|^2=r^2$ 为地球表面方程；r 为地球半径；$\boldsymbol{f}(\boldsymbol{u}_0)=[f_1(\boldsymbol{u}_0),\cdots,f_N(\boldsymbol{u}_0),\|\boldsymbol{u}_0\|^2-r^2]$；$\boldsymbol{F}'(\boldsymbol{u}_0)$ 为在初始猜测时计算出的偏导数矩阵为

$$\boldsymbol{F}'(\boldsymbol{u}_0)=\begin{bmatrix}\dfrac{\partial f_1(\boldsymbol{u}_0)}{\partial\boldsymbol{u}_1} & \dfrac{\partial f_1(\boldsymbol{u}_0)}{\partial\boldsymbol{u}_2} & \dfrac{\partial f_1(\boldsymbol{u}_0)}{\partial\boldsymbol{u}_3}\\ \vdots & \vdots & \vdots\\ \dfrac{\partial f_N(\boldsymbol{u}_0)}{\partial\boldsymbol{u}_1} & \dfrac{\partial f_N(\boldsymbol{u}_0)}{\partial\boldsymbol{u}_2} & \dfrac{\partial f_N(\boldsymbol{u}_0)}{\partial\boldsymbol{u}_3}\\ 2\boldsymbol{u}_1 & 2\boldsymbol{u}_2 & 2\boldsymbol{u}_3\end{bmatrix} \tag{14.39}$$

f_n 在 $m=1$，2，3 的 u_m 处的偏导数为 $\partial f_n(\boldsymbol{u})/\partial u_m=(f_u/c_n)\boldsymbol{\eta}_n[\boldsymbol{v}_{n_{\mathrm{ul_e}}}^{\mathrm{T}}\boldsymbol{a}_m]$，其中

$$\boldsymbol{a}_1=\begin{bmatrix}-\dfrac{g_n-(u_1-s_{n1_{\mathrm{e}}})^2g_n^{-1}}{g_n^2}\\ \dfrac{(u_1-s_{n1_{\mathrm{e}}})(u_2-s_{n2_{\mathrm{e}}})}{g_n^3}\\ \dfrac{(u_1-s_{n1_{\mathrm{e}}})(u_3-s_{n3_{\mathrm{e}}})}{g_n^3}\end{bmatrix} \tag{14.40}$$

$$\boldsymbol{a}_2=\begin{bmatrix}\dfrac{(u_2-s_{n2_e})(u_1-s_{n1_e})}{g_n^3}\\ -\dfrac{g_n-(u_2-s_{n2_e})^2g_n^{-1}}{g_n^2}\\ \dfrac{(u_2-s_{n2_e})(u_3-s_{n3_e})}{g_n^3}\end{bmatrix}\tag{14.41}$$

$$\boldsymbol{a}_3=\begin{bmatrix}\dfrac{(u_3-s_{n3_e})(u_1-s_{n1_e})}{g_n^3}\\ \dfrac{(u_3-s_{n3_e})(u_3-s_{n3_e})}{g_n^3}\\ -\dfrac{g_n-(u_3-s_{n3_e})^2g_n^{-1}}{g_n^2}\end{bmatrix}\tag{14.42}$$

$\boldsymbol{\eta}_n=(1+((\boldsymbol{v}^{\mathrm{T}}_{n_{\mathrm{dl}_e}}\boldsymbol{k}_{n_{(s,g)_e}})/c_n))$，$g_n=\|\boldsymbol{u}-\boldsymbol{s}_{n_{\mathrm{ul}_e}}\|$和 $\boldsymbol{s}_{n_{\mathrm{ul}_e}}=(\boldsymbol{s}_{n_{\mathrm{u1}_e}},\boldsymbol{s}_{n_{\mathrm{u2}_e}},\boldsymbol{s}_{n_{\mathrm{u3}_e}})$。我们需要找到点 $\boldsymbol{u}=\boldsymbol{u}_1$ 以具有 $\boldsymbol{f}(\boldsymbol{u}_0)+\boldsymbol{F}'(\boldsymbol{u}_0)(\boldsymbol{u}_1-\boldsymbol{u}_0)=0$，因此 $\boldsymbol{F}'(\boldsymbol{u}_0)\Delta\boldsymbol{u}=-f(\boldsymbol{u}_0)$ 是 $\Delta\boldsymbol{u}=\boldsymbol{u}_1-\boldsymbol{u}_0$ 的线性方程组。线性方程组可以通过 LU 和 QR 分解技术求解。在使用 LU 分解的情况下，复杂度为 $2n^3/3$ 触发器，其中 n 是与位置有关的方程和地球方程的数量。导出 $\Delta\boldsymbol{u}$ 后，初始猜测更新为

$$\boldsymbol{u}_{i+1}=\boldsymbol{u}_i+\Delta\boldsymbol{u}\tag{14.43}$$

并持续到$\|\boldsymbol{u}\|<\varepsilon|$，其中 $\varepsilon|$ 取决于所需的定位精度。

最后，值得一提的是，可以将此处建议的最大似然方法扩展为基于最大似然的搜索网格方法，以避免收敛到不同局部最大值的错误。

14.8　数值结果

本节提出一些结果来评估干扰检测和定位技术的性能。

14.8.1　干扰检测技术的性能分析

在仿真中，该信道被视为单位功率的标量复数信道，可长期稳定（即，至少对于整个帧而言），ISNR 从 −25 到 5dB 不等，而虚警的可能性设置为 $P_{\mathrm{FA}}=0.1$。此外，所需的发射信号是经过 QPSK 调制的，而噪声是由分布为 $\mathcal{CN}(0, \sigma_w^2)$ 的独立的同等分布（即 i. i. d.）复高斯随机变量生成的，其中

$\sigma_w^2=\sigma_{w_p}^2=\sigma_{w_d}^2$。所提出的检测器的可靠性基于正确设置阈值的能力。因此，出于简单的原因，我们假定干扰信号是由 i. i. d. 产生的。复杂的高斯随机变量，其分布为 $\mathcal{CN}(0,\sigma_i^2)$，其中 $\sigma_i^2=\sigma_{i_p}^2=\sigma_{i_d}^2$。干扰会影响前向链路和返回链路，但在这里，我们基于表 14.1 中考虑的返回链路预算给出了仿真结果。

表 14.1　上行链路的返回链路预算参数

参数	数值
轨道	GEO 轨道
卫星高度	35786km
接收天线 G/T 值	2. 5dB/K
上行载波频率	14. 25GHz
VSAT 等效全向辐射功率（EIRP）	39. 3dBW
上行自由空间损耗	206. 59dB
总大气衰减（晴朗）	0. 8dB
符号率	1Msps

图 14.7 给出了以下检测方案与接收到的 ISNR 的函数关系的检测概率：(1) 具有缺陷信号消除功能且具有数据恢复功能的能量检测（数据恢复

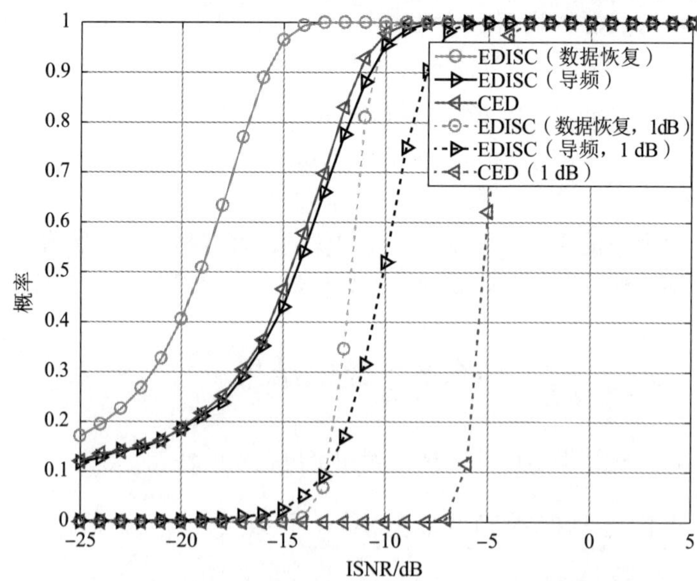

图 14.7　在 QPSK 方案中，将数据恢复 EDISC，导频 EDISC 与 CED 进行了比较，QPSK 方案中的干扰检测概率与 ISNR 的关系考虑了 1dB 的噪声方差和信号能量不确定性，其中 $E_p/\sigma_{w_p}^2=E_d/\sigma_{w_d}^2=6\text{dB}$

EDISC)；（2）利用导频符号的具有缺陷信号消除功能的能量检测（导频 EDISC)；(3) 常规能量检测（CED）还考虑了噪声方差和信号能量的不确定性。实际上，接收器中的不确定因素通常为 1-2dB[46]。在这里，我们认为 $B_p=B_{w_d}=B_{E_d}=1$dB，同时设置了调制符号和导频的数量。根据 DVB-RCS2 标准，$N_d=460$N，$N_p=460$ 和 $N=516$ 代表更真实的波形。可以看出，在两个图中，干扰检测性能由于不确定性而降低。后者可能会导致 ISNR 墙现象[24]，其中超出某个 ISNR 值，检测器将无法稳健地检测干扰。此外，我们看到数据恢复或者导频 EDISC 在更实际的不确定性情况下比 CED 表现更好，将 ISNR 墙提高了 5dB 以上。

14.8.2　干扰定位技术的性能分析

假定卫星上的处理足够快，在采样并转发干扰和参考信号期间可以认为卫星的位置和速度是相同的。系统位置在地理坐标系中显示为（经度，纬度，高度)。卫星位置和速度的误差由向量 $\boldsymbol{e}_p$ 和 $\boldsymbol{e}_v$ 表示，它们分别是距离 $[-e_p, e_p]$ 和 $[-e_v, e_v]$ 内的均匀随机变量。在图例中，使用首字母缩写词 OB 代替了星载（On-board）术语，以节省空间。

对于 LEO，MEO 和传统 GEO 卫星，卫星从（0，0，高度）移动到（20，0，高度)，并以每 0.5°采样一次干扰，得到 40 个采样。关于 GEO 卫星，假设该卫星沿半径为 50km 的圆形路径收集了 40 个样本，这需要一天的时间才能完成。GEO 卫星位于海拔 0°和纬度 0°相交且高度为 35786km 的上方。表 14.2 总结了所有卫星共有的其余参数。

表 14.2　系统参数

参数	数值
轨道	LEO、MEO、逆 GEO 轨道、GEO 轨道
操作频带	Ka
上行频率/GHz	30
卫星谐振频率/GHz	18
VSAT 等效全向辐射功率/EIRP	39.3dBW
上行自由空间损耗	206.59dB
总大气衰减（晴朗）	0.8dB
符号率	1Msps

关于 GEO 卫星的位置相关方程的数量的定位 RMSE 如图 14.8 所示。从图 14.8 中可以看出，通过增加与位置相关的方程式数量和使用星载定位技术，

可以提高定位精度。由于 GEO 卫星的移动相对较慢，因此由其移动引起的多普勒频移很小，并且更容易受到振荡器误差的影响。因此，当 GEO 卫星采样并转发干扰时，使用星载定位可以大大提高定位精度。

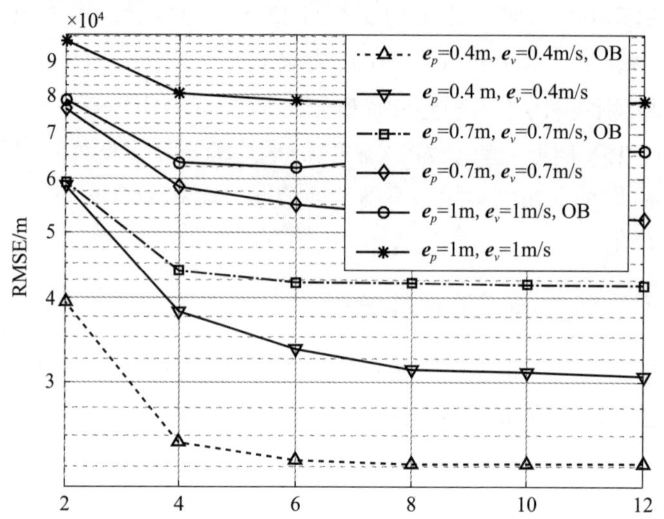

图 14.8 当 $\|\boldsymbol{v}\|=3.63\mathrm{m/s}$，卫星高度为 35786km 时，GEO 卫星的定位 RMSE 与位置相关方程的数量，参考发送器的位置是（20，20，0）

14.9 小结

本章中，我们讨论了星载检测和定位干扰的优点。星载在轨位频谱监测系统应该能够实现和校准多种检测算法，以识别对载波的任何干扰。提出了三种基于能量检测的干扰检测算法，从常规能量检测出发，发展到采用导频符号或数据解码的缺陷信号消除的能量检测的更高级算法。仿真结果表明，常规能量检测是用于强干扰场景的良好检测方案，但不如两种 EDISC 算法在检测低 ISNR 值时可靠。此外，我们提出了一种 FoA 技术来定位未知干扰源，这种技术仅依赖于受影响的卫星或专用于干扰定位的卫星。我们使用参考信号来校准关口站处干扰源的估计频率，并使用卫星的振荡器频率、速度和位置的值建立与位置有关的方程式。结果表明，增加与位置有关方程的数量，即测量值，可以提高定位精度。最后，仿真结果表明，由于避免了振荡器误差，特别是对于星载 GEO 定位，使用建议的星载定位方法可以进一步提高定位精度。

目前大多数技术都是针对 GEO 开发，因此，未来可推进对其他类型卫星（LEO、MEO）的研究。此外，还可研究使用多个天线进行定位的优点和局限性。

参考文献

[1] D. Petrolati, *Technology Roadmap: Interference Monitoring, Detection/Isolation, Classification, Localisation and Mitigation*, ESA document, May 2015.

[2] ETSI TS 103 129 V1.1.1 (2013-05), "Digital video broadcasting (DVB); Framing structure, channel coding and modulation of a carrier identification system (DVB-CID) for satellite transmission," May 2013.

[3] C. Politis, S. Maleki, S. Chatzinotas, B. Ottersten, "Harmful interference threshold and energy detector for on-board interference detection," *22nd Ka band and Broadband Communications Conference*, Cleveland, USA, Oct. 2016.

[4] C. Politis, S. Maleki, C. Tsinos, S. Chatzinotas, B. Ottersten, "On-board the satellite interference detection with imperfect signal cancellation," *IEEE Intern. Workshop on Sig. Proc. Advanc. in Wirel. Comm.*, Edinburgh, Scotland, Jul. 2016.

[5] A. Kalantari, S. Maleki, S. Chatzinotas, B. Ottersten, "Frequency of arrival based interference localization using a single satellite," *Advanced Satellite Multimedia Systems Conference and Signal Processing for Space Communications Workshop (ASMS/SPSC)*, Palma de Mallorca, Spain, Sep. 2016.

[6] G. Maral, M. Bousquet, *Satellite Communication Systems*, 5th Ed., Wiley, 2009.

[7] SES, "Satellite Evolution Sparks a Service Revolution," white paper, Jun. 2016.

[8] P. Angeletti, R. De Gaudenzi, M. Lisi, "From bent pipes to software defined payloads: Evolution and trends of satellite communications systems," *Proceedings of the 26th AIAA International Communications Satellite Systems Conference*, 2008.

[9] Thales Alenia Space, "Digital Transparent Processor," data sheet, Mar. 2012.

[10] A. Le Pera, F. Forni, M. Grossi, *et al.*, "Digital transparent processor for satellite telecommunication services," *IEEE Aerospace Conference*, Manhattan, USA, Mar. 2007.

[11] G. Maral, *VSAT Networks*, 2nd Ed., Wiley, 2003.

[12] A. D. Panagopoulos, P. -D. M. Arapoglou, P. G. Cottis, "Satellite communications at Ku, Ka and V bands, propagation impairments and mitigation techniques," *IEEE Communication Surveys and Tutorials*, vol. 6, no. 3rd Quarter, pp. 1–13, Oct. 2004.

[13] T. T. Ha, *Digital Satellite Communications*, McGraw-Hill Communications Series, 1990.

[14] E. Lavan, *Satellite Interference: An Operator's Perspective*, Eutelsat Communications, Jun. 2013.

[15] R. Rideout, "Technologies to identify and/or mitigate harmful interference," *International Satellite Communication Workshop on the ITU-Challenges in the 21st Century: Preventing Harmful Interference to Satellite Systems*, Jun. 2013.

[16] S. K. Sharma, S. Chatzinotas, B. Ottersten, "In-line interference mitigation techniques for spectral coexistence of GEO and NGEO satellites," *Interna-*

tional Journal of Satellite Communications and Networking, vol. 34, no. 1, pp. 11–39, Feb. 2016.

[17] C. Kourogiorgas, A. D. Panagopoulos, K. Liolis, "Cognitive uplink FSS and FS links coexistence in Ka-band: Propagation based interference analysis," *Proc. IEEE ICC 2015 1st International Workshop on Cognitive Radios and Networks for Spectrum Coexistence of Satellite and Terrestrial Systems (CogRaN-Sat)*, London, UK, Jun. 2015.

[18] S. Smith, SES, "Satellite interference commercial industry views," *Presented at Satellite Interference Reduction Group (sIRG)*, Jun. 2013.

[19] S. K. Sharma, T. E. Bogale, S. Chatzinotas, B. Ottersten, L. B. Le, X. Wang, "Cognitive radio techniques under practical imperfections: A survey," *IEEE Communications Surveys & Tutorials*, vol. 17, no. 4, pp. 1858–1884, Nov. 2015.

[20] D. Cabric, S. M. Mishra, R. W. Brodersen, "Implementation issues in spectrum sensing for cognitive radios," *Proc. Asilomar Comf. Signals, Syst., Comput.*, Pacific Grove, CA, USA, pp. 772–776, Nov. 2004.

[21] P. D. Sutton, K. E. Nolan, L. E. Doyle, "Cyclostationary signatures in practical cognitive radio applications," *Journal on Selected Areas in Communications*, vol. 26, no. 1, pp. 13–24, Jan. 2008.

[22] H. Urkowitz, "Energy detection of unknown deterministic signals," *Proceedings of the IEEE*, vol. 55, no. 4, pp. 523–531, Apr. 1967.

[23] F. Digham, M. -S. Alouini, M. K. Simon, "On the energy detection of unknown signals over fading channels," *IEEE Transactions on Communications*, vol. 55, no. 1, pp. 21–24, Jan. 2007.

[24] R. Tandra, A. Sahai, "Fundamental limits on detection in low SNR under noise uncertainty," *Proc. IEEE Int. Conf. Wireless Netw., Commun. Mobile Comput.*, Maui, HI, USA, vol. 1, pp. 464–469, Jun. 2005.

[25] S. Atapattu, C. Tellambura, H. Jiang, "Performance of an energy detector over channels with both multipath fading and shadowing," *IEEE Transactions on Wireless Communications*, vol. 9, no. 12, pp. 3662–3670, Dec. 2010.

[26] R. Tandra, A. Sahai, "SNR walls for signal detection," *IEEE Journal of Selected Topics in Signal Processing*, vol. 2, no. 1, pp. 4–17, Feb. 2008.

[27] C. D. Hou, "A simple approximation for the distribution of the weighted combination of non-independent or independent probabilities," *Statistics and Probability Letters*, vol. 73, no. 2, pp. 179–187, Jun. 2005.

[28] M. S. Alouini, A. Abdi, M. Kaveh, "Sum of gamma variates and performance of wireless communication systems over Nakagami-Fading channels," *IEEE Transactions on Vehicular Technology*, vol. 50, no. 6, pp. 1471–1480, Nov. 2001.

[29] C. Politis, S. Maleki, C. Tsinos, S. Chatzinotas, B. Ottersten, "Weak interference detection with signal cancellation in satellite communications," *IEEE Intern. Conference on Acoustics, Speech and Signal Processing (ICASSP)*, New Orleans, USA, Mar. 2017.

[30] ETSI EN 302 307-2 v1.1.1, "Digital video broadcasting: Second generation framing structure, channel coding and modulation systems for Broadcasting, Interactive Services, News Gathering and other broadband satellite applications; Part 2: DVB-S2 Extensions (DVB-S2X)," Oct. 2014.

[31] D. Tse, P. Viswanath, *Fundamentals of Wireless Communication*, Cambridge University Press, 2005.

[32] J. W. W. Smith. *A Satellite Interference Location System*, Georgia Institute of Technology; 1990.

[33] J. W. W. Smith, P. G. Steffes, "A satellite interference location system using differential time and phase measurement techniques," *IEEE Aerospace and Electronic Systems Magazine*, vol. 6, no. 3, pp. 3–7, Mar. 1991.

[34] K. C. Ho, Y. T. Chan, "Solution and performance analysis of geolocation by TDOA," *IEEE Transactions on Aerospace and Electronic Systems*, vol. 29, no. 4, pp. 1311–1322, Oct. 1993.

[35] D. P. Haworth, N. G. Smith, R. Bardelli, *et al.* "Interference localization for EUTELSAT satellites—the first European transmitter location system," *International Journal of Satellite Communication*, vol. 15, no. 4, pp. 155–183, Jul. 1997.

[36] K. C. Ho, Y. T. Chan, "Geolocation of a known altitude object from TDOA and FDOA measurements," *IEEE Transactions on Aerospace and Electronic Systems*, vol. 33, no. 3, pp. 770–783, Jul. 1997.

[37] T. Pattison, S. I. Chou, "Sensitivity analysis of dual-satellite geolocation," *IEEE Transactions on Aerospace and Electronic Systems*, vol. 36, no. 1, pp. 56–71, Jan. 2000.

[38] T. Li, F. Guo, W. Jiang, "A novel emitter localization method using an interferometer on a spin-stabilized satellite," *Wireless Communications and Signal Processing (WCSP)*. Suzhou, China; 2010.

[39] J. Li, F. Guo, W. Jiang, "A linear-correction least-squares approach for geolocation using FDOA measurements only," *Chinese Journal of Aeronautics*, vol. 25, no. 5, pp. 709–714, May 2012.

[40] J. E. Effland, J. M. Gipson, D. B. Shaffer, *et al.* Method and system for locating an unknown transmitter. Google Patents; 1991. US Patent 5,008,679. Available from: http://www.google.com/patents/US5008679.

[41] D. P. Haworth, Locating the source of an unknown signal. Google Patents; 2000. US Patent 6,018,312. Available from: http://www.google.com/patents/US6018312.

[42] R. M. Rideout, P. R. Edmonds, S. R. Duck, *et al.* Method and apparatus for locating the source of unknown signal. Google Patents; 2004. US Patent 6,677,893. Available from: http://www.google.com/patents/US6677893.

[43] D. K. C. Ho, J. C. Chu, M. L. Downey, Determining a geolocation solution of an emitter on earth based on weighted least-squares estimation. Google Patents; 2010. US Patent 7,663,547; Apr. 2007. Available from: http://www.google.com.br/patents/US7663547.

[44] D. K. C. Ho, J. C. Chu, M. L. Downey, Determining a geolocation solution of an emitter on earth using satellite signals. Google Patents; 2010. US Patent 7,667,640. Available from: http://www.google.com.na/patents/US7667640.

[45] D. K. C. Ho, J. C. Chu, M. L. Downey. Determining transmit location of an emitter using a single geostationary satellite. Google Patents; 2013. US Patent 8,462,044. Available from: http://www.google.com/patents/US8462044.

[46] A. Taherpour, M. Nasiri-Kenari, S. Gazor, "Multiple antenna spectrum sensing in cognitive radios," *IEEE Transactions on Wireless Communications*, vol. 9, no. 2, pp. 814–823, Oct. 2010.

第 15 章
卫星通信中的随机接入：传统方案和增强方案

卡瑞尼·齐达内[1]，杰罗姆·拉康[2]，马修·吉内斯特[3]，
玛丽–劳尔·布谢莱[4]，珍妮–巴蒂斯特·杜佩[5]
1. 法国 TeSA 实验室；2. 法国图卢兹大学高等航空航天研究所；
3. 泰雷兹阿莱尼亚太空（TAS），法国；
4. 法国图卢兹大学电信学院；5. 法国国家空间研究中心

过去的十年中，卫星终端的数量一直在迅速增长，诸如物联网（Internet of Things，IoT）之类的新网络正在兴起。也就是说，必须对回传链路上的接入技术进行重新设计，以处理更密集的网络并解决大规模的多路接入问题。当然，专用接入在文件流传输和大数据上传等领域仍然非常有用。在物联网和机器对机器（Machine-to-Machine，M2M）通信中，流量配置文件的特征是分散的，数据包短且占空比极低。在这种情况下，在回传链路中使用随机接入（RA）技术引起了人们的关注，因为随机接入适合用于流量不可预测的场景，且能使通信更加灵活。使用随机接入的主要缺点是数据包冲突的风险很高，因此，很多文献中提出了用新的增强型随机接入技术来解决此问题。

本章介绍针对卫星通信而提出的各种传统和增强的随机接入技术。首先，我们描述在回传链路上使用增强随机接入技术的主要动机。然后，我们列出主要用于登录的传统随机接入技术列表。此外，我们提供另一个列表，描述通过数据复制和接收机侧的附加信号处理而具有的增强性能的随机接入技术。这些增强的随机接入方案可交互地用于登录及回传链路上的数据传输。最后，对增强型随机接入的性能进行全局比较，讨论每种方案适用于那种受限系统（如功率限制、较低的数据速率和同步开销减少）中。

15.1 简介

卫星通信有望在未来的 5G 网络中发挥重要作用[1]。它们将成为许多关键领域的基本组成部分，例如，对地面蜂窝的补充和扩展覆盖，与地面网络集成的流量路由和回传，提高安全性和可用性的领域，以及最近增长的 IoT 和 M2M 网络。

由于 5G 系统的出现，回传链路上的资源必须在数量越来越多的连接终端之间共享。因此，保留回传链路上的带宽和时间资源是主要挑战之一。此外，回传链路上的接入应适应 IoT 和 M2M 网络中终端传输的数据的流量概况，尤其是在所用终端成本低、功率或能量受限（例如，电池供电）的情况下。

如今，在卫星通信中的回传链路上广泛使用的多址方案是多频时分多址（MF-TOMA）。如卫星标准 DVB-RCS 和 DVB-RCS2[2-3] 所述，MF-TOMA 通过允许用户在不同的频段和/或不同的时隙（TS）。因此，与时分方案相比，MF-TDMA 通过要求较低的功率发射，而与频分方案相比，则需要较少的调制解调器，从而可以使用低成本终端。对于数据传输，每个终端使用特定的时间/频率间隙，该特定的时间/频率间隙由载波频率、带宽、开始时间和持续时间定义。帧被描述为在一定数量的用户之间共享并在回传链路上占据总带宽的特定部分的一组时间/频率时隙。基于 MF-TOMA 方案，在回传链路上使用了两种主要的接入技术：需求关联多路接入（Demand Assignment Multiple Access，DAMA）[4] 和随机接入（RA）。在 DAMA 中，在进行数据传输之前需要资源分配请求，并且为每个用户分配了一个或几个可以在其上传输数据的时间/频率时隙。相反，在 RA 技术中，用户可以在随机选择的时间/频率时隙接入共享媒体，从而减少信令开销，但增加了数据包冲突的风险。因此，在现有卫星标准中，在回传链路上使用 RA 仅限于特定的使用情况，例如，信令数据包的传输、登录名和容量请求。尽管如此，对于特定通信场景中的数据传输，使用 RA 技术也可能值得注意。这样的场景以短分组长度，低占空比和随机分组到达（例如，遵循泊松过程）为特征。因此，RA 技术非常适合 HTTP 流量[5] 及 IoT 和 M2M 网络[6] 中的流量。而且，在参考文献［7］中已经表明，在这种类型的场景中，DAMA 技术对于卫星资源可能是低效的并且利用不足。但是，仍然需要使用 DAMA 进行数据流传输和文件上传。此外，参考文献［8］中的作者展示了将两种接入策略 DAMA 和 RA 集成在一起的好处，在中度到高负载操作区域中，延迟和吞吐量方面都有显著提高。因此，在卫星回传链路上结合使用 RA 和 DAMA 可以解决大规模接入问题并激励该领域的进一步研究。

考虑到这一点，对卫星通信的 RA 方案的增强不仅引起了研究人员的关注，也引起了工业界的更多关注。在最近的卫星标准 DVB-RCS2[9] 中，一种称为竞争解决方案分集时隙 ALOHA（Contention Resolution Diversity Slotted ALOHA，CRDSA）[10] 的新改进的 RA 技术已成为回传链路的可选组件。Eutel-Sat 最近为其智能 LNB 系统部署了另一种增强型 RA 方案，用于商业用途[11,12]，这是一种用于 IoT 和 M2M 应用的低成本连接解决方案。通过此技术连接的终端可以使用称为增强扩频 ALOHA（E-SSA）的 RA 技术通过卫星通信接入互联网[13]。最近分别针对 S 频段移动和 Ku/Ka 频段固定交互式多媒体设计的卫星标准 S-MIM[14] 和 F-SIM[15] 是基于 E-SSA RA 的。实际上，Smart LNB 系统实现了 F-SIM 标准。

在本章中，我们介绍针对卫星通信的传统和增强 RA 技术的背景知识。在 15.2 节中，介绍一些传统的 RA 方案，主要用于信令分组和登录信息的传输。由于最近已经提出了许多 RA 方案来增强回传链路性能，在 15.3 节中详细介绍大多数增强 RA 方案，并区分了两个主要组：同步组和异步组。在第 15.4 节中，基于一组已定义的指标（如同步、传输功率、吞吐量、其他对 IoT 和 M2M 应用以及与低成本终端进行通信很重要的指标），比较几种 RA 方案。最后，在 15.5 节中，得出了有关 5G 系统中集成的卫星通信中最有前景的 RA 方案的一般结论，并讨论一些未来的挑战和观点。

15.2 卫星通信的传统 RA 技术

已知传统的 RA 协议（例如，ALOHA 和带时隙的 ALOHA（SA））具有很高的数据包冲突概率。在卫星通信中，尤其是对地静止卫星，分组重传延迟可能非常长，所以使用这些协议可能会引起延迟，并且不太适合非常密集的网络。为了解它们的性能和建议的增强型解决方案，本节介绍卫星通信中使用的主要传统 RA 协议：ALOHA、带时隙的 ALOHA（Slotted ALOHA，SA）和分集 SA（Diversity Slotted ALOHA，DSA）。

15.2.1 ALOHA

在用于陆地和卫星通信的最著名的无时隙 RA 协议中，我们选取 ALOHA 协议[16]，该协议是诺曼·艾布拉母森在 20 世纪 60 年代在夏威夷大学提出的。如图 15.1 所示，ALOHA 的基本原理如下：

（1）如果用户有一个积压的数据包，它将在随机时刻发送；

(2) 在接收方，如果数据包遇到其他用户的冲突，则视为已破坏且未解码。

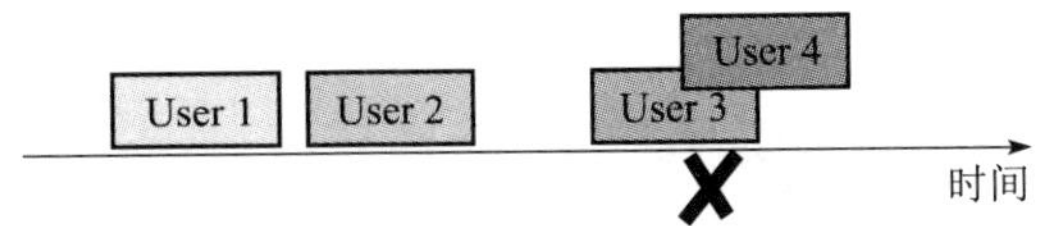

图 15.1　ALOHA RA 方案示例

由于数据包冲突的发生率很高，ALOHA 不适用于具有高信号传播延迟的卫星通信中回传链路上的数据传输，特别是对于人口非常密集的系统。因此，在卫星通信中，ALOHA 主要用于信令传输、登录和资源分配请求。

15.2.2 时隙版本 ALOHA

如先前在 ALOHA 中所看到的，每个用户都可以在帧上的任何随机瞬间发送一个数据包。ALOHA 的时隙版本允许每个用户仅在 TS 的开头进行传输，从而避免了数据包之间的部分干扰。ATS 被定义为考虑到预定义的保护间隔，足以传输一个物理层数据包的有限时间段。初始化通信时，应由网络控制中心 (Network Control Centre, NCC) 在前向链路上传输终端之间进行 TS 计划的信息，可以引用 ALOHA 的两个主要版本：SA[17] 和 DSA[18]。

15.2.2.1　时隙 ALOHA

如图 15.2 所示，ALOHA 和 SA 之间的主要区别是仅在预定义 TS 的开头传输数据包。即使在一个 TS 内接收到每个数据包，由于发送器和接收器未完全同步，在接收到的数据包之间仍可能出现时序偏移。考虑到冲突通道模型，与 ALOHA 的吞吐量相比，使用 SA 实现的最大吞吐量增加了一倍。但是，由于丢包率 (Packet Loss Ratio, PLR) 仅在非常低的负载下才降低到可接受的值，因此在卫星通信情况下 SA 的性能仍然很差。

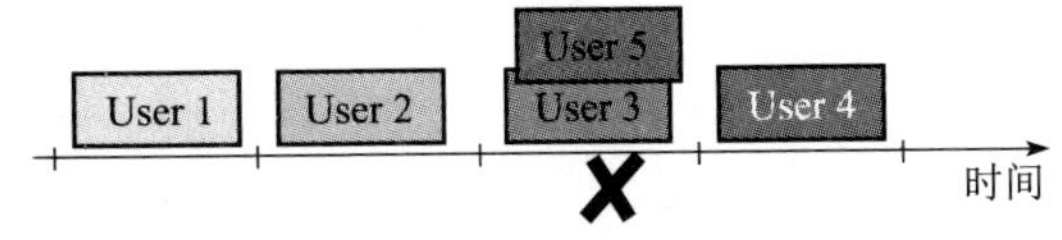

图 15.2　时隙 ALOHA RA 方案示例

15.2.2.2　分时段时隙 ALOHA

通过以一定数量的副本 N_{rep} 复制每个数据包，将多样性添加到 SA。因此，在低负载情况下，DSA 可以提高接收至少一个数据包副本而不会发生冲突的可能性。如图 15.3 所示，每个用户都可以在帧的随机选择的 TS 上传输同一数据包的多个副本。在接收器端，由于 TS 选择的多样性增加，尤其是在低负载情况下，每个数据包具有至少一个副本接收而没有冲突的可能性更高。

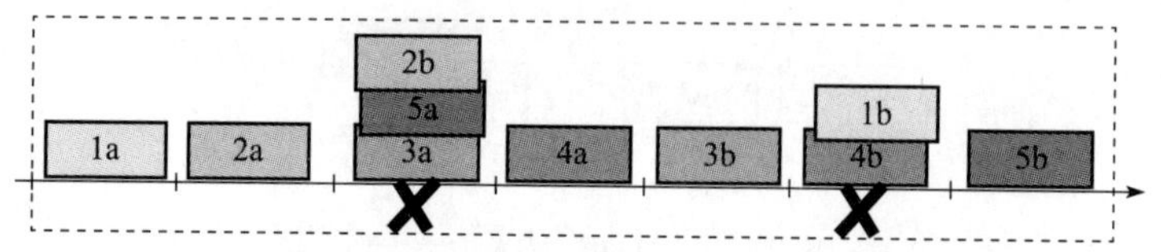

图 15.3　接收到的分时隙 ALOHA RA 方案的时隙帧，每包 $N_{rep}=2$ 个副本

15.2.3　关于回传链路的传统 RA 技术的结论

总而言之，图 15.4 显示了在假设冲突信道模型的情况下，使用 SA 和 DSA 实现的 MAC 层分析吞吐量的比较。DSA－N_{rep} 标记用于表示每个数据包使用 N_{rep} 副本的 DSA。给定图 15.4 中观察到的结果，对于 MAC 信道负载 $\lambda<0$，使用 DSA-2 获得的最大吞吐量高于 SA，DSA-3 和 DSA-4，但是，对于较高的信道负载，性能会迅速下降。图 15.4 还显示了通过前面介绍的所有 RA 技术实现的最大吞吐量相对较低，并且可以通过高水平的丢包来实现，这在卫星场景中不可行。值得注意的是，SA 和 DSA 的性能还通过分析和通过仿真对参考文献［20］中的加性高斯白噪声（Additive White Gaussian Noise，AWGN）信道模型进行了评估。分析和仿真结果均匹配。

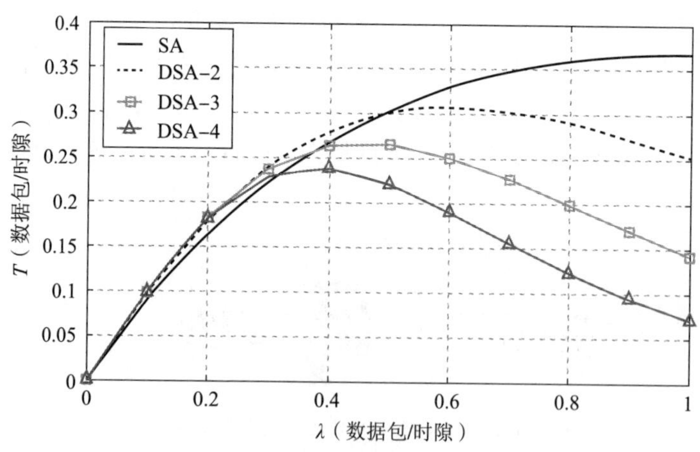

图 15.4　SA 和 DSA 的分析吞吐量与归一化信道负载的关系[19]

使用等式，在 $E_s/N_0=7\text{dB}$ 时，以编码速率 1/2 获得的最大吞吐量对于 SA，供电的数据包约为 0.37 个数据包/时隙，对于 DSA-2，约为 0.6 个数据包/时隙。然后同样，仅在负载低于 0.1 数据包/时隙的情况下才能实现 10^{-2}

的 PLR。因此，传统的 RA 方法（如 ALOHA、SA 和 DSA）不是卫星通信的理想选择，尤其是在不能容忍大数据包重传延迟的应用中。为此，研究人员一直在研究用于卫星通信的新 RA 协议，该协议可以应对数据包冲突并增加 MAC 层吞吐量。这些协议在下一节中介绍。

15.3　卫星通信的增强 RA 技术

如前所述，人们对在回传链路上使用增强型 RA 技术有着明显的兴趣。但是，应该考虑采用增强的方法，以改善这些技术的性能并减轻数据包冲突的影响。最近，在文献中已经提出了几种用于卫星通信的 RA 技术，其中一些已经用于商业目的。通常，这些增强技术提出通过使用信息冗余（频率、时间或扩展码）和连续干扰消除（SIC）的原理来应对接收机侧的数据包冲突。在本节中，我们将介绍几种增强 RA 方案，并将它们分为两个主要类别。

（1）同步 RA：该帧由多个 TS 组成，每个用户只能在 TS 的开头发送其数据包。因此，只能发生完整的数据包冲突。

（2）异步 RA：取消将帧划分为时隙，并且可以在任何时候接收数据包。因此，任何给定的数据包都可能会遇到部分和全部冲突。

首先，让我们介绍用于增强 RA 技术性能评估的主要系统指标。

15.3.1　评估增强 RA 方案的主要模拟指标

文献中用于评估为卫星通信设计的增强 RA 协议性能的主要模拟指标是：

（1）标准化的 MAC 层负载（λ 为每个时隙的数据包，G 为每个符号的位）；

（2）标准化的 MAC 层吞吐量（以比特/符号或数据包/时隙为单位的 T，取决于我们是否要比较几种调制方式和编码方式）；

（3）MAC 层 PLR。

用唯一的数据包/时隙表示的归一化 MAC 层负载表示为 λ 和计算如下

$$\lambda=\frac{N_u}{N_s}(\text{数据包/时隙}) \tag{15.1}$$

式中：N_u 为一帧中用户的平均总数；N_s 为一帧中 TS 的总数。λ 被标准化为数据包副本的数量，因此可以公平地比较使用不同 N_{rep} 值的不同 RA 方案。为了比较使用不同类型的调制和编码方案的不同系统，使用了归一化的 MAC 层负载 G（单位为比特/符号）。G 的计算如下

$$G=\lambda R\log_2(M)(\text{比特/符号}) \tag{15.2}$$

式中：M 为调制阶数（例如，对于正交相移键控，$M=4$）；R 为编码速率。在一定负载 G 下获得并使用仿真计算出的归一化 MAC 吞吐量 T 可以表示为

$$T=\lambda(1-\mathrm{PLR}(\lambda))(\text{数据包/时隙}) \tag{15.3}$$

或者

$$T=G(1-\mathrm{PLR}(\lambda))(\text{比特/符号}) \tag{15.4}$$

式中：PLR 为丢包率，即对于给定的负载 G（以比特/符号为单位）或 λ（以数据包/时隙为单位）的未解码数据包在帧中的百分比，以及每个数据包的给定信噪比（SNR）。

15.3.2 增强同步 RA 技术

使用同步 RA 方案的主要动机在于以下事实：对于检测帧上接收到的数据包的开始，它们更为实用。在下面，我们描述了几种增强同步 RA 技术的列表，并讨论了它们在回传链接上的性能。

15.3.2.1 竞争解决方案分时隙 ALOHA

CRDSA[10] 是 DSA 的增强版本，它是 DVB-RCS2 标准中的可选内容。CRDSA 的主要概念基于发送方的数据包复制和接收方的 SIC。每个数据包的副本数对于所有用户而言都相同。如图 15.5 所示，每个用户都可以在帧的随机选择的 TS 上传输同一数据包的两个或多个副本。每个数据包都包含一个信令字段，其中包含指向其副本位置的指针。在接收方，帧被存储并迭代扫描。然后，将 SIC 处理应用于每个成功解码的分组。换句话说，当一个包成功解码后，将其从帧中删除，然后使用解码后的指针定位其副本。第一个恢复的副本的解码位用于在本地 TS 上重建其剩余副本。因此，减少了对帧上剩余的未解码分组的干扰贡献。在整个帧中重复此过程，直到达到最大迭代次数为止。

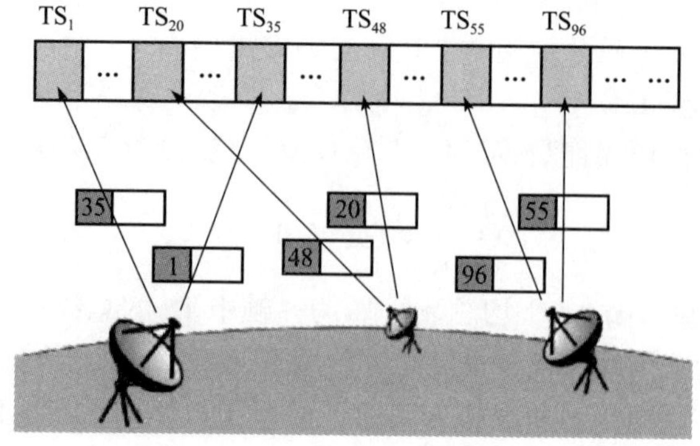

图 15.5　CRDSA 传输方案，每个用户 $N_{rep}=2$ 个副本

示例 15.1（CRDSA 示例）。图 15.6 举例说明了用 CRDSA 处理的帧的示例，其中所有数据包均被视为以相同的功率电平接收到。图 15.6（a）和（b）显示了如何在第一次 CRDSA 迭代中成功解码 u_3 和 u_1 的数据包：首先，数据包副本（3b）为在第四个 TS（TS_4）上成功解码，因为它无冲突地被接收。它的副本（3a）用解码的指针定位，然后重建并从 TS_2 中删除。以类似的方式，成功解码了 TS_5 上的 u_1 的数据包副本，并将其以及从 TS_1 上收到的副本从帧中删除。在第二次 CRDSA 迭代中（如图 15.6（c）和（d）所示），对与 u_2 和 u_4 对应的数据包进行了连续解码，并从帧中删除了它们。因此，SIC 进程允许成功检索所有数据包。值得注意的是，如果没有副本指针和 SIC，将获得 DSA 方案，并且仅在对副本（1b）和（3b）进行解码之后，解码过程才会停止。根据信道编码率，帧上的剩余数据包可能会丢失。

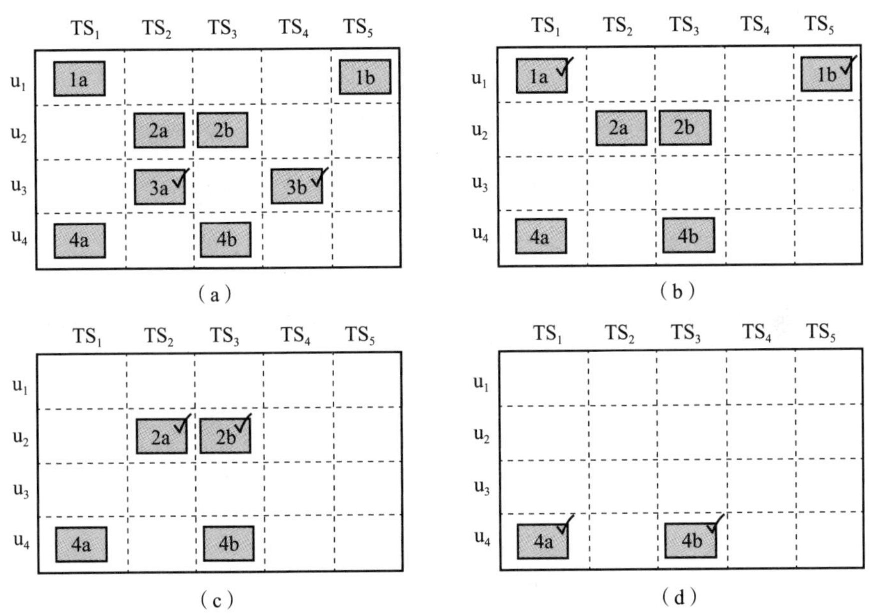

图 15.6　CRDSA 示例：4 个用户（u）共享 5 个时隙（TS）的帧
(a)~(d) 代表干扰消除的连续步骤

CRDSA 的作者表明，通过 QPSK 调制，速率为 1/3 的前向纠错（FEC）码以及 $E_s/N_0 = 10\text{dB}$，可以成功解决遇到一个数据包冲突的副本。在那种情况下，每个数据包 $N_{rep} = 3$ 个副本，CRDSA 的最大吞吐量可以达到 1.2 个数据包/时隙，这相当于 0.8 比特/符号的效率。

CRDSA 方案[10] 的首次评估已经考虑到，所有分组都是以相同的功率电平（即等功率）接收的。后来的研究表明，使用干扰消除（IC）来分散分组功率可以大大提高 RA 方案的性能[7,20,21]。实际上，分组功率不平衡使接收器可以首先检测最强的分组，并以较高的成功概率对其进行解码。这种现象称为捕获效应[17,22]，因为最强的数据包处于“捕获中”状态，即使它们正遭受来自其他数据包的冲突，也可以成功解码。与 SIC 流程一起利用捕获效果，可以解决帧上更多的数据包冲突并增加 MAC 层吞吐量。特别是对于 CRDSA，参考文献［20，21］中已评估了数据包功率不平衡的影响。

实际上，在现实的信道条件下，不同发射机之间的功率不平衡是不可避免的。终端等效全向辐射功率（EIRP）可能会在某个值附近随机变化，并且每个用户所经历的路径损耗可能会根据覆盖范围而有所不同。在文献［23］中已经表明，在移动通信信道中，分组功率大约遵循截断的对数正态分布，其参数 $\mu=0$dB，σ 在 2~3dB 之间变化，取决于信道特性。尽管如此，在一个帧的持续时间内，仍然可以将与同一数据包相对应的副本视为等效功率。作者表明，与等功率分组情况相比，具有对数正态分布的分组功率的 CRDSA 的性能显著增强。

图 15.7 描述了性能的 N_{rep} 等于每个数据包 3 个副本的 CRDSA，以标准化的 MAC 吞吐量（以比特/符号和 PLR 为单位），具有截断对数正态数据包功率分布的标准偏差 σ 的多个值（$\sigma=0$dB 等功率的数据包）。使用 QPSK 调制显示了结果，其中 3GPP/UMTS Turbo 码[24] 的速率为 1/3，$E_s/N_0=10$dB。$\sigma=3$dB 时，在图 15.7（b）中出现了一个错误底限，因为随着分组功率分布的变化较大，以较低的 E_s/N_0 值接收分组的可能性更高。

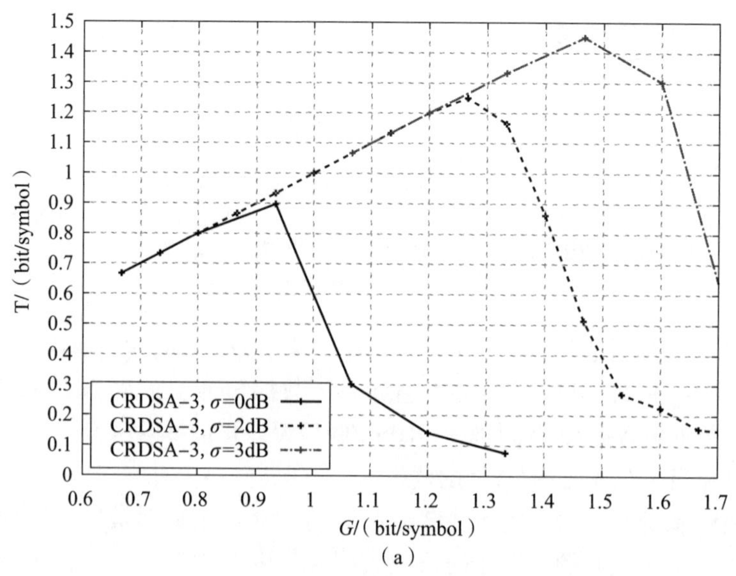

（a）

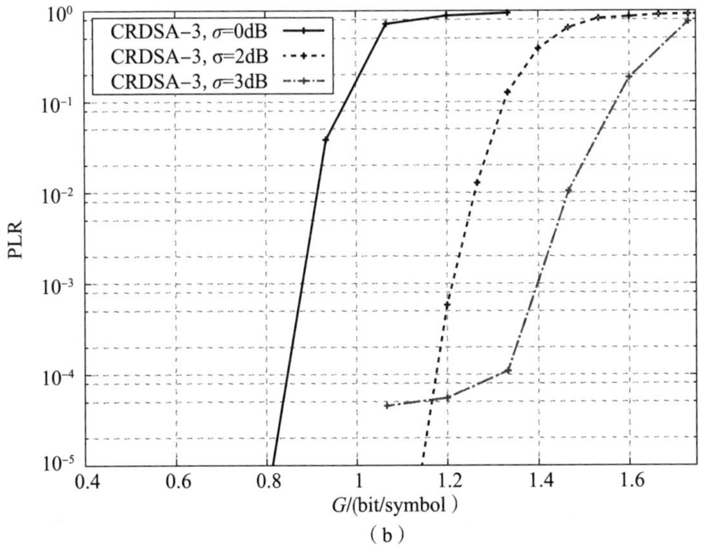

（b）

图 15.7　$E_s/N_0=10\text{dB}$ 和 $N_b=3$ 个副本时的 7 个 CRDSA 性能。QPSK 调制，3GPP Turbo 码 $R=1/3$
（a）吞吐量；（b）PLR。

15.3.2.2　定期重复插入时隙的 ALOHA

不规则重复 SA（IRSA）[25-26] 是 CRDSA 的一种变体，其中用户每个数据包发送不规则数量的副本。IRSA 的评估方法利用了 SIC 过程和基于图的代码的迭代擦除解码之间的类比[27-28]。用二分图描述了 CRDSA 的 SIC 过程。在参考文献［29，30］中，对参考文献［25］的分析进行了扩展，以优化突发重复率分布，以使吞吐量最大化。在相同的通道模型下，IRSA 在吞吐量方面提高了 CRDSA 的性能，但对于具有 3 或 4 个副本的 CRDSA，10^{-3} 的 PLR，其性能却有所提高。

15.3.2.3　时隙编码 ALOHA

编码 SA（CSA）[31-34] 是 IRSA 的概括，它在数据包传输之前对数据包进行编码和划分，而不是简单地对其进行复制。当然，SIC 处理也适用于接收方。考虑碰撞通道模型，在参考文献［35］中评估了该方案的分析吞吐量。在发送方，每个包的结构如图 15.8 所示。

CSA 中数据包构建的主要步骤如下：

（1）数据包分为 k 个信息片段；

（2）通过本地的面向分组的代码对 k 个片段进行编码，该代码会生成 n 个编码的片段（$n>k$）。在这种情况下，编码率为 $R=k/n$。

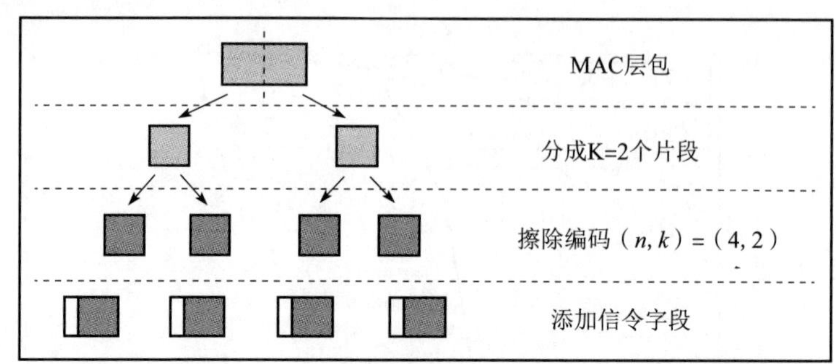

图 15.8　CSA 传输方案

（3）将控制标头添加到每个编码片段的开头。该报头应包含有关帧上其他片段位置的信令信息。

在接收器端，如果接收到给定用户的数据包片段时有来自其他片段的冲突，则将其视为丢失（因此类似于擦除解码）。然而，接收器可以恢复从相同分组的其他未经历冲突的片段接收的信息。因此，可以对分组进行解码，并且从帧中减去其干扰贡献（即，去除所有对应的片段）。在参考文献［35］中，显示了渐近吞吐量（即当用户数 $N_u \to \infty$ 和 TS 数 $N_s \to \infty$ 时获得的吞吐量），每个时隙最多可以删除 0.9 个数据包率 $R=2/7$ 的代码。此外，参考文献［36］中的分析研究表明，对于渐近较大的帧和渐近最大的最大副本数，CSA 在冲突特性下可以达到 1 个数据包/时隙，这等效于正交方案的性能。

15.3.2.4　多时隙编码 ALOHA

多时隙编码 ALOHA（MuSCA）[37] 是布伊（Bui）等人在 2012 年提出的另一种增强同步 RA 方法。图 15.9 说明了在 MuSCA 的发送器端执行的主要操作。首先，发送器使用速率为 R 的鲁棒 FEC 码对数据包进行编码。然后，对码字进行位交织和调制。所得的码字被分成多个片段，并且将信令字段添加到每个片段的开头。该信令字段用于定位帧上的数据包碎片，并与数据字段分开编码。为了即使在发生冲突时也能够定位给定数据包的片段，应该使用健壮的纠错码对信令字段进行编码。在参考文献［37］中，速率为 R_s 的里德-穆勒码（Reed-Muller）已用于信令领域。

在 MuSCA 中，在接收器端执行的操作可以分为两个主要阶段。

（1）解码信令字段：首先，解码器扫描帧并尝试解码每个 TS 上的信令字段。进行 SIC 处理是为了删除每个成功解码的信令字段。换句话说，每当成功解码给定分组的信令字段时，在其他 TS 上的相同分组的信令字段就被重建并随后从帧中减去。反复扫描帧，直到无法检索到其他信令字段。在该阶段结束时，如果所有标头均已成功解码，则接收器将知道所有片段的位置和每个 TS

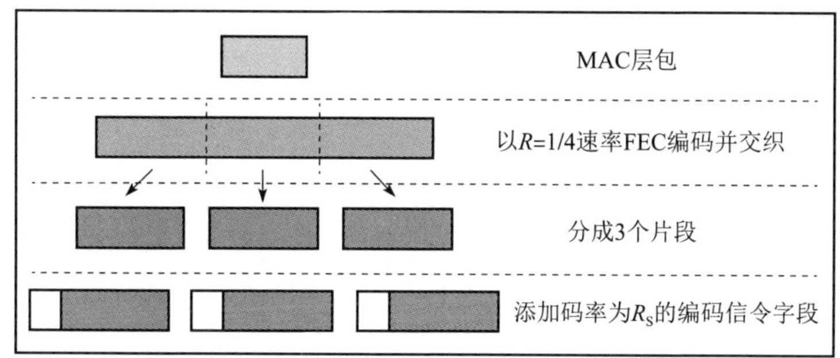

图 15.9　MuSCA 传输方案

上的冲突级别。因此，接收器可以进入下一阶段以解码数据字段。

（2）对数据字段进行解码：在此阶段，将重新组合与每个数据包相对应的片段，并对物理层数据包进行重构、解调、解交织和解码。然后，使用成功解码的分组执行 SIC，以便从所有相应的 TS 中删除其相应的数据片段。当然，将反复扫描帧，直到无法恢复其他数据包为止。

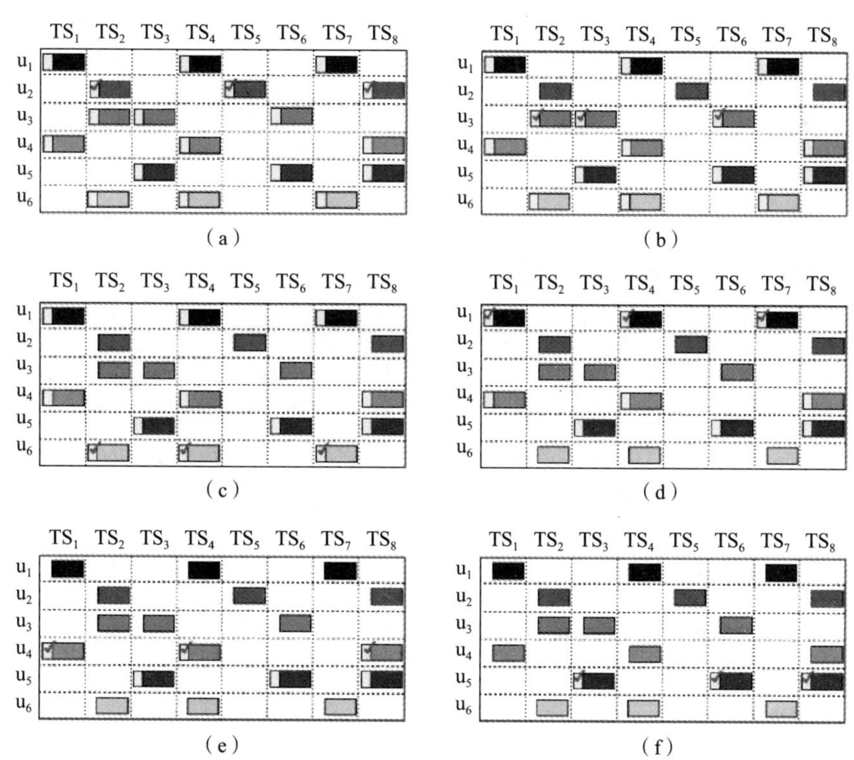

图 15.10　MuSCA 示例：信令字段解码阶段；6 个用户（u）共享 8 个时隙（TS）的帧
(a)~(f) 表示解码的信令字段连续干扰消除后的帧

示例 15.2（MuSCA 示例）。图 15.10 和图 15.11 显示了 MuSCA 中接收器侧的两阶段解码过程的示例。在图 15.10（a）中，解码器在 TS_5 上发现 u_2 的数据包没有冲突，因此解码器成功解码了其对应的信令字段，并删除了 TS_2 和 TS_8 中其片段的信令部分。TS_2 仅与另一个包冲突。因此，给定所使用的健壮的里德-穆勒码，接收机可以成功地解码其信令字段。解码后，可以删除 TS_3 和 TS_6 中的其他信令字段。解码器迭代地继续该过程，直到所有信令字段都被解码为止。

图 15.11 描绘了有用的信息解码阶段。解码器首先选择对所有片段干扰较小的数据包。如果是图 15.11（a），从解码 u_2 的数据包开始从 TS_2、TS_5 和 TS_8 中收集码元，然后对码字进行重构，解调和解码。给定在每个分组的有效载荷部分上使用的健壮的 FEC 码，成功的解码概率可以被认为是相对较高的。成功解码后，将从 TS_2、TS_5 和 TS_8 中删除该数据包及其所有片段。然后，解码器尝试解析 u_5 的数据包片段。如果解码尝试失败，则解码器将传递给 u_4，依此类推。直到成功检索到帧上的所有数据包。

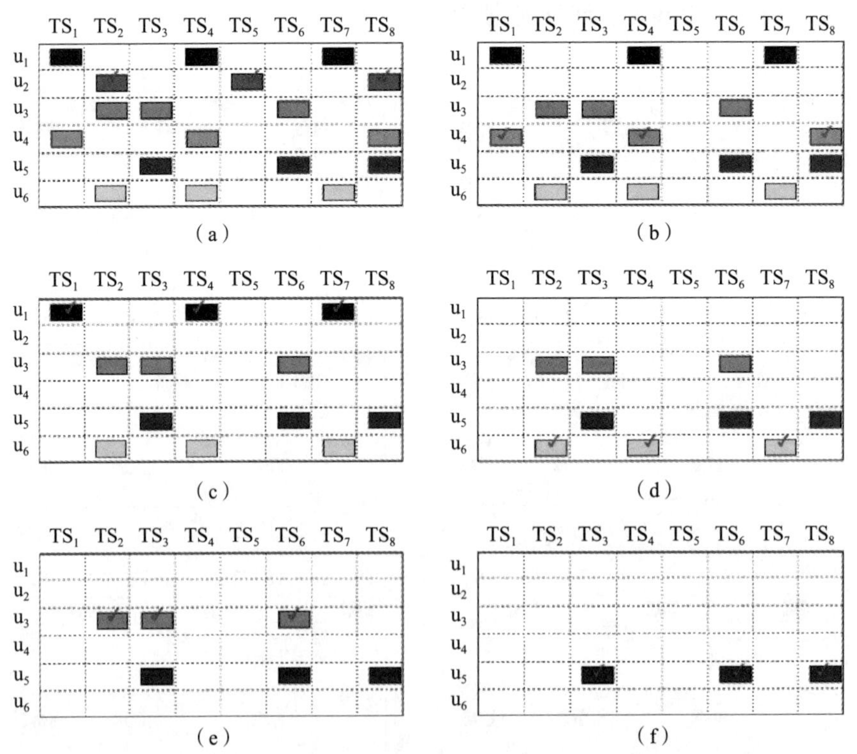

图 15.11　MuSCA 示例：有用的信息解码阶段；6 个用户（u）共享 8 个时隙（TS）的帧

(a)~(f) 表示解码的有效载荷字段连续干扰消除后的帧

图 15.12 显示了通过 QPSK 调制的有效载荷和速率 $R=1/6$ 的空间数据系统咨询委员会（CCSDS）Turbo 码[38] 获得的吞吐量 T（以数据包/时隙为单位）的 MuSCA 的性能。每个数据包的片段 N_f 等于 3。比较 E_s/N_0 的几个级别。显示的结果是具有完美通道状态信息（CSI）的系统。可以观察到，如果我们将其与之前介绍的 RA 技术进行比较，则性能将得到显著提高。从 $E_s/N_0=1\text{dB}$ 开始，获得的最大吞吐量高于 1 个数据包/时隙。MuSCA 的作者还提出了非常规的版本，称为非常规 MuSCA[39]，其中每个用户在帧上发送随机数量的数据包片段。对于每个用户发送的碎片数量的最佳概率分布而言，使用非常规 MuSCA 所实现的最大吞吐量可以达到 1.4 个数据包/时隙。但是，在常规版本和非常规版本的 MuSCA 中，吞吐量结果都没有考虑为片段定位添加的报头开销。因此，为了获得更好的性能而付出的代价是增加了在帧上定位数据包片段所需的信令开销。

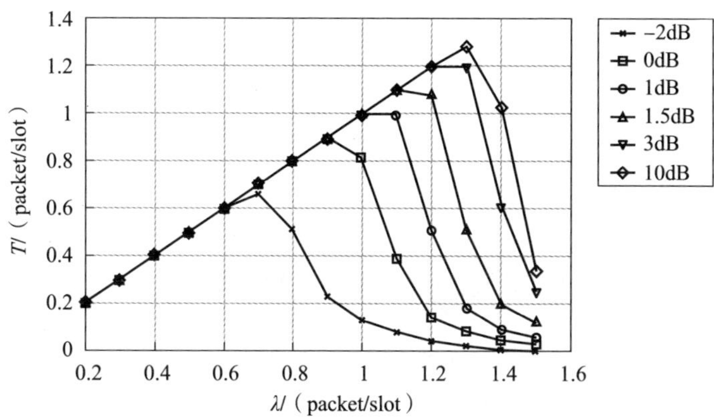

图 15.12　在具有几个 E_s/N_0 值的理想信道条件下，MuSCA 的吞吐量 T 与信道负载 λQPSK 调制，FEC 码 $R=1/6$，每个数据包 $N_1=3$ 个片段，数据包长度 456 位，$N_s=100$ 个时隙[19]

15.3.2.5　使用基于相关定位的多副本解码

使用基于相关定位的多副本解码（Multi-ReplicA Decoding Using CorRelation Based LocALisAtion，MARSALA）[40] 是一种先进的同步 RA 方法，与以前的 RA 方案（如 CRDSA、IRSA 等）相比，它建议提高吞吐量。在数据包上使用额外的信令开销。更准确地说，MARSALA 提出了一种新的副本定位和解码技术，该技术将在接收方与 CRDSA 结合使用。下面，我们将解释 MARSALA 的不同步骤，并提出一些性能评估结果。

MARSALA 中的发送器端与先前针对 CRDSA 所述的发送器端相同。系统修改仅在接收器端进行，并解释如下：在存储整个帧之后，应用 CRDSA 以便检索帧上未解码的数据包。只要成功解码了一个数据包，便会执行 SIC 处理以从帧中删除解码后的数据包及其对应的副本。扫描整个帧后，重复进行相同的数据包检测和 SIC 处理，以便在前一个 IC 之后恢复更多数据包。但是，在高负载情况下，由于强烈的冲突，某些数据包可能无法用 CRDSA 接收。此时，将应用 MARSALA。该过程如图 15.13 所示，其过程如下。

（1）选择参考 TS（TS_{ref}）。

（2）MARSALA 尝试通过使用互相关技术来定位 TS_{ref} 上存在的数据包的副本。副本定位是在相同分组的不同副本随机改变相移和时序偏移的前提下完成的。但是，振幅和频率偏移应该在一帧的持续时间内保持恒定。

（3）一旦定位了 TS_4 上给定数据包的副本，就将应用以下过程：

（i）副本在时间和阶段上同步；

（ii）具有或不具有最大比率合并（MRC）的副本合并[41-42]；

（iii）组合副本上的通道估计；

（iv）解调和解码；

（v）取消成功解码的副本（SIC）。

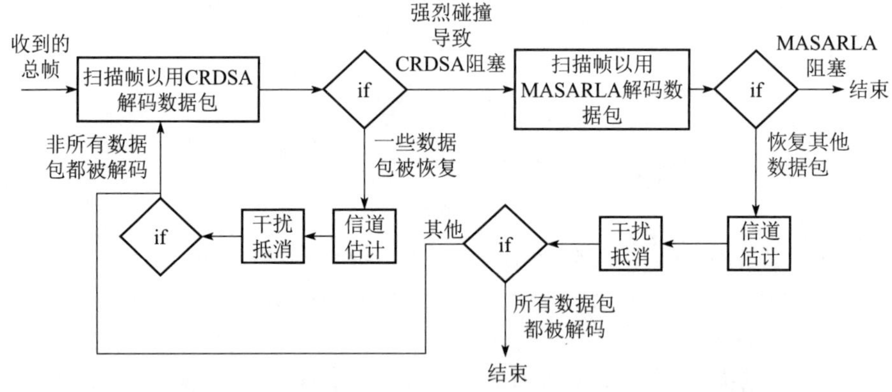

图 15.13　在接收端结合了 CRDSA 和 MARSALA 的帧处理方案

可以应用 MARSALA，直到成功恢复至少一个数据包，然后接收器才能切换回 CRDSA。因此，MARSALA 在释放冲突中的 CRDSA 未解码数据包并触发其他 SIC 迭代方面可以发挥主要作用。

与单独的 CRDSA 相比，MARSALA 与 CRDSA 结合的模拟显示出明显的性能提升[43-44]。图 15.14 显示了使用以下模拟参数获得的结果：每个数据包三个副本，DVB-RCS 2 Turbo 码用于线性调制[3]，码率 $R=1/3$，使用 QPSK 调制的 456 个符号的突发长度（DVB-RCS2 波形 ID 3）和所有接收到的数据包的功率电平相同。图 15.14 所示的结果是在没有 MRC 的情况下针对多个 E_s/N_0 值获得的。考虑了考虑完美 CSI 或真实信道模型的两种情况。

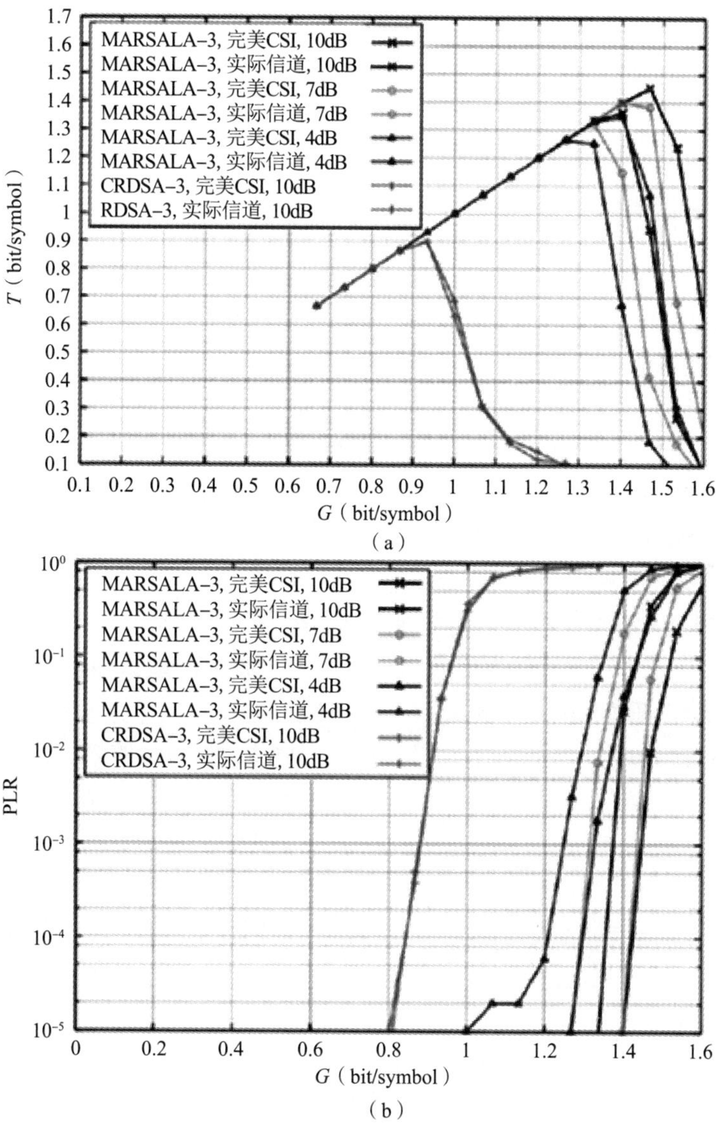

图 15.14　MARSALA-3 在实际信道条件下与完美 CSI 的比较；DVB-RCS2 Turbo 码 $R=1/3$ 的 QPSK 调制

（a）吞吐量；（b）PLR。

几种增强方案也已应用于 MARSALA[45]，例如使用分组功率不平衡，MRC 或采用除 DVB-RCS2 以外的其他编码方案。表 15.1 总结了参考文献［45］中获得的一些性能结果。

表 15.1　$E_s/N_0=10\mathrm{dB}$ 的 MARSALA-3 吞吐量（以比特/符号表示）目标为 10^{-4} 的 PLR 和 QPSK 调制，编码率为 1/3

	DVB-RCS2 标准（波形 ID 3）	3GPP/UMTS 标准
无最大比率合并（MRC）	1.3	-
含最大比率合并（MRC）	1.5	1.7
含最大比率合并（MRC）且 $\lg\sigma=3\mathrm{dB}$	2.35	2.75

备注 15.1（无相位噪声假设）。值得澄清的是，尽管在参考文献［43-45］中考虑了副本之间的频率，时序和相移，但并未考虑波动的相位噪声。相位噪声可以表示为短期频率变化的随机过程。实际上，相位噪声波动取决于符号率，即较低的符号率会引起较高的相位噪声。因此，相位噪声会影响使用相关性的副本定位的准确性以及副本的组合和解调。在未来的工作中研究低数据速率对 MARSALA 的影响非常重要。

15.3.2.6　多频竞争解决分集时隙 ALOHA

CRDSA 中的用户共享相同的带宽 B，但在不同的 TS 上传输其数据包副本。在这种情况下，如果 TS 的数量 N_s 少于 100 个时隙，则由于出现环路现象①的可能性更高，因此应预期可见的降级。由于所有数据包在 CRDSA 中占用相同的带宽 B，因此符号率 R_s（以波特为单位，即每秒符号数）等于每个数据包，即

$$R_s=\frac{B}{1+\alpha}=N_{\mathrm{symb}}\times\frac{N_s}{T_{\mathrm{f}}} \tag{15.5}$$

式中：α 为整形滤波器的滚降；N_{symb} 为每个数据包的符号数；T_{f} 为总帧持续时间 m 秒。接收器侧的 E_s/N_0 电平与接收信号功率（C）成正比，与符号率 R_s 成反比，即

$$\left[\frac{E_s}{N_0}\right]_{\mathrm{dB}}=\left[\frac{C}{N_0}\right]_{\mathrm{dBHz}}\times\left[\frac{1}{R_s}\right]_{\mathrm{Baud}} \tag{15.6}$$

C/N_0 用分贝-赫兹（dB-Hz）表示，指的是载波的比率功率和单位带宽的噪声功率。因此，为了在降低发送载波功率的同时在接收机侧达到给定的 $E_s/$

① 当无法恢复给定数据包的所有副本并且无法解决这些数据包上的冲突时，就会发生循环现象。

N_0 水平，必须降低符号率。因此，为了针对低成本终端并降低 EIRP，在参考文献［46］中提出了多频 CRDSA（MF-CRDSA）。图 15.15 说明了 CRDSA、E-SSA 和 MF-CRDSA 的三种比较方案。在 MF-CRDSA 中，该帧不仅被划分为多个 TS 的 N_s^{MF}，而且还被划分为由 B^{MF} 表示的子频带，例如，$B^{\mathrm{MF}}=B/N^{\mathrm{MF}}$，其中 N^{MF} 为子频带的总数。因此，每个数据包的传输符号率 R_s^{MF} 减少为

$$R_s^{\mathrm{MF}}=\frac{B^{\mathrm{MF}}}{1+\alpha}=\frac{R_s}{N^{\mathrm{MF}}}=N_{\mathrm{symb}}\times\frac{N_s^{\mathrm{MF}}}{T_{\mathrm{f}}} \tag{15.7}$$

显然，对于每个数据包中的固定符号数和固定帧持续时间，我们可以得出结论：CRDSA 中 TS 的总数应等于 MF-CRDSA 中 TS 的总数乘以子频带 N^{MF} 的数量，即

$$\frac{R_s^{\mathrm{MF}}}{N_s^{\mathrm{MF}}}=\frac{R_s}{N_s}\rightarrow\frac{R_s}{N^{\mathrm{MF}}\times N_s^{\mathrm{MF}}}=\frac{R_s}{N_s}\rightarrow N_s=N^{\mathrm{MF}}\times N_s^{\mathrm{MF}} \tag{15.8}$$

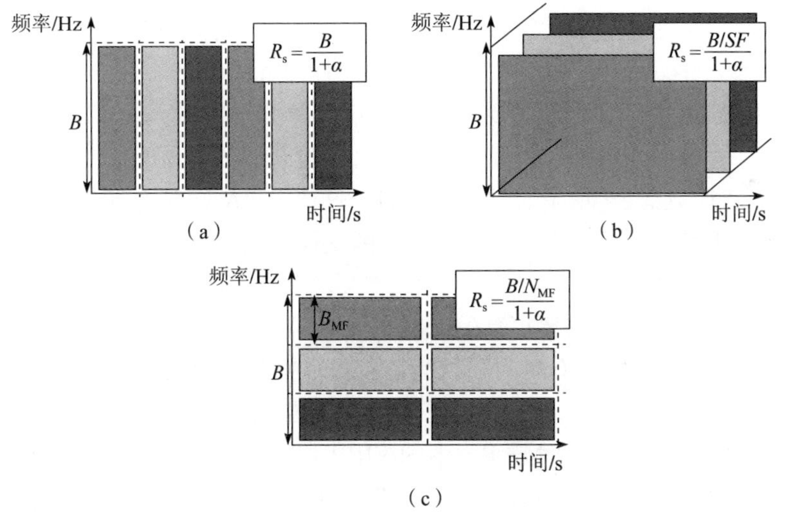

图 15.15　(a) CRDSA、(b) E-SSA 和 (c) MF-CRDSA 的时间和频率分集，以及每个包的符号率比较

因此，在 MF-CRDSA 中所需的 C/N_0 转化为

$$\left(\frac{C}{N_0}\right)_{\mathrm{MF}}=\frac{E_s}{N_0}\times R_s^{\mathrm{MF}}=\frac{E_s}{N_0}\times\frac{N_s^{\mathrm{MF}}}{N_s}=\frac{C}{N_0}\times\frac{N_s^{\mathrm{MF}}}{N_s} \tag{15.9}$$

$N_s^{\mathrm{MF}}/N_s<1$。显然，可以通过采用 $N_s^{\mathrm{MF}}=N_{\mathrm{rep}}$ 来获得最低的 EIRP 级别。参考文献［46］的作者表明，与 CRDSA 相比，MF-CRDSA 可以实现类似的吞吐性能，但 PLR 略高。假设不同，循环现象增加的可能性解释了这一结果。

应当在不同的TS上发送同一数据包的副本，以限制由于多载波放大而导致的信号失真级别。

15.3.2.7 增强同步RA的摘要和简要讨论

在本节中，我们介绍了几种用于卫星通信的增强同步RA技术。首先介绍的技术是CRDSA，它可以执行接收方进行数据包复制和SIC。CRDSA显示明显的PLR即使在系统负载约为0.8比特/符号的情况下，与SA和DSA相比，它的性能降低。IRSA提出了每个用户的副本数量多样化的要求，CSA使用与SIC结合使用的数据包编码和分段数据包。但是对于IRSA和CSA而言，仅针对吞吐量限制为1个数据包/时隙的冲突通道模型评估了性能。为了在非常高的负载条件下进一步增强PLR，人们提出了MuSCA。实际上，就吞吐量而言，性能得到了显著提高。但是，成本是添加到数据包的重要开销。然后，MARSALA提出了一种无须增加额外开销即可提高CRDSA吞吐量和PLR的解决方案。取而代之的是，MARSALA建议在接收器端使用相关性和副本组合对数据包进行定位。但是，它的性能可能对相位噪声敏感，尤其是在低数据速率通信（约kbps级）中。此外，MF-CRDSA被作为一种解决方案提出，其实现了与CRDSA相似的性能，但具有在终端侧需要更少的EIRP的优势。

显然，在接收器端添加增强信号处理可以显著提高传统时隙RA技术的性能。如前所述，已经实现了非常低的PLR，这使得RA方案更适合在卫星通信的回传链路上使用。但是，为了达到预期的性能，同步RA技术可能会出现一些限制，如下所述：

（1）通常每个符号需要更高的能量；

（2）鉴于TS和帧是有时间限制的，因此时隙RA非常适合高符号率传输，否则，帧将太长；

（3）对于每个终端，时隙RA中的EIRP相对于非时隙接入而言应过大，尽管MF-CRDSA在使用多频分集时通过降低终端侧的传输符号率来解决这一问题；

（4）在帧和TS级别的终端同步是通信的负担，尤其是在终端数量非常多的网络和低占空比的传输中。

15.3.3 增强异步RA技术

如前所述，传统的异步RA技术（如ALOHA）在接收器端会遭受部分和全部数据包冲突。但是，最近的研究表明，可以通过在发射机处使用适当的调制和编码，以及在接收机处应用增强信号处理和SIC来缓解此问题。因此，可以解决分组冲突，并且可以显著增强就PLR而言的性能。

特别是，已知异步 RA 技术要求终端和接收器之间的同步最少。这种特性使它们非常适合用于传播延迟大，用户数量大和占空比非常低的通信中。在下文中，我们将介绍为卫星通信提议的主要增强异步 RA 技术及其性能评估的主要结果。

15.3.3.1　增强扩频 ALOHA

E-SSA 于 2008 年提出[13,23]，用于在卫星回传链路上使用 L 和 S 频段的移动和 M2M 服务。它是扩频 ALOHA（SSA）[47] 的增强变体，它是从码分多址（CDMA）中的代码扩频中检测到的。为了便于理解，下面让我们简要介绍 CDMA 和 SSA。

CDMA 和 SSA 的背景介绍如下。

CDMA 是基于扩频的广为人知的多址协议。它允许用户在相同的载波频率上同时传输其数据包，但使用不同的扩展码[48]。扩展码可以被定义为提供给每个用户的唯一码，并且具有比所传输的比特流的实际速率（R_b）更高的速率（R_c），因此，术语“扩展”。在 CDMA 中，扩频码与每个用户的数据流相乘，并允许在接收机处区分对应于不同用户的分组。每个用户应该在一组正交码（对于同步 CDMA）或伪随机码（对于异步 CDMA）中选择唯一的二进制代码。扩展因子由 SF 表示，其中 $SF=R_c/R_b$。

在 SSA 中，表明了在 CDMA 系统中使用不同的代码来区分不同的用户是不必要的。取而代之的是，可以使用较大的扩展因子 SF，因为当扩展因子增大时，与在芯片级对准的扩展序列发生冲突的可能性降低了。SSA 使用与地面标准“3GPP 宽带 CDMA”[49,50] 中定义的波形配置相同的波形。

减法算法也应用于接收方的 SSA 中。换句话说，在同时接收到多个信号时，接收器确定最强的最早信号，然后对其进行解调和解码，然后从帧中减去。对其他用户的其余信号重复相同的过程。不同用户的信号不同步的事实使得能够通过与已知扩展码的相关性来区分它们。

E-SSA 是 SSA 的增强版本，它在接收器端引入了基于滑动窗口的方法，并在每个窗口上结合了迭代 IC。在发射机端，执行的操作如下：

（1）定义要在数据包开头添加的前导序列。前同步码应是在接收机侧已知的预定义序列，其主要目的是保留分组的开始时间和信道估计。考虑到 E-SSA S-MIM[14]，在非常低的 SNR 处进行数据包检测需要至少 96 个符号的前同步码。然后，用扩展因子 SF 来扩展前同步码序列。

（2）使用选定的扩展码扩展 BPSK 调制的数据序列。

（3）仅在下行链路信号质量良好时才发送数据包。该决定是基于称为 SNR+干扰比（SNIR）驱动的上行链路发送数据包控制（SDUTPC）的开环做出的。SDUPTC 的作用是控制接收到的数据包的功率电平，以避免接收到具有非常低 SNIR 的数据包，即使没有干扰，SNIR 也无法成功解码。终端侧的 SDUPTC 过程可以描述如下：

（i）终端在前向链路上对接收到的信号执行数据辅助（DA）SNIR 估计，以便确定其是否可以在回传链路上进行传输。

（ii）如果在某个瞬间的估计 SNIR 在代表视线（LOS）条件的某个窗口之内，则在该信道上发送数据包。数值过程的更多细节在参考文献［13］中提供。

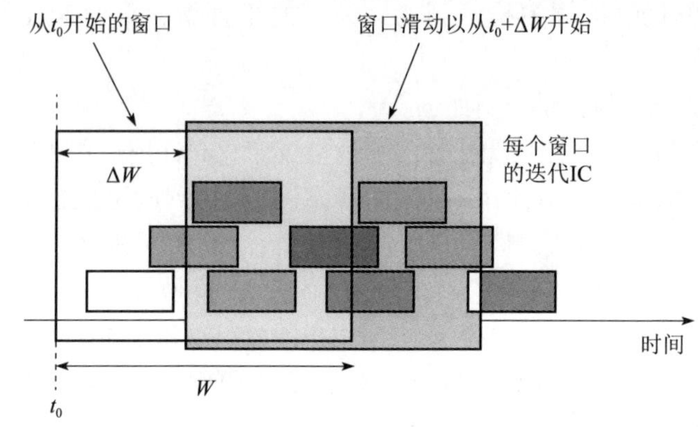

图 15.16　E-SSA 滑动窗口和迭代 JC 算法

在接收方（如图 15.16 所示），存储在一个窗口持续时间 W 上接收到的信号（通常 W 等于 3 个数据包的持续时间），然后当在一个窗口上完成 E-SSA 处理时，接收器将滑动实际窗口按预定义的步长 ΔW。在每个窗口持续时间内，E-SSA 中的检测器会反复执行以下操作，直到达到 $N_{\max}$ 次迭代为止：检测到具有最强 SNIR 的数据包；信道估计然后对最强的分组进行解调和解码；如果在循环冗余检查之后解码成功，则有

（1）重新编码和调制解码后的数据包；

（2）IC。

在参考文献［13］中评估了 E-SSA 性能。在这一点上，重要的是要注意，E-SSA 中的归一化负载 G 和吞吐量 T 以比特/码片计算，以便考虑扩展因子值。因此，如以下等式中所示得出负载 G，并使用 G（比特/码片）计算吞吐量。

$$G=\frac{\lambda R\log_2(M)}{\mathrm{SF}}（比特/码片） \tag{15.10}$$

E-SSA 的吞吐量可以达到 1.7 比特/符号对于具有对数正态分组功率分布（$\sigma=2\mathrm{dB}$）的目标 PLR 为 10^{-4}B 的 QPSK 调制，速率为 1/3 的 3GPP Turbo 码和扩展因子 SF=256。与仅实现 0.5 比特/符号的最大吞吐量的 SSA 相比，此结果显示出明显的增益。

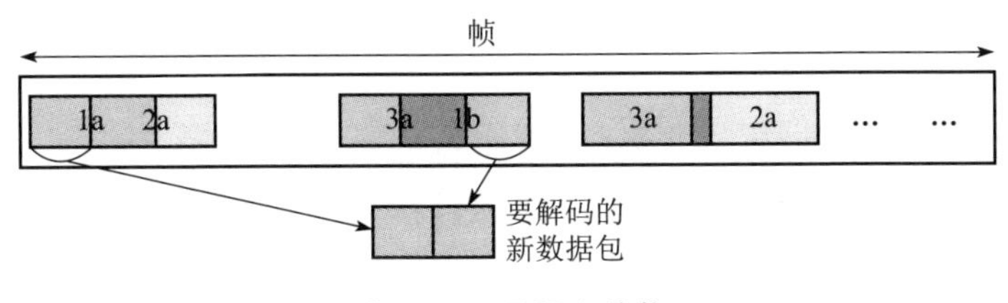

图 15.17　ECRA 结构

备注 15.2（若干卫星标准中的 E-SSA）。E-SSA 是针对卫星标准提出的 RA 技术：S 频段移动交互式多媒体（S-MIM）[14,51] 及其针对固定终端的固定版本交互式卫星交互式多媒体（F-SIM）[15]。在 S-MIM 中，数据包中的数据结构由两个单独的通道组成：

（1）用于有用数据传输的通道，称为物理数据通道（PDCH）；

（2）用于控制数据传输的信道，称为物理控制信道（PCCH），该信道用于传输信令信息和用于数据序列的相干解调的导频符号。

用 3GPP/UMTS Turbo 码对 PDCH 信息进行编码，并且 PDCH 和 PCCH 内容均被调制和扩展（使用正交码）。PDCH 和 PCCH 信道乘以不平衡的功率系数，即控制信道通常具有比数据信道低的功率电平。然后，两个信道通过一个同相传输而另一个以正交相位传输而叠加。使用 Gold 码对结果信号进行加扰，并将前导添加到消息的开头。

F-SIM 标准已被提议用于 Eutelsat 广播交互有源系统[11-12]。F-SIM 也是基于 E-SSA RA 的，它使用与 S-MIM 中相同的 PDCH 和 PCCH 信道叠加。但是，F-SIM 设计用于固定终端和更高的频段（Ku-Ka），以及与 S-MIM 不同的数据速率。

15.3.3.2　增强竞争解决方案 ALOHA

增强竞争解决方案 ALOHA（ECRA）是 2013 年提出的另一种异步 RA 协议[52]。顾名思义，它是以前的 RA 方案的增强版本，称为竞争解决方案 ALOHA（CRA）[53]。在 CRA 中，作者建议通过允许在一帧的任何时刻进行异步数据包传输来消除 CRDSA 中的时隙边界。但是，帧级同步的概念仍然存在。ECRA 将“最佳部分”组合添加到 CRA 中，并且仅在终端侧定义框架。因此，不需要用户之间的帧同步。实际上，鉴于通信的异步性质，对应于同一数据包的副本可能会在数据包的不同部分受到部分干扰，如图 15.17 所示。图中的示例显示，用户 1 的第一个副本仅在数据包的最右侧出现冲突；但是第二个副本仅在左侧受到干扰。对于CRA，如果干扰功率过高，则两个副本都可能丢失。因此，ECRA通过将副本的未干扰符号合并到新数据包中，提出了针对此问题的解决方案。因此，很明显，新分组将具有较高的成功解码概率。ECRA的解码过程如下：

（1）帧存储在接收方，并执行SIC处理。以迭代方式扫描帧，以检测和解码数据包。只要成功解码了数据包，便会将其从帧中删除，并使用已解码的指针定位其副本并也将其删除。

（2）当在该帧上无法再解码其他数据包时，ECRA会进行干预，以尝试使用以下过程解码剩余的数据包：

（i）如果给定数据包的某些部分在所有副本中都受到干扰，则将遇到最低干扰功率的部分（或符号）用于构建新数据包。因此，ECRA必须逐个符号进行SNIR估计，以便正确选择要合并的副本部分。

（ii）如果新构造的数据包已成功解码，则将数据包及其副本从帧中删除。

ECRA的作者表明，在$N_b=2$个副本，QPSK 1/2调制编码方案和$\frac{E_s}{N_0}=10\text{dB}$的情况下，它可以实现1.2比特/符号①的最大归一化吞吐量。在参考文献［54］中，作者提出了一种基于两步基于阈值的方法，用于异步数据包副本的定位技术。首先，与已知序列互相关以检测数据包开始时间，然后非相干互相关以进行检测。与同一数据包相对应的副本的位置。他们根据预定义的阈值评估了数据包检测概率，并研究了将MRC用于副本组合时吞吐量的性能。结果表明，采用两相检测和合并技术时，吞吐量略有下降。但是，当负载高于1比特/符号时，与理想检测情况相比，随着吞吐量开始下降，PLR似乎受到的影响更大。在参考文献［55］中介绍了对ECRA的最新改进，并为异步RA方案提供了PLR性能的解析近似。可以观察到ECRA的吞吐量显著提高，最高可以达到2.5比特/符号。

15.3.3.3 异步竞争解决方案分集ALOHA

文献中最近提出的另一种异步RA方法是异步竞争解决分集ALOHA（ACRDA）[56]。ACRDA是CRDSA的修改后的异步版本。为了应对异步传输，发送器和接收器侧的操作与CRDSA和E-SSA都相似。在ACRDA中，TS和帧边界未参考集中式网关（即NCC）解调器上的全局时间线定义。取而代之的是，TS和帧的定界是每个发射机本地的，并且在不同发射机之间是完全异步

① 参考文献［52］中的结果是通过使用香农边界获得的，即基于香农容量的编码阈值。由于丢弃了所有低于此阈值的数据包，因此该假设会使结果恶化。

的。因此，与 CRDSA 不同，不需要用户之间的帧级同步。术语“虚拟帧”（VF）用于指每个发射机处的本地帧。每个 VF 包含 N_{slots}，每个时隙具有持续时间 T_{slot}，因此 VF 的持续时间为 $T_{\text{VF}}=N_{\text{slots}}T_{\text{slot}}$。图 15.18 说明了在接收器具有完全独立的定时偏移的 3 个异步 VF 的接收，它们对应于不同的发送器。如果所有发送器都具有相同的定时偏移，则可以获得经典的 CRDSA 方案。发射机端的 ACRDA 方案如下。

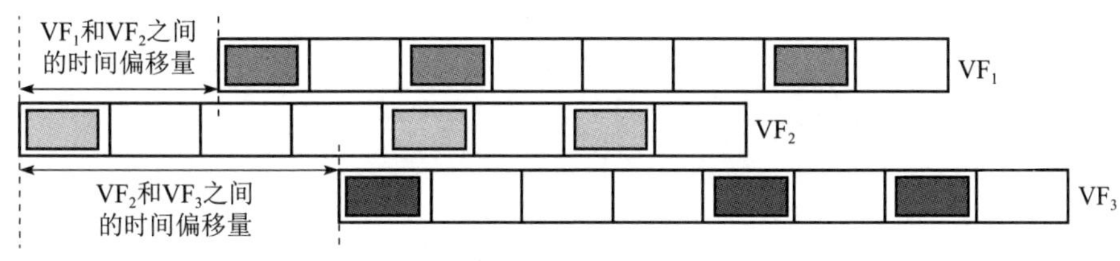

图 15.18　ACRDA 虚拟帧方案

（1）在 RA 信道上发送数据包之前，会生成 N_{b} 个副本，并且在一个 VF 持续时间内随机选择 N_{b}TS。

（2）与 CRDSA 相似，有关其他副本位置的信息也添加到每个数据包中。在 ACRDA 的情况下，位置信息是相对于当前数据包起始位置的 TS 偏移。

（3）在发射机侧随机选择一个 VF 的开始时间，不需要广泛的集中同步。

（4）包含所有发射机共同的已知序列的前同步码被添加到每个数据包副本的开头。该公共前同步码用于接收器侧的分组检测和信道估计。

（5）每个分组副本在本地 VF 的选定 TS 上传输。

在接收方，应用了与 E-SSA 中相同的基于窗口的内存处理，如图 15.18 所示。接收方 ACRDA 的操作将在下面详细介绍。

（1）接收的信号经过下变频，滤波和采样。

（2）对于每个滑动窗口，有

（i）覆盖 W VF 持续时间的信号存储在接收器存储器中（通常假定 $W=3$）。

（ii）ACRDA 过程在每个窗口上重复进行，如下所述。

（a）首先，使用与前同步码序列匹配的互相关来搜索公共分组前同步码。

（b）每次检测到前同步码序列时，都会尝试对数据包进行解调和解码。

（c）如果成功解码了数据包，则使用完整的数据包内容执行魅力估计。然后，将数据包从帧中删除。

（d）成功解码的数据包还用于定位其他副本，重建其对应的信号并将其从帧中删除。

（e）如果当前解码的数据包指向不在当前窗口中的副本，则存储数据包信息，直到滑动窗口找到相应的副本为止。

（iii）在一个窗口上完成 ACRDA 处理后，该窗口将移至下一个 ΔWT_{VF}。

参考文献［56］中的作者得出结论，就吞吐量和 PLR 而言，ACRDA 的性能比 CRDSA 略好，特别是每个数据包 $N_b=2$ 个副本时。但是，在异步模式下，接收方的实现复杂度更高。在参考文献［56］中完成的性能仿真已经考虑了 QPSK 调制和速率为 $R=1/3$ 和 $E_s/N_0=10\text{dB}$ 的 3GPP FEC 代码。已经表明，使用 $N_b=2$ 个副本可以实现最大的归一化吞吐量，对于 $PLR<10^{-4}$，它可以达到 0.9 比特/符号。在对数正态数据包功率分布为 $\sigma=3\text{dB}$ 的情况下，对于 $PLR<10^{-4}$，吞吐量可以提高到 1.5 比特/符号。同时，作者已经表明，使用 ACRDA 可以在数据包传输延迟方面获得显著的收益。

15.3.3.4 增强异步 RA 的摘要和简要讨论

本节介绍建议用于卫星通信的增强异步 RA 技术。提出的第一种技术是 E-SSA，其中频谱扩展用于解决接收方的数据包冲突。通过选择适当的扩展因子，即使与 CRDSA 相比，E-SSA 仍可以显著提高性能，并且它针对低符号率通信。另一个非时隙的 RA 是 ECRA，它在发送方使用数据包复制，在接收方使用数据包的“最佳部分”进行组合。与 CRDSA 相比，在 ECRA 中获得的吞吐量得到了提高，但是在分析数据包副本误检概率的同时，PLR 评估并未进行分析[55]。ACRDA 是提出的另一种异步 RA，它指的是 CRDSA 的异步版本，其中每个用户定义一个 VF，并且在接收器端采用滑动窗口方法。ACRDA 的吞吐量几乎与 CRDSA 相同，但同时，由于明显降低了环回现象的可能性，它可以减轻 CRDSA 中的 PLR 限制。

先进的异步 RA 技术为卫星通信提出了许多有趣的用例。它们的主要特点如下：

（1）减少了终端与卫星或网关同步的信令开销。

（2）由于解决了部分数据包冲突，因此具有更好的 PLR 性能。

（3）减少接入延迟。

（4）适用于低符号率通信。

应当在接收方增加一定数量的包检测复杂性，但是只要在基础结构侧（网关）的网络中完成，这种复杂性是可以承受的。下面将给出对最近的 RA 方案的一般讨论和结论。

15.4 不同增强 RA 技术的一般比较

指标在对增强 RA 技术进行了详细的审查之后，可以进行一般比较，以区分适用于未来 5G 系统的 RA 解决方案。该比较将基于四个主要指标：连接的终端侧的功率限制，数据速率非常低的通信，高吞吐量要求和信令开销的减少。在相同的背景下，参考文献［57］中也进行了详细的回顾。

15.4.1 终端侧的功率限制

随着 5G 网络面向更多低成本终端，功率限制出现在终端一侧。因此，即使每个符号的能量较低，增强 RA 也应能够解决数据包冲突并确保低 PLR。与其他 RA 方案相比，诸如 E-SSA，CRDSA 结合 MARSALA 和 ACRDA 之类的 RA 方案表现出相对较好的性能，且 E_s/N_0 水平较低。

15.4.2 以非常低的数据速率进行通信

在物联网和 M2M 通信中，终端以非常低的数据速率传输信号，以消耗较低的功率，并且还因为这些类型的服务不需要较高的数据速率。因此，在这样的环境中，使用低速率 RA（如 E-SSA 和 MF-CRDSA）引起了人们的兴趣。否则，在一个频带上包含多个 TS 的帧将导致数据包传输的较大延迟。

15.4.3 MAC 层级别的高吞吐量性能

显然，为了处理非常密集的网络，使用的 RA 方案应能够在高负载状态下提供低 PLR。RA 方案（如 CRDSA 与 MARSALA、ACRDA 和 E-SSA 结合使用）对于 PLR 最低为 10^{-3} 的情况，平均吞吐量性能超过 1 比特/符号。

15.4.4 信令开销

回传链路上的流量正朝着更零星的配置转移，每个终端的占空比非常低。因此，用于同步目的的信令分组的传输应当保持相对较低。因此，使用异步 RA 而不是同步 RA 引起了人们的兴趣。而且，如本章先前所指出的，异步分组接收允许在帧上实现较低的 PLR，因为部分分组冲突在有用的要解码的分组上引起较少的干扰。

15.4.5 比较表格

在表 15.2 中，对以下不同的增强 RA 方案进行了简要的一般性定性比较：所需的 EIRP、目标符号率，低 PLR 时的吞吐量，以及仅回传链路通信的可能性。表中显示的吞吐量以位/符号表示，是针对 PLR 约为 10^{-4}，对数正态功率分布为 $\sigma = 3\text{dB}$。

表 15.2 增强 RA 方案的一些度量标准比较

EIRP 需求（由低到高）	吞吐量（从低到高）	仅回传链路通信的可能性
ESSA SMIM（主要由于低符号速率-5kbps）	等功率报文 ECRA（2.5）	仅对于异步 RA
ESSA SMIM（相比 SMIM 高符号速率-160kbps）	MARSALA（2.3）	
MF-CRDSA	ESSA SMIM（1.9）	
ECRA	ESSA FSIM（1.9）	
MARSALA	ACRDA（1.5）	
ACRDA	MF-CRDSA	
CRDSA	CRDSA（1.3）	

注：所需的 EIRP，目标符号速率，低 PLR 时的吞吐量（以比特/符号为单位）以及仅回传链路通信的可能性

最后，值得一提的是，有一些 E-SSA 的变体，如 ME-SSA（58），它可以提供比传统 E-SSA 更高的吞吐量（大约 50%的吞吐量增益）。

15.5 小结

本章介绍了可用于卫星通信的几种增强 RA 技术，并预想可为 5G 网络中的终端提供接入解决方案。其中大部分技术都可用于固定或移动场景中具有大量集成 IoT 和 M2M 的通信网络。

接入技术将来部署面临的主要挑战之一是要与现有的地面通信标准（如 3GPP[24]）和地面的 IoT 典型技术（如 Sigfox 和 LoRA）保持尽可能一致。其他的挑战还包括定向的低数据速率、低功耗和能量收集。实际上，在这种环境下，相位噪声对接收信号的影响更大，尤其在 SNIR 较低的情况下，可能会导致丢包。

此外，很多关于是否使用分组冗余或频谱扩展、还是以终端侧是否具有低功率要求和高相位噪声的定向低数据速率为目标，还是需要较高功率但对相位噪声较不敏感的高数据速率进行设计，这些开放的问题都仍悬而未决。此外，应考虑对跨层系统进行评估，以确保增强未来 5G 网络中的全局系统性能。

参考文献

[1] Evans BG. The role of satellites in 5G. In: 2014 7th Advanced Satellite Multimedia Systems Conference and the 13th Signal Processing for Space Communications Workshop (ASMS/SPSC); 2014. p. 197–202.

[2] DVB Document ETSI EN 301 790, Digital Video Broadcasting (DVB); Interaction Channel for Satellite Distribution Systems; 2003.

[3] DVB Document ETSI A155-1, Digital Video Broadcasting (DVB); Second Generation DVB Interactive Satellite System (RCS2); Part 2; 2011.

[4] P M Feldman. An Overview and Comparison of Demand Assignment Multiple Access (DAMA) Concepts for Satellite Communications Networks. Santa Monica, CA: RAND Corporation: RAND; 1996.

[5] Dainotti A, Pescape A, Ventre G. A packet-level characterization of network traffic. In: 2006 11th International Workshop on Computer-Aided Modeling, Analysis and Design of Communication Links and Networks; 2006. p. 38–45.

[6] Nikaein N, Laner M, Zhou K, *et al.* Simple traffic modeling framework for machine type communication. In: ISWCS 2013; The Tenth International Symposium on Wireless Communication Systems; 2013. p. 1–5.

[7] Gaudenzi RD, del Rio Herrero O. Advances in random access protocols for satellite networks. In: International Workshop on Satellite and Space Communications, 2009; 2009. p. 331–336.

[8] Kissling C, Munari A. On the integration of random access and DAMA channels for the return link of satellite networks. In: 2013 IEEE International Conference on Communications (ICC); 2013. p. 4282–4287.

[9] Digital Video Broadcasting (DVB); Second Generation DVB Interactive Satellite System (DVB-RCS2); Guidelines for Implementation and Use of LLS: EN 301 545-2; 2012.

[10] Casini E, Gaudenzi RD, Herrero ODR. Contention resolution diversity slotted ALOHA (CRDSA): an enhanced random access scheme for satellite access packet networks. IEEE Transactions on Wireless Communications. 2007 April;6(4):1408–1419.

[11] SmartLNB Connected TV services via satellite [Online PDF]. Paris: Eutelsat. Available from: http://www.eutelsat.com/files/contributed/news/media_library/brochures/EUTELSAT_SmartLNB.pdf.

[12] SmartLNB M2M & IoT via satellite [Online PDF]. Paris: Eutelsat;. Available from: http://www.eutelsat.com/files/contributed/news/media_library/brochures/EUTELSAT_SmartLNB_M2M.pdf.

[13] O del Rio Herrero and R De Gaudenzi. A high efficiency scheme for quasi-realtime satellite mobile messaging systems. In: 2008 10th International Workshop on Signal Processing for Space Communications; 2008. p. 1–9.

[14] Satellite Earth Stations and Systems; Air Interface for S-band Mobile Interactive Multimedia (S-MIM); V 1.1.1; 2011.

[15] Arcidiacono A, Finocchiaro D, Collard F, *et al.* From S-band mobile interactive multimedia to fixed satellite interactive multimedia: making satellite interactivity affordable at Ku-band and Ka-band. International Journal of Satellite Communications and Networking. 2016 July;34(4):575–601. Available from: https://doi.org/10.1002/sat.1158.

[16] Abramson N. The ALOHA system: another alternative for computer communications. In: Proceedings of the November 17–19, 1970, Fall Joint Computer Conference. AFIPS '70 (Fall). New York, NY: ACM; 1970. p. 281–285. Available from: http://doi.acm.org/10.1145/1478462.1478502.

[17] Roberts LG. ALOHA packet system with and without slots and capture. ACM, SIGCOMM Computer Communication Review. 1975;5(Feb.): 28–42.

[18] Choudhury Gagan L, Rappaport Stephen S. Diversity ALOHA–A Random Access Scheme for Satellite Communications. IEEE Transactions on Communications. 1983 March;31(3):450–457.

[19] Bui HC. Méthodes d'accès basées sur le codage réseau couche physique [Phd]. Institut Supérieur de l'Aéronautique et de l'Espace (ISAE). University of Toulouse; 2012. Available from: http://www.theses.fr/2012ESAE0031/document.

[20] O del Rio Herrero and R De Gaudenzi. Generalized analytical framework for the performance assessment of slotted random access protocols. IEEE Transactions on Wireless Communications. 2014 February;13(2):809–821.

[21] O del Rio Herrero and R De Gaudenzi. A high-performance MAC protocol for consumer broadband satellite systems. IET Conference Proceedings; 2009. p. 512–512(1).

[22] K Whitehouse, A Woo, F Jiang, J Polastre and D Culler. Exploiting the capture effect for collision detection and recovery. In: 45–52, editor. The Second IEEE Workshop on Embedded Networked Sensors, 2005. EmNetS-II.; 2005.

[23] O Del Rio Herrero and R De Gaudenzi. High efficiency satellite multiple access scheme for machine-to-machine communications. IEEE Transactions on Aerospace and Electronic Systems. 2012 October;48(4):2961–2989.

[24] Evolved Universal Terrestrial Radio Access (E-UTRA); Physical Channels and Modulation, 3GPP TS 36.211 v8.9.0; 2009.

[25] Liva G. Contention resolution diversity slotted ALOHA with variable rate burst repetitions. In: 2010 IEEE Global Telecommunications Conference GLOBECOM 2010; 2010. p. 1–6.

[26] Berioli M, Cocco G, Liva G, *et al.* Modern random access protocols. Foundations and TrendsÂ® in Networking. 2016;10(4):317–446. Available from: http://dx.doi.org/10.1561/1300000047.

[27] Richardson TJ, Shokrollahi MA, Urbanke RL. Design of capacity-approaching irregular low-density parity-check codes. IEEE Transactions on Information Theory. 2006 September;47(2):619–637. Available from: http://dx.doi.org/10.1109/18.910578.

[28] Gallager RG. Low-Density Parity-Check Codes; 1963. Cambridge, MA: M.I.T. Press.

[29] Liva G. A slotted ALOHA scheme based on bipartite graph optimization. In: 2010 International ITG Conference on Source and Channel Coding (SCC); 2010. p. 1–6.

[30] Liva G. Graph-based analysis and optimization of contention resolution diversity slotted ALOHA. IEEE Transactions on Communications. 2011 February;59(2):477–487.

[31] Paolini E, Liva G, Chiani M. High throughput random access via codes on graphs: coded slotted ALOHA. In: IEEE International Conference on Communications (ICC) 2011; 2011. p. 1–6.

[32] Paolini E, Liva G, Chiani M. Graph-based random access for the collision channel without feedback: capacity bound. In: IEEE Global Telecommunications Conference (GLOBECOM 2011); 2011. p. 1–5.

[33] Paolini E, Liva G, Chiani M. Coded slotted ALOHA: a graph-based method for uncoordinated multiple access. IEEE Transactions on Information Theory. 2015 December;61(12):6815–6832.

[34] Paolini E, Stefanovic C, Liva G, *et al.* Coded random access: applying codes on graphs to design random access protocols. IEEE Communications Magazine. 2015 June;53(6):144–150.

[35] Chiani M, Liva G, Paolini E. The marriage between random access and codes on graphs: coded slotted ALOHA. In: Satellite Telecommunications (ESTEL), 2012 IEEE First AESS European Conference on; 2012. p. 1–6.

[36] Narayanan KR, Pfister HD. Iterative collision resolution for slotted ALOHA: an optimal uncoordinated transmission policy. In: 2012 7th International Symposium on Turbo Codes and Iterative Information Processing (ISTC); 2012. p. 136–139.

[37] Bui HC, Lacan J, Boucheret ML. An enhanced multiple random access scheme for satellite communications. In: Wireless Telecommunications Symposium (WTS), 2012; 2012. p. 1–6.

[38] CCSDS. TM Synchronization and channel coding: recommended standard. CCSDS 1310-B-2; Blue Book. 2011.

[39] Bui HC, Lacan J, Boucheret ML. Multi-slot coded ALOHA with irregular degree distribution. In: 2012 IEEE First AESS European Conference on Satellite Telecommunications (ESTEL); 2012. p. 1–6.

[40] Lacan J, Bui HC, Boucheret M-L. Reception de donnees par paquets a travers un canal de transmission a acces multiple; 2013. Brevet d'invention. BFF130051GDE.

[41] Lo TKY. Maximum ratio transmission. In: Communications, 1999. ICC '99. 1999 IEEE International Conference on. vol. 2; 1999. p. 1310–1314.

[42] Jasper SC, Birchler MA, Oros NC. Diversity reception communication system with maximum ratio combining method. Google Patents; 1996. US Patent 5,553,102. Available from: http://www.google.com/patents/US5553102.

[43] Bui HC, Zidane K, Lacan J, Boucheret ML. A multi-replica decoding technique for contention resolution diversity slotted ALOHA. In: Vehicular Technology Conference (VTC Fall), 2015 IEEE 82nd; 2015. p. 1–5.

[44] Zidane K, Lacan J, Gineste M, Bes C, Deramecourt A, Dervin M. Estimation of timing offsets and phase shifts between packet replicas in MARSALA random access. In: 2016 IEEE Global Communications Conference; 2016.

[45] Zidane K, Lacan J, Gineste M, Bes C, Bui C. Enhancement of MARSALA random access with coding schemes, power distributions and maximum ratio combining. In: 2016 8th Advanced Satellite Multimedia Systems Conference and the 14th Signal Processing for Space Communications Workshop (ASMS/SPSC); 2016.

[46] Mengali A, Gaudenzi RD, Arapoglou PD. Enhancing the physical layer of contention resolution diversity slotted ALOHA. IEEE Transactions on Communications. 2017;65(10):4295–4308.

[47] Abramson N. Spread ALOHA CDMA data communications. Google Patents; 1996. US Patent 5,537,397. Available from: https://www.google.com/patents/US5537397.

[48] Ozluturk F, Jacques A, Lomp G, *et al.* Code division multiple access communication system. Google Patents; 1998. WO Patent App. PCT/US1998/004,716. Available from: http://www.google.com/patents/WO1998040972A2?cl=en.

[49] Universal Mobile Telecommunications System (UMTS); Physical channels and mapping of transport channels onto physical channels (FDD); 1999.

[50] 3GPP Spreading and modulation (FDD); 1999.

[51] Scalise S, Niebla CP, Gaudenzi RD, *et al.* S-MIM: a novel radio interface for efficient messaging services over satellite. IEEE Communications Magazine. 2013 March;51(3):119–125.

[52] Clazzer F, Kissling C. Enhanced contention resolution ALOHA – ECRA. In: Proceedings of 2013 9th International ITG Conference on Systems, Communication and Coding (SCC); 2013. p. 1–6.

[53] C Kissling. Performance enhancements for asynchronous random access protocols over satellite. In: 2011 IEEE International Conference on Communications (ICC); 2011. p. 1–6.

[54] Clazzer F, Lazaro F, Liva G, *et al.* Detection and combining techniques for asynchronous random access with time diversity. In: SCC 2017; 11th International ITG Conference on Systems, Communications and Coding; 2017. p. 1–6.

[55] Clazzer F, Kissling C, Marchese M. Enhancing contention resolution ALOHA using combining techniques. IEEE Transactions on Communications. 2017;PP(99):1–1.

[56] De Gaudenzi R, del Río Herrero O, Acar G, Garrido Barrabés E. Asynchronous contention resolution diversity ALOHA: making CRDSA truly asynchronous. IEEE Transactions on Wireless Communications. 2014 November;13(11):6193–6206.

[57] R. De Gaudenzi, O. Del Rio Herrero, G. Gallinaro, S. Cioni, P.-D. Arapoglou. Random access schemes for satellite networks, from VSAT to M2M: a survey. International Journal of Satellite Communications and Networking. 2018;36(1),66–107.

[58] Gallinaro G, Alagha N, Gaudenzi RD, *et al.* ME-SSA: an advanced random access for the satellite return channel. In: 2015 IEEE International Conference on Communications (ICC); 2015. p. 856–861.

第16章 星地混合网络的干扰规避和减缓技术

康斯坦丁诺斯·恩图吉亚斯，迪米特里奥斯·K. 恩泰科斯，
乔治·K. 帕帕乔吉欧，康斯坦丁诺斯·B. 帕帕迪亚斯
希腊雅典信息技术（AIT）学院宽带无线和传感网络（B-WiSE）实验室

16.1 简介

16.1.1 5G无线接入技术

在过去的几年中，移动数据流量成指数增长[1]。正如第五代（5G）移动通信业务特性和相应要求所表明的那样，在可见的未来由于视频数据的传输，移动数据流量成指数增长的这种趋势预计仍将继续[2]。进一步来说，与今天的长期演进（LTE）系统的容量相比，到2020年5G系统提供的容量增加了1000倍[3]。此数字指的是下行蜂窝链路的容量，即基站（BS）为发射机（TX）而用户终端（UT）扮演接收机（RX）的链路。

由于用于蜂窝接入和其他远程无线通信的6GHz以下无线电频谱非常稀缺[4]，因此为了达到下一代蜂窝移动无线通信网的上述目标容量，需要使用多种辅助性的无线电接入技术[5]。

一种方法是利用无线电频谱的厘米波（3~30GHz）和毫米波（30~300GHz）段的丰富可用带宽[6]。另一个方向是提高系统的频谱效率，系统会利用先进的多输入多输出（MIMO）技术，即利用UT或/和BS上的多个天线所提供的空间维度来提高频谱效率。示例包括协作多点（CoMP）[7]和大规模MIMO[8]。

频谱共享范例还旨在通过允许在不同系统上，无干扰地重用频谱来改善频谱利用效率。例如，依据一组通用的频谱使用规则协议，授权共享访问（LSA）[9] 允许持有 LSA 牌照的移动网络运营商在没有运营商（或其中一部分频段没有运营商）使用该频段的情况下，访问和使用此频段。根据已有的很多相关报道[10]，为专门用途保留的 LSA 解锁频谱，在时间、空间和频率维度上的使用率严重不足。以各种形式进行频谱共享的频带示例，包括欧洲的 2.3~2.4GHz 频段和美国的 3.5GHz 频段[11]，这些频段已被多媒体和娱乐服务以及军事通信系统所共享利用，还有全球范围的卫星通信系统和微波点对点或点对多点系统所利用的频段（如 19GHz、28GHz 等）。

另一个趋势是密集化的无线电接入网络，即部署密集的小小区网络。这些所谓的超密集网络可在整个服务区域中积极地重用可用的频率[12]。

最后，将流量卸载到 4G 和 WiFi 网络是 5G 框架中可考虑的另一种容量增强策略[4]。

16.1.2 MIMO 通信技术

单用户 MIMO（SU-MIMO）和单小区多用户 MIMO（MU-MIMO）技术已在 LTE 网络中被广泛使用。SU-MIMO 利用多径传播，来增加多天线 BS（TX）和多天线 UT（RX）间下行链路的点对点链路容量，而无须额外增加链路带宽或传输功率[13]。为此，该通信范例能在单个频带上同时向预订用户传输多个数据流。再则，为了减缓流间产生的干扰，需要进行合适的预编码和后编码信号处理。可达到的吞吐量取决于所采用的预编码、后编码和功率分配方案。

SU-MIMO 技术除了具有容量增强功能外，还存在许多性能限制和实现的困难：（1）需要一个散射环境来实现数据流的空间复用；（2）使用多天线 UT 进行空间解复用，使检测接收信号成为可能；（3）由于缺乏一种能够处理多用户干扰（MUI）的机制，因此需在时域和/或频域中对用户进行正交化；（4）在信道矩阵不满秩或条件不佳时，由于多径的影响会减少收发天线间有效的空间子信道数量。

单小区 MU-MIMO 可解决 SU-MIMO 技术所面临的问题[13]。为了共享用户间的信道空间，单小区 MU-MIMO 技术利用了用户间的物理隔离。即，单小区 MU-MIMO 技术能在预编码和用户选择方案的帮助下，在单时-频资源上向一组活动用户传输多个数据信号，并减少或消除小区内的同信道干扰（CCI）。

下行链路中相应点对多点链路的集总或总速率（SR）吞吐量（也称为 MIMO 广播信道（BC））取决于所采用的预编码、用户选择和功率分配方案。单小区 MU-MIMO 可应用于视距（LOS）和非视距（NLOS）场景下，也可应用于使用了单天线 UT 的场景。这是因为单小区 MU-MIMO 基于用户的空间隔离和多用户的空间复用技术实现。但是，单小区 MU-MIMO 无法控制小区间的干扰（ICI），而 ICI 会降低系统范围的频谱效率。

多小区 MU-MIMO 无线电接入技术是单小区 MU-MIMO 技术的扩展。它们具有管理小区内和小区间干扰（MUI）的优势，而不只是将 ICI 视为噪声。此特性允许更积极地复用频率。对于 ICI 管理，已在 LTE-Advanced 标准中引入协作多点（CoMP）。CoMP 依赖于相邻 BS 间的协调传输或联合传输（JT）[7]，而大规模 MIMO 基于使用了大量的发射天线[8] 而实现。预计 CoMP 和大规模 MIMO 这两种技术都将被用于 5G 网络的无线访问段。

16.1.3 灵活的星地混合回传

5G 网络的巨大容量需求也给移动回传（MBH）带来了沉重的负担。因此为了避免容量需求和供给的回传容量间存在的矛盾，需要采用技术增强和新颖的网络架构来解决。

星地混合 MBH 网络近期的解决方案利用了上述的几种无线接入技术，如图 16.1 所示。在此方案里，一部分地面回传流量被卸载到卫星段。该解决方案利用了当前的高吞吐量卫星（HTS）通信系统供给的高数据速率。这些系统在 Ka 频段（28~40GHz）上运行，并利用了多波束技术。多波束技术可在多个相对较窄的点波束上实现积极的频率复用[14]。

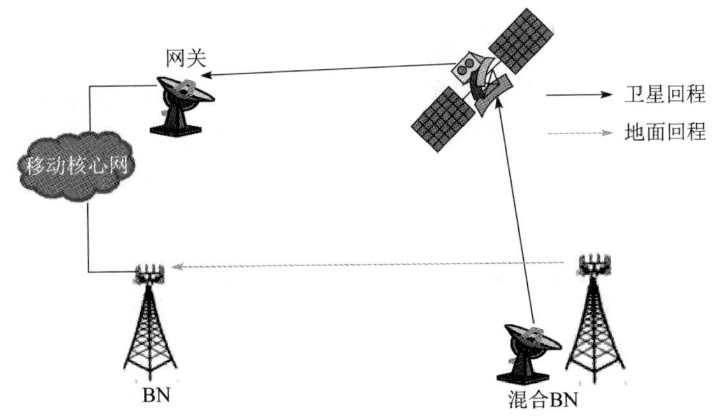

图 16.1　星地混合移动回传（MBH）系统的高度概述，地面段传输流量被卸载载到卫星段

为了最大化频谱效率，可以允许两个 MBH 段共享相同的频谱。在这种情况下，MIMO 技术和 CCI 减缓技术扮演着非常重要的角色[14]。

从网络架构的角度来看，这种混合 MBH 网络除了需要用到常规的地面回传节点（BN)(连到BS）外，还需利用配备了地面链路天线和卫星天线的一些智能BN（iBN)。此外，这种混合MBH网络还包括了一个用于确定流量的路由和卫星与地面MBH段间负载平衡的混合网络管理器（HNM)[14]。

更具体地说，HNM基于从iBN收集的信息和采用的服务质量（QoS）策略，来计算拓扑实体（路由)，以优化MBH上的流量传输（QoS指标，如吞吐量、延迟和数据包错误率等）和增强系统的弹性。为了集成不同的模块，HNM配备了各种接口，如外部无线电资源管理器和干扰分析器。它们可提供实时的分析和管理功能，以及允许以自主的方式直接执行操作。下面示例中包括避免干扰或处理链路故障和拥塞的问题。HNM的决策直接作用于iBN，随后iBN会采取相应的措施。

上述具有多个优点的混合MBH系统的整体特征是，用天线阵列代替鼓形天线并采用MIMO通信技术。首先，与使用高度指令的点对点链路相比，此方法通常更适合于密集的小型蜂窝网络。这归因于以下事实：MIMO技术可以应用于非视距（NLOS）传播环境（通常存在于密集的小小区的设置中，其中天线放置在街道（如灯柱上）)，而点对点链路则需要LOS环境。我们还应该在这里提到，与无线电接入的设置相比，此类设置通常有利于应用SU-MIMO。这是因为为BN配备至少几个天线相对容易，而在UT这样小尺寸的设备中装入多个天线通常很难。再者，在这样的超密集网络的设置中，使用CoMP可协调近距离BN间引起的严重ICI。此外，使用天线阵列可对辐射方向图（波束）进行自适应赋形和操控。反过来，这种灵活性使动态建立/重新配置链路成为可能，从而有利于执行HNM做出的路由决策。

在地面无线MBH段中应用多天线通信技术应考虑到相关技术的特性。具体地说，iBN的空间复用、方向性和干扰管理能力取决于所提供的阵列数量的自由度（DoF)。当使用数字天线阵列（DAA）时，该数量等于BN天线的数量，且基本上确定了所采用的MIMO传输方案已实现的吞吐量[15]。例如，MIMO链路的容量随着链路两端的最小天线数量而线性增长[16,17]。再举一个例子，MIMO-BC信道容量与BS天线的数量成比例，前提是至少有与发射天线一样多的用户，但MIMO-BC信道容量与UT上安装的天线数量无关[18-20]。同样的说法也适用于使用JT方案，在CoMP设置中形成的超级MIMO-BC容量[21]。最后，应该注意的是，大规模MIMO的概念是基于SR容量对阵列DoF（即服务的天线数量）的依赖性。

实际上安装在iBN上的天线数量受尺寸以及硬件复杂性、成本和能耗的限制，因此MIMO方案的容量增强潜力会下降。为了避免出现使辐射效率降低的互耦，天线尺寸受天线元间间距要求的约束。后一个限制（硬件复杂性、成本和能耗限制）与将每个天线元连到射频（RF）单元的要求有关。上述这些约束对于在高频下运行的系统（例如，无线地面 MBH 系统）和考虑了紧凑、低成本、低功率 BN（如小小区 BS）的场景会更加严格。

为了克服上述这些问题，已经提出了各种混合模拟-DAA 解决方案。该技术的核心是增加无源天线元并使用有限数量的有源天线元（因此，还有 RF 模块）来节省成本、复杂性和能耗。负载控制寄生天线阵列（LC-PAA）构成了这些天线系统的典型实例[21]。这项技术与其他混合天线阵列范例主要特点的不同之处在于，LC-PAA 实际上利用了天线间的互耦，用互耦提供少量 RF 单元的辐射图重置功能，而不是尽量减轻互耦的影响。

16.1.4 本章的目标和结构

根据上一章的讨论，在本章我们提出了各种旨在避免或减缓混合星地 MBH 网络中 CCI 的技术。我们考虑了包含 SU-MIMO 和 CoMP 设置，并配备了单射频或多射频 LC-PAA 的 BN。我们还阐述了用户级的利用率和符号级的预编码方案。

本章的结构如下：

首先，描述了 LC-PAA 技术。然后，提出了一种利用这种天线阵列的鲁棒的任意依赖于信道的预编码方法。接着，我们提出了一种低复杂度的程序，用于在考虑了 CoMP 设置中实现高效的频谱复用。在介绍了相关的数字信号和干扰模型之后，本章将继续介绍所提出的线性预编码技术。紧接着的章节讨论了符号级的预编码。在无法对数据或/和控制信息进行联合处理的情况下，可以改为使用 SU-MIMO。在此情况下，提出了与卫星链路共存的 SU-MIMO 的地面链路预编码和功率分配技术。该技术考虑了卫星 RX 的干扰门限。接下来，描述了提出的 LC-PAA 原型设计。最后本章通过使用实际节点拓扑、工作参数、天线辐射方向图和信道模型的数值仿真，比较评估了所研究技术的性能。仿真关注于各种信噪比（SNR）的（归一化带宽）容量，因为这是主要感兴趣的性能指标。

16.2 负载控制寄生天线阵列

负载控制寄生天线阵列（LC-PAA）是包含少量有源天线元（由 RF 链馈电的天线）和许多无源天线元组成的混合模数天线系统。这种类型的单馈天线阵列也称为负载控制的单有源多无源（LC-SAMP）阵列，而对于具有多个有源元的此类天线系统，我们使用术语负载控制多有源多无源（LC-MAMP）天线阵列。

在 LC-PAA 中，故意将寄生天线元放置在有源天线元附近，但又不能超过可调谐的电容性或电感性负载所在的位置。由于天线元间的强互耦，馈电电压将电流感应到所谓的寄生元件上。由于天线元间的距离很小，会在天线元间产生互耦。所以，借助于低成本数字控制电路来调节寄生负载的阻抗，从而可以控制天线电流的幅度和相位。从此，我们可以在阵列的能力范围内，根据需要，动态调整和控制天线的远场辐射方向图[21]。图 16.2 给出了单射频 LC-PAA 天线（平面八木-宇田天线）。

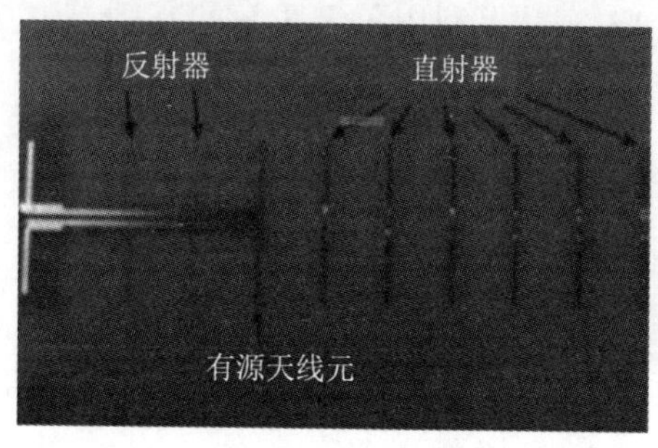

图 16.2　具有八个无源元的单射频负载控制寄生天线阵列的印刷板示例（平面八木天线：正面有六个导向器，背面有两个反射器）

对于给定数量的 RF 模块，LC-PAA 提供的阵列 DoF 数量比 DAA 多。这是由于寄生元件拥有额外有效的 DoF，从而可以更好地控制波束赋形操作。相当于在达到特定的阵列 DoF 目标数量下，这种天线阵列具有比 DAA 更少的 RF 单元。因此，该技术可以用最小的附加成本换来性能的提高，并可以在给定的性能水平下节省成本和能耗。图 16.3 示意性地展示了 LC-MAMP 阵列相较于 DAA 的优势。

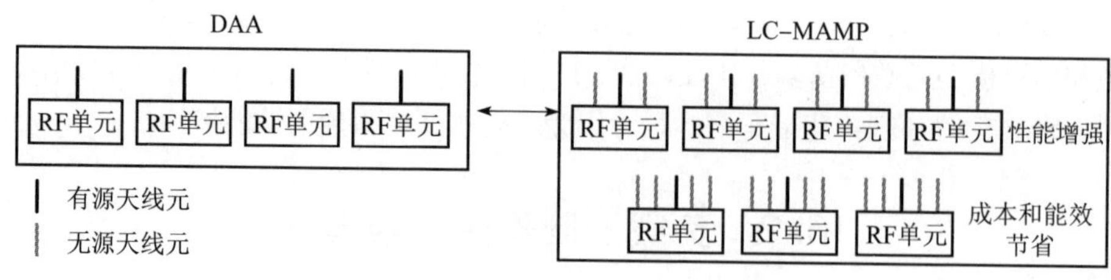

图 16.3　LC-MAMP 技术优于 DAA 技术

16.3　鲁棒的任意信道相关预编码方法

为了在单小区和多小区 MU-MIMO 的设置中使用 LC-PAA 技术，我们应该能够在配备有此类阵列的发射机（TX）上，实施与信道相关的预编码，以便用于管理 MUI。

让我们考虑一个总共有 L 个有源天线元和 M 个天线（有源和无源天线元）的 LC-MAMP 阵列。该阵列天线元的电流和电压之间的关系由广义欧姆定律给出[22]：

$$\boldsymbol{i}=(\boldsymbol{Z}+\boldsymbol{Z}_L)^{-1}\boldsymbol{v} \tag{16.1}$$

式中：$\boldsymbol{i}$ 为天线元上流动的电流的（$M\times1$）向量；$\boldsymbol{Z}$ 为（$M\times M$）互耦矩阵，其对角线元素 Z_{mm} 代表第 m 个天线元的自阻抗，而非对角线元素 Z_{mk} 代表第 m 个天线元与第 k 个天线元之间的互阻抗；$\boldsymbol{Z}_L$ 为（$M\times M$）对角负载矩阵，其对角线元素是源电阻 $R_1,\cdots,R_L$ 和寄生负载阻抗 $\mathrm{j}X_m(m=M-L+1,\cdots,M)$；而 $\mathrm{j}=\sqrt{-1}$ 为虚部；$\boldsymbol{v}$ 为有 L 个馈电电压 $v_1,\cdots,v_L$ 的（$L\times1$）电压向量。图 16.4 给出了 LC-SAMP 的等效图。特例为 $L=1$，$V_1=V_s$，$V_2=\cdots=V_M=0$ 且 $m=2,\cdots,M$。

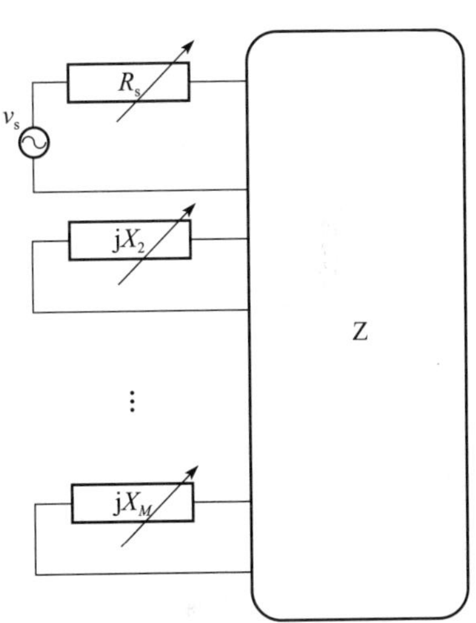

图 16.4　单 RF 负载控制寄生天线阵列的等效电路图

参考文献［22］从天线的角度描述了，在具有 M 个发射天线的 TX 和 K 个单天线 RX 间形成的 MU-MIMO 的设置，$\mathrm{A}(M,(K,1))$。

$$\boldsymbol{y}=\boldsymbol{H}\boldsymbol{i}+\boldsymbol{n} \tag{16.2}$$

式中：$\boldsymbol{y}$ 为接收天线开路电压的（$K\times1$）向量；$\boldsymbol{i}$ 为发射天线上电流的（$M\times1$）向量；$\boldsymbol{H}$ 为（$K\times M$）复合信道矩阵，其中元素 h_{km} 为第 m 个输入电流与第 k 个开路输出电压的相关；并且 $\boldsymbol{n}$ 为一个具有协方差矩阵 $\boldsymbol{R}_n=\sigma_n^2\boldsymbol{I}_K$ 的（$K\times1$）加性高斯白噪声向量，σ_n^2 为噪声方差，$\boldsymbol{I}_K$ 为（$K\times K$）单位矩阵。

假设应用感知信道线性预编码，则式（16.2）写为

$$\boldsymbol{y}=\boldsymbol{H}\boldsymbol{W}\boldsymbol{s}+\boldsymbol{n} \tag{16.3}$$

式中：$\boldsymbol{W}$ 为（$M\times$M）预编码矩阵；$\boldsymbol{s}$ 为（$M\times1$）输入信号向量。因此，为了在 LC-MAMP 中应用感知信道预编码，我们必须将预编码符号映射成天线电流[23]，即

$$\boldsymbol{i}=\boldsymbol{W}\boldsymbol{s} \tag{16.4}$$

然后计算出可以产生这些电流的相应阻抗（负载值）。另外，为了确保天线系统不会将功率反射回 RF 单元[24]，我们应保证取自负载的输入电阻为正。由于

负载值取决于预编码信号，显然我们不能保证对于任意输入信号的星座图/预编码方案的组合都能满足此设计条件。

参考文献［25］中提出了解决该问题的变通方法。根据前面提到的设计指南，此方法是将预编码信号用均方误差最小的近似值进行近似，从而可得出一组可行的负载值。不过，此方法既没有轻巧的计算上，也没有很好的鲁棒性。

另一方面，众所周知，由于所需的阵列形向量不依赖于给定的输入，因此LC-PAA可以在发射波束赋形应用中接受任何的输入信号。在这种情况下，负载基本上起着波束赋形配重的作用，唯一的限制是它们的阻抗应在可行范围内取值。基于此，可采用另一种方法使此类阵列能获得鲁棒性、低复杂度、任意信道感知的预编码[26]：

（1）首先，我们采用任何有效的方法来进行发射波束赋形；

（2）然后，我们对所采用的波束执行信道感知的预编码。

换句话说，利用LC-PAA辐射方向图的重置功能，通过将此问题解耦到波束赋形和预编码部分，我们克服了与任意预编码相关的电路稳定性和实现复杂性问题。

当使用CoMP时，这种预编码的方法也可以用于单射频LC-PAA，这样基带单元池就可集中处理这些编码数据信号。

16.4 单小区MU-MIMO/CoMP设置的低复杂度通信协议

动态负载计算的问题阻碍了LC-PAA技术的应用。在地面无线MBH的设置中，尽管节点是固定的，但我们可通过使用许多与预定辐射方向图（即波束）相对应的固定负载集，并在这些集间切换，而不是利用可调（动态）负载来克服使用LC-PAA。

在本节中，我们描述了一种考虑了上述实施方法，以及BN动态链路建立能力/辐射方向图可重构性的通信协议。该协议可以应用于单小区MU-MIMO和协作式多小区MU-MIMO的设置中。操作此系统可分为如下三个阶段[26]。

（1）学习阶段：对于每个波束组合，TX发送一个导频信号，然后RX会测量TX的信号-干扰加噪声之比（SINR）或估计直接信道和交叉信道的增益，并报告返回此信道的质量指标。

（2）波束选择阶段：在切换了所有可能的波束组合之后，TX会基于RX报告的信息和实现的SR吞吐量，选择最佳的波束组合。

（3）传输阶段：TX通过选定的波束来传输预编码信号。

在图16.5中，我们给出了CoMP的设置示例，其中每个发射节点是从四个可能的波束中选择一个。每个发射的 LC-PAA 可在每个时隙中生成四种可能的波束模式之一。最佳波束组合由 TX 节点基于来自 RX 节点的 SINR 或 CSI 反馈共同选出。然后在这些最佳波束上进行预编码传输。

注意，已经包括使用 SINR 反馈作为常规信道状态信息（CSI）反馈过程的低反馈替代方案。当然，在基于 SINR 反馈的波束选择之后，为了能够使用依赖于信道的预编码，应该遵循所选复合“波束信道”的 CSI 反馈阶段。

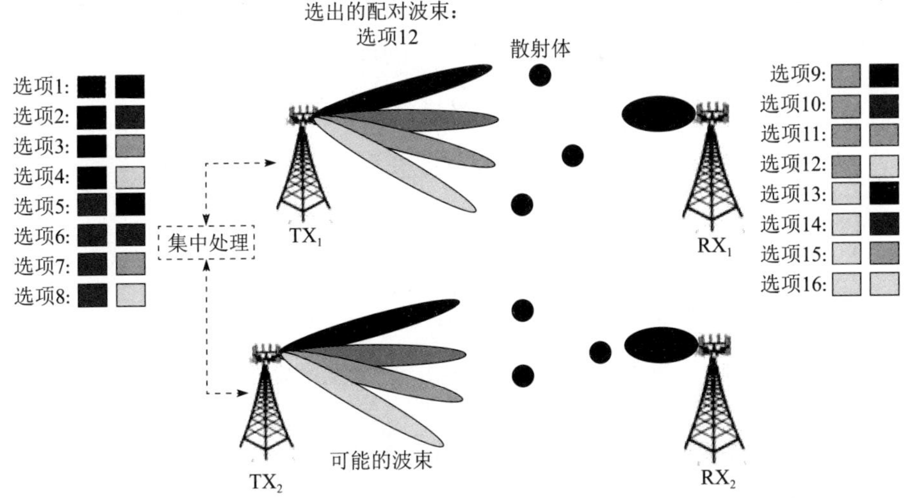

图 16.5　配备有 LC-PAA 的两个发射和两个接收 BN 组成的 CoMP 设置

16.5　信号和干扰建模

16.5.1　SU-MIMO 的设置

考虑到 SU-MIMO 的设置中两个不同的链路都位于同一位置，并在同一频带上运行。例如，这些链路对应于混合星地 MBH 网络中的（a）一个地面和一个卫星 MBH 链路，或（b）两个地面 MBH 链路。第一个链路由 A 链路、TX_A-RX_A 表示；第二个链路由 B 链路、TX_B-RX_B 表示。

接下来，我们考虑可能产生的交叉信道干扰，以此对每个链路的信号进行建模。像在标准 MIMO 的设置中那样，我们假定每个 TX/RX 都配备了具有多天线的天线阵列。假设 A 链路的 TX 有 k 个天线（有源）元和 RX 有 l 个天线元组成，而 B 链路的 TX 有 m 个天线元和 RX 的 n 个天线元组成。A 链路 RX 处接收的信号被建模为

$$\boldsymbol{y}_{\mathrm{A}}=\boldsymbol{H}_{\mathrm{A}}\boldsymbol{s}+\boldsymbol{H}_{\mathrm{BA}}\boldsymbol{x}+\boldsymbol{n} \tag{16.5}$$

B 链路 RX 的接收信号为

$$\boldsymbol{y}_{\mathrm{B}}=\boldsymbol{H}_{\mathrm{B}}\boldsymbol{x}+\boldsymbol{H}_{\mathrm{AB}}\boldsymbol{s}+\boldsymbol{v} \tag{16.6}$$

A 链路和 B 链路的传输信号分别表示为均值为零的复数高斯分布：$\boldsymbol{s}\in\mathbb{C}^{k}$ 和 $\boldsymbol{x}\in\mathcal{C}^{m}$；从第 j 个 TX 到第 i 个 RX 元素的信道增益表示为 h_{ij}。因此，对于图 16.6 中每个链路的信道，我们具有 $\boldsymbol{H}_{\mathrm{A}}\in\mathcal{C}^{l\times k}$、$\boldsymbol{H}_{\mathrm{B}}\in\mathcal{C}^{n\times m}$、$\boldsymbol{H}_{\mathrm{BA}}\in\mathcal{C}^{l\times m}$ 和 $\boldsymbol{H}_{\mathrm{AB}}\in\mathcal{C}^{n\times k}$，并假定它们固定且频率平坦。我们还认为 $\boldsymbol{n}\sim\mathcal{CN}(0,\ \sigma_n^2\boldsymbol{I}_n)$ 和 $\boldsymbol{v}\sim\mathcal{CN}(\boldsymbol{0},\ \sigma_n^2\boldsymbol{I}_n)$ *是加性白循环复高斯噪声过程。假定信号和噪声均为互不相关。*

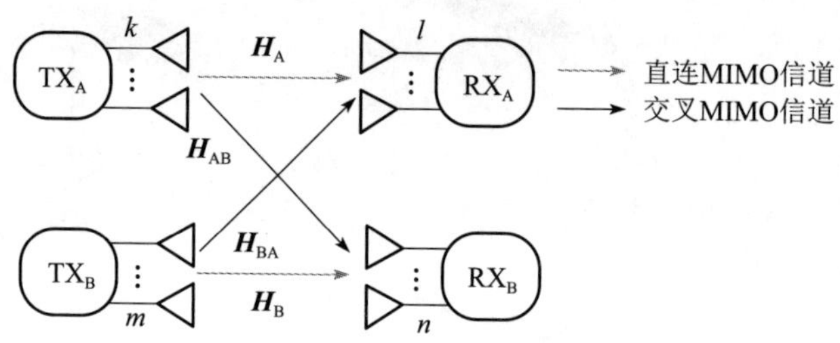

图 16.6　两个并置 MIMO 地面链路和相应的直连及交叉信道的示例

16.5.2　单小区 MU-MIMO/JT CoMP 的设置

假设使用线性预编码，且信道建模为窄带和准静态的，则在具有 $M=K$ 个发射天线的 TX（可能是在 JT CoMP 场景中形成的复合 TX）和 K 个单天线 RX 间形成的 MIMO BC a(K,（K, 1))的输入输出关系为：

$$y_k=\boldsymbol{h}_k^{\dagger}\left(\sum_{m=1}^{K}\boldsymbol{w}_m\sqrt{p_m}s_m\right)+n_k,\quad k=1,2,\cdots,K \tag{16.7a}$$

$$\boldsymbol{y}=\boldsymbol{HWP}^{1/2}\boldsymbol{s}+\boldsymbol{n} \tag{16.7b}$$

式中：$\boldsymbol{y}$ 为接收信号 y_k 的（$K\times1$）向量；$\boldsymbol{H}$ 为（$K\times K$）信道矩阵，$\boldsymbol{h}_k$ 为（$1\times K$）向量，这些向量保持着第 k 个 RX 和第 K 个发射天线中的每个发射天线间的信道 h_{km}；$\boldsymbol{W}$ 为（$K\times K$）预编码矩阵，$\boldsymbol{w}_k$ 是第 k 个 RX 的（$K\times1$）BF 向量；$\boldsymbol{P}$ 为（$K\times K$）功率分配矩阵，其元素 p_k 是分配给第 k 个 RX 的功率；$\boldsymbol{s}$ 为（$K\times1$）的符号向量，其中 s_k 是用于第 k 个 RX 的数据符号；$\boldsymbol{n}$ 为加性噪声向量，其元素 n_k 表示第 k 个 RX 处的噪声。

第 k 个 RX 的 SINR 表示为

$$\mathrm{SINR}_k=\frac{|\boldsymbol{h}_k^{\dagger}\boldsymbol{w}_k|^2p_k}{\sum_{m\neq k}|\boldsymbol{h}_k^{\dagger}\boldsymbol{w}_k|^2p_m+\sigma_n^2},\quad k=1,2,\cdots,K \tag{16.8}$$

第 k 个 RX 的数据速率为

$$R_k = \log_2(1+\mathrm{SINR}_k) \tag{16.9}$$

SR 吞吐量为

$$R = \sum_{i=1}^{K} R_k = \sum_{i=1}^{K} \log_2(1+\mathrm{SINR}_k) \tag{16.10}$$

16.6　联合预编码方案

预编码的应用需要在 TX 处使用 CSI。MIMO-BC 的容量实现策略是脏纸编码（DPC），这是一种利用所有数据的非因果知识，用于扣除传输前干扰的非线性多用户预编码方案[13]。尽管具有最优性，但是由于这种预编码方法的高计算复杂度，特别是对于大量用户而言，在实际系统中很少使用此预编码方法。

线性预编码方法是合理权衡性能和复杂度间的次优选择。它们组成了多用户波束赋形技术，这些技术在将信号功率集中在目标用户上（从而最大化接收到的 SNR）与减少对非目标用户的干扰间取得了平衡[27]。在理想情况下，该叙述被翻译为使用与目标用户的信道向量匹配，并且与非预期用户的信道向量正交的波束赋形向量。但是，由于受限于所需的 DoF 数量，实际上很难同时实现这两个目标。因此，通常使用简单的试探法。我们应该注意，对于给定的线性预编码方案，就获得的平均 SR 吞吐量而言，系统性能的优化取决于所使用的用户调度和功率分配方法。

在 CoMP 中使用的预编码方案通常是在单小区 MU-MIMO 中使用的线性预编码方法的概括/扩展。

到目前为止，我们已经隐式假定了使用用户级线性预编码方法的目的是了减少甚至消除 CCI。然而，如参考文献［28］所示，在符号级别上，CCI 在某些情况下可能是有意义的，而不是有害的，因为它可以在不牺牲发射功率的情况下提高接收信号的 SNR。参考文献［28］等中已经研究了用户级线性预编码方案的几种符号级的扩展。

16.6.1　线性预编码方案

迫零波束赋形（ZFBF）是用户级线性预编码方案的典型示例。这种预编码技术利用与其他用户的信道向量子空间正交的波束赋形向量（即，它们与这些信道向量的内积为空）来消除 MUI：

$$\| \boldsymbol{h}_k^{\dagger} \boldsymbol{w}_k \|^2 = 0, k, m = 1, 2, \cdots, K, m \neq k \tag{16.11}$$

迫零条件意味着使用复合信道矩阵的摩尔-彭罗斯伪逆（广义逆）作为预编码矩阵：

$$\boldsymbol{F}^{(\mathrm{ZF})}=\boldsymbol{H}^{\dagger}=\boldsymbol{H}^{\dagger}(\boldsymbol{H}\boldsymbol{H}^{\dagger})^{-1} \tag{16.12}$$

$$\boldsymbol{W}^{(\mathrm{ZF})}=\frac{\boldsymbol{F}^{(\mathrm{ZF})}(:,k)}{\|\boldsymbol{F}^{(\mathrm{ZF})}(:,k)\|},\quad k=1,2,\cdots,K \tag{16.13}$$

尤其是使用单天线 RX 的情况下[13]，这种预编码方案在高 SNR 条件下，获得了大部分的 DPC 容量。此外，随着用户数量的增长，受益于用户选择空间方向的冗余性和多用户的分集效应（即，有足够的空间隔离和高增益信道的用户），这种预编码方案可获得接近容量极限的容量。ZFBF 的主要缺点是功率效率低，这是由波束赋形向量与用户信道不匹配造成的。因此，ZFBF 的性能在低 SNR 值时会变差。

正规化 ZFBF（R-ZFBF）是 ZFBF 的扩展，它引入了可控的 MUI 量。通常通过设置控制残余 MUI 水平的系数值，可使用户处的 SINR 最大化。更具体来说，在 R-ZFBF 中，有

$$\boldsymbol{v}_k^{(\mathrm{RZF})}=\boldsymbol{H}^{\dagger}\left(\frac{1}{p_k}\boldsymbol{I}_K+\boldsymbol{H}\boldsymbol{H}^{\dagger}\right)^{-1} \tag{16.13a}$$

$$\boldsymbol{w}_k^{(\mathrm{RZF})}=\frac{\boldsymbol{v}_k^{(\mathrm{RZF})}}{\|\boldsymbol{v}_k^{(\mathrm{RZF})}\|},\quad k=1,2,\cdots,K \tag{16.13b}$$

R-ZFBF 在低 SNR 和高 SNR 时都渐近最佳，并且在中等 SNR 值时也表现合理。再则，由于信道的正则化（或正规化），R-ZFB 对于诸如病态信道矩阵（求解方程组时如果对数据进行较小的扰动，则得出的结果具有很大波动，这样的矩阵被称为病态矩阵）之类的情况更为鲁棒，而在这种情况下，倒置没有正则化的信道可能会出问题。但是，引入残余 MUI 会复杂化功率分配过程。

16.6.2 符号级预编码

参考文献［28］提出了 ZFBF 方案的符号级变体，称之为相长干涉 ZFBF（CI-ZFBF）。与 DPC 相似，CIZF 充分利用了下行链路传输之前，BS 处所有数据符号的可用性，用于预测干扰和仅对有害信号进行“零力”（迫零）处理，而使 CI 不受影响[28]。

考虑一个 K 用户多输入单输出系统。将（$K\times K$）信道互相关矩阵 $\boldsymbol{R}$ 定义为[28-29]

$$\boldsymbol{R}=\boldsymbol{H}\boldsymbol{H}^{\dagger} \tag{16.14}$$

然后，从 s_k 到 s_m 的符号-符号（Symbol-to-Symbol）CCI 可表示为

$$\mathrm{CCI}_{km}=s_k\rho_{km},\quad k,m=1,2,\cdots,K,m\neq k \tag{16.15}$$

而所有符号上 s_k 的累积 CCI 为

$$\mathrm{CCI}_k = \sum_{k=1}^{K} s_k \rho_{km}, \quad m=1,2,\cdots,K, m\neq k \tag{16.16}$$

式中：

$$\rho_{km} = \frac{\boldsymbol{h}_k \boldsymbol{h}_m^{\dagger}}{\|\boldsymbol{h}_k\| \|\boldsymbol{h}_m^{\dagger}\|} \tag{16.17}$$

是 $\boldsymbol{R}$ 的第（k，m）个元素，表示第 k 个用户信道与第 m 个发射数据流间的互相关系数。

在 CI-ZFBF 中，预编码矩阵具有以下形式[28-29]：

$$\boldsymbol{W}^{(\mathrm{CIZF})} = \boldsymbol{W}^{(\mathrm{ZF})} \boldsymbol{T} = \boldsymbol{H}^{\dagger} \boldsymbol{R}^{-1} \boldsymbol{T} \tag{16.18}$$

第 k 个用户的接收信号为

$$y_k = \tau_{kk} \sqrt{p_k} s_k + \sum_{m\neq k} \mathrm{CI}_{km} + n_k, \quad k,m=1,2,\cdots,K \tag{16.19}$$

式中：$\mathrm{CI}_{km} = \tau_{km} \sqrt{p_m} s_m$ 为从第 m 个用户到第 k 个用户的有益 CCI；τ_{km} 为 $K\times K$ 矩阵 $\boldsymbol{T}$ 的（k，m）元素。接着给出第 k 个用户的 SINR 为

$$\mathrm{SINR}_k^{(\mathrm{CIZF})} = \sum_{m=1}^{K} |\tau_{km}|^2 p_m, \quad k=1,2,\cdots,K \tag{16.20}$$

$\boldsymbol{T}$ 在符号-符号基础上计算如下[28-29]：

首先，根据式（16.14）计算 $\boldsymbol{R}$；其次，为简单起见，假设使用二进制相移键控（BPSK）调制（即 $s_k=\pm1$，$k=1,2,\cdots,K$），则（$K\times K$）矩阵 $\boldsymbol{G}$ 为

$$\boldsymbol{G} = \mathrm{diag}(\boldsymbol{s}) \boldsymbol{R} \mathrm{diag}(\boldsymbol{s}) \tag{16.21}$$

随后，$\tau_{kk}=\rho_{kk}$。若 $g_{km}<0$ 则 $\tau_{km}=0$，反之则 $\tau_{km}=\rho_{km}$。

由于我们没有一个高斯输入，而是用一个有限字母输入，因此我们没有通过香农公式计算 SR 容量，而是使用以下关系式[28,29]：

$$R = (1-\mathrm{BLER})m \tag{16.22}$$

式中：$m=1$ 个 BPSK 符号，块错误率（BLER）由 $\mathrm{BLER}=1-(1-P_{\mathrm{e}})^{N_{\mathrm{f}}}$ 给出，P_{e} 是 BPSK 的符号错误率（SER），N_{f} 是帧的大小。

先前分析的高阶调制方案的概括很简单。例如，如果我们假设使用正交 PSK（QPSK），则应将式（16.21）替换为

$$\mathrm{Re}\{\boldsymbol{G}\} = \mathrm{Re}\{\mathrm{diag}(\boldsymbol{s})\boldsymbol{R}\}\mathrm{Re}\{\mathrm{diag}(\boldsymbol{s})\} \tag{16.23}$$

$$\mathrm{Im}\{\boldsymbol{G}\} = \mathrm{Im}\{\mathrm{diag}(\boldsymbol{s})\boldsymbol{R}\}\mathrm{Im}\{\mathrm{diag}(\boldsymbol{s})\} \tag{16.24}$$

同样，在式（16.22）中，$m=2$，在这种情况下，P_{e} 代表 QPSK 的 SER。

我们应该提到过符号级预编码通常与低阶调制方案（如 BPSK 和 QPSK）结合使用。这是因为当信道质量不是很好时，通常会使用以上这些调制方案，

而这种方案可以在不浪费发射功率前提下，提高接收信号的 SNR。

16.7 受干扰接收机约束的最优传输技术

在本节中，我们提供了一种最佳传输技术，该技术可用于不适合进行协作传输干扰协调的情况。根据图 16.6，我们的目标是在与 B 链路干扰共存的约束下，最大化 A 链路的容量。该方法包括存在干扰 RX 约束情况下，MIMO 链路的功率分配策略及其预编码技术，此方法是工作在相同频带下频谱共享设置的典型特征。通过凸规划技术来阐述和解决问题。该算法在满足干扰约束的同时，最大化了一条链路的互信息。下面的推导虽然是根据当前问题独立推导出的，但最近我们意识到此解与参考文献［30］中关于认知无线电的解相当①。由于在各种应用中的巨大潜力，我们相信该方法会在下一代通信网络所采用的频谱共享/共存技术上起重要作用。

16.7.1 提出问题

让我们将式（16.5）的第二部分表示为 $\boldsymbol{z}=\boldsymbol{H}_{\mathrm{BA}}\boldsymbol{x}+\boldsymbol{n}$。A 链路 RX 接收信号的协方差矩阵可以写成

$$\boldsymbol{R}_{\boldsymbol{y}_s}:=\mathrm{E}\{\boldsymbol{y}_s\boldsymbol{y}_s^{\dagger}\}=\boldsymbol{H}_{\mathrm{A}}\boldsymbol{R}_S\boldsymbol{H}_{\mathrm{A}}^{\dagger}+\boldsymbol{R}_z \tag{16.25}$$

式中：$\boldsymbol{R}_s$ 为 A 链路发射信号的协方差矩阵；$\boldsymbol{R}_z$ 为向量 z 的协方差矩阵，即 $\boldsymbol{R}_z=\boldsymbol{H}_{\mathrm{BA}}\boldsymbol{R}_x\boldsymbol{H}_{\mathrm{BA}}^{\dagger}+\sigma_n^2\boldsymbol{I}_n$；$\boldsymbol{R}_x$ 为 B 链路发射信号的协方差矩阵。我们的目标是最大化 A 链路的互信息。对于我们的分析和图 16.6，我们考虑了下述方面：

（1）系统知道 B 链路发射信号的协方差矩阵 $\boldsymbol{R}_x$；

（2）系统已知信道 $\boldsymbol{H}_{\mathrm{A}}$、$\boldsymbol{H}_{\mathrm{AB}}$ 和 $\boldsymbol{H}_{\mathrm{BA}}$；

（3）为了简化分析，我们还认为了 $\sigma_n=1$。

（不考虑对 RX_{A} 造成干扰的任何约束），请见参考文献［31］，A 链路的最大互信息为

$$\begin{aligned} I(\boldsymbol{y}_s;\boldsymbol{s})&=\log_2\det(\pi e\boldsymbol{R}_{\boldsymbol{y}_s})-\log_2\det(\pi e\boldsymbol{R}_z)\\ &=\log_2\det(\boldsymbol{I}_m+\boldsymbol{H}_{\mathrm{A}}^{\dagger}\boldsymbol{R}_z^{-1}\boldsymbol{H}_{\mathrm{A}}\boldsymbol{R}_s)\end{aligned} \tag{16.26}$$

对于 $n\geqslant m$。此时，我们考虑矩阵 $\boldsymbol{H}_{\mathrm{A}}^{\dagger}\boldsymbol{R}_z^{-1}\boldsymbol{H}_{\mathrm{A}}$ 的特征分解，即

$$\boldsymbol{H}_{\mathrm{A}}^{\dagger}\boldsymbol{R}_z^{-1}\boldsymbol{H}_{\mathrm{A}}=\boldsymbol{U}\boldsymbol{\Lambda}\boldsymbol{U}^{\dagger} \tag{16.27}$$

---

① 两种推导间的主要不同在于：我们的模型明确了干扰的空间颜色，而文献［30］中作者则假定干扰矢量为白色。

式中：$\boldsymbol{U}$ 为一个单式矩阵；$\boldsymbol{\Lambda}$ 为具有正特征值的对角矩阵，即 $\mathrm{diag}(\lambda_1,\cdots,\lambda_r)$，其中 r 为分解矩阵 $\boldsymbol{\Lambda}$ 的秩。因此，通过加入 A 链路发射信号 $\boldsymbol{s}=\boldsymbol{U}\boldsymbol{S}_w$，其中 $\boldsymbol{S}_w$ 为空间白色，有 $\boldsymbol{R}_s=\mathrm{E}(\boldsymbol{s}\boldsymbol{s}^\dagger)=\boldsymbol{U}\boldsymbol{D}\boldsymbol{U}^\dagger$，$D=\mathrm{E}(\boldsymbol{s}_w\boldsymbol{s}_w^\dagger)$。于是式（16.26）简化为

$$I(\boldsymbol{y}_s;\boldsymbol{s})=\log_2\det(\boldsymbol{I}_r+\boldsymbol{\Lambda}\boldsymbol{D}) \tag{16.28}$$

因此，A 链路发射信号的标准互信息极大值为

$$\text{最大化}\ \boldsymbol{D}\qquad \log_2\det(\boldsymbol{I}_r+\boldsymbol{\Lambda}\boldsymbol{D}) \tag{16.29a}$$

$$\text{导致}\qquad \boldsymbol{D}\geqslant 0 \tag{16.29b}$$

$$\mathrm{tr}(\boldsymbol{D})\leqslant 1 \tag{16.29c}$$

在不失一般性的情况下（避免进行等效的归一化），我们认为 A 链路 MIMO 天线阵列的最大发射功率为 1。式（16.29a）~式（16.29c）中的优化任务采用标准注水法①，即

$$d_i=(\rho-\lambda_i^{-1})^\dagger,\quad i=1,\cdots,r \tag{16.30}$$

式中：ρ 为满足相等的功率要求而选择的水位，即，$\sum_{i=1}^{r} d_i=1$。

然而，在 B 链路（即 $\mathrm{TX_B}$-$\mathrm{RX_B}$）存在②的情况下，施加式（16.30）的功率电平到 $\mathrm{TX_A}$ 可能会对 B 链路的 RX 产生有害干扰。为避免对 $\mathrm{RX_B}$ 造成过度干扰，应满足一个附加约束条件，该约束条件根据式（16.6）表示为

$$\mathrm{tr}(\boldsymbol{H}_{\mathrm{AB}}\boldsymbol{R}_s^{-1}\boldsymbol{H}_{\mathrm{AB}}^\dagger)=\mathrm{tr}(\tilde{\boldsymbol{H}}_{\mathrm{AB}}\boldsymbol{D}\tilde{\boldsymbol{H}}_{\mathrm{AB}}^\dagger)\leqslant P_I \tag{16.31}$$

式中：$\tilde{\boldsymbol{H}}_{\mathrm{AB}}=\boldsymbol{H}_{\mathrm{AB}}\boldsymbol{U}$ 且 $P_{\mathrm{I}}>0$ 是 $\mathrm{TX_A}$ 导致的到达 B 链路 RX 容许的最大干扰值。因此，我们现在的目标是在式（16.31）的附加约束下找到式（16.29a）~式（16.29c）的解。

16.7.2 解的推导

现在将具有附加干扰约束任务的新优化功率分配表述为：

$$\text{最小化}\ d_i\qquad -\sum_{i=1}^{r}\log_2(1+\lambda_i d_i) \tag{16.32a}$$

$$\text{导致}\qquad d_i\geqslant 0,\quad i=1,\cdots,r \tag{16.32b}$$

$$\sum_{i=1}^{r} d_i\leqslant 1 \tag{16.32c}$$

$$\sum_{i=1}^{r}\alpha_i d_i\leqslant P_I \tag{16.32d}$$

---

① 可以将任务等效地转换为凸优化问题（因为成本函数是凹的）；因此，存在唯一解。

② 我们假设这两个链路由彼此共存的 RX 而相互干扰。

式中：$\alpha_i=\|\tilde{\boldsymbol{h}}_i\|_2^2$，$i=1,2,\cdots,r$，$\alpha_i$ 为矩阵$\tilde{\boldsymbol{H}}_{AB}$ 列向量的平方范数。式（16.32a）中的目标函数是凸的，而式（16.32b）~式（16.32d）中的约束条件定义了一个多面体，如图 16.7 中 $r=2$ 所示。因此，优化任务是凸的，可获得唯一的最小值。

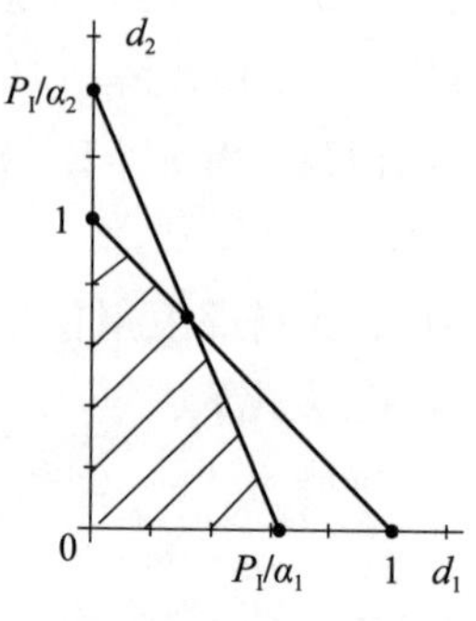

图 16.7　对于 $r=2$，优化任务可行区域的表示

16.7.2.1　最优化条件

解此凸优化任务，我们使用卡罗需–库恩–塔克（KKT）条件（也称为最优化条件）[32-33]。为了使容量最大化，式（16.32c）应满足相等性要求。令 v 表示与式（16.32c）的约束对应的拉格朗日乘数，μ 表示与式（16.32d）的约束对应的拉格朗日乘数，以及 $\xi_1,\cdots,\xi_r$ 表示对应于迫使幂为正约束的拉格朗日乘数。优化任务式（16.32a）~式（16.32d）解的拉格朗日格形式为

$$L(d_i;v,\mu,\xi_i)=-\sum_{i=1}^{r}\log_2(1+\lambda_i d_i)+v\left(\sum_{i=1}^{r}d_i-1\right)+\mu\left(\sum_{i=1}^{r}\alpha_i d_i-P_I\right)-\sum_{i=1}^{r}\xi_i d_i \tag{16.33}$$

式中：v、μ、ξ_i、$i=1,2,\cdots,r$ 为与约束相关联的拉格朗日乘数。因此，至少意味着式（16.32b）和式（16.32d）成立，以及：

$$\xi_i\geqslant 0,\text{式中 } i=1,\cdots,r \tag{16.34a}$$

$$\xi_i d_i=0,\text{式中 } i=1,\cdots,r \tag{16.34b}$$

$$\sum_{i=1}^{r}d_i=1 \tag{16.34c}$$

$$\mu\geqslant 0 \tag{16.34d}$$

$$\sum_{i=1}^{r}\alpha_i d_i-P_I=0 \tag{16.34e}$$

$$\frac{\lambda_i\log_2 \mathrm{e}}{(1+\lambda_i d_i)}+\xi_i=v+\mu\alpha_i,\quad i=1,\cdots,r \tag{16.34f}$$

通过观察式（16.34f），我们首先注意到 $v+\mu\alpha_i>0$，由于 $\lambda_i>0$。

16.7.2.2　解

接下来，介绍干扰约束下的功率分配任务提供了解。

限制 1：从式（16.34b）中可以看出，如果 $d_i>0$，则 $\xi_i=0$。因此，根据式（16.34d）和式（16.34f），我们具有$\dfrac{\log_2 \mathrm{e}}{(\lambda_i^{-1}+d_i)}-v\geqslant 0$，这导致了 $\lambda_i^{-1}<\log_2 \mathrm{e}/v$。

限制 2：如果 $\lambda_i^{-1}\geqslant\log_2 \mathrm{e}/v$，则从限制 1 的不等式中得出 $d_i=0$。

因此，对于 $\rho=\log_2 e/v$，第一阶段的推出解由式（16.30）给出。接下来，我们应在功率分配中区分以下两种情况。

情况 1：若 $\sum_{i=1}^{r}\alpha_i\left(\frac{\log_2 e}{v}-\frac{1}{\lambda_i}\right)^{\dagger}\leqslant P_{\mathrm{I}}$，则功率分配 $d_i=\left(\frac{\log_2 e}{v}-\frac{1}{\lambda_i}\right)^{\dagger}$，$i=1,\cdots,r$ 是满足所有 KKT 条件的有效解。还应注意，在这种情况下，$\mu=0$。

情况 2：若 $\sum_{i=1}^{r}\alpha_i\left(\frac{\log_2 e}{v}-\frac{1}{\lambda_i}\right)^{\dagger}>P_{\mathrm{I}}$，则 $\mu>0$，因此根据式（16.34e），我们有 $\sum_{i=1}^{r}\alpha_i d_i=P_{\mathrm{I}}$。因此存在两个选项：

（1）$\frac{1}{\lambda_i}\geqslant\frac{\log_2 e}{(v+\mu\alpha_i)}$，$d_i=0$。它们可通过反推被证明，即如果我们假设 $d_i>0$，它将导致 $\xi_i=0$ 从而 $\frac{1}{\lambda_i}<\frac{\log_2 e}{(v+\mu\alpha_i)}$。

（2）$\frac{1}{\lambda_i}<\frac{\log_2 e}{(v+\mu\alpha_i)}$，$\xi_i=0$。它们可通过反推被证明，即让我们假设 $\xi_i>0$。它将导致式（16.34b）的 $d_i=0$ 并根据式（16.34f）得出 $\frac{1}{\lambda_i}>\frac{\log_2 e}{(v+\mu\alpha_i)}$。总结情况 2，第二个等式的解由下式给出：

$$d_i=\left(\frac{\log_2 e}{(v+\mu\alpha_i)}-\frac{1}{\lambda_i}\right)^{\dagger},\quad i=1,\cdots,r \tag{16.35}$$

式中：μ 从下式得出

$$\sum_{i=1}^{r}\alpha_i\left(\frac{\log_2 e}{(v+\mu\alpha_i)}-\frac{1}{\lambda_i}\right)^{\dagger}=P_{\mathrm{I}} \tag{16.36}$$

应当指出，不能用封闭形式得出式（16.36）的解；但是，可通过迭代解出。其解的存在性和唯一性见 16.7.2.3 节。

根据上述分析，约束优化任务的解如下。

定理 16.1：对优化任务式（16.32a）~式（16.32d）的解是

$$d_i=\begin{cases}\left(\dfrac{\log_2 e}{v}-\dfrac{1}{\lambda_i}\right)^{\dagger}, & \text{当}\sum_{i=1}^{r}\alpha_i\left(\dfrac{\log_2 e}{v}-\dfrac{1}{\lambda_i}\right)^{\dagger}\leqslant P_{\mathrm{I}}\\ \left(\dfrac{\log_2 e}{(v+\mu\alpha_i)}-\dfrac{1}{\lambda_i}\right)^{\dagger}, & \text{其他情况}\end{cases} \tag{16.37}$$

式中：拉格朗日乘数是从两步法获得的。首先，通过求解式（16.34c）得出 v，并且，如果需要，通过求解式（16.36）并使用前一阶段求出的 v 值得出 μ。

应当注意，对于情况 1，值 $\rho=\log_2 e/v$ 可以理解为注水功率分配方法的标准水位。然而，对于情况 2，初始水位背离了第二个条件，即式（16.32d）和具有补偿 $\mu\alpha_i$ 的初始水位，因此每个信道都不同，这是由于每个信道的 α_i 不同。此外，容易看出对于新的功率电平和在第一阶段得出的 v，对于任何 $\mu>0$ 都有 $\sum_{i=1}^{r} d_i < 1$。

16.7.2.3 算法

算法 1 中提出了在 B 链路 RX 干扰约束下，用于功率分配任务的迭代方案。这是一种通用方法，而其中的标准注水算法部分只是一种特殊情况。对于共存的链路（这是我们感兴趣的情况），标准注水解不一定能满足干扰约束。

算法 1：干扰约束注水法

1：程序 ICWF(λ_i，α_i，P_1)

2：　$d_i=\left(\dfrac{\log_2 e}{v}-\dfrac{1}{\lambda_i}\right)^{\dagger}$，式中 v 是从式 $\sum_{i=1}^{r} d_i=1$ 计算出的

3：　若 $\sum_{i=1}^{r}\alpha_i d_i>P_1$，则 $p\leftarrow 1$

4：　　当 $p\leqslant r$ 时，执行

5：　　　$\gamma_p=\left(P_1+\sum_{i=1}^{r-p+1}\left(\dfrac{\alpha_i}{\lambda_i}\right)\right)/\log_2 e$

6：　　　在式（16.38）中找出 $g_p(\mu)=0$ 的解 μ

7：　　　计算 $d_i=\left(\dfrac{\log_2 e}{v}-\dfrac{1}{\lambda_i}\right)^{\dagger}$

8：　　　$p\leftarrow p+1$

9：输出：d_i，$i=1,\cdots,r$

在第一阶段，根据标准注水解，用该算法计算与特定水位有关的 v。第二阶段，做出判决，导出的解可否满足干扰功率的约束。在后一种情况中，假设 v 已经计算出来，该算法将从式（16.36）中计算出一个 $\mu>0$，即等效于得出以下函数的根为

$$g_p(\mu):=\sum_{i=1}^{r-p+1}\frac{\alpha_i}{v+\mu\alpha_i}-\gamma_p \tag{16.38}$$

式中：$p=1,\cdots,r,\gamma_p$ 已在算法 1 的第五行中给出。在这一点上，应该注意到函数 g_p 对于 $\mu\geqslant 0$ 严格减小。此外，$g_p(0)>0$（16.7.2.2 节的情况 2）且 $\lim_{\mu\to\infty} g_p(\mu)=-\gamma_p<0$。因此，对于从第一阶段得出的每个 v，$g_p(\mu)=0$ 都有唯一的解，$g_p(\mu)=0$ 可以通过迭代法（如二等分法或牛顿法）解出。

16.8　提出的 LC-MAMP 设计

在图 16.8 中，我们为混合星地 MBH 提供了一种新颖的 LC-MAMP 设计。该设计基于工作在 19.25GHz 的领结贴片天线。每个天线元件在其两个分支间都存在一个小的间隙。在此间隙中，放置了端口或负载（电容或电感）。对于端口（SMA 连接器）而言，天线元被认为是有源的（用深灰色圆圈表示），而对于负载而言，它是无源的（以浅灰色圆圈表示）。图中的特定示例总共有 4 个有源元件和 40 个寄生元件。

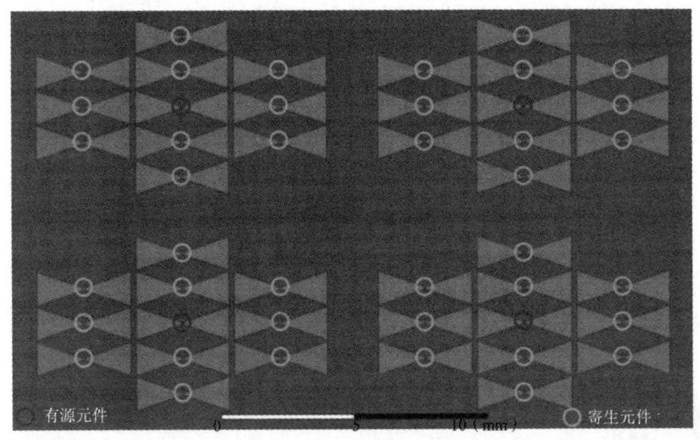

图 16.8　有 4 个有源元件和 40 个寄生元件的 LC-MAMP，天线阵布局在 X–Y 平面，Z 轴指向读者

LC-MAMP 阵列是使用电磁分析仿真软件进行设计和仿真的，该软件由有限元法实现。假设在任何给定时间只有一个天线处于活动状态，MAMP 天线的 3D 远场辐射图的三个主视平面显示在图 16.9 中。

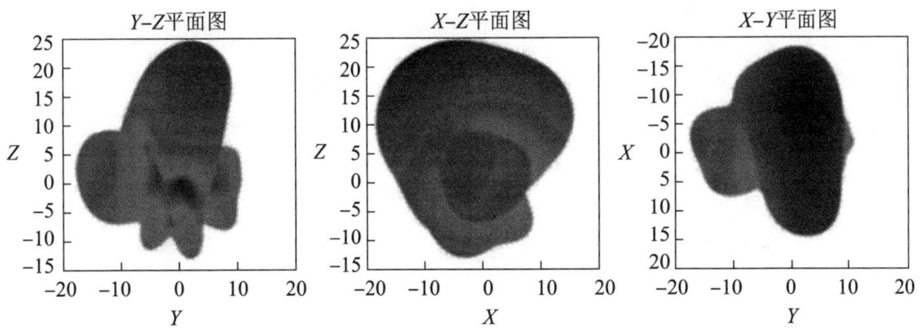

图 16.9　所使用阵列天线的 3D 远场辐射图，从左到右依次为 Y–Z 平面图、X–Z 平面图、X–Y 平面图

16.9 数值仿真

16.9.1 SU-MIMO 的设置

为了对 SU-MIMO 的设置进行数值评估，我们进行了两组实验。第一组，我们考虑两个 3×3 MIMO 回传地面干扰链路。第二组，我们考虑了一种混合设置，它由一个 4×4 MIMO 回传地面链路和一个卫星 SISO 链路共存组成。所有 MBH 链路（地面和混合）均在 19GHz 频率下运行，并在窄带上传输。我们将比较从标准注水功率分配算法 1 得出的上述这两种设置的容量，如图 16.10 所示，并针对各种干扰约束值评估容量的损耗（百分比）。此外，我们评估了各种干扰阈值的累积分布函数（CDF）。对于整个仿真，我们考虑了 TX/RX 处的全向天线（针对阵列中的每个有源元件），而对于卫星链路，我们考虑了卫星 TX 的天线为 10dB 增益的喇叭天线、地面 RX 的天线为 30dB 增益的碟形天线[14]。对于第二组链路情况，除了天线增益外，我们将收发天线间的路径损耗看为自由空间损耗。另外，我们假设信道为瑞利衰落且干扰约束值为 P_I，执行了 10000 次蒙特卡罗仿真运行，并对结果求平均。

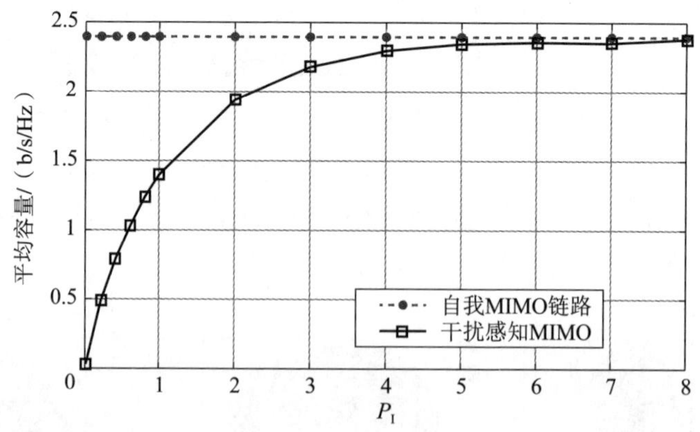

图 16.10 对应各种干扰约束值 P_I 的 3×3MIMO 链路容量（虚线对应于自我（不受约束）链路的容量（标准注水功率分配），而实线对应于干扰感知的链路容量，这保证了 MBH 的第二条地面链路（B 链路）满足干扰约束）

16.9.1.1 系统内的干扰场景

为了评估功率分配技术，我们进行了以下实验。我们考虑了两个配备了全向天线的 3×3 MIMO 回传地面链路：链路 A 和链路 B(n, m, k, $l=3$)，并试图使链路 A 的容量最大化。在图 16.10 中，我们已评估了对应于各种干扰约束值 P_I① 的链路容量。虚线对应于根据自我功率分配（标准注水解），即未考虑干扰约束（$P_I=\infty$）得出的容量。实线对应于在 B 链路的干扰约束下，根据算法 1 中具有干扰感知功率分配方案所实现的容量。此外，在图 16.11 中，我们计算了由 B 链路的干扰约束而导致的 A 链路容量损失的百分比。

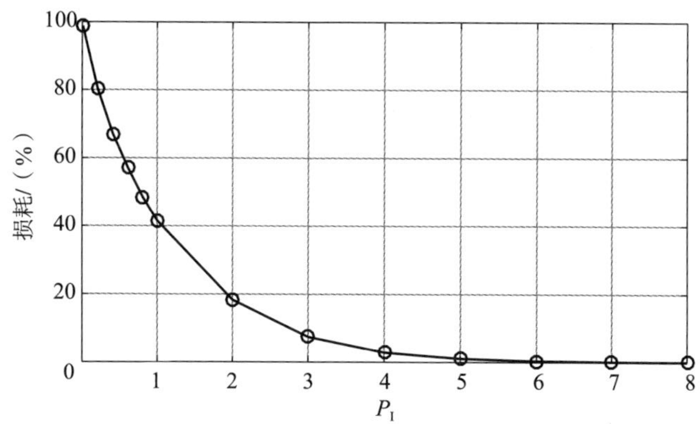

图 16.11　对应于不同干扰阈值 P_I 的 3×3 地面 MIMO 链路的容量损耗百分比

最后，在图 16.12 中，我们给出了每个干扰值 P_I 的经验 CDF。虚线对应于自我的（不受约束的）功率分配。可以看出，对于较小的 P_I 值，CDF 远未达到无约束任务的理想情况。

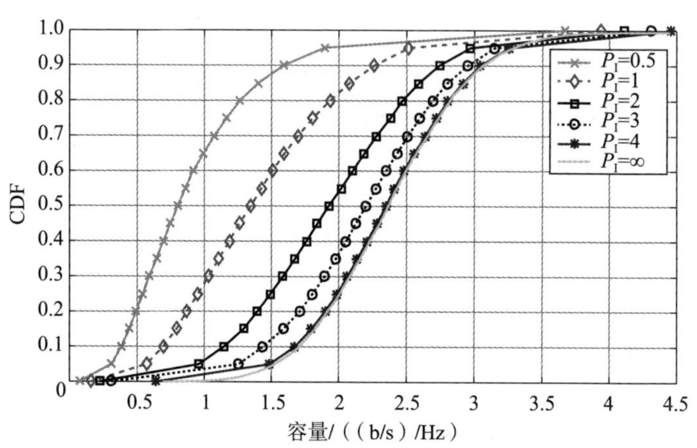

图 16.12　对应于不同干扰阈值 P_I 的 3×3 MIMO 链路的经验 CDF（虚线对应于无干扰约束的情况）

① 由于选择了归一化，我们认为幂的总和等于 $P=1$；然而，如果选出的总功率约束为 $P\neq1$，则应该估量 P_I/P 的容量比率。

从我们对地面链路情况的分析中可以明显看出，更严格的约束转化成了更大的代价。然而，在商定的频谱共享规则下，需要保证 A 链路可以与 B 链路共存，而不对 B 链路造成过多干扰。应该注意的是，我们并不主张不会对 B 链路造成任何干扰，而是将干扰保持在某个阈值以下，同时这反过来也可以保证 A 链路的 QoS。

16.9.1.2 系统间的干扰场景

在本小节中，我们评估了针对地面 MBH 链路与卫星 MBH 链路共存情况下的干扰感知功率分配技术。可以将其视为具有并置 RX 的链路。

我们认为所需的 A 链路是配备了 4×4 MIMO 全向天线（$n,m=4$）。TX_A 和 RX_A 之间的距离为 500m。对于旨在保护的干扰链路 B，我们考虑了具有 40dB 天线增益的卫星 SISO 链路（$k,l=1$），干扰和受扰链路都工作在相同频带上。该链路对应于一颗 GEO 卫星（离地高度 35786km）。卫星地面终端 RX_B 与 RX_A 并置（在 xy 平面上）在位于 RX_A 上方 10m 处。

在图 16.13 中，我们评估了各种干扰约束值 P_I 可实现的容量。虚线对应于根据自我功率分配，即没有干扰约束（$P_I=\infty$）时获得的容量，实线对应于通过算法 1 的干扰感知功率分配所获得的容量。图 16.14 中，我们计算了由卫星链路施加的干扰约束导致的 A 链路容量损失的百分比。图 16.15 中，我们给出了各种干扰 P_I 的经验 CDF。虚线对应于自我功率分配。可以观察到，对于这种混合设置，几乎所有的 CDF 都更接近于无约束标准注水功率分配的理想情况。

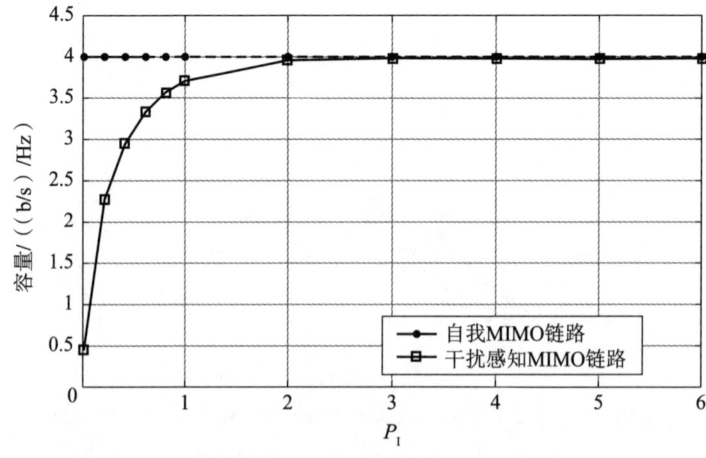

图 16.13 各种干扰约束 P_I 下 4×4 MIMO 链路的容量（虚线对应于自我（无约束）链路的容量（标准注水功率分配），而实线对应于干扰感知方法的容量（确保满足卫星链路（B 链路）的干扰约束））

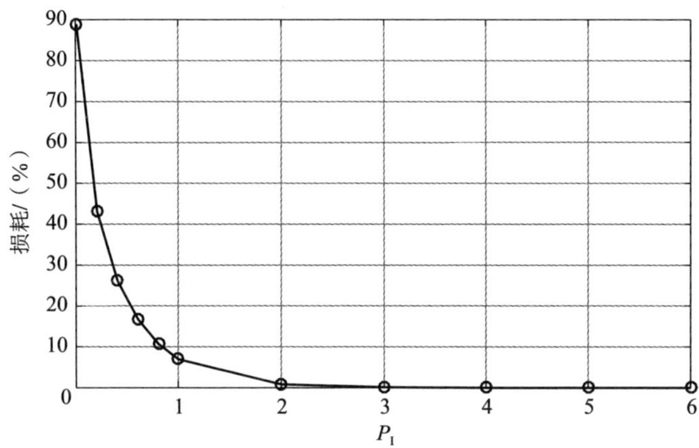

图 16.14　对应于各种干扰阈值 P_I 的 4×4 地面 MIMO 链路的容量损失百分比

通过比较图 16.13 和图 16.10，我们发现地面链路（A 链路）与卫星共存时比与地面链路（B 链路）共存时获得的容量大。因此，在频谱共享/复用设置下，干扰感知法更适合于此类混合场景。

16.9.2　CoMP 的设置

在本小节中，我们通过数值仿真评估了提出的任意预编码框架和针对 CoMP 设置的通信协议的性能，如图 16.15 所示。在数值仿真中考虑了 19.25GHz 频带下 LC-PAA 的辐射方向图、散射环境和传播机理。为此，我们使用了 SANSA 信道模型仿真器。

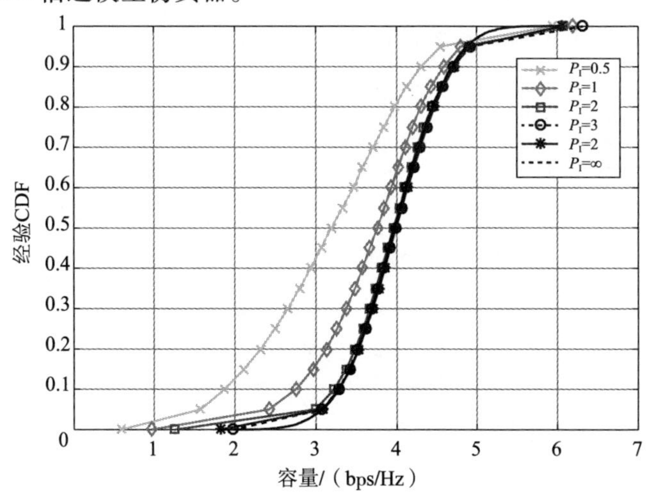

图 16.15　对应与不同干扰电平 P_I 容量值的 4×4 MIMO 链路（地面 A 链路）的经验 CDF（虚线对应于无干扰约束存在的情况（$P_I=\infty$））

首先，我们假设仅激活了第16.8节中描述的LC-PAA的四个元件中的一个，以便形成一个波束。如图16.16所示，R-ZFBF方案的性能优于ZFBF法，但正如预期的那样，它们的性能在高SNR时会聚。而且，与基于SINR反馈选择的最佳波束对情况相比，选择CSI反馈波束对可改善ZFBF方案的SR吞吐量等性能。

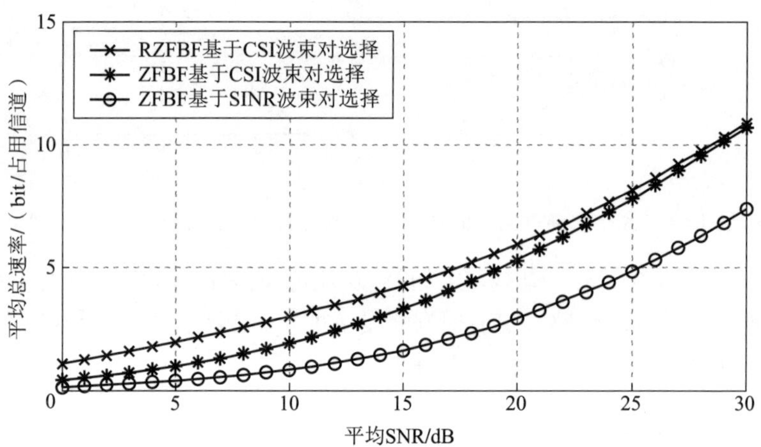

图16.16 第16.4节描述的工作与19.25GHz由10个寄生等效领结块组成的LC-SAMP阵列通信协议的性能

其次，我们假设所有四个元件均被激活以赋形波束。我们观察到与之前类似的行为；在这种情况下，我们注意到在图16.17中，由于天线配置的增益较高，因此实现的SR吞吐量就较高。

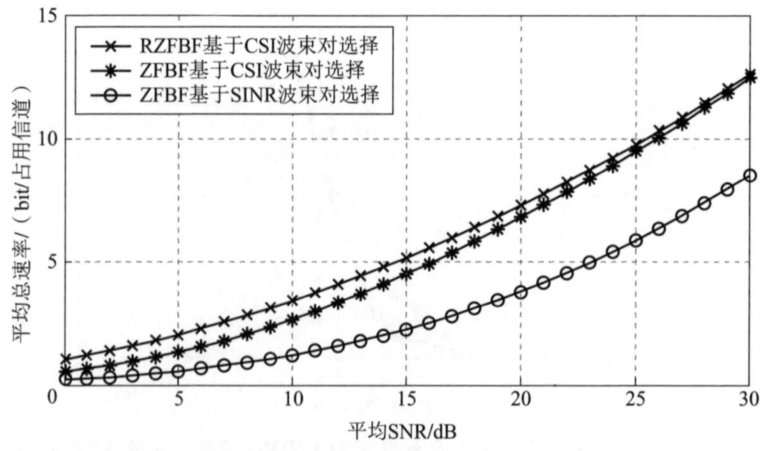

图16.17 假设使用16.8节中的LC-SAMP阵列得出的由16.4节中描述的通信协议性能

16.9.3 符号级 ZFBF

最后，在图 16.18 中展示了上述 CoMP 设置中 CI-ZFBF 与 ZFBF 相对比的性能。假定使用的调制方式为 BPSK。可以看到 CI-ZFBF 的性能要好于其用户级别的同类产品。

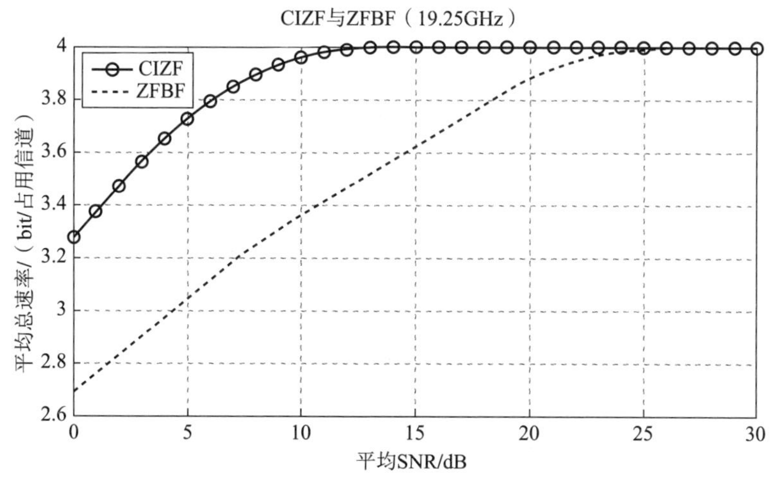

图 16.18　比较考虑了 CoMP 的 CI-ZFBF 与 ZFBF 的性能

16.10　小结

本章描述了混合星地 MBH 系统的干扰规避和缓解技术。具体来说，我们考虑了一种混合式回传设置，其中卫星段可用于减轻地面段的负担，增强系统的整体容量。而且，为了更有效地利用稀缺和昂贵的频谱资源，我们假设卫星和地面段共享频谱。另外，在所提系统中，回传节点配备了天线阵列而不是鼓形天线，并利用了多天线通信技术。多天线通信技术可以在单个时频资源上以点对点或点对多点设置传输多个数据信号，从而可以提高频谱的效率，并通过共置节点，在同一频段上并发传输信号来管理系统内（地面）和系统间（卫星地面）的 CCI。这些天线系统可能是通用的 DAA 或 LC-PAA。对于给定数量的 RF 模块，LC-PAA 可提供比 DAA 更多数量的有效 DoF。LC-PAA 从本质上可更好地控制波束赋形和操控波束。等效地，LC-PAA 可通过使用比 DAA 更少的 RF 单元，而提供相同的有效 DoF，从而节省了硬件成本和能耗。同样，在所提设置中，部署了一些装有卫星碟形天线和地面链路天线阵列的智能回传节点。HNM 基于诸如拥塞、链路故障、干扰电平之类的信息，在每个时隙中确定拓扑图形，以便在混合回传系统上完成数据的有效传输并增强系统弹性。天线阵列重新配置其辐射方向图和建立及时链路的能力，有助于动态路由的决策；地面回传节点在 SU-MIMO、单小区 MU-MIMO 或协作多小区 MU-MIMO（CoMP）模式下运行的能力；以及智能回传节点在地面和卫星回传网段上传输信号的能力。很明显，此设置非常适合回传节点是小蜂窝基站的场景使用，因为在这种情况下，我们需要经常处理 NLOS 的无线电环境。

关于干扰管理技术，我们给出了两个实际有用的例子。在第一个案例中，我们假设了一种场景，即在地面段无法进行协作或干扰协调。在此情况下，我们考虑了一种设置，其中回传节点配备有通用 DAA 且以 SU-MIMO 模式运行。此情况下我们主要关注以下两种场景，一种场景是两个地面 SU-MIMO 链路都使用相同的时频资源，另一种场景是地面 SU-MIMO 链路与卫星链路共存。在这两种场景下，我们提出了一种功率分配方案。该方案可以与在感兴趣的 SU-MIMO 链路上使用的、基于 SVD 的预编码相结合使用，以便使该链路上的吞吐量最大化，同时又考虑到了共置的地面或卫星 RX 的干扰阈值（取决于子场景）。通过数值仿真和实际运行参数、信道模型等的假定，我们观察到相对于使用自相关传输方法，所提出的干扰感知功率分配方法可大大减轻容量损失，并可在上述混合回传系统中的地面段以及地面和卫星段间实现频谱共享。

第二个案例对应于将 LC-PAA 安装在回传节点上，且系统以 CoMP 模式运行的设置。首先，我们描述了一种方法，该方法使我们能够使用此类天线系统执行任意依赖于信道的预编码。然后，我们提出了一种通信协议。该协议在给定的空间分辨率（对应性能复杂度的折中）内，可轻松实现计算动态负载值的需求，并根据已实现的 SR 吞吐量提供最佳的性能。我们还描述了工作在感兴趣频率（19.25GHz）的一种 LC-PAA 设计。基于上述，我们进行了数值仿真，仿真中的设置如上所述：所提 LC-PAA 的辐射方向图和传播特性。我们假定使用了各种线性预编码和符号级预编码方案。我们还考虑了通信协议中的低反馈开销替代方案，以及在提出的 LC-MAMP 中仅使用一个 RF 进行波束赋形的场景。由于与反馈信道或天线阵列相关的限制，在实际中可能会使用次优通信策略。仿真结果证明了所提出的预编码方法和通信协议的可行性，还说明了这种设置在管理 CCI 和增加地面回传段频谱效率的能力。

所考虑的网络架构、用例、天线阵列和多天线通信技术，所提的预编码方法、通信协议和 LC-PAA 设计，所研究的干扰减缓和规避技术构成了一个满足未来回传网络巨大容量需求的框架。该框架证明了卫星通信技术可以有效地（在频谱占用方面）与无线地面系统一起使用。

参考文献

[1] Ericsson. Mobility Report; 2017.
[2] NGMN. 5G White Paper; 2015.
[3] 5G-PPP. 5G Vision; 2015.
[4] Mueck M, Jiang W, Sun G, Cao H, Dutkiewicz E, Choi S. White Paper: Novel Spectrum Usage Paradigms for 5G. IEEE SIG CR in 5G; 2014.
[5] DOCOMO. White Paper: 5G Radio Access: Requirements, Concept and Technologies. NTT DOCOMO; 2014. Available from: https://www.slideshare.net/allabout4g/docomo-5g-whitepaper.
[6] Rappaport TS, Heath Jr. RW, Daniels RC, Murdock JN. Millimeter Wave Wireless Communications. Prentice Hall; 2015.
[7] Marsch P, Fettweis GP. Coordinated Multi-Point in Mobile Communications: From Theory to Practice. Cambridge: Cambridge University Press; 2011.
[8] Larsson EG, Edfors O, Tufvesson F, *et al.* Massive MIMO for Next Generation Wireless Systems. IEEE Communications Magazine. 2014 February; 52(2):186–195.
[9] Nokia, Qualcomm, editors. Authorised Shared Access (ASA) – An Evolutionary Spectrum Authorisation Scheme For Sustainable Economic Growth And Consumer Benefit; 2011. Input Document FM(11)116, 72nd Meeting of the WG FM; 2011.
[10] FCC. Spectrum Policy Task Force Report No. 02-155; 2002.
[11] Morgado A, Gomes V, Frascolla K, *et al.* Dynamic LSA for 5G networks: The ADEL perspective. In: 24th European Conference on Networks and Communication (EuCNC 2015). Paris, France; 2015. p. 190–194.
[12] Kamel M, Hamouda W, Youssef A. Ultra-Dense Networks: A Survey. IEEE Communications Surveys Tutorials. 2016 Fourthquarter;18(4):2522–2545.
[13] Huang H, Papadias CB, Venkatesan S. MIMO Communication for Cellular Networks. New York: Springer-Verlag; 2012.
[14] Horizon2020 Project. Shared Access Terrestrial-Satellite Backhaul Network Enabled by Smart Antennas. Available from: http://www.sansa-h2020.eu/10-sansa/8-home.
[15] Winters JH. Smart Antennas for Wireless Systems. IEEE Personal Communications Magazine. 1998;5(1):23–27.
[16] Foschini GJ, Gans MJ. On Limits of Wireless Communications in a Fading Environment When Using Multiple Antennas. Wireless Personal Communications. 1998;6:311–335.
[17] Telatar E. Capacity of Multi-Antenna Gaussian Channels. European Transactions on Telecommunications. 1999 November;10(6):585–596.
[18] Caire G, Shamai S. On achievable rates in a multi-antenna broadcast downlink. In: Proceedings 38th Annual Allerton Conference on Communications, Control and Computing; 2000. p. 1188–1193.
[19] Yu W, Cioffi JM. Sum capacity of a Gaussian vector broadcast channel. In: International Symposium on Information Theory; 2002. p. 498.
[20] Sharif M, Hassibi B. A Comparison of Time-Sharing, DPC, and Beamforming for MIMO Broadcast Channels with Many Users. IEEE Transactions on Communications. 2007 January;55(1):11–15.

[21] Kalis A, Kanatas AG, Papadias CB, editors. Parasitic Antenna Arrays for Wireless MIMO Systems. New York: Springer-Verlag; 2014.

[22] Barousis VI, Papadias CB, Müller RR. A new signal model for MIMO communication with compact parasitic arrays. In: 2014 6th International Symposium on Communications, Control and Signal Processing (ISCCSP); 2014. p. 109–113.

[23] Alexandropoulos GC, Barousis VI, Papadias CB. Precoding for multiuser MIMO systems with single-fed parasitic antenna arrays. In: 2014 IEEE Global Communications Conference; 2014. p. 3897–3902.

[24] Barousis VI, Papadias CB. Arbitrary Precoding with Single-Fed Parasitic Arrays: Closed-Form Expressions and Design Guidelines. IEEE Wireless Communications Letters. 2014 April;3(2):229–232.

[25] Zhou L, Khan FA, Ratnarajah T, *et al.* Achieving Arbitrary Signals Transmission Using a Single Radio Frequency Chain. IEEE Transactions on Communications. 2015 December;63(12):4865–4878.

[26] Ntougias K, Ntaikos D, Papadias CB. Coordinated MIMO with single-fed load-controlled parasitic antenna arrays. In: 2016 IEEE 17th International Workshop on Signal Processing Advances in Wireless Communications (SPAWC); 2016. p. 1–5.

[27] Bjornson E, Jorswieck E. Optimal Resource Allocation in Coordinated Multi-Cell Systems. Foundations and Trends in Communications and Information Theory. 2013 January;9(2–3):113–381.

[28] Masouros C, Alsusa E. Dynamic Linear Precoding for the Exploitation of Known Interference in MIMO Broadcast Systems. IEEE Transactions on Wireless Communications. 2009 March;8(3):1396–1404.

[29] Ntougias K, Ntaikos D, Papadias CB. Robust low-complexity arbitrary user- and symbol-level multi-cell precoding with single-fed load-controlled parasitic antenna arrays. In: 2016 23rd International Conference on Telecommunications (ICT); 2016. p. 1–5.

[30] Zhang R, Liang YC. Exploiting multi-antennas for opportunistic spectrum sharing in cognitive radio networks. In: 2007 IEEE 18th International Symposium on Personal, Indoor and Mobile Radio Communications; 2007. p. 1–5.

[31] Paulraj A, Nabar R, Gore D. Introduction to Space-Time Wireless Communications. Cambridge: Cambridge University Press; 2003.

[32] Theodoridis S. Machine Learning: A Bayesian and Optimization Perspective. Orlando, FL: Academic Press; 2015.

[33] Boyd S, Vandenberghe L. Convex optimization. Cambridge: Cambridge University Press; 2004.

第17章
星地混合系统的动态频谱共享

马尔科·霍伊蒂亚，桑德里娜·布马尔
芬兰VTT技术研究中心有限公司

本章的重点是星地混合系统中的动态频谱共享。我们首先对这些系统的应用场景进行了分类，讨论最重要的那些动态频谱共享技术，例如，频谱感知、数据库、波束赋形、跳波束，以及自适应的频率和功率分配技术，并分析它们在不同场景下的适用性。干扰分析展示如何在Ka频段实现卫星和地面系统之间的频谱共享。自主船舶被认为是混合星地系统的一个备受关注的新兴应用领域，为了使它们在海岸线附近和深海中可靠、安全地运行，需要使用多种通信技术，例如，可以使用干扰管理和频谱共享技术防止阻塞或劫持船舶的控制信号。此外，我们还会讨论3.5GHz频段的市民宽带广播业务（CBRS）的概念。本章还给出在毫米波频段中使用的CBRS和其他数据库技术，这些技术用以实现未来5G系统中卫星和地面组件之间的频谱共享。

17.1 简介

第五代移动通信技术（5G）将实现全面的移动和互联，并致力于解决IMT-2020及以上系统所描述的业务和技术需求。为了实现这一愿景，5G系统需要支持和利用诸如地面和卫星之类的异构网络的集成。卫星将通过为人口稀少的地区（如海上用户）提供具有弹性的区域信号覆盖而发挥重要作用。近年来，卫星的点波束技术和软件定义网络（SDN）等都已经取得了重大的技术进展，可以用来促进混合卫星-地面系统的有效实施和运行。由于对宽带接入和更多带宽的需求不断升温，人们需要考虑的一个重要方面是如何实现这些系统的频谱管理和频谱共享。

过去几年中，在卫星频段中进行的监管决策和频谱共享研究清楚地表明了，根据卫星系统的特定特征，例如，长链路和传输时延以及覆盖范围广等，研究共享技术的重要性[1-2]。在地面领域已经进行了许多有关频谱共享技术的分析，但是由于地面与卫星存在许多差异，地面领域研究出的某些技术并不适用于卫星频段，另外的一些技术也不能直接使用在卫星领域，而需要修改。一些最有希望的频谱共享技术包括功率控制、波束赋形、跳波束和频谱数据库[1-15]，经过修改后都可以用于卫星领域。近年来，频谱共享已开始考虑从具有不受控干扰环境的免许可方法向设置具有更好操作条件且更加受控的方向发展。数据库技术在地面和卫星领域都比频谱感知更受人们青睐，因为它可以为现有用户提供更好的保护，并能获得对当前频谱使用的认知。针对 3.5GHz 频段开发的三层 CBRS 模型就是一个使用数据库技术的例子[16-17]。

需要混合卫星-地面系统（星地混合系统）来满足许多新兴应用的需求，例如，道路和海洋环境中的自动驾驶、大规模的机器类通信以及为世界任何地方提供高质量的互联网服务[18-21]。当前，在远离海岸线的海洋环境中，特别是在需要宽带连接的情况下，卫星是唯一的选择。由于卫星延时高，因此卫星在自动驾驶汽车中所起的最重要作用是定位、定时和提供主干网。而对于低延时操作，例如遥控驾驶汽车，必须由未来的地面 5G 系统提供服务。Ka 频段高通量卫星（HTS）网络以及 Q/V/W 等更高频段的使用都是未来动态频谱共享技术的重要使用场景。此外，最近已在计划的、由数百颗 LEO 卫星组成的巨型星座卫星网络（如 SpaceX、OneWeb 和 LeoSat）的不断剧增将增加对动态频谱管理的需求[22]。

本章对星地混合频谱共享场景进行了分类，并讨论了不同技术在这些场景中的适用性。我们还将介绍不同的无线电接口之间的无缝协作，以及混合网络的 QoS 和优先级控制所需的核心网络功能。我们将介绍卫星和地面系统之间的干扰分析方法，并提供一些在波兰进行的相关研究的结果。我们将在自主船舶案例中描述混合系统的需求，回顾一些相关联的挑战，并描述动态频谱共享技术如何用于提高远程控制和自主船舶的可靠性。另一个值得关注的有趣用例是欧洲的 CBRS 系统及其对应的许可共享访问（LSA）系统。与 LSA 不同的是，CBRS 系统除了使用数据库外，还使用频谱感知来实现不同无线电系统之间的频谱共享。本章对 CBRS 系统的主要组成部分和功能进行了描述性概述，基于在芬兰的实时 LTE 网络上进行的工作，给出了一些数值结果，并特别阐述了用于蜂窝和卫星固定业务（FSS）系统之间的频谱共享技术。

17.2　星地混合频谱共享场景分类

许多研究和实施的系统都已经将卫星和地面组件结合在一起用以提供高吞吐量和广覆盖。5G 似乎仍在继续这种趋势。5G 是一种基于更高容量和低延时接口，以及将诸如 LTE 和 Wi-Fi 之类的现有无线电技术融合到无处不在的无线电接入网络的多无线电系统。3GPP 已开始一项关于非地面网络的研究项目[23]，旨在对卫星部署场景和相关系统参数，例如架构、高度、轨道等进行定义。集成的卫星地面系统和独立的卫星网络都被纳入研究范围。卫星被视为：（1）可覆盖地面 5G 系统无法覆盖的区域；（2）通过为 M2M/IoT 设备和移动平台上的用户（动中通地球站）提供连续性的服务并确保任何地方服务的可用性，从而来增强 5G 服务的可靠性，例如用于关键通信用户以及铁路/海事/航空通信；（3）可向网络边缘和终端提供多播/广播资源。文中描述了许多可能的用例，例如核心网络与移动平台上的小区（例如飞机或船舶）之间的宽带连接。

从频谱共享的角度来看，星地混合系统可以分为两种主要场景。

（1）未协调系统：同一频段内，地面和卫星系统共存。

（2）已协调系统：具有 CR 技术的已协调星地系统。

从文献中可以看出，上述分类包括不同的概念。一个未协调的场景包括，例如，在同一频段中运行的两个完全独立的系统[7,24]。在已协调系统中，卫星可用于改善地面网络的性能[25-26]。认知无线电（CR）技术也可用于改善已协调系统的运行。在已协调系统中，卫星和地面组件都向最终用户提供服务[9,27]。下面将详细讨论以上两个类别。

17.2.1　未协调系统：星地共存

大多数的 CR 研究都集中在研究两个独立的系统如何在同一个频段内共存。考虑到地面和卫星系统共存，有两个主要的应用领域需要考虑。

（1）卫星系统是频谱的主要用户（PU），而地面系统是可以动态地使用时间或空间上可用的频谱资源而不干扰 PU 的次要用户（SU）[5,28,29]。

（2）卫星是频谱的次要用户（SU），利用高定向天线接入地面频谱[4,8,30]。通常，后者的地面系统是微波链路，由于信号的空间隔离，共享频谱是可能的。动态载波和功率分配技术可以用于增强次要系统的运行。

卫星系统作为主要用户（PU）： 在参考文献［28］中给出了该应用领域的一个示例，其中次要的地面移动通信系统使用低功率蜂窝小区或设备到设备的传输模式接入到主要分配给卫星固定管业务（FSS）系统的 C 频段频谱。系统模型如图 17.1 所示。

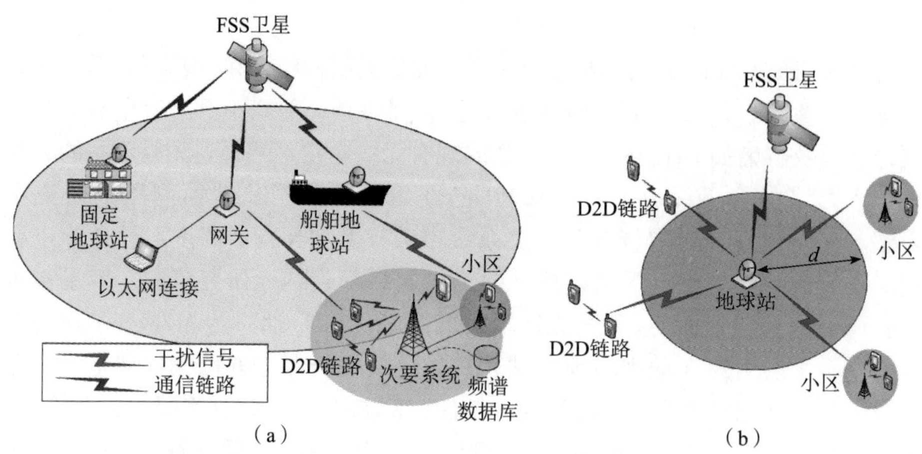

图 17.1 (a) FSS 卫星频段 3.4~3.8GHz 作为次要系统使用；(b) 存在多个干扰源时的保护区

FSS 系统直接或通过关口站在下行链路（DL）方向上将数据发送给最终用户。不允许次要系统干扰主要用户 FSS 的接收机。需要知道受干扰 FSS 地球站的位置，以便于在该频段内使用数据库技术辅助频谱共享。位置感知要求使用有许可（有牌照）的 C 频段电台数据。根据各自的国情和该频段的现有用途，数据库的实施范围可从使用简单的保护区域到对单个移动基站扇区的最大允许辐射功率的特定频率和特定位置进行限制。

在参考文献［28］中，该频段被指定为 3400~3600MHz，还可以扩展覆盖到高达 3800MHz 的频段，以支持欧盟委员会在参考文献［31］中定义的 5G 先锋频段 3400~3800MHz 的研究。该频段被认为适用于城市地区的宽带连接，可为移动蜂窝用户提供 100MHz 的带宽和高达 Gbps 的峰值数据速率。但是，该频段中已分配给了 FSS 用户，因此，应该有一种机制来共享此频段，以便同时服务于两个共存的系统。

已得到的结果表明，即使在多个地面用户同时干扰卫星接收（存在集总干扰）的情况下，针对城市环境使用基于测量的路径损耗模型，得出保护卫星系统的保护距离也有可能小于 500m。但在开阔区域中，该保护区就会大得多。另一个例子是在 Ka 波段和毫米波场景中，蜂窝网络和 FSS 之间的共存[29]。参考文献［28］分析了单一和集总干扰的场景。作者假设 FSS 和 BS 之间没有相互作用（即相互独立工作）的情况下，仅在发射机处采用了波束赋形方案。研究结果表明，蜂窝和卫星业务之间的共存是可能的，而在两个研究的频段中，FSS 天线所接收的干扰都可以保持在建议电平值以下。

卫星系统作为 SU：关于卫星和地面系统共存的、研究最活跃的频段可能是 Ka 频段，例如，17.7～19.7GHz 频段的卫星下行链路（DL）和 27.5～29.5GHz 频段的卫星上行链路，参见参考文献［1,5-8,29,30,32,33］。欧洲邮政和电信管理委员会已经允许在卫星的前向链路中进行频谱共享。由于地面系统导致的干扰使得在上行链路中进行频谱共享更具挑战。该卫星上行链路频段用于在未协调的 FSS 地球站和固定业务（FS）之间进行频谱共享。地面节点的位置是固定的，可以在国家登记管理机构中找到。共享该频段的主要动机是增加卫星系统的容量，并且根据参考文献［8］的研究即使将 FSS 地球站部署在 FS 站点非常密集区域的最差位置上，FSS 地球站也能够以 65%以上的概率使用 17.7～19.7GHz 频段。在农村地区，在最差位置上，FSS 地球站更可以 95%概率获得频谱使用。

数据库辅助频谱接入技术提供了用于控制工作在 Ka 频段共存的方法[7-8]。数据库允许 FSS 地球站在特定位置使用该频段。FS 站址周围的禁区或保护区是根据 FSS 地球站的天线指向和发射功率定义的。在这些禁区区域之外，FSS 地球站可以以给定的最大发射功率值运行。这些禁区还取决于频率，即由 FS（台）站的传输频率定义。控制软件中需要包含一种合适的禁区计算方法，以便向请求的终端用户做出是否提供频谱接入的决定。总体干扰建模的概念将在第 17.4 节中介绍。

17.2.2　已协调系统：星地共存

有几个混合系统概念，其中的想法是使用卫星来辅助地面认知网络的运行。参考文献［25,34］中提出，将卫星看作是中央控制器，即负责频谱分配和管理。根据卫星的轨道高度，卫星具有较大的覆盖范围，因此可以较容易地获得其服务区域内的用户和网络的广泛认知。那么，卫星可以以两种不同的方式为地面网络服务[34]。首先，它可以通过广播更新消息策略更轻松地启用策略和进行软件更新。其次，在了解其覆盖范围内的环境和网络状态后，卫星可以管理其覆盖区域内的频谱使用和分配。通过定期从覆盖区中的基站收集环境状态报告来获得频谱认知信息。

在参考文献［26］中，将卫星和地面小区连接在一起使用，其中考虑了两个主要应用：（1）用于远程通信的基于 IEEE 802.22 CR 的无线区域网；（2）基于 CR 的超宽带短距离个人局域网的通信系统。提出的混合卫星-地面系统在卫星上行链路和地面部分中应用了 CR 技术来共享相同的频率资源。卫星上行链路不会对地面系统造成过多干扰，因为地球站通常使用定向传输。由于卫星的覆盖范围大，假定卫星下行链路（DL）不采用任何动态频谱共享功能。

预计5G系统将为网络接入带来更多的灵活性。不仅可以使用几种不同的技术来提供无线电接入，而且服务融合和安全解决机制将在5G中变得更加动态和本地化。尽管IoT是复杂无线电接入的主要驱动力，但卫星也可能在提供异构接入方面发挥作用，特别是在人烟稀少或5G难以到达的位置。卫星将把5G蜂窝网络扩展到海洋、空中和偏远的陆地地区[35]。卫星连接及本地化的5G多址接入边缘计算服务将为灾区恢复启用关键的服务提供巨大的使用潜力，并且它可能也是，在发展中的第三世界国家，引入基本互联网服务的最有价值的推动力。卫星网络具有较强的服务弹性，可以改善由于环境条件遭到破坏（如地震）或容量过载（如用户数量暂时的激增）而导致的服务水平下降。

卫星和地面网络组件的融合可以看作是将卫星基础设施纳入5G系统中，将其作为网络功能和创建新服务的技术推动力[36,37]。卫星段可以在地面系统故障、应急情况下，或者在流量需求高峰的密集区域（例如，举行大型活动的体育馆）进行负载平衡时，为地面回传链路提供备份的解决方案[32]。创建功能性混合系统需要基于CR的智能技术，即在任何环境和用例中使用可用信息来选择最佳的无线电接口。在参考文献［38］中研究了基于网络类型、信号强度、数据速率和网络负载的卫星/地面网络中的负载平衡。朝着5G集成系统迈出的一步是参考文献［9,27］中研究的混合LTE网络中的架构描述和干扰分析。动态资源管理功能用于处理共存，特别是在地面和卫星组件使用相同频率的单频网络（SFN）中[9]特别适用。

17.3　卫星频段的共享技术

有许多技术可用于实现所示的星地混合场景。以下频谱共享技术不是将其他技术排除在外，而是它可以联合使用其他技术来实现所需的目标。例如，可以使用频谱感知或通过频谱数据库或这些技术的组合来获得频谱认知。然后，可以使用频谱认知来分配资源，例如，联合使用频率分配和波束赋形。在每个技术类别中，我们还将提供一个示例，说明所考虑的技术如何适用于所描述的场景。

17.3.1　频谱感知

频谱感知可以定义为一项为获得认知有关给定地理区域内频谱利用率的任务。感知的主要目标是在两个假设之间做出决定，即

$$x(t)=\begin{cases}n(t), & H_0\\ hs(t)+n(t), & H_1\end{cases}$$

式中：$x(t)$ 为频谱传感器接收到的复数信号；$s(t)$ 为现有用户的发射（传输）信号；$n(t)$ 为加性高斯白噪声（AWGN）；h 为发射机和传感器之间的理想无线信道的复数增益，即没有多径衰落。如果信道不理想，则将 h 和 $s(t)$ 卷积而不是相乘。空假设 H_0 表明在观察的频段中不存在现有用户，替代假设 H_1 则表示有信号存在。

与频谱数据库相比，频谱感知的明显优势是能够自动地提供相关的频谱信息。认知系统可以感知频谱，并且可以直接使用此信息，而无须与其他系统协作。但频谱感知的主要缺点是存在可能的隐藏节点问题，例如，由发射机和传感器之间的障碍物引起的隐藏节点问题。这样会出现由于次要系统的发射机和传感器之间的信道条件更好，无法检测到主发射机，导致次要系统可能会干扰主接收机的问题。

能量检测由于简单易实现成了最常用的检测技术。诸如能量检测、特征检测和匹配滤波器检测之类的感知技术的优缺点已经在参考文献［39］等中进行了深入的讨论。如果现有信号不是先验已知的，则最佳的检测器是能量检测器，该能量检测器在观察时间窗口内测量接收到的波形能量。首先，使用带通滤波器对输入信号进行滤波，以选择感兴趣的带宽；接着，在观察间隔内对滤波后的信号求平方并进行积分；最后，将积分器的输出与阈值进行比较，以确定是否存在现有信号。

频谱感知是一项复杂的任务，通常需要在多个维度上进行采样，例如，时间、频率，甚至空间。在测量设备、设置决策阈值、去除阴影和平均多径衰落方面都存在挑战。对于给定的算法，处理时间将随着分析的数据量的增加而增加。增加任意维度的分辨率都会提高结果的准确性，但同时也会降低计算的效率。因此，在实现包括漏检概率和误报（虚警）概率在内的目标检测性能的同时，需要根据可用的计算资源来动态平衡精度-效率间的折中。

感知已经在卫星通信中得到了研究，例如，在参考文献［40］中，卫星已使用了感知，在参考文献［41］中，卫星信号被感知了出来。使用能量检测方法的设备可能需要使用指向卫星的高度定向天线来可靠地检测卫星信号[41]，并且还需要侦测干扰情况中的任何变化，例如，感知新的干扰源。这可能需要使用带有抛物面天线的独立感知站点，以便于检测。特征检测和匹配滤波器检测方法能够检测出本底噪声以下的信号，但是它们需要有关要检测信号的先验信息。特征检测可以利用特征，例如，正弦波载波、符号速率和信号的调制类型来进行检测。如果在物理层和介质访问控制（MAC）层上都可获得先验信息，例如，脉冲形状、调制类型和数据包格式，那么匹配滤波器检测是最佳的检测方法。

17.3.2 频谱数据库

频谱感知无法保证服务质量，也不能保证共存系统间无干扰运行。但这却一直是推动频谱数据库不断发展的主要动力。目前，频谱数据库有助于提高地面和卫星频谱共享系统中的频谱认知。在任何频带中，频谱数据库方法的基本原理都是，直到次要用户（SU）可以从数据库成功接收到它打算在用户所在地免费使用的信道信息后，才允许 SU 接入频谱。

在实践中已经实现和证实的频谱数据库模型包括电视空余时间数据库[42]、许可共享访问系统（LSA）[43] 和频谱接入系统（SAS）[16,43]。后两种是所谓的许可共享方法，在这两种方法中，共存的用户将基于获得的许可进行操作，从而可以保证获得所需的 QoS。根据 LSA 方法，现有的运营商必须提供给数据库其想要了解区域内的频谱使用的有关先验信息。这些信息明确指出了频带何时、何地以及哪些部分可用于次要使用。这很可能需要第三方来运行 LSA 系统，因为运营商通常不愿意与其他频谱运营商共享有关其频谱使用的信息。

频谱数据库已被开发用于星地混合场景中[1,6-8]。虽然已经利用地面系统成功地实现和演示了数据库的应用，但将当前的数据库系统应用于卫星频段的提议仍然面临很多挑战，例如，面积大的覆盖和由长传输链路所造成的延时。感知可以用来增强数据库的运行，这种感知和数据库混合的方法是参考文献［16,17］中描述的 SAS。

最近发布的 ECC 报告描述了在一部分的 5G 先锋频段（3.6~3.8GHz）中部署 LSA 系统的操作指南[44]。图 17.2 给出了 ECC 报告中描述的有关部署 LSA 系统的整体流程。采用 LSA 的目的是使该频段的卫星和地面系统都具有无干扰的频谱。LSA 框架的实施意味着现有运营商和移动运营商在频谱使用条件上达成了共识。这种受控共享是一种很有吸引力的选择，因为在某些情况下，它可以节省当前业务使用的频谱，也可以从为当前运营商的位置中挤出适用于现有运营商的位置。在最坏的情况下，如果某些无线服务被认为对社会更有价值，那么政策压力就可能会导致频谱资产流向这些无线服务。通过允许共享，现有业务（运营商）可以在频带中继续其相关业务的运行，又能以最少的额外投资来履行由社会所定义的义务（需求）。

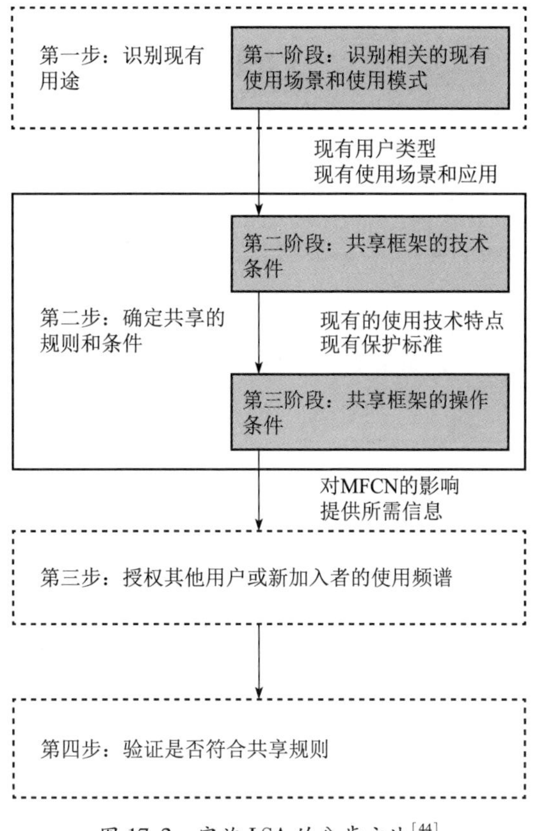

图 17.2　实施 LSA 的分步方法[44]

17.3.3　波束赋形和智能天线

因为智能天线和波束赋形技术使多个用户可以同时在同一地理区域内利用相同的频率资源，使得空间成为主要使用的资源之一。例如，在参考文献［10-12］中已经研究了波束赋形，并解决了混合星地合作系统中有关波束赋形和基于放大和前向中继相结合的问题。在此设置中，基于多天线的中继节点通过使用波束赋形向量将接收到的卫星信号转发到目的地，而基于多天线的目的地节点使用最大比率进行合并。使用波束赋形和智能天线的优势在于，这些技术可启用更密集的网络同时又减少了对不必要方向的干扰。缺点是需要更复杂、更昂贵的设备，并且可能还需要卫星终端提供相关的位置信息。基于发射机的干扰缓解也称为预编码技术，可以将预编码视为广义的波束赋形，用以支持多天线无线通信系统中的多流传输[45]。

通常室外基站都配备有定向扇形天线。有源天线技术已启用水平方向的波束赋形，从而可以实现将天线波束转向所需的方向。近期在参考文献［46-48］中，已经研究并证明了在方位角和仰角方向上动态控制波束的可能性。垂直方向波束赋形的几种可能的应用如图 17.3 所示。最先进的有源天线可以独立地产生和控制多个天线波束，从而可用于改善给定区域内的频谱效率和系统容量。

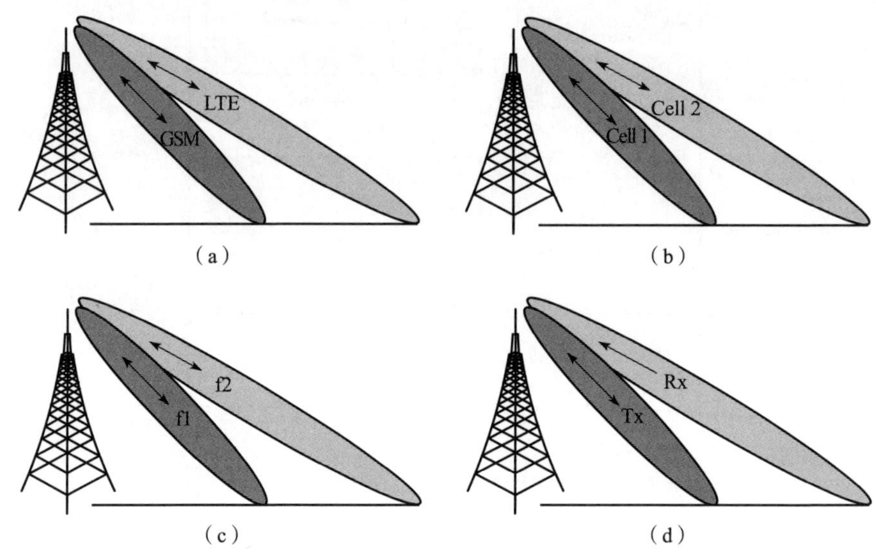

图 17.3 垂直方向波束赋形的应用

(a) 隔离业务/RAT 倾斜；(b) 垂直/水平小区分裂；(c) 隔离的载波倾斜；(d) 隔离的 Tx-Rx 倾斜。

垂直方向波束赋形（或 3D 波束赋形[47]）可对垂直波束方向图进行动态调整。无论是隔离的载波倾斜、小区分裂还是无线接入技术（RAT）的倾斜，都可以提供较好的性能改进，从而可以适应各种不同的应用可能。通过将垂直主瓣直接指向接收机的任何位置，就可以用垂直方向波束赋形来增强信号的强度。另外，当被服务的用户离基站较近时，垂直方向波束赋形技术可减少小区间的干扰。通过改善信号质量或增加某个地理区域内同时服务的用户数量，可以提高频谱的使用率。图 17.4 给出了只有水平和只有垂直方向波束赋形分解的差异。不同的颜色表示不同的资源，例如，小区中分配给不同用户的频率。

基于天线技术的另一种方法是使用大规模多输入多输出（MIMO）系统。MIMO 系统中基站的天线数量会远大于用户的天线数量[49]。这是旧概念的更新版本，称为空分多址或多用户 MIMO。大规模 MIMO 或许也可行[50]，但是在能效和设备成本方面将面临巨大挑战。

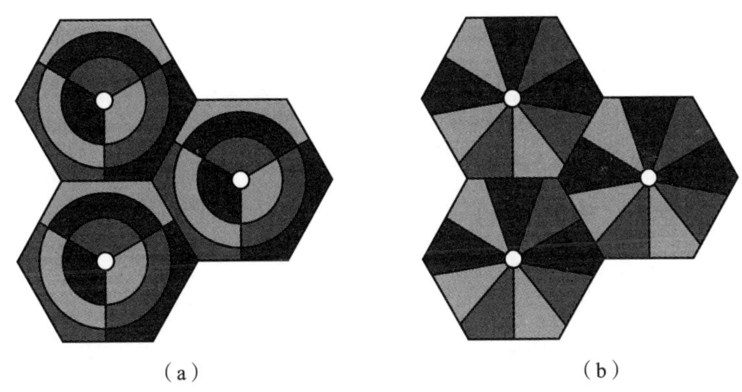

图 17.4　参考文献［47］中垂直方向和水平方向波束赋形的分解
(a) 垂直排序；(b) 水平排序。

17.3.4　跳波束

最新的卫星很多都已经采用了点波束技术，与传统卫星相比，该技术允许更窄的点覆盖。跳波束是一种新兴技术，可以随时间在波束之间切换发射功率。跳波束技术将提高卫星系统的灵活性、敏捷性和吞吐量。使用波束跳跃，可以根据实际业务流量需求自适应地激活和停用每个波束。通过适当设计的波束使用模式，业务使用区通常只需由卫星波束的一个子集实施。

假设次要网关知道（能够识别）主要网关的波束跳跃模式，那么认知的跳波束卫星可以用来提高频谱使用率[15]。在这种情况下，具有自有网关的主卫星和具有不同网关的次卫星都被并置在同一对地静止（GEO）轨道中。网关借助高速地面链路（如光纤和微波）进行连接。这称为认知链路，用以详细描述网关之间的共享信息。参考文献［15］中的系统模型如图 17.5 所示。传统多波束系统与认知多波束系统之间的主要区别在于，在后者中，集群中的多个波束在时域而非频域中共享可用的频谱。由于主卫星仅使用在跳波束系统下部署的大量波束中的一小部分波束，因此其余波束在那时刻保持空闲状态，等待唤醒它们的传输时隙。然后，另一个具有较小波束的系统可以在同一区域中运行并使用这些空闲资源。这可能仅在两个卫星都由同一运营商运营的情况下才有可能出现，因为主运营商可能不会与其他运营商共享波束跳跃的序列。

另一种可能性是，同样假设主要运营商将提供有关可用和已使用区域的信息，然后即将到来的 5G 系统的次要地面系统/地面组件就可以使用那些非使用的波束。这可能特别适用于地面和卫星组件在同一运营商下进行集成的

5G 系统。

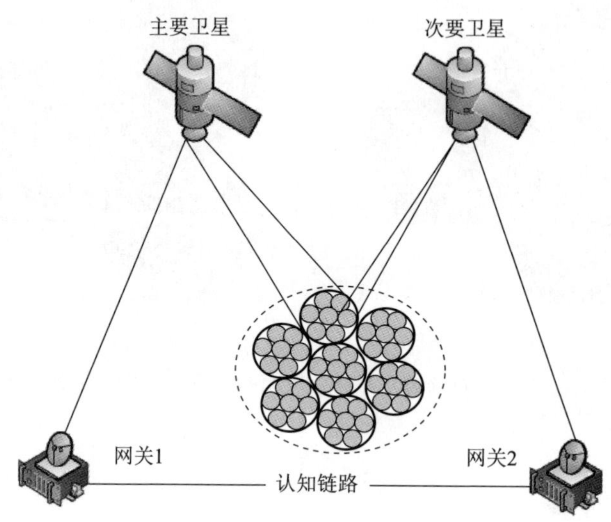

图 17.5 参考文献［15］中采用的两个卫星系统共存

17.3.5 频率和功率分配

频谱共享可以通过仔细计算干扰接收机周围保护区域的固定传输功率来实现。然而，功率自适应为频谱共享提供了更多应用的机会。将干扰保持在可接受水平的条件下，频率和功率分配是优化可用资源使用的一种方法。在这种情况下，次要用户（SU）可以在可用信道之间自适应地优化它们的频谱使用。自适应分配策略的可能缺点是对敏感卫星接收机产生的集总干扰，还有如果次要系统可以自主的进行这种分配学习，那么有可能会导致混沌情况的出现。因此，在发展自适应分配策略方面必须谨慎。为了满足干扰标准[7]，必须根据所设定的要求，来限制干扰发射机的发射功率，例如，ITU-R 的相关建议书。在参考文献［4］中，考虑了认知卫星地面系统的功率控制和通过使用注水原理可以获得的最大化容量。在参考文献［30］中，开发了一种支持次要卫星链路的联合波束赋形和载波分配方案。与复杂且昂贵的具有高性能增益的多天线技术相比，频率和功率分配的成本更便宜，但性能增益也有限。

17.3.6 核心网络功能

随着抽象层的增强，核心网络将在不久的将来发生根本性的变化，从而可以实现对网络进行进一步的重新配置。实现地面段和卫星段之间的无缝合作[9]，关键是协调核心网络的结构。核心网络，例如通过将部分资源专用于具有较高优先级的应用程序，来实现数据传输的 QoS 管理。当前软件化和全 IP 网络的发展趋势都推动了混合网络概念的发展。基于 IP 的操作可以为无线电接入和服务层之间提供完备的标准化接口，这已经在许多卫星系统中应用，例如，专门为支持海事用户而设计的海事 Fleet Xpress 系统。此外，SDN 技术将使一个单独的控制平面成为逻辑上集中的软件控制器。逻辑上集中的软件控制器可以管理和更改通过 5G 网络的数据路由。EU 和 ESA 已经在相关项目中积极研究了集成的卫星地面网络和持续不断发展的核心网络功能开发行动，例如，可参见参考文献［37,51］的研究。

网络共享是运营商分担无线网络沉重部署成本的一种方式，尤其是在初始刚推广的阶段。3GPP 规范中一个有趣的共享概念是多运营商共享的核心网络，其中每个网络运营商都有自己的核心网络，但无线接入网络却是共享的[52]。3GPP 规范中定义的另一个选项是网关的核心网络方法。网络运营商还共享核心网络节点，例如，服务网关或负责管理移动终端与网络之间承载管理和连接管理的移动性管理实体。

17.4　干扰分析

在共存场景中，如 17.2.1 节中所述，干扰分析确定了来自合法用户和对合法用户产生的潜在干扰电平。详细的干扰特性可用于研究在 SU 上可能实施的干扰缓解技术。干扰建模的整体概念如图 17.6 所示。完整建模还需包括地形数据和气象数据等，以获得关于共享可能性的最可靠描述。从 FSS 的角度来看，没有地形数据的建模是最坏的情况，而模型中包含了地形数据可以显著提高共享的可能性[7]。

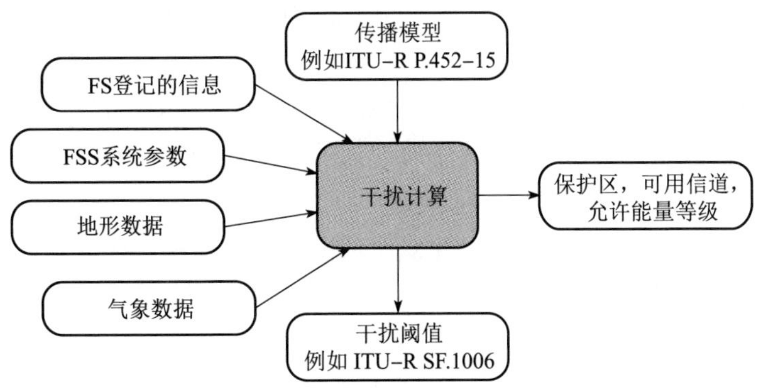

图 17.6　FS-FSS 共享数据库的干扰模型[7]

在下文中，我们将重点讨论一个工作在17.7~19.7GHz频段的FSS系统前向链路，其中主要用户（PU）是固定业务（FS）链路①。可以从国家主管部门获得地面业务部署的数据库。理想情况下，该数据库应包含有关FS站的位置、天线高度、天线直径和峰值增益、天线指向方向、传输功率、载波频率和带宽以及业务类型、点对点（P2P）或点对多点（P2MP）的信息。

链路功率预算用于评估发射机和接收机之间链路的增益和损耗。由于这里的关注点是干扰电平，因此可以使用简单的链路预算，而忽略发射机和接收机电路的损耗，并着重考虑天线增益和路径损耗的影响。链路预算中还可以包括跨地平线链接现象，例如，表面大气波导现象和对流层散射的影响。在计算中也可以考虑极化的影响。如果重点放在最坏的情况下，则可以忽略降水的影响[53]。

接收机的干扰总功率由参考文献［54,55］给出，即

$$P_{\text{interf}}=\sum_{n=0}^{N_{\text{interf}}}\text{eirp}_{\text{TX}}(n)-G_{\text{TX,max}}(n)+G_{\text{TX}}(n)+L_{\text{path}}(n)+G_{\text{RX}}(n)+B_{\text{corr}}(n)$$

式中：N_{interf} 为干扰源的数量；$\text{eirp}_{\text{TX}}(n)$ 为发射机的等效全向辐射功率（EIRP），以dBW/MHz为单位；$G_{\text{TX}}(n)$ 为在接收机方向上干扰源的天线增益；$G_{\text{TX,max}}(n)$ 为最大天线增益；$L_{\text{path}}(n)$ 为干扰源和接收机两者之间的路径损耗；$G_{\text{RX}}(n)$ 为接收机在干扰源方向上的天线增益。已将附加的校正因子 $B_{\text{corr}}(n)$ 添加到链路预算中，用以表示考虑到了干扰源和接收机占用的带宽可能不会完全重叠的实际情况。当干扰带宽大于或小于受扰带宽，参考文献［55］中针对以上两种一般情况，定义了 $B_{\text{corr}}(n)$ 的经验计算方法。假设在最坏情况下，使用最简单的方程式，即设 $B_{\text{corr}}(n)$ 等于与被干扰带宽重叠的干扰载波带宽。发射机和接收机的天线增益将根据干扰源相对于接收机的位置以及天线方向等的变化而变化。P_{interf} 的单位通常为dB W/MHz。在卫星固定业务（FSS）中仅考虑了来自固定业务（FS）链路的干扰，来自其他FSS（台）站的可能干扰属于系统设计的范畴，因此未在此考虑。由于没有针对FS链路的单一标准，因此未考虑来自FS链路的干扰随时间的变化，这也阻止了对所使用的协议做任何的假设。

使用ITU-R P.452建议书[56]中定义的路径损耗模型，并将其简化为仅考虑短链路距离和最坏情况的干扰条件，则路径损耗可写为[8]

---

① 在ESA资助的项目“用于减缓下一代Ka频段高通量卫星干扰的天线和信号处理技术”中已经完成了部分工作。ESA资助项目的合同/授权编号：AO/1-7821/14/NL/FE。本文所表达的观点不能代表或反映欧洲航天局（ESA）的正式意见。

$$L_{\text{path}}=92.5+20\lg f+20\lg d+L_d(p)+A_g+A_h+E_{\text{sp}}(p)$$

式中：f 为频率；d 为路径长度；$L_d(p)$ 为衍射损耗，其中 p 表示未超过计算的基本传输损耗的时间百分比；A_g 为总气体吸收量；A_h 为修正的高度增益，它解释了包含在本地地物杂波中的天线附加衍射损耗；而 $E_{\text{sp}}(p)$ 为在百分比为 p 时，对多径效应和聚焦效应的修正。A_g 定义为 $A_g=[\gamma_0+\gamma_\omega(\rho)]$，其中 γ_0 和 $\gamma_\omega(\rho)$ 分别是由于干燥的空气和水蒸气而导致的特定衰减，见 ITU-R P. 676 建议书[57]，ρ 为水蒸气密度，单位为 g/m^3，ω 为是含水总路径的一部分。可以通过使用 ITU-R P. 526 建议书[58] 中所述的球形地球模型来考虑衍射损耗。ITU-R P. 452 建议书[56] 定义了 11 种不同的杂波类别。着眼于最坏的情况，参考文献［53］中选择了造成损耗最少的地波。值得注意的是，由于未考虑跨地平线链路现象，因此对于 25km 以上的距离，路径损耗会增加得更快[59]。这意味着在仿真中，计算干扰电平时将不会包括距离超过 25km 的干扰源。

在完整的 ITU R P. 452-15 建议书传播模型[56] 中，路径损耗 L_{path} 包括 CoRaSat 项目（详见参考文献［55］的 4. 2 节）中的地形信息。

ITU-R P. 452 建议书中的衍射机制使用 Delta-Bullington 模型。使用地形数据计算路径轮廓。地形数据可以使用来自 CGIAR-CSI GeoPortal（详见参考文献［60］）的修正航天飞机雷达地形任务“90m”数据、美国国家地理空间情报局或先进的空载热辐射和反射辐射计全球数字高程第 2 版模型。地形网格中各点之间的插值方法必须经过仔细的选择和应用。

ITU-R F. 699 建议书[61] 和 ITU-R F. 1336 建议书[62] 中的天线方向图可分别应用于 P2P FS 台站和 P2MP FS 台站。可以从适合 P2P FS 台站的 ITU-R F. 1245 建议书[63] 中获取其他可用于 FS 台站的天线辐射方向图。ITU-R S. 465 建议书[64] 中的天线方向图适用于 FSS 台站。

为了研究 FS 台站对 FSS 台站产生的干扰电平，需要将 17. 7～19. 7GHz 频段划分为 32 个 62. 5MHz 带宽的信道，这对应于数字视频广播（DVB）-S2 中使用的前向链路信道带宽的相关值。FSS 台站必须指向一个固定的方向，该方向取决于所在的国家和所用的卫星。为了创建一个国家的干扰图，可以将该国家划分成若干网格。在每个网格中，随机地放置 FSS 台站进行链路功率预算。图 17. 7 给出了一个示例，显示了波兰政府提供的 FS 链路，以及该链路在 FSS 频段以 62. 5MHz 带宽划分的信道中的分布。对于每个网格，在该网格内的 100 个随机位置放置 FSS 台站，并计算 FSS 台站上干扰源的平均功率。

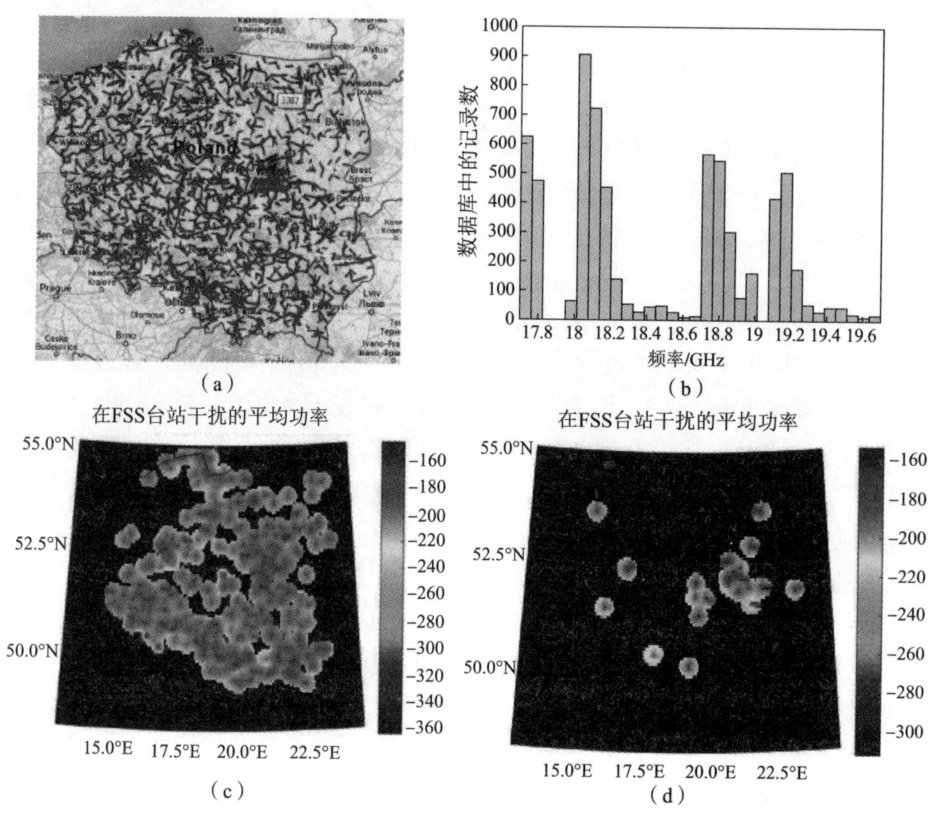

图 17.7 FS-FSS 干扰研究的结果示例

（a）在波兰 17.7～19.7GHz 频段中每 62.5MHz 信道带宽中 FS 链路的分布；（b）FS 链路载波分配；

（c）信道 19 中的平均干扰功率，以 dBW/MHz 为单位；

（d）信道 14 中的平均干扰功率，以 dBW/MHz 为单位。

从图片中我们可以看到，许多 FS 链路并未使用某些信道，因此在大多数地区，FSS 台站的干扰非常小。从干扰图可以清楚地看出，某些区域和信道没有受到干扰，可以被 FSS 轻松使用。在其他区域，如果没有空闲信道，则可以利用不同的缓解技术来消除来自 FS 链路的干扰。但是，由于国家的区域一般都比较庞大，因此每个网格的 FS 台站和 FSS 台站数量都很多，而且 FSS 信道的数量也很多，因此导致干扰仿真的时间非常长。对于时间受限的全国性研究，代表 FS 链路和载波频率分布的链路地图已可以提供足够的信息来定义感兴趣的干扰场景。然后，可以使用更精细的网格在更局部的问题区域中计算受到的干扰电平。

17.5　实际应用场景

在许多实际场景中都需要用到星地混合系统和动态频谱共享技术。接下来，我们将回顾两个有潜力（可能）使用这些技术的场景，即自治船舶和 CBRS 系统。

17.5.1　自治船舶

自治和遥控船舶正在逐渐变成现实，例如，在芬兰，最近就为自治船舶和遥控船舶开放了一个开放的测试区域[65]。自治船舶和遥控船舶需要一个远程操作中心（ROC）和远程操作人员。这些操作员也可以被称为“虚拟船长”，他们能够同时操纵多艘船舶。一艘自治船舶应该能够监控自己的健康状况和环境，交流获得的信息，并在没有人类监督的情况下根据这些信息做出决策。然而，如果遇到难以解决或关键的决策，ROC 的“虚拟船长”将决定如何执行关键或困难的操作[66]。

自治船舶概念的关键使能组件是连通性。需要这样的连通通信是双向的、准确的和可扩展的，并且需要支持多个系统，即可以创建冗余并最小化风险。连通方案必须保证有足够的通信链路容量，以用于传感器监测和远程控制。因此为这样的船舶设计一种星地混合通信架构是自然而然的选择，而且在开放的测试区内，很快就会开始测试不同类型的适用于自治和遥控船舶的通信技术。

船上通信，例如，从监测船舶健康的传感器（发动机、推进系统、压载舱、货物的状态）、环境检测器和避免碰撞的传感器（光检测和测距（LiDAR）、雷达、光学相机）传递的通信信息部分可以通过无线来处理，部分可以通过有线来处理。无线处理部分可以通过诸如小小区和 WiFi 之类的短距离通信方案来实施。另一方面，在公海上的通信需要由诸如高频（HF）通信或卫星之类的远程技术来实施。在自治航运中遇到的一个特有挑战是，用于将传感器数据发送到 ROC 的上行链路可能需要每秒数兆比特（Mbit/s）的数据速率，而控制数据的下行链路（DL）仅需要每秒千比特（kbit/s）的数据速率即可[67]。而传统上，通信系统的上行链路所需的数据速率远小于下行链路的数据速率。

船对船和船对岸通信的高级体系结构如图 17.8 所示。该系统是一种混合架构，包括了卫星和地面组件。该体系结构的重要组成部分是连接管理器。连接管理器根据所需的 QoS 要求和链路的可用性来决定通过哪个路由发送哪些数据。连接应非常鲁棒健壮，以确保海上安全，以及在任何时间、世界上的任何地方都可以开展高效的货物运输活动。因此，应使用干扰管理和动态频谱共享技术来保证连接的连续性。为了保证可靠连续的连接，至少需要考虑以下几方面。

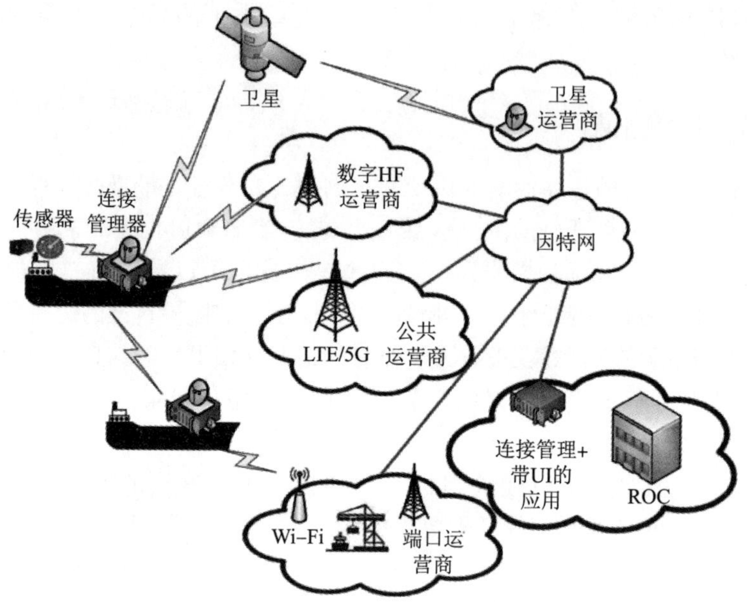

图 17.8　自治/远程控制船舶的高级通信架构

（1）安全性。传统上，船舶控制系统是封闭的。由于远程操作中心，它必须向外界开放。因此，需要使用 HF 链路或卫星链路的网络安全和冗余特性，以避免劫船者控制或阻塞该链路以达到使船舶控制系统不可用的目的。该系统应该能够使用认知（无线电）的原理检测出干扰信号并自动更改使用的频率。

（2）地理定位。这艘船不应该仅仅依靠卫星定位，因为它很容易被堵塞。最简单的机制有助于提高系统的抗干扰能力，如使用屏蔽 GPS 接收机的水平干扰。

（3）频谱共享。混合 5G 系统可能是一个单频网（SFN）系统，即卫星和地面部分使用相同的频率。无论是在船舶上使用的 SFN 还是多频网络，都必须开发智能的频率分配策略，以满足传输传感器和控制数据所需的 QoS 要求。

（4）增强的碰撞检测。大型船舶需要使用自动识别系统（AIS）并发送诸如唯一标识、位置、航向和速度之类的数据，以便其他船舶获得这些信息后，可以以避免碰撞的发生。雷达、光学相机和其他传感器可用于发现未使用 AIS

系统的较小船只。一个有趣的想法可能是还使用频谱感知来发现使用 AIS 系统的船舶周围的小船，例如，通过检测来自移动电话的信号等。

17.5.2 市民宽带无线电服务

在美国，频谱共享的主要方法是在 3550~3700MHz 频带中使用由 SAS 管理的 CBRS[16,17,43]。SAS 是一个三层模型。第一层是现有系统。第二层包括优先级访问用户，如移动网络运营商。这些优先级访问用户被分配给专用信道，这些信道受一般授权访问（GAA）用户的保护。GAA 层可以促进共享频谱的使用，多个用户可以使用一个给定的信道，因此无须干扰保护。可见各层之间的干扰保护需求是自上而下减少的。

SAS 概念的核心是数据库系统。现有用户可以提供其频谱使用的信息，例如工作持续时间和（或）诸如发射机身份、位置、天线高度、发射功率、干扰容限能力和保护轮廓线（边界线）之类的工作参数，这些信息都将被存储在数据库中[16-17]。SAS 可以使用数据库或数据库加感知的方法来识别可用的频谱机会。要求 CBRS 设备（CBSD），如 LTE 基站，必须由一个或多个授权 SAS 进行授权和协调后，才能接入可用频谱。SAS 会对现有用户即在沿海地区运行的国防部船载雷达和非联邦 FSS 地球站周围强制执行禁区和保护区限制。

为了保护 FSS 地球站，联邦通信委员会采用了一项规定，要求卫星运营商每年都要对其在用的地球站进行登记报备[68]。在船载雷达方面，SAS 使用拥有环境感知能力的设备的信息来确保 CBSD 的运行不会干扰到现有的系统，并促进多个 SAS 之间的信息交换。

图 17.9 描绘了芬兰的 CBRS/SAS 试验环境及其主要的组成部分。这些构件是由多个组织开发和管理，并且位于芬兰的不同地方，但可以远程管理试验环境，并允许在会议和活动中进行现场演示。在试航中，注意到由于当前尚未设计用于快速频率变化的商用硬件，因此从一个频段变到另一个频段（包括撤离使用当前频段）可能需要 3 分钟左右的时间。撤离使用当前频段和频率变更过程中各步骤的详细分析可以在参考文献［17］中找到。而且，此 CBRS 系统提供了在蜂窝和卫星用户之间以及蜂窝和雷达用户之间共享 5G 先锋频段 3.4~3.8GHz 频谱的方法。

最近的一篇研究论文提出了一种解决 MIMO 船载雷达和 MIMO 商业协调多点（CoMP）通信系统共存场景的预编码设计，该设计可适用于 LTE 演进（LTE-advanced）系统[69]。这项工作可能会为 5G 先锋频段 3.4~3.8GHz 中未来的频谱共享提供一些启示。假设在对现有信号进行更改的基础上，3.5GHz 频段的仿真结果显示了预编码设计对结果的明显改善情况。MIMO 雷达是一个

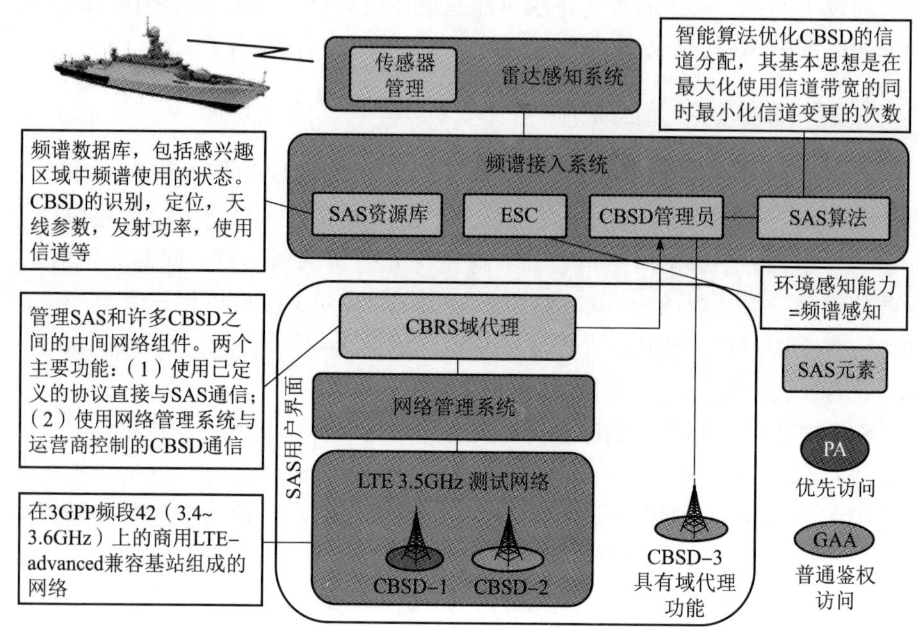

图 17.9　在芬兰已实施的 CBRS 系统架构[17]

新兴的研究领域，也可能是传统雷达系统的升级选项。与发射单波形缩放版本的标准相控阵雷达不同，MIMO 雷达可以允许发射机发射自由选择的多个探测信号[69]。与相控阵雷达相比，这使得 MIMO 雷达具有更大的自由度，从而使其能够以更好的性能跟踪更多的目标，同时还可以更好地消除杂波和干扰。

17.6　未来建议

17.6.1　频谱感知

本地小范围网络是 5G 及以上网络定义的特征之一。本地和室内网络就像是带有智能设备和传感器的微型和小型家庭基站，需要在网络内采用易于实现的、简单而不复杂的信道搜索方法[70]。因此，频谱感知显然是需要被继续开发和简化，以支持这种网络操作的一种方法。甚至在与卫星共享的频段中，也需要这种简化的信道搜索方法。而且，在将来，例如在军事应用中，可以预见将使用数据库和感知相结合的混合方法。这种混合系统的一个例子是本章中介绍的 CBRS 概念，但是还需要开展更多的工作来开发适合其他频段的频谱感知解决方案。

17.6.2 频谱数据库

除了讨论过的低于 4GHz 的 5G 先锋频段之外，未来的 5G 系统还将在毫米波 W 频段内运行，以实现更高的容量需求。一个例子是 24.25~27.5GHz 的先锋频段[31]，将用于包括蜂窝网络和卫星用户。诸如 CBRS 和 LSA 之类的 LSA 方法在毫米波 W 波段中的使用，也需要启用非常有前途的频谱数据库方法，该方法也获得了相关行业的支持。重要的是，针对有目标的系统，例如，在配备 5G 新无线电（New Radio）的小小区内进行禁区的相关研究，以了解集总干扰的影响并定义 FSS 地球站周围的保护距离。

17.6.3 波束赋形

波束赋形对于地面和卫星系统更高频率的覆盖都是至关重要的。根据参考文献［71］，通过将高维模拟预处理/后处理与低维的数字处理相结合的混合多天线收发机，是降低大规模 MIMO 系统相关的硬件成本和训练开销的最有前途的方法。由于混合波束赋形方法前景广阔，因此也应研究混合波束赋形在星地混合系统背景下的应用。例如，对于可以共享的 26GHz 而言，使用该频段的位置在地面 5G 系统中将拥有一个具有混合波束赋形的大型 MIMO 系统。

17.6.4 跳波束

经典的多波束卫星系统依赖于波束中半永久性的频率分配。为了避免干扰，每个波束都分配给了一大块频谱，分配给一个波束的频谱可以根据波束分配表在另一个波束中重复使用，但不能在相邻波束中重复使用。

在跳波束系统中，完整的频谱将分配给所有的波束，从而使所有的频率都能完全复用。通过给每个波束分配传输时隙，可以在时域和空域中实现不同波束的复用。跳波束模式是基于帧的，并且每小时可能会动态地改变几次。这种方法的好处是系统具有更好的频谱效率，并可以根据用户需求更灵活地调整系统的容量。将卫星假设为频谱的主要或次要用户（SU），然后研究跳波束卫星系统与地面系统之间的频谱共享是一个非常有前景的研究项目。

17.6.5 频率和功率分配

操作认知无线电（CR）的主要挑战是要考虑所有的可用信息，例如，设备位置、传感（感知）信息、法规、数据库信息等，并做出在任何给定时刻要在频谱中进行操作的位置以及在该频段中使用多少功率进行发射的决策。频率和功率分配方法是比使用复杂的多天线系统更简单、成本更低的方法，并且在任何频谱共享的场景中都应始终考虑使用频率和功率分配方法。由于不断增加的移动和自动驾驶需求，有必要在共享程式考虑到移动性。联合的移动性和频谱预测方法可以用于辅助基站选择、最小化切换数量，以及提高车辆连接万物（V2X）通信的质量中。

17.6.6 核心网络功能和网络切片

在5G中使用诸如SDN之类的技术需要将网络的控制平面和数据平面分开，因此同一控制平面可智能地管理多个RAT的使用。网络切片是另一个有趣的概念，可以在同一物理网络中满足不同应用程序的需求[72]。切片意味着以有效的方式对现有的物理网络资源进行分隔，例如，以不同的切片支持不同QoS要求的应用。切片的主要考虑的方面是资源分配和隔离。可以在不同层级，例如，频谱、基础设施和网络中实现网络切片。在频谱层级中，不同的应用程序在不同的频谱切片中运行。基础设施切片意味着对物理网络的一部分进行切片，例如，天线。而在端到端网络切片中，整个网络中可能存在用于不同业务的隔离比特管道。因此，建议在不久的将来，研究有关切片技术如何影响星地混合系统的实施和使用。

17.6.7 实施挑战

为了获得性能最佳效益，许多共享场景都假定运营商之间进行协作而不是竞争。即使这种情况正在慢慢发生，但是仍然存在诸多挑战，例如，卫星运营商和地面运营商之间的合作。此外，为了实现性能的提升，权衡使用更复杂的解决方案（例如，智能天线）所带来的成本显然是必须考虑的事情，而权衡的结果会影响到如何构建网络。对先进技术进行投资应该会带来性能提升，例如，通过吸引并能够支持更多的用户及其应用程序。

17.7 小结

当地面系统和卫星系统采用了使系统之间的干扰最小化的技术时，地面系统和卫星系统可以进行频谱共享。我们已经回顾了可以在这些场景中使用的应用方案和技术，并讨论了一些实际的用例。可以预见，即将到来的5G系统将是一种将卫星和地面部分无缝地组合在一起的混合系统。卫星组件将支持一些应用，包括空中服务、物资跟踪、快速部署的公共安全通信网络、自动驾驶和高数据速率广播服务。尽管存在包括卫星和地面组件的某些现有系统，例如，DVB-下一代手持设备（DVB-NGH），但在无缝集成的卫星地面网络实现之前，星地混合系统仍然还存在许多挑战。过去面临的主要障碍是向终端用户提供卫星服务的成本，但在频谱共享的情况下，出现干扰的可能性很高。诸如 SDN 和 NFV 之类的新技术的采用，以及需要取得许可的共享方法正在推动着频谱共享不断发展，并且在不久的将来，混合网络的使用以及在 6GHz 以下和毫米波频段都将采用混合星地系统来实现。

参考文献

[1] European Commission, 'Promoting the shared use of radio spectrum resources in the internal market,' Brussels, Belgium, September 2012.

[2] Höyhtyä M., Mämmelä A., Chen X., *et al.* 'Database-assisted spectrum sharing in satellite communications: A survey,' *IEEE Access*, 2017;5: 25322–25341.

[3] Maleki S., Chatzinotas S., Evans B., *et al.* 'Cognitive spectrum utilization in Ka band multibeam satellite communications,' *IEEE Communications Magazine*, 2015;**53**(3): 24–29.

[4] Vassaki S., Poulakis M. I., Panagopoulos A. D. 'Optimal iSINR-based power control for cognitive satellite terrestrial networks,' *Transactions of Emerging Telecommunications Technologies*, 2017;**28**(2): 1–10.

[5] Höyhtyä M., Kyröläinen J., Hulkkonen A., Ylitalo J., Roivainen A. 'Application of cognitive radio techniques to satellite communication,' in *Proceedings of Dynamic Spectrum Access Networks Conference*; Bellevue, WA, USA, October 2012, pp. 540–551.

[6] Sharma S. K., Chatzinotas S., Ottersten B. 'Satellite cognitive communications: Interference modelling and techniques selection,' in *Proceedings of Advanced Satellite Multimedia Systems Conference*; Baiona, Spain, September 2012, pp. 111–118.

[7] Höyhtyä M., Mämmelä A. 'Spectrum database for coexistence of terrestrial FS and FSS satellite system in the 17.7–19.7 GHz band,' in *Proceedings of 21st Ka and Broadband Communications Conference*; Bologna, Italy, October 2015.

[8] ECC Report 232, 'Compatibility between fixed satellite service uncoordinated receive earth stations and the fixed service in the band 17.7–19.7 GHz,' May 2015.

[9] Ylitalo J., Hulkkonen A., Höyhtyä M., *et al.* 'Hybrid satellite systems: Extending terrestrial networks using satellites,' in Chatzinotas S., Ottersten B., De Gaudenzi R. (eds.). *Cooperative and Cognitive Satellite Systems* (London, Elsevier Ltd, 2015), pp. 337–371.

[10] Yuan C., Lin M., Ouyang J., Bu Y. 'Beamforming schemes for hybrid satellite-terrestrial cooperative networks,' *International Journal of Electronics and Communications*, 2015;**69**(8): 1118–1125.

[11] ESA ASPIM project: Antennas and signal processing techniques for interference mitigation in next generation Ka band high throughput satellites. Contract/grant number: AO/1-7821/14/NL/FE; 2017.

[12] Arti M. K., Bhatnagar M. R. 'Beamforming and combining in hybrid satellite-terrestrial networks,' *IEEE Communication Letters*, 2014;**18**(3): 483–486.

[13] Chatzinotas S., Evans B., Guidotti A., *et al.* 'Cognitive approaches to enhance spectrum availability for satellite systems,' *International Journal of Satellite*

Communications and Networking, 2017;**35**(5): 407–442.

[14] Icolari V., Guidotti A., Tarchi D., Vanelli-Coralli A. 'An interference estimation technique for satellite cognitive radio systems,' in *Proceedings of International Conference on Communications*; London, UK, June 2015.

[15] Sharma S. K., Chatzinotas S., Ottersten B. 'Cognitive beamhopping for spectral coexistence of multibeam satellites,' *International Journal of Satellite Communications and Networking*, 2015;**33**(1): 69–91.

[16] Sohul M. M., Miao Y., Yang T., Reed J. H. 'Spectrum access system for the citizen broadband radio service,' *IEEE Communications Magazine*, 2015;**53**(7): 18–25.

[17] Palola M., Höyhtyä M., Aho P., *et al.* 'Field trial of the 3.5 GHz citizens broadband radio service governed by a spectrum access system (SAS),' in *Proceedings of Dynamic Spectrum Access Networks Conference*; Baltimore, MD, USA, March 2017.

[18] Kong L., Khan M. K., Wu F., Chen G., Zeng P. 'Millimeter-wave wireless communications for IoT-cloud supported autonomous vehicles: Overview, Design, and Challenges,' *IEEE Communications Magazine*, 2017;**55**(1): 62–68.

[19] Choi J., Va V., Gonzalez-Prelcic N., Daniels R., Bhat C. R., Heath R. W. 'Millimeter-wave vehicular communication to support massive automotive sensing,' *IEEE Communications Magazine*, 2016;**54**(12): 160–167.

[20] Rødseth Ø. J., Kvamstad B., Porathe T., Burmeister H.-C. 'Communication architecture for an unmanned merchant ship,' in *Proceedings of IEEE OCEANS Conference*; Bergen, Norway, June 2013.

[21] Charou E., Bratsolis E., Gyftakis S., Giannakopoulos T., Perantonis S. 'Use of Sentinel-1 data for maritime domain awareness: Preliminary results,' in *Proceedings of International Conference on Information, Intelligence, Systems and Applications*; Corfu, Greece, July 2017.

[22] De Selding P. B. 'European governments boost satcom spending,' *SpaceNews*. January 2016.

[23] 3GPP TR38.811 v0.2.1, 'Study on New Radio (NR) to support non terrestrial networks (Release 15),' November 2017.

[24] Suffriti R., Corazza G. E., Guidotti A., *et al.* 'Cognitive hybrid satellite-terrestrial systems,' in *Proceedings of the 4th International Conference on Cognitive Radio and Advanced Spectrum Management*; Barcelona, Spain, October 2011.

[25] Gozupek D., Bayhan S., Alagöz F. 'A novel handover protocol to prevent hidden node problem in satellite assisted cognitive radio networks,' in *Proceedings of the 3rd International Symposium on Wireless Pervasive Computing*; Santorini, Greece, May 2008.

[26] Kandeepan S., De Nardis L., Di Benedetto M.-G., Guidotti A., Corazza G. E. 'Cognitive satellite terrestrial radios,' in *Proceedings of the Global Communications Conference*; Miami, FL, USA, December 2010.

[27] Roivainen A., Ylitalo J., Kyröläinen J., Juntti M. 'Performance of terrestrial network with the presence of overlay satellite network,' in *Proceedings of the International Conference on Communications*; Budapest, Hungary, June 2013.

[28] Höyhtyä M. 'Sharing FSS satellite C band with secondary small cells and D2D communications,' in *Proceedings of the International Conference on Communications, CogRAN-Sat workshop*; London, UK, June 2015.

[29] Guidolin F., Nekovee M., Badia L., Zorzi M. 'A study on the coexistence of fixed satellite service and cellular networks in a mmWave scenario,' in *Pro-*

ceedings of International Conference of Communications; London, UK, June 2015.

[30] Lagunas E., Sharma S. K., Maleki S., Chatzinotas S., Ottersten B. 'Resource allocation for cognitive satellite communications with incumbent terrestrial networks,' *IEEE Transactions on Cognitive Communications and Networking*, 2015;**1**(3): 305–317.

[31] European Commission, Radio Spectrum Policy Group, 'Strategic roadmap towards 5G in Europe: Opinion on spectrum related aspects for next-generation wireless systems (5G),' November 2016.

[32] Artiga X., Vazquez M. A., Perez-Neira A., *et al.* 'Spectrum sharing in hybrid terrestrial-satellite backhaul networks in the Ka band,' in *Proceedings of the European Conference on Networks and Communications*; Oulu, Finland, June 2017.

[33] EU FP7, CoRaSAT project: Cognitive radio for satellite communications (CoRaSAT),' 2015. Available from: https://sites.google.com/a/ict-corasat.eu/corasat/home.

[34] Bayhan S., Gur G., Alagoz F. 'Satellite assisted spectrum agility concept,' in *Proceedings of Military Communications Conference*; Orlando, FL, USA, October 2007.

[35] NetWorld2020, 'The role of satellites in 5G,' white paper, version 5, July 2014. [Online]. Available: http://networld2020.eu/wp-content/uploads/2014/02/SatCom-in-5G_v5.pdf.

[36] EU H2020, 'Shared access terrestrial-satellite backhaul network enabled by smart antennas (SANSA)'. http://www.sansa-h2020.eu/.

[37] EU H2020, 'Virtualized hybrid satellite-terrestrial systems for resilient and flexible future networks (VITAL),' 2015–2017. http://www.ict-vital.eu.

[38] Ali M. *Load balancing in heterogeneous wireless communications networks: Optimized load aware vertical handovers in satellite-terrestrial hybrid networks incorporating IEEE 802.21 media independent handover and cognitive algorithms*, Ph. D. thesis, University of Bradford, 2014.

[39] Yücek T., Arslan H. 'A survey of spectrum sensing algorithms for cognitive radio applications,' *IEEE Communications Surveys & Tutorials*, 2009;**11**(1): 116–130.

[40] Jia M., Liu X., Yin Z., Guo Q., GU X. 'Joint cooperative spectrum sensing and spectrum opportunity for satellite cluster communication networks,' *Ad Hoc Networks*, 2017;**58**(4): 231–238.

[41] Höyhtyä M. 'Secondary terrestrial use of broadcasting satellite services below 3 GHz,' *International Journal of Wireless and Mobile Networking*, 2013;**5**(1): 1–14.

[42] Murty R., Chandra R., Moscibroda T., Bahl P. 'Senseless: A database-driven white spaces network,' *IEEE Transactions on Mobile Computing*, 2012;**11**(2): 189–203.

[43] Tehrani R. H., Vahid S., Triantafyllopolou D., Lee H., Moessner K. 'Licensed spectrum sharing schemes for mobile operators: A survey and outlook,' *IEEE Communications Surveys & Tutorials*, 2016;**18**(4): 2591–2623.

[44] ECC Report 254, 'Operational guidelines for spectrum sharing to support the implementation of the current ECC framework in the 3600–3800 MHz range,' November 2016.

[45] Vazquez M. A., Perez-Neira A., Christopoulos D., *et al.* 'Precoding in multibeam satellite communications: Present and future challenges,' *IEEE*

Wireless Communications, 2016;**23**(6): 88–95.

[46] Caretti M, Crozzoli M., Dell'Aera G. M., Orlando A. 'Cell splitting based on active antennas: Performance assessment for LTE system,' *Proceedings of the IEEE 13th Annual Wireless and Microwave Technology Conference*; Cocoa Beach, FL, USA, April 2012.

[47] Koppenborg J., Halbauer H., Saur S., Hoek C. '3D beamforming: Performance improvements in cellular networks,' *Bell Labs Technical Journal*, 2013;**18**(2): 37–56.

[48] Heikkilä M., Kippola T., Jämsä J., Nykänen A., Matinmikko M., Keskimaula J. 'Active antenna system for cognitive network enhancement,' in *Proceedings of 5th IEEE Conference on Cognitive Infocommunications*; Vietri sul Mare, Italy, November 2014.

[49] Marzetta T. L. 'Noncooperative cellular wireless with unlimited numbers of base station antennas,' *IEEE Transactions on Wireless Communications*, 2010;**9**(11): 3590–3600.

[50] Jungnickel V., Manolakis K., Zirwas W., *et al.* 'The role of small cells, coordinated multipoint, and massive MIMO in 5G,' *IEEE Communications Magazine*, 2014;**52**(5): 44–51.

[51] ESA ARTES 1 'Scenarios for integration of satellite components in future networks (INSTINCT),' 2014–2016. https://artes.esa.int/projects/instinct.

[52] 3GPP TS 23.251 v14.0.0, 'Network sharing; architecture and functional description, (Release 14),' March 2017.

[53] Mohamed A., Lopez-Benitez M., Evans B. 'Ka band satellite terrestrial co-existence: A statistical modelling approach,' in *20th Ka and Broadband Communications, Navigation and Earth Observation Conference*; October 2014, 8 p.

[54] ITU-R F.758-5, 'System parameters and considerations in the development of criteria for sharing or compatibility between digital fixed wireless systems in the fixed service and systems in other services and other sources of interference,' 2012.

[55] CoRaSat project, Deliverable D3.2, 'Performance evaluation of existing cognitive techniques in satellite context,' 2015.

[56] ITU-R P.452-15, 'Prediction procedure for the evaluation of interference between stations on the surface of the Earth at frequencies above about 0.1 GHz,' September 2013.

[57] ITU-R P.676-10, 'Attenuation by atmospheric gases,' 2013.

[58] ITU-R P.526-13, 'Propagation by diffraction,' 2013.

[59] VTT and Elektrobit, 'Note on FS/FSS interference – Ka-band,' 2012. [Online]. Available http://cept.org/Documents/fm-44/5764/INFO005_Note-on-FSFSS-interference-Ka-band.

[60] SRTM 90m Digital Elevation Data. Available from http://srtm.csi.cgiar.org/ as of February 2014; Jarvis A., Reuter H. I., Nelson A., Guevara E., 'Hole-filled seamless SRTM data V4,' International Centre for Tropical Agriculture (CIAT), 2008, available from http://srtm.csi.cgiar.org.

[61] ITU-R F.699-7, 'Reference radiation patterns for fixed wireless system antennas for use in coordination studies and interference assessment in the frequency band from 100 MHz to about 70 GHz,' 2006.

[62] ITU-R F.1336-4, 'Reference radiation patterns of omnidirectional, sectoral and other antennas for the fixed and mobile services for use in sharing studies in the frequency range from 400 MHz to about 70 GHz,' 2014.

[63] ITU-R F.1245-2, 'Mathematical model of average and related radiation patterns for line-of-sight point-to-point fixed wireless system antennas for use in certain coordination studies and interference assessment in the frequency range from 1 GHz to about 70 GHz,' 2012.

[64] ITU-R S.465-6, 'Reference radiation pattern for earth station antennas in the fixed-satellite service for use in coordination and interference assessment in the frequency band from 2 to 31 GHz,' 2010.

[65] World Maritime News, 'First test area for autonomous ships opened in Finland,' 15th August 2017. Available: http://worldmaritimenews.com/archives/227275/first-test-area-for-autonomous-ships-opened-in-finland/.

[66] Ahvenjarvi S. 'The human element and autonomous ships,' *International Journal on Marine Navigation and Safety of Sea Transportation*, 2016;**10**(3), 517–521.

[67] Höyhtyä M., Huusko J., Kiviranta M., Sohlberg K., Rokka J. 'Connectivity for autonomous ships: Architecture, use cases, and research challenges,' in *Proceedings of the 8th International Conference on ICT Convergence*; Jeju Island, Korea, October 2017.

[68] FCC GN Docket No. 12-354, 'Amendment of the Commission's rules with regard to commercial operations in the 3550–3650 MHz band,' May 2016.

[69] Mahal J. A., Khawar A., Abdelhadi A., Clancy T. C. 'Spectral coexistence of MIMO radar and MIMO cellular system,' *IEEE Transactions on Aerospace and Electronic systems*, 2017;**53**(2): 655–668.

[70] Vartiainen J., Höyhtyä M., Vuohtoniemi R., Ramani V. L. 'The future of spectrum sensing,' in *Proceedings of the 8th International Conference on Ubiquitous and Future Networks*; Vienna, Austria, July 2016.

[71] Molisch A. F., Ratnam V. V., Han S., Li Z., Nguyen S. L. H., Li L., Haneda K. 'Hybrid beamforming for massive MIMO: A survey,' *IEEE Communications Magazine*, 2017;**55**(9): 134–141.

[72] Richart M., Baliosian J., Serrat J., Gorricho J.-L. 'Resource slicing in virtual wireless network: A survey,' *IEEE Transactions on Network and Service Management*, 2016;**13**(3): 462–476.

第18章 双向卫星中继

阿尔蒂·M.K.

印度安贝德卡高级通信技术研究学院通信和电子系

卫星通信具有宽带传输、广覆盖和导航辅助等多种优势。由于具有这些优点，卫星通信系统一直备受关注。卫星可为数千平方公里的面积提供无处不在的宽带覆盖，因此卫星可为灾区和其他地方间提供可靠的宽带接入，这对灾区恢复非常有用。信号延迟是请求数据与响应接收间的延时，或者是单向通信时信号广播的实际时刻与目的地接收到信号的时刻间的延时。延迟时间的长短取决于传播距离和光速。在地面网络中，信号延迟可忽略不计，但在卫星通信中信号延迟却是个大问题。

卫星通信需要经历很长的延迟，这是由于信号需要传播很长的距离才能到达卫星轨道并再次返回地球，例如，地球静止轨道（GEO）卫星的离地距离为35786km。例如，GEO卫星通信网络的往返延迟几乎是基于地面链路网络的往返延迟的20倍。

本章将讨论双向卫星中继（TWSR）的三个主要方面：(1) 用于卫星通信系统的基于差分调制的TWSR；(2) 基于波束赋形和合并的TWSR系统；(3) 具有不完全信道状态信息（CSI）的TWSR。两路放大转发（AF）中继是中继辅助通信系统中众所周知的概念。在双向AF中继中，两个用户可以通过中继节点在两个正交的时隙/相位中交换信号。该通信方式分为两段。在第一个阶段或时间间隔中，中继同时被两个用户访问，此阶段也称为多路访问阶段。在下一个阶段或时间间隔中，中继会将在多址访问阶段收到的所有内容广播给两个用户。另一方面，如果两个用户希望通过单向中继来交换消息，则需要四个阶段或时间间隔。这样，双向中继就比相同情况下使用基于单向中继的双向通信所用时隙数少一半。双向中继的该属性非常适合用于两个地球站（ES）间具有显著延迟的双向卫星通信。然而，这两个 ES 需要知道与 TWSR 有关的所有链路的信道系数，这几乎是无法做到的。在卫星通信中，上行链路和下行链路是不可逆的，因此在 TWSR 中生成地面接收机中所有链路的信息并不容易。用于双向 AF 卫星通信的、基于差分调制的 TWSR 协议可能是一种可行的解决方案，从而避免了在目标接收机中使用 CSI 的要求。此外，为了避免由于差分调制引起的性能损失，本章还会阐述基于信道估计的 TWSR 技术。本章还将讨论用于 TWSR 系统的基于波束赋形和合并的不同方案，并在 TWSR 系统中通过基于天线的透明卫星中继交换基于多天线的两个 ES 间的数据。

18.1　背景

用户喜欢使用由卫星作为中继来提供通信服务的卫星通信。卫星通信正成为无线通信领域的一个重要热点。从实际角度出发，对信道传输特性、时延、掩蔽效应和信道模型的研究是开发和设计卫星移动通信系统工程的重要方面。卫星和移动信道的特性都是衰落、多径效应和多普勒频移等[1]。有许多信道模型可以表征卫星链路，例如，Loo 模型、Lutz 模型、Corazza 模型。最近，Abdi 等人提出了另一种重要的信道模型，即阴影莱斯（SR）模型。根据参考文献［1］中提出的 SR 模型，视距分量 $\bar{\boldsymbol{h}}$ 可以建模为独立同分布（i. i. d. ）Nakagami-m 随机变量（RV）；假设散射分量 $\bar{\boldsymbol{h}}$ 也为具有零均值和单位方差的 i. i. d. 复高斯随机变量。

卫星系统大致可分为两种：一种是弯管卫星，它与基于 AF 的协作通信系统相似；另一种是星上处理卫星，它与基于解码转发（DF）的卫星系统相似。弯管卫星在上行链路信道上从源 ES 接收信号，对其进行下变频后将其转发到目标 ES。弯管卫星因其体积小、重量轻和成本低而非常常用。星上处理卫星需要复杂的电路，因此，与透明卫星（弯管卫星）相比，其重量较重。简单的电路和计算的复杂度是卫星系统设计的两个主要因素。这些因素决定了功率需求，进而决定了卫星系统的重量和成本。在 DF 协议的降噪特性至关重要的情况下，星上处理卫星很有用，但是在大多数应用中都仍使用非再生/透明卫星系统，例如，广播、全球电话等。由于星上处理卫星[2] 非常有限，而且常用于很重要的领域。例如，军事、国防和紧急服务中。在本章中，我们将集中讨论 AF 中继。

载波叠加技术是卫星行业中使客户节省带宽成本的最新技术之一。它允许为全双工卫星链路分配与单个载波相同的转发器空间。这样，与传统的双工方法相比可以节省空间段[3-6]。

在地面中继辅助通信系统中[7]，双向 AF 中继是一个众所周知的概念。在该中继协议中，两个地面用户可以通过一个地面中继节点在两个正交的时隙/相位中交换其信号。有两个传输阶段—在第一阶段，两个用户同时将其数据传输到中继；在第二阶段，中继广播接收数据。可以很容易地观察到，如果两个用户通过单向中继交换数据，则需要四个时隙，而在双向中继中，仅需两个时隙。因此，双向中继所花费的时隙数是两个用户之间基于单向中继的双向通信所需要的时隙数的一半。由于延迟是卫星通信中的大问题，因此，双向中继的特性非常适合于卫星通信，这涉及两个 ES 间的双向通信中的显著延迟。在卫星通信中探索了双向中继的概念[8-11]。与地面双向中继类似，两个 ES 通过 TWSR 卫星进行通信。然而，在大多数现有的工作中[8-10]，通常的假设是每个 ES 都具有 CSI 的完整信息，这是由于终端需要使用它来消除自干扰和解码传输数据。由于双向中继使用的时隙比单向中继所需的时隙少（一半），因此，双向中继对于减少两个用户间的数据传输延迟很有用。双向中继的延迟减小特性适合用于减小卫星通信中的延迟。而且，双向中继的概念可以扩展到多路中继，即多个 ES 可以通过卫星节点相互通信从而进一步减少延迟。众所周知，为了检测发送的符号，在目的地 ES 处需要 CSI。在发送和接收 ES 端，诸如波束赋形和合并之类的其他技术也需要 CSI。在实际设置中，在不同的节点上获得完美的 CSI 不可行。因此，CSI 需要被估计出来。

18.2 双向卫星中继

信道估计、差分调制，以及波束赋形和合并是 TWSR 的主要挑战。在本章中，我们将重点介绍这些挑战。首先，我们讨论与信道估计有关的问题。不可逆性和高延迟值是卫星通信系统中的 ES CSI 估计面临的两个主要挑战。在卫星通信中，为上行链路和下行链路的传输分配了不同的频带。下行链路表示从卫星到 ES 的传输，而上行链路表示从 ES 到卫星的传输。因此，在卫星通信中的上行链路和下行链路信道之间不存在互易性。这导致了需要分别对上行链路和下行链路信道进行估计。这种场景与地面通信系统不同。在地面通信系统中，由于上行链路和下行链路信道之间的互易性，仅估计下行链路信道就足够了。然而，基于反向训练的 ES 上行链路信道估计是不可能的，由于差别巨大的链路预算要求和其他实际的限制，卫星系统无法在上行链路频率上进行发射[12]。通过使用差分调制可以避免进行信道估计。在差分调制中，借助先前符号来检测现在的符号。在检测器设计的许多工作中，可以假设通过训练或盲估计技术可靠地估计不同节点上的 CSI。但是，在许多情况下，尤其是在信道快速衰落的卫星通信系统中，对信道进行估计并不简单。参考文献［13-15］中已经表述了对差分或非相干调制技术绕过无线通信系统信道估计的需求。

卫星通信中的另一个大问题是：高延迟和由于卫星通信的低仰角和大气波动而导致的信道快速变化。这些问题可以通过使用 TWSR 解决。从前面的讨论可以看出，由于卫星通信涉及较大的往返延迟，因此很难在 ES 中生成上行链路信道的信息。可见在卫星链路中实际实现双向中继协议并不是一件容易的事。在参考文献［11］中，通过使用基于差分调制的 TWSR 绕过了 CSI 估计。不过这会导致严重的误差代价。如果执行信道估计，则借助于估计的信道增益、波束赋形和合并，可用于改善卫星通信系统中的误差性能。如图 18.1 所示，为具有两个 ES 和一个单天线卫星的双向协作系统（在信道估计和差分中继的情况下，使用单个天线，在波束赋形和合并时，使用多个天线）。两个 ES 都通过卫星参与双向通信，即它们希望通过卫星交换信号。为了实现两个 ES 之间的 TWSR 方案，我们假设两个 ES 都位于卫星的公共波束中。我们假定所有链路具有相同的块衰落持续时间，但它们的衰落方式可能不同。而且，假定两个 ES 在几何上相隔非常大的距离，因此，它们之间无法直接通信。我们假设两个 ES 和卫星之间都实现了完美同步。

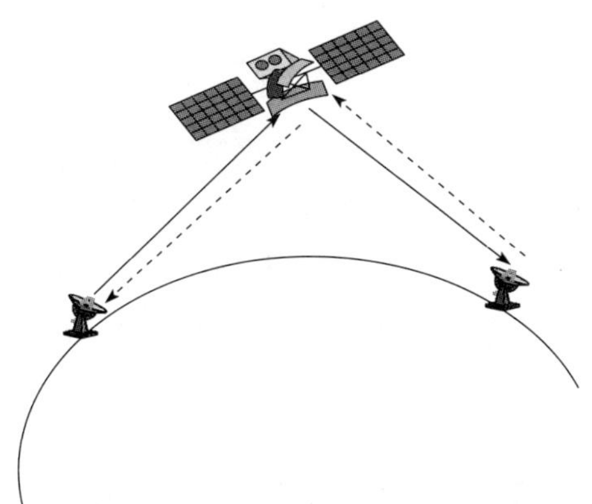

图 18.1　两个地球站之间的双向卫星中继

在双向中继中，数据传输可分为两个阶段。第一阶段，两个 ES 都将其数据发送到卫星。第二阶段，弯管型卫星以固定的转发器增益放大接收到的信号，然后广播到两个 ES。

卫星在第一阶段的接收信号为

$$y_s = \sum_{i=1}^{2} h_i s_i + w_s \tag{18.1}$$

式中：w_s 为卫星处均值为0，方差为 σ_s^2 的复数高斯加性高斯白噪声（AWGN）；s_i 为来自 M 元相移键控（M-PSK）星座图中 ES-i 的符号；h_i 为 ES-i 的上行链路信道系数。

卫星接收这些信号，通过卫星转发器增益 a 缩放接收信号的幅度，下变频，并将信号广播到两个 ES。因此，在 ES-i 处接收到的数据为

$$y_i = a g_i y_s + w_i \tag{18.2}$$

式中：w_i 为方差为 σ_i^2 的 AWGN 噪声。ES-i 的下行链路信道系数由 g_i 表示。

从式（18.1）和式（18.2），我们可以将在 ES-i 接收到的信号简化为

$$y_i = a g_i h_i s_i + a g_i h_j s_j + a g_i w_s + w_i \tag{18.3}$$

从式（18.3）可以看出，接收信号包含自干扰项 $a g_i h_i s_i$。在此项中，ES-i 具有 a 和 s_i（自身符号）的完备知识，但是并不知道它的上行链路和下行链路的信道系数 h_i 和 g_i。因此，ES 处的自干扰项仍是未知的。为了解码符号 s_j，需要去除该干扰项。为此，ES-i 需要 h_i 和 g_i 的完备信息。此外，在去除干扰项后，如果 ES-j 的上行链路信道（即 h_j）与 g_i 已知，则可以对 s_j 进行解码。在随后的部分中，我们还讨论了 ES 中估计这些信道增益所面临的挑战。

所有信道增益均被建模为 SR 衰落通道的概率分布函数（PDF），由参考文献［1］给出：

$$f_{|g_i|^2}(x) = \alpha_i e_1^{-\alpha\beta_i x} F_1(m_i;1;\delta_i x), \quad x>0 \tag{18.4}$$

式中：$i=0,1$，$\alpha_i = 0.5(2b_i m_i/(2b_i m_i + \Omega_i))^{m_i}/b_i$；$\beta_i = 0.5/b_i$，$\delta_i = 0.5\Omega_i/(2b_i^2 m_i + b_i \Omega_i)$，参数 Ω_i 为 LOS 分量的平均功率，$2b_i$ 为多径分量的平均功率，$0 \leqslant m_i \leqslant \infty$ 为 Nakagami 的参数，当 $m_i=0$ 和 $m_i=\infty$，h_i 的包络分别遵循瑞利分布和莱斯分布；${}_1F_1(a;b;z)$ 为合流超几何函数[16]。h_i 的 PDF 可以从式（18.4）中分别用 m_i，b_i，α_i，β_i，δ_i，Ω_i 代替 $\tilde{m}_i$、$\tilde{b}_i$、$\tilde{\alpha}_i$、$\tilde{\beta}_i$、$\tilde{\delta}_i$、$\tilde{\Omega}_i$ 来获得。

18.3 基于训练的双向卫星中继系统

在参考文献［17］中研究了地面双向中继网络的最佳信道估计和训练设计。参考文献［17］中提出的信道估计器要么需要强制搜索信道估计，要么需要上下行信道的二阶统计完备信息以及接收节点的噪声。在卫星通信中，上行链路和下行链路是不可逆的，因此，在 TWSR 中不容易生成地面接收机所有链路的统计信息。参考文献［18,19］中给出了用于地面双向通信系统的一些

其他技术。但是，由于链路的延迟和不可逆性，这些技术并不适合 TWSR。此外，现有的用于地面双向系统的正交训练 PAPR 的效率也不高。因此，它也不适用于 TWSR。

本节讨论 TWSR 系统的训练设计。我们首先讨论双向卫星系统中的符号检测和得出 ES-i 处 ES-j 发射符号的最大似然（ML）。基于此最佳检测器，我们提出了针对这些系统的训练设计。

首先将式（18.3）重写为

$$y_i = aG_i s_i + aG_{i,j} s_j + ag_i w_s + w_i \tag{18.5}$$

式中：$G_i = g_i h_i$ 和 $G_{i,j} = g_j h_j$ 分别为 ES-i 自身和协作链路的级联信道增益。从式（18.5）开始，可以通过最大化条件 PDF 来写出符号 s_j 的决策指标，如

$$\hat{s}_j = \underset{s_j}{\text{argmin}} \left| y_i - aG_i s_i - aG_{i,j} s_j \right|^2 \tag{18.6}$$

式（18.6）是在理想 CSI 假设下的 ML 检测器。然而，ES-i 尚不具备信道知识，ES-i 包含了 s_i（符号自身）和 a（卫星固定转发器增益）的完备信息，但没有 G_i 和 $G_{i,j}$ 的信息。因此，需要估计 G_i 和 $G_{i,j}$。

这些信道估计值用于代替式（18.6）中的精确 CSI，具有估计信道增益的决策指标可以写为

$$\hat{s}_j = \underset{s_j}{\text{argmin}} \left| y_i - a\hat{G}_i s_i - a\hat{G}_{i,j} s_j \right|^2 \tag{18.7}$$

式中：$\hat{G}_i$ 和 $\hat{G}_{i,j}$ 分别为 G_i 和 $G_{i,j}$ 的估计。

从上一节的讨论中可以明显看出，由于卫星链路的带宽非常大，因此可以假定卫星链路在足够多的符号传输上发生块衰落，尽管这些块衰落时间小于信号的往返传播延迟。由于两个 ES 都在卫星的公共波束中，因此几乎会同时衰减的假设近似得到了满足。

让我们假设两个 ES 都有要通过双向中继卫星进行交换的符号帧。每帧长度等于卫星链路的块衰落长度。两个 ES 的数据帧如图 18.2 所示。从图 18.2 可以看出，在每个帧的开始，我们分别在 ES-i 和 ES-j 的数据帧中嵌入 L，$L \in$ Z、训练符号 p_k 和 q_k，其中 $k = 1, 2, \cdots, L$。在图 18.7 中，$s_i^{(n)}$ 和 $s_j^{(n)}$ 分别表示在持续时间为 $L+N$ 个符号传输时间间隔帧的第 n 个符号（$n = 1, 2, \cdots, N$）的时间间隔中有 ES-i 和 ES-j 发射的符号。

通过使用式（18.5）可将在训练期间（$k = 1, \cdots, L$）ES-i 中接收到的信号写为

$$z_i^{(k)} = aG_i p_k + aG_{i,j} q_k + ag_i w_s + w_i \tag{18.8}$$

此外，从式（18.5）可得出在数据传输阶段（$n = 1, 2, \cdots, N$）接收的信号为

$$y_i^{(n)} = aG_i s_i^{(n)} + aG_{i,j} s_j^{(n)} + ag_i w_s^{(n)} + w_i^{(n)} \tag{18.9}$$

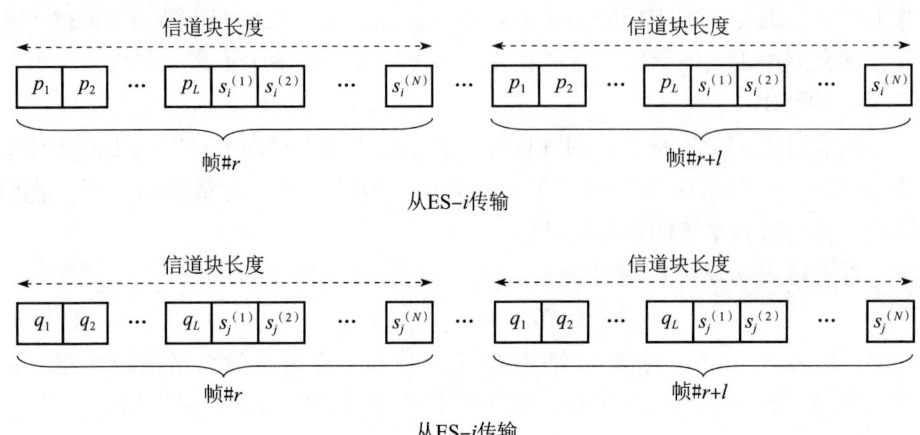

图 18.2 双向卫星中继，两个 ES 的训练和数据符号的传输

式中：$w_s^{(n)}$ 和 $w_i^{(n)}$ 分别为方差为 σ_s^2 和 σ_i^2 的 AWGN。ES-i 中 $s_j^{(n)}$ 的 ML 检测器可以通过使用式（18.7）得出

$$\hat{s}_j^{(n)}=\underset{s_j^{(n)}}{\operatorname{argmin}}\,|\,y_i^{(n)}-a\hat{G}_i s_i^{(n)}-a\hat{G}_{i,j}s_j^{(n)}\,|^2 \tag{18.10}$$

我们可以通过以列向量的形式将训练期间（式（18.8）中给出的）ES-i 处的所有接收信号放在一起来编写矩阵关系

$$\boldsymbol{z}_i=aG_i\boldsymbol{p}+aG_{i,j}\boldsymbol{q}+ag_i\boldsymbol{w}_s+\boldsymbol{w}_i \tag{18.11}$$

在式（18.11）中，$\boldsymbol{z}_i=[z_i^{(1)},z_i^{(2)},\cdots,z_i^{(L)}]^{\mathrm{T}}$，$\boldsymbol{p}=[p_1,p_2,\cdots,p_L]^{\mathrm{T}}$，$\boldsymbol{q}=[q_1,q_2,\cdots,q_L]^{\mathrm{T}}$ 为 Lx1 列向量（此处（.）^{T} 表示转置），$\boldsymbol{w}_s$ 和 $\boldsymbol{w}_i$ 包含 AWGN 元素。令 $\boldsymbol{v}_i\in\mathbb{C}^{L\times1}$ 为合并向量，用于在接收机中处理接收信号 $\boldsymbol{z}_i$。将 $\boldsymbol{z}_i$ 左乘以 $\boldsymbol{v}_i^{\mathrm{H}}$ 后（(.)^{H} 代表共轭)，得到

$$\boldsymbol{v}_i^{\mathrm{H}}\boldsymbol{z}_i=aG_i\boldsymbol{v}_i^{\mathrm{H}}\boldsymbol{p}+aG_{i,j}\boldsymbol{v}_i^{\mathrm{H}}\boldsymbol{q}+ag_i\boldsymbol{v}_i^{\mathrm{H}}\boldsymbol{w}_s+\boldsymbol{v}_i^{\mathrm{H}}\boldsymbol{w}_i \tag{18.12}$$

为了从式（18.12）中去除 $G_{i,j}$ 的贡献，我们应该选择使得 $\boldsymbol{v}_i^{\mathrm{H}}\boldsymbol{q}=0$ 和 $\boldsymbol{v}_i^{\mathrm{H}}\boldsymbol{p}\neq0$ 的 $\boldsymbol{v}_i$。类似地，从式（18.12）中去除 G_i 的贡献，我们应该选具有 $\boldsymbol{v}_i^{\mathrm{H}}\boldsymbol{q}\neq0$ 和 $\boldsymbol{v}_i^{\mathrm{H}}\boldsymbol{p}=0$ 的 $\boldsymbol{v}_i$。如果 $\boldsymbol{p}$ 和 $\boldsymbol{q}$ 是正交向量，则 $\boldsymbol{p}^{\mathrm{H}}\boldsymbol{q}=\boldsymbol{q}^{\mathrm{H}}\boldsymbol{p}=0$。此属性允许使用 $\boldsymbol{v}_i=\boldsymbol{p}$ 和 $\boldsymbol{v}_i=\boldsymbol{q}$ 来消除式（18.12）中 $G_{i,j}$ 和 G_i 的贡献。假设 $\boldsymbol{p}$ 和 $\boldsymbol{q}$ 彼此正交，让我们将 $\boldsymbol{v}_i=\boldsymbol{p}$ 放入式（18.12）可得

$$\boldsymbol{p}^{\mathrm{H}}\boldsymbol{z}_i=aG_i\boldsymbol{p}^{\mathrm{H}}\boldsymbol{p}+aG_{i,j}\boldsymbol{p}^{\mathrm{H}}\boldsymbol{q}+ag_i\boldsymbol{p}^{\mathrm{H}}\boldsymbol{w}_s+\boldsymbol{p}^{\mathrm{H}}\boldsymbol{w}_i \tag{18.13}$$

式（18.13）可以重写为

$$z_i'=aPG_i+ag_iw_s'+w_i' \tag{18.14}$$

式中：$z_i'=\boldsymbol{p}^{\mathrm{H}}\boldsymbol{z}_i$，$w_s'=\boldsymbol{p}^{\mathrm{H}}\boldsymbol{w}_s$，$w_i'=\boldsymbol{p}^{\mathrm{H}}\boldsymbol{w}_i$ 和 $P=\boldsymbol{p}^{\mathrm{H}}\boldsymbol{p}$。从式（18.14），我们得到 G_i

的 ML 估计为

$$\hat{G}_i = \frac{z_i'}{aP} \tag{18.15}$$

现在将 $\boldsymbol{v}_i = \boldsymbol{q}$ 放入式（18.12）后，我们得到

$$z_i'' = aQG_{i,j} + ag_i w_s'' + w_i'' \tag{18.16}$$

式中：$z_i'' = \boldsymbol{q}^{\mathrm{H}}\boldsymbol{z}_i$，$w_s'' = \boldsymbol{q}^{\mathrm{H}}\boldsymbol{w}_s$，$w_i'' = \boldsymbol{q}^{\mathrm{H}}\boldsymbol{w}_i$ 和 $Q = \boldsymbol{q}^{\mathrm{H}}\boldsymbol{q}$。从式（18.14）可以得出 $G_{i,j}$ 的 ML 估计为

$$\hat{G}_{i,j} = \frac{z_i''}{aQ} \tag{18.17}$$

信道估计中的均方误差为

$$\begin{aligned} \sum G_i &= E\{(\hat{G}_i - G_i)(\hat{G}_i - G_i)^*\} \\ \sum G_{i,j} &= E\{(\hat{G}_{i,j} - G_{i,j})(\hat{G}_{i,j} - G_{i,j})^*\} \end{aligned} \tag{18.18}$$

式中：$E\{\cdot\}$ 表示在 AWGN 上的期望。通过一些代数计算，可以很容易地从式（18.13）~式（18.18）得出

$$\begin{aligned} \sum G_i &= \frac{(a^2 |g_i|^2 \sigma_s^2 + \sigma_i^2)}{a^2 \boldsymbol{p}^{\mathrm{H}} \boldsymbol{p}} \\ \sum G_{i,j} &= \frac{(a^2 |g_i|^2 \sigma_s^2 + \sigma_i^2)}{a^2 q^{\mathrm{H}} q} \end{aligned} \tag{18.19}$$

让我们通过 $\boldsymbol{p}^{\mathrm{H}}\boldsymbol{p} \leqslant \mathrm{S}$ 和 $\boldsymbol{q}^{\mathrm{H}}\boldsymbol{q} \leqslant \mathrm{S}$ 来约束训练的功率。功率放大器的效率是卫星通信中的重要因素。如果峰均功率比（PAPR）很小，则功率放大器会高效地工作。例如，可以通过避免在不同时间处的零传输，来减小传输信号的 PAPR。类似地，如果训练符号的功率是恒定的，则 PAPR 将是最小的。经过观察，我们得出了以下优化问题：

$$\begin{aligned} &\text{使} \sum G_i, \sum G_{i,j}, \text{PAPR 最小} \\ &\text{则 } \boldsymbol{p}^{\mathrm{H}}\boldsymbol{p} \leqslant \mathrm{S} \text{ 和 } \boldsymbol{q}^{\mathrm{H}}\boldsymbol{q} \leqslant \mathrm{S} \\ &\boldsymbol{p}^{\mathrm{H}}\boldsymbol{p} = \boldsymbol{q}^{\mathrm{H}}\boldsymbol{q} = 0 \end{aligned} \tag{18.20}$$

请注意从式（18.19）可以看出，要使 $\sum G_i$，$\sum G_{i,j}$ 最小则有 $\boldsymbol{p}^{\mathrm{H}}\boldsymbol{p} = \boldsymbol{q}^{\mathrm{H}}\boldsymbol{q} = \mathrm{S}$。因此，让我们仅在约束中保持相等，然后可以将式（18.20）的优化问题重写为

$$\begin{aligned} &\text{使 PAPR 最小} \\ &\text{则 } \boldsymbol{p}^{\mathrm{H}}\boldsymbol{p} = \mathrm{S} \text{ 和 } \boldsymbol{q}^{\mathrm{H}}\boldsymbol{q} = \mathrm{S} \\ &\boldsymbol{p}^{\mathrm{H}}\boldsymbol{p} = \boldsymbol{q}^{\mathrm{H}}\boldsymbol{q} = 0 \end{aligned} \tag{18.21}$$

式（18.21）的优化问题有（可能是无限的）许多解。式（18.21）最优

化问题的几种可行解是

$$\boldsymbol{p}=\sqrt{\frac{S}{L}}[1,-1,1,-1,\cdots]^{\mathrm{T}},\boldsymbol{q}=\sqrt{\frac{S}{L}}[1,1,1,1,\cdots]^{\mathrm{T}}$$

或

$$\boldsymbol{p}=\sqrt{\frac{S}{L}}[1,1,1,1,\cdots]^{\mathrm{T}},\boldsymbol{q}=\sqrt{\frac{S}{L}}[1,-1,1,-1,\cdots]^{\mathrm{T}}$$

或

$$\boldsymbol{p}=\sqrt{\frac{S}{2L}}[1+j,-1-j,1+j,-1-j,\cdots]^{\mathrm{T}},\quad(18.22)$$

$$\boldsymbol{q}=\sqrt{\frac{S}{2L}}[1+j,1+j,1+j,1+j,\cdots]^{\mathrm{T}}$$

或

$$\boldsymbol{p}=\sqrt{\frac{S}{2L}}[1+j,1+j,1+j,1+j,\cdots]^{\mathrm{T}},$$

$$\boldsymbol{q}=\sqrt{\frac{S}{2L}}[1+j,-1-j,1+j,-1-j,\cdots]^{\mathrm{T}}$$

从式（18.22）可以看出，所有训练序列的 PAPR 为 1，这是 PAPR 的最小值。通常，考虑的 TWSR 系统的 MSE 和 PAPR 最佳训练序列由下式给出：

$$\begin{aligned}\boldsymbol{p}&=\sqrt{\frac{S}{(u^2+v^2)L}}[u+jv,-u-jv,u+jv,-u-jv,\cdots]^{\mathrm{T}}\\\boldsymbol{q}&=\sqrt{\frac{S}{(u^2+v^2)L}}[u+jv,u+jv,u+jv,u+jv,\cdots]^{\mathrm{T}}\end{aligned}\quad(18.23)$$

式中：u 和 v 为任意实数。

18.3.1 平均误码率

让我们假设 ES 使用格雷码对属于 M-PSK 星座符号中的 $\log_2 M$ 比特进行编码。在参考文献［20］中，通过使用信号空间概念，可以通过使用独立的二进制硬判决来对 M-PSK 符号的比特映射格雷码进行解码。因此，对于 M-PSK 星座，ES-i 处的瞬时误码率（BER）为

$$\mathrm{Pe}_i(\gamma_i)=\xi_M\sum_{k=1}^{\eta M}Q(\sqrt{g_k\gamma_i})\quad(18.24)$$

式中：$Q(\cdot)$ 表示 q 函数；$\xi_M=2/\max(\log_2 M,2)$，$\eta_M=\max(M/4,1)$，$g_k=2\sin^2((2k-1)\pi/M)$ 为特定调制参数。

经过多次代数变换后，得出的平均 BER 为

$$\begin{aligned}\mathrm{Pe}_i(\bar{\gamma}) \cong \xi_M \sum_{k=1}^{\eta M} \sum_{l=1}^{3} \frac{B_l \alpha_i \tilde{\alpha}_j}{(\tilde{\beta}_j - \tilde{\delta}_j)^{\tilde{d}_j}} \sum_{l_j=0}^{\tilde{c}_j} \binom{\tilde{c}_j}{l_j} \tilde{\beta}_j^{\tilde{c}_j - l_j} \sum_{l_i=0}^{c_i} \binom{c_i}{l_i} \times \\ \beta_i^{c_i - l_i} \left(\frac{g_k A_l \bar{\gamma}}{\left(1 + \left(\frac{2E_s}{a^2 S}\right)\right)} \right)^{l_j} (\mathcal{D}(l_i, d_i, l_j, \tilde{d}_j, \kappa_{j,k}) + \epsilon_i \beta_i \times \\ \mathcal{D}(l_i, d_i + 1, l_j, \tilde{d}_j, \kappa_{j,k}) + \frac{\tilde{\epsilon}_j \tilde{\delta}_j}{\tilde{\beta}_j - \tilde{\delta}_j} \mathcal{D}(l_i, d_i, l_j, \tilde{d}_j + 1, \kappa_{j,k}) + \\ \frac{\epsilon_i \delta_i \tilde{\epsilon}_j \tilde{\delta}_j}{\tilde{\beta}_j - \tilde{\delta}_j} \mathcal{D}(l_i, d_i + 1, l_j, \tilde{d}_j + 1, \kappa_{j,k}))\end{aligned} \tag{18.25}$$

式中：

$$\begin{aligned}\mathcal{D}(l_i, d_i, l_j, \tilde{d}_j, \kappa_{j,k}) = \sum_{m=0}^{\tilde{d}_j - l_j} \binom{\tilde{d}_j - l_j}{m} \frac{\kappa_{j,k}^{-(l_j + m + d_i - l_i)}}{\Gamma(d_i)\Gamma(\tilde{d}_j) c^{l_j + m}} \times \\ G_{23}^{22}\left(\frac{\beta_i - \delta_i}{\kappa_{j,k}} \middle| \begin{matrix} 1 - d_i, 1 - (l_i + m + d_i - l_i) \\ 0, \tilde{d}_j - l_j - m - d_i + l_i, 1 - d_i + l_i \end{matrix} \right)\end{aligned} \tag{18.26}$$

$$\kappa_{j,k} = \frac{g_k A_l \bar{\gamma} + \left(1 + \frac{2E_s}{a^2 S}\right)(\tilde{\beta}_j - \tilde{\delta}_j)}{\left(1 + \frac{2E_s}{a^2 S}\right)(\tilde{\beta}_j - \tilde{\delta}_j) c} \tag{18.27}$$

$G_{p,q}^{m,n}(. \mid \begin{matrix} \cdots \\ \cdots \end{matrix})$ 为 Meijer-G 函数（见参考文献［16］的式（9.301））。详细的推导见参考文献［21］。

18.3.2　遍历容量

遍历容量，即 ES-i 的 TWSR 方案的平均容量，可以通过将参考文献［22］的式（10）中代入 $p=2$ 和 $q=1$ 写为 MGF 的表示

$$C_i = \frac{B}{\ln 2} \sum_{n=1}^{N} v_n U_1(s_n) \left\{ \frac{\delta}{\delta S} M_{\gamma_i(s)} \mid_{s \to s_n} \right\} \tag{18.28}$$

式中：B 为带宽；$M_{\gamma_i}(s) = E\{e^{-s\gamma_i}\}$ 为 ES-i 的接收信噪比（SNR）的 MGF，即 γ_i

$$s_n = \tan\left(\frac{\pi}{4} \cos\left(\frac{2n-1}{2N} \pi \right) + \frac{\pi}{4} \right) \tag{18.29}$$

$$v_n = \frac{\cos\left(\frac{2n-1}{2N}\pi + \frac{\pi}{4}\right)}{4N\cos^2\left(\frac{\pi}{4}\cos\left(\left(\frac{2n-1}{2N}\pi\right) + \frac{\pi}{4}\right)\right)} \tag{18.30}$$

$$U_1(s_n) = -H_{3,2}^{1,2}\left(\frac{1}{s_n}\middle| \begin{matrix}(1,1),(1,1),(1,1)\\ (1,1),(0,1)\end{matrix}\right) \tag{18.31}$$

式中：$H_{3,2}^{1,2}[\cdot]$ 为福克斯的 H 函数和 N 是正整数。我们可以用 Meijer-G 函数的形式来表示 $U_1(s_n)$

$$U_1(s_n) = -G_{2,1}^{0,2}\left(\frac{1}{s_n}\middle| \begin{matrix}1,1\\ 0\end{matrix}\right) \tag{18.32}$$

经过多次代数，我们得到了 γ_i 的 MGF

$$\begin{aligned} M_{\gamma_i} \cong & \frac{\alpha_i \tilde{\alpha}_j}{(\tilde{\beta}_j - \tilde{\delta}_j)^{\tilde{d}_j}} \sum_{l_j=0}^{\tilde{c}_j} \binom{\tilde{c}_j}{l_j} \tilde{\beta}_j^{\tilde{c}_j - l_j} \sum_{l_i=0}^{c_i} \binom{c_i}{l_i} \beta_i^{c_i - l_i} \times \\ & \left(\frac{s\bar{\gamma}}{\left(1+\left(\frac{2E_s}{a^2 S}\right)\right)}\right)^{l_j} (\mathcal{J}(l_i, d_i, l_j, \tilde{d}_j, \vartheta_{j,k}) + \epsilon_i \delta_i \times \\ & \mathcal{J}(l_i, d_i+1, l_j, \tilde{d}_j, \vartheta_{j,k}) + \frac{\tilde{\epsilon}_j \tilde{\delta}_j}{\tilde{\beta}_j - \tilde{\delta}_j} \mathcal{J}(l_i, d_i, l_j, \tilde{d}_j+1, \kappa_{j,k}) - \\ & \frac{\epsilon_i \delta_i \tilde{\epsilon}_j \tilde{\delta}_j}{\tilde{\beta}_j - \tilde{\delta}_j} \mathcal{J}(l_i, d_i+1, l_j, \tilde{d}_j+1, \vartheta_{j,k})) \end{aligned} \tag{18.33}$$

式中：

$$\begin{aligned} \mathcal{J}(l_i, d_i, l_j, \tilde{d}_j, \vartheta_{j,k}) = & \sum_{m=0}^{\tilde{d}_j - l_j} \binom{\tilde{d}_j - l_j}{m} \frac{\vartheta_{j,k}^{-(l_j+m+d_i-l_i)}}{\Gamma(d_i)\Gamma(\tilde{d}_j) c^{l_j+m}} \times \\ & G_{23}^{22}\left(\frac{\beta_i - \delta_i}{\vartheta_{j,k}}\middle| \begin{matrix}1-d_i, 1-(l_i+m+d_i-l_i)\\ 0, \tilde{d}_j - l_j - m - d_i + l_i, 1-d_i+l_i\end{matrix}\right) \end{aligned} \tag{18.34}$$

$$\vartheta_{j,k} = \frac{s\bar{\gamma} + \left(1+\frac{2E_s}{a^2 S}\right)(\tilde{\beta}_j - \tilde{\delta}_j)}{\left(1+\frac{2E_s}{a^2 S}\right)(\tilde{\beta}_j - \tilde{\delta}_j) c} \tag{18.35}$$

通过使用式（18.28）可计算出基于训练的 TWSR 系统的容量和 MGF 的一阶导数。

18.3.3　数值解及其讨论

为了进行仿真和分析，考虑使用具有单天线的 ES 和卫星节点的 TWSR 系统，及具有单位增益的弯管转发器。假定所有链路都是 SR 衰落 LMS 链路。数值结果考虑了三种 SR 衰落场景：（1）频繁阴影（FHS）($b_i = 0.063$，$m_i = 0.739$，$\Omega_i = 8.97 \times 10^{-4}$)；（2）平均阴影（AS）($b_i = 0.126$，$m_i = 10.1$，$\Omega_i = 0.835$)；（3）罕见出现的阴影（ILS）中 ($b_i = 0.158$，$m_i = 19.4$，$\Omega_i = 1.29$)。所有这些衰落场景均在参考文献［1］中列出。最严重的阴影形式，是由于大雪、雨水或暴风雨造成的，卫星传输几乎会被遮挡。

在这种场景下，ILS SR 衰落的阴影很轻且卫星链路性能佳。如果 g_i 和 h_j 分别经历 AS 和 FHS，则 TWSR 系统的合并衰落场景将命名为 AS/FHS。

图 18.3 中显示了针对正交相移键控（QPSK）的星座图和 FHS/FHS、FHS/AS、FHS/ILS、AS/AS、AS/ILS 和 ILS/ILS 衰落场景，仿真和分析出的 TWSR 系统的 BER 与 SNR 间的性能。训练序列的长度保持为 $L=2$，以进行仿真和分析。我们使用单位范数 QPSK 星座图，使得 $E_s=1$。假定用于训练的总功率为 $S=E_sL=L$。另外，我们假定 $\sigma_s^2=\sigma_i^2=\sigma^2$ 并且 $\sigma^2=1/\text{SNR}$。SNR 显示在所有图的 x 轴上。仿真中，我们在每个帧的开头发送以下跟踪序列：$\boldsymbol{p}=[1,1]^{\mathrm{T}}$（来自 ES-1）和 $\boldsymbol{q}=[1,-1]^{\mathrm{T}}$（来自 ES-2）。假设 SR 衰落信道的 h_i，g_j 和 h_j 在 20 个符号传输周期的数据块中一起衰落。图中显示了 ES-1 的 BER 性能。

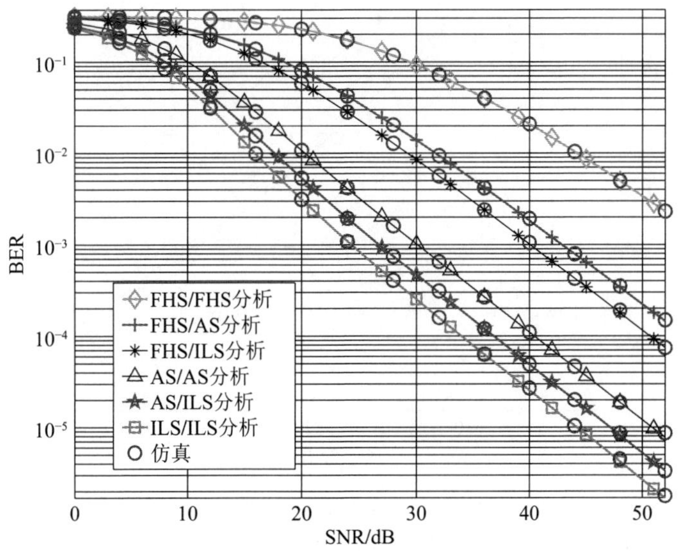

图 18.3　在不同衰落场景下，$L=2$ 时 TWSR 方案的 BER 与 SNR 间的性能

使用式（18.25）可获得 BER 值的闭合形式解析解。对于所有考虑的衰落场景和 SNR 值，从图中可以明显看出仿真的 BER 和解出的 BER 可紧密匹配。可见在图中考虑的所有 SNR 值下，所提的 BER 非常准确地预测了基于训练的 TWSR 系统的误差性能。因此，为了详细探究 TWSR 系统的特性，我们可以使用提出的 BER 解析解。

在图 18.4 中，针对 QPSK 星座图绘制了所考虑的 TWSR 方案在 ES-1 处的解析 BER，在不同的训练长度 $L=2,4,6,8,10$ 和 ILS/IFHS、AS/AS 和 ILS/ILS 衰落场景下。图中还显示了具有理想 CSI（$L=\infty$）的 ES-1 的 BER 性能。然而，这只是理论上的场景，几乎不适合实际情况。实际上，为了进行有用的数据传输，我们尽可能最小化训练序列用来节省带宽。如图 18.4 所示，$L=10$ 时可提供非常接近完美 CSI 的信道估计。从图中可以看出，基于训练的 TWSR 方案在所有考虑的衰落场景和所有 SNR 值下都非常接近理想的 TWSR 方案（具有理想的 CSI）。即使对于最小的训练长度（即 $L=2$），与如图所示的基于 CSI 的完美 TWSR 方案相比，它也仅损失 3dB 的 SNR 增益。从图中可以看出，$L=4$ 的 SNR 损耗降低至 1.75dB，而 $L=2$ 的 SNR 损耗为 3dB。仅使用六个训练符号（$L=6$）就可以将 SNR 损耗进一步降低至 1.2dB。此外，该方案在训练符

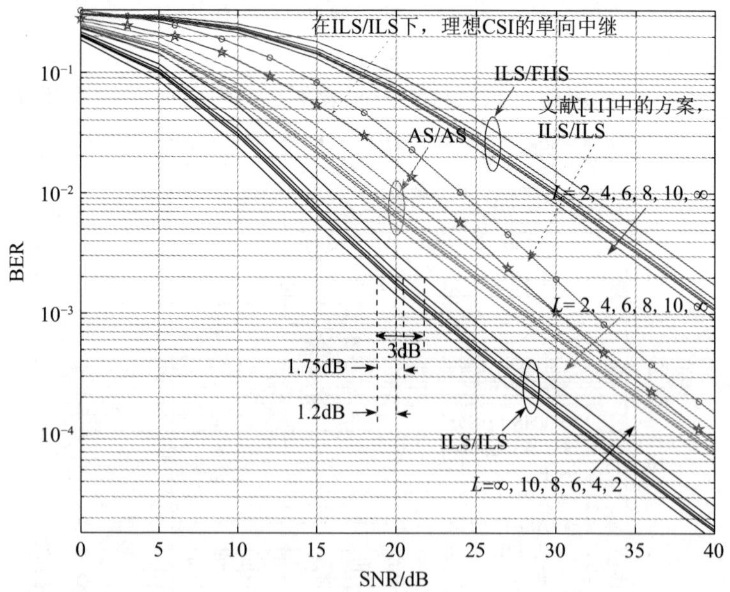

图 18.4 在不同衰落场景下，$L=2,4,6,8,10,\infty$ 时，现有 QPSK 星座差分 TWSR 方案[11]、具有 16-PSK 星座的单向卫星中继方案、具有 QPSK 星座的 TWSR 系统的 BER 与 SNR 间的性能（$L=\infty$ 表示 ES-1 中的理想 CSI）

号为 $L=8$ 和 $L=10$ 的情况下更接近理想的 TWSR 方案。从卫星链路的大带宽来看，长度为 $L=10$ 的训练序列非常实惠。但是，即使 $L=6$ 也是用于所有衰落场景的一个很好的折中方案。此外，在 ILS/ILS 阴影环境下，使用 16-PSK 星座图和理想 CSI 的单向卫星中继方案的误码 BER 性能也在图 18.4 中给出。从图中可以看出，基于训练的 TWSR 方案明显优于采用理想 CSI 的普通单向中继方案。

FHS/FHS 衰落场景的平均容量与 SNR 的关系图如图 18.5 所示。假定卫星的传输带宽为 36MHz，该带宽位于 L、C、Ku 和 Ka 频段的指定带宽内。图中还显示了 TWSR 平均容量的仿真值。此外，由于训练效果差，即 L 的值太小，TWSR 方案的容量受到了严重影响。例如，图中显示在 SNR 为 11dB 的情况下，与 ES 上利用理想 CSI 的情况相比，$L=2$ 时的方案会损失大约 46% 的容量。而且，从图中可以看出，基于训练的 TWSR 方案能实现非常大的容量值，即在 FHS/FHS 衰落场景下（最坏情况）当训练长度 $L=10$、SNR = 12dB 时，容量为 7.4Mbps。

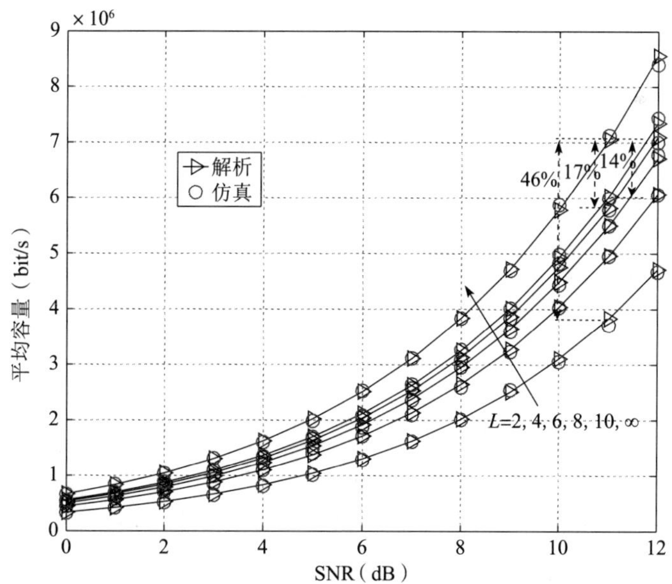

图 18.5 FHS/FHS 场景下，$L=2$, 4, 6, 8, 10, ∞ 的 TWSR 系统的平均容量（bit/s）与 SNR 间的性能（$L=\infty$ 表示 ES 的理想 CSI）

得出了 BER 的有用封闭式解析式和基于训练的 TWSR 方案的平均容量。通过匹配仿真和分析值，我们已经证明这些表达式非常准确。推出的 BER 和容量表达式已用于探索有关该方案的一些有用结果。对于训练长度为 $L=8$ 和

$L=10$ 的情况，已经发现考虑的方案与基于理想 CSI 的 TWSR 系统非常接近（从 BER 和容量角度看）。

18.4 基于差分调制的 TWSR

差分调制非常有用，因为它不需要 CSI[24-25]。发射机通过使用诸如乘法或模运算之类的一些特殊操作，就可在发射符号流中引入相关性，从而使得接收机利用该相关性跳过信道估计，以便在差分调制中解码当前发射的符号。从上一节可以看出，基于 TWSR 的通信在不同链路 CSI 的估计方面存在很大问题，差分调制可能是解决该问题的方案。

令 $x_i[n]$ 为 ES-i 发送的差分调制符号，即

$$x_i[n]=x_i[n-1]s_i[n] \tag{18.36}$$

式中：$s_i[n]$ 为发送第 n 个符号的时间间隔内包含的符号信息；$|x_i[n]|^2=1$ 为 $s_i[n]$ 属于一个单位范数的 M-PSK 星座。在连续时间间隔 $n-2$、$n-1$ 和 n 内，ES-i 的接收信号可以写为

$$\begin{aligned} y_i[n-2]&=ag_ix_i[n-2]+ag_ih_jx_j[n-2]+ag_ie_s[n-2]+e_i[n-2]\\ y_i[n-1]&=ag_ih_ix_i[n-1]+ag_ih_jx_j[n-1]+ag_ie_s[n-1]+e_i[n-1]\\ y_i[n]&=ag_ih_ix_i[n]+ag_ih_jx_j[n]+ag_ie_s[n]+e_i[n] \end{aligned} \tag{18.37}$$

由于 ES-i 内的 $x_i[n]$ 是已知的，我们可以从式（18.36）和（18.37）得出下列关系

$$\begin{aligned} y_i'[n-1]&=y_i[n-1]x_i^*[n-1]-y_i[n-2]x_i^*[n-2]\\ &=ag_ih_jx_i^*[n-2]x_j[n-2](s_i^*[n-1]s_j[n-1]-1)+\\ &\quad ag_ie_s[n-1]x_i^*[n-1]-ag_ie_s[n-2]x_i^*[n-2]+\\ &\quad e_i[n-1]x_i^*[n-1]-e_i[n-2]x_i^*[n-2]\\ y_i'[n]&=y_i[n]x_i^*[n]-y_i[n-1]x_i^*[n-1]\\ &=ag_ih_jx_i^*[n-1]x_j[n-1](s_i^*[n]s_j[n]-1)+\\ &\quad ag_ie_s[n]x_i^*[n]-ag_ie_s[n-1]x_i^*[n-1]+\\ &\quad e_i[n]x_i^*[n]-e_i[n-1]x_i^*[n-1] \end{aligned} \tag{18.38}$$

首先，定义如下中间变量：

$$\begin{aligned} h_{i,j}[n-2]&\triangleq ag_ih_jx_i^*[n-2]x_j[n-2]\\ z_i[n-1]&\triangleq s_i^*[n-1]s_j[n-1]-1 \end{aligned} \tag{18.39}$$

从式（18.36）、式（18.38）和式（18.39），我们可以得出

$$y_i'[n-1]=h_{i,j}[n-2]z_i[n-1]+w_i[n-1]$$
$$y_i'[n]=h_{i,j}[n-2]s_i^*[n-1]s_j[n-1]z_i[n]+w_i[n] \tag{18.40}$$

式中：

$$w_i[n-1]=ag_ie_s[n-1]x_i^*[n-1]-ag_ie_s[n-2]x_i^*[n-2]+$$
$$e_i[n-1]x_i^*[n-1]-e_i[n-2]x_i^*[n-2] \tag{18.41}$$
$$w_i[n]=ag_ie_s[n]x_i^*[n]-ag_ie_s[n-1]x_i^*[n-1]+$$
$$e_i[n]x_i^*[n]-e_i[n-1]x_i^*[n-1]$$

表示加性噪声。注意 $h_{i,j}[n-2]$ 在式（18.40）的两式中都出现了。为了简化，在以后的章节中我们用 $h_{i,j}$ 代表 $h_{i,j}[n-2]$。从式（18.41）中可以看出这些关系中存在的噪声是高度相关的。计算噪声相关矩阵（$\boldsymbol{\Lambda}_i=\boldsymbol{E}\left\{\begin{bmatrix}w_i[n-1]\\ w_i\ [n]\end{bmatrix}[w_i^*[n-1]w_i^*[n]]\right\}$）后，我们可以得到 $z_i[n]=[y_i'[n-1],\ y_i'[n]]^{\mathrm{T}}$ 的 PDF。通过最大化该 PDF，一个 ES-j 的符号的 ML 解码器为

$$\hat{\boldsymbol{s}}_j=\boldsymbol{s}_j\in\mathcal{A}^2\min((z_i[n]-m_i[n])\boldsymbol{\Lambda}^{-1}(z_i[n]-m_i[n])^{\mathrm{H}}) \tag{18.42}$$

式中：向量 $\boldsymbol{s}_j$ 包含由 ES-j 发送的符号 $s_j[n-1]$ 和 $s_j[n]$，$(.)^{\mathrm{H}}$ 表示共轭。

通过将 $\boldsymbol{\Lambda}$ 的值代入式（18.42），并经过一些代数后，我们得到以下 $\boldsymbol{s}_j$ 的 ML 解码器

$$\begin{aligned}\hat{\boldsymbol{s}}_j=\boldsymbol{s}_j\in\mathcal{A}^2\min(&(2|y_i'[n-1]-m_i[n-1]|^2)+2|y_i'[n]-m_i[n]|^2+\\&(y_i'[n-1]-m_i[n-1])(y_i'[n]-m_i[n])^*+\\&(y_i'[n]-m_i[n])(y_i'[n-1]-m_i[n-1])^*)\end{aligned} \tag{18.43}$$

可以看出 $m_i[n-1]$ 和 $m_i[n]$ 取决于有效信道的增益 $h_{i,j}$；因此，式（18.43）中的解码器取决于 $h_{i,j}$。为了获得不依赖任何信道信息的差分检测器，我们需要消除式（18.43）对 $h_{i,j}$ 的依赖。在假设 s_j 完全已知的情况下，通过 $h_{i,j}$ 最小化式（18.43）来找到 $h_{i,j}$ 的估计值，然后将该估计值代回式（18.43）中以获得独立于 $h_{i,j}$ 的解码器。然后，通过将 $\hat{h}_{i,j}$ 的值代入式（18.43），可以获得 $\boldsymbol{s}_j$ 的差分检测器。

18.4.1 星座旋转角计算

为了减少信道估计 $\hat{h}_{i,j}$ 的误差，我们需要在两个星座图之间所有可能的相对旋转角度上最小化信道估计中的 MSE。该观察导致了以下的优化问题：

$$\text{最小化}\ i\neq j\sum_{i=1}^{2}\sum_{j=1}^{2}E\{|h_{i,j}-\hat{h}_{i,j}|^2\}$$

$$需要\ s_i[k]\in\left\{e^{j\phi},e^{j\left(\phi+\frac{2\pi}{M}\right)},\cdots,e^{j\left(\phi+\frac{2(M-1)\pi}{M}\right)}\right\},$$
$$s_j[k]\in\left\{e^{j(\phi+\theta)},e^{j\left(\phi+\theta+\frac{2\pi}{M}\right)},\cdots,e^{j\left(\phi+\theta+\frac{2(M-1)\pi}{M}\right)}\right\},$$
$$\phi=0,\quad 0<\theta<\pi$$

式中：对 RV $h_{i,j}-\hat{h}_{i,j}$ 和单位范数 M-PSK 星座的 $s_i[k]$ 和 $s_j[k]$ 执行期望。从式（18.17）可以看出优化取决于 RV $h_{i,j}-\hat{h}_{i,j}$ 的 PDF，而该值又取决于信道的 $h_{i,j}$ 及其估计值 $\hat{h}_{i,j}$ 的 PDF。最佳旋转角度可以按照式（18.17）进行数值计算。不同衰落场景卫星链路的 LMS 信道参数在参考文献［1］的表Ⅲ中。参考文献［11］的表Ⅱ中给出了针对不同星座图和衰落场景的最佳旋转角。如果 ES-i 的下行链路是 FHS、ES-j 的上行链路是 AS，则该衰落场景被命名为 FHS/AS。类似地，其他衰落场景也被如此命名。

平均 PEP 和分集阶次计算可以通过使用标准过程得出。这些计算的详细分析在参考文献［11］中。

18.5　基于多天线的 TWSR 系统

在本节中，我们将讨论 TWSR 通信系统中的波束赋形和合并，其中 ES 包含多个天线。波束赋形和合并技术可以大致分成两部分：（1）基于本地信道信息的波束赋形和合并技术；（2）最佳波束赋形和合并技术。在这里，以上方案是在不同节点可以使用理想 CSI 的前提下讨论的；然而，实际上没有理想的 CSI。因此，可以通过使用第 18.3 节中讨论的方法来获得信道估计，并用估计的 CSI 代替理想的 CSI。

我们考虑具有两个 ES 和一个单天线卫星的双向协作系统，其中 ES-i（$i=1,2$）具有 N_i 个天线。在这种双向中继方案中，数据传输分为两个阶段。第一阶段，两个 ES 通过卫星上行链路同时发送其波束赋形数据；第二阶段，卫星在下行链路上向两个 ES 广播具有固定增益的接收信号。卫星上行链路在第一阶段从两个用户接收的复基带信号矢量由下式给出

$$y_s=\sum_{i=1}^{2}\boldsymbol{h}_i^{\mathrm{T}}\boldsymbol{u}_i s_i+n_s \tag{18.44}$$

式中：$(.)^{\mathrm{T}}$ 为转置；$\boldsymbol{u}_i$ 为 ES-i 的 $N_i\times1$ 波束赋形向量；s_i 为从 ES-i 发送的、属于 M-PSK 星座图的具有能量 E_{s_i} 的复值符号；n_s 为均值为 0 方差为 $\boldsymbol{\sigma}_s^2$ 的 AWGN。第二阶段，在 ES-i 上通过下行链路接收的 $N_i\times1$ 复基带信号向量为

$$\boldsymbol{r}_i=a\boldsymbol{g}_i^{\mathrm{T}}y_s+\boldsymbol{w}_i \tag{18.45}$$

式中：$\boldsymbol{w}_i$ 包含了均值为 0 方差为 σ_s^2 的 AWGN 元素。

为了从式（18.45）中去除自干扰，分别需要每个 ES 知道其自身上行和下行链路信道的信息 $\boldsymbol{h}_i$ 和 $\boldsymbol{g}_i$。实际上，可以通过使用训练数据来生成此信息。从式（18.45）中减去自干扰项后，我们得到了$\hat{\boldsymbol{r}}_i=\boldsymbol{r}_i-a\boldsymbol{g}_i^{\mathrm{T}}\boldsymbol{h}_i\boldsymbol{u}_i s_i$。通过将 $\tilde{\boldsymbol{r}}_i$ 与 $\boldsymbol{v}_i^{\mathrm{H}}$ 相乘（合并向量的共轭）并从式（18.44）中得出 ES-i 上的接收信号为

$$y_i=\boldsymbol{v}_i^{\mathrm{H}}\tilde{\boldsymbol{r}}_i=a\boldsymbol{v}_i^{\mathrm{H}}\boldsymbol{g}_i^{\mathrm{T}}\boldsymbol{h}_j\boldsymbol{u}_j s_j+a\boldsymbol{v}_i^{\mathrm{H}}\boldsymbol{g}_i^{\mathrm{T}}n_s+\boldsymbol{v}_i^{\mathrm{H}}\boldsymbol{w}_i \tag{18.46}$$

式中：$j=1$，2 和 $i\neq j$。

18.5.1　使用本地信道信息进行波束赋形和合并

在此方案中，每个 ES 通过使用自身的信道信息进行波束赋形［10］。实际上，两个 ES 都使用其下行链路的信道估计。

ES-j 处的发射权重向量 $\boldsymbol{u}_j$ 选为

$$\boldsymbol{u}_j=\frac{\boldsymbol{h}_j^{\mathrm{H}}}{\|\boldsymbol{h}_j^{\mathrm{H}}\|} \tag{18.47}$$

式中：$\|\cdot\|$为欧几里得范数。每个 ES 处接收的合并信号还可通过仅利用本地信道信息来表现。ES-i 处的合并向量 $\boldsymbol{v}_i$ 为

$$\boldsymbol{v}_i=\frac{\boldsymbol{g}_i^{\mathrm{T}}}{\|\boldsymbol{g}_i^{\mathrm{T}}\|} \tag{18.48}$$

ES-i 处瞬时接收 SNR 为

$$\gamma_i=\frac{a^2|\boldsymbol{v}_i^{\mathrm{H}}\boldsymbol{g}_i^{\mathrm{T}}\boldsymbol{h}_j\boldsymbol{u}_j|^2E(|s_j|^2)}{a^2\sigma_s^2|\boldsymbol{g}_i^{*}\boldsymbol{v}_i|^2E(|s_j|^2)+\sigma_i^2\|\boldsymbol{v}_i\|^2} \tag{18.49}$$

式中：E(.) 为期望运算符。将式（18.47）中的 $\boldsymbol{u}_j$ 值和式（18.48）中的 $\boldsymbol{v}_j$ 值代入到式（18.49），并经过一些代数后，得到

$$\gamma_i=\frac{a^2\|\boldsymbol{g}_i\|^2\|\boldsymbol{h}_j\|^2E_{s_j}}{a^2\sigma_s^2\|\boldsymbol{g}_i\|^2+\sigma_i^2} \tag{18.50}$$

从式（18.46）可以得出 y_i 的条件 PDF：

$$f(y_i|\boldsymbol{g}_i,\boldsymbol{h}_j,\boldsymbol{v}_i,\boldsymbol{u}_j,s_j)=\frac{\exp\left(-\dfrac{|y_i-a\boldsymbol{v}_i^{\mathrm{H}}\boldsymbol{g}_i^{\mathrm{T}}\boldsymbol{h}_j\boldsymbol{u}_j s_j|^2}{a^2\sigma_s^2|\boldsymbol{g}_i^{*}\boldsymbol{v}_i|^2+\sigma_i^2\|\boldsymbol{v}_i\|^2}\right)}{\pi(a^2\sigma_s^2|\boldsymbol{g}_i^{*}\boldsymbol{v}_i|^2+\sigma_i^2\|\boldsymbol{v}_i\|^2)} \tag{18.51}$$

通过最小化 $|y_i-a\|\boldsymbol{g}_i\|\|\boldsymbol{h}_j\|\|s_j\|^2$，符号 s_j 的检测器选取使条件 PDF 最大的 s_j 值。

18.5.2　接收 SNR 最佳波束赋形和合并

根据最大比率传输原理[26]，选 ES-j 处的传输权重向量 $\boldsymbol{u}_j$ 为

$$\boldsymbol{u}_j=\frac{(\boldsymbol{g}_i\boldsymbol{h}_j^{\mathrm{T}})^{\mathrm{H}}\boldsymbol{v}_i}{\|(\boldsymbol{g}_i\boldsymbol{h}_j^{\mathrm{T}})^{\mathrm{H}}\boldsymbol{v}_i\|} \tag{18.52}$$

式中：$\|\cdot\|$为欧几里得范数。从式（18.46）得出的ES-i处的瞬时接收SNR为

$$\gamma_i=\frac{\|(\boldsymbol{g}_i\boldsymbol{h}_j^{\mathrm{T}})^{\mathrm{H}}\boldsymbol{v}_i\|^2}{\sigma_n^2\|\boldsymbol{g}_i^{\mathrm{H}}\boldsymbol{v}_i\|^2+\sigma_i^2\|\boldsymbol{v}_i\|^2} \tag{18.53}$$

可以将式（18.49）写为

$$\gamma_i=\frac{\|(\boldsymbol{g}_i\boldsymbol{h}_j^{\mathrm{T}})^{\mathrm{H}}\boldsymbol{v}_i\|^2}{\boldsymbol{v}_i^{\mathrm{H}}(\sigma_n^2\boldsymbol{g}_i\boldsymbol{g}_i^{\mathrm{H}})+\sigma_i^2\boldsymbol{I}_{N_i}\boldsymbol{v}_i} \tag{18.54}$$

式中：$\boldsymbol{I}_{N_i}$ 为 $N_i\times N_i$ 单位矩阵。我们假设 $\boldsymbol{A}_i\boldsymbol{A}_i^{\mathrm{H}}=\sigma_n^2\boldsymbol{g}_i\boldsymbol{g}_i^{\mathrm{H}}+\sigma_i^2\boldsymbol{I}_{N_i}$ 和 $\boldsymbol{z}_i=\boldsymbol{A}_i^{\mathrm{H}}\boldsymbol{v}_i$。把这些值代入式（18.49），并经过一些代数后，我们得到 $\gamma_i=\|(\boldsymbol{A}_i^{-1}\boldsymbol{g}_i\boldsymbol{h}_j^{\mathrm{T}})^{\mathrm{H}}\boldsymbol{z}_i\|^2/\|\boldsymbol{z}_i\|^2$。可以看出如果 $\boldsymbol{z}_i$ 选为 $(\boldsymbol{A}_i^{-1}\boldsymbol{g}_i\boldsymbol{h}_j^{\mathrm{T}})(\boldsymbol{A}_i^{-1}\boldsymbol{g}_i\boldsymbol{h}_j^{\mathrm{T}})^{\mathrm{H}}$ 的最大特征值（即 $\boldsymbol{z}_{\mathrm{i,max}}$）对应的特征向量，则 γ_i 被最大化。因此，最优联合向量为 $\boldsymbol{v}_i=(\boldsymbol{A}_i^{\mathrm{H}})^{-1}\boldsymbol{z}_{\mathrm{i,max}}$。将这些 $\boldsymbol{v}_i$ 和 $\boldsymbol{u}_j$ 值代入式（18.51），可得到符号 s_j 的检测器[27]。

18.6 基于本地信道信息的TWSR方案的性能

首先，我们根据SER和分集阶数，讨论基于本地信道信息的方案的性能。设$\|\boldsymbol{h}_j\|^2=x$、$\|\boldsymbol{g}_i\|^2=y$、$\bar{\gamma}=E_{s_j}/\sigma_s^2$ 和 $C=\sigma_i^2/(a^2\sigma_s^2)$。从式（18.50）可得

$$\gamma_i=\frac{\bar{\gamma}xy}{y+C} \tag{18.55}$$

ES-i-卫星链路建模为SR衰落信道。$\|\boldsymbol{g}_i\|^2$ 的似然PDF[28] 为

$$\begin{aligned}f_{\|g_i\|^2}(z)=\alpha_i^{N_i}\sum_{l_i=0}^{c_i}\binom{c_i}{l_i}\beta_i^{c_i-l_i}\Bigg(&\frac{z^{d_i-l_i-1}}{\Gamma(d_i-l_i)}\times\\&{}_1F_1(d_i;d_i-l_i;-(\beta_i-\delta_i)z)+\frac{\epsilon_i\delta_i z^{d_i-l_i}}{\Gamma(d_i-l_i+1)}\times\\&{}_1F_1(d_i+1;d_i-l_i+1;-(\beta_i-\delta_i)z)\Bigg)\end{aligned} \tag{18.56}$$

18.6.1 SER的表示

从式（18.55）可以得出瞬时接收SNRγ_i 的MGF为

$$M_{\gamma_i}(s)=\int_0^\infty\int_0^\infty \mathrm{e}^{-s\frac{\bar{\gamma}xy}{y+C}}f_{\|h_j\|^2}(x)f_{\|g_i\|^2}(y)\,\mathrm{d}x\mathrm{d}y \tag{18.57}$$

经过代数后，可以看出该方案的 MGF[10] 为

$$M_{\gamma_i}(s)=\frac{\alpha_i^{N_i}\tilde{\alpha}_j^{N_j}\sum_{l_j=0}^{\tilde{c}_j}\binom{\tilde{c}_j}{l_j}\tilde{\beta}_j^{\tilde{c}_j-l_j}}{(\tilde{\beta}_j-\tilde{\delta}_j)^{\tilde{d}_j}}\times$$
$$\sum_{l_i=0}^{c_i}\binom{c_i}{l_i}\beta_i^{c_i-l_i}(s\bar{\gamma})^{l_j}(\mathcal{K}(l_i,d_i+1,l_i,\tilde{d}_j,\bar{\gamma}_j,k)+\epsilon_i\delta_i\times\mathcal{K}(l_i,d_i+1,l_j,\tilde{d}_j,\bar{\gamma}_j,k)+$$
$$\tilde{\epsilon}_i\tilde{\delta}_i\mathcal{K}(l_i,d_i,l_j,\tilde{d}_j+1,\bar{\gamma}_j,k)+\frac{\epsilon_i\delta_i\tilde{\epsilon}_i\tilde{\delta}_i}{(\tilde{\beta}_j-\tilde{\delta}_j)}\mathcal{K}(l_i,d_i+1,l_j,\tilde{d}_j+1,\bar{\gamma}_j,k) \tag{18.58}$$

式中：

$$\mathcal{K}(l_i,d_i,l_j,\tilde{d}_j,\bar{\gamma}_j,k)=\sum_{k=0}^{\tilde{d}_j-l_j}\binom{\tilde{d}_j-l_j}{k}\frac{\bar{\gamma}_j^{-(l_j+k+d_i-l_i)}}{\Gamma(d_i)\Gamma(\tilde{d}_j)C^{l_j+k}}\times$$
$$G_{23}^{22}\left(\frac{\beta_i-\delta_i}{\bar{\gamma}_j}\,\middle|\,\begin{matrix}1-d_i,1-(l_j+k+d_i-l_i)\\0,\tilde{d}_j-l_j-k-d_i+l_i,1-d_i+l_i\end{matrix}\right) \tag{18.59}$$

式中：$\bar{\gamma}_j=\dfrac{\bar{\gamma}s+\tilde{\beta}_j-\tilde{\delta}_j}{(\tilde{\beta}_j-\tilde{\delta}_j)\ C}$ 和 $G_{p,q}^{m,n}(.\mid\begin{smallmatrix}\cdots\\\cdots\end{smallmatrix})$ 为 Meijer-G 函数（参考文献［16］，式（9.301））。通过使用参考文献［10］给出的关系式，可以计算出所考虑的 M-PSK 星座图方案的 SER。

18.6.2 分集阶数

所考虑系统的分集阶数可通过使用渐近 MGF 的表达式推导出来，也可以通过斯莱特定理[10] 并利用以下事实来推导：对于 $z\to0$，${}_pF_q(a_1,a_2,\cdots,a_p;b_1,b_2,\cdots,b_p;z)\to1$[29]。通过代入 $l_i=c_i$，$l_j=\tilde{c}_j$，$k=k_2=0$ 并使用引理 1（假设 SNR 非常大），则渐近 MGF（仅取决于平均 SNR 的最小功率）可以表示为

（1）对于 $N_j>N_i$

$$M_{\gamma_i}(s)\approx\frac{\alpha_i^{N_i}\tilde{\alpha}_j^{N_j}(s\bar{\gamma})^{-N_i}}{(\tilde{\beta}_j-\tilde{\delta}_j)^{N_j-N_i}C^{-N_i}}\times(\mathcal{T}(N_i,N_j,\tilde{c}_j,\tilde{d}_j)+$$
$$\frac{\tilde{\epsilon}_i\tilde{\delta}_i}{\tilde{\beta}_i-\tilde{\delta}_i}\mathcal{T}(N_i,N_j+1,\tilde{c}_j,\tilde{d}_j+1)) \tag{18.60}$$

式中：$\mathcal{T}(N_i,N_j,\tilde{c}_j,\tilde{d}_j)=\Gamma(N_j-N_i)\Gamma(\tilde{c}_j+N_i)/(\Gamma(N_i)\Gamma(\tilde{d}_j))$。

（2）对于 $N_i>N_j$

$$M_{\gamma_i}(s)\approx\frac{\alpha_i^{N_i}\tilde{\alpha}_j^{N_j}(s\bar{\gamma})^{-N_i}}{(\beta_i-\delta_i)^{N_i-N_j}C^{-N_j}}\times\left(\mathcal{T}(N_j,N_i,c_i,d_i)+\frac{\epsilon_i\delta_i}{\beta_i-\delta_i}\mathcal{T}(N_j,N_i+1,c_i,d_i+1)\right) \tag{18.61}$$

（3）对于 $N_i=N_j$

$$M_{\gamma_i}(s)\approx\frac{\alpha_i^{N_i}\tilde{\alpha}_j^{N_i}(s\bar{\gamma})^{-N_i}}{C^{-N_i}}\times\left(\frac{2}{\Gamma(N_i)}+\frac{\tilde{\epsilon}_j\tilde{\delta}_j}{\tilde{\beta}_j-\tilde{\delta}_j}+\frac{\epsilon_i\delta_i}{\beta_i-\delta_i}\frac{1}{d_i\Gamma(N_i)}\right) \tag{18.62}$$

从式（18.60）~式（18.62）可以看出，所提的双向中继方案的分集受 min（N_1，N_2）的限制。

18.6.3 数值解及其分析

假定所有链路都是 SR 衰落的 LMS 链路。绘制了 AS（$b=0.126$，$m=10.1$，$\Omega=0.835$）和 FHS（$b=0.063$，$m=0.739$，$\Omega=8.97\times10^{-4}$）的解析和仿真结果。

在图 18.6 中给出了 $N_1=N_2=2,3,4,5$ 和 QPSK 星座图双向中继方案的 SER 与 SNR 间的性能。对于 $N_1=N_2=2,3$ 的情况，假设 ES-1-卫星 LMS 信道经历了 AS，而 ES-2 面对的是 FHS；这种衰落场景由 AS/FHS 表示。对于其余的两种情况，即 $N_1=N_2=4,5$，假定两个 ES 都经历了 FHS（即存在 FHS/FHS 的衰落场景）。从图 18.6 可以看出，SER 的理论值和仿真值紧密匹配。此外，通过在 ES 上添加额外的空间纬度，可以显著地克服阴影的严重影响。例如，在 SER$=10^{-2}$ 时，$N_1=N_2=3$ 的 TWSR 系统性能比 $N_1=N_2=2$ 的性能好大约 5.5dB，如图 18.6 所示。通过假定在两个 ES 上都可以获得 CSI 的完备信息（即 $\boldsymbol{g}_i$ 和 $\boldsymbol{h}_j$）来得出上述的解析和仿真 SER 值。我们还给出了错误 CSI 情况下，SER 与 SNR 间的平面图，当 $N_1=N_2=3,4$ 和 AS/FHS 衰落场景下，对 $\boldsymbol{g}_i$ 和 $\boldsymbol{h}_j$ 的阴影部分的估计存在 20%的均方误差。从图中可以看出，对于 $N_1=N_2=3$ 和 SER$=10^{-3}$，使用错误的 CSI 会使 SNR 有大约 1dB 的损失。然而，通过增加天线数量到 $N_1=N_2=4$，与 $N_1=N_2=3$ 的理想 CSI 情况相比，估计出的 CSI 可获得大约 2.75dB 的额外性能增益，如图 18.6 所示。

在图 18.7 中，针对较大的 SNR 值绘制了所考虑的 TWSR 方案的解析 SER。对于 FHS/FHS 和 AS/FHS 的衰落场景，求出了所考虑方案的 QPSK 星座图、

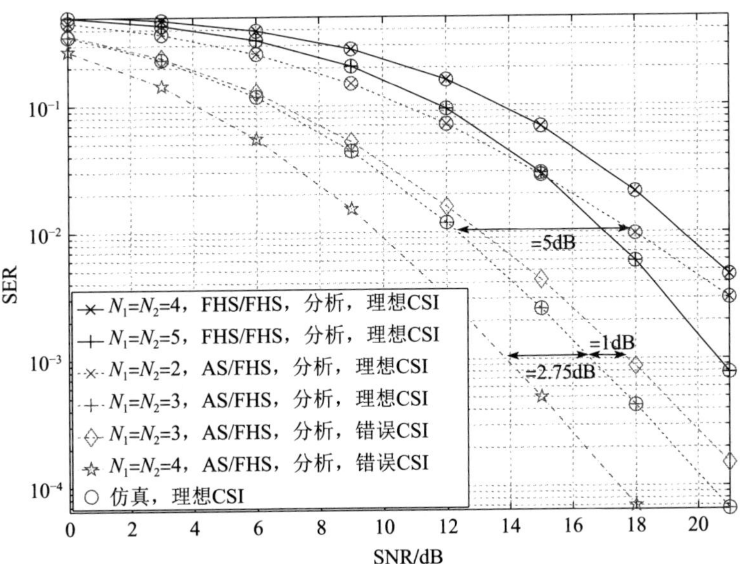

图 18.6　具有 QPSK 星座和 $N_1=N_2=2,3,4,5$ 的基于双向卫星合作系统的波束赋形和合并的解析和仿真 SER 与 SNR 间的性能

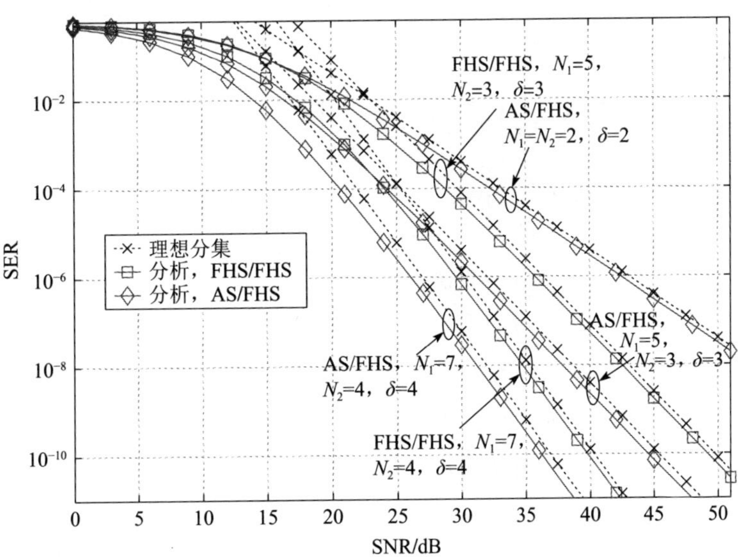

图 18.7　具有 QPSK 星座和 $N_1=N_2=2,3,4,5$ 的基于双向卫星合作系统的波束赋形和合并的解析和仿真 SER 与 SNR 间的性能

$N_1=2,5,7$、$N_2=2,3,4$ 时的性能解析值。我们还使用关系 $\kappa/\overline{\gamma}^{\delta}$ 绘制了理想的分集图（其中 κ 是一个正值常数、δ 表示分集阶数），用于表示在高 SNR 值下 SER 的衰减斜率与 SNR 间的关系图。从图中可以看出，系统的分集阶数与衰落场景无关。例如，针对 FSH/FHS 和 AS/FHS 的衰落分布，对于 $\{N_1=5, N_2=3\}$ 和 $\{N_1=7, N_2=4\}$ 的天线配置，分集阶数分别为三（$\min(5,3)$）和四（$\min(7,4)$）。此外，在链路中具有更好的衰落并不能帮助获得任何额外的分集。对于 $N_1=N_2=2$ 和 AS/FHS 的情况，分集阶数仅为 2。总体而言，如图 18.7 所示，所提方案的分集阶数取决于其中的 $\min(N_1,N_2)$。

18.7 基于最优波束赋形和合并的 TWSR 体制性能分析

本节系统的性能分析由近似 SER 和分集阶数给出。注意 $E\{\boldsymbol{g}_i\boldsymbol{g}_i^{\mathrm{H}}\}=\eta_i\boldsymbol{I}_{N_i}$ 和 $E\{|\boldsymbol{g}_{ik}|^2\}=\eta_i$，$k=1,2,\cdots,N_i$；$\eta_i$ 是 b_i、m_i、Ω_i 的函数［1］。在高 SNR 场景下，通过一些代数后，我们可以将式（18.49）写为 $\gamma_i\approx\overline{\gamma}_i\lambda_{i,j}$，但是通过仿真可以看出对于所有 SNR 的考虑值用此近似都可以得到很好的结果。此处的 $\lambda_{i,j}$ 是 $\boldsymbol{g}_i\boldsymbol{h}_j^{\mathrm{T}}\boldsymbol{h}_j^{*}\boldsymbol{g}_i^{\mathrm{H}}$ 的最大本征值和 $\overline{\gamma}_i=1/(\sigma_i^2+\eta_i\sigma_n^2)$ 表示 ES-i 处的平均 SNR，其中 $(.)^*$ 表示复共轭。当 $\boldsymbol{g}_i\boldsymbol{h}_j^{\mathrm{T}}\boldsymbol{h}_j^{*}\boldsymbol{g}_i^{\mathrm{H}}=\|\boldsymbol{h}_j\|^2\boldsymbol{g}_i\boldsymbol{g}_i^{\mathrm{H}}$ 和 $\boldsymbol{g}_i\boldsymbol{g}_i^{\mathrm{H}}$ 包含了唯一的本征值，即 $\|\boldsymbol{g}_i\|^2$，因此 $\lambda_{i,j}=\|\boldsymbol{g}_i\|^2\|\boldsymbol{h}_j\|^2$。$\lambda_{i,j}$ 的 PDF 为

$$f_{\lambda_{i,j}}(y)=\alpha_i^{N_i}\sum_{l_i=0}^{c_i}\binom{c_i}{l_i}\beta_i^{c_i-l_i}\alpha_j^{N_j}\sum_{l_j=0}^{c_j}\binom{c_j}{l_j}\beta_j^{c_j-l_j}\left[\frac{I_1(d_i,d_j,y)}{\Gamma(d_i-l_i)\Gamma(d_j-l_j)}+\right.$$
$$\frac{\epsilon_j\delta_jI_1(d_i,d_j+1,y)}{\Gamma(d_i-l_i)\Gamma(d_j-l_j+1)}+\frac{\epsilon_i\delta_iI_1(d_i+1,d_j,y)}{\Gamma(d_i-l_i+1)\Gamma(d_j-l_j)}+ \tag{18.63}$$
$$\left.\frac{\epsilon_i\delta_i\epsilon_j\delta_jI_1(d_i+1,d_j+1,y)}{\Gamma(d_i-l_i+1)\Gamma(d_j-l_j+1)}\right]$$

式中：

$$I_1(d_i,d_j,y)=\frac{\Gamma(d_i-l_i)\Gamma(d_j-l_j)y^{d_j-l_j-1}}{\Gamma(d_i)\Gamma(d_j)(\beta_i-\delta_i)^{d_i-l_i-d_j+l_j}}\times$$
$$G_{24}^{22}\left((\beta_i-\delta_i)(\beta_j-\delta_j)y\,\middle|\,\begin{matrix}1-d_j,1-l_i-d_j+l_j\\0,d_i-l_i-d_j+l_j,1-d_i+l_i,1-d_j+l_j\end{matrix}\right) \tag{18.64}$$

和 $G_{p,q}^{m,n}(.\,|\,\begin{smallmatrix}\cdots\\\cdots\end{smallmatrix})$ 是 Meijer-G 函数（参考文献［16］，式（9.301））。

18.7.1 SER 表达式

多次代数后，γ_i 的 MGF 为

$$M_{\gamma_i}(s)=\alpha_i^{N_i}\sum_{l_i=0}^{c_i}\binom{c_i}{l_i}\beta_i^{c_i-l_i}\alpha_j^{N_j}\sum_{l_j=0}^{c_j}\binom{c_j}{l_j}\beta_j^{c_j-l_j}\left[\frac{M_1(d_i,d_j,s)}{\Gamma(d_i-l_i)\Gamma(d_j-l_j)}+\right.$$
$$\frac{\epsilon_j\delta_jM_1(d_i,d_j+1,s)}{\Gamma(d_i-l_i)\Gamma(d_j-l_j+1)}+\frac{\epsilon_i\delta_iM_1(d_i+1,d_j,s)}{\Gamma(d_i-l_i+1)\Gamma(d_j-l_j)}+ \tag{18.65}$$
$$\left.\frac{\epsilon_i\delta_i\epsilon_j\delta_jM_1(d_i+1,d_j+1,s)}{\Gamma(d_i-l_i+1)\Gamma(d_j-l_j+1)}\right]$$

式中：

$$M_1(d_i,d_j,s)=\frac{\Gamma(d_j-l_j)(\beta_i-\delta_i)^{-(d_i-l_i-d_j+l_j)}}{(\Gamma(d_j-l_j))^{-1}(s\bar{\gamma}_i)^{d_j-l_j}\Gamma(d_i)\Gamma(d_j)}\times$$
$$G_{34}^{23}\left(\frac{s^{-1}(\beta_i-\delta_i)}{\bar{\gamma}_i(\beta_j-\delta_j)^{-1}}\left|\begin{matrix}1-d_j,1-l_i-d_j+l_j,1-d_j+l_j\\0,d_i-l_i-d_j+l_j,1-d_i+l_i,1-d_j+l_j\end{matrix}\right.\right) \tag{18.66}$$

通过式（18.66）和 SER 的标准关系来表示 MGF[27]，可以得到所考虑系统的 SER。

18.7.2 分集阶数

分集阶数可由 $M_{\gamma_i}(s)$ 的高 SNR 衰减率确定。因此，我们可以使用渐近 MGF 来找到所研究方案的分集阶数。文献［10］表明，对于 $z\to0$，Meijer-G 函数可以近似地表示为

$$G_{pq}^{mn}\left(z\left|\begin{matrix}a_1,a_2,\cdots,a_p\\b_1,b_2,\cdots,b_q\end{matrix}\right.\right)\approx\sum_{h=1}^{m}\frac{\prod\limits_{\substack{j=1\\j\neq h}}^{m}\Gamma(b_j-b_h)\prod\limits_{j=1}^{n}\Gamma(1+b_h-a_j)z^{b_h}}{\prod\limits_{j=m+1}^{q}\Gamma(1-b_j+b_h)\prod\limits_{j=n+1}^{p}\Gamma(a_j-b_h)} \tag{18.67}$$

从式（18.65）和式（18.67），可以得出

$$M_{\gamma_i}(s)\approx\alpha_i^{N_i}\sum_{l_i=0}^{c_i}\binom{c_i}{l_i}\beta_i^{c_i-l_i}\alpha_j^{N_j}\sum_{l_j=0}^{c_j}\binom{c_j}{l_j}\beta_j^{c_j-l_j}\left[\frac{\epsilon_i\delta_i\tilde{M}_1(d_i+1,d_j,s)}{\Gamma(d_i-l_i+1)\Gamma(d_j-l_j)}+\right.$$
$$\frac{\tilde{M}_1(d_i,d_j,s)}{\Gamma(d_i-l_i)\Gamma(d_j-l_j)}+\frac{\epsilon_j\delta_j\tilde{M}_1(d_i,d_j+1,s)}{\Gamma(d_i-l_i)\Gamma(d_j-l_j+1)}+ \tag{18.68}$$
$$\frac{\epsilon_i\delta_i\epsilon_j\delta_j\tilde{M}_1(d_i+1,d_j+1,s)}{\Gamma(d_i-l_i+1)\Gamma(d_j-l_j+1)}$$

式中：

$$\widetilde{M}_1(d_i,d_j,s)$$

$$=\frac{\Gamma(d_i-l_i)\Gamma(d_j-l_j)^{-(d_i-l_i-d_j+l_j)}}{\Gamma(d_i)\Gamma(d_j)(\beta_i-\delta_i)^{d_i-l_i-d_j+l_j}}(s\overline{\gamma}_i)^{-d_j+l_j}\sum_{h=1}^{2}\frac{\prod\limits_{\substack{j=1\\j\neq h}}^{2}\Gamma(b_j-b_h)^*\prod\limits_{j=1}^{3}\Gamma(1+b_h-a_j)}{\prod\limits_{j=3}^{4}\Gamma(1-b_j+b_h)}\times\left(\frac{(\beta_i-\delta_i)(\beta_j-\delta_j)}{s\overline{\gamma}_i}\right)^{b_h} \tag{18.69}$$

$a_1=1-d_j$，$a_2=1-l_i-d_j+l_j$，$a_3=1-d_j+l_j$，$b_1=0$，$b_2=d_i-l_i-d_j+l_j$，$b_3=1-d_j+l_j$ 和 $b_4=1-d_j+l_j$。

对于分集阶数的计算，我们取 $l_i=c_i$ 和 $l_j=c_j$。从式（18.69）可得

$$\widetilde{M}_1(d_i,d_j,s)=\frac{\Gamma(d_i-c_i)\Gamma(d_j-c_j)}{\Gamma(d_i)\Gamma(d_j)(\beta_i-\delta_i)^{d_i-c_i-d_j+c_j}}(s\overline{\gamma}_i)^{-d_j+c_j}\left(\frac{\Gamma(b_2)\prod\limits_{j=1}^{3}\Gamma(1-a_j)}{\prod\limits_{j=3}^{4}\Gamma(1-b_j)}+\right.$$
$$\left.\frac{\Gamma(b_1-b_2)\prod\limits_{j=1}^{3}\Gamma(1+b_2-a_j)}{\prod\limits_{j=3}^{4}\Gamma(1-b_j+b_2)}\times\left(\frac{(\beta_i-\delta_i)(\beta_j-\delta_j)}{s\overline{\gamma}_i}\right)^{b_2}\right) \tag{18.70}$$

下面是对所研究方案分集阶数的一些观察。

（1）从式（18.70）可以看出，对于 $b_2>0$，$\overline{\gamma}_i$ 的最低功率为$-d_j+c_j=-N_j$。

（2）从式（18.70）可以注意到，对于 $b_2<0$，$\overline{\gamma}_i$ 的最低功率为$-d_j+c_j-b_2=-d_i+c_i=-N_j$。

（3）因此，所研究方案的分集阶数为 $\min(N_i,N_j)$。

18.8 数值解及其分析

在 SNR 为 $\overline{\gamma}_1=\overline{\gamma}_2=\overline{\gamma}$ 时，所提方案与参考文献［10］方案的数值结果如图 18.8 所示。图中给出了其中一个 ES 的所有结果。假定所有链路都是 i. i. d. 的 SR 衰落。参考文献［1］中给出了所有阴影场景的仿真和分析结果。对于基于参考文献［6］的方案以及现有波束赋形和合并且 $N_i=N_j=2$、QPSK 星座图、对所有节点的 CSI 有完备的了解以及统一的卫星转发器增益

条件下，在 AS、FHS 和 ILS 环境中仿真的 SER 与 SNR 性能的关系如图 18.8 所示。

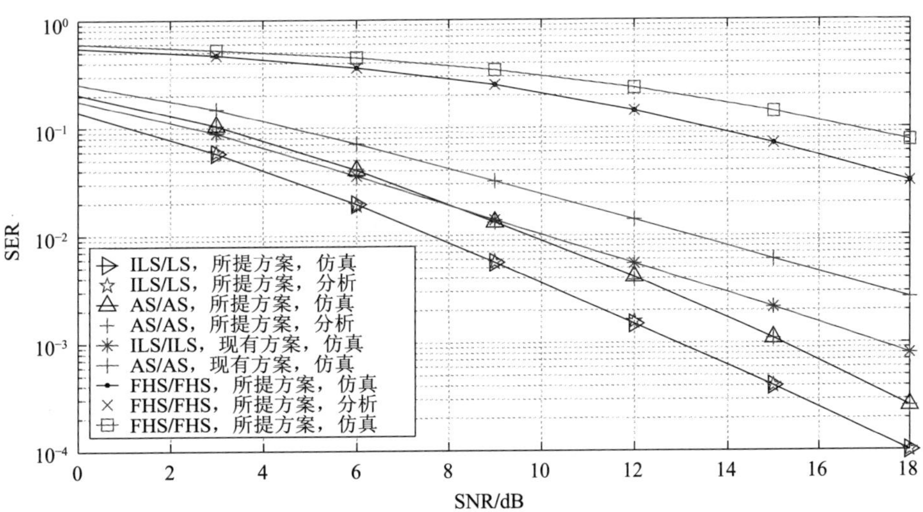

图 18.8　在 $N_i=N_j=2$ 的 i. i. d. SR 衰落信道下，所提方案与参考文献［10］中基于现有波束赋形和合并方案的 SER 与 SNR 间的性能

解析值和仿真值间的紧密匹配验证了我们在所有衰落场景下分析结果的正确性。从图中可以看出，所研究的方案在 FHS/FHS（两个 ES-卫星链路均经历 FHS）、AS/AS（两个 ES-卫星链路均经历 AS）和 ILS/ILS（两个 ES-卫星链路都经历了 ILS）环境下的性能明显优于现有方案。例如，在 FHS/FHS、AS/AS 和 ILS/ILS 环境下，与现有方案[10]相比，使用所研究的方案，可以在 $SER=8\times10^{-2}$ 时获得 SNR 的增益约为 3.7dB、在 $SER=2\times10^{-3}$ 时获得 SNR 的增益约为 4.3dB、在 $SER=8\times10^{-4}$ 时获得 SNR 的增益约为 4.6dB。SNR 增益对于卫星系统非常重要，因为在卫星系统中，每增加 1dB 的发射功率都会大大增加卫星的重量、尺寸和成本。

通过使用式（18.70）在 $N_1=2,5,7$、$N_2=2,3,4$ 和 QPSK 星座图的 i. i. d SR 衰落下绘制出该方案的分析性能，如图 18.9 所示。从图 18.9 可以看出，该方案的分集阶数为 min（N_1,N_2）。例如，$N_1=5$ 和 $N_2=3$，则所考虑方案的分集阶数为 3。此外，从图中可以看出，衰落场景不会影响该方案的分集阶数。

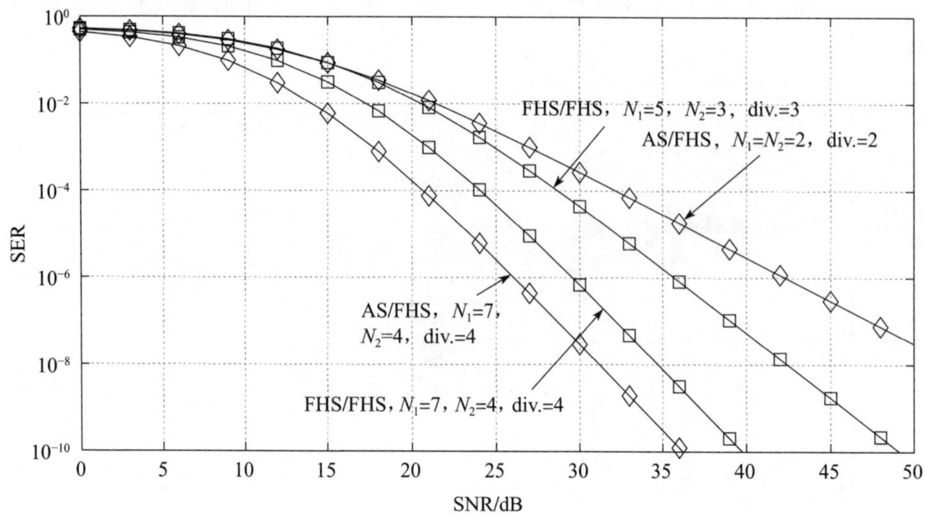

图 18.9 在 $N_1=2,5,7$、$N_2=2,3,4$ 和 QPSK 星座图的 i. i. d SR 衰落下，基于双向卫星合作系统的波束赋形和合并的解析分集性能

18.9 小结

本章中我们讨论了与 TWSR 相关的问题。详细讨论了 TWSR 系统的训练协议。该训练协议用以在足够低的估计噪声下，估计自干扰消除和符号解码所需的 CSI。分析了这种基于训练方案的误码率和平均容量等性能。然后，讨论了基于差分调制的 TWSR。使用差分调制可以在目标 ES 中获得不需要任何信道信息的差分检测器。所提差分检测器的此有用优点避免了双向 AF 卫星通信中信道估计的困难。此外，本章还讨论了 TWSR 的两种波束赋形和合并方案。第一种方案利用了 ES 的本地信道来进行波束赋形和合并向量的计算，而第二种方案是通过使用最大特征值准则来最优 SNR 以及波束赋形和合并矢量。SNR 最佳波束赋形和合并方案优于基于本地信道的波束赋形和合并方案。所有提出的方案对于 TWSR 通信系统的实际实现是非常有用的。

参考文献

[1] Abdi A., Lau W., Alouini M.-S., Kaveh M. 'A new simple model for land mobile satellite channels: First and second order statistics'. *IEEE Trans. Wirel. Commun.* 2003, vol. 2(3), pp. 519–528.

[2] Jo K.Y. *Satellite Communications Network Design and Analysis*. Norwood, MA: Artech House, 2011.

[3] Shankar M.R.B., Zheng G., Maleki S., Ottersten, B. 'Feasibility study of full-duplex relaying in satellite networks'. *Proceedings of the 16th International Workshop on Signal Processing Advances in Wireless Communications (SPAWC)*; Stockholm, 2015, IEEE, pp. 560–564.

[4] Nwankwo C.D., Zhang L., Quddus A., Imran M.A., Tafazolli R. 'A survey of self-interference management techniques for single frequency full duplex systems'. *IEEE Access* 2017, vol. PP(99), pp. 1–25 **DOI:** 10.1109/ACCESS.2017.2774143.

[5] Carrier-in-Carrier (CinC) Technology. Canada: Gilat Satellite Networks Ltd. (NASDAQ:GILT). Available: https://www.gilat.com/ [accessed 14 Jan 2018].

[6] Telesat Carrier-in-Carrier Technology: http:/www.telesat.com/ [accessed 14 Jan 2018].

[7] Rankov B., Wittneben A. 'Achievable rate regions for the two-way relay channel'. *Proceedings of the IEEE International Symposium on Information Theory (ISIT)*; Seattle, WA, July 2006, pp. 1668–1672.

[8] Ji B., Huang Y., Wang H., Yang L. 'Performance analysis of two-way relaying satellite mobile communication'. *Proceedings of the 6th International ICST Conference on Communications and Networking in China (CHINACOM)*; Harbin, China, Aug. 2011, pp. 1099–1103.

[9] Xu C., Wilson S. 'Comparing two-way relay protocols for satellite communication'. [Online]. Available: http://www.cs.virginia.edu/_cx7m/comp.pdf.

[10] Arti M.K., Bhatnagar M.R. 'Two-way mobile satellite relaying: A beamforming and combining based approach'. *IEEE Commun. Lett.* 2014, vol. 18(7), pp. 1187–1190.

[11] Bhatnagar M.R. 'Making two-way satellite relaying feasible: A differential modulation based approach'. *IEEE Trans. Commun.* 2015, vol. 63(8), pp. 2836–2847.

[12] Pratt T., Bostian C., Allnutt J., *Satellite Communications*, 2nd ed. New York: John Wiley & Sons; 2003.

[13] Bhatnagar, M.R. 'Differential decoding of SIM DPSK over FSO MIMO links'. *IEEE Commun. Lett.* 2013, vol. 17(1), pp. 79–82.

[14] Bhatnagar M.R., Hjørungnes A., Song L. 'Differential coding for non-orthogonal space-time block codes with non-unitary constellations over arbitrarily correlated Rayleigh channels. *IEEE Trans. Wirel. Commun.* 2009, vol. 8(8), pp. 3985–3995.

[15] Bhatnagar M.R., Hjørungnes A. 'Differential coding for MAC based two-user MIMO communication systems'. *IEEE Trans. Wireless Commun.* 2012, vol. 11(1), pp. 9–14.

[16] Gradshteyn I.S., Ryzhik I.M., *Table of Integrals, Series, and Products*, 6th ed. San Diego, CA, USA: Academic Press; 2000.

[17] Gao F., Zhang R., Liang Y.-C. 'Optimal channel estimation and training design for two-way relay networks'. *IEEE Trans. Commun.* 2009, vol. 57(10), pp. 3024–3033.

[18] Abdallah S., Psaromiligkos I.N. 'Exact Cramer–Rao bounds for semi-blind channel estimation in amplify-and-forward two-way relay networks employing square QAM'. *IEEE Trans. Wireless Commun.* 2014, vol. 13(12), pp. 6955–6967.

[19] Couvreur C. 'The EM algorithm: A guided tour'. *Proceedings of the 2nd IEEE European Workshop on Computational Intensive Methods Control Signal Process*; Prague, Czech Republic, 1996, pp. 1–6.

[20] Lu J., Letaief K.B., Chuang J.C.-I., Liou M.L. 'M-PSK and M-QAM BER computation using signal-space concepts'. *IEEE Trans. Commun.* 1999, vol. 47(2), pp. 181–184.

[21] Arti M.K. 'Two-way satellite relaying with estimated channel gains'. *IEEE Trans. Commun.* 2016, vol. 64(7), pp. 2808–2820.

[22] Yilmaz F., Alouini M.-S. 'A unified MGF-based capacity analysis of diversity combiners over generalized fading channels'. *IEEE Trans. Commun.* 2012, vol. 60(3), pp. 862–875.

[23] Prudnikov A.P., Brychkov Y.A., Marichev O.I. *Integrals and Series*, 1st ed. New York, USA: Gordon and Breach Science Publishers; 1990.

[24] Proakis J.G. *Digital Communications*, 4th ed. Singapore: McGraw-Hill; 2001.

[25] Bhatnagar M.R., Hjørungnes A. *Cooperative Communications for Improved Wireless Network Transmission: Frameworks for Virtual Antenna Array Applications.* Hershey, PA: IGI Global; 2009, Chapter 12: Single and Double Differential Coding in Cooperative Communications, pp. 321–351.

[26] Lo T.K.Y. 'Maximum ratio transmission'. *IEEE Trans. Commun.* 1999, vol. 47(10), pp. 1458–1461.

[27] Arti M.K. 'A novel beamforming and combining scheme for Two-Way AF satellite systems'. *IEEE Trans. Veh. Technol.* 2017, vol. 66(2), pp. 1248–1256.

[28] Bhatnagar M.R., Arti M.K. 'On the closed-form performance analysis of maximal ratio combining in Shadowed-Rician fading LMS channels'. *IEEE Commun. Lett.* 2014, vol. 18(1), pp. 54–57.

[29] Abramowitz M., Stegun, I.A. *Handbook of Mathematical Functions.* New York, USA: Dover Publications; 1972.